Girod/Rabenstein/Stenger
Einführung in die Systemtheorie

Einführung in die Systemtheorie

Von Professor Dr.-Ing. Bernd Girod
Priv.-Doz. Dr.-Ing. habil. Rudolf Rabenstein
und Dipl.-Ing. Alexander Stenger
Universität Erlangen-Nürnberg

Mit 259 Bildern

 B. G. Teubner Stuttgart 1997

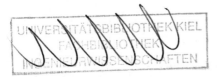
Die Deutsche Bibliothek – CIP-Einheitsaufnahme

Girod, Bernd:
Einführung in die Systemtheorie / von Bernd Girod,
Rudolf Rabenstein und Alexander Stenger. –
Stuttgart : Teubner, 1997
  ISBN 3-519-06194-5

© B. G. Teubner Stuttgart 1997
Printed in Germany
Gesamtherstellung: Präzis-Druck GmbH, Karlsruhe
Umschlaggestaltung: Peter Pfitz, Stuttgart

Vorwort

Die Analyse und der Entwurf von Systemen mit Hilfe geeigneter mathematischer Werkzeuge ist für den Elektroingenieur außerordentlich wichtig. Entsprechend ist die Systemtheorie ein Kerngebiet der modernen Elektrotechnik, auf dem eine große Zahl von Teildisziplinen aufbaut und deren sichere Beherrschung für den erfolgreichen Zugang zu Spezialgebieten Voraussetzung ist.

Eine Einführung in die Systemtheorie beginnt sinnvoll mit der einfachsten Abstraktion, den linearen, zeitinvarianten Systemen. Anwendungen dieser Systeme sind allgegenwärtig, und ihre Theorie besitzt heute eine große Reife und Eleganz. Bei Studierenden, die sich zum ersten Mal mit der Theorie linearer, zeitinvarianter Systeme auseinandersetzen, gilt das Fach leider oft als schwierig, und ist, wenn sich der erwünschte und verdiente Lernerfolg nicht einstellen will, vielleicht sogar richtiggehend unbeliebt. Das mag mit der Abstraktheit des Stoffes zusammenhängen und mit seiner deduktiven und unanschaulichen Präsentation in manchen Vorlesungen. Da sich ein Mißerfolg in den Grundlagen der Systemtheorie aber für viele Vertiefungsfächer verheerend auswirkend würde, darf er keinesfalls hingenommen werden.

Wir haben das vorliegende Buch als eine leicht zugängliche Einführung für Studierende der Elektrotechnik geschrieben. Die Inhalte, die präsentiert werden, sind nicht neu. Sie wurden schon oft in anderen Bücher aufgeschrieben. Neu ist die Art der Präsentation des Stoffes. Unsere Absicht ist es, die abstrakten Konzepte und Zusammenhänge der Systemtheorie durch kleine anschauliche Schritte der Erklärung so einfach darzustellen, daß das Lernen leicht fällt und Spaß macht. Ob das uns das gelungen ist, können natürlich nur Sie, liebe Leserin und lieber Leser, entscheiden.

Für den einfachen Zugang wählen wir in der Regel die induktive Darstellung, gehen also vom Beispiel aus und verallgemeinern anschließend. Weitere Beispiele illustrieren dann zusätzliche Aspekte einer Idee. Wo wir durch ein Bild oder eine Graphik den Text unterstützen können, haben wir sie gezeichnet. Darüberhinaus werden die Aussagen der Systemtheorie im fortlaufenden Text immer wieder in den Gesamtzusammenhang eingeordnet. Entsprechend hat die Diskussion der Bedeutung einer mathematischen Formel oder eines Satzes in diesem Buch Vorrang vor ihrem Beweis. Auf eine Herleitung einer Gleichung darf verzichtet werden, auf die Besprechung ihrer Anwendungen und Folgen aber nie! Die zahlreichen Aufgaben am Ende jedes Kapitels (mit ausführlichen Lösungen im Anhang) erlauben es, das Wissen zu festigen.

Auch wenn wir dieses Buch vor allem für das Studium geschrieben haben, sollte es dennoch auch in der Berufspraxis nützlich sein. Der Elektroingenieur, der in kurzer Zeit noch einmal über ein Thema nachlesen möchte, wird aus der leichten Lesbarkeit des Textes, der anwendungsorientierten Darstellung und den vielen Beispielen Nutzen ziehen.

Dieses Buch entstand aus einer Vorlesung Systemtheorie mit dazugehörigen Übungen an der Friedrich-Alexander-Universität Erlangen-Nürnberg. Sie wird für Studierende der Elektrotechnik direkt nach dem Vordiplom im 5. Semester als verpflichtende Veranstaltung angeboten. Der Stoff dieses Buches wird dabei in etwa 50 Vorlesungs- und 25 Übungsstunden vollständig durchgearbeitet. Die Grundzüge der Ingenieurmathematik (Differential- und Integralrechnung, lineare Algebra) und Grundkenntnisse elektrischer Netzwerke werden dabei vorausgesetzt. Wenn diese Kenntnisse schon früh genug erlernt werden, ist der Stoff auch für eine Präsentation im 3. oder 4. Semester geeignet. Kenntnisse der komplexen Funktionentheorie und der Wahrscheinlichkeitslehre werden häufig ebenfalls im einem ingenieurwissenschaftlichen Grundstudium erworben, sie sind hilfreich, werden aber nicht vorausgesetzt. Das Buch ist auch zum Selbststudium geeignet. Bei ganztägiger, konzentrierter Arbeit sind zur Erarbeitung des Stoffes etwa 4 - 6 Wochen zu veranschlagen.

Die Präsentation beginnt mit den kontinuierlichen Signalen und Systemen. Anders als in manchen anderen Büchern, in denen erst ausführlich Beschreibungsformen für Signale eingeführt werden und viel später Systeme, behandeln wir Signale und Systeme parallel. Die Zweckmäßigkeit der Beschreibung von Signalen durch ihre Laplace- oder Fourier-Transformierten ergibt sich nämlich erst aus den Eigenschaften von linearen, zeitinvarianten Systemen. In der Präsentation betonen wir das anschauliche Konzept von Eigenfunktionen, die von Systemen in ihrer Form nicht verändert werden. Zur korrekten Berücksichtigung von Anfangsbedingungen verwenden wir die Zustandsraumsbeschreibung, aus der elegant die Überlagerung eines externen und eines internen Anteils der Systemantwort folgt. Nach der Behandlung der Abtastung werden zeitdiskrete Signale und Systeme eingeführt und die für den kontinuierlichen Fall bekannten Konzepte erweitert. Im weiteren Verlauf werden dann diskrete und kontinuierliche Signale und Systeme gemeinsam behandelt. Den Abschluß bildet die heute so wichtige Behandlung von Zufallssignalen.

Um den mühseligen und nur selten perfekten Schritt der Korrektur von Druckfahnen zu umgehen, haben wir das Layout an der Universität selbst übernommen. Alle Formeln und der größte Teil der Bilder wurden dazu mit LaTeX gesetzt und zunächst auf Overhead-Folien übernommen, die zwei Jahre lang in der Systemtheorie-Vorlesung verwendet wurden. Den etwa 200 Hörern der Vorlesung, die sich mit aufmerksamer und scharfsinniger Kritik am „Debuggen" der Präsentation und der gesetzten Gleichungen beteiligt haben, gilt unser herzlicher Dank. Zusätzlich hat ein Jahrgang die erste Version des Manuskriptes gelesen und vielfältige Verbesserungsvorschläge gemacht. Als studentische Hilfskräfte haben

Lutz und Alexander Lampe, Stephan Gödde, Marion Schabert und Stefan von der Mark mit großem Engagement am Satz und der Korrektur des Buches und an den Lösungen zu den Übungsaufgaben mitgewirkt. Herzlich sei Frau Bärtsch gedankt, die große Teile des Textes getippt und korrigiert hat, sowie Frau Koschny, der wir viele Zeichnungen verdanken. Als aufmerksamen und ausdauernden Korrekturlesern gilt den Herren Peter Eisert, Achim Hummel, Wolfgang Sörgel, Gerhard Runze und Dr.-Ing. Reinhard Bernstein unser besonderer Dank. Für Diskussionen über knifflige mathematische Fragen standen Herr Priv. Doz. Dr. Peter Steffen und Herr Dr.-Ing. Ulrich Forster immer gerne zur Verfügung, Ihnen sei ebenfalls herzlich gedankt. Schließlich danken wir dem Teubner Verlag für die unkomplizierte Zusammenarbeit und die Unterstützung dieses Projekts.

Wenn eine zweite Auflage dieses Buches erscheint, wollen wir noch weiteren Personen danken können. Deshalb möchten wir eine herzliche Bitte an Sie, liebe Leserin oder lieber Leser, richten. Teilen Sie uns bitte Ihre Anmerkungen und Anregungen mit. Am einfachsten geht das per Email an `stbuch@nt.e-technik.uni-erlangen.de`. Auch wenn Sie irgendwo einen Fehler entdecken, sei er auch noch so klein, behalten Sie ihn bitte nicht für sich. Wir versprechen Ihnen, daß wir alle ernsthaften Kommentare beherzigen werden.

Erlangen, August 1997

Bernd Girod   Rudolf Rabenstein   Alexander Stenger

Inhaltsverzeichnis

1	**Einleitung**	**1**
1.1	Signale	1
1.2	Systeme	5
	1.2.1 Was ist ein System?	5
	1.2.2 Der Anspruch der Systemtheorie	6
	1.2.3 Lineare, zeitinvariante Systeme	7
	1.2.3.1 Linearität eines Systems	8
	1.2.3.2 Zeitinvarianz eines Systems	10
	1.2.3.3 LTI-Systeme	10
	1.2.4 Beispiele für Systeme	11
	1.2.4.1 Elektrische Netzwerke	11
	1.2.4.2 Weitere Beispiele für Systeme	11
	1.2.5 Einteilung von Systemen	13
1.3	Übersicht über dieses Buch	14
1.4	Aufgaben	15
2	**Beschreibung kontinuierlicher LTI-Systeme im Zeitbereich**	**18**
2.1	Differentialgleichungen	19
	2.1.1 Systemanalyse	19
	2.1.2 Lineare Differentialgleichungen mit konstanten Koeffizienten	19
2.2	Blockdiagramme	21
	2.2.1 Direktform I	21
	2.2.2 Direktform II	22
	2.2.3 Direktform III	25
	2.2.4 Warum realisiert man LTI-Systeme nicht mit Differenzierern?	29
	2.2.5 Elektrische Realisierung eines Integrierers mit einem Operationsverstärker	29
2.3	Zustandsraumbeschreibung von LTI-Systemen	31
	2.3.1 Beispiel zur Zustandsraumbeschreibung	31
	2.3.2 Allgemeine Form der Zustandsraumbeschreibung	32

2.4   Differentialgleichung, Blockdiagramm und Zustandsraumbeschrei-
      bung   34
2.5   Äquivalente Zustandsraumdarstellungen   35
2.6   Steuerbarkeit und Beobachtbarkeit   38
2.7   Zusammenfassung   40
2.8   Aufgaben   43

3   Beschreibung von LTI-Systemen im Frequenzbereich   46
3.1   Komplexe Frequenzen   47
      3.1.1   Was ist eine komplexe Frequenz?   47
      3.1.2   Komplexe Frequenz: Beispielsignale   47
      3.1.3   Die komplexe Frequenz-Ebene   49
3.2   Eigenfunktionen   50
      3.2.1   Was sind Eigenfunktionen?   50
      3.2.2   Eigenfunktionen von LTI-Systemen   51
      3.2.3   Beispiel: RLC-Netzwerk   53
      3.2.4   Impedanz   55
      3.2.5   Normierung   56
3.3   Aufgaben   60

4   Laplace-Transformation   62
4.1   Verallgemeinerung des Eigenfunktionsansatzes   62
4.2   Definition der Laplace-Transformation   62
4.3   Einseitige und zweiseitige Laplace-Transformation   64
4.4   Beispiele zur Laplace-Transformation   65
4.5   Konvergenzbereich der Laplace-Transformation   69
      4.5.1   Uneigentliche Integrale   69
      4.5.2   Singularitäten   70
      4.5.3   Eigenschaften des Konvergenzbereichs   71
4.6   Existenz und Eindeutigkeit der Laplace-Transformierten   73
      4.6.1   Existenz der Laplace-Transformierten   73
      4.6.2   Eindeutigkeit der inversen Laplace-Transformation   75
4.7   Eigenschaften und Sätze der Laplace-Transformation   77
      4.7.1   Linearität der Laplace-Transformation   77
      4.7.2   Verschiebung im Zeitbereich oder Frequenzbereich   78
      4.7.3   Skalierung der Zeitachse oder der Frequenzebene   79
      4.7.4   Differentiation und Integration im Zeitbereich   79
      4.7.5   Differentiationssatz und Integrationssatz für die
              einseitige Laplace-Transformation   80
      4.7.6   Differentiationssatz für stückweise glatte Signale   82
      4.7.7   Differentiation im Frequenzbereich   84
      4.7.8   Tabelle der wichtigsten Laplace-Transformierten   85
4.8   Aufgaben   86

5 Komplexe Funktionentheorie und inverse Laplace-Transformation **88**

5.1 Wegintegral in der komplexen Ebene 88

5.2 Hauptsatz der Funktionentheorie 90

5.3 Ringintegrale um Singularitäten 90

5.4 Integralformel von Cauchy 92

    5.4.1 Residuenberechnung 93

    5.4.2 Integration parallel zur imaginären Achse 95

    5.4.3 Bedeutung der Integralformel von Cauchy 96

5.5 Inverse Laplace-Transformation 97

    5.5.1 Inverse einseitige Laplace-Transformation 97

    5.5.2 Inverse zweiseitige Laplace-Transformation 98

    5.5.3 Integrationsweg für die inverse Laplace-Transformation . . 99

    5.5.4 Berechnung der inversen Laplace-Transformation mit dem Residuensatz 99

    5.5.5 Praktische Berechnung der inversen Laplace-Transformation 103

5.6 Aufgaben 105

6 Analyse zeitkontinuierlicher LTI-Systeme mit der Laplace-Transformation **107**

6.1 Systemreaktion auf zweiseitige Eingangssignale 107

6.2 Berechung der Systemfunktion 109

6.3 Pole und Nullstellen der Systemfunktion 112

6.4 Berechnung der Systemfunktion aus Differentialgleichungen 115

6.5 Zusammenfassendes Beispiel 116

6.6 Kombination von einfachen LTI-Systemen 118

    6.6.1 Reihenschaltung 118

    6.6.2 Parallelschaltung 119

    6.6.3 Rückkopplung 120

6.7 Kombination von LTI-Systemen mit mehreren Ein- und Ausgängen 121

    6.7.1 Reihenschaltung 122

    6.7.2 Parallelschaltung 123

    6.7.3 Rückkopplung 123

6.8 Analyse von Zustandsraumbeschreibungen 124

6.9 Aufgaben 126

7 Lösung von Anfangswertproblemen mit der Laplace-Transformation **128**

7.1 Systeme erster Ordnung 129

    7.1.1 Klassische Lösung von Anfangswertproblemen 129

    7.1.2 Externer und interner Anteil der Lösung 131

    7.1.3 Anfangswert und Anfangszustand 132

    7.1.4 Beispiel: Anfangswertproblem mit harmonischer Erregung . 136

       7.1.5   Zusammenfassung 138

  7.2   Systeme zweiter Ordnung 139

  7.3   Systeme höherer Ordnung 141

       7.3.1   Lösung der Zustandsraumdifferentialgleichung 141

       7.3.2   Berechnung des Anfangszustands aus den Anfangswerten . 146

       7.3.3   Berechnung des internen Anteils im Zeitbereich 148

  7.4   Bewertung der Verfahren zur Lösung von Anfangswertproblemen . 153

  7.5   Aufgaben 154

8 Faltung und Impulsantwort   **157**

  8.1   Motivation 157

  8.2   Zeitverhalten eines RC–Netzwerks 158

       8.2.1   Systemfunktion 158

       8.2.2   Reaktion auf einen Rechteckimpuls 159

       8.2.3   Reaktion auf sehr kurze Rechteckimpulse 160

  8.3   Der Delta-Impuls 162

       8.3.1   Einführung 162

       8.3.2   Ausblendeigenschaft 162

       8.3.3   Impulsantwort 164

       8.3.4   Rechenregeln für Delta-Impulse 164

            8.3.4.1   Linearkombination von Delta-Impulsen 165

            8.3.4.2   Skalierung der Zeitachse 165

            8.3.4.3   Multiplikation mit einer stetigen Funktion 166

            8.3.4.4   Derivation 167

            8.3.4.5   Integration 168

       8.3.5   Anwendung von Delta-Impulsen 170

  8.4   Faltung 171

       8.4.1   Systembeschreibung durch Impulsantwort 171

       8.4.2   Impulsantwort und Systemfunktion 174

       8.4.3   Berechnung des Faltungsintegrals 176

       8.4.4   Impulsantworten spezieller Systeme 178

            8.4.4.1   Integrierer 179

            8.4.4.2   Differenzierer 180

            8.4.4.3   Verzögerungsglieder 181

            8.4.4.4   Bausteine der Regelungstechnik 183

       8.4.5   Kombination einfacher LTI-Systeme 184

       8.4.6   Faltung durch Hinschauen 187

  8.5   Anwendungen 193

       8.5.1   Suchfilter (Matched Filter) 193

       8.5.2   Entfaltung 196

  8.6   Aufgaben 197

9 Fourier-Transformation **200**
9.1 Rückblick auf die Laplace-Transformation 200
9.2 Definition der Fourier-Transformation 202
   9.2.1 Hintransformation 202
   9.2.2 Existenz der Fourier-Transformation 203
9.3 Unterschiede zwischen Fourier- und Laplace-Transformation 203
9.4 Beispiele zur Fourier-Transformation 206
   9.4.1 Fourier-Transformierte des Delta-Impulses 206
   9.4.2 Fourier-Transformierte der Rechteckfunktion 206
   9.4.3 Fourier-Transformierte einer komplexen Exponentialfunktion 210
   9.4.4 Fourier-Transformierte von $\frac{1}{t}$ 213
9.5 Symmetrien der Fourier-Transformation 214
   9.5.1 Gerade und ungerade Funktionen 214
   9.5.2 Konjugierte Symmetrie 216
   9.5.3 Symmetriebeziehungen für reellwertige Zeitsignale 216
   9.5.4 Symmetriebeziehungen für imaginäre Zeitsignale 218
   9.5.5 Symmetriebeziehungen für komplexwertige Signale 218
9.6 Inverse Fourier-Transformation 219
9.7 Sätze zur Fourier-Transformation 221
   9.7.1 Linearität der Fourier-Transformation 221
   9.7.2 Dualität 221
   9.7.3 Ähnlichkeitssatz 223
   9.7.4 Faltungssatz der Fourier-Transformation 223
   9.7.5 Multiplikationssatz 225
   9.7.6 Verschiebungssatz und Modulationssatz 228
   9.7.7 Differentiationssätze 230
   9.7.8 Integrationssatz 231
9.8 Parsevalsches Theorem 232
9.9 Korrelation deterministischer Signale 234
   9.9.1 Definition 234
   9.9.2 Eigenschaften 235
      9.9.2.1 Zusammenhang mit der Faltung 235
      9.9.2.2 Symmetrie 236
      9.9.2.3 Kommutativität 236
      9.9.2.4 Fourier-Transformierte von Korrelationsfunktionen 237
9.10 Zeit-Bandbreite-Produkt 238
   9.10.1 Flächengleiches Rechteck 238
   9.10.2 Toleranzschemata 240
   9.10.3 Momente zweiter Ordnung 242
   9.10.4 Zusammenfassung 243
9.11 Aufgaben 243

10 Bode-Diagramme   **247**
  10.1 Einführung 247
  10.2 Beiträge einzelner reeller Pole und Nullstellen 248
  10.3 Bode-Diagramm für mehrere reelle Pole und Nullstellen 252
  10.4 Regeln für Bode-Diagramme 253
      10.4.1 Betragsfrequenzgang 254
      10.4.2 Phasenverlauf 255
  10.5 Komplexe Pol- und Nullstellenpaare 255
  10.6 Aufgaben 262

11 Abtastung und periodische Signale   **266**
  11.1 Einleitung 266
  11.2 Delta-Impulskamm und periodische Funktionen 267
      11.2.1 Delta-Impulskamm und seine Fourier-Transformierte . . . 267
      11.2.2 Fourier-Transformierte periodischer Signale 269
      11.2.3 Faltung eines periodischen und eines aperiodischen Signals . 272
      11.2.4 Periodische Faltung 273
  11.3 Abtastung 274
      11.3.1 Ideale Abtastung 274
      11.3.2 Abtasttheorem 275
      11.3.3 Abtasttheorem für komplexwertige Bandpaß-Signale . . . 280
      11.3.4 Abtasttheorem für reellwertige Bandpaß-Signale 283
      11.3.5 Nichtideale Abtastung 285
      11.3.6 Nichtideale Rekonstruktion 288
      11.3.7 Abtastung im Frequenzbereich 292
  11.4 Aufgaben 293

12 Diskrete Signale und ihr Spektrum   **301**
  12.1 Diskrete Signale 301
  12.2 Einfache Zahlenfolgen 303
      12.2.1 Diskreter Einheitsimpuls 303
      12.2.2 Diskreter Einheitssprung 304
      12.2.3 Exponentialfolgen 304
  12.3 Fourier-Transformierte einer Folge 307
      12.3.1 Definition der $\mathcal{F}_*$-Transformation 307
      12.3.2 Inverse $\mathcal{F}_*$-Transformation 308
      12.3.3 Korrespondenzen der $\mathcal{F}_*$-Transformation 308
          12.3.3.1 $\mathcal{F}_*$-Transformierte des diskreten Einheitsimpulses 308
          12.3.3.2 $\mathcal{F}_*$-Transformierte der ungedämpften komplexen
                 Exponentialfolge 309
          12.3.3.3 $\mathcal{F}_*$-Transformierte des diskreten Einheitssprungs . 309
          12.3.3.4 $\mathcal{F}_*$-Transformierte einseitiger Exponentialfolgen . 311
          12.3.3.5 $\mathcal{F}_*$-Transformation einer Rechteckfolge 311

12.4 Abtastung kontinuierlicher Signale 312
12.5 Sätze der $\mathcal{F}_*$-Transformation 313
    12.5.1 Linearität 314
    12.5.2 Verschiebungs- und Modulationssatz 314
    12.5.3 Faltungssatz der $\mathcal{F}_*$-Transformation 315
    12.5.4 Multiplikationssatz 315
    12.5.5 Satz von Parseval 316
    12.5.6 Symmetrien der Fourier-Transformation diskreter Signale . 316
12.6 Aufgaben 318

13 z-Transformation   **321**
13.1 Definition und Beispiele 321
    13.1.1 Definition der zweiseitigen z-Transformation 321
    13.1.2 Beispiele zur z-Transformation 322
    13.1.3 Anschauliche Deutung der z-Ebene 325
13.2 Konvergenzbereich der z-Transformation 326
13.3 Beziehungen zu anderen Transformationen 328
    13.3.1 z-Transformation und Fourier-Transformation von Folgen . 328
    13.3.2 z-Transformation und Laplace-Transformation 330
13.4 Sätze der z-Transformation 333
13.5 Inverse z-Transformation 335
13.6 Pol-Nullstellen-Diagramm in der z-Ebene 339
13.7 Aufgaben 341

14 Zeitdiskrete LTI-Systeme   **345**
14.1 Einführung 345
14.2 Linearität und Zeitinvarianz 345
14.3 Lineare Differenzengleichungen mit konstanten Koeffizienten 346
    14.3.1 Differenzengleichungen und Differentialgleichungen 346
    14.3.2 Lösung von linearen Differenzengleichungen 347
        14.3.2.1 Numerische Lösung 347
        14.3.2.2 Analytische Lösung 347
14.4 Eigenfolgen und Systemfunktion diskreter LTI-Systeme 348
    14.4.1 Eigenfolgen 348
    14.4.2 Systemfunktion 349
    14.4.3 Berechnung der Systemfunktion aus der Differenzengleichung 350
14.5 Beschreibung durch Blockdiagramme und im Zustandsraum 352
    14.5.1 Direktform I 352
    14.5.2 Direktform II 353
    14.5.3 Zustandsraumbeschreibung diskreter LTI-Systeme 353
14.6 Diskrete Faltung und Impulsantwort 357
    14.6.1 Berechnung der Systemreaktion durch diskrete Faltung . . 358
    14.6.2 Faltungssatz der z-Transformation 359

14.6.3 Systeme mit endlich und unendlich langer Impulsantwort . 360
14.6.4 Berechnung der diskreten Faltung 363
14.7 Aufgaben 369

15 Kausalität und Hilbert-Transformation   **374**
15.1 Kausale Systeme 374
15.1.1 Allgemeine Systeme 375
15.1.2 Lineare Systeme 375
15.1.3 LTI-Systeme 376
15.2 Kausale Signale 377
15.2.1 Zeitbereich 377
15.2.2 Spektren kausaler Signale 378
15.2.2.1 Kontinuierliche Signale 378
15.2.2.2 Diskrete Signale 380
15.3 Analytisches Signal 381
15.4 Aufgaben 385

16 Stabilität und rückgekoppelte Systeme   **389**
16.1 BIBO, Impulsantwort und Frequenzgang 389
16.1.1 Kontinuierliche LTI-Systeme 390
16.1.2 Diskrete Systeme 391
16.1.3 Beispiele 391
16.2 Kausale stabile LTI-Systeme 394
16.2.1 Allgemeine Eigenschaften 394
16.2.1.1 Kontinuierliche Systeme 394
16.2.1.2 Diskrete Systeme 395
16.2.2 LTI-Systeme mit gebrochen rationaler Übertragungsfunktion 395
16.2.2.1 Kontinuierliche Systeme 395
16.2.2.2 Diskrete Systeme 396
16.2.3 Stabilitätskriterien 397
16.2.3.1 Kontinuierliche Systeme 398
16.2.3.2 Diskrete Systeme 399
16.3 Rückgekoppelte Systeme 401
16.3.1 Invertierung eines Systems durch Rückkopplung 402
16.3.2 Glättung des Frequenzgangs durch Gegenkopplung 402
16.3.3 Stabilisierung eines Systems durch Rückkopplung 403
16.4 Aufgaben 406

17 Beschreibung von Zufallssignalen   **410**
17.1 Einleitung 410
17.1.1 Was sind Zufallssignale? 411
17.1.2 Wie beschreibt man Zufallssignale? 411
17.2 Erwartungswerte 412

17.2.1 Erwartungswert als Scharmittelwert 412
17.2.2 Erwartungswerte erster Ordnung 414
17.2.3 Rechnen mit Erwartungswerten 417
17.2.4 Erwartungswerte zweiter Ordnung 418
17.3 Stationäre Zufallsprozesse 419
17.3.1 Definition 420
17.3.2 Ergodische Zufallsprozesse 422
17.4 Korrelationsfunktionen 424
17.4.1 Korrelationsfunktionen reeller Signale 425
17.4.1.1 Autokorrelationsfunktion 425
17.4.1.2 Autokovarianzfunktion 429
17.4.1.3 Kreuzkorrelationsfunktion 429
17.4.1.4 Kreuzkovarianzfunktion 431
17.4.2 Korrelationsfunktionen komplexwertiger Signale 431
17.4.2.1 Kreuzkorrelationsfunktion 432
17.4.2.2 Autokorrelationsfunktion 432
17.4.2.3 Kreuzkovarianz- und Autokovarianzfunktion . . . 433
17.5 Leistungsdichtespektren 434
17.5.1 Definition 434
17.5.2 Leistungsdichtespektrum und quadratischer Mittelwert . . . 435
17.5.3 Symmetrieeigenschaften des Leistungsdichtespektrums . . . 436
17.5.4 Weißes Rauschen 437
17.6 Beschreibung diskreter Zufallssignale 439
17.7 Aufgaben 441

18 Zufallssignale und LTI-Systeme **445**
18.1 Verknüpfungen von Zufallssignalen 445
18.1.1 Multiplikation von Zufallssignalen mit einem Faktor 445
18.1.2 Addition von Zufallssignalen 446
18.1.2.1 Autokorrelationsfunktion und Leistungsdichtespektrum 447
18.1.2.2 Kreuzkorrelationsfunktion und Kreuzleistungsdichtespektrum 448
18.2 Reaktion von LTI-Systemen auf Zufallssignale 449
18.2.1 Stationarität und Ergodizität 449
18.2.2 Linearer Mittelwert am Ausgang eines LTI-Systems 450
18.2.3 Autokorrelationsfunktion am Ausgang eines LTI-Systems . 451
18.2.4 Kreuzkorrelationsfunktion zwischen Eingang und Ausgang
eines LTI-Systems 454
18.2.5 Leistungsdichtespektrum und LTI-System 455
18.2.6 Deutung des Leistungsdichtespektrums 458
18.2.7 Messung des Übertragungsverhaltens eines LTI-Systems . . 460
18.3 Signalschätzung durch Wiener-Filter 461

18.3.1 Herleitung der Übertragungsfunktion des Wiener-Filters . . 462
18.3.1.1 Lineare Verzerrungen und additives Rauschen . . 464
18.3.1.2 Ideale Übertragung und additives Rauschen 465
18.3.1.3 Lineare Verzerrungen ohne Rauschen 466
18.4 Aufgaben 467

A Lösungen der Aufgaben   473

B Korrespondenzen-Tabellen   569
B.1 Korrespondenzen der zweiseitigen Laplace-Transformation 569
B.2 Sätze der zweiseitigen Laplace-Transformation 570
B.3 Korrespondenzen der Fourier-Transformation 571
B.4 Sätze der Fourier-Transformation 572
B.5 Korrespondenzen der zweiseitigen z-Transformation 573
B.6 Sätze der zweiseitigen z-Transformation 574
B.7 Korrespondenzen der Fourier-Transformation von Folgen 575
B.8 Sätze der Fourier-Transformation von Folgen 576

Literaturverzeichnis   577

Index   579

1 Einleitung

Die Systemtheorie beschäftigt sich mit Signalen und Systemen. Was sind Signale? Was sind Systeme? Vor einer Definition dieser Begriffe sehen wir uns zuerst einige Beispiele an.

1.1 Signale

Signale beschreiben Größen, die sich ändern. Bild 1.1 zeigt die elektrische Spannung, die ein Mikrofon abgibt, wenn man die Silbe „da" hineinspricht. Diese Spannung entspricht weitgehend dem Schalldruck der Luft, auf dessen zeitliche Änderung unser Ohr reagiert. An der Kurve von Bild 1.1 können wir den Wert der Mikrofonspannung in Abhängigkeit von der Zeit ablesen. Da zu jedem Zeitpunkt ein Spannungswert vorliegt, sprechen wir hier von einem *zeitkontinuierlichen* Signal. Die Zeit nennen wir die *unabhängige* Variable und die sich mit der Zeit ändernde Spannung die abhängige Variable oder Signalamplitude. Meistens zeichnet man die unabhängige Variable waagerecht (x-Achse) und die abhängige Variable senkrecht (y-Achse).

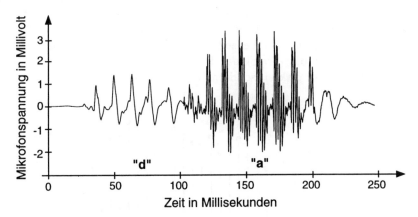

Bild 1.1: Beispiel eines zeitkontinuierlichen Signals: Sprachsignal der Silbe „da"

In Bild 1.2 ist ein anderes kontinuierliches Signal dargestellt. Es zeigt den Temperaturverlauf in einer Hauswand, jedoch nicht über der Zeit, sondern über dem

Ort aufgetragen. Die Linien zeigen das Temperaturprofil im Inneren einer 15 cm dicken Wand, bei der sich die Lufttemperatur auf der rechten Seite schlagartig um 10 K erhöht hat. Eine Stunde danach hat die Temperatur den durch die dicke Linie repräsentierten Verlauf. Zu anderen Zeiten erhält man andere Temperaturverläufe. Im Gegensatz zu Bild 1.1 ist die Zeit hier ein Scharparameter; die unabhängige kontinuierliche Variable ist der Ort.

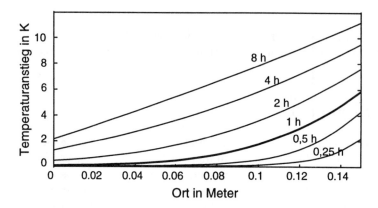

Bild 1.2: Temperaturverlauf in einer Hauswand

Eine andere Art von veränderlichen Größen zeigt Bild 1.3. Hier ist ein Aktienindex über der Zeit aufgetragen. Obwohl sich dieser Index während der Öffnungszeit der Börse laufend ändert, sind in diesem Bild nur die wöchentlichen Mittelwerte dargestellt. Sie ändern sich nicht kontinuierlich mit der Zeit, sondern nur einmal pro Woche. Wenn die Signalamplitude nur zu bestimmten „diskreten" Zeitpunkten vorliegt, nicht aber für die Zwischenzeiten, sprechen wir von einem *diskreten* oder genauer von einem *zeitdiskreten* Signal. Die Signalamplitude selbst ist in unserem Beispiel allerdings nicht diskret, sondern kontinuierlich.

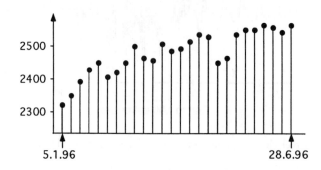

Bild 1.3: Der wöchentliche Deutsche Aktienindex vom 5.1.1996 bis zum 28.6.1996

In Bild 1.4 ist die Häufigkeit der Notenstufen bei der Prüfung im Fach Systemtheorie an der Universität Erlangen–Nürnberg im April 1996 aufgetragen. Die einzelnen Notenstufen nehmen nur diskrete Werte an (1,0 – 5,0), die Häufigkeiten sind (im Gegensatz zu den mittleren Aktienkursen) ganze Zahlen und daher ebenfalls diskret. Hier sind also unabhängige und abhängige Variable diskret.

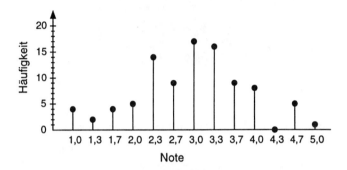

Bild 1.4: Häufigkeit der Notenstufen einer Prüfung im Fach Systemtheorie

Die bisher betrachteten Signale waren Größen, die nur von *einer* unabhängigen Variablen abhingen. Es gibt aber auch Größen mit Abhängigkeiten von zwei und mehr Variablen. Die Grauwerte des Bildes 1.5 hängen von zwei Ortskoordinaten ab: der x- und der y-Koordinate. Beide Achsen repräsentieren hier unabhängige Variablen. Die abhängige Variable $s(x,y)$ ist nicht über einer Achse aufgetragen, sondern als Helligkeitswert zwischen den Extremwerten schwarz und weiß.

Eine Abhängigkeit von drei Variablen liegt bei bewegten Bildern vor (Bild 1.6). Hier kommt zu den zwei Ortskoordinaten noch die Zeit als dritte unabhängige Variable hinzu. Man spricht hier von zwei- bzw. dreidimensionalen oder allgemein von mehrdimensionalen Signalen. Wenn die Helligkeitswerte sich kontinuierlich mit dem Ort bzw. mit dem Ort und mit der Zeit ändern, handelt es sich jeweils um kontinuierliche Signale.

Alle Beispiele zeigten Größen (Spannung, Temperatur, Aktienindex, Häufigkeiten, Helligkeiten) die sich mit den Werten der unabhängigen Variablen ändern. Dadurch vermitteln sie jeweils eine bestimmte Information. Unter einem Signal wollen wir in diesem Buch entsprechend folgendes verstehen:

Definition 1: Signal

Ein Signal *ist eine Funktion oder eine Wertefolge, die Information repräsentiert.*

An den bisherigen Beispielen haben wir gesehen, daß Signale unterschiedliche Formen annehmen können. Man kann sie nach verschiedenen Kriterien einteilen, von denen die wichtigsten in Tabelle 1.1 zusammengestellt sind.

Bild 1.5: Bild als kontinuierliches zweidimensionales Signal

Bild 1.6: Bewegtbild als Beispiel eines kontinuierlichen dreidimensionalen Signals

Tabelle 1.1: Kriterien für die Einteilung von Signalen

(zeit-)kontinuierlich	-	(zeit-)diskret, diskontinuierlich
amplitudenkontinuierlich	-	amplitudendiskret
analog	-	digital
reellwertig	-	komplexwertig
eindimensional	-	mehrdimensional
endlicher Definitionsbereich	-	unendlicher Definitionsbereich
deterministisch	-	stochastisch

Den Unterschied zwischen kontinuierlichen und diskreten Signalen haben wir schon anhand der Bilder 1.1 und 1.3 besprochen. Diskrete Signale heißen auch diskontinuierlich. Die meisten der bisherigen Signale sind amplitudenkontinuierlich, weil ihre abhängige Variable beliebige Zwischenwerte annehmen kann. Das Signal von Bild 1.4 ist jedoch amplitudendiskret, denn die abhängige Variable (Anzahl der Prüfungskandidaten) kann nur ganzzahlige Werte annehmen. Genaugenommen ist der Aktienindex in Bild 1.3 auch amplitudendiskret, da der Aktienindex nur bis auf wenige Kommastellen genau angegeben wird. Signale, deren abhängige und unabhängige Variablen kontinuierlich sind, nennt man auch *analoge* Signale. Wenn beide Variablen diskret sind, spricht man von *digitalen* Signalen. Die Ausgangsspannung eines Mikrofons ist ein analoges Signal, da zu jedem beliebigen Zeitpunkt Amplitudenwerte in beliebig feiner Abstufung abgelesen werden können. Wertefolgen, die in einem Computer gespeichert sind, sind stets digital, da die Amplitudenwerte nur mit endlicher Wortlänge in voneinander wohlunterschiedenen (diskreten) Speicherzellen abgelegt werden können.

Alle bisher betrachteten Signale hatten reelle Amplituden und sind daher *reellwertig*. Signale, deren abhängige Variable komplexe Werte annimmt, heißen *komplexwertig*.

Die Signale aus den Bildern 1.1 bis 1.4 sind eindimensional, die aus den Bildern 1.5 und 1.6 sind mehrdimensional. Alle bisherigen Beispielsignale hatten aus Darstellungsgründen einen endlichen Bereich ihrer unabhängigen Variablen und sind so Signale mit *endlichem Definitionsbereich*. Wenn wir allerdings das Signal aus Bild 1.6 als Bild einer Fernsehkamera betrachten, dann ist der Definitionsbereich der Ortsvariablen wegen des begrenzten Bildausschnitts weiterhin endlich, der Definitionsbereich der Zeitvariablen ist aber unendlich (wenn man die endliche Lebensdauer der Kamera nicht berücksichtigt).

Signale heißen *deterministisch*, wenn ihr Verlauf bekannt ist und z. B. durch eine Formel dargestellt werden kann. Die Ablenkspannung eines Oszilloskops ist ein deterministisches Signal, denn ihr Verlauf ist bekannt, und sie kann durch eine Sägezahnkurve dargestellt werden. Bei einem Sprachsignal (vergl. Bild 1.1) ist es dagegen nicht möglich, die Funktionswerte durch Formeln oder graphische Elemente anzugeben. Außerdem ist der zukünftige Verlauf nicht bekannt. Solche Signale nennt man *stochastisch*. Da es nicht möglich ist, den funktionalen Verlauf anzugeben, werden sie durch Erwartungswerte (Mittelwert, Varianz und viele andere) beschrieben.

1.2 Systeme

1.2.1 Was ist ein System?

Wir haben bis jetzt gesehen, daß Signale Informationen repräsentieren. In vielen technischen Anwendungen begnügt man sich aber nicht damit, Informationen nur zu betrachten, sondern sie sollen gespeichert, an andere Orte übertragen oder mit anderen Informationen verknüpft werden. Dazu müssen Beziehungen zwischen verschiedenen Signalen hergestellt und beschrieben werden. Das führt auf die Definition eines *Systems*:

Definition 2: System

Ein System *ist die Abstraktion eines Prozesses oder Gebildes, das mehrere Signale zueinander in Beziehung setzt.*

In dieser allgemeinen Form kann man sich ein System als einen Kasten vorstellen, der über verschiedene Signale mit der Außenwelt kommuniziert. Bild 1.7 zeigt ein solches System, das die Signale x_1 bis x_n zueinander in Beziehung setzt.

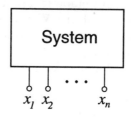

Bild 1.7: Allgemeines System

In vielen Fällen kann man die an einem System anliegenden Signale einteilen in Eingangssignale und Ausgangssignale. Die Eingangssignale existieren unabhängig vom System und werden von ihm nicht beeinflußt. Stattdessen reagiert das System auf diese Signale. Ausgangssignale tragen Informationen, die vom System erzeugt werden, oftmals als Antwort auf Eingangssignale. Das einfache System in Bild 1.8 hat ein Eingangssignal x und ein Ausgangssignal y. Man nennt y auch die *Reaktion des Systems* auf x.

Ein System kann natürlich auch mehrere Ein- und Ausgänge haben. Der Einfluß der einzelnen Eingänge auf die Ausgangssignale wird vom System bestimmt. Im allgemeinen hängt jeder Ausgang von allen Eingängen ab. Zur Vereinfachung der Schreibweise faßt man auch die Ein- und Ausgangssignale zu Vektoren zusammen (Bild 1.8).

1.2.2 Der Anspruch der Systemtheorie

Die Systemtheorie beschäftigt sich nicht mit der Realisierung eines Systems aus bestimmten Bauteilen, sondern mit den Beziehungen, die das System zwischen den anliegenden Signalen herstellt. Sie stellt ein mächtiges mathematisches Handwerkszeug zur Untersuchung und zum Entwurf von Systemen dar, denn der Verzicht auf Details der Realisierung hilft, den Überblick über das Gesamte zu bewahren. Es interessiert nur die formale Gestalt der Zusammenhänge, nicht die Spezialisierung

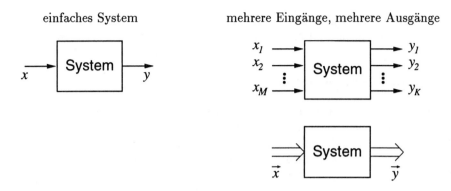

Bild 1.8: Ein-Ausgangssysteme

auf bestimmte Anwendungsfälle. Damit erreicht die Systemtheorie eine vereinheit-lichte Darstellung von Prozessen aus verschiedenen Bereichen (z.B. Physik, Technik, Ökonomie, Biologie) und fördert eine interdisziplinäre Betrachtungsweise.

Mit dem hohen Abstraktionsgrad sind als Vorteile Lernökonomie und Übersichtlichkeit verbunden. Lernökonomie, weil Gesetzmäßigkeiten aus einem Wissenschaftsbereich leichter auf andere Bereiche übertragen werden können, wenn sie in allgemeiner Form formuliert sind. Übersichtlichkeit, weil die Trennung von Detailproblemen und allgemeinen Beziehungen hier zum Prinzip erhoben wird. Als Nachteil steht dem aber leider eine gewisse Unanschaulichkeit gegenüber, die den Zugang zur Systemtheorie beim ersten Lernen erschwert.

1.2.3   Lineare, zeitinvariante Systeme

Ein wichtiges Teilgebiet der Systemtheorie ist die Theorie der linearen, zeitinvarianten Systeme. Sie stellt das klassische Kerngebiet der Systemtheorie dar und ist gut entwickelt, elegant und übersichtlich. Sie eignet sich auch für die Beschreibung nichtlinearer Systeme, die sich für kleine Signalamplituden linearisieren lassen. Die Systemtheorie linearer, zeitinvarianter Systeme hat sich aus den praktischen Problemen der Elektrotechnik über einen Zeitraum von mehr als 100 Jahren entwickelt [18]. Wichtige Anwendungsfelder der Theorie linearer, zeitinvarianter Systeme in der Elektrotechnik sind heute:

- Analyse und Entwurf elektrischer Netzwerke

- Digitale Signalverarbeitung

- Nachrichtenübertragung

- Regelungstechnik

- Meßtechnik

Dieses Buch beschäftigt sich nur mit linearen, zeitinvarianten Systemen. Zuerst müssen wir aber noch die Begriffe Linearität und Zeitinvarianz erklären.

1.2.3.1 Linearität eines Systems

Zur Definition des Begriffs der Linearität betrachten wir das System in Bild 1.9. Es reagiert auf das Eingangssignal $x_1(t)$ mit dem Ausgangssignal $y_1(t)$ und auf das Eingangssignal $x_2(t)$ mit dem Ausgangssignal $y_2(t)$. Können wir daraus auf das Ausgangssignal $y(t)$ schließen, das zum Eingangssignal

$$x(t) = Ax_1(t) + Bx_2(t) \qquad (1.1)$$

gehört? Im allgemeinen nicht, aber für viele Zusammenhänge zwischen Eingangs- und Ausgangsgrößen folgt aus (1.1) das Ausgangssignal

$$y(t) = Ay_1(t) + By_2(t) \ . \qquad (1.2)$$

Beispiele sind der Zusammenhang zwischen Strom und Spannung an einem Widerstand durch das Ohmsche Gesetz, zwischen zugeflossener Ladung und Spannung an einem Kondensator oder zwischen Kraft und Dehnung einer Feder nach dem Hookeschen Gesetz.

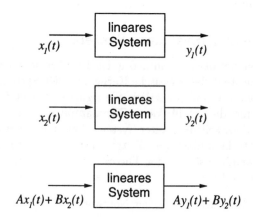

Bild 1.9: Definition eines linearen Systems (A, B sind beliebige komplexe Konstanten)

Den durch (1.1), (1.2) ausgedrückten Zusammenhang bezeichnet man als *Überlagerungssatz* oder *Superpositionsprinzip*. Wir können ihn auch allgemeiner definieren:

Definition 3: Superpositionsprinzip

Wenn die Reaktion eines Systems auf eine Linearkombination von Eingangs-signalen stets aus der entsprechenden Linearkombination der einzelnen Aus-gangssignale besteht, dann gilt für dieses System der Überlagerungssatz *bzw.* das Superpositionsprinzip.

Wegen der großen Bedeutung solcher Systeme verwendet man auch eine noch grif-figere Bezeichnung:

Definition 4: Lineare Systeme

Systeme, für die der Überlagerungssatz bzw. das Superpositionsprinzip gilt, hei-ßen lineare *Systeme.*

Für das System aus Bild 1.9 lautet der Überlagerungssatz

$$x(t) = Ax_1(t) + Bx_2(t) \quad \rightarrow \quad y(t) = Ay_1(t) + By_2(t). \qquad (1.3)$$

Dabei können A und B beliebige komplexe Konstanten sein. Der Überlagerungs-satz läßt sich direkt auch auf Linearkombinationen von mehr als zwei Signalen erweitern [13] und für Systeme mit mehreren Ein- und Ausgängen formulieren [17]. Ein wichtiger Spezialfall folgt unmittelbar aus (1.3) mit $A = B = 0$:

$$x(t) = 0 \quad \rightarrow \quad y(t) = 0, \qquad \forall\, t \in \mathbb{R}. \qquad (1.4)$$

Legt man also am Eingang eines linearen Systems ein Signal $x(t)$ an, das *zu allen Zeiten* null ist, so muß auch das Ausgangssignal zu allen Zeiten null sein, sonst handelt es sich nicht um ein lineares System. Gleichung (1.4) darf man aber keines-falls so interpretieren, daß zu jedem Zeitpunkt, zu dem das Eingangssignal durch Null geht, auch das Ausgangssignal durch Null gehen muß.

Der Überlagerungssatz gilt streng genommen bei realen Systemen immer nur für einen eingeschränkten Wertebereich der Konstanten A und B. Für den Span-nungsabfall an einem realen Widerstand ist das Ohmsche Gesetz nur in den Gren-zen anwendbar, in denen der Widerstand nicht durch die in ihm umgesetzte Wärme zerstört wird. Aber auch innerhalb dieser Grenzen kann man geringe Abweichun-gen vom Ohmschen Gesetz beobachten, die von der Temperaturabhängigkeit der Materialparameter verursacht werden. Andererseits ist man bestrebt, Widerstände nur in den Strom- und Spannungsbereichen zu betreiben, in denen Abweichungen vom Ohmschen Gesetz vernachlässigbar sind. Das Gleiche gilt sinngemäß auch für alle anderen Anwendungen des Superpositionsprinzips. Die Annahme der Linea-rität eines Systems ist daher immer eine Idealisierung, die nur innerhalb gewisser Grenzen mit akzeptabler Genauigkeit erfüllt ist. Da aber diese Voraussetzung die Analyse von Systemen ganz wesentlich vereinfacht, macht man davon so weit wie möglich Gebrauch.

1.2.3.2 Zeitinvarianz eines Systems

Die zweite wichtige Systemeigenschaft, die wir in diesem Buch in der Regel voraussetzen, ist die Zeitinvarianz. Wenn wir, wie in Bild 1.10, die Reaktion $y(t)$ eines Systems auf das Eingangssignal $x(t)$ kennen, können wir dann auf die Reaktion auf das um die Zeit τ verzögerte Eingangssignal $x(t - \tau)$ schließen? Das ist sicher dann möglich, wenn sich die Eigenschaften des Systems S zeitlich nicht ändern. Die Reaktion des Systems wird dann gleich ausfallen, so daß wir bei einem in der Zeit verschobenen Eingangssignal auch mit dem entsprechend verschobenen Ausgangssignal rechnen können. Diese Überlegung führt direkt auf die Definition eines zeitinvarianten Systems:

Definition 5: Zeitinvariante Systeme

Systeme, die auf ein verzögertes Eingangssignal mit einem entsprechend verzögerten Ausgangssignal reagieren, heißen zeitinvariante *Systeme.*

Diese Definition läßt sich wieder auf Systeme mit mehreren Ein- und Ausgängen verallgemeinern [13]. Wir können in der Definition ein gedanklich verzögertes und nicht verzögertes Signal miteinander vertauschen und erkennen, daß die Verzögerung in Bild 1.10 positive oder negative Werte annehmen kann.

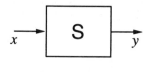

$$x(t) \quad \rightarrow \quad y(t)$$
$$x(t - \tau) \quad \rightarrow \quad y(t - \tau)$$

Bild 1.10: Definition eines zeitinvarianten Systems

1.2.3.3 LTI-Systeme

Lineare Systeme sind im allgemeinen nicht zeitinvariant. Ebenso müssen zeitinvariante Systeme nicht linear sein. Allerdings spielen, wie bereits erwähnt, Systeme, die sowohl linear als auch zeitinvariant sind, eine besonders wichtige Rolle in der Systemtheorie. Für sie hat sich eine aus dem englischen Sprachgebrauch stammende Kurzbezeichnung eingebürgert.

Definition 6: LTI-System

Ein System, das zeitinvariant und linear ist, nennen wir „LTI-System"
(„Linear Time-Invariant System")

Die Eigenschaften von LTI-Systemen und die Werkzeuge zu ihrer Analyse werden
wir in den nächsten Kapiteln behandeln.

1.2.4 Beispiele für Systeme

1.2.4.1 Elektrische Netzwerke

Als Beispiel für die Beschreibung eines elektrischen Netzwerks als System gehen
wir von der Abzweigschaltung in Bild 1.11 aus. Die zeitabhängigen Spannungen
$u_1(t)$ und $u_2(t)$ stellen kontinuierliche Signale dar, wie z.B. das in Bild 1.1 gezeigte
Sprachsignal. Das Netzwerk stellt die Beziehung zwischen zwei Signalen her und
ist damit ein System. Um von der elektrischen Natur seines Innenlebens und den
darin verborgenen Bauteilen mit ihren Gesetzmäßigkeiten zu abstrahieren, gehen
wir zur Darstellung als Ein–Ausgangssystem nach Bild 1.8 über. Die Zuordnung
von Eingangssignal und Ausgangssignal ist willkürlich, solange nicht weitere Informationen über die Herkunft der anliegenden Signale gegeben sind. Mit den
Gesetzen der Netzwerktheorie für die idealisierten Bauelemente (ohmscher Widerstand, idealer Kondensator) läßt sich zeigen, daß diese Schaltung ein lineares und
zeitinvariantes System oder kurz ein LTI-System darstellt.

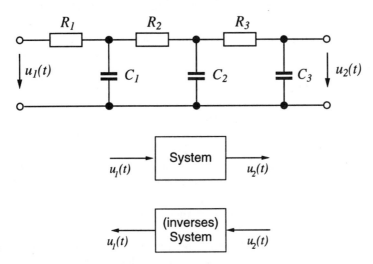

Bild 1.11: Elektrisches Netzwerk als System

1.2.4.2 Weitere Beispiele für Systeme

Bild 1.12 zeigt einige weitere Beispiele für die systemtheoretische Darstellung von
bekannten Zusammenhängen.

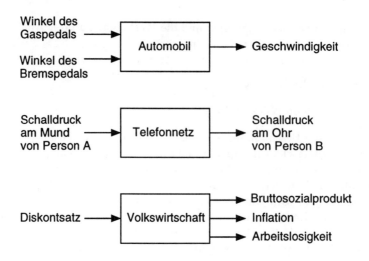

Bild 1.12: Beispiele für Systeme

Bei einem Auto hängt die Geschwindigkeit von den Stellungen des Gas- und des Bremspedals ab. Dieser Zusammenhang kann durch ein System mit zwei Eingängen (die Stellungen der beiden Pedale) und einem Ausgang (die Geschwindigkeit) beschrieben werden. Das System ist sicher nicht linear. Zum Beispiel überlagern sich die Reaktionen auf die Stellungen von Gaspedal und Bremspedal nicht einfach, wie es bei einem linearen System der Fall wäre, sondern die Bremswirkung hängt von der Geschwindigkeit und damit von den vorangegangenen Stellungen des Gaspedals ab. Das System ist auch nicht zeitinvariant, da das Gaspedal (Eingangsgröße) die Geschwindigkeit (Ausgangsgröße) je nach der Stellung des Schaltgetriebes oder der Steigung der Straße unterschiedlich beeinflußt. Unter idealisierten Bedingungen, zum Beispiel mit einem Automatikgetriebe auf einer ebenen, geraden Teststrecke, wäre das System allerdings näherungsweise zeitinvariant. Bei gleichem Zeitverlauf der Winkel von Gaspedal und Bremspedal ergäbe sich auch zu einem späteren Zeitpunkt wieder der gleiche Geschwindigkeitsverlauf. Tatsächlich bemüht man sich bei technischen Systemen häufig um Zeitinvarianz, damit die Systemreaktion vorhersagbar ist.

Das zweite System beschreibt ein Telefonnetz mit dem Schalldruck am Mund einer Person (Sprecher) als Eingangssignal und dem Schalldruck am Ohr einer anderen Person (Hörer) als Ausgangssignal. In erster Näherung kann man im Bereich der Schalldruckamplituden, die beim Telefonieren vorkommen, das System als linear und zeitinvariant betrachten. Wenn man aber Verzerrungen und andere Störungen nicht vernachlässigen will, dann gilt die Idealisierung als lineares System nicht mehr. Ebenso ist das System zeitvariant (d.h. nicht zeitinvariant), weil bei einem Gespräch zu einem späteren Zeitpunkt die Übertragungsqualität anders sein kann.

Das dritte Beispiel zeigt eine Anwendung der Systemtheorie auf ein Gebiet außerhalb der Technik. Der von der Bundesbank festgesetzte Diskontsatz beeinflußt das Wirtschaftsgeschehen, das durch verschiedene Meßgrößen beurteilt werden kann. Das Bruttosozialprodukt, die Inflationsrate oder die Arbeitslosenrate sind Beispiele für solche Meßgrößen. Anders als beim Automobil oder beim Telefon ist es hier nicht möglich, durch eine Systemanalyse aufgrund allgemein anerkannter Naturgesetze Beziehungen zwischen Ein- und Ausgangsgrößen herzustellen. An ihre Stelle treten volkswirtschaftliche Modelle, die das Wirtschaftsgeschehen mehr oder weniger gut beschreiben. Eine Systembeschreibung beruht hier auf der Annahme, daß das zugrundegelegte Modell gültig ist.

In allen Fällen beruht die Systembeschreibung auf vereinfachenden Annahmen, da es niemals möglich ist, alle Einflußgrößen zu erfassen. So hängt die Geschwindigkeit eines Autos noch von einer Reihe weiterer Größen ab, wie dem Straßenzustand, der Windrichtung und Windgeschwindigkeit, der Benzinqualität, dem Wartungszustand des Fahrzeugs, und anderen. Bei einem einzelnen Fahrzeug kann es mit viel Mühe möglich sein, alle diese Einflußgrößen korrekt zu berücksichtigen. Dagegen wird es nicht gelingen, die Funktion eines weltweiten Telefonsystems zu beschreiben, wenn man bei den Maxwellschen Gleichungen für jedes einzelne elektrische Bauteil beginnt. Hier liegt die Stärke der Systemtheorie, die es erlaubt, Ein-Ausgangs-Beziehungen auf unterschiedlichen Ebenen zu beschreiben. Zweckmäßigerweise beginnt man die Systemanalyse mit wenigen Größen und einfachen Modellen. Wo nötig, können dann einzelne Systeme durch detailliertere Untersysteme genauer modelliert werden.

1.2.5   Einteilung von Systemen

Ähnlich wie bei den Signalen kann man Systeme nach verschiedenen Kriterien einteilen. Die wichtigsten sind in Tabelle 1.2 zusammengestellt.

Eine Reihe dieser Kriterien haben wir schon bei den Signalen kennengelernt. So versteht man unter kontinuierlichen oder diskreten, analogen oder digitalen, reell- oder komplexwertigen, ein- oder mehrdimensionalen Systemen, solche, die Beziehungen zwischen Signalen mit diesen Eigenschaften herstellen. Ein digitales System ist also eines, das digitale Signale verarbeitet. Ein System ist kausal, wenn seine Reaktion auf das Eintreffen eines Zeitsignals nicht schon vor dem Eintreffen beginnt. Das klingt trivial, denn alle Systeme die durch die Naturgesetze beschrieben werden, sind notwendigerweise kausal. Einige wichtige Idealisierungen führen aber auf nichtkausale Systeme. In manchen Fällen ist es einfacher, mit idealisierten, nichtkausalen Systemen zu arbeiten als mit realen, kausalen. Darüberhinaus gibt es auch Systeme, bei denen die unabhängige Variable nicht die Bedeutung der Zeit hat. Bei gedächtnislosen Systemen hängt die Reaktion auf ein Zeitsignal an einem bestimmten Zeitpunkt nur vom Wert des Eingangssignals zum selben Zeitpunkt ab. Bei gedächtnisbehafteten Systemen spielen dagegen auch die Werte der Eingangssignale zu anderen Zeitpunkten eine Rolle. Bei kausalen gedächtnisbe-

Tabelle 1.2: Kriterien für die Einteilung von Systemen

kontinuierlich	-	diskret, diskontinuierlich
analog	-	digital
reellwertig	-	komplexwertig
eindimensional	-	mehrdimensional
deterministisch	-	stochastisch
kausal	-	nicht kausal
gedächtnisbehaftet	-	gedächtnislos
linear	-	nichtlinear
zeitinvariant	-	zeitvariant
verschiebungsinvariant	-	verschiebungsvariant

hafteten Systemen sind das natürlich nur die Werte zurückliegender Zeitpunkte. Lineare und zeitinvariante Systeme wurden schon ausführlich in den Abschnitten 1.2.3.1 und 1.2.3.2 besprochen. Bei Systemen, deren Eingangsgrößen nicht von der Zeit sondern von anderen unabhängigen Variablen abhängen, kann man eine der Zeitinvarianz entsprechende Eigenschaft definieren. So entspricht die zeitliche Verzögerung bei einem ortsabhängigen Signal (z.B. einem Bild) einer Verschiebung. Man spricht daher allgemeiner von verschiebungsinvarianten Systemen.

1.3   Übersicht über dieses Buch

Im folgenden Kapitel 2 lernen wir einige Möglichkeiten zur Beschreibung zeitkontinuierlicher LTI-Systeme im Zeitbereich kennen. Dabei gehen wir von den bekannten Methoden zur Lösung von linearen Differentialgleichungen mit konstanten Koeffizienten aus.

Die Behandlung von LTI-Systemen im Frequenzbereich (Kapitel 3) führt auf die Repräsentation zeitkontinuierlicher Signale mit Hilfe der Laplace-Transformation, die wir im Kapitel 4 ausführlich behandeln. Kapitel 5 behandelt die Umkehrformel der Laplace-Transformation und ihre Grundlagen in der komplexen Funktionentheorie. Die Analyse von LTI-Systemen mit der Laplace-Transformation und ihre Charakterisierung durch die sogenannte Systemfunktion ist Gegenstand von Kapitel 6. Obwohl lineare Differentialgleichungen mit konstantem Koeffizienten bei vorgegebenen Anfangswerten nicht mehr LTI-Systeme sind, können die LTI-Methoden elegant für diese wichtige Klasse von Problemen erweitert werden (Kapitel 7). Dies gelingt vor allem durch die Systembeschreibung im Zustandsraum.

Eine weitere Art der Charakterisierung von LTI-Systemen im Zeitbereich durch Faltung mit der Impulsantwort wird im Kapitel 8 behandelt. Um die Impulsantwort mathematisch beschreiben zu können, führen wir in diesem Zusammenhang verallgemeinerte Funktionen ein.

Eine ebenso wichtige Integraltransformation wie die Laplace-Transformation ist die Fourier-Transformation, deren Eigenschaften und Sätze in Kapitel 9 besprochen werden. Die graphische Analyse des Frequenzgangs von Systemen durch Bode-Diagramme ist Gegenstand von Kapitel 10.

Kapitel 11 behandelt abgetastete und periodische Signale sowie das Abtasttheorem und leitet so zu zeitdiskreten Signalen und ihrem Fourier-Spektrum (Kapitel 12) über. Mit der z-Transformation, der diskreten Entsprechung der Laplace-Transformation, bearbeiten wir in Kapitel 13 diskrete Signale, und in Kapitel 14 analysieren wir mit ihr zeitdiskrete LTI-Systeme.

In den folgenden Kapiteln werden dann kontinuierliche und diskrete Systeme und Signale gemeinsam behandelt. Die Eigenschaften kausaler Systeme und Signale und ihre Beschreibung mit der Hilbert-Transformation finden sich in Kapitel 15, und Kapitel 16 stellt die Stabilitätseigenschaften von Systemen dar.

Im Kapitel 17 werden erstmals Zufallssignale eingeführt und ihre Beschreibung durch Erwartungswerte behandelt. Zusätzlich wird eine Frequenzbereichsdarstellung von Zufallsignalen durch Leistungsdichtespektren besprochen. Das letzte Kapitel 18 schließlich ist der Frage gewidmet, wie Erwartungswerte und Leistungsdichtespektren durch LTI-Systeme verändert werden.

1.4 Aufgaben

Aufgabe 1.1

Sind folgende Signale amplitudendiskret, zeitdiskret und/oder digital?

a) Anzahl der Regentage pro Monat

b) durchschnittliche Höchsttemperatur pro Monat

c) momentane Temperatur

d) augenblickliche Bevölkerungszahl von China

e) tägliche Milch-Abgabemenge einer Kuh

f) Helligkeit eines Bildpunktes auf dem Fernsehbildschirm

Aufgabe 1.2

Sind die Signale, die auf der Magnetplatte eines Computers gespeichert sind, analoge oder digitale Signale? Versuchen Sie die Frage aus verschiedenen Blickwinkeln zu beantworten.

Aufgabe 1.3

Ein idealer A/D-Umsetzer kann folgendermaßen aufgebaut sein:

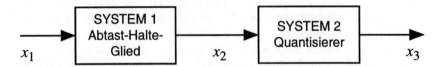

a) Welche der Signale $x_1 \ldots x_3$ sind analog, amplitudendiskret, zeitdiskret bzw. digital?

b) Geben Sie für beide Systeme an, ob sie linear, zeitinvariant, analog, gedächtnisbehaftet bzw. kausal sind.

Aufgabe 1.4

Welche der folgenden Systembeschreibungen kennzeichnen lineare, zeitinvariante, gedächtnisbehaftete oder kausale Systeme?

a) $y(t) = x(t)$

b) $y(t) = x^2(t)$

c) $y(t) = x(t - T)$, $T > 0$ (Verzögerungsglied)

d) $y(t) = x(t + T)$, $T > 0$ (Beschleunigungsglied)

e) $y(t) = \frac{dx}{dt}$

f) $y(t) = \frac{1}{T} \int\limits_{t-T}^{t} x(t')\, dt'$ $T > 0$ (gleitender Durchschnitt)

g) $\dfrac{dy}{dt} + ay(t) = x(t)$ (elektrisches Netzwerk)

h) $y(t) = x(t - T(t))$, $T(t) \geq 0$ (Phasenmodulation)

i) $y(t) = x(t - T(t))$, $T(t)$ beliebig

Aufgabe 1.5

Zwei Systeme $\mathcal{S}_1$ und $\mathcal{S}_2$ reagieren auf ein Eingangssignal $x(t)$ mit den Ausgangssignalen

$$
\begin{aligned}
y_1(t) &= \mathcal{S}_1\{x(t)\} = m \cdot x(t) \cdot \cos(\omega_T t) \\
y_2(t) &= \mathcal{S}_2\{x(t)\} = [1 + m \cdot x(t)] \cdot \cos(\omega_T t) \qquad m \in \mathbb{R}\,.
\end{aligned}
$$

Sind die Systeme a) linear, b) zeitinvariant, c) reellwertig, d) gedächtnislos?

Aufgabe 1.6

Ein unbekanntes System soll daraufhin untersucht werden, ob es zeitinvariant und linear ist. Drei Messungen am System ergaben folgende Feststellungen:

1. Erregung am Eingang mit $x_1(t)$ führt zum Ausgangssignal $y_1(t)$.

2. Erregung am Eingang mit $x_2(t)$ führt zum Ausgangssignal $y_2(t)$.

3. Erregung am Eingang mit $x_3(t) = x_1(t-T) + x_2(t-T)$ führt zum Ausgangssignal $y_3(t) \neq y_1(t-T) + y_2(t-T)$.

Läßt sich damit eine eindeutige Aussage über die interessierenden Systemeigenschaften machen? Begründen Sie Ihre Antwort.

2 Beschreibung kontinuierlicher LTI-Systeme im Zeitbereich

Im letzten Kapitel haben wir den Begriff des Systems eingeführt und einige allgemeine Eigenschaften betrachtet. In diesem und in einigen weiteren Kapiteln werden wir verschiedene Möglichkeiten zur Beschreibung des Systemverhaltens kennenlernen. Dabei beginnen wir mit zeitkontinuierlichen Systemen und beschränken uns auf LTI-Systeme, d.h. lineare und zeitinvariante Systeme.

Gemäß dem in Abschnitt 1.2.2 formulierten Anspruch der Systemtheorie werden wir die Beschreibungen nicht durch die Details der einzelnen Systemkomponenten belasten. Stattdessen suchen wir Systembeschreibungen, die lediglich das Ein–Ausgangsverhalten durch mathematische Gleichungen darstellen oder aber das Innenleben eines Systems unabhängig von seiner Realisierung in standardisierter Form charakterisieren.

In diesem Kapitel behandeln wir folgende drei Beschreibungsformen für zeitkontinuierliche Systeme:

- Differentialgleichungen als mathematische Form der Ein–Ausgangsbeschreibung,

- Blockdiagramme als graphische Darstellung der Beziehungen zwischen Eingang, Ausgang und inneren Zuständen,

- die Zustandsraumbeschreibung als Äquivalent zu den Blockdiagrammen in Gestalt von Gleichungen.

Allen drei Beschreibungsformen gemeinsam ist die Verwendung von zeitabhängigen Größen, bei denen die Ableitung nach der Zeit und die Integration über die Zeit eine wichtige Rolle spielt. Daher faßt man diese Arten der Systembeschreibung unter dem Begriff „Beschreibung im Zeitbereich" zusammen. Dem gegenüber steht die „Beschreibung im Frequenzbereich", die wir im nächsten Kapitel kennenlernen werden.

2.1 Differentialgleichungen

2.1.1 Systemanalyse

Wir haben uns das Ziel gesetzt, Systembeschreibungen zu finden, in denen keine
Details der Realisierung mehr vorkommen. Wie können wir das erreichen? Die
wesentlichen Schritte machen wir uns am Beispiel der Analyse elektrischer Schaltungen klar.

In vielen Fällen kann man hier die örtliche Ausdehnung der Bauelemente vernachlässigen und stattdessen mit Komponenten arbeiten, deren Wirkung auf bestimmte Punkte der Schaltung konzentriert ist. Ein Beispiel sind Halbleiterbau-
elemente mit ihrem komplizierten Innenleben, das nur mit den Methoden der
Festkörperphysik exakt wiedergegeben werden kann. Ihre Wirkungen innerhalb
einer elektrischen Schaltung sind aber oft in guter Näherung durch lineare Ersatz-
schaltbilder beschreibbar, die nur aus wenigen Komponenten wie Widerständen
und gesteuerten Quellen bestehen.

Der zweite Schritt ist der Ersatz der konzentrierten Bauelemente durch Idealisierungen. Reale Widerstände werden z.B. als ohmsche Widerstände, Leiterbahnen
als ideale Leiter, Kondensatoren als ideale Kapazitäten angenommen, usw.

Auf die so gewonnenen elektrischen Netzwerke (z.B. Bild 1.11) kann man dann
systematische Verfahren zu ihrer Analyse anwenden, z.B. die Maschen- oder die
Knotenanalyse [12, 16]. Das Resultat ist eine gewöhnliche Differentialgleichung
mit konstanten Koeffizienten, in der nur die Eingangs- und die Ausgangsgröße
und deren Ableitungen vorkommen.

Diese Vorgehensweise ist auch auf andere physikalische Anordnungen übertragbar, die wie elektrische Schaltungen durch Potentialgrößen (z.B. elektrische
Spannung) und Flußgrößen (z.B. elektrische Ströme) beschrieben werden. Daher
führt auch die Analyse mechanischer, pneumatischer, hydraulischer und thermi-
scher Systeme bei entsprechenden Vereinfachungen auf gewöhnliche Differentialgleichungen. Das gleiche gilt auch für andere Systeme z.B. aus der Chemie, Biologie
oder Ökonomie.

Die genannten Vereinfachungen sind natürlich nicht immer zulässig. Gewöhnliche Differentialgleichungen sind beispielsweise in der Strömungsmechanik keine
geeignete Beschreibungsform. In vielen anderen Anwendungen spielen sie aber eine
so große Rolle, daß wir uns eingehender damit beschäftigen.

2.1.2 Lineare Differentialgleichungen mit konstanten
Koeffizienten

Differentialgleichungen stellen Beziehungen zwischen Ableitungen von abhängigen
Größen nach unabhängigen Variablen her. Sie heißen *gewöhnliche Differentialgleichungen*, wenn nur Ableitungen nach *einer* unabhängigen Variablen vorkommen
(z. B. nach der Zeit). Im Gegensatz dazu stehen die *partiellen Differentialglei-*

chungen, die Ableitungen nach mehreren unabhängigen Variablen enthalten (z. B. nach der Zeit und nach drei Ortskoordinaten). Differentialgleichungen werden *linear* genannt, wenn die einzelnen Ableitungen nur mit Faktoren gewichtet und durch Addition verknüpft sind. Wenn zusätzlich die Faktoren vor den Ableitungen nicht von den unabhängigen Variablen abhängen, spricht man von linearen Differentialgleichungen mit konstanten Koeffizienten.

Für die Beschreibung von zeitkontinuierlichen Systemen benötigen wir nur gewöhnliche Differentialgleichungen mit der Zeit als einziger unabhängiger Variable. In ihnen müssen als abhängige Variablen das Eingangs- und das Ausgangssignal des Systems vorkommen. Wir werden gleich sehen, daß lineare und zeitinvariante Systeme durch lineare Differentialgleichungen mit konstanten Koeffizienten beschrieben werden, so daß wir uns auf diesen Gleichungstyp beschränken können.

Einfache Beispiele für lineare Differentialgleichungen mit konstanten Koeffizienten sind

$$\ddot{y} + 2\dot{y} = x \tag{2.1}$$

$$\ddot{y} + 3\dot{y} + 2y = 2\dot{x} - x \ . \tag{2.2}$$

Die allgemeine Form einer linearen gewöhnlichen Differentialgleichung mit konstanten Koeffizienten lautet

$$\sum_{i=0}^{N} \alpha_i \frac{d^i y}{dt^i} = \sum_{k=0}^{M} \beta_k \frac{d^k x}{dt^k} \ . \tag{2.3}$$

Die Nummer N des höchsten, von Null verschiedenen Koeffizienten α_N nennt man die Ordnung der Differentialgleichung. Um die Diskussion zu vereinfachen, setzen wir im folgenden $M = N$ und lassen zu, daß einige, aber nicht alle der Koeffizienten β_k gleich Null sind.

Für eine gegebene Funktion $x(t)$ besitzt (2.3) bis zu N verschiedene, linear unabhängige Lösungen $y(t)$. Für eine eindeutige Lösung müssen zusätzlich N Nebenbedingungen gegeben sein. Bei Anfangswertproblemen sind dies die N Anfangsbedingungen $y(0), \dot{y}(0), \ddot{y}(0), \dots$.

Die Differentialgleichung (2.3) beschreibt ein zeitkontinuierliches System, wenn wir $x(t)$ als Eingangssignal und $y(t)$ als Ausgangssignal auffassen. Um die Eigenschaften dieses Systems zu untersuchen, greifen wir auf die Definitionen 4 und 5 und die Bilder 1.9 und 1.10 zurück. Möglicherweise gegebene Anfangsbedingungen lassen wir dabei zunächst außer acht; ihren Einfluß werden wir in Kapitel 7 ausführlich besprechen.

Am einfachsten zeigen wir, daß (2.3) ein zeitinvariantes System darstellt. Durch die Variablensubstitution $t' = t - \tau$ in (2.3) folgt sofort, daß zu $x(t - \tau)$ die Lösung $y(t - \tau)$ gehört. Zum Nachweis der Linearität bezeichnen wir die zu zwei verschiedenen Eingangssignalen $x_1(t)$ und $x_2(t)$ gehörigen Lösungen mit $y_1(t)$ und

$y_2(t)$. Einsetzen der Linearkombination $x_3(t) = Ax_1(t) + Bx_2(t)$ in (2.3) zeigt, daß dann auch $y_3(t) = Ay_1(t) + By_2(t)$ Lösung der Differentialgleichung und damit Ausgangssignal des Systems ist.

Jedes durch eine lineare Differentialgleichung mit konstanten Koeffizienten (2.3) beschriebene System ist also ein LTI-System. Damit haben wir eine erste Beschreibungsform solcher Systeme in Gestalt einer Differentialgleichung gefunden. Sie erfüllt die eingangs gestellten Forderungen:

- Die Beschreibung kennzeichnet LTI-Systeme unabhängig von ihrer Realisierung.

- Sie zeigt nur das Eingangs-Ausgangsverhalten und keine Details aus dem Innenleben des Systems.

2.2 Blockdiagramme

Blockdiagramme können mehr Informationen als eine Differentialgleichung darstellen, da sie neben dem Ein- und Ausgangssignal auch noch innere Zustände des Systems zeigen. Wenn nur das Ein-Ausgangsverhalten von Interesse ist, dann ist die Wahl der inneren Zustände nicht eindeutig, und es gibt beliebig viele Blockdiagramme, die alle dieselbe Differentialgleichung realisieren. Wenn noch zusätzlich Angaben über den inneren Aufbau vorliegen, kann das Blockdiagramm so gewählt werden, daß seine Zustände innere Größen des Systems repräsentieren, z. B. die Energiespeicher in einem elektrischen Netzwerk.

Von den vielen möglichen Strukturen von Blockdiagrammen sind einige besonders geeignet, wenn bereits die Differentialgleichung eines Systems bekannt ist. Drei solche Strukturen betrachten wir jetzt näher.

2.2.1 Direktform I

Wir gehen aus von einem LTI-System, das durch die Differentialgleichung (2.3) mit $M = N$ beschrieben wird. Durch N-fache Integration beider Seiten folgt

$$\sum_{i=0}^{N} a_i \int_{(i)} y\,dt = \sum_{k=0}^{N} b_k \int_{(k)} x\,dt \qquad (2.4)$$

mit $a_i = \alpha_{N-i}$ und $b_k = \beta_{N-k}$. Dabei steht $\int_{(i)} y\,dt$ für die i-malige Integration

$$\int_{(i)} y\,dt = \int_{-\infty}^{t} \left[\int_{-\infty}^{\tau_i} \cdots \left[\int_{-\infty}^{\tau_2} y(\tau_1)\,d\tau_1 \right] \cdots d\tau_{i-1} \right] d\tau_i \,. \qquad (2.5)$$

Die Umformung

$$y = \int_{(0)} y\,dt = \frac{1}{a_0} \left[\sum_{k=0}^{N} b_k \int_{(k)} x\,dt - \sum_{i=1}^{N} a_i \int_{(i)} y\,dt \right] \qquad (2.6)$$

führt unmittelbar auf das Blockdiagramm eines LTI-Systems in „Direktform I" (Bild 2.1). Die quadratischen Kästen repräsentieren eine Multiplikation mit dem eingetragenen Faktor bzw. eine einmalige Integration. Die Kreise mit dem Summenzeichen stehen für die Addition der eingehenden Signale.

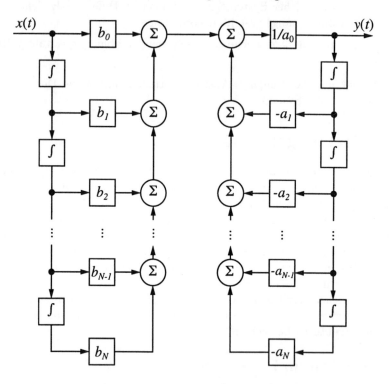

Bild 2.1: LTI-System in Direktform I

Der Vorteil eines Blockdiagramms in dieser Struktur ist, daß die Koeffizienten der Differentialgleichung unmittelbar als Werte der Multiplizierer auftauchen. Der Nachteil ist, daß für eine Differentialgleichung N-ter Ordnung insgesamt $2N$ Integrierer benötigt werden.

2.2.2   Direktform II

Zur Herleitung eines Blockdiagramms in einer anderen Struktur, die nur N Integrierer benötigt, gehen wir von der Direktform I aus und vertauschen die erste und die zweite Stufe (Bild 2.2). Das ist zulässig, da kaskadierte LTI-Systeme vertauscht werden dürfen, ohne das Gesamtübertragungsverhalten zu ändern. Diese allgemeine Tatsache zeigen wir in Kapitel 6.6.1 sehr elegant mit Hilfe einer System-

beschreibung im Frequenzbereich. Im Augenblick wollen wir die Vertauschbarkeit
aber nur als eine nützliche Vermutung auffassen. Die beiden Reihen von Integrie-

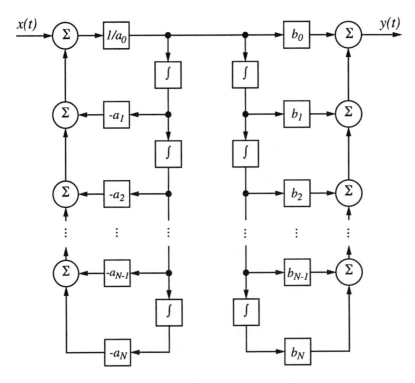

Bild 2.2: Übergang von Direktform I zu Direktform II

rern laufen in Bild 2.2 parallel. Da die Eingangssignale der Integrierer seit $t = -\infty$
gleich sind, sind auch ihre Ausgangssignale gleich. Wir können so die beiden Reihen zu einer zusammenfassen und gelangen zum Blockschaltbild der Direktform
II (Bild 2.3).

Wie bei der Direktform I sind die Multipliziererkoeffizienten der Direktform II
durch die Koeffizienten der Differentialgleichung gegeben. Darüberhinaus sind nur
N Integrierer erforderlich, die minimale Anzahl für eine Differentialgleichung N-ter
Ordnung. Blockdiagramme, die eine minimale Anzahl von Energiespeichern (Integrierern) für die Realisierung einer Differentialgleichung N-ter Ordnung benötigen,
nennt man auch *kanonische Formen*.

Die Signale z_i, $i = 1, \ldots, N$ an den Integriererausgängen beschreiben den
inneren Zustand eines Systems, das nicht nur durch die Differentialgleichung (2.3)
beschrieben wird, sondern auch den durch die Direktform II festgelegten inneren
Aufbau hat. Ohne Angaben über die tatsächliche Realisierung des Systems ist
diese Zuweisung von Zuständen willkürlich.

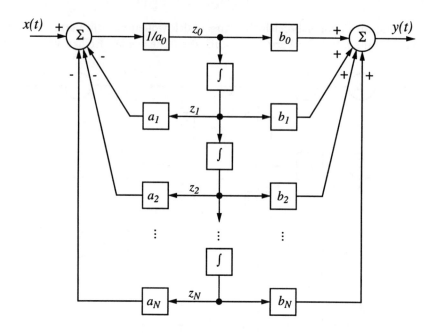

Bild 2.3: LTI-System in Direktform II

Die Direktform I hatten wir direkt aus der Differentialgleichung hergeleitet, und es ist offensichtlich, daß Systeme mit dieser Struktur die Differentialgleichung (2.3) erfüllen. Wie kann man aber nachweisen, daß auch Systeme nach Direktform II die gleiche Differentialgleichung erfüllen wie Direktform I? Diesen Nachweis sollten wir schon deshalb erbringen, weil wir die bisher unbewiesene Vermutung der Vertauschbarkeit der beiden Stufen des Systems in Direktform I zur Herleitung der Direktform II verwendet haben. Dazu stellen wir zunächst den Zusammenhang zwischen Eingangssignal x und Ausgangssignal y zu den Zuständen z_i, $i = 1, \dots N$ her. Da Eingang und Ausgang außer über die Zustände an den Integriererausgängen noch über den direkten Durchgriff im obersten Pfad verknüpft sind, müssen wir dieses Signal mit berücksichtigen. Zur Vereinfachung der Notation bezeichnen wir es mit z_0, obwohl es keinen Zustand darstellt.

Aus dem Blockdiagramm (Bild 2.3) können wir dann direkt die Beziehungen

$$ y = \sum_{i=0}^{N} b_i \, z_i \quad \text{und} \quad z_0 = \frac{1}{a_0} \left[x - \sum_{i=1}^{N} a_i \, z_i \right] \tag{2.7} $$

ablesen. Aus der letzten Beziehung folgt sofort

$$ x = \sum_{i=0}^{N} a_i \, z_i \; . \tag{2.8} $$

Außerdem können wir jede Zustandsgröße z_i durch i-malige Integration aus z_0 gewinnen:

$$z_i = \int_{(i)} z_0 \, dt \; . \tag{2.9}$$

Wir setzen nun (2.7) in die linke Seite der zur Differentialgleichung (2.3) gleichwertigen Integralgleichung (2.4) ein. Durch Vertauschen der Summation über i und der Integration und mit (2.9) erhalten wir

$$\sum_{k=0}^{N} a_k \int_{(k)} y \, dt \;\; = \;\; \sum_{k=0}^{N} a_k \int_{(k)} \sum_{i=0}^{N} b_i \, z_i \, dt =$$

$$= \; \sum_{k=0}^{N} \sum_{i=0}^{N} a_k b_i \int_{(k)} z_i \, dt = \sum_{k=0}^{N} \sum_{i=0}^{N} a_k b_i \int_{(k+i)} z_0 \, dt \; . \tag{2.10}$$

Die $(k + i)$-fache Integration über z_0 kann man auch durch eine i-fache Integration über z_k ausdrücken. Einsetzen und Vertauschen der Integration mit der Summation über k gibt

$$\sum_{k=0}^{N} a_k \int_{(k)} y \, dt = \sum_{k=0}^{N} \sum_{i=0}^{N} a_k b_i \int_{(i)} z_k \, dt = \sum_{i=0}^{N} b_i \int_{(i)} \sum_{k=0}^{N} a_k \, z_k \, dt \; . \tag{2.11}$$

In der letzten Summe erkennen wir x nach (2.8), so daß damit die Gültigkeit der Integralgleichung (2.4) nachgewiesen ist. Damit ist gezeigt, daß Ein- und Ausgangssignal eines Systems in Direktform II tatsächlich die Differentialgleichung (2.3) erfüllen.

─── **Beispiel 2.1**

Als Beispiel für die Realisierung einer Differentialgleichung mit Integrierern suchen wir ein Blockdiagramm zu der Differentialgleichung

$$4\ddot{y} - \dot{y} + 2y = -3\dot{x} + x \; . \tag{2.12}$$

Aus Bild 2.3 können wir direkt die Direktform II ablesen, die in Bild 2.4 gezeigt wird. ███

2.2.3 Direktform III

Zur Herleitung einer weiteren, häufig gebrauchten Struktur gehen wir wieder von der Differentialgleichung (2.3) aus. Anders als bei den Direktformen I und II machen wir hier keinen Umweg über Integralgleichungen und Umformungen von Blockdiagrammen. Stattdessen leiten wir die Zustandsgrößen direkt aus der Differentialgleichung her. Das Verfahren besteht aus N Schritten, die sich jeweils aus den Elementen

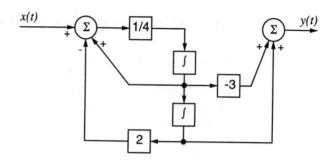

Bild 2.4: Direktform II des Beispiels 2.1

- Umstellen der Differentialgleichung

- Einführen einer neuen Zustandsgröße

- Integration

zusammensetzen.

Im ersten Schritt wird die Differentialgleichung so umgestellt, daß alle Ableitungen auf der linken Seite stehen. Für die verbleibende rechte Seite führen wir die Ableitung der Zustandsgröße z_N ein:

$$\sum_{i=1}^{N} \alpha_i \frac{d^i y}{dt^i} - \sum_{k=1}^{N} \beta_k \frac{d^k x}{dt^k} = \beta_0 x - \alpha_0 y = \dot{z}_N \ . \tag{2.13}$$

Die Zustandsgröße z_N selbst folgt aus der Zeitableitung $\dot{z}_N$ durch Integration. Mit einer neuen Zählung der Summationsindizes erhält man

$$\sum_{i=0}^{N-1} \alpha_{i+1} \frac{d^i y}{dt^i} - \sum_{k=0}^{N-1} \beta_{k+1} \frac{d^k x}{dt^k} = z_N \ . \tag{2.14}$$

Der zweite Schritt beginnt wieder mit der Sammlung aller Ableitungen auf der linken Seite und Einführung einer neuen Zustandsgröße

$$\sum_{i=1}^{N-1} \alpha_{i+1} \frac{d^i y}{dt^i} - \sum_{k=1}^{N-1} \beta_{k+1} \frac{d^k x}{dt^k} = z_N + \beta_1 x - \alpha_1 y = \dot{z}_{N-1} \ . \tag{2.15}$$

Integration und neue Indizierung ergibt

$$\sum_{i=0}^{N-2} \alpha_{i+2} \frac{d^i y}{dt^i} - \sum_{k=0}^{N-2} \beta_{k+2} \frac{d^k x}{dt^k} = z_{N-1} \ . \tag{2.16}$$

Im N-ten Schritt bleiben nur noch erste Zeitableitungen übrig:

$$\alpha_N \frac{dy}{dt} - \beta_N \frac{dx}{dt} = z_2 + \beta_{N-1} x - \alpha_{N-1} y = \dot{z}_1 \ . \tag{2.17}$$

Die letzte Integration gibt

$$\alpha_N y - \beta_N x = z_1 \ . \tag{2.18}$$

Vor der Angabe des Blockdiagramms fassen wir noch die wesentlichen Gleichungen zusammen und benennen die Koeffizienten mit $a_i = \alpha_{N-i}$, $b_k = \beta_{N-k}$

$$
\begin{aligned}
y &= \frac{1}{a_0}[z_1 &+& b_0 x] && \\
\dot{z}_1 &= z_2 &+& b_1 x &-& a_1 y \\
\dot{z}_2 &= z_3 &+& b_2 x &-& a_2 y \\
&\ \vdots & &\ \vdots & &\ \vdots \\
\dot{z}_{N-1} &= z_N &+& b_{N-1} x &-& a_{N-1} y \\
\dot{z}_N &= & & b_N x &-& a_N y \quad .
\end{aligned} \tag{2.19}
$$

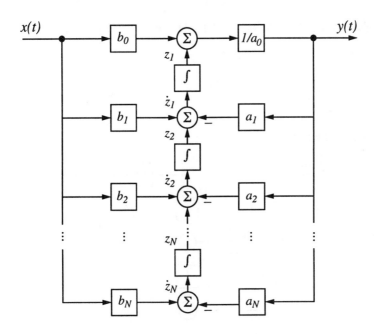

Bild 2.5: LTI-System in Direktform III

Das zugehörige Blockdiagramm ist in Bild 2.5 dargestellt. Man kann es graphisch aus dem Blockdiagramm der Direktform II in Bild 2.3 erhalten, wenn man

- Eingang x und Ausgang y vertauscht,

- alle Pfeile herumdreht und

- Summierer und Verzweigungspunkte vertauscht.

———————————————————————— **Beispiel 2.2**

Die Struktur eines LTI-Systems in Direktform III für die Differentialgleichung (2.12) aus Beispiel 2.1 erhält man durch die oben beschriebenen Schritte. Da es sich um eine Differentialgleichung zweiter Ordnung handelt, sind zwei Schritte durchzuführen.

Der erste Schritt ergibt die Zustandsgröße z_2:

$$4\ddot{y} - \dot{y} + 3\dot{x} = x - 2y = \dot{z}_2 \tag{2.20}$$
$$4\dot{y} - y + 3x = z_2 \qquad . \tag{2.21}$$

Der zweite Schritt führt auf die Zustandsgröße z_1:

$$4\dot{y} = z_2 - 3x + y = \dot{z}_1 \tag{2.22}$$
$$4y = z_1 \qquad . \tag{2.23}$$

Das Blockdiagramm in Direktform III folgt aus den Gleichungen

$$\begin{aligned} y &= \frac{1}{4}z_1 \\ \dot{z}_1 &= z_2 - 3x + y \\ \dot{z}_2 &= x - 2y \end{aligned} \tag{2.24}$$

und ist in Bild 2.6 gezeigt.

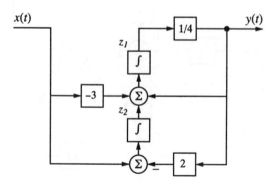

Bild 2.6: Direktform III des Beispiels 2.2

2.2.4   Warum realisiert man LTI-Systeme nicht mit Differenzierern?

Blockdiagramme und Differentialgleichungen sind gleichwertige Beschreibungsformen für LTI-Systeme. Bei den Blockdiagrammen nach Direktform I, II und III geht die Ähnlichkeit sogar so weit, daß auch die Koeffizienten von Blockdiagramm und Differentialgleichung übereinstimmen. Der auffallendste Unterschied besteht darin, daß die Differentialgleichung Ableitungen enthält, während in den Blockdiagrammen Integrierer vorkommen. Warum beseitigt man nicht diesen Unterschied und gibt die Blockdiagramme mit Differenzierern an?

Wenn man mit Blockdiagrammen nur existierende, bereits realisierte Systeme beschreiben wollte, könnte man ohne weiteres auch Differenzierer verwenden. Blockdiagramme haben aber noch eine andere wichtige Aufgabe: Sie dienen als Vorbild für die Realisierung noch nicht existierender Systeme. Das gewünschte Systemverhalten formuliert man zunächst in mathematischer Form als Differentialgleichung, leitet daraus ein Blockdiagramm ab und realisiert dann die einzelnen Komponenten mit technischen Mitteln. Um zu entscheiden, ob Differenzierer oder Integrierer geeigneter als Vorbild für eine Realisierung sind, muß man den Charakter der Signale am Eingang und an den Zustandsgrößen berücksichtigen.

Jedes analoge Signal ist durch Rauschen gestört, d.h. es enthält unerwünschte und im allgemeinen schnell veränderliche Anteile. Differenzierer verstärken schnelle Änderungen und erhöhen so den unerwünschten Rauschanteil. Integrierer wirken dagegen glättend und unterdrücken das störende Rauschen. Eine Formulierung von Blockdiagrammen mit Integrierern führt daher zu besseren, robusteren Realisierungen. Ein Beispiel für die technische Realisierung eines Integrieres folgt im nächsten Abschnitt.

2.2.5   Elektrische Realisierung eines Integrierers mit einem Operationsverstärker

Ein wichtiges Beispiel für die elektrische Realisierung von Integrierern sind Schaltungen mit Operationsverstärkern. Das sind Halbleiterverstärker, die meist als integrierte Schaltungen hergestellt und in guter Näherung durch ein sehr einfaches Modell beschrieben werden.

$$U_0 = A(U_+ - U_-)$$

Bild 2.7: Symbolische Darstellung des Operationsverstärkers

Das ideale Verhalten des Operationsverstärkers (Bild 2.7) ist durch folgende Eigenschaften charakterisiert:

- Die Eingangsimpedanz ist unendlich, d. h. es fließt kein Strom in die Klemmen (+) und (-).

- Der Innenwiderstand des Ausgangs ist null, so daß der Ausgang eine ideale Spannungsquelle darstellt.

- Die Verstärkung A ist unendlich groß (real 10^6 und mehr).

- Bei Beschaltung mit negativer Rückkopplung gilt $U_+ \approx U_-$, d. h. beide Eingangsklemmen liegen auf etwa dem gleichen Potential.

Mit diesen Eigenschaften ist leicht zu zeigen, daß die Rückkopplung eines Operationsverstärkers mit einem Kondensator zu einer Integration der Eingangsspannung $u_1(t)$ führt.

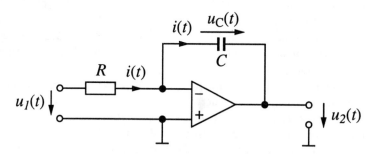

Bild 2.8: Rückgekoppelter Operationsverstärker

Wegen der unendlichen Eingangsimpedanz ist der Strom $i(t)$ durch den Widerstand R gleich dem Strom durch den Kondensator C. Die unendliche Verstärkung erzwingt gleiches Potential der beiden Eingangsklemmen, so daß der Spannungsabfall über dem Widerstand gleich der Eingangsspannung $u_1(t)$ ist. Für den Strom $i(t)$ gilt dann

$$i(t) = \frac{u_1(t)}{R} = -C\frac{du_2}{dt} \; . \tag{2.25}$$

Daraus folgt die gesuchte Integralbeziehung zwischen $u_1(t)$ und $u_2(t)$:

$$u_2(t) = \frac{-1}{RC} \int u_1(t)\,dt \; . \tag{2.26}$$

Die angegebene Schaltung führt also eine Integration der Eingangsspannung durch. Da Addition und Multiplikation von Signalen ebenfalls mit beschalteten Operationsverstärkern möglich sind, können Systeme ausgehend von ihrem Blockschaltbild direkt als elektrische Schaltung realisiert werden.

2.3 Zustandsraumbeschreibung von LTI-Systemen

Im Kapitel 2.2 hatten wir bereits den Begriff des Zustands eines Systems verwendet, ohne eine formale Definition zu geben. Dies wollen wir jetzt nachholen.

Definition 7: Zustand eines Systems

Der Zustand eines Systems *ist ein Vektor interner Systemvariablen, dessen zukünftige Werte vom aktuellen Wert abhängen und der den Einfluß der Vergangenheit auf das zukünftige Systemverhalten vollständig erfaßt.*

Bei der Einführung der Blockdiagramme hatten wir gesehen, daß die Einführung von inneren Zuständen zu einer übersichtlicheren Systemdarstellung führen kann als die bloße Differentialgleichung. Die Wahl der Zustände war aber noch willkürlich, da außer der Ein-Ausgangsbeschreibung durch die Differentialgleichung keine Information über das Innere des Systems zur Verfügung stand.

Die Zustandsraumbeschreibung gibt die Möglichkeit, auch den inneren Aufbau eines Systems in standardisierter Form als Differentialgleichung darzustellen. Im Gegensatz zur Differentialgleichung (2.3), die eine Gleichung N-ter Ordnung darstellt, ist die entsprechende Zustandsraumdarstellung ein System von N Differentialgleichungen erster Ordnung. Jede Differentialgleichung gilt für eine der N sogenannten Zustandsgrößen (Zustandsgleichungen); das Ausgangssignal erhält man als Linearkombination der Zustände (Ausgangsgleichung).

2.3.1 Beispiel zur Zustandsraumbeschreibung

Die Verwendung der Zustandsraumbeschreibung zur Systemanalyse machen wir uns am Beispiel eines elektrischen Netzwerks klar. Die Abzweigschaltung nach Bild 2.9 können wir mit den üblichen Methoden der Netzwerkanalyse untersuchen.

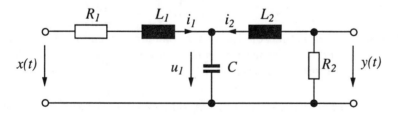

Bild 2.9: Abzweigschaltung

Für die Summe der Spannungen in den beiden Maschen und für die Summe der Ströme im Knoten erhält man

$$L_1 \frac{di_1}{dt} \;=\; -R_1 i_1(t) - u_1(t) + x(t) \tag{2.27}$$

$$L_2 \frac{di_2}{dt} = -R_2 i_2(t) - u_1(t) \qquad (2.28)$$

$$C \frac{du_1}{dt} = i_1(t) + i_2(t) \qquad . \qquad (2.29)$$

Die Ausgangsspannung $y(t)$ ist der Spannungsabfall am Widerstand R_2:

$$y(t) = -R_2 i_2(t) \; . \qquad (2.30)$$

Aus diesen drei Differentialgleichungen erster Ordnung könnten wir durch Elimination von i_1, i_2 und u_1 eine Differentialgleichung dritter Ordnung in der Form (2.3) bekommen. Dabei würde aber die Information über die inneren Energiespeicher verlorengehen, die das Systemverhalten bestimmen. Stattdessen stellen wir die von der Realisierung abhängigen Netzwerkgleichungen (2.27) bis (2.30) in übersichtlicher Matrixschreibweise dar:

$$\frac{d}{dt} \begin{bmatrix} i_1(t) \\ i_2(t) \\ u_1(t) \end{bmatrix} = \begin{bmatrix} -\dfrac{R_1}{L_1} & 0 & -\dfrac{1}{L_1} \\ 0 & -\dfrac{R_2}{L_2} & -\dfrac{1}{L_2} \\ \dfrac{1}{C} & \dfrac{1}{C} & 0 \end{bmatrix} \begin{bmatrix} i_1(t) \\ i_2(t) \\ u_1(t) \end{bmatrix} + \begin{bmatrix} \dfrac{1}{L_1} \\ 0 \\ 0 \end{bmatrix} x(t) \qquad (2.31)$$

$$y(t) = \begin{bmatrix} 0 & -R_2 & 0 \end{bmatrix} \begin{bmatrix} i_1(t) \\ i_2(t) \\ u_1(t) \end{bmatrix} \qquad . \qquad (2.32)$$

Das Gleichungssystem (2.31) und (2.32) besteht aus drei gekoppelten Differentialgleichungen erster Ordnung und einer algebraischen Gleichung. Die drei Differentialgleichungen können auch als Matrixdifferentialgleichung für den Vektor

$$\mathbf{z}(t) = \begin{bmatrix} i_1(t) \\ i_2(t) \\ u_1(t) \end{bmatrix}$$

aufgefaßt werden. Er enthält die Kapazitätsspannung u_1 und die beiden Induktivitätsströme i_1 und i_2. Sie kennzeichnen die drei Energiespeicher des Systems und werden als Zustandsgrößen bezeichnet.

2.3.2   Allgemeine Form der Zustandsraumbeschreibung

Aus dem eben behandelten Beispiel können wir die allgemeine Form der Zustandsraumbeschreibung ablesen. Mit den offensichtlichen Abkürzungen $\mathbf{A}, \mathbf{B}, \mathbf{C}, \mathbf{D}$ für die Vektoren und Matrizen in (2.31) und (2.32) erhalten wir die folgende standardisierte Form einer Matrixdifferentialgleichung erster Ordnung und einer algebraischen Gleichung. Sie ist hier für den allgemeinen Fall von M Eingängen und K Ausgängen angegeben

$$
\boxed{
\begin{aligned}
\dot{z} &= \mathbf{A}\,z + \mathbf{B}\,x \\
y &= \mathbf{C}\,z + \mathbf{D}\,x \, .
\end{aligned}
}
\qquad
\begin{aligned}
&(2.33) \\
&(2.34)
\end{aligned}
$$

Dabei bedeuten:

x: Spaltenvektor M Eingangssignale
z: Spaltenvektor N Zustandsgrößen
y: Spaltenvektor K Ausgangssignale .

Die Matrixdifferentialgleichung (2.33) heißt die *Zustandsgleichung* und die algebraische Gleichung (2.34) die *Ausgangsgleichung*. Man nennt die $N \times N$-Matrix **A** die Systemmatrix. Sie beschreibt wie die Änderung des Zustandsvektors $\dot{z}$ von seinem momentanen Wert z abhängt. Die Matrizen **B** (Größe $N \times M$) und **C** (Größe $K \times N$) kennzeichnen den Einfluß der Eingänge **x** auf den Zustand **z** bzw. die Wirkung des Zustands auf die Ausgänge **y**. Die Matrix **D** (Größe $K \times M$) beschreibt den direkten Durchgriff vom Ausgang zum Eingang.

Im Beispiel nach Abschnitt 2.3.1 mit nur einem Eingang und einem Ausgang ($M = K = 1$) ist **B** ein Spalten- und **C** ein Zeilenvektor, ein direkter Durchgriff vom Eingang auf den Ausgang existiert nicht (**D** = 0).

Obwohl wir in diesem Beispiel von einer speziellen Realisierung eines Systems in Gestalt eines elektrischen Netzwerks nach Bild 2.9 ausgegangen waren, erlaubt die Zustandsraumbeschreibung eine einheitliche Darstellung des Systemverhaltens. Das Innenleben des Systems wird losgelöst von den Details des Netzwerks durch die Zustände der drei Energiespeicher beschrieben. Dieser Systemzustand enthält alle Information über die Vorgeschichte des Systems. Ausgehend vom Wert des Zustandsvektors zu einem bestimmten Zeitpunkt kann bei Vorliegen des Eingangssignals ab diesem Zeitpunkt das Systemverhalten aus der Zustandsraumbeschreibung für alle zukünftigen Zeiten eindeutig bestimmt werden.

Die Bedeutung des Begriffs Zustands*raum* wird für dreidimensionale Zustandsvektoren deutlich. Hier kann man sich den zeitabhängigen Zustandsvektor als beweglichen Ortsvektor im dreidimensionalen Raum vorstellen. Seine Bahn wird auch Trajektorie genannt. Entsprechendes gilt – ohne räumliche Vorstellung – auch für N-dimensionale Zustandsvektoren.

Die Zustandsraumbeschreibung ist besonders vorteilhaft für Systeme mit mehreren Ein- und Ausgängen, bei denen das Hantieren mit skalaren Gleichungen mit vielen Variablen äußerst umständlich wäre.

Selbstverständlich besteht ein enger Zusammenhang zwischen der Zustandsraumdarstellung, dem Blockdiagramm und der Differentialgleichung N-ter Ordnung eines LTI-Systems. Ein Beispiel dafür behandeln wir im nächsten Abschnitt.

2.4 Differentialgleichung höherer Ordnung, Blockdiagramm und Zustandsraumbeschreibung

Um den Zusammenhang zwischen den bisher behandelten Beschreibungsformen für LTI-Systeme herzustellen, gehen wir vom Blockdiagramm der Direktform II nach Bild 2.3 aus und suchen die zugehörige Zustandsraumbeschreibung. Anstelle der Integrierer in Bild 2.3 setzen wir die Differentialgleichungen

$$\dot{z}_i = z_{i-1} \qquad i = 1, \ldots, N \ . \tag{2.35}$$

Das Eingangssignal des ersten Integrierers haben wir bereits in (2.7) durch die Zustandsgrößen und das Eingangssignal ausgedrückt. Einsetzen von (2.35) in (2.7) und Zusammenfassen der skalaren Größen zu Vektoren gibt die Zustandsgleichung

$$
\begin{bmatrix} \dot{z}_1 \\ \dot{z}_2 \\ \dot{z}_3 \\ \vdots \\ \dot{z}_N \end{bmatrix}
=
\begin{bmatrix}
-\dfrac{a_1}{a_0} & -\dfrac{a_2}{a_0} & \cdots & -\dfrac{a_{N-1}}{a_0} & -\dfrac{a_N}{a_0} \\
1 & 0 & \cdots & 0 & 0 \\
0 & 1 & \cdots & 0 & 0 \\
\vdots & \vdots & \ddots & \vdots & \vdots \\
0 & 0 & \cdots & 1 & 0
\end{bmatrix}
\begin{bmatrix} z_1 \\ z_2 \\ z_3 \\ \vdots \\ z_N \end{bmatrix}
+
\dfrac{1}{a_0}
\begin{bmatrix} 1 \\ 0 \\ \vdots \\ 0 \\ 0 \end{bmatrix}
x \ .
$$

$$\tag{2.36}$$

Die Ausgangsgleichung kann man unmittelbar aus der Direktform II (Bild 2.3) ablesen. Dabei ist zu beachten, daß es von jedem Zustand zwei Pfade zum Ausgang gibt: einen über den Koeffizienten b_i und einen über a_i, $\dfrac{1}{a_0}$ und b_0. Die Ausgangsgleichung wird so zu

$$
y = \begin{bmatrix} b_1 - \dfrac{b_0}{a_0} a_1 & \cdots & b_N - \dfrac{b_0}{a_0} a_N \end{bmatrix}
\begin{bmatrix} z_1 \\ \vdots \\ z_N \end{bmatrix}
+ \dfrac{b_0}{a_0} x \ . \tag{2.37}
$$

Die Gleichungen (2.36) und (2.37) stellen die vollständige Zustandsraumbeschreibung des durch das Blockdiagramm in Direktform II gegebenen Systems dar.

Da die Direktform II das Ein-Ausgangsverhalten nach der Integralgleichung (2.4) bzw. der Differentialgleichung (2.3) realisiert, ist damit auch ein Zusammenhang zwischen der Differentialgleichung N-ter Ordnung (2.3) und der Matrixdifferentialgleichung (2.33) hergestellt. Wir können ihn noch deutlicher machen, wenn wir die Zustandsraumbeschreibung mit den Koeffizienten $\alpha_i = a_{N-i}$ und $\beta_i = b_{N-i}$ der Differentialgleichung (2.3) schreiben. Die gleiche Änderung der Zählrichtung nehmen wir auch bei den Zustandsvariablen vor und nennen die neuen Zustände $\zeta_i = z_{N-i+1}$.

Mit diesen Bezeichnungen lautet die Zustandsraumbeschreibung

$$\dot{\zeta} = \mathbf{A}\zeta + \mathbf{B}x \tag{2.38}$$

$$y = \mathbf{C}\zeta + \mathbf{D}x \tag{2.39}$$

mit den Matrizen

$$\mathbf{A} = \begin{bmatrix} 0 & 1 & \dots & 0 & 0 \\ \vdots & \vdots & \ddots & \vdots & \vdots \\ 0 & 0 & \dots & 1 & 0 \\ 0 & 0 & \dots & 0 & 1 \\ -\dfrac{\alpha_0}{\alpha_N} & -\dfrac{\alpha_1}{\alpha_N} & \dots & -\dfrac{\alpha_{N-2}}{\alpha_N} & -\dfrac{\alpha_{N-1}}{\alpha_N} \end{bmatrix} \tag{2.40}$$

$$\mathbf{B} = \frac{1}{\alpha_N} \begin{bmatrix} 0 \\ \vdots \\ 0 \\ 1 \end{bmatrix} \tag{2.41}$$

$$\mathbf{C} = \begin{bmatrix} \beta_0 - \dfrac{\beta_N}{\alpha_N}\alpha_0 & \dots & \beta_{N-1} - \dfrac{\beta_N}{\alpha_N}\alpha_{N-1} \end{bmatrix} \tag{2.42}$$

$$\mathbf{D} = \frac{\beta_N}{\alpha_N} \; . \tag{2.43}$$

Die Elemente der Zustandsraummatrizen können in dieser Schreibweise direkt aus den Koeffizienten der Differentialgleichung (2.3) berechnet werden. Die spezielle Form der Systemmatrix (2.40) für die Direktform II heißt *Frobenius-Matrix*.

2.5 Äquivalente Zustandsraumdarstellungen

Die Zustandsraummatrizen (2.40) bis (2.43) beschreiben nur eine von vielen möglichen Strukturen des Blockdiagramms, hier die Direktform II. Andere Strukturen, die dasselbe Ein-Ausgangsverhalten aufweisen, erhält man durch den Übergang auf andere Zustandsvariablen. Diesen Übergang kann man formal durch die Multiplikation mit einer Transformationsmatrix $\mathbf{T}$ beschreiben

$$\mathbf{z} = \mathbf{T}\hat{\mathbf{z}} \; . \tag{2.44}$$

Hier ist $\hat{\mathbf{z}}$ der neue Zustandsvektor. Die Transformationsmatrix $\mathbf{T}$ der Größe $N \times N$ muß lediglich nichtsingulär, d.h. invertierbar sein, sonst unterliegt sie keinen

Einschränkungen. Einsetzen in (2.33) und (2.34) und Linksmultiplikation mit $\mathbf{T}^{-1}$ gibt eine neue Zustandsraumbeschreibung

$$\dot{\hat{z}} = \hat{\mathbf{A}}\hat{z} + \hat{\mathbf{B}}x \tag{2.45}$$

$$y = \hat{\mathbf{C}}\hat{z} + \hat{\mathbf{D}}x \tag{2.46}$$

mit den Matrizen

$$\hat{\mathbf{A}} = \mathbf{T}^{-1}\mathbf{A}\mathbf{T} \tag{2.47}$$

$$\hat{\mathbf{B}} = \mathbf{T}^{-1}\mathbf{B} \tag{2.48}$$

$$\hat{\mathbf{C}} = \mathbf{C}\mathbf{T} \tag{2.49}$$

$$\hat{\mathbf{D}} = \mathbf{D}. \tag{2.50}$$

Sie ist zu (2.33) und (2.34) äquivalent, d.h. sie besitzt die gleiche Differentialgleichung N-ter Ordnung. Durch die Wahl einer Transformationsmatrix $\mathbf{T}$ kann man so beliebige Zustandsraumbeschreibungen für dieselbe Differentialgleichung erzeugen.

Manche Zustandsraumbeschreibungen haben spezielle Eigenschaften. Wählt man beispielsweise für die Transformationsmatrix $\mathbf{T}$ eine Modalmatrix zur Systemmatrix $\mathbf{A}$, dann hat die neue Systemmatrix $\hat{\mathbf{A}}$ Diagonalgestalt. Die zugehörige Struktur heißt Parallelform und ist für ein System mit einem Eingang und einem Ausgang in Bild 2.10 dargestellt. Dabei setzen wir voraus, daß $\mathbf{A}$ nur einfache Eigenwerte besitzt. Der Fall mehrfacher Eigenwerte wird z.B. in [13] behandelt. Da $\hat{\mathbf{A}}$ nur auf der Hauptdiagonale besetzt ist, besteht für jede Zustandsvariable nur eine Rückkopplung auf sich selbst. Die Hauptdiagonalelemente $\lambda_1, \lambda_2, \ldots, \lambda_N$ sind die Eigenwerte oder Eigenfrequenzen des Systems, die übrigens bei reellwertiger Matrix $\mathbf{A}$ durchaus als konjugierte komplexe Paare auftreten dürfen. In diesem Fall sind auch die entsprechenden Zustandsgrößen komplex, ihre Imaginärteile löschen sich bei einem reellwertigen Ausgangssignal $y(t)$ aber gegenseitig aus.

Die Parallelform für ein System mit M Eingängen und K Ausgängen ist in Bild 2.11 gezeigt. Wiederum wird vorausgesetzt, daß die Systemmatrix $\mathbf{A}$ nur einfache Eigenwerte besitzt. Die Blöcke $\hat{\mathbf{B}}$ und $\hat{\mathbf{C}}$ repräsentieren die Multiplikationen mit den entsprechenden Matrizen. Das Blockdiagramm Bild 2.10 ist als Sonderfall enthalten. Offenbar hängt die Integriererstufe der Parallelform nicht davon ab, wieviele Eingänge und Ausgänge das System besitzt.

Welchen Nutzen bringt der Übergang auf eine andere Zustandsraumstruktur, wenn doch alle durch Transformation entstehenden Strukturen das gleiche Ein-Ausgangsverhalten besitzen? Die strenge Äquivalenz zwischen den verschiedenen Zustandsraumbeschreibungen gilt leider nur unter idealen Bedingungen. Bei tech-

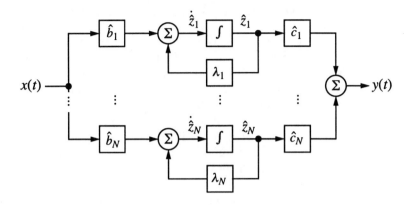

Bild 2.10: Parallelform eines Systems mit einem Eingang und einem Ausgang

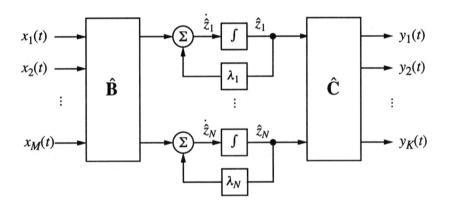

Bild 2.11: Parallelform eines Systems mit mehreren Ein- und Ausgängen

nischen Realisierungen entstehen immer Störungen, die als zusätzliche Signalquellen im Inneren des Systems aufgefaßt werden können. Bei elektrischen Systemen in Analogtechnik sind das rauschartige Störungen, bei Digitalschaltungen und Prozessoren dagegen Fehler durch Runden auf endliche Wortlänge. Die Wirkung dieser Störungen auf das Ausgangssignal kann durch die Wahl geeigneter innerer Zustände der Realisierung minimiert werden. Darüber hinaus erfordern manche Formen einen geringeren Realisierungsaufwand als andere.

2.6　Steuerbarkeit und Beobachtbarkeit

Die Parallelform erlaubt auf einfache Weise einige weitergehende Aussagen über die Systemeigenschaften. Sie betreffen die Möglichkeit, einerseits die einzelnen Zustände vom Eingang her beeinflussen und andererseits die Zustandsgrößen am Ausgang zu beobachten zu können. Das ist nicht selbstverständlich, denn bei den bisherigen Strukturen ist es möglich, daß sich das Eingangssignal zu einem bestimmten Zustand auf verschiedenen Wegen aufhebt. Man sagt dann, daß dieser Zustand vom Eingang her nicht *steuerbar* sei. Ebenso kann es passieren, daß sich der Verlauf einer Zustandsvariablen auf dem Weg zum Ausgang auf verschiedenen Wegen auslöscht. Dieser Zustand heißt dann am Ausgang nicht *beobachtbar*.

Bei der Parallelform gibt es nur einen Weg vom Eingang zu jedem Zustand bzw. von jedem Zustand zum Ausgang (s. Bild 2.10). Eine Auslöschung über mehrere Pfade kann nicht auftreten. Entsprechendes gilt für Systeme mit mehreren Ein- und Ausgängen (Bild 2.11). Wir können daher die folgenden Definitionen der Begriffe *Steuerbarkeit* und *Beobachtbarkeit* angeben:

Definition 8:　Steuerbarkeit

Ein System heißt vollständig steuerbar, *wenn nach Transformation auf Parallelform kein Element der Zustandsraummatrix* $\hat{\mathbf{B}}$ *gleich Null ist.*

Definition 9:　Beobachtbarkeit

Ein System heißt vollständig beobachtbar, *wenn nach Transformation auf Parallelform kein Element der Zustandsraummatrix* $\hat{\mathbf{C}}$ *gleich Null ist.*

Ist dagegen das Element B_{nm} in der Zeile n und der Spalte m von $\mathbf{B}$ gleich Null, so ist die Zustandsvariable z_n vom Eingang x_m nicht steuerbar. Ebenso ist die Zustandsvariable z_n am Ausgang y_k nicht beobachtbar, wenn das Element C_{kn} in der Zeile k und der Spalte n von $\mathbf{C}$ gleich Null ist.

Der Vorteil dieser Definition von Steuerbarkeit und Beobachtbarkeit ist die einfache Überprüfung anhand der Elemente der Zustandsraummatrizen. Der Nachteil ist, daß beliebige Systeme zur Überprüfung erst auf Diagonalform transformiert werden müssen. Es gibt auch andere Möglichkeiten, ein System auf Steuerbarkeit und Beobachtbarkeit zu testen, die direkt mit der gegebenen (i.a. nicht diagonalen) Zustandsraumbeschreibung arbeiten (s. z.B. [13, 17]). Wir behandeln die hier beschriebene Methode anhand eines Beispiels.

　　　　　　　　　　　　　　　　　　　　　　　　　　　　　　Beispiel 2.3

Bild 2.12 zeigt das Blockdiagramm eines Systems zweiter Ordnung mit zwei Eingängen und einem Ausgang. Auf den ersten Blick scheinen alle Zustände mit beiden Eingängen und dem Ausgang verbunden. Ob Auslöschungen auftreten, ist zunächst nicht offensichtlich.

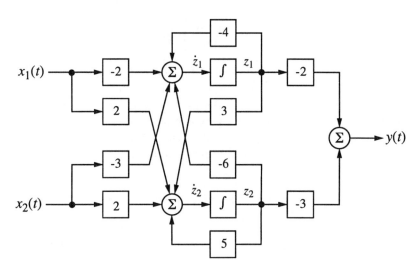

Bild 2.12: Blockdiagramm des Systems aus Beispiel 2.3

Zur Bestimmung der Zustandsraummatrizen lesen wir aus Bild 2.12 jeweils eine Gleichung für $\dot{z}_1$ und $\dot{z}_2$ an den Eingängen der Integrierer und eine Gleichung für y am Ausgang ab und schreiben sie in der Form von (2.33), (2.34):

$$\begin{bmatrix} \dot{z}_1 \\ \dot{z}_2 \end{bmatrix} = \begin{bmatrix} -4 & -6 \\ 3 & 5 \end{bmatrix} \begin{bmatrix} z_1 \\ z_2 \end{bmatrix} + \begin{bmatrix} -2 & -3 \\ 2 & 2 \end{bmatrix} \begin{bmatrix} x_1 \\ x_2 \end{bmatrix} \qquad (2.51)$$

$$y = \begin{bmatrix} -2 & -3 \end{bmatrix} \begin{bmatrix} z_1 \\ z_2 \end{bmatrix} . \qquad (2.52)$$

Die Matrizen $\mathbf{A}$, $\mathbf{B}$, $\mathbf{C}$, $\mathbf{D}$ kann man unmittelbar ablesen. Aus der Gleichung $(\lambda_i \mathbf{E} - \mathbf{A})\mathbf{t}_i = \mathbf{0}$ erhält man die Eigenwerte und Eigenvektoren

$$\lambda_1 = 2, \quad \lambda_2 = -1, \quad \mathbf{t}_1 = \begin{bmatrix} -1 \\ 1 \end{bmatrix}, \quad \mathbf{t}_2 = \begin{bmatrix} -2 \\ 1 \end{bmatrix} . \qquad (2.53)$$

Die Eigenvektoren sind natürlich nur bis auf einen konstanten Faktor bestimmt. Sie bilden die Modalmatrix

$$\mathbf{T} = \begin{bmatrix} -1 & -2 \\ 1 & 1 \end{bmatrix}, \qquad \mathbf{T}^{-1} = \begin{bmatrix} 1 & 2 \\ -1 & -1 \end{bmatrix}, \qquad (2.54)$$

die gleichzeitig nach (2.47) - (2.50) die Transformationsmatrix in die Parallelform ist. Tatsächlich folgt aus (2.47) - (2.50) die transfomierte Zustandsdarstellung mit dem Blockdiagramm nach Bild 2.13:

$$\begin{bmatrix} \dot{\hat{z}}_1 \\ \dot{\hat{z}}_2 \end{bmatrix} = \begin{bmatrix} 2 & 0 \\ 0 & -1 \end{bmatrix} \begin{bmatrix} \hat{z}_1 \\ \hat{z}_2 \end{bmatrix} + \begin{bmatrix} 2 & 1 \\ 0 & 1 \end{bmatrix} \begin{bmatrix} x_1 \\ x_2 \end{bmatrix} \qquad (2.55)$$

$$y = [\; 1 \quad -1 \;] \begin{bmatrix} \hat{z}_1 \\ \hat{z}_2 \end{bmatrix} \; . \tag{2.56}$$

Hier ist das Element $\hat{B}_{21} = 0$ und folglich die zweite Zustandsvariable nicht vom ersten Eingang aus steuerbar. Die Elemente von $\hat{C}$ sind ungleich Null, so daß vollständige Beobachtbarkeit vorliegt. Diese Aussagen bestätigt man leicht anhand des Blockdiagramms in Bild 2.13. Wollen wir also das System in Bild 2.12 oder das äquivalente System in Bild 2.13 in einen bestimmten inneren Zustand hineinsteuern, so ist das nur über das Eingangssignal $x_2(t)$ möglich.

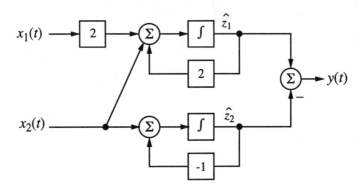

Bild 2.13: Parallelform des Systems aus Beispiel 2.3

2.7 Zusammenfassung

Zu Beginn dieses Kapitels hatten wir uns vorgenommen, zeitkontinuierliche Systeme im Zeitbereich auf drei verschiedene Arten zu beschreiben: durch Differentialgleichungen, durch Blockdiagramme und als Zustandsraumbeschreibung. Ausgangspunkt war eine Beschreibung eines realen Systems als Verknüpfung seiner Bauteile, das in idealisierter Weise durch ein Netzwerk aus idealen Komponenten dargestellt werden kann. Diese Beschreibungsweise ist von elektrischen Schaltungen her vertraut, kann aber auch auf andere physikalische Gebilde angewandt werden, solange die räumliche Ausdehnung der Bauteile vernachlässigbar ist.

Die erhaltenen Ergebnisse wollen wir am Schluß noch einmal zusammenstellen und zueinander in Beziehung setzen. Bild 2.14 zeigt die oben genannten grundlegenden Beschreibungsformen Netzwerk, Differentialgleichung, Blockdiagramm und Zustandsraumbeschreibung.

Auf die Beschreibung von Netzwerken durch lineare Differentialgleichungen mit konstanten Koeffizienten mit den Mitteln der Netzwerkanalyse brauchen wir

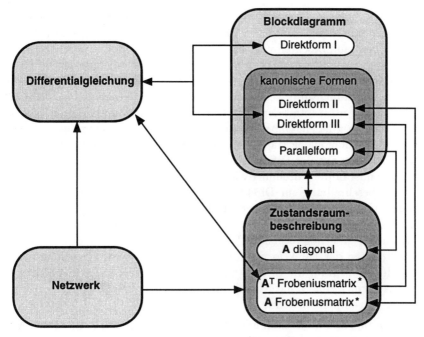

Bild 2.14: Übersicht über die Beschreibungsformen von LTI-Systemen

hier nicht mehr weiter einzugehen. Ausgehend von solchen Differentialgleichungen haben wir einige häufig gebrauchte Formen von Blockdiagrammen kennengelernt, deren Koeffizienten sich direkt aus den Koeffizienten der Differentialgleichung ergeben. Dies waren die Direktformen I, II und III, von denen II und III die minimale Anzahl von Integrierern (gleich der Ordnung der Differentialgleichung) besitzen und daher kanonische Formen sind. Die Direktform I benötigt doppelt soviele Integrierer und zählt nicht zu den kanonischen Formen. Das Ein-Ausgangsverhalten eines Systems kann aber auch noch durch andere Blockdiagramme beschrieben werden, deren Koeffizienten nicht mehr unmittelbar aus der Differentialgleichung abgelesen werden können. Dazu zählt die Parallelform, die die Beziehungen zwischen Eingang, Zuständen und Ausgang besonders deutlich macht.

Mit den Blockdiagrammen eng verbunden ist die Zustandsraumbeschreibung. Während die ursprüngliche Differentialgleichung eine Gleichung N-ter Ordnung darstellt, ist eine Zustandsraumbeschreibung ein System von N Differentialgleichungen erster Ordnung. Die zahlreichen Koeffizienten dieser Gleichungen faßt man zweckmäßigerweise in Matrix-Schreibweise zu den sogenannten Zustandsraummatrizen zusammen. Die Zuweisung von inneren Zuständen ist ebensowenig

eindeutig wie bei den Blockdiagrammen. Da wir uns hier auf Zustandsraumbeschreibungen mit einer minimalen Zahl von Zuständen beschränken, entspricht
jeder Zustandsraumbeschreibung ein Blockdiagramm in kanonischer Form. Die
Elemente der Zustandsraummatrizen kann man direkt am zugehörigen Blockdiagramm ablesen. Ebenso kann man zu jeder Zustandsraumdarstellung leicht das
zugehörige Blockdiagramm zeichnen. Damit ist klar, daß zwischen dem Aufbau
des Blockdiagrammms und der Struktur der Zustandsraummatrizen enge Beziehungen bestehen müssen. Dabei entspricht der Parallelform eine Zustandsraumbeschreibung mit diagonaler Matrix $\mathbf{A}$. Die Eigenschaft der Direktformen, daß sich
ihre Koeffizienten aus der Differentialgleichung ablesen lassen, muß sich ebenfalls
in der Zustandsraumbeschreibung wiederfinden lassen. So ist die Matrix $\mathbf{A}$ der Zustandsraumbeschreibung zur Direktform II eine Frobenius-Matrix (bei geeigneter
Numerierung der Zustände). Sie enthält die Koeffizienten der Differentialgleichung
in der untersten Zeile, während alle anderen Matrixelemente 0 oder 1 sind. Bei der
Direktform III gilt entsprechendes für die transponierte Matrix $\mathbf{A}^T$. So wie sich
die Koeffizienten der Direktformen direkt aus der Differentialgleichungen ablesen
lassen, gilt das auch für die Elemente der Frobenius-Matrix. Für die nicht kanonische Direktform I gibt es natürlich keine zugeordnete Zustandsraumstruktur mit
minimaler Anzahl der Zustände.

Eine Zustandsraumbeschreibung läßt sich aber auch direkt aus einer Analyse
des Netzwerks gewinnen. Dabei erhält man Strukturen, deren Zustandsvariablen
den Energiespeichern des Netzwerks entsprechen. Um ein Blockdiagramm aus einem Netzwerk zu gewinnen, geht man meist nicht den direkten Weg, sondern
bestimmt zunächst die Differentialgleichung oder die Zustandsraumstruktur.

Diagonal- oder Frobenius-Matrix sind zwar gebräuchliche, aber dennoch nur
sehr spezielle Formen der Zustandsraumbeschreibung. Beliebige andere Zustandsraumbeschreibungen mit dem gleichen Eingangs-Ausgangsverhalten erhält man
durch Ähnlichkeitstransformationen. Da man jede nichtsinguläre Matrix $\mathbf{A}$ auf
Diagonalgestalt transformieren kann, erhält man so auch leicht eine Vorschrift für
die Transformation einer nichtdiagonalen Zustandsraumbeschreibung mit der Ma-
trix $\mathbf{A}_1$ in eine andere ebenfalls nichtdiagonale mit der Matrix $\mathbf{A}_2$ (Bild 2.15).
Dabei ist allerdings in der Praxis zu beachten, daß $\mathbf{T}_1$ und $\mathbf{T}_2$ Transformationen
in die gleiche Diagonalform, also mit gleicher Numerierung und Skalierung der
Zustände, bewirken müssen.

Die Beschreibungsformen dieses Kapitels bezogen sich nur auf zeitkontinuierliche LTI-Systeme, die sich durch Netzwerke mit konzentrierten Energiespeichern
realisieren lassen und daher durch gewöhnliche Differentialgleichungen charakterisiert werden. Es soll hier noch erwähnt werden, daß auch Systeme, die durch
partielle Differentialgleichungen oder die durch Differenzengleichungen beschrieben werden, LTI-Systeme sein können. Eine besondere Klasse von Systemen, die
durch Differenzengleichungen beschrieben werden, nämlich die zeitdiskreten LTI-
Systeme, werden wir im Kapitel 14 noch ausführlich behandeln.

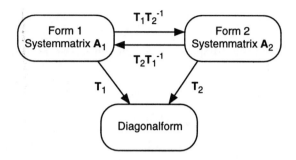

Bild 2.15: Transformationen zwischen verschiedenen Zustandsraumdarstellungen

2.8 Aufgaben

Aufgabe 2.1

Zeigen Sie, daß (2.3) ein a) zeitinvariantes und b) lineares System beschreibt.

Aufgabe 2.2

Ein System wird durch die DGL

$$0,5\frac{d^3y}{dt^3} - 3\frac{dy}{dt} + y = x + 0,1\frac{dx}{dt}$$

beschrieben. Welche Ordnung hat das System? Geben Sie ein Blockdiagramm in der Direktform I und in der Direktform II an. Welche der beiden Formen ist kanonisch (Begründung)?

Aufgabe 2.3

Gegeben ist ein Blockdiagramm in Direktform II. Geben Sie eine DGL an, die das zugehörige System beschreibt.

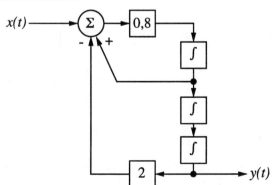

Aufgabe 2.4

a) Zeichnen Sie ein Blockdiagramm aus Differenzierern, Multiplizierern und Addierern, das die folgende DGL realisiert:

$$a_0\ddot{y} + a_1\dot{y} + a_2 y = b_1\dot{x} + b_2 x$$

Hinweis: Gehen Sie analog zur Herleitung der Direktform I vor.

b) Zeichnen Sie das Blockdiagramm in eine kanonische Form um. Welche Bedingung muß für die Umwandlung erfüllt sein?

Aufgabe 2.5

Für das Netzwerk in Bild 2.9 gelten die normierten Bauteilwerte $R_1 = R_2 = 100$, $L_1 = 2$, $L_2 = 5$, $C = 0,01$.

a) Geben Sie einen Signalflußgraphen (=Blockdiagramm) aus Integrierern, Multiplizierern und Addierern an. Wählen sie dabei für jeden Zustand aus (2.31) und (2.32) einen Ausgang eines Integrierers.

b) Geben Sie durch Eliminieren der Zustände eine (normierte) Differentialgleichung an, die das Ein-Ausgangsverhalten des Systems beschreibt.

c) Geben Sie ausgehend von der DGL ein Blockdiagramm in Direktform II an.

d) Sind die Blockdiagramme aus a) und/oder c) kanonisch?

Aufgabe 2.6

Der folgende Signalflußgraph eines Systems mit einem Eingang und zwei Ausgängen soll in eine Zustandsraumdarstellung umgewandelt werden.

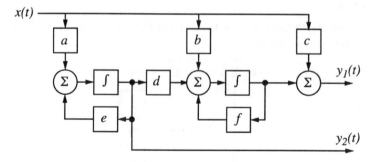

a) Wählen Sie geeignete Zustandsvariable.

b) Stellen Sie die Ableitungen der Zustandsvariable in Abhängigkeit der nicht abgeleiteten Zustände und des Eingangssignals dar und geben Sie die Zustandsgleichung in Matrixform an.

c) Stellen Sie beide Ausgänge in Abhängigkeit der nicht abgeleiteten Zustände und des Eingangssignals dar und geben Sie die Ausgangsgleichung in Matrixform an.

d) Welche besondere Form hat das Blockdiagramm für $d = 0$?

e) Unter welcher Bedingung ist das System für $d = 0$ steuerbar?

f) Ist das System vollständig beobachtbar? Von welchem der Ausgänge aus ist es beobachtbar?

Aufgabe 2.7

Ein System werde durch die DGL $\ddot{y} + 4\dot{y} + 5y = 2\ddot{x} + 7x$ beschrieben.

a) Geben Sie ausgehend von der DGL eine Zustandsraumdarstellung an.

b) Transformieren Sie den Zustandsvektor unter Verwendung einer geeigneten Matrix $\mathbf{T}$ nach $\hat{\mathbf{z}} = \mathbf{T}^{-1}\mathbf{z}$, so daß die Systemmatrix $\hat{\mathbf{A}}$ Diagonalgestalt hat. Geben Sie die Matrix $\mathbf{T}$ und die transformierten Zustandsgleichungen an.

   Welche Eigenwerte hat die Systemmatrix? Hat das transformierte System das selbe Ein-Ausgangsverhalten?

c) Ist das System steuerbar, und ist es beobachtbar?

Aufgabe 2.8

a) Geben Sie die Transformationsmatrizen $\mathbf{T}$ und $\mathbf{T}^{-1}$ für den Übergang der Zustände $\mathbf{z}$ in (2.36) und (2.37) auf die Zustände ζ in (2.38) und (2.39) an, so daß gilt: $\mathbf{z} = \mathbf{T}\zeta$.

b) Verifizieren Sie die Gleichungen (2.40) - (2.43) unter Verwendung der Beziehungen $\alpha_i = a_{N-i}$ und $\beta_i = b_{N-i}$ sowie (2.36) und (2.37).

3 Beschreibung von LTI-Systemen im Frequenzbereich

Im letzten Kapitel hatten wir Signale ausschließlich als Zeitfunktionen dargestellt. Das hat den Vorteil, daß die Methoden der Differentialrechnung zur Systembeschreibung herangezogen werden können. Damit kann man zwar beliebig große LTI-Systeme behandeln, allerdings wird der Umgang mit Differentialgleichungen hoher Ordnung oder mit Zustandsraumbeschreibungen mit vielen Variablen recht umständlich. Deshalb haben wir auch die Berechnung des Ausgangssignals eines LTI-Systems durch Lösung einer Differentialgleichung bisher zurückgestellt.

Gibt es noch andere Möglichkeiten, um Signale darzustellen? Als Beispiel eines akustischen Signals betrachten wir einen Akkord, also eine Überlagerung mehrerer Töne eines Musikinstruments. Man kann die Schallschwingungen aufzeichnen und als Zeitfunktion darstellen, um so eine Signalbeschreibung im Zeitbereich zu erhalten. Es ist aber auch naheliegend, den Akkord durch Angabe seiner Einzeltöne zu beschreiben. Die einzelnen Töne sind durch ihre Tonhöhe gekennzeichnet oder — technisch ausgedrückt — durch ihre Frequenz als Anzahl der Schwingungen eines periodischen Vorgangs pro Zeiteinheit.

Die Charakterisierung eines Signals durch die Frequenzen der einzelnen Schwingungsanteile hat nicht nur in musikalischer, sondern auch in technischer Hinsicht Vorteile. Von vielen Systemen ist bekannt, daß sie auf ein sinusförmiges Eingangssignal mit einem ebenfalls sinusförmigen Ausgangssignal reagieren. Amplitude und Phasenlage haben sich gegenüber dem Eingangssignal geändert, aber die Frequenz ist die gleiche geblieben. Wir werden bald sehen, daß gerade die LTI-Systeme diese Eigenschaft haben. Die Wirkung des Systems auf die Amplitude und Phase des Eingangssignals ist im allgemeinen für jede Frequenz anders. Die Kenntnis dieser Wirkung für alle Frequenzen eröffnet eine weitere Möglichkeit zur Systembeschreibung. Wir nennen sie eine Beschreibung im *Frequenzbereich*. Sie ist oft einfacher zu handhaben als die Beschreibung im Zeitbereich.

Die Berechnung der Reaktion eines LTI-Systems auf ein Eingangssignal kann im Frequenzbereich in folgenden Schritten durchgeführt werden:

1. Zerlegung des Eingangssignals in sinusförmige Anteile unterschiedlicher Frequenz.

2. Feststellen der Systemreaktion auf die einzelnen Anteile durch Angabe der Amplitudenänderung und Phasenänderung für jede Frequenz.

3. Zusammensetzen der einzelnen Anteile am Systemausgang zum kompletten Ausgangssignal.

Die einzelnen Punkte behandeln wir in diesem und den folgenden Kapiteln ausführlich. Zunächst werden wir den Begriff der Frequenz noch verallgemeinern und die Signalbeschreibung im Frequenzbereich vorstellen. Mathematische Werkzeuge für den Übergang zwischen Zeitbereich und Frequenzbereich folgen in den Kapiteln 4 und 6 (Laplace-Transformation) und Kapitel 9 (Fourier-Transformation).

3.1 Komplexe Frequenzen

3.1.1 Was ist eine komplexe Frequenz?

Die herkömmliche Definition der Frequenz geht von einem reellwertigen sinusförmigen Signal $x(t)$ aus, das durch seine Amplitude $\hat{X}$, die Anzahl der Schwingungen pro Zeiteinheit f und die Lage der Nulldurchgänge relativ zum Zeitnullpunkt $t = 0$ vollständig charakterisiert ist. Die Schwingungshäufigkeit oder Frequenz f ist eine reelle Größe. Zusammen mit der ebenfalls reellen Phase φ beschreibt sie exakt die Lage sämtlicher Nulldurchgänge:

$$x(t) = \hat{X} \sin(2\pi f t + \varphi) . \tag{3.1}$$

Die Erweiterung des Begriffs der Frequenz auf komplexe Größen führt zu komplexwertigen Exponentialsignalen der Form

$$x(t) = \hat{X} e^{st} . \tag{3.2}$$

Im Gegensatz zu (3.1) ist nur die Zeit t reell, die Amplitude $\hat{X}$ und die Frequenz $s = \sigma + j\omega$ sind hier komplex. Bild 3.1 zeigt ein Beispiel eines komplexwertigen Exponentialsignals mit $\hat{X} = 1 + j$ und $s = -0.5 + j5$. Es ist für alle Werte der Zeit t definiert, aber hier nur für $t > 0$ gezeichnet. Für $t = 0$ nimmt $x(t)$ den Wert der komplexen Amplitude $\hat{X}$ an; für $t > 0$ ist sein Verlauf durch den Realteil σ und den Imaginärteil ω von s festgelegt. Der Realteil σ kennzeichnet den Betrag von $x(t)$

$$|x(t)| = |\hat{X}| e^{\sigma t}, \tag{3.3}$$

während der Imaginärteil der Kreisfrequenz $\omega = 2\pi f$ entspricht und damit ein Maß dafür ist, wie schnell der komplexe Zeiger $x(t)$ in Bild 3.1 die Zeitachse umkreist. Die Verwandtschaft mit reellen Schwingungen erkennt man durch Aufspaltung von $x(t)$ in Real- und Imaginärteil, wie in Bild 3.2 gezeigt.

3.1.2 Komplexe Frequenz: Beispielsignale

Als Beispiele für den Gebrauch komplexer Frequenzen drücken wir einige reelle Signale durch komplexe Exponentialfunktionen aus (Tabelle 3.1). Für $\hat{X} \in \mathbb{R}$ und

$$x(t) = \hat{X}e^{st} \quad \text{mit } \hat{X} = 1 + j, \quad s = -0.5 + j5$$

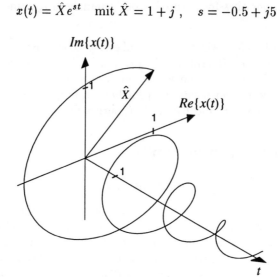

Bild 3.1: Beispiel eines komplexwertigen Exponentialsignals

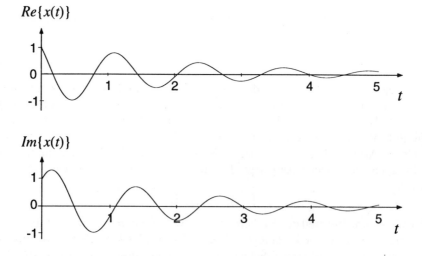

Bild 3.2: Realteil und Imaginärteil des Signals in Bild 3.1

reelle Werte von s ist $x(t)$ natürlich auch reell. Im einfachsten Fall ist $s = 0$ und $\hat{X} = 1$, so daß $x(t) = 1$ zu einer Konstanten wird. Für andere reelle Werte von s erhält man ein reellwertiges Exponentialsignal, z.B. $x(t) = e^{-3t}$ für $s = -3$. Reellwertige sinusförmige Signale kann man durch die Überlagerung zweier komplexer Exponentialfunktionen mit rein imaginären Frequenzen $s = j\omega$ und $s = -j\omega$ darstellen. Die Überlagerung von Exponentialfunktionen mit $\sigma \neq 0$ führt schließlich zu auf- oder abklingenden sinusförmigen Schwingungen.

Tabelle 3.1: Beispiele einiger reeller Signale

	Signal	Frequenz
Gleichgröße	$x(t) \;\; = \;\; 1$	$s \;\; = \;\; 0$
Reellwertiges Exponentialsignal	$x(t) \;\; = \;\; e^{-3t}$	$s \;\; = \;\; -3$
Sinusschwingung	$x(t) \;\; = \;\; \sin 50t$ $\;\;\;\;\;\;\; = \;\; \dfrac{1}{2j}(e^{50jt} - e^{-50jt})$	$s \;\; = \;\; \pm 50j$
Abklingende Sinusschwingung	$x(t) \;\; = \;\; e^{-2t}\sin 50t$ $\;\;\;\;\;\;\; = \;\; \dfrac{1}{2j}\left[e^{(-2+50j)t} - e^{(-2-50j)t}\right]$	$s \;\; = \;\; -2 \pm 50j$

3.1.3   Die komplexe Frequenz-Ebene

Der Vorteil der komplexen Frequenz ist, daß sich eine Vielzahl von Signalformen durch einen einzigen komplexen Frequenzparameter ausdrücken läßt. Um dabei die Übersicht zu bewahren, ordnet man die unterschiedlichen Formen der komplexen Exponentialschwingungen den entsprechenden Werten der komplexen Frequenz s in der Gaußschen Zahlenebene zu. Man spricht dabei kurz von der *komplexen Frequenzebene* oder der s-Ebene. Bild 3.3 zeigt komplexe Exponentialfunktionen für verschiedene Orte in der komplexen Frequenzebene. Je weiter man sich dabei von der reellen Achse entfernt, umso schneller schwingt das Signal. Für positive Werte von ω, also in der oberen Halbebene, dreht sich der komplexe Zeiger im Uhrzeigersinn, in der unteren Halbebene entgegen dem Uhrzeigersinn, jeweils in Blickrichtung der Zeitachse. Auf der reellen Achse schwingt das Signal nicht. Die Signalformen in der rechten Halbebene klingen auf, und zwar umso schneller, je weiter sie von der imaginären Achse entfernt liegen. Umgekehrt klingen sie in der

linken Halbebene ab. Die Exponentialsignale auf der imaginären Achse klingen
weder auf noch ab.

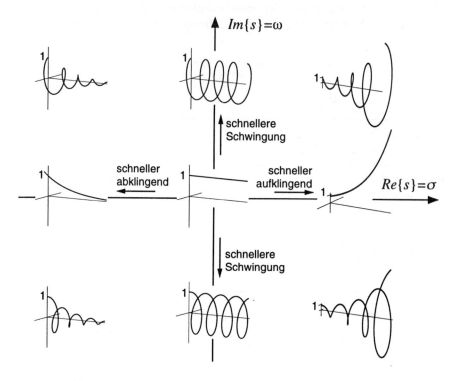

Bild 3.3: Anschauliche Deutung der komplexen Frequenz-Ebene

3.2   Eigenfunktionen

3.2.1   Was sind Eigenfunktionen?

Im allgemeinen besteht zwischen den Zeitverläufen von Ein- und Ausgangssignal
eines Systems keine große Ähnlichkeit. Es gibt aber Systeme, die bestimmte Ein-
gangsignale fast ungeändert passieren lassen. Ein Beispiel sind elektrische Netzwerke, die nur aus Widerständen, Kondensatoren und Spulen bestehen. Ihre Reaktion auf ein sinusförmiges Signal ist in der Regel (für lineare Bauelemente) wieder
ein sinusförmiges Signal, lediglich mit anderer Amplitude und Phasenlage. Da man
Sinus- und Kosinusfunktionen zu komplexen Exponentialschwingungen zusammensetzen kann (siehe Bilder 3.1 und 3.2), lassen sich die Änderungen in Amplitude
und Phase durch einen einzigen Faktor, die komplexe Amplitude ausdrücken. Man

erhält so in der klassischen Wechselstromrechnung das Ausgangssignal aus dem Eingangssignal durch Multiplikation mit einem komplexen Faktor.

Etwas Ähnliches ist uns auch aus der linearen Algebra vertraut. Für bestimmte Vektoren $\mathbf{x}$ ist das Produkt mit einer Matrix $\mathbf{A}$ wieder gleich dem Vielfachen des Vektors $\mathbf{x}$: $\mathbf{A}\mathbf{x} = \lambda\mathbf{x}$. Man nennt dann $\mathbf{x}$ einen *Eigenvektor* und λ einen *Eigenwert*. Diese Bezeichungen überträgt man auch auf Signale, die ein System ohne Änderung der Form passieren.

Definition 10: Eigenfunktion

Ein Signal $e(t)$, das als Eingangssignal eines Systems an dessen Ausgang die Reaktion $y(t) = \lambda e(t)$ mit der komplexen Konstanten λ hervorruft, heißt Eigenfunktion dieses Systems.

Bild 3.4 zeigt diesen engen Zusammenhang zwischen Ein- und Ausgangssignal.

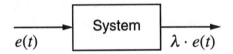

Bild 3.4: Erregung eines Systems mit einer Eigenfunktion $e(t)$

3.2.2 Eigenfunktionen von LTI-Systemen

Nachdem sinusförmige Signale einerseits lineare Netzwerke ohne Formänderung passieren und andererseits durch komplexe Exponentialfunktionen darstellbar sind, vermuten wir, daß diese Exponentialfunktionen Eigenfunktionen von LTI-Systemen sind. Zu zeigen ist also, daß gilt: $y(t) = \lambda x(t)$. Um die Vermutung zu beweisen, gehen wir von einem Eingangssignal der Form $x(t) = e^{st}$ aus und suchen die zugehörige Systemreaktion $y(t)$, die wir in allgemeiner Form als Funktion des Eingangssignals schreiben:

$$y(t) = S\{x(t)\} . \tag{3.4}$$

Im folgenden verwenden wir ausschließlich die kennzeichnenden Eigenschaften von LTI-Systemen, Zeitinvarianz und Linearität. Wir beginnen mit der Reaktion auf ein zeitlich verschobenes Eingangssignal

$$x(t - \tau) = e^{s(t-\tau)} \tag{3.5}$$

und erhalten wegen der vorausgesetzten Zeitinvarianz

$$y(t - \tau) = S\{x(t - \tau)\} = S\{e^{s(t-\tau)}\} = S\{e^{-s\tau}e^{st}\} . \tag{3.6}$$

Der Faktor $e^{-s\tau}$ hängt nicht von der Zeit ab. Wegen der Linearität des Systems folgt weiter

$$y(t - \tau) = S\{e^{-s\tau}e^{st}\} = e^{-s\tau}S\{e^{st}\} = e^{-s\tau}y(t) . \tag{3.7}$$

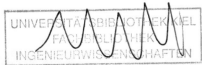

Jetzt haben wir zwar noch nicht $y(t)$ selbst, aber eine Differenzengleichung für $y(t)$, nämlich

$$y(t - \tau) = e^{-s\tau} y(t) \ . \tag{3.8}$$

Diese wird durch

$$y(t) = \lambda e^{st} \tag{3.9}$$

erfüllt, wie man durch Einsetzen in (3.8) verifiziert. Nach Definition 10 ist also $x(t) = e^{st}$ eine Eigenfunktion des durch S beschriebenen LTI-Systems.

Die Konstante λ kennzeichnet das Verhalten des Systems S. Da wir außer Linearität und Zeitinvarianz keine weiteren Voraussetzungen gemacht haben, können wir λ auch nicht genauer bestimmen. Im allgemeinen wird λ jedoch von der komplexen Frequenz s abhängen. Wir schreiben daher $\lambda = H(s)$ und bezeichnen $H(s)$ als *Systemfunktion* oder *Übertragungsfunktion*, da sie das System und seine Übertragungseigenschaften vom Eingang zum Ausgang beschreibt. Den Zusammenhang mit der Systembeschreibung im Zeitbereich werden wir in den folgenden Abschnitten herstellen. Bild 3.5 zeigt den Zusammenhang zwischen Eigenfunktionen und Systemfunktion bei LTI-Systemen.

Die Vorschrift in Bild 3.5 darf man nicht unüberlegt anwenden. Für viele LTI-Systeme gilt ein analytisch gegebenes $H(s)$ nämlich nur für einen Teil der komplexen Frequenzebene, den sogenannten Konvergenzbereich. Nur innerhalb des Konvergenzbereichs führt eine komplexe Exponentialschwingung am Eingang zu einem endlichen Ausgangssignal. Zum Beispiel besitzt ein Integrierer die Systemfunktion $H(s) = \frac{1}{s}$. Der Integriererausgang ist aber für das Eingangssignal $x(t) = e^{st}$ nur dann endlich, wenn $\mathrm{Re}\{s\} > 0$. Die Systemreaktion $y(t) = \int\limits_{-\infty}^{t} e^{s\tau} d\tau$ konvergiert nicht für $\mathrm{Re}\{s\} \leq 0$. In der Praxis gibt man den Konvergenzbereich der Systemfunktion nur selten an, ohne daß dies zu Problemen führt. Wir werden das Thema im Kapitel 8.4 behandeln.

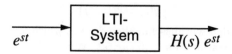

Bild 3.5: Eigen- und Systemfunktion bei LTI-Systemen

Noch eine weitere Warnung: Die einseitige Exponentialfunktion

$$x(t) = \begin{cases} e^{st} & t \geq 0 \\ 0 & \text{sonst} \end{cases}$$

ist im allgemeinen *keine* Eigenfunktion eines LTI-Systems!

3.2.3   Beispiel: RLC-Netzwerk

Als Beispiel für das Rechnen mit komplexen Frequenzen betrachten wir den Parallelschwingkreis in Bild 3.6.

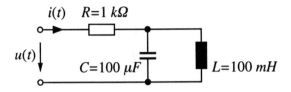

Bild 3.6: RLC-Netzwerk eines Parallelschwingkreises

Gegeben ist ein Eingangssignal der Form

$$u(t) = u_0 e^{\sigma_0 t} \cos(\omega_0 t + \varphi_0) \; . \tag{3.10}$$

Gesucht ist der Strom $i(t)$. Um ihn zu ermitteln, zerlegen wir zuerst $u(t)$ in zwei komplexe Exponentialfunktionen:

$$u(t) = u_0 e^{\sigma_0 t} \cdot \frac{1}{2} \left[e^{j(\omega_0 t + \varphi_0)} + e^{-j(\omega_0 t + \varphi_0)} \right] = U_1 e^{s_1 t} + U_2 e^{s_2 t} \tag{3.11}$$

mit

$$U_1 = U_2{}^* = \frac{u_0}{2} e^{j\varphi_0} \; ; \; s_1 = s_2{}^* = \sigma_0 + j\omega_0 \; . \tag{3.12}$$

Zum gesuchten Strom $i(t)$ kommen wir mit folgenden Überlegungen:

- Das Eingangssignal besteht aus der Summe zweier Exponentialfunktionen.

- Das elektrische Netzwerk wird durch eine lineare Differentialgleichung mit konstanten Koeffizienten beschrieben, ist daher ein LTI-System und hat komplexe Exponentialfunktionen als Eigenfunktionen.

- Das Ausgangssignal läßt sich daher wieder als Summe zweier Exponentialfunktionen schreiben.

Für den Strom $i(t)$ können wir also folgenden Ansatz machen:

$$i(t) = I_1 e^{s_1 t} + I_2 e^{s_2 t} \; . \tag{3.13}$$

Die Konstanten I_1 und I_2 sind noch unbekannt und müssen aus der Beschreibung des Netzwerks ermittelt werden. Dazu setzen wir $u(t)$ und $i(t)$ in die Differentialgleichung

$$u(t) + LC\frac{d^2 u(t)}{dt^2} = Ri(t) + L\frac{di(t)}{dt} + LCR\frac{d^2 i(t)}{dt^2} \tag{3.14}$$

ein, die unmittelbar aus der Schaltung in Bild 3.6 folgt. Man erhält

$$U_1 e^{s_1 t} + s_1^2 LCU_1 e^{s_1 t} \;=\; RI_1 e^{s_1 t} + Ls_1 I_1 e^{s_1 t} + LCRs_1^2 I_1 e^{s_1 t} \qquad (3.15)$$
$$U_2 e^{s_2 t} + s_2^2 LCU_2 e^{s_2 t} \;=\; RI_2 e^{s_2 t} + Ls_2 I_2 e^{s_2 t} + LCRs_2^2 I_2 e^{s_2 t} \;. \qquad (3.16)$$

Da U_1 und U_2 aus (3.12) bekannt sind, lösen wir (3.15) und (3.16) nach I_1 und I_2 auf:

$$I_1 \;=\; U_1 \frac{1 + s_1^2 LC}{R + s_1 L + s_1{}^2 LCR} \qquad (3.17)$$

$$I_2 \;=\; U_2 \frac{1 + s_2^2 LC}{R + s_2 L + s_2{}^2 LCR} \;. \qquad (3.18)$$

Da laut (3.12) $s_1 = s_2{}^*$, folgt mit (3.17) und (3.18) $I_1 = I_2{}^*$. Damit erhält man mit dem Ansatz (3.13) den gesuchten Strom

$$i(t) = I_1 e^{s_1 t} + I_1{}^* e^{s_1{}^* t} = 2Re\{I_1 e^{s_1 t}\} \;. \qquad (3.19)$$

Als Beispiel setzen wir die Zahlenwerte für die Bauteile aus Bild 3.6 und

$$u_0 = 20\mathrm{mV}, \quad \omega_0 = 300\mathrm{s}^{-1}, \quad \sigma_0 = -1\mathrm{s}^{-1}, \quad \varphi_0 = \frac{\pi}{4} \approx 0,785$$

in (3.17) ein und erhalten

$$I_1 = 9,75\mu\mathrm{A}\, e^{j0,49} \;.$$

Hieraus läßt sich nun mit (3.19) das Endergebnis für $i(t)$ bestimmen:

$$i(t) = 19,5\mu\mathrm{A}\, e^{-1\mathrm{s}^{-1} t} \cos(300\mathrm{s}^{-1} t + 0,49) \;.$$

An diesem einfachen Beispiel sind folgende Beobachtungen wichtig für das allgemeine Vorgehen:

- Die Bestimmung der gesuchten Ausgangsgröße reduziert sich auf die Bestimmung der Faktoren vor den Eigenfunktionen (hier I_1 und I_2).

- Diese Faktoren können aus algebraischen Gleichungen bestimmt werden (hier (3.17) und (3.18)).

- Die Differentialgleichung, die das Netzwerk beschreibt (hier (3.14)), muß nicht als Ganzes gelöst werden. Es genügt die Bildung der Ableitung oder des Integrals für jede einzelne Induktivität oder Kapazität. Wegen der Exponentialform der Eigenfunktionen läuft dies auf eine Multiplikation oder Division mit der komplexen Frequenz hinaus.

- Das Vorgehen entspricht der komplexen Wechselstromrechnung, im Gegensatz dazu sind hier aber auch exponentiell auf- oder abklingende Sinusverläufe zugelassen.

Tabelle 3.2: Impedanzen der wichtigsten Bauelemente

Bauelement	Impedanz
Widerstand R	R
Kapazität C	$\dfrac{1}{sC}$
Induktivität L	sL

Die Konvergenz der Systemantwort haben wir in diesem Beispiel nicht besonders untersucht, sondern einfach stillschweigend angenommen. Anhand einer Aufgabe am Ende des Kapitels 8 werden wir sehen, daß die Systemantwort nur für einen gewissen Wertebereich von σ_0 konvergiert.

3.2.4 Impedanz

Am Beispiel des Parallelschwingkreises haben wir die Beobachtung gemacht, daß sich die Behandlung der Bauelementgleichungen für die Kapazitäten und Induktivitäten auf die Multiplikation oder Division mit der komplexen Frequenz zurückführen läßt. Man kann daher solche Netzwerke ohne Differentialgleichungen oder Integrale beschreiben, wenn man jedem Bauelement einen komplexen Widerstand zuweist, der von der komplexen Frequenz abhängig ist. Diesen komplexen Widerstand nennt man *Impedanz*. Wenn die am Bauelement anliegende Spannung und der zugehörige Strom Exponentialform haben, dann besteht zwischen beiden ein Zusammenhang, der dem Ohmschen Gesetz für reelle Widerstände entspricht:

$$U(s) = Z(s) \cdot I(s) \qquad (3.20)$$

mit der Impedanz $Z(s)$. Man nennt diese Beziehung auch das Ohmsche Gesetz in Impedanzform. Tabelle 3.2 zeigt die Impedanzen für die wichtigsten Bauelemente.

Auch Netzwerke, die aus diesen Bauelementen zusammengesetzt sind, können durch eine gesamte Impedanz beschrieben werden. Aus den Gleichungen (3.15) und (3.16) für den Parallelschwingkreis können wir durch Vergleich mit (3.20) seine Impedanz $Z(s)$ ablesen:

$$Ue^{st} = Z(s) \cdot Ie^{st} \qquad (3.21)$$

mit

$$Z(s) = R + \frac{sL \cdot \frac{1}{sC}}{sL + \frac{1}{sC}} = \frac{R + sL + s^2 LCR}{1 + s^2 LC} . \tag{3.22}$$

Damit folgt nach Abschnitt 3.2.2 sofort die Systemfunktion des Parallelschwingkreises für die Spannung als Eingangssignal und den Strom als Ausgangssignal:

$$H(s) = \frac{1}{Z(s)} = \frac{1 + s^2 LC}{R + sL + s^2 LCR} . \tag{3.23}$$

Die Ausgangsgröße des Parallelschwingkreises kann man damit auch in allgemeiner Form ausdrücken:

$$i(t) = H(s_1) U_1 e^{s_1 t} + H(s_2) U_2 e^{s_2 t} . \tag{3.24}$$

Sinnvoll ist die Beschreibung mit Impedanzen allerdings nur für lineare zeitinvariante Schaltkreise (LTI-Systeme), denn nur sie haben Exponentialfunktionen als Eigenfunktionen.

3.2.5 Normierung

Ein allgemeines Problem bei der Berechnung der Systemantwort und der Angabe der Systemfunktion ist die korrekte Berücksichtigung der physikalischen Einheiten. Grundsätzlich sind zwei Wege möglich:

- das Mitführen der Einheiten,

- die Normierung.

Der Vorteil des Mitführens der Einheiten ist, daß alle Größen eine physikalische Bedeutung haben und Rechenfehler durch inkonsistente Einheiten aufgespürt werden können. Leider führt dieser Weg aber oft auf unhandliche Ausdrücke. Wie man physikalische Einheiten mitführt, betrachten wir anhand des folgenden einfachen Beispiels.

─── **Beispiel 3.1**

Die Systemfunktion des in Bild 3.7 gezeigten Netzwerkes ist zu berechnen. Die Spannung $u_1(t)$ ist das Eingangssignal, $u_2(t)$ das Ausgangssignal.

Unter Verwendung der komplexen Impedanzen der Bauteile erhält man

$$H(s) = \frac{U_2(s)}{U_1(s)} = \frac{R}{R + \frac{1}{sC}} = \frac{s\tau}{s\tau + 1} \quad \text{mit } \tau = RC = 0,1\,\text{s}. \tag{3.25}$$

Die komplexe Frequenzvariable s hat die Dimension 1/Zeiteinheit, die Zeitkonstante $\tau = RC$ die Dimension einer Zeit.

─── ■

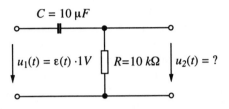

Bild 3.7: RC-Glied

Der Vorteil der Normierung sind einfache Ausdrücke bei der Berechnung, vor allem wenn Zahlenwerte gegeben sind. Allerdings ist die physikalische Bedeutung der Größen nicht mehr unmittelbar einsichtig und Rechenfehler können nicht durch physikalische Überlegungen gefunden werden. Da der Umgang mit normierten Größen und ihre korrekte Interpretation einige Übung erfordern, besprechen wir die wesentlichen Konzepte hier ausführlich und behandeln sie anschließend an einem Beispiel.

Um ein Netzwerk mit normierten Größen zu beschreiben, sind zwei Schritte erforderlich:

- Amplitudennormierung

  Bei der Amplitudennormierung werden alle Spannungen als dimensionslose Vielfache einer Bezugsspannung und alle Ströme als Vielfache eines Bezugsstroms ausgedrückt. Die Amplitudennormierung bewirkt eine Änderung der Ordinate (senkrechte Achse).

- Zeitnormierung

  Bei der Zeitnormierung werden die Zeitangaben als dimensionslose Vielfache einer Bezugszeit ausgedrückt. Die Zeitnormierung bewirkt eine Änderung der Zeitachse.

Aus der Amplitudennormierung für Strom und Spannung und der Zeitnormierung läßt sich auch eine Bauteilnormierung angeben, bei der alle Bauteilwerte als Vielfache von entsprechenden Bezugswerten ausgedrückt werden.

Die einfachste Möglichkeit für die Wahl von Bezugsspannung, Bezugsstrom und Bezugszeit sind die entsprechenden SI-Einheiten, also 1V, 1A und 1s. Daraus erhält man dann sofort die Bezugswerte für die Bauteile ebenfalls in SI-Einheiten, also 1Ω für Widerstände, 1F für Kapazitäten und 1H für Induktivitäten. Man kann eine Normierung daher auch so durchführen, daß man alle Werte in SI-Einheiten umrechnet, die SI-Einheiten wegläßt und sie sich bei Bedarf wieder dazudenkt. Allerdings sind Kapazitätswerte in Vielfachen von 1F oft unhandlich, ebenso wie etwa Zeitspannen in Vielfachen von 1s für die Beschreibung von schnellen Bauteilen der Mikroelektronik.

Wir besprechen daher die Amplitudennormierung, die Zeitnormierung und die Bauteilnormierung ausführlich für allgemeine Bezugswerte. Dabei sind bis auf weiteres normierte Größen durch eine Tilde ($\tilde{\ }$) gekennzeichnet. Da wir Bauteile durch ihre Impedanzen darstellen wollen, führen wir die folgenden Überlegungen im Bereich der komplexen Frequenzen durch.

Wir beginnen mit der Amplitudennormierung und bezeichnen die Bezugsspannung mit U_0 und den Bezugsstrom mit I_0. Beides sind dimensionsbehaftete, zeitunabhängige Größen. Für Strom und Spannung in normierten Größen folgt

$$\tilde{U} = \frac{U}{U_0}, \qquad \tilde{I} = \frac{I}{I_0}. \tag{3.26}$$

Für die Zeitnormierung beziehen wir alle Zeiten t auf eine Bezugszeit t_0 und erhalten so die dimensionslose normierte Zeit $\tilde{t}$

$$\tilde{t} = \frac{t}{t_0}. \tag{3.27}$$

Da wir jedoch im Frequenzbereich arbeiten, drücken wir die komplexe Frequenz s ebenfalls durch die Bezugszeit t_0 aus. Dabei müssen wir beachten, daß das Argument in der Exponentialfunktion dimensionslos bleiben muss. Wir erhalten aus

$$e^{-st} = e^{-st_0 \cdot t/t_0} = e^{-\tilde{s}\tilde{t}} \tag{3.28}$$

die normierte komplexe Frequenz

$$\tilde{s} = st_0. \tag{3.29}$$

Den Übergang von der Amplituden- und Zeitnormierung zur Bauteilnormierung führen wir anhand von (3.20) durch. Zuerst drücken wir $U(s)$ und $I(s)$ mit (3.26) und (3.29) durch amplituden- und zeitnormierte Größen aus

$$\tilde{U}(\tilde{s}) = \frac{U(\tilde{s}/t_0)}{U_0}, \qquad \tilde{I}(\tilde{s}) = \frac{I(\tilde{s}/t_0)}{I_0}. \tag{3.30}$$

Wenn wir in (3.20) die normierte komplexe Frequenz $\tilde{s}$ verwenden und (3.30) einsetzen, folgt die (3.20) entsprechende Beziehung für die Impedanz in normierten Größen

$$\tilde{U}(\tilde{s}) = \tilde{Z}(\tilde{s})\tilde{I}(\tilde{s}). \tag{3.31}$$

Die normierte Impedanz $\tilde{Z}(\tilde{s})$ folgt entsprechend (3.30) durch Normierung der dimensionsbehafteten Impedanz $Z(s)$ auf einen Bezugswiderstand R_0

$$\tilde{Z}(\tilde{s}) = \frac{Z(\tilde{s}/t_0)}{R_0}, \qquad R_0 = \frac{U_0}{I_0}. \tag{3.32}$$

Der Bezugswiderstand R_0 ist dabei eindeutig durch Bezugsspannung U_0 und Bezugsstrom I_0 der Amplitudennormierung festgelegt. Die normierten Impedanzen der häufig vorkommenden Bauteile aus Tabelle 3.2 lauten:

$$\tilde{Z}(\tilde{s}) = \begin{cases} \dfrac{R}{R_0} = \tilde{R} & \text{Widerstand} \\[2ex] \dfrac{t_0}{\tilde{s}R_0C} = \dfrac{1}{\tilde{s}\tilde{C}} & \text{Kapazität} \\[2ex] \tilde{s}\dfrac{L}{R_0t_0} = \tilde{s}\tilde{L} & \text{Induktivität} \end{cases} \tag{3.33}$$

Den Bezugswiderstand R_0 und die Bezugszeit t_0 können wir noch zu einer Bezugskapazität und einer Bezugsinduktizität zusammenfassen

$$C_0 = \frac{t_0}{R_0}, \qquad L_0 = R_0 t_0 . \tag{3.34}$$

und erhalten so kurz die dimensionslosen normierten Bauteilwerte

$$\tilde{R} = \frac{R}{R_0}, \qquad \tilde{C} = \frac{C}{C_0}, \qquad \tilde{L} = \frac{L}{L_0} . \tag{3.35}$$

Sie sind durch die anfangs gewählten Bezugswerte für Spannung, Strom und Zeit festgelegt. Man kann aber auch umgekehrt vorgehen und die drei Bezugswerte für Widerstand, Kapazität und Induktivität vorgeben. Allerdings muß man sich dann auf dem umgekehrten Weg wie hier Klarheit verschaffen, in welchen Spannungs-, Strom- und Zeiteinheiten die Ergebnisse zu interpretieren sind. Bei der Wahl der Bezugsgrößen ergeben sich handliche Zahlenwerte, wenn die Bezugszeit in der Größenordnung der typischen Zeitkonstanten liegt. Bezugsgrößen für die Bauteile wählt man so, daß sich handliche Zahlenwerte ergeben.

Mit etwas Übung kann man die Normierung wesentlich kürzer vornehmen, als in der gerade gezeigten ausführlichen Darstellung. Wir zeigen das Vorgehen am gleichen einfachen Netzwerk, das wir schon in Beispiel 3.1 mit dimensionsbehafteten Größen analysiert hatten.

── **Beispiel 3.2**

Zur Berechnung der Systemfunktion des Netzwerks in Bild 3.7 wählen wir Bezugsgrößen für Strom, Spannung und Zeit und berechnen daraus die Bezugsgrößen der Bauteile. Mit

$$U_0 = 1\text{V}, \qquad I_0 = 1\text{mA}, \qquad t_0 = 1\text{s}$$

erhalten wir für die Bezugsgrößen der Bauteile

$$R_0 = 1\text{k}\Omega, \qquad C_0 = 1\text{mF}$$

und daraus die normierten Bauteile

$$\tilde{R} = 10, \qquad \tilde{C} = \frac{1}{100} .$$

Die Systemfunktion ergibt sich dann zu

$$\tilde{H}(\tilde{s}) = \frac{\tilde{U}_2(\tilde{s})}{\tilde{U}_1(\tilde{s})} = \frac{\tilde{R}}{\tilde{R} + \dfrac{1}{\tilde{s}\tilde{C}}} == \frac{10}{10 + \dfrac{100}{\tilde{s}}} = \frac{\tilde{s}}{\tilde{s} + 10}. \tag{3.36}$$

Hier sind alle Größen dimensionslos, und die Ergebnisse der weiteren Berechnungen sind entsprechend der Normierung in Volt, Milliampere und Sekunden zu interpretieren.

Meist verzichtet man auf die genaue Kennzeichnung der normierten Größen, wie bei uns durch eine Tilde, und gibt die Bauteilwerte einfach ohne Dimensionen an. Diese Darstellung des dimensionslosen Netzwerks ist in Bild 3.8 gezeigt. Wir werden daher im weiteren von beiden Varianten der Systemanalyse Gebrauch machen ohne normierte und unnormierte Größen extra zu kennzeichnen.

$$C = 0,01$$

$$u_1(t) = \varepsilon(t) \qquad R = 10 \qquad u_2(t) = ?$$

Bild 3.8: Normiertes RC-Glied

3.3 Aufgaben

Aufgabe 3.1

Kennzeichnen Sie die Frequenzen der folgenden Signale in der komplexen Frequenzebene.

$$\begin{aligned}
x_a(t) &= e^{-2t}\,(1 + \sin 5t) \\
x_b(t) &= A\,\cos\omega_0 t + B\,\cos 2\omega_0 t \\
x_c(t) &= \sin(\omega_o t + \varphi)
\end{aligned}$$

Aufgabe 3.2

Können folgende Systeme LTI-Systeme sein?

a)

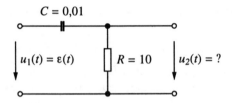

$$\sin(\omega t) \qquad\qquad ??? \qquad\qquad 5\cos(\omega t + 20°)$$

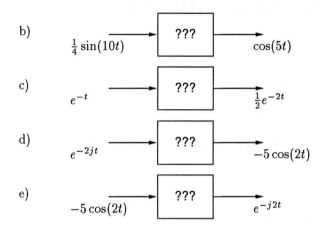

b) $\frac{1}{4}\sin(10t)$ → ??? → $\cos(5t)$

c) e^{-t} → ??? → $\frac{1}{2}e^{-2t}$

d) e^{-2jt} → ??? → $-5\cos(2t)$

e) $-5\cos(2t)$ → ??? → e^{-j2t}

Aufgabe 3.3

Das folgende einfache Netzwerk soll untersucht werden:

$$L = 1{,}2\,H \qquad C = \tfrac{1}{6}\,F$$

$$u_1(t) \qquad R = 1\,\Omega \qquad u_2(t)$$

$$u_1(t) = e^{-3t\cdot 1/s}\cos(-4t\cdot 1/s)\cdot 1\,\text{V}$$

a) Normieren Sie die Bauteile und die Erregung auf 1A, 1V und 1s.

b) Geben Sie die Übertragungsfunktion $H(s) = \dfrac{U_2(s)}{U_1(s)}$ unter Verwendung des Ohmschen Gesetzes in Impedanzform an.

c) Stellen Sie $u_1(t)$ als Summe gewichteter Exponentialfunktionen dar und berechnen Sie die Systemreaktionen auf die Exponentialschwingungen.

d) Geben Sie $u_2(t)$ mit physikalischen Einheiten an.

Aufgabe 3.4

Zeigen Sie, daß

$$x(t) = \begin{cases} e^{st} & t \geq 0 \\ 0 & \text{sonst} \end{cases}$$

keine Eigenfunktion des LTI-Systems $y(t) = \displaystyle\int\limits_{-\infty}^{t} x(\tau)d\tau$ (Integrierer) ist.

4 Laplace-Transformation

4.1 Verallgemeinerung des Eigenfunktionsansatzes

Im Kapitel 3 hatten wir gesehen, daß für Eingangssignale $x(t) = e^{st}$, die Eigenfunktionen eines linearen, zeitinvarianten Systems (LTI-System) sind, die Berechnung der zugehörigen Ausgangssignale relativ einfach durchzuführen ist. Leider sind die in der Realität vorkommenden Signale (siehe Kapitel 1) aber keine Eigenfunktionen von LTI-Systemen. Als Ausweg bietet sich an, beliebige Signale $x(t)$ durch eine Überlagerung von Eigenfunktionen e^{st} mit unterschiedlichen Frequenzen s darzustellen. Die Reaktionen eines LTI-Systems auf die einzelnen Eigenfunktionen können einfach bestimmt und anschließend nach dem Überlagerungssatz zur Reaktion auf das beliebige Signal $x(t)$ zusammengesetzt werden.

Die Idee, ein Signal in einzelne Komponenten zu zerlegen, ist bereits von den Fourier-Reihen her bekannt: Periodische Signale können als Überlagerung von harmonischen Schwingungen dargestellt werden. Deren Frequenzen müssen ganzzahlige Vielfache der Grundfrequenz des zu zerlegenden periodischen Signals sein. Ihre Überlagerung wird daher durch eine Summe – die Fourier-Reihe – beschrieben. Wir beschränken uns hier nicht auf periodische Signale und müssen daher eine Zerlegung in Eigenfunktionen mit beliebigen Frequenzen zulassen. Die Überlagerung besteht dann aus einem Integral über die möglichen Frequenzen. Diese Idee läßt sich in verschiedener Weise verwirklichen und führt zur Laplace- bzw. zur Fourier-Transformation. In diesem Kapitel besprechen wir die Laplace-Transformation. Dazu gehen wir von den Definitionen der einseitigen und der zweiseitigen Laplace-Transformation aus und betrachten dann einige Beispiele, die zu allgemeinen Aussagen über den Konvergenzbereich führen. Schließlich folgen die wichtigsten Sätze und Eigenschaften.

4.2 Definition der Laplace-Transformation

Um ein Signal $x(t)$ als Überlagerung einzelner Anteile darstellen zu können, braucht man zwei mathematische Werkzeuge:

- die Zerlegung von $x(t)$ in seine Anteile,
- die Überlagerung der Anteile zum gesamten Signal $x(t)$.

Die mathematische Formulierung der Zerlegung führt auf die Definition der Laplace-Transformation:

Definition 11: Laplace-Transformierte

Die Laplace-Transformierte *einer Funktion* $x(t), t \in \mathbb{R}$ *ist*

$$\mathcal{L}\{x(t)\} = X(s) = \int\limits_{-\infty}^{\infty} x(t)e^{-st}\, dt \qquad (4.1)$$

für diejenigen Werte $s \in Kb \subset \mathbb{C}$, *für die das uneigentliche Integral konvergiert.*

Die komplexe Funktion $X(s)$ heißt die *Laplace-Transformierte* von $x(t)$. Der Zusatz über die Konvergenz ist notwendig, da je nach der Form der Funktion $x(t)$ das Integral nur für einen eingeschränkten Bereich der komplexen Zahlenebene für s konvergiert. Diesen Bereich nennt man den *Konvergenzbereich Kb*. Auf die Bestimmung des Konvergenzbereichs kommen wir zurück, wenn wir uns anhand einiger Beispiele mit der Laplace-Transformation vertraut gemacht haben.

Um $x(t)$ wieder aus den einzelnen Anteilen zusammenzusetzen, ist die Umkehroperation zur Laplace-Transformation notwendig, die inverse Laplace-Transformation:

$$x(t) = \mathcal{L}^{-1}\{X(s)\} = \frac{1}{2\pi j}\int_{\sigma - j\infty}^{\sigma + j\infty} X(s)e^{st}\, ds\ . \qquad (4.2)$$

Die reelle Zahl σ bestimmt die Lage des Integrationswegs innerhalb der komplexen Ebene. Er muß innerhalb des Konvergenzbereichs Kb liegen. Seine genaue Lage und Form hat keinen Einfluß auf das Ergebnis, solange er nur innerhalb des Konvergenzbereichs Kb verläuft. Ein Beispiel zeigt Bild 4.1. Der Konvergenzbereich Kb besteht hier aus einem senkrechten Streifen der komplexen Ebene, und der Integrationsweg (gestrichelte Linie) verläuft senkrecht von unten nach oben.

Die Laplace-Transformation repräsentiert die reellwertige oder komplexwertige Zeitfunktion $x(t)$ durch eine andere komplexwertige Funktion $X(s)$, die über der komplexen Frequenzebene definiert ist. Da die Zuordnung für in der Praxis wichtige Funktionen umkehrbar eindeutig ist, ist $X(s)$ ein Repräsentant, der $x(t)$ vollständig beschreibt (siehe Kapitel 4.6).

Die Korrespondenz zwischen einer Zeitfunktion $x(t)$ und ihrer Laplace-Transformierten $X(s) = \mathcal{L}\{x(t)\}$ kennzeichnet man auch durch ein hantelförmiges Symbol. Der ausgefüllte Kreis zeigt auf den Frequenzbereich:

$$x(t) \circ\!\!-\!\!\bullet X(s)\ . \qquad (4.3)$$

Daß die inverse Laplace-Transformation eine Zeitfunktion tatsächlich als Überlagerung unendlich vieler komplexer Exponentialfunktionen darstellt, kann man

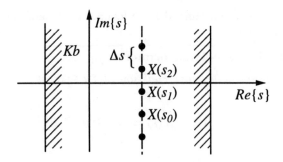

Bild 4.1: Darstellung der Riemannschen Summe

sich klarmachen, indem man das Integral (4.2), wie in Bild 4.1 skizziert, durch eine Riemannsche Summe ausdrückt:

$$x(t) = \frac{1}{2\pi j} \int_{\sigma-j\infty}^{\sigma+j\infty} X(s)e^{st}\,ds$$

$$= \frac{1}{2\pi j} \lim_{\Delta s \to 0} \left\{ ... + X(s_0)e^{s_0 t} + X(s_1)e^{s_1 t} + X(s_2)e^{s_2 t} + ... \right\} \Delta s \ . \ (4.4)$$

Jeder einzelne Summand in (4.4) ist eine komplexe Exponentialfunktion, gewichtet mit einem komplexen Faktor.

4.3 Einseitige und zweiseitige Laplace-Transformation

Für die Laplace-Transformation sind verschiedene Definitionen in Gebrauch. Neben der Definition 11 verwendet man auch oft die *einseitige* Laplace-Transformation

$$\mathcal{L}_I\{x(t)\} = X(s) = \int_0^\infty x(t)e^{-st}\,dt\,, \qquad (4.5)$$

deren Integrationsbereich sich nur über die positiven Werte der Zeitachse erstreckt. Sie macht keine Aussagen für $t < 0$ und ist daher auf Anfangswertprobleme und kausale Systeme zugeschnitten. Die Beschreibung der Linksverschiebung von Signalen ist hier problematisch.

Zur Unterscheidung nennt man die Transformation nach Definition 11 und Gleichung (4.1) auch die *zweiseitige* Laplace-Transformation. Sie erlaubt Aussagen für alle $t \in \mathbb{R}$ und beschreibt die Linksverschiebung in einfacher Weise. Die Behandlung kausaler Systeme und Signale mit der einseitigen Laplace-Transformation ist in der zweiseitigen Laplace-Transformation mit eingeschlossen, wenn man etwaige Signalanteile für $t < 0$ durch Multiplikation mit der *Sprungfunktion* $\varepsilon(t)$

$$\varepsilon(t) = \left\{ \begin{array}{ll} 1 & \text{für } t \geq 0 \\ 0 & \text{sonst} \end{array} \right. \tag{4.6}$$

unterdückt. Bild 4.2 zeigt ihren zeitlichen Verlauf. Den Umgang mit der Sprungfunktion werden wir anhand der folgenden Beispiele einüben.

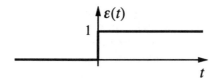

Bild 4.2: Zeitlicher Verlauf der Sprungfunktion

4.4 Beispiele zur Laplace-Transformation

Die folgenden Beispiele sollen den Zusammenhang zwischen der ein- und der zweiseitigen Laplace-Transformation und den Gebrauch der Sprungfunktion verdeutlichen. Außerdem werden wir jeweils die Konvergenzbereiche bestimmen.

── **Beispiel 4.1**

Wir beginnen mit einer abklingenden Exponentialfunktion, die für $t < 0$ verschwindet. Sie könnte z. B. die Impulsantwort[1] eines RC-Gliedes, d.h. eines kausalen Systems sein. Die Konstante a ist reell:

$$x(t) = e^{-at}\varepsilon(t) \ .$$

Gesucht ist ihre Laplace-Transformierte $X(s) = \mathcal{L}\{x(t)\}$. Wir erhalten sie durch Ausrechnen des Laplace-Integrals (4.1):

$$\begin{aligned} X(s) &= \int_{-\infty}^{\infty} e^{-at}\varepsilon(t)e^{-st}dt = \int_{0}^{\infty} e^{-(s+a)t}dt \\ &= \left[\frac{-1}{s+a}e^{-(s+a)t}\right]_{t=0}^{t=\infty} = -\frac{1}{s+a}\left[\lim_{t\to\infty} e^{-(s+a)t} - 1\right] = \frac{1}{s+a} \ . \end{aligned}$$

Die Wirkung der Sprungfunktion in der zweiseitigen Laplace-Transformation berücksichtigen wir dadurch, daß wir das Integral nur über positive Werte der

---

[1] Wird in Kapitel 8 genau definiert.

Zeit t erstrecken, d. h. dort, wo die Sprungfunktion den Wert 1 hat. Das ist gleich-bedeutend mit der einseitigen Laplace-Transformation von e^{-at}. Der Grenzwert der Exponentialfunktion für $t \to \infty$ exisitiert nur, wenn der Realteil des Expo-nenten negativ ist, d. h. für die Werte von s, für die $Re\{s\} > -a$ gilt. Für alle anderen Werte von s konvergiert das Integral nicht. Man sagt dann auch: Die Laplace-Transformierte existiert nicht. Das Ergebnis lautet kurz:

$$\mathcal{L}\{\varepsilon(t)e^{-at}\} = \frac{1}{s+a} \; ; \quad Re\{s\} > -a \; . \tag{4.7}$$

Offensichtlich besitzt die Laplace-Transformierte einen Pol bei $s = -a$ (s. Ab-schnitt 4.5.2). Der Konvergenzbereich in der s-Ebene ist in Bild 4.3 dargestellt. Er umfaßt alle Werte von s, deren Realteil größer als $-a$ ist. Wir können das auch anders ausdrücken: Eine senkrechte Gerade durch den Pol teilt die komplexe Ebene in zwei Hälften. Die Laplace-Transformierte existiert für alle Werte von s in der offenen rechten Hälfte. Für $a = 0$ erhalten wir als wichtigen Sonderfall die

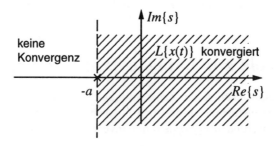

Bild 4.3: Darstellung des Konvergenzbereichs von Beispiel 4.1

Laplace-Transformierte der Sprungfunktion $\varepsilon(t)$:

$$\mathcal{L}\{\varepsilon(t)\} = \frac{1}{s} \; ; \quad Re\{s\} > 0 \; . \tag{4.8}$$

Beispiel 4.2

Im zweiten Beispiel betrachten wir eine Exponentialfunktion, die für $t > 0$ verschwindet:

$$x(t) = -e^{-at}\varepsilon(-t) \; .$$

Für die Berechnung der Laplace-Transformierten gehen wir genauso vor wie im ersten Beispiel:

$$
\begin{aligned}
X(s) &= -\int_{-\infty}^{\infty} e^{-at}\varepsilon(-t)e^{-st}dt \\
&= -\int_{-\infty}^{0} e^{-(s+a)t}dt = \frac{1}{s+a}\left[1 - \lim_{t \to -\infty} e^{-(s+a)t}\right] = \frac{1}{s+a}
\end{aligned}
$$

und erhalten

$$\mathcal{L}\{-\varepsilon(-t)e^{-at}\} = \frac{1}{s+a} \; ; \quad Re\{s\} < -a \, . \tag{4.9}$$

Die Laplace-Transformierte $X(s)$ hat hier die gleiche Gestalt wie in Beispiel 4.1 und damit ebenfalls einen Pol bei $-a$. Der Unterschied liegt im Konvergenzbereich, der hier die Halbebene links der senkrechten Gerade umfaßt. Offenbar können

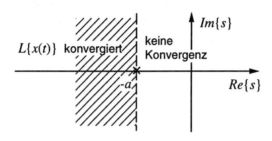

Bild 4.4: Darstellung des Konvergenzbereichs von Beispiel 4.2

verschiedene Zeitfunktionen die gleiche Laplace-Transformierte besitzen. Für die Rücktransformation ist dann der Konvergenzbereich entscheidend.

■

Beispiel 4.3

In diesem Beispiel setzen wir ein rechtsseitiges Signal aus zwei Exponentialtermen nach Beispiel 1 zusammen:

$$x(t) = \varepsilon(t)[e^{-t} + e^{-2t}] \, .$$

Zur Berechnung der Laplace-Transformierten spalten wir $x(t)$ in die beiden Anteile auf und übernehmen für jeden Anteil getrennt das Ergebnis aus Beispiel 4.1:

$$X(s) = \int_{-\infty}^{\infty} [e^{-t}\varepsilon(t) + e^{-2t}\varepsilon(t)]e^{-st}dt \;\; = \;\; \int_{0}^{\infty} e^{-t}e^{-st}dt + \int_{0}^{\infty} e^{-2t}e^{-st}dt$$

$$= \;\; \frac{1}{s+1} \;\; + \;\; \frac{1}{s+2} \, .$$

Die Laplace-Transformierte $X(s)$ besitzt zwei Pole bei $s = -1$ und $s = -2$. Da $X(s)$ nur existiert, wenn beide Anteile konvergieren, bestimmt hier der Pol mit dem größten Realteil den Konvergenzbereich. Mit anderen Worten: Der Konvergenzbereich liegt rechts einer senkrechten Geraden durch den am weitesten rechts liegenden Pol. Durch Zusammenfassen der beiden Terme erkennt man, daß $X(s)$ außerdem noch eine Nullstelle bei $s = -1,5$ aufweist, die aber keinen Einfluß auf den Konvergenzbereich hat:

$$X(s) = \frac{1}{s+1} + \frac{1}{s+2} = \frac{2s+3}{s^2+3s+2} \; ; \quad Re\{s\} > -1 \, . \tag{4.10}$$

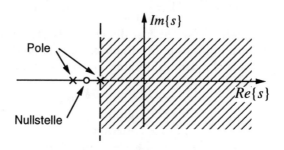

Bild 4.5: Darstellung des Konvergenzbereichs von Beispiel 4.3

Beispiel 4.4

Wir betrachten jetzt ein Signal, das für $-\infty < t < \infty$ ungleich Null ist und sich für $t > 0$ aus einem rechtsseitigen Signal nach Beispiel 1 und für $t < 0$ aus einem linksseitigen Signal nach Beispiel 2 zusammensetzt:

$$x(t) = \varepsilon(t)e^{-2t} - \varepsilon(-t)e^{-t} \ .$$

Auch die Laplace-Transformierte setzt sich wieder aus den Transfomierten der beiden Anteile zusammen und weist daher die gleiche Gestalt und damit auch die gleichen Pole wie in Beispiel 4.3 auf. Der Konvergenzbereich besteht aus dem Bereich der s-Ebene, in dem beide Anteile zugleich konvergieren, d. h. aus der Schnittmenge der Konvergenzbereiche der einzelnen Exponentialanteile nach Beispiel 4.1 und Beispiel 4.2. Da sich die beiden Konvergenzbereiche der Einzelterme überlappen, besteht der Konvergenzbereich aus einem Streifen zwischen den beiden Polen:

$$X(s) = \frac{1}{s+2} + \frac{1}{s+1} = \frac{2s+3}{s^2+3s+2} \ ; \quad -2 < Re\{s\} < -1 \ . \tag{4.11}$$

Beispiel 4.5

Das Signal in diesem Beispiel ähnelt dem aus Beispiel 4.4; es sind jedoch die Zahlenwerte der Exponenten für den rechts- und den linksseitigen Anteil vertauscht:

$$x(t) = \varepsilon(t)e^{-t} - \varepsilon(-t)e^{-2t} \ .$$

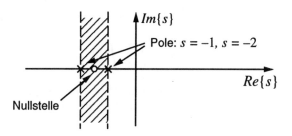

Bild 4.6: Darstellung des Konvergenzbereichs von Beispiel 4.4

Jeder Anteil konvergiert für sich allein: Der Anteil für positive Zeiten für $Re\{s\} >$ -1 und der Anteil für negative Zeiten für $Re\{s\} < -2$ (vergl. Beispiele 4.1 und 4.2). Die Konvergenzbereiche der einzelnen Exponentialanteile überlappen sich aber nicht. Dieses Signal besitzt daher keine Laplace-Transformierte. ∎

4.5 Konvergenzbereich der Laplace-Transformation

Die Beispiele 4.1-4.5 behandelten Signale, deren Laplace-Transformierte durch wenige einfache Pole und Nullstellen charakterisiert werden. Die Konvergenzuntersuchungen waren so relativ einfach und einsichtig. Die Laplace-Transformation kann aber auch zur Charakterisierung von komplizierteren Signalen und Systemen verwendet werden und führt dann auf Ausdrücke, die sich nicht mehr als gebrochen rationale Funktionen in s schreiben lassen. Das ist beispielsweise bei allen örtlich verteilten Systemen der Fall, etwa bei elektrischen Leitungen (s. [13]). Wir müssen daher die bisher gefundenen Ergebnisse noch verallgemeinern. Dazu betrachten wir zunächst die Konvergenz anhand uneigentlicher Integrale. Die Berücksichtigung des Konvergenzbereichs ist deshalb äußerst wichtig, weil verschiedene Zeitsignale die gleiche Laplace-Transformierte besitzen können und sich nur durch die Konvergenzbereiche unterscheiden (siehe Beispiele 4.1 und 4.2). Daher ist ohne Angabe des Konvergenzbereichs eine eindeutige Rücktransformation im allgemeinen nicht möglich. Weiterhin behandeln wir allgemeine Singularitäten von Funktionen einer komplexwertigen Variablen.

4.5.1 Uneigentliche Integrale

Zunächst rufen wir uns die Bedeutung der Integrale mit unendlichen Integrationsgrenzen in (4.1) und (4.5) in Erinnerung. Ausgehend von einem Integral mit den endlichen Grenzen 0 und $a < \infty$ ist ein Integral von 0 bis ∞ durch den Grenzwert

$$\int_0^\infty [\cdot]dt = \lim_{a \to \infty} \int_0^a [\cdot]dt \tag{4.12}$$

definiert. Man nennt es auch ein *uneigentliches Integral*. Entsprechend ist das Integral der zweiseitigen Laplace-Transformation durch zwei Grenzübergänge gekennzeichnet

$$\mathcal{L}\{x(t)\} = \int_{-\infty}^\infty x(t)e^{-st}dt = \lim_{A \to -\infty} \int_A^B x(t)e^{-st}dt + \lim_{C \to \infty} \int_B^C x(t)e^{-st}dt . \tag{4.13}$$

Dabei muß jeder einzelne der beiden Grenzübergänge konvergieren. (In den vorangegangenen Beispielen war jeweils $B = 0$). Der Konvergenzbereich der zweiseitigen Laplace-Transformation besteht dann aus dem Durchschnitt der Konvergenzgebiete der beiden Grenzwertausdrücke.

4.5.2 Singularitäten

Die Laplace-Transformierten aus den vorstehenden Beispielen sind Funktionen der komplexwertigen Variablen s. Allerdings waren sie jeweils für bestimmte Werte von s singulär (z. B. für $s = -a$ in (4.7)). Zur Klassifizierung solcher Stellen der komplexen s-Ebene müssen wir uns einige Begriffe aus der Funktionentheorie in Erinnerung rufen.

Wenn für eine komplexwertige Funktion $X(s), s \in \mathbb{C}$ an der Stelle s_0, der Grenzwert

$$\lim_{\Delta s \to 0} \frac{X(s_0 + \Delta s) - X(s_0)}{\Delta s} = X'(s_0) \tag{4.14}$$

existiert und unabhängig davon, auf welchem Wege man sich s_0 nähert, den gleichen Wert $X'(s_0)$ annimmt, dann heißt die Funktion $X(s)$ an der Stelle s_0 *analytisch* oder *regulär* oder *holomorph*. Man sagt auch, $X(s)$ sei an der Stelle s_0 komplex differenzierbar und nennt $X'(s_0)$ die erste *Ableitung* von $X(s)$. Wenn die erste Ableitung existiert, dann existieren auch die höheren Ableitungen an dieser Stelle. Stellen, an denen $X(s)$ nicht analytisch ist, heißen *Singularitäten* oder *singuläre Punkte*.

Als Laplace-Transformierte erhält man häufig Funktionen $X(s)$, deren analytische Fortsetzung bis auf isolierte Punkte in der ganzen komplexen s-Ebene analytisch ist. Das lokale Verhalten an einem beliebigen Punkt s_0, in dessen Umgebung $X(s)$ analytisch ist, kann man anhand der Laurent-Reihenentwicklung von $X(s)$ um s_0

$$X(s) = \sum_{n=-\infty}^\infty a_n(s - s_0)^n \tag{4.15}$$

einteilen. Folgende Fälle treten auf:

- Die Laurent-Reihe enthält keine Glieder mit negativen Potenzen ($a_n = 0$ für $n < 0$, Taylor-Reihe). $X(s)$ ist dann auch an der Stelle s_0 analytisch.

- Die Laurent-Reihe enthält endlich viele, nämlich M Glieder mit negativen Potenzen ($a_n = 0$ für $n < -M < 0$). $X(s)$ ist dann an der Stelle s_0 nicht analytisch. Die Singularität nennt man einen *Pol der Ordnung M*.

- Die Laurent-Reihe enthält unendlich viele Glieder mit negativen Potenzen. $X(s)$ ist dann an der Stelle s_0 ebenfalls nicht analytisch. Die Singularität nennt man eine *wesentliche Singularität*.

Diese Einteilung ist von geringem Nutzen, wenn man die Laurent-Reihenentwicklung von $X(s)$ nicht kennt. Bei der Beschreibung von LTI-Systemen mit Hilfe der Laplace-Transformation treten aber meistens Funktionen auf, deren Laurent-Reihe man leicht ermitteln kann. Als Beispiel betrachten wir die Laplace-Transformierte aus Beispiel 4.4.

—————————————————————————————————— **Beispiel 4.6**

Um festzustellen, wie sich die Funktion $X(s)$ nach (4.11) an der Stelle $s = -1$ verhält, schreiben wir den ersten Term um und entwickeln ihn in eine geometrische Reihe

$$\frac{1}{s+2} = \frac{1}{1 - [-(s+1)]} = \sum_{n=0}^{\infty} [-(s+1)]^n, \quad |s+1| < 1. \qquad (4.16)$$

Die Bedingung $|s+1| < 1$ für die Konvergenz der geometrische Reihe ist für beliebig kleine Umgebungen von $s = -1$ sicher erfüllt. Mit (4.16) folgt die Laurent-Reihe von $X(s)$ aus (4.11)

$$X(s) = \frac{1}{s+1} + \frac{1}{s+2} = \sum_{n=-\infty}^{\infty} a_n (s+1)^n \quad \text{mit} \quad a_n = \begin{cases} (-1)^n & n \geq 0 \\ 1 & n = -1 \\ 0 & n < -1 \, . \end{cases}$$

$$(4.17)$$

Es gilt also $a_n = 0$ für $n < -1$. Daher hat $X(s)$ bei $s = -1$ einen Pol 1. Ordnung (einfacher Pol).

—————————————————————————————————— ■

Im Zusammenhang mit der Analyse von LTI-Systemen, die eine endliche Anzahl konzentrierter Energiespeicher besitzen, treten häufig gebrochen rationale Laplace-Transformierte auf. Diese besitzen, bei einem Nennerpolynom der Ordnung M, bis zu M Pole, aber keine wesentlichen Singularitäten.

4.5.3 Eigenschaften des Konvergenzbereichs der Laplace-Transformation

Die Beobachtungen an den in Abschnitt 4.4 behandelten Beispielen lassen sich auch auf kompliziertere Zeitsignale verallgemeinern. Man kommt so zu einer Reihe von Eigenschaften, die wir im folgenden auflisten. Sie beziehen sich jeweils auf ein Zeitsignal $x(t)$ und seine zweiseitige Laplace-Transformierte $X(s)$ nach (4.1).

1. **Der Konvergenzbereich von $X(s)$ besteht aus einem Streifen parallel zur imaginären Achse in der s-Ebene.**

   Da für die Konvergenz des Laplace-Integrals nur der Realteil von s verantwortlich ist, besitzen alle Punkte der s-Ebene mit gleichem Realteil auch die gleichen Konvergenzeigenschaften.

2. **Wenn $x(t)$ ein rechtsseitiges Signal ist, dann liegt der Konvergenzbereich rechts einer Geraden durch die am weitesten rechts liegende Singularität.**

   In Beispiel 4.3 hatten wir gesehen, daß bei einem rechtsseitigen Signal mit zwei Singularitäten die Singularität mit dem größten Realteil den Konvergenzbereich bestimmt. Die gleiche Überlegung gilt sinngemäß auch für rechtsseitige Signale mit beliebig vielen Singularitäten.

3. **Wenn $x(t)$ ein linksseitiges Signal ist, dann liegt der Konvergenzbereich links einer Geraden durch die am weitesten links liegende Singularität.**

   Der Vergleich der Beispiele 4.1 und 4.2 zeigt, daß bei rechts- bzw. linksseitigen Signalen auch die Konvergenzbereiche rechts bzw. links einer Geraden durch die Singularität liegen. Man erhält daher auch für linksseitige Signale mit mehreren Singularitäten die gleiche Aussage wie für rechtsseitige, wenn man rechts und links vertauscht.

4. **Ist $x(t)$ zweiseitig bzw. die Summe eines rechtsseitigen und eines linksseitigen Signals, dann ist der Konvergenzbereich ein Streifen zwischen zwei Singularitäten, falls sich der rechtsseitige und der linksseitige Konvergenzbereich überlappen.**

   Die Laplace-Transformierte eines zweiseitigen Signals kann man nach (4.13) aus einem rechts- und einem linksseitigen Anteil zusammensetzen. Für die einzelnen Konvergenzbereiche gelten die beiden vorangegangen Eigenschaften. Der Konvergenzbereich des gesamten Signals besteht dann aus der Schnittmenge der Konvergenzbereiche von rechts- und linksseitigem Anteil. Diese Schnittmenge ist ein Streifen, der nach links durch die am weitesten rechts liegende Singularität des rechtsseitigen Anteils und nach rechts durch die am weitesten links liegende Singularität des linksseitigen Anteils begrenzt wird. Die Schnittmenge ist nur dann nicht leer, wenn die Singularitäten des rechtsseitigen Anteils alle links von den Singularitäten des linksseitigen Anteils liegen.

   Um das zu verstehen, sehen wir uns nochmal die Beispiele 4.4 und 4.5 an. Im Beipiel 4.4 liegt der Pol des rechtsseitigen Anteils ($s = -2$) links des Pols des

linksseitigen Anteils ($s = -1$) und der Konvergenzbereich besteht aus einem
Streifen zwischen diesen Polen. In Beispiel 4.5 liegt der Pol des rechtsseitigen
Anteils ($s = -1$) rechts des Pols des linksseitigen Anteils ($s = -2$) und
die Schnittmenge der beiden Anteile ist leer, d. h. das Integral in (4.13)
konvergiert nicht.

5. Der Konvergenzbereich enthält keine Singularitäten.

Aus der Begründung der vorangegangenen Eigenschaft wird klar, daß die Singularitäten der Laplace-Transformierten entweder links (Singularitäten des
rechtsseitigen Anteils) oder rechts (Singularitäten des linksseitigen Anteils)
des Konvergenzbereichs liegen. Im Konvergenzbereich liegen daher keine Singularitäten.

**6. Wenn $x(t)$ von endlicher Dauer ist und wenn $\mathcal{L}\{x(t)\}$ wenigstens
für einen Wert s konvergiert, dann ist der Konvergenzbereich die
ganze s-Ebene.**

Wenn $x(t)$ von endlicher Dauer ist, d.h. wenn $x(t)$ nur für $A < t < B$ von Null
verschieden ist, dann können wir seine Laplace-Transformierte nach (4.13)
allein durch das erste Integral auf der rechten Seite darstellen und brauchen
auch keinen Grenzübergang zu vollziehen. Die ganzen bisher durchgeführten
Konvergenzüberlegungen entfallen dann. Allerdings kann $x(t)$ selbst Singularitäten enthalten, so daß ein Integral über $x(t)$ nicht konvergiert und die
Laplace-Transformierte deshalb auch für $x(t)$ endlicher Dauer nicht existiert.

7. $\mathcal{L}\{x(t)\}$ ist im gesamten Konvergenzbereich analytisch.

Innerhalb des Konvergenzbereiches kann die Ableitung der Laplace-Transformierten nach der komplexen Frequenz entsprechend (4.14) gebildet
werden. Der darauf beruhende Differentiationssatz im Frequenzbereich wird
im Abschnitt 4.7.7 besprochen.

4.6   Existenz und Eindeutigkeit der Laplace-Transformierten

4.6.1   Existenz der Laplace-Transformierten

Die bisherigen Überlegungen zur Konvergenz der Laplace-Transformation lassen
sich einfach zusammenfassen: Die Laplace-Transformierte existiert, wenn der Konvergenzbereich nicht leer ist. Wie man den Konvergenzbereich aus den Singularitäten von rechts- und linksseitigem Anteil bestimmt, haben wir ausführlich besprochen. Allerdings kann die Berechnung aller Singularitäten bei komplizierten
Signalen mühsam werden. Dann stellt sich die Frage, ob man die Existenz der

Laplace-Transformierten nicht auch direkt aus dem Zeitverhalten von $x(t)$ bestimmen kann.

Um diese Frage zu beantworten, führen wir zunächst den Begriff der *exponentiellen Ordnung* ein, denn wenn eine Funktion von exponentieller Ordnung ist, konvergiert auch das Laplace-Integral.

Definition 12:   Funktion exponentieller Ordnung

Eine Funktion $x(t)$ ist von exponentieller Ordnung für $t \to \infty$, *wenn ihr Betrag ab einem bestimmten Zeitpunkt T höchstens so schnell wie eine Exponentialfunktion wächst, d.h.*

$$|x(t)| \le Me^{Ct} \qquad \forall t \ge T \ . \tag{4.18}$$

Eine Funktion $x(t)$ ist von exponentieller Ordnung für $t \to -\infty$, *wenn gilt*

$$|x(t)| \le Me^{Dt} \qquad \forall t \le -T \ . \tag{4.19}$$

M, C, D sind beliebige, aber feste Konstanten ($M > 0$).

Für Funktionen $x(t)$, die zwischen beliebigen endlichen Grenzen integrierbar sind, können wir damit schon eine Aussage über die Existenz der Laplace-Transformierten machen. Wenn man in den jeweiligen Laplace-Integralen $x(t)$ durch Me^{Ct} bzw. Me^{Dt} ersetzt, folgt direkt aus den Beispielen 4.1 und 4.2 in Abschnitt 4.4:

- Wenn eine rechtsseitige Funktion $x(t)$ gemäß (4.18) von exponentieller Ordnung für $t \to \infty$ ist, dann existiert $\mathcal{L}\{x(t)\}$ für $Re\{s\} > C$.

- Wenn eine linksseitige Funktion $x(t)$ gemäß (4.19) von exponentieller Ordnung für $t \to -\infty$ ist, dann existiert $\mathcal{L}\{x(t)\}$ für $Re\{s\} < D$.

Diese Aussagen für rechts- und linksseitige Funktionen setzen wir jetzt wie vorher zu einer Aussage für zweiseitige Funktionen zusammen:

Wenn für eine zweiseitige Funktion $x(t)$ gilt:

1. $|x(t)| \le Me^{Dt}$ für $t \le -T$ und

2. $|x(t)| \le Me^{Ct}$ für $t \ge T$

3. $\int\limits_{-T}^{T} |x(t)| dt < M < \infty$

dann existiert $\mathcal{L}\{x(t)\}$ für $C < Re\{s\} < D$.

Da die verwendeten Abschätzungen nur hinreichende, aber keine notwendigen Bedingungen für die Konvergenz der Integrale liefern, sind auch die daraus abgeleiteten Existenzbedingungen für die Laplace-Transformierte hinreichend, aber nicht notwendig. Mit anderen Worten, der Konvergenzbereich kann größer sein als der Streifen zwischen C und D.

4.6.2 Eindeutigkeit der inversen Laplace-Transformation

Anhand der Beispiele in Abschnitt 4.4 hatten wir gesehen, daß sich Zeitfunktionen durch ihre Laplace-Transformierten ausdrücken lassen und umgekehrt aus den Laplace-Transformierten wieder auf die Zeitfunktionen geschlossen werden kann, wenn der Konvergenzbereich richtig berücksichtigt wird. Ist die Zuordnung einer Zeitfunktion zu einer Laplace-Transformierten aber auch eindeutig oder kann es sein, daß bei der Repräsentation einer Funktion durch ihre Laplace-Transformierte etwas verloren geht, das durch eine inverse Laplace-Transformation nicht wiedergewonnen werden kann ? Hier gibt der folgende Satz Auskunft:

Wenn für zwei Zeitfunktionen $f(t)$ und $g(t)$ die Voraussetzungen gelten:

1. $f(t)$ und $g(t)$ sind stückweise stetig

2. $f(t)$ und $g(t)$ sind von exponentieller Ordnung für $t \to \infty$ und $t \to -\infty$

3. die Laplace-Transformierten $F(s) = \mathcal{L}\{f(t)\}$ und $G(s) = \mathcal{L}\{g(t)\}$ existieren und besitzen überlappende Konvergenzbereiche in der s-Ebene

4. $F(s) = G(s)$ im Konvergenzbereich

dann ist $f(t) = g(t)$ überall dort, wo $f(t)$ und $g(t)$ stetig sind.

Der Beweis zu diesem Satz findet sich z. B. in [2, Kapitel 6]. Anstatt uns mit den Details des Beweises zu befassen, betrachten wir zwei Beispiele, die die einzelnen Voraussetzungen verdeutlichen.

─── **Beispiel 4.7**

Die Zeitfunktionen $f(t) = \varepsilon(t)$ und $g(t) = -\varepsilon(-t)$ erfüllen beide die Voraussetzungen 1 und 2. Für die Laplace-Transformierten gilt $F(s) = G(s)$, aber mit jeweils verschiedenem Konvergenzbereich, so daß keine Überlappung eintritt

$$\varepsilon(t) \quad \circ\!\!-\!\!\bullet \quad \frac{1}{s} \quad , \quad Re\{s\} > 0$$

$$-\varepsilon(-t) \quad \circ\!\!-\!\!\bullet \quad \frac{1}{s} \quad , \quad Re\{s\} < 0 \quad .$$

Der zweite Teil der Voraussetzung 3 ist damit nicht erfüllt, und wir können keine Aussage über die Gleichheit von $f(t)$ und $g(t)$ ableiten. Tatsächlich ist ja auch $\varepsilon(t) \neq -\varepsilon(-t)$ für alle t, also auch dort, wo beide Funktionen stetig sind. Dieses Beispiel verdeutlicht noch einmal die Wichtigkeit des Konvergenzbereichs.

─── ■

Beispiel 4.8

Bild 4.7 zeigt drei Funktionen, die ebenfalls die Voraussetzungen 1 und 2 erfüllen. Sie unterscheiden sich nur durch ihren Wert bei der Unstetigkeitsstelle $t = 1$, der durch den schwarzen Punkt gekennzeichnet ist. Nur die mittlere Funktion läßt sich durch die Sprungfuntion nach (4.6) ausdrücken ($\varepsilon(t-1)$). Die Berechnung der Laplace-Transformierten der drei Funktionen zeigt, daß auch die Voraussetzungen 3 und 4 erfüllt sind. Die Aussage des Satzes bestätigt die Beobachtung, daß alle drei Funktionen dort übereinstimmen, wo sie stetig sind, d. h. für $t < 1$ und für $t > 1$. Für die Unstetigkeitsstelle bei $t = 1$ macht der Satz keine Aussage. Das ist auch nicht möglich, da die Differenzen je zweier Funktionen für $t < 1$ und für $t > 1$ gleich Null sind und somit die Integrale darüber ebenfalls den Wert Null haben. (Man sagt auch, diese Differenzen sind Funktionen vom Maß Null.)

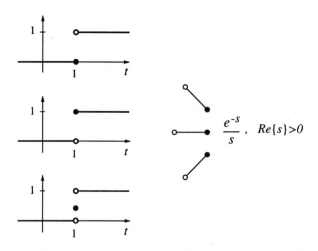

Bild 4.7: Beispiel 2 zur Eindeutigkeit der $\mathcal{L}$-Transformation

---

Wie das vorangegangene Beispiel zeigt, geht bei der Repräsentation einer Zeitfunktion durch ihre Laplace-Transformierte also tatsächlich etwas verloren, nämlich die Information über Funktionswerte an Unstetigkeitsstellen. Allerdings sind unstetig verlaufende Zeitfunktionen oft nur Idealisierungen für sehr schnell veränderliche stetige Signale. Die Sprungfunktion $\varepsilon(t)$ ist beispielsweise die Darstellung eines idealen Schaltvorgangs, bei dem die Zuweisung des Funktionswerts beim Schaltzeitpunkt $t = 0$ willkürlich ist. Man könnte einen Schaltvorgang bei $t = 1$ ja auch genausogut durch eines der anderen Signale in Bild 4.7 charakterisieren. Der Verlust der Aussage über die Amplitude an Unstetigkeitsstellen ist daher für viele praktische Anwendungen unwesentlich. Wir können die Aussage des oben genannten Eindeutigkeitssatzes damit auch so zusammenfassen:

> **Die Zuordnung zwischen einem Signal und seiner Laplace-Transformierten ist in beide Richtungen eindeutig, wenn man von Unstetigkeitsstellen absieht.**

Für praktische Probleme ist diese Eigenschaft ausreichend.

4.7 Eigenschaften und Sätze der Laplace-Transformation

Für die bisher betrachteten, sehr einfachen Signale war die Berechnung des Integrals (4.1) der kürzeste Weg zur Laplace-Transformierten. Bei komplizierteren Signalen ist es dagegen von Vorteil, die Eigenschaften der Laplace-Transformation auszunutzen und die Berechnung des Integrals zu umgehen. Häufig besteht auch die Notwendigkeit, eine auf ein Zeitsignal angewandte Operation (z. B. Differentiation) im Frequenzbereich zu beschreiben. Die wichtigsten Eigenschaften der Laplace-Transformation werden wir in diesem Abschnitt kennenlernen und als Sätze formulieren. Diese Sätze werden zum Rechnen mit der Laplace-Transformation immer wieder benötigt.

4.7.1 Linearität der Laplace-Transformation

Die Laplace-Transformation ist linear, d. h. die Laplace-Transformierte einer linearen Überlagerung zweier Zeitfunktionen läßt sich auf die Laplace-Transformation der beiden Komponenten zurückführen. Für zwei beliebige komplexe Konstanten a und b gilt:

$$\mathcal{L}\{a \cdot f(t) + b \cdot g(t)\} = a \cdot \mathcal{L}\{f(t)\} + b \cdot \mathcal{L}\{g(t)\} \qquad (4.20)$$

für alle Werte der komplexen Frequenzebene, für die sowohl $\mathcal{L}\{f(t)\}$ als auch $\mathcal{L}\{g(t)\}$ existieren. Der Konvergenzbereich für die zusammengesetze Funktion umfaßt daher den Durchschnitt der Konvergenzbereiche für die Einzelfunktionen. Es kann aber durch die Addition auch zur Auslöschung von Singularitäten kommen, so daß im allgemeinen der gesamte Konvergenzbereich eine Obermenge des Durchschnitts der einzelnen Konvergenzbereiche ist:

$$\mathrm{Kb}\{af + bg\} \supseteq \mathrm{Kb}\{f\} \cap \mathrm{Kb}\{g\} \,. \qquad (4.21)$$

Zum Beweis der Linearität setzt man $a \cdot f(t) + b \cdot g(t)$ in die Definition der Laplace-Transformation (4.1) ein. Aus der Linearität der Integration folgt sofort (4.20).

Beispiel 4.9

Als Beispiel berechnen wir die Laplace-Transformation von $x(t) = \cosh(at) \cdot \varepsilon(t)$. Da dieses Zeitsignal in zwei Exponentialfunktionen aufgespaltet werden kann

$$x(t) = \cosh(at) \cdot \varepsilon(t) = \frac{1}{2} \left(e^{at} + e^{-at} \right) \cdot \varepsilon(t) \quad ,$$

wenden wir die Laplace-Transformation auf die beiden Exponentialfunktionen an. Mit (4.7) folgt

$$X(s) = \frac{1}{2} \left(\frac{1}{s-a} + \frac{1}{s+a} \right) = \frac{s}{s^2 - a^2} \qquad Re\{s\} > a > 0 \ .$$

Die Laplace-Transformation der cosh-Funktion kann so ohne Integration auf die bereits bekannte Transformation der Exponentialfunktion zurückgeführt werden.

4.7.2   Verschiebung im Zeitbereich oder Frequenzbereich

Ebenfalls sehr einfach erhält man die Laplace-Transformierten von Zeitsignalen, die zeitlich verschoben oder mit einer Exponentialfunktion multipliziert werden. Da diese beiden Fälle eng miteinander verwandt sind, behandeln wir sie hier gemeinsam.

Wenn $X(s) = \mathcal{L}\{x(t)\}$ die Laplace-Transformierte der Zeitfunktion $x(t)$ ist und den Konvergenzbereich $s \in \mathrm{Kb}\{x\}$ besitzt, dann gelten der *Verschiebungssatz*

$$\boxed{\mathcal{L}\{x(t-\tau)\} = e^{-s\tau} X(s) \ , \quad s \in \mathrm{Kb}\{x\}} \tag{4.22}$$

und der *Modulationssatz*

$$\boxed{\mathcal{L}\{e^{\alpha t} x(t)\} = X(s-\alpha) \ , \quad s - Re\{\alpha\} \in \mathrm{Kb}\{x\} \ , \quad \alpha \in \mathbb{C} \ .} \tag{4.23}$$

Der Konvergenzbereich verschiebt sich durch die Multiplikation mit $e^{\alpha t}$ um $Re\{\alpha\}$ nach rechts.

Beide Sätze beweist man durch die Substitutionen $t = t' - \tau$ bzw. $s = s' - \alpha$ in der Definition der Laplace-Transformation (4.1).

Mit dem Modulationssatz können wir uns auch noch einmal klarmachen, warum der Konvergenzbereich von Laplace-Transformierten die Form eines senkrechten Streifens in der s-Ebene hat. Eine senkrechte Verschiebung in der s-Ebene entspricht einer Multiplikation der Zeitfunktion mit $e^{\alpha t}$ für rein imaginäre Werte von α. Da diese Faktoren den Betrag Eins haben, wird aber durch die Multiplikation die Konvergenz des Laplace-Integrals (4.1) nicht geändert. Bei einer Verschiebung parallel zur imaginären Achse der s-Ebene muß daher der Konvergenzbereich in sich selbst übergehen, und diese Eigenschaft besitzt nur ein senkrechter Streifen.

4.7.3 Skalierung der Zeitachse oder der Frequenzebene

Eine Dehnung oder Stauchung der Zeitachse kommt beispielsweise vor, wenn die Maßeinheit für die Zeit geändert wird oder wenn ein Magnetband mit veränderter Geschwindigkeit abläuft. Aus der Laplace-Transformierten des ursprünglichen Zeitsignals $X(s) = \mathcal{L}\{x(t)\}$, $s \in \mathrm{Kb}\{x\}$ wird dann

$$\mathcal{L}\{x(at)\} = \frac{1}{|a|} X\left(\frac{s}{a}\right), \quad a \neq 0 .$$ (4.24)

Der Konvergenzbereich wird in der gleichen Weise skaliert, d. h. $s \in \mathrm{Kb}\{x(at)\}$ falls $\frac{s}{a} \in \mathrm{Kb}\{x(t)\}$. Diese Beziehung beweist man durch die Substitution $t = at'$ in (4.1).

4.7.4 Differentiation und Integration im Zeitbereich

Für die Behandlung von Differentialgleichungen ist es notwendig, auch die Laplace-Transformation der Ableitung und des Integrals einer Zeitfunktion zu kennen. Zur Herleitung dieser Beziehungen gehen wir von der Definition der inversen Laplace-Transformation nach (4.2) aus

$$x(t) = \frac{1}{2\pi j} \int_{\sigma-j\infty}^{\sigma+j\infty} X(s)e^{st} ds .$$

Wenn $x(t)$ überall differenzierbar ist, können wir nach t ableiten und erhalten

$$\frac{dx(t)}{dt} = \frac{1}{2\pi j} \int_{\sigma-j\infty}^{\sigma+j\infty} X(s)\, s\, e^{st} ds .$$ (4.25)

Daran lesen wir den *Differentiationssatz* ab:

$$\boxed{\mathcal{L}\left\{\frac{dx(t)}{dt}\right\} = s\, X(s) ; \quad s \in \mathrm{Kb} \supseteq \mathrm{Kb}\{x\} .}$$ (4.26)

Genauso erhält man durch Integration von $x(t)$ den *Integrationssatz*:

$$\boxed{\mathcal{L}\left\{\int_{-\infty}^{t} x(\tau)d\tau\right\} = \frac{1}{s} X(s), s \in \mathrm{Kb} \supseteq \mathrm{Kb}\{x\} \cap \{s : Re\{s\} > 0\} .}$$ (4.27)

Die Integration erzeugt einen Pol bei $s = 0$, der sich natürlich auch auf den Konvergenzbereich auswirkt.

Der Differentiationssatz (4.26) ist zwar sehr einfach und einprägsam, gilt aber in dieser Form nur für Funktionen $x(t)$, die für alle Zeiten t differenzierbar sind.

Viele technisch wichtige Signalformen, wie Rechteck- oder Sägezahnsignale, sind
durch diese Forderung ausgeschlossen. Wir besprechen daher noch einige Erweiterungen des Differentiationssatzes, die auch Signale mit Sprungstellen zulassen.

Zunächst behandeln wir rechtsseitige Signale, die nur für $t \geq 0$ von Null verschieden sind und bei $t = 0$ einen Sprung aufweisen können. Das führt zum Differentiationssatz der einseitigen Laplace-Transformation, der für die Lösung von
Anfangswertproblemen (Kapitel 7) von größter Wichtigkeit ist. Danach untersuchen wir Signale mit beliebig vielen Sprungstellen.

4.7.5   Differentiationssatz und Integrationssatz für die einseitige Laplace-Transformation

Systeme, die zu einem bestimmten Zeitpunkt (z.B. $t = 0$) eingeschaltet werden,
besitzen Ausgangssignale $x(t)$ mit einem typischen Verlauf nach Bild 4.8.

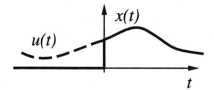

Bild 4.8: Signale mit und ohne Sprungstellen bei $t = 0$

Vor dem Einschaltzeitpunkt ($t < 0$) ist $x(t)$ gleich Null, danach ($t > 0$) ist $x(t)$
eine beliebige, aber differenzierbare Funktion. Für $t = 0$ kann der Funktionsver-
lauf springen oder einen Knick aufweisen. Da $x(t)$ dort nicht differenzierbar ist,
fehlt die Voraussetzung für die Anwendung des Differentiationssatzes in der Form
von (4.26). Um dennoch eine vergleichbare Beziehung angeben zu können, stellen
wir das rechtsseitige Signal $x(t)$ durch ein zweiseitiges und überall differenzierbares
Signal $u(t)$ und die Sprungfunktion $\varepsilon(t)$ dar (s. Bild 4.8):

$$x(t) = u(t)\varepsilon(t) . \tag{4.28}$$

Anstelle des bei $t = 0$ nicht differenzierbaren Signals $x(t)$ verwenden wir in der
folgenden Herleitung das überall differenzierbare Signal $u(t)$. Dieser Umweg ist notwendig, um den zugehörigen Differentiationssatz eindeutig formulieren zu können.

Die Laplace-Transformierte von $x(t)$ nach (4.1) lautet dann

$$X(s) = \int\limits_{-\infty}^{\infty} x(t)e^{-st}\,dt = \int\limits_{0}^{\infty} u(t)e^{-st}\,dt . \tag{4.29}$$

Durch partielle Integration des zweiten Integralausdrucks erhält man

$$X(s) = -\frac{1}{s}\, u(t)e^{-st}\Big|_0^\infty + \frac{1}{s}\int_0^\infty \dot{u}(t)e^{-st}\, dt \; . \tag{4.30}$$

Wenn $x(t)$ und damit auch $u(t)$ für $t \to \infty$ von exponentieller Ordnung ist, folgt daraus für $s \in \mathrm{Kb}\{x\}$

$$sX(s) = u(0) + \int_0^\infty \dot{u}(t)e^{-st}\, dt \; . \tag{4.31}$$

Leider können wir hier nicht einfach $\dot{u}(t)$ durch $\dot{x}(t)$ ersetzen, da die Ableitung von $x(t)$ bei $t = 0$ nicht existiert. Um diese Schwierigkeit ohne mathematische Spitzfindigkeiten zu umgehen, führen wir die Funktion

$$x^\circ(t) = \begin{cases} \dot{u}(t) & t > 0 \\ 0 & t < 0 \end{cases} = \begin{cases} \dot{x}(t) & t > 0 \\ 0 & t < 0 \end{cases} = \dot{x}(t) \quad \forall\, t \neq 0 \tag{4.32}$$

ein. Sie ist gleich der Ableitung von $x(t)$ in den Bereichen, in denen $x(t)$ differenzierbar ist $(t \neq 0)$ und bei $t = 0$ nicht definiert. Diese Lücke im Definitionsbereich stört nicht, denn wir haben bereits in Abschnitt 4.8 gesehen, daß Abweichungen an isolierten Stellen den Wert der Laplace-Transformierten nicht beeinflussen.

Weiter ist zu beachten, daß bei $t = 0$ der Wert $u(0)$ mit dem rechtsseitigen Grenzwert von $x(t)$ für $t \to 0$ übereinstimmt, den man kurz mit $x(0+)$ bezeichnet:

$$u(0) = \lim_{\delta \to 0} x(0 + \delta) = x(0+), \qquad \delta > 0 \; . \tag{4.33}$$

Damit erhalten wir den Differentiationssatz der (zweiseitigen) Laplace-Transformation für rechtsseitige Signale:

$$\mathcal{L}\{x^\circ(t)\} = sX(s) - x(0+) \; . \tag{4.34}$$

Er drückt die Funktion $x^\circ(t)$, die nach (4.32) die Ableitung von $x(t)$ repräsentiert, durch die Laplace-Transformierte von $x(t)$ und den Grenzwert $x(0+)$ aus.

Für Signale, die von vornherein nur für $t > 0$ definiert sind, verwendet man häufig auch die *einseitige* Laplace-Transformation $\mathcal{L}_I$ nach (4.5), deren Integrationsbereich nur die positive Zeitachse $0 < t < \infty$ umfaßt. Sie unterscheidet sich für einseitige Signale nicht von der zweiseitigen Laplace-Transformation und besitzt daher ebenfalls den Differentiationssatz (4.34). Er wird häufig auch in der Form

$$\boxed{\mathcal{L}_I\{\dot{x}(t)\} = sX(s) - x(0)} \tag{4.35}$$

angegeben, wobei zu beachten ist, daß hier die Funktion $x(t)$ und ihre Ableitung nur für $t > 0$ definiert sind und daher auch der Wert $x(0)$ als rechtsseitiger Grenzwert nach (4.33) aufzufassen ist.

Der Integrationssatz der einseitigen Laplace-Transformation stimmt mit dem Integrationssatz für die zweiseitige Laplace-Transformation (4.27) überein, da für dessen Herleitung die Differenzierbarkeit von $x(t)$ nicht erforderlich ist:

$$\mathcal{L}_I\left\{\int_0^t x(\tau)d\tau\right\} = \frac{1}{s}X(s), \quad s \in \text{Kb}\supseteq \text{Kb}\{x\}\cap\{s : Re\{s\} > 0\}.$$ (4.36)

Die einseitige Laplace-Transformation wird häufig für die Behandlung von Anfangswertaufgaben eingesetzt, da ihr Differentiationssatz den Funktionswert bei $t = 0$ explizit berücksichtigt. Wir werden aber auch weiterhin die zweiseitige Laplace-Transformation verwenden und berücksichtigen gegebenenfalls die Besonderheiten einseitiger Funktionen (s. (4.34)).

4.7.6 Differentiationssatz für stückweise glatte Signale

Der eben betrachtete Fall einseitiger Funktionen ist ein Sonderfall eines stückweise glatten Signals. Damit bezeichnen wir Signale, die Sprünge besitzen und dazwischen differenzierbar sind. Bild 4.9 zeigt ein Beispiel eines solchen Signals mit Sprüngen zu den Zeitpunkten t_1, t_2, t_3. Die Sprunghöhen $S(t_i)$ sind positiv für Sprünge nach oben und negativ für Sprünge nach unten. Wir beschränken uns hier auf Signale mit endlich vielen Sprüngen.

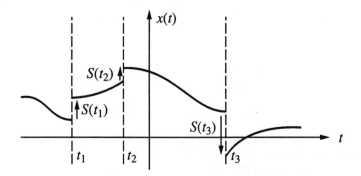

Bild 4.9: Beispiel eines stückweise glatten Signals

Ähnlich wie in (4.28) setzen wir das stückweise glatte Signal $x(t)$ aus lauter überall differenzierbaren Funktionen $u_i(t)$ zusammen, die zum Zeitpunkt des jeweiligen Sprungs eingeschaltet werden. Die Sprunghöhen $S(t_i)$ sind gleich den Werten der im Zeitpunkt t_i neu hinzukommenden Funktionen $u_i(t_i)$:

$$x(t) = u_0(t) + \sum_{i=1}^{n} u_i(t)\varepsilon(t - t_i) \quad \text{und} \quad S(t_i) = u_i(t_i).$$ (4.37)

Laplace-Transformation und partielle Integration nach (4.29, 4.30) für alle Summanden in (4.37) führt auf

$$X(s) = \frac{1}{s} \int\limits_{-\infty}^{\infty} \left[\dot{u}_0(t) + \sum_{i=1}^{n} \dot{u}_i(t)\varepsilon(t - t_i) \right] e^{-st}\, dt - \frac{1}{s} \sum_{i=1}^{n} u_i(t) e^{-st} \Big|_{t_i}^{\infty} . \qquad (4.38)$$

Der Ausdruck in den eckigen Klammern des ersten Integrals entspricht der Ableitung von $x(t)$ dort, wo das Signal glatt ist (s. (4.32)), d.h. überall mit Ausnahme der Sprungstellen:

$$x^{\circ}(t) = \dot{u}_0(t) + \sum_{i=1}^{n} \dot{u}_i(t)\varepsilon(t - t_i) = \dot{x}(t) \quad t \neq t_i, \quad i = 1, \dots, n . \qquad (4.39)$$

Mit den Sprunghöhen $S(t_i)$ aus (4.37) lautet die Laplace-Transformierte von $x(t)$ schließlich

$$X(s) = \frac{1}{s}\mathcal{L}\{x^{\circ}(t)\} + \frac{1}{s} \sum_{i=1}^{n} S(t_i) e^{-st_i} . \qquad (4.40)$$

Durch Umstellen folgt der gesuchte Differentiationssatz für stückweise glatte Signale:

$$\boxed{\mathcal{L}\left\{x^{\circ}(t)\right\} = s\, X(s) - \sum_{i=1}^{n} e^{-st_i}\, S(t_i) .} \qquad (4.41)$$

Er enthält den Differentiationssatz (4.34) für einseitige Funktionen mit einem Sprung bei $t = 0$ als Sonderfall.

——————————————————————————— **Beispiel 4.10**

Den Differentiationssatz für stückweise glatte Signale (4.41) verwenden wir jetzt, um die Laplace-Transformierte eines Dreiecksimpulses $x(t)$ nach Bild 4.10 zu berechnen.

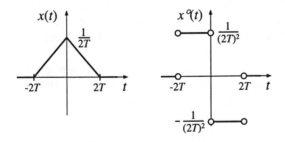

Bild 4.10: Dreiecksimpuls und Ableitung des Dreiecksimpulses

Aus (4.41) folgt hier

$$\mathcal{L}\left\{x^{\circ}(t)\right\} = s\,X(s)\,,\tag{4.42}$$

da der Dreiecksimpuls zwar Knickstellen, aber keine Sprünge aufweist. $X(s)$ ist die unbekannte Laplace-Transformierte des Dreieckssignals. Die Funktion $x^{\circ}(t)$, welche die Ableitung der differenzierbaren Bereiche von $x(t)$ enthält, ist hier leicht zu ermitteln und ebenfalls in Bild 4.10 gezeigt. Anstatt $\mathcal{L}\left\{x^{\circ}(t)\right\}$ durch Auswertung des Laplace-Integrals (4.1) zu berechnen, wenden wir den Differentiationssatz (4.41) ein zweites Mal an und erhalten

$$\mathcal{L}\left\{x^{\circ\circ}(t)\right\} = s\,\mathcal{L}\left\{x^{\circ}(t)\right\} - \frac{1}{(2T)^2}e^{2sT} + \frac{2}{(2T)^2} - \frac{1}{(2T)^2}e^{-2sT}\,.\tag{4.43}$$

Da $x^{\circ\circ}(t)$ an allen Stellen seines Definitionsbereichs Null ist folgt mit (4.42) und einigen Umformungen

$$0 = s^2\,X(s) - \frac{1}{(2T)^2}\left[e^{sT} - e^{-sT}\right]^2 = s^2\,X(s) - \frac{1}{T^2}\left[\sinh(sT)\right]^2\,.\tag{4.44}$$

Die gesuchte Laplace-Transformierte des Dreieckssignals lautet daher

$$X(s) = \left[\frac{\sinh(sT)}{sT}\right]^2\,.\tag{4.45}$$

Mit Hilfe des Differentiationssatzes für stückweise glatte Signale (4.41) konnten wir sie ohne Integration berechnen.

■

4.7.7 Differentiation im Frequenzbereich

Die bisher ausführlich behandelten Beziehungen für die Laplace-Transformation von differenzierten Zeitfunktionen werden in Kapitel 6 für die Analyse von LTI-Systemen im Frequenzbereich verwendet. In der gleichen Weise kann man aber auch Beziehungen für Ableitungen der komplexen Laplace-Transformierten gewinnen. Ihre Bedeutung liegt hauptsächlich in der Herleitung von Korrespondenzen für häufig gebrauchte Funktionen.

Da die Laplace-Transformierte im Konvergenzbereich analytisch ist, ist sie dort beliebig oft differenzierbar. Ähnlich wie in (4.25) erhalten wir durch komplexe Differentiation von $X(s)$ aus (4.1)

$$\frac{dX(s)}{ds} = \int\limits_{-\infty}^{\infty} x(t)\,(-t)\,e^{-st}dt\tag{4.46}$$

und daraus einen Satz für die Laplace-Transformation von Zeitfunktionen $x(t)$, die mit der Zeitvariablen t multipliziert sind:

$$\boxed{\mathcal{L}\{t\,x(t)\} = -\frac{dX(s)}{ds}\ ; \quad s \in \mathrm{Kb}\{x\}\ .}$$

(4.47)

Beispiel 4.11

Als Beispiel berechnen wir die Laplace-Transformierte von $\quad x(t) = te^{-at} \cdot \varepsilon(t)$ und verwenden dabei die in Abschnitt 4.1 hergeleitete Korrespondenz

$$\mathcal{L}\left\{e^{-at}\varepsilon(t)\right\} = \frac{1}{s+a}\ , \quad Re\{s\} > -a\ .$$

Mit (4.47) folgt sofort

$$\mathcal{L}\left\{te^{-at}\varepsilon(t)\right\} = -\frac{d}{ds}\left[\frac{1}{s+a}\right] = \frac{1}{(s+a)^2}\ .$$

(4.48)

Durch wiederholte Anwendung erhält man

$$\mathcal{L}\left\{t^n e^{-at}\varepsilon(t)\right\} = \frac{(n)!}{(s+a)^{n+1}}\ .$$

(4.49)

∎

4.7.8   Tabelle der wichtigsten Laplace-Transformierten

Für den Umgang mit einfachen LTI-Systemen genügt die Kenntnis der Korrespondenzen einiger häufig vorkommender Zeitfunktionen. Die wichtigsten sind in Tabelle 4.7.8 zusammengefaßt. Alle dort verzeichneten Korrespondenzen (und viele weitere) können mit den in den vorherigen Abschnitten eingeführten Beziehungen hergeleitet werden. Umfangreichere Tabellen findet man im Anhang B.1, in einschlägigen Lehrbüchern oder in speziellen Sammlungen von Laplace-Transformierten [8]. Bei der Verwendung solcher Tabellen sollte man sich stets klarmachen, ob die einseitige oder zweiseitige Laplace-Transformation zugrunde gelegt wurde. Die meisten Tabellen in Lehrbüchern gehen von der einseitigen Laplace-Transformation aus. Diese Tabellen kann man auch für das Rechnen mit der zweiseitigen Laplace-Transformation verwenden, wenn man die Zeitfunktionen durch eine Multiplikation mit der Sprungfunktion $\varepsilon(t)$ entsprechend ergänzt (siehe Kapitel 4.3).

Tabelle 4.1: Einige wichtige Korrespondenzen der Laplace-Transformation

$x(t)$	$X(s)$	Kb
$\varepsilon(t)$	$\dfrac{1}{s}$	$Re\{s\} > 0$
$e^{-at}\varepsilon(t)$	$\dfrac{1}{s+a}$	$Re\{s\} > Re\{-a\}$
$-e^{-at}\varepsilon(-t)$	$\dfrac{1}{s+a}$	$Re\{s\} < Re\{-a\}$
$te^{-at}\varepsilon(t)$	$\dfrac{1}{(s+a)^2}$	$Re\{s\} > Re\{-a\}$
$t^n e^{-at}\varepsilon(t)$	$\dfrac{n!}{(s+a)^{n+1}}$	$Re\{s\} > Re\{-a\}$
$(\sin\omega_0 t)\varepsilon(t)$	$\dfrac{\omega_0}{s^2+\omega_0{}^2}$	$Re\{s\} > 0$
$(\cos\omega_0 t)\varepsilon(t)$	$\dfrac{s}{s^2+\omega_0{}^2}$	$Re\{s\} > 0$

4.8   Aufgaben

Aufgabe 4.1

Berechnen Sie die Laplace-Transformierten der folgenden Signale mit Hilfe von (4.1), sofern sie existieren. Ermitteln Sie den Konvergenzbereich, indem Sie eine Bedingung für s bestimmen, für die das uneigentliche Integral konvergiert.

a) $x(t) = \sin(t)\,\varepsilon(t)$

b) $x(t) = \sin(t)$

c) $x(t) = e^{2t}\,\varepsilon(t - T)$

d) $x(t) = t\,e^{2t}\,\varepsilon(t)$

e) $x(t) = \sinh(2t)\,\varepsilon(-t)$

Überprüfen Sie die gefundenen Konvergenzbereiche anhand der in Kap. 4.5.3 angegebenen Eigenschaften des Konvergenzbereichs.

Aufgabe 4.2

Welche der folgenden Funktionen sind für $t \to \infty$ von exponentieller Ordnung, welche nicht?

a) t^2 b) $t^5 + 20t^2 + 7$ c) e^{5t} d) $t^2 e^{5t}$ e) e^{t^2} f) $\sin(t)$.

Aufgabe 4.3

Für welche der folgenden Funktionen kann die zweiseitige Laplace-Transformation existieren? Überprüfen Sie dazu, ob die Funktionen für $t \to \infty$ und $t \to -\infty$ von exponentieller Ordnung sind.

a) $\sin(t)$ b) $\sin(t)\,\varepsilon(t)$ c) t^2 d) $5\,e^{2t}$

Aufgabe 4.4

Beweisen Sie die Linearität der Laplace-Transformation (4.20) unter Verwendung von (4.1).

Aufgabe 4.5

Es seien $F(s) = \dfrac{2s+3}{s^2 + 3s + 2}$ und $G(s) = \dfrac{3s+1}{s^2 + 4s + 3}$ die Laplace-Transformierten zweier rechtsseitiger Signale.

a) Berechnen Sie die Pole von $F(s)$ und geben Sie den Konvergenzbereich an.

b) Berechnen Sie die Pole von $G(s)$ und geben Sie den Konvergenzbereich an.

c) Berechnen Sie die Pole und Nullstellen von $F(s) + G(s)$ und geben Sie den Konvergenzbereich an.

Aufgabe 4.6

Beweisen Sie

a) den Verschiebungssatz (4.22)

b) den Modulationssatz (4.23),

indem Sie in (4.1) $t = t' - \tau$ bzw. $s = s' - \alpha$ substituieren.

Aufgabe 4.7

Beweisen Sie Gleichung (4.24) (Zeit- bzw. Frequenzskalierung) durch Substitution von $t = at'$ in (4.1).

Aufgabe 4.8

Leiten Sie die Korrespondenzen in Tab. 4.7.8 ausgehend von der Korrespondenz $\varepsilon(t) \circ\!\!-\!\!\bullet\, X(s) = \dfrac{1}{s}$, $\operatorname{Re}\{s\} > 0$ unter Verwendung der Sätze aus Kap. 4.7 her.

5 Komplexe Funktionentheorie und inverse Laplace-Transformation

In Kapitel 4 waren wir von Zeitfunktionen ausgegangen und hatten durch Auswertung des Integrals in der Definitionsgleichung (4.1) die Laplace-Transformierte bestimmt. Für die Umkehrung, die sogenannte *inverse Laplace-Transformation* oder *Laplace-Rücktransformation*, hatten wir die Gleichung (4.2) zunächst ohne weitere Begründung angegeben. In diesem Kapitel werden wir die Rücktransformation ausführlicher mit Hilfe der komplexen Funktionentheorie behandeln. Dabei beschränken wir uns auf Laplace-Transformierte, die als Singularitäten nur Pole und keine wesentlichen Singularitäten haben. Es wird sich zeigen, daß für diese Fälle die numerische Durchführung der inversen Laplace-Transformation auf einfache Rechenschritte führt, die auch ohne ständigen Rückgriff auf die Funktionentheorie durchgeführt werden können. Zur Herleitung wollen wir uns aber zunächst die wichtigsten Ergebnisse der komplexen Funktionentheorie ins Gedächtnis rufen.

5.1 Wegintegral in der komplexen Ebene

Wir betrachten eine komplexwertige Funktion

$$Q(s) = Q_r(s) + jQ_i(s) \tag{5.1}$$

der ebenfalls komplexen Variablen s. Den Real- und den Imaginärteil von $Q(s)$ bezeichnen wir mit $Q_r(s)$ und $Q_i(s)$.

Um die Integration über eine solche Funktion zu beschreiben, genügt nicht die Angabe zweier Integrationsgrenzen. Da s beliebige Werte in der komplexen Ebene annehmen darf, müssen auch sämtliche Zwischenwerte auf dem Weg vom Start- zum Endpunkt der Integration angegeben werden. Man schreibt für ein solches Integral

$$I = \int\limits_{W} Q(s)\, ds, \tag{5.2}$$

wobei W den Integrationsweg in der komplexen Ebene bezeichnet. Zur genauen Angabe dieses Wegs gibt man die Werte von s, die auf diesem Weg liegen, als Funktion eines reellen Parameters ν an und spricht von einer *parametrisierten Kurve*.

Bild 5.1 zeigt einen solchen parametrisierten Integrationsweg in der s-Ebene. Für $\nu = \nu_A$ bzw. $\nu = \nu_B$ nimmt $s(\nu)$ den komplexen Wert des Anfangspunkts A bzw. des Endpunkts B an. Für $\nu_A < \nu < \nu_B$ durchläuft $s(\nu)$ den gewünschten Integrationsweg W. Das Integral (5.2) bedeutet, daß die Werte von $Q(s)\,ds$ über alle infinitesimalen Wegelemente ds längs des Wegs W akkumuliert werden.

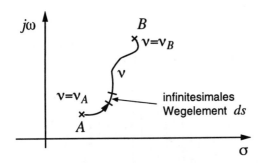

$$W = \{s : s(\nu) = \sigma(\nu) + j\omega(\nu) \,\wedge\, \nu_A \leq \nu \leq \nu_B\}$$

Bild 5.1: Integrationsweg in der s-Ebene

Zur Auswertung des Wegintegrals stellt man nicht nur $Q(s)$ nach (5.1) sondern auch $s(\nu)$ durch Real- und Imaginärteil dar

$$s(\nu) = \sigma(\nu) + j\omega(\nu) \ . \tag{5.3}$$

Einsetzen in (5.2) und Substitution $s = s(\nu)$ gibt nach Ausmultiplizieren und Zusammenfassen zwei reellwertige Integrale über den reellen Parameter ν:

$$\int_W Q(s)\,ds \;=\; \int_{\nu_A}^{\nu_B} Q(s)\frac{ds}{d\nu}d\nu \tag{5.4}$$

$$=\; \int_{\nu_A}^{\nu_B}\left[Q_r(s)\frac{d\sigma}{d\nu} - Q_i(s)\frac{d\omega}{d\nu}\right]d\nu + j\int_{\nu_A}^{\nu_B}\left[Q_i(s)\frac{d\sigma}{d\nu} + Q_r(s)\frac{d\omega}{d\nu}\right]d\nu \ .$$

Das Wegintegral in der komplexen Ebene (5.2) ist eigentlich nur eine kompakte Schreibweise für den unübersichtlichen Ausdruck in (5.4). Da man (5.2) als Summe mehrerer reellwertiger Integrale auffassen kann, gelten die bekannten Regeln für reellwertige Integrale auch für Wegintegrale in der komplexen Ebene.

5.2   Hauptsatz der Funktionentheorie

Wenn $Q(s)$ in einem einfach zusammenhängenden Gebiet G analytisch ist, dann ist das Integral

$$\int\limits_A^B Q(s)ds = \int\limits_{W_1} Q(s)ds = \int\limits_{W_2} Q(s)ds \tag{5.5}$$

vom Weg unabhängig, solange beide Wege W_1 und W_2 innerhalb von G verlaufen und sich zwischen ihnen keine Singularität befindet. Bild 5.2 zeigt zwei Integrationswege, die den gleichen Wert des Integrals liefern. Eine wichtige Folgerung

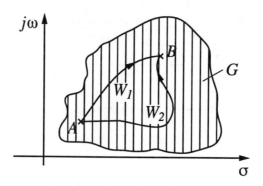

Bild 5.2: Unabhängige Wegintegrale W_1 und W_2

erhält man, wenn man die Integration von A aus über W_1 nach B erstreckt und dann über W_2 entgegen der Pfeilrichtung nach A zurückkehrt. Ein solches Integral über einen geschlossenen Weg nennt man ein Ringintegral und bezeichnet es mit einem Ring im Integrationszeichen. Wenn die Integration über W_1 und W_2 die gleichen Werte liefert, dann muß das Ringintegral über W_1 in Pfeilrichtung und W_2 entgegen der Pfeilrichtung den Wert Null ergeben. Diese Aussage gilt für beliebige Wege W_1 und W_2 innerhalb von G. Damit folgt direkt der Hauptsatz der Funktionentheorie: Jedes Ringintegral innerhalb des Gebiets G verschwindet, wenn der Integrationsweg keine Singularitäten umfaßt:

$$\oint Q(s)\,ds = 0\,. \tag{5.6}$$

5.3   Ringintegrale um Singularitäten

Die bisherigen Aussagen bezogen sich auf Integrationswege, die keine Singularitäten umschließen. Für die Charakterisierung von komplexwertigen Funktionen sind aber gerade die Singularitäten von Bedeutung. Wir brauchen daher auch Beziehungen für Ringintegrale, die Singularitäten enthalten.

Zunächst klären wir, ob der Wert eines Ringintegrals um eine Singularität vom Verlauf des Integrationswegs abhängt. Dazu betrachten wir Bild 5.3, das zwei verschiedene geschlossene Integrationswege W_1 und W_2 innerhalb des Regularitätsgebiets G zeigt. Beide umschließen eine Singularität, die sich im weißen, nicht zu G gehörigen Bereich in der Mitte befindet. Die Berechnung der Differenz der beiden Ringintegrale über W_1 und W_2 können wir auf die Berechnung zweier Ringintegrale ohne Singularität zurückführen. Anstelle der Berechnung der Integrale längs W_1 und W_2 gehen wir von W_1 auf W_2 über und wieder zurück auf W_1. Das so entstehende Ringintegral über W_α umschließt nicht die Singularität. Genauso verfahren wir für die bisher nicht verwendeten Teile von W_1 und W_2 und erhalten den Integrationsweg W_β. Wird der Übergang von W_1 nach W_2 und umgekehrt jeweils so gewählt, daß sich die Beiträge in W_α und W_β aufgrund der entgegengesetzten Integrationsrichtung gerade aufheben, dann ist die Integration über W_α und W_β gerade gleich der Differenz der Integrale über W_1 und W_2. Da weder W_α noch W_β eine Singularität umschließen, sind beide Integrale gleich Null und daher die Integrale über W_1 und W_2 jeweils gleich groß:

$$\oint_{W_1} Q(s)\,ds - \oint_{W_2} Q(s)\,ds = \oint_{W_\alpha} Q(s)\,ds + \oint_{W_\beta} Q(s)\,ds = 0\,. \qquad (5.7)$$

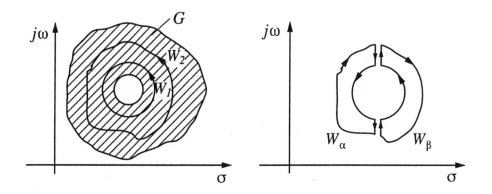

Bild 5.3: Gleichwertige Integrale um eine Singularität

Diese Argumentation können wir jeweils für zwei beliebige Ringintegrale um die Singularität in G anwenden. Daraus folgt, daß der Integralwert nicht von der Form des den singulären Innenbereich umfassenden Wegs abhängt.

Wenn ein geschlossener Integrationsweg W mehrere Singularitäten umfaßt (s. Bild 5.4), können wir in gleicher Weise zeigen, daß das Ringintegral über W gleich der Summe der Ringintegrale um die einzelnen Singularitäten ist (W_1, W_2

und W_3 in Bild 5.4). In einem mehrfach zusammenhängenden regulären Gebiet G hängt also der Wert eines Ringintegrals nur davon ab, welche „Singularitätslöcher" vom Integrationsweg umschlossen werden:

$$\oint_W Q(s)\,ds = \sum_{\mu=1}^{N} \oint_{W_\mu} Q(s)\,ds\,. \tag{5.8}$$

Den vom Integrationsweg W_μ unabhängigen Wert des Ringintegrals um eine einzelne Singularität drückt man auch durch das zugehörige *Residuum* aus:

$$R_\mu = \frac{1}{2\pi j} \oint_{W_\mu} Q(s)\,ds\,. \tag{5.9}$$

Die Aussage der Gleichung

$$\boxed{\oint_W Q(s)\,ds = 2\pi j \sum_{\mu=1}^{N} R_\mu} \tag{5.10}$$

heißt auch *Residuensatz*. Die Berechnung der Residuen zeigen wir im nächsten Abschnitt.

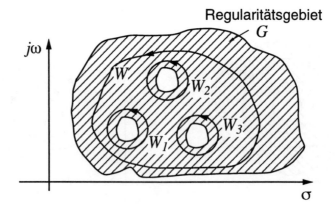

Bild 5.4: Regularitätsgebiet mit mehreren Singularitäten

5.4 Integralformel von Cauchy

Nachdem die Integration um mehrere Singularitäten auf die Berechnung von Ringintegralen um einzelne Singularitäten zurückgeführt wurde, muß nur noch geklärt werden, welchen Wert das Integral um eine einzelne Singularität hat. Das ist gleichbedeutend mit der Berechnung der Residuen nach (5.9). Dazu gehen wir von einer in einem zusammenhängenden, einfach beranderten Gebiet G analytischen Funktion $F(s)$ aus, für die nach Abschnitt 5.2 gilt

$$\oint_W F(s)\, ds = 0 \quad \forall\, W \subset G\,. \tag{5.11}$$

Daraus wird die Funktion

$$Q(s) = \frac{F(s)}{s - s_0}\,, \quad s_0 \in G \tag{5.12}$$

gebildet, die einen einfachen Pol bei $s = s_0$ besitzt. Für das Ringintegral von $Q(s)$ um den Pol s_0 (s. Bild 5.5) gilt dann die *Integralformel von Cauchy*:

$$\oint_W Q(s)\, ds = \oint_W \frac{F(s)}{s - s_0}\, ds = 2\pi j\, F(s_0)\,. \tag{5.13}$$

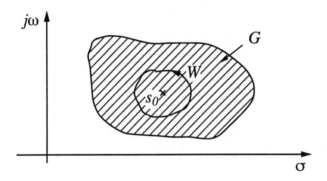

Bild 5.5: Singularität s_0 im Regularitätsgebiet G

Die Integralformel von Cauchy kann leicht durch Integration auf einem infinitesimal kleinen Kreis um s_0 bewiesen werden, der z. B. durch $s(\nu) = \delta e^{j2\pi\nu} + s_0$ parametrisiert wird. Entlang dieses Wegs gilt bei beliebig kleinem Radius δ: $F(s) = F(s_0)$.

5.4.1 Residuenberechnung

Mit der Integralformel von Cauchy können wir leicht die Werte der Residuen nach (5.9) angeben. Für einen einfachen Pol von $Q(s)$ bei s_μ gilt

$$R_\mu = \frac{1}{2\pi j} \oint_{W_\mu} Q(s)\, ds = F(s_\mu)\,. \tag{5.14}$$

Allerdings ist es nicht notwendig, die Residuen durch komplexe Integration zu berechnen. Wenn nur $Q(s)$ bekannt ist, erhält man das Residuum R_μ bei s_μ nach (5.12) auch durch Grenzwertbildung:

$$R_\mu = \lim_{s \to s_\mu} [Q(s)(s - s_\mu)]. \tag{5.15}$$

Die Berechnung eines Ringintegrals über eine komplexe Funktion mit mehreren einfachen Polen ist durch den Residuensatz (5.10) und (5.15) auf eine Grenzwertberechnung zurückgeführt. Diese gestaltet sich besonders einfach, wenn $Q(s)$ eine gebrochen rationale Funktion ist.

Die Berechnung der Residuen ist bisher aber nur für einfache Pole gezeigt worden. Um auch Residuen mehrfacher Pole berechnen zu können, benötigen wir noch einige Folgerungen aus der Integralformel von Cauchy. Wir schreiben sie hier in der Form

$$F(s) = \frac{1}{2\pi j} \oint_W \frac{F(w)}{w - s} \, dw. \tag{5.16}$$

Man kann zeigen, daß aus der Regularität von $F(s)$ auch die Regularität der komplexen Ableitung von $F(s)$ folgt. Dann ist

$$F'(s) \;\; = \frac{dF(s)}{ds} = \frac{d}{ds} \frac{1}{2\pi j} \oint_W \frac{F(w)}{w - s} \, dw = \frac{1}{2\pi j} \oint_W \frac{d}{ds} \frac{F(w)}{w - s} \, dw =$$

$$= \frac{1}{2\pi j} \oint_W \frac{F(w)}{(w - s)^2} \, dw. \tag{5.17}$$

Die Vertauschung von Integration und Ableitung nach s ist erlaubt, da das Integral gleichmäßig konvergiert. Durch $(n-1)$-fache Ableitung nach s folgt in der gleichen Weise:

$$F^{(n-1)}(s) = \frac{d^{(n-1)}}{ds^{(n-1)}} F(s) = \frac{(n-1)!}{2\pi j} \oint_W \frac{F(w)}{(w - s)^n} \, ds. \tag{5.18}$$

Mit der Funktion

$$Q_n(s) = \frac{F(s)}{(s - s_0)^n} \tag{5.19}$$

und entsprechend geänderten Bezeichnungen in (5.18) erhalten wir so eine zu (5.13) äquivalente Beziehung für mehrfache Pole

$$\oint_W Q_n(s) \, ds = \oint_W \frac{F(s)}{(s - s_0)^n} \, ds = 2\pi j \frac{1}{(n-1)!} F^{(n-1)}(s_0). \tag{5.20}$$

Das Residuum an der Stelle des n-fachen Pols s_μ von $Q_n(s)$

$$R_\mu = \frac{1}{2\pi j} \oint_{W_\mu} Q_n(s) \, ds = \frac{1}{(n-1)!} F^{(n-1)}(s_\mu) \tag{5.21}$$

erhalten wir wieder ohne komplexe Integration aus (5.19) zu

$$R_\mu = \frac{1}{(n-1)!} \lim_{s \to s_\mu} \left[\frac{d^{n-1}}{ds^{n-1}} \left[Q_n(s)(s - s_\mu)^n \right] \right] \ . \tag{5.22}$$

5.4.2 Integration parallel zur imaginären Achse

Der letzte Abschnitt hat gezeigt, daß die Integralformel von Cauchy die Berechnung von Ringintegralen um ein- und mehrfache Pole durch Anwendung des Residuensatzes ganz wesentlich vereinfacht. In diesem Abschnitt besprechen wir eine andere Vereinfachung, die zur Formel für die inverse Laplace-Transformation führt. Sie gilt nicht nur für Pole, sondern auch für wesentliche Singularitäten. Dafür müssen wir an anderer Stelle Einschränkungen machen. Wir betrachten dazu eine innerhalb eines Gebiets analytische Funktion $F(s)$, die für hinreichend große Werte von $|s|$ mindestens mit $1/|s|$ abfällt:

$$|F(s)| < \frac{M}{|s|} \ . \tag{5.23}$$

Dabei ist M eine beliebige, aber endliche positive reelle Zahl. Dann gilt auch

$$\left| \frac{F(s)}{s - s_0} \right| < \frac{\tilde{M}}{|s|^2} \tag{5.24}$$

mit der positiven reellen Zahl $\tilde{M}$. Um diesen Abfall für große Werte von $|s|$ auszunutzen, wählen wir das Ringintegral um s_0 nach Bild 5.6. Der Regularitätsbereich umfaßt alle Werte von s mit $Re\{s\} > \sigma_{\min}$. Der Integrationsweg besteht aus dem Weg W_p, der im Abstand $\sigma_p > \sigma_{\min}$ parallel zur imaginären Achse verläuft und aus dem Weg W_r, der aus einem Kreisbogen mit dem Radius R um den Urspung besteht:

$$2\pi j F(s_0) = \oint_{W_p + W_r} \frac{F(s)}{s - s_0} \, ds = \int_{W_p} \frac{F(s)}{s - s_0} \, ds + \int_{W_r} \frac{F(s)}{s - s_0} \, ds \ . \tag{5.25}$$

Das Integral über W_r schätzen wir mit (5.24) nach oben ab:

$$\left| \int_{W_r} \frac{F(s)}{s - s_0} \, ds \right| \leq \int_{W_r} \left| \frac{F(s)}{s - s_0} \right| |ds| \leq \tilde{M} \int_{W_r} \frac{1}{|s|^2} \, |ds| \ . \tag{5.26}$$

Das letzte Integral parametrisieren wir mit $s(\nu) = Re^{j\nu}$ und erhalten

$$\tilde{M} \int_{W_r} \frac{1}{|s|^2} \, |ds| = \tilde{M} \int_{-\pi/2}^{\pi/2} \frac{1}{|s(\nu)|^2} \left| \frac{ds(\nu)}{d\nu} \right| d\nu = \tilde{M} \int_{-\pi/2}^{\pi/2} \frac{1}{R^2} \left| jRe^{j\nu} \right| d\nu = \frac{\pi \tilde{M}}{R} \ . \tag{5.27}$$

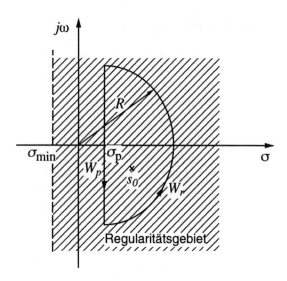

Bild 5.6: Integrationsweg mit Kurvenstück W_p parallel zur imaginären Achse

Für $R \to \infty$ geht der Wert dieses Integrals gegen Null, so daß in (5.25) nur das Integral über den Weg W_p übrigbleibt:

$$F(s_0) = \frac{1}{2\pi j} \int_{\sigma_p+j\infty}^{\sigma_p-j\infty} \frac{F(s)}{s-s_0} ds = \frac{1}{2\pi j} \int_{\sigma_p-j\infty}^{\sigma_p+j\infty} \frac{F(s)}{s_0-s} ds \quad \text{mit} \quad Re\{s_0\} > \sigma_p \ . \quad (5.28)$$

Die Berechnung des Ringintegrals beschränkt sich so unter der Voraussetzung (5.23) auf die Integration entlang einer Geraden parallel zur imaginären Achse.

5.4.3   Bedeutung der Integralformel von Cauchy

Kennt man eine analytische Funktion $F(s)$ entlang eines geschlossenen Wegs W und ist $F(s)$ innerhalb des umschlossenen Gebietes überall analytisch (Bild 5.5), so erlaubt es die Integralformel von Cauchy (5.16), $F(s)$ überall in dem umschlossenen Gebiet zu berechnen. Dazu schiebt man den Pol in (5.16) an die interessierende Stelle. Es reicht also völlig, $F(s)$ auf der Berandung eines analytischen Gebiets zu kennen. Ebenso reicht es nach (5.28), $F(s)$ entlang einer Geraden parallel zur imaginären Achse zu kennen, um jeden Wert rechts der Geraden berechnen zu können. Eine analytische Funktion besitzt also wegen ihrer Differenzierbarkeit eine starke innere Struktur. Tatsächlich kann man $F(s)$ sogar außerhalb eines geschlossenen Weges W analytisch fortsetzen oder auch dann, wenn $F(s)$ nur entlang eines Wegstückes bekannt ist.

Mit der Besprechung der Integralformel von Cauchy ist die Rückschau auf die komplexe Funktionentheorie abgeschlossen. Diese Resultate werden wir jetzt verwenden, um die Umkehrformel der Laplace-Transformation herzuleiten und einfache Wege zu ihrer Berechnung anzugeben. Die Integralformel von Cauchy ist dabei in zweifacher Hinsicht von Bedeutung:

- Die in 5.4.2 betrachtete Vereinfachung des Integrationswegs führt direkt zur Formel für die inverse Laplace-Transformation.

- Der Residuensatz (Kap. 5.4.1) erlaubt bei Systemen mit ein- und mehrfachen Polen eine einfache Berechnung der Rücktransformation ohne komplexe Integration.

5.5 Inverse Laplace-Transformation

Zur Herleitung der inversen Laplace-Transformation gehen wir von der Integralformel von Cauchy in der Form von (5.28) aus. Die Voraussetzung (5.23) ist bei gebrochen rationalen Laplace-Transformierten sicher erfüllt, wenn der Zählergrad kleiner als der Nennergrad ist. Anderenfalls führt die Rücktransformation in den Zeitbereich auf Distributionen, die in Kapitel 8 eingeführt werden. Wir beginnen die Herleitung zuerst für die einseitige Laplace-Transformation und erweitern dann das Ergebnis auf die zweiseitige Laplace-Transformation.

5.5.1 Inverse einseitige Laplace-Transformation

Für die Herleitung der inversen einseitigen Laplace-Transformation verwenden wir die Integrationsformel von Cauchy für einen Integrationsweg parallel zur imaginären Achse nach (5.28), wobei wir s in s' umbenennen und s_0 in s

$$F(s) = \frac{1}{2\pi j} \int\limits_{\sigma-j\infty}^{\sigma+j\infty} \frac{F(s')}{s-s'} \, ds' \quad \text{mit } Re\{s\} > \sigma \, . \tag{5.29}$$

Weiterhin verwenden wir die Laplace-Transformierte einer einseitigen Exponentialfunktion (vgl. Beispiel 4.1)

$$\mathcal{L}\{e^{s't}\,\varepsilon(t)\} = \mathcal{L}_I\{e^{s't}\} = \int\limits_0^\infty e^{s't} e^{-st} \, dt = \frac{1}{s-s'} \, , \quad Re\{s\} > Re\{s'\} \, . \tag{5.30}$$

Einsetzen von (5.30) in (5.29) ergibt

$$F(s) \quad = \quad \frac{1}{2\pi j} \int\limits_{\sigma-j\infty}^{\sigma+j\infty} F(s') \left[\int\limits_0^\infty e^{s't} e^{-st} dt \right] ds'$$

$$= \int\limits_{0}^{\infty} \underbrace{\left[\frac{1}{2\pi j} \int\limits_{\sigma-j\infty}^{\sigma+j\infty} F(s')e^{s't}\, ds' \right]}_{f(t)} e^{-st}\, dt \qquad (5.31)$$

mit Vertauschung der Integrale unter der Voraussetzung gleichmäßiger Konvergenz. Der Vergleich mit der einseitigen Laplace-Transformation nach (4.5)

$$F(s) = \mathcal{L}_I\{f(t)\} = \int\limits_{0}^{\infty} [f(t)]e^{-st}dt$$

zeigt, daß $F(s)$ die Laplace-Transformierte der Zeitfunktion in den eckigen Klammern von (5.31) ist. Folglich stellt dieser Klammerausdruck die inverse einseitige Laplace-Transformation dar:

$$f(t) = \frac{1}{2\pi j} \int\limits_{\sigma-j\infty}^{\sigma+j\infty} F(s)e^{st}ds\,. \qquad (5.32)$$

5.5.2   Inverse zweiseitige Laplace-Transformation

Die inverse zweiseitige Laplace-Transformation setzen wir zusammen aus der eben behandelten Rücktransformation für rechtsseitige Signale und der entsprechenden Rücktransformation für linksseitige Signale (s. Beispiel 4.2). Die Herleitung für linksseitige Signale erfolgt analog wie in (5.29) bis (5.32), so daß wir auf die Wiederholung der einzelnen Schritte verzichten. Die beiden entscheidenden Unterschiede sind die Integrationsrichtung in der Integralformel von Cauchy und das Vorzeichen der linksseitigen Zeitfunktion.

Da der Konvergenzbereich für linksseitige Zeitfunktionen links einer senkrechten Geraden in der s-Ebene liegt (s. Bild 4.4), ist auch das Ringintegral in der linken Hälfte der s-Ebene zu schließen. Da für den Umlaufsinn komplexer Integrale nach Vereinbarung die mathematisch positive Richtung (gegen den Uhrzeiger) zu wählen ist, muß die senkrechte Gerade in der entgegengesetzten Richtung zu (5.29) durchlaufen werden. Das bedeutet einen Vorzeichenwechsel gegenüber (5.29).

Für die Laplace-Transformation linksseitiger Exponentialfunktionen gilt nach Beispiel 4.2

$$\mathcal{L}\{-\varepsilon(-t)\, e^{s't}\} = - \int\limits_{-\infty}^{0} e^{s't}e^{-st}\, dt = \frac{1}{s - s'}\,. \qquad (5.33)$$

Dies ist der gleiche Fall wie in den Beispielen 4.1 und 4.2, wo eine linksseitige und eine rechtsseitige Zeitfunktion formal die gleiche Laplace-Transformierte hatten. Zu beachten ist hier das Minuszeichen vor der linksseitigen Exponentialfunktion.

Beim Einsetzen von (5.33) in die Integralformel von Cauchy für linksseitige Signale kompensieren sich die beiden Vorzeichenwechsel und wir erhalten für die inverse Transformation ebenfalls Gleichung (5.32). Rechtsseitige und zweiseitige Laplace-Transformationen besitzen also identische Umkehrformeln! Bei der zweiseitigen Laplace-Transformation ist zusätzlich noch der Konvergenzbereich zu berücksichtigen.

Da ein zweiseitiges Zeitsignal in ein linksseitiges und ein rechtsseitiges Signal zerlegt werden kann, gilt die erhaltene Rücktransformation auch für die zweiseitige Laplace-Transformation:

$$f(t) = \mathcal{L}^{-1}\{F(s)\} = \frac{1}{2\pi j} \int\limits_{\sigma-j\infty}^{\sigma+j\infty} F(s)e^{st}\,ds \; . \tag{5.34}$$

5.5.3   Integrationsweg für die inverse Laplace-Transformation

Die Wahl einer Geraden für den Integrationsweg W_p in Bild 5.6 ist zwar zweckmäßig, weil sie sich leicht parametrisieren läßt, aber nicht zwingend. Auch jeder andere Integrationsweg innerhalb des Konvergenzbereichs von $F(s)$ liefert das gleiche Ergebnis, da $F(s)e^{st}$ dort überall analytisch ist. Bild 5.7 zeigt verschiedene zulässige Integrationswege. Diese Vielfalt von Möglichkeiten ist aber nur dann von

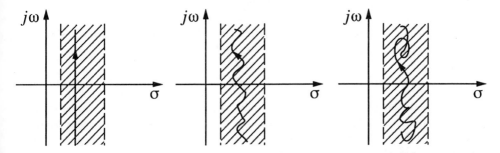

Bild 5.7: Verschiedene Integrationswege bei einer inversen Laplace-Transformation

Nutzen, wenn die komplexe Integration tatsächlich anhand einer parametrisierten Kurve durchgeführt wird. In den meisten Fällen ist jedoch die Anwendung des Residuensatzes einfacher.

5.5.4   Berechnung der inversen Laplace-Transformation mit dem Residuensatz

Bei gebrochen rationalen Laplace-Transformierten erfolgt die rechnerische Auswertung der Rücktransformation am einfachsten mit dem Residuensatz. Dabei reduziert sich der Rechenaufwand auf eine Partialbruchzerlegung. Dies wird im weiteren gezeigt.

Auf den ersten Blick scheint es nicht möglich zu sein, die inverse Laplace-Transformation mit Hilfe des Residuensatzes durchzuführen. Zur Anwendung des Residuensatzes ist nach Abschnitt 5.3 ein Integrationsweg zu wählen, auf dem die Funktion analytisch ist und der die Singularitäten umfaßt. Andererseits wissen wir aus Abschnitt 4.5.3, daß Laplace-Transformierte nur innerhalb ihres Konvergenzbereichs erklärt sind, der aus einem Streifen in der komplexen Ebene besteht und keine Singularitäten enthält. Ein Integrationsweg der alle Singularitäten umfaßt, müßte daher außerhalb des Konvergenzbereichs verlaufen, wo das Laplace-Integral divergiert.

Um diesen Konflikt aufzulösen, greift man zu dem Kunstgriff der *analytischen Fortsetzung*, der an die Überlegungen in 5.4.3 anschließt. Wir erklären ihn anhand des Beispiels 4.1, in dem die Laplace-Transformierte einer einseitigen Exponentialfunktion $f(t) = e^{-at}\varepsilon(t)$ berechnet wurde. Das Ergebnis lautete nach (4.7)

$$F(s) = \mathcal{L}\{f(t)\} = \mathcal{L}\{\varepsilon(t)e^{-at}\} = \frac{1}{s+a} \; ; \quad Re\{s\} > -a \; .$$

Außerhalb des Konvergenzbereichs, d.h. für $Re\{s\} \leq -a$ existiert die Laplace-Transformierte nicht. Andererseits ist die Funktion

$$A(s) = \frac{1}{s+a} \tag{5.35}$$

in der ganzen komplexen Ebene analytisch, mit Ausnahme des Punktes $s = -a$. Innerhalb des Konvergenzbereichs von $F(s)$ gilt

$$F(s) = A(s) \; ; \quad Re\{s\} > -a \; . \tag{5.36}$$

Im Gegensatz zu $F(s)$ ist es bei $A(s)$ möglich, einen geschlossenen Integrationsweg innerhalb eines Regularitätsgebiets zu wählen, der den Pol $s = -a$ umfaßt (vergl. Bild 5.4). Der Wert dieses Integrals kann dann problemlos mit dem Residuensatz berechnet werden. Man nennt $A(s)$ die *analytische Fortsetzung* von $F(s)$. In der gleichen Weise kann auch jeder anderen gebrochen rationalen Laplace-Transformierten eine analytische Fortsetzung zugewiesen werden. Damit sind die Schwierigkeiten bei der Anwendung des Residuensatzes ausgeräumt, da die Residuenberechnung einfach anhand der analytischen Fortsetzung durchgeführt wird. Für die rechnerische Auswertung macht der Übergang zur analytischen Fortsetzung keinen Unterschied, da sie die gleiche Gestalt wie die Laplace-Transformierte hat.

Im folgenden beschränken wir uns zunächst der Einfachheit halber auf rechtsseitige Zeitfunktionen. Diese besitzen natürlich eine Laplace-Transformierte mit rechtsseitigem Konvergenzbereich, d.h. alle Singularitäten liegen links vom Integrationsweg der inversen Laplace-Transformation (5.34). Durch Kombination von

(5.34) mit dem Residuensatz (5.10) erhält man

$$f(t) = \mathcal{L}^{-1}\{F(s)\} = \frac{1}{2\pi j} \int\limits_{\sigma-j\infty}^{\sigma+j\infty} F(s)e^{st}\,ds = \sum_{\mu=1}^{N} R_\mu \; . \tag{5.37}$$

Dazu ergänzt man gedanklich den Integrationsweg von $s = \sigma - j\infty$ bis $s = \sigma + j\infty$ durch einen sehr großen (im Grenzübergang unendlich großen) Kreisbogen durch die linke s-Halbebene. Wenn $F(s)e^{st}$ mit wachsendem Kreisradius R schneller als $\frac{1}{R}$ abfällt, verschwindet der Beitrag des Kreisbogens zum Integral, so daß sich sein Wert durch das Schließen des Integrationsweges nicht verändert. Bei einem geschlossenen Integrationsweg kann man aber den Residuensatz (5.10) anwenden, und (5.37) folgt unmittelbar. Für echt gebrochen rationale $F(s)$, bei denen der Nennergrad größer als der Zählergrad ist, gilt (5.37) für $t > 0$. Enthält $F(s)$ z.B. Exponentialterme, so muß das Verschwinden des Beitrages des Kreisbogens abhängig von t gesondert untersucht werden.

Für zweiseitige Zeitfunktionen müssen wir den Integrationsweg auch noch gedanklich mit einem zweiten sehr großen Kreisbogen durch die rechte s-Halbebene ergänzen, der dann die Singularitäten rechts des Konvergenzbereiches umschließt. Die Summe der Residuen von $F(s)e^{st}$ gemäß (5.37) ergibt dann für echt gebrochen rationale $F(s)$ die Zeitfunktion $f(t)$ für $t < 0$, da der Beitrag des Kreisbogens zum Integral für $Re\{s\} > 0$ nur für $t < 0$ verschwindet. Nach den Bemerkungen des Abschnitts 5.4.1 erhält man die Residuen durch Integration der analytischen Fortsetzung von $F(s)e^{st}$ auf einem Weg um alle Pole. Bei einfachen Polen gilt für die Residuen R_μ von $F(s)e^{st}$ nach (5.15)

$$R_\mu = \lim_{s \to s_\mu} [F(s)e^{st}(s - s_\mu)] = P_\mu e^{s_\mu t} \; , \tag{5.38}$$

die wir auch durch die Residuen P_μ von $F(s)$

$$P_\mu = \lim_{s \to s_\mu} [F(s)(s - s_\mu)] \tag{5.39}$$

ausdrücken können, da e^{st} in der ganzen komplexen Ebene analytisch ist. Die Berechnung der inversen Laplace-Transformation reduziert sich so für gebrochen rationale $F(s)$ mit einfachen Polen auf

$$f(t) = \mathcal{L}^{-1}\{F(s)\} = \sum_{\mu=1}^{N^+} P_\mu^+ e^{s_\mu t}\varepsilon(t) + \sum_{\nu=1}^{N^-} P_\nu^- e^{s_\nu t}\varepsilon(-t) \; . \tag{5.40}$$

Dabei sind P_μ^+ die Residuen (5.39) von $F(s)$ von Polen links des Konvergenzbereichs und P_ν^- die Residuen von Polen rechts des Konvergenzbereichs. Die Summation erstreckt sich über alle N^+ bzw. N^- Pole.

Dasselbe Resultat erhalten wir bei gebrochen rationalen Funktionen $F(s)$ auch, wenn wir $F(s)$ als Partialbruchentwicklung schreiben

$$F(s) = \sum_{\mu=1}^{N} \frac{P_\mu}{s - s_\mu} \, . \tag{5.41}$$

Gliedweise Rücktransformation unter Berücksichtigung der Lage der Pole relativ zum Konvergenzbereich führt dann genau auf (5.40). Das ist natürlich kein Zufall, denn (5.39) ist die Formel für die Berechnung der Partialbruchkoeffizienten bei einfachen Polen. Allerdings gibt es noch andere Möglichkeiten zur Berechnung der Partialbruchkoeffizienten, z. B. durch Koeffizientenvergleich.

Bei mehrfachen Polen erhält man die Residuen R_μ von $F(s)e^{st}$ aus (5.22)

$$R_\mu = \lim_{s \to s_\mu} \frac{1}{(n-1)!} \frac{d^{(n-1)}}{ds^{(n-1)}} \left[F(s)e^{st}(s - s_\mu)^n \right] \, . \tag{5.42}$$

Die Anwendung dieser Formel zeigen wir an einem Beispiel.

Beispiel 5.1

Die Laplace-Transformierte

$$F(s) = \frac{1}{(s+1)(s+2)^2} \, , \qquad Re\{s\} > -1 \tag{5.43}$$

hat einen einfachen Pol bei $s_1 = -1$ und einen zweifachen Pol bei $s_2 = -2$. Die Rücktransformation erfordert die Berechnung der beiden Residuen an diesen Polstellen

$$f(t) = \mathcal{L}^{-1}\{F(s)\} = R_1 + R_2 \tag{5.44}$$

mit

$$R_1 = F(s)e^{st}(s+1)\big|_{s=-1} = \frac{e^{st}}{(s+2)^2}\bigg|_{s=-1} = e^{-t} \tag{5.45}$$

$$R_2 = \frac{1}{(2-1)!} \frac{d}{ds} \left[F(s)e^{st}(s+2)^2 \right]\bigg|_{s=-2} = \frac{d}{ds}\left[\frac{e^{st}}{(s+1)} \right]\bigg|_{s=-2}$$

$$= \left[-\frac{e^{st}}{(s+1)^2} + \frac{te^{st}}{(s+1)} \right]\bigg|_{s=-2} = -e^{-2t} - te^{-2t} \, . \tag{5.46}$$

Aus den beiden Residuen kann man jetzt die Zeitfunktion zusammensetzen. Da $F(s)$ gebrochen rational ist und in der rechten Halbebene konvergiert, führt die Rücktransformation auf eine rechtsseitige Zeitfunktion:

$$f(t) = \mathcal{L}^{-1}\{F(s)\} = \left[e^{-t} - e^{-2t} - te^{-2t} \right] \varepsilon(t) \, . \tag{5.47}$$

Auch hier läßt sich eine Beziehung zur Partialbruchentwicklung für mehrfache Pole herstellen. Ein Beispiel dazu folgt im nächsten Abschnitt.

5.5.5 Praktische Berechnung der inversen Laplace-Transformation

Die Anwendung des Residuensatzes erspart zwar die Berechnung komplexer Integrale, erfordert aber bei komplexen Polen die Berechnung komplexwertiger Residuen. Bei gebrochen rationalen Laplace-Transformierten mit reellen Zähler- und Nennerkoeffizienten ist die zugehörige Zeitfunktion aber ebenfalls reell, auch wenn komplexe Pole (hier in Gestalt konjugiert komplexer Paare) auftreten. Es wäre daher schön, wenn man die Rücktransformation mit rein reeller Rechnung durchführen könnte. Dies gelingt durch eine geschickte Kombination von Partialbruchzerlegung und Modulationssatz. Wir zeigen das Vorgehen an einem Beispiel.

── **Beispiel 5.2**

Gesucht ist die inverse Laplace-Transformierte von

$$F(s) = \frac{222}{(s+3)(s^2+4s+40)}, \qquad Re\{s\} > 0. \tag{5.48}$$

Am Konvergenzbereich lesen wir ab, daß es sich um eine rechtsseitige Zeitfunktion handeln muß. Wir gehen aus von der Partialbruchentwicklung

$$F(s) = \frac{222}{(s+3)(s^2+4s+40)} = \frac{A}{s+3} + \frac{Bs+C}{s^2+4s+40} \tag{5.49}$$

und erhalten mit (5.15)

$$A = \lim_{s \to -3}[F(s)(s+3)] = \frac{222}{s^2+4s+40}\bigg|_{s=-3} = \frac{222}{9-12+40} = \frac{222}{37} = 6. \tag{5.50}$$

Da die anderen Pole von $F(s)$ komplex sind, ermitteln wir B und C durch Koeffizientenvergleich, um die Berechnung komplexer Residuen zu vermeiden. Aus

$$6(s^2+4s+40) + (Bs+C)(s+3) = (6+B)s^2 + (24+3B+C)s + (240+3C) = 222 \tag{5.51}$$

folgt $B = C = -6$.

Bei einem Nennerpolynom zweiten Grades mit reellen Koeffizienten und konjugiert komplexen Polen können wir erwarten, daß sich die zugehörige Zeitfunktion aus sin- und cos-Termen zusammensetzt. Wir wollen daher den zweiten Anteil der Partialbruchentwicklung (5.49) in eine Form bringen, die den Laplace-Transformierten von sinus- und kosinusförmigen Zeitfunktionen entspricht. Dies gelingt mit quadratischer Ergänzung und führt auf

$$\frac{Bs+C}{s^2+4s+40} = \frac{-6s-6}{s^2+4s+40} = \frac{-6(s+2)+6}{(s+2)^2+36}. \tag{5.52}$$

Einsetzen in (5.49) gibt die Darstellung

$$F(s) = \frac{6}{s+3} - 6\frac{s+2}{(s+2)^2+6^2} + \frac{6}{(s+2)^2+6^2}. \tag{5.53}$$

Mit Tabelle 4.7.8 und dem Modulationssatz (4.23) folgt sofort die gesuchte Zeit-funktion

$$f(t) = 6e^{-3t} \cdot \varepsilon(t) - 6e^{-2t}\cos 6t \cdot \varepsilon(t) + e^{-2t}\sin 6t \cdot \varepsilon(t). \tag{5.54}$$

∎

Auch bei mehrfachen Polen bringt die Partialbruchzerlegung Vorteile. Sie er-spart die ein- oder mehrfache Ableitung nach s bei der Berechnung der Residuen nach (5.42). Dafür müssen aber die Partialbruchkoeffizienten berechnet werden. Zum Vergleich der beiden Möglichkeiten betrachten wir noch einmal die Funktion aus Beispiel 5.1.

─── **Beispiel 5.3**

Für die Partialbruchzerlegung der Funktion $F(s)$ aus Beispiel 5.1 benötigen wir drei Partialbruchkoeffizienten:

$$F(s) = \frac{1}{(s+1)(s+2)^2} = \frac{A}{s+1} + \frac{B_1}{s+2} + \frac{B_2}{(s+2)^2}. \tag{5.55}$$

Bei einfachen Polen kann man die Koeffizienten nach (5.39) berechnen:

$$A = \lim_{s \to -1}[F(s)(s+1)] = 1. \tag{5.56}$$

Um zu verstehen, wie B_1 und B_2 berechnet werden, betrachten wir noch einmal den Term

$$F(s)(s+1) = A + B_1\frac{s+1}{s+2} + B_2\frac{s+1}{(s+2)^2}. \tag{5.57}$$

Wir erhalten durch Einsetzen von $s = -1$ genau deshalb den Wert von A, weil die anderen beiden Summanden Null werden. Dieses Vorgehen funktioniert auch bei B_2, denn

$$F(s)(s+2)^2 = A\frac{(s+2)^2}{s+1} + B_1(s+2) + B_2 \tag{5.58}$$

und Einsetzen von $s = -2$ liefert

$$B_2 = \lim_{s \to -2}[F(s)(s+2)^2] = -1. \tag{5.59}$$

B_1 erhalten wir auf die gleiche Weise, wenn wir

$$\frac{d}{ds}[F(s)(s+2)^2] = \frac{d}{ds}\left[A\frac{(s+2)^2}{s+1} + B_1(s+2) + B_2\right] = A\frac{d}{ds}\left[\frac{(s+2)^2}{s+1}\right] + 1 \cdot B_1 \tag{5.60}$$

bilden und $s = -2$ einsetzen:

$$B_1 = \lim_{s \to -2} \frac{d}{ds}[F(s)\,(s+2)^2] = -1 \;. \tag{5.61}$$

Die Partialbruchzerlegung von $F(s)$ lautet damit

$$F(s) = \frac{1}{(s+1)(s+2)^2} = \frac{1}{s+1} - \frac{1}{s+2} - \frac{1}{(s+2)^2} \;. \tag{5.62}$$

Durch termweise Rücktransformation z. B. nach Tabelle 4.7.8 folgt unter Beachtung des Konvergenzbereichs das gleiche Ergebnis, das wir in Beispiel 5.1 mit der Residuenrechnung erhalten hatten:

$$f(t) = \mathcal{L}^{-1}\{F(s)\} = \left[e^{-t} - e^{-2t} - te^{-2t}\right]\varepsilon(t) \;. \tag{5.63}$$

∎

Das im vorangegangenen Beispiel 5.3 verwendete Prinzip kann auf m-fache Pole erweitert werden. Die Partialbruchkoeffizienten $B_1 \ldots B_m$ berechnet man dann nach

$$B_\mu = \frac{1}{(m-\mu)!} \lim_{s \to s_p} \frac{d^{m-\mu}}{ds^{m-\mu}}[F(s)\,(s-s_p)^m] \qquad \mu = 1 \ldots m \;. \tag{5.64}$$

5.6   Aufgaben

Aufgabe 5.1

Beweisen Sie die Integralformel von Cauchy (5.13) durch Integration auf einem infinitesimal kleinen Kreis um s_0, den Sie mit $s(\nu) = s_0 + \delta\,e^{j2\pi\nu}$, $0 \le \nu < 1$ parametrisieren; dabei sei δ eine beliebig kleine reelle Zahl.

Aufgabe 5.2

Berechnen Sie die inverse Laplace-Transformierte $f(t) = \mathcal{L}^{-1}\{F(s)\}$ von
$$F(s) = \frac{2 - 2s}{(s+1)(s+2)(s+5)}, \quad \mathrm{Re}\{s\} > -1.$$

Aufgabe 5.3

Berechnen Sie die inverse Laplace-Transformierte $f(t) = \mathcal{L}^{-1}\{F(s)\}$ von
$$F(s) = \frac{2s - 1}{(s+1)^3(s+4)}, \quad \mathrm{Re}\{s\} > -1.$$ Verschiedene Verfahren der Partialbruchzerlegung sollen dabei verglichen werden.

a) Berechnen Sie alle vier Partialbruchkoeffizienten mit (5.64).

b) Berechnen Sie die Partialbruchkoeffizienten von $(s + 4)$ und $(s + 1)^3$ mit (5.64) oder (5.39) und die anderen beiden durch Koeffizientenvergleich.

c) Berechnen Sie alle vier Partialbruchkoeffizienten durch Koeffizientenvergleich.

Aufgabe 5.4

Gegeben ist $F(s) = \dfrac{s + 3}{s^2 + 2s + 5}$ mit konjugiert komplexen Polen und rechtsseitigem Konvergenzbereich. Berechnen Sie die inverse Laplace-Transformierte $f(t) = \mathcal{L}^{-1}\{F(s)\}$ und stellen Sie das Ergebnis durch Sinus- und Kosinusterme dar.

a) Verwenden Sie die komplexe Partialbruchzerlegung $F(s) = \dfrac{A}{s - s_p} + \dfrac{A^*}{s - s_p^*}$.

b) Benutzen Sie die quadratische Ergänzung, den Verschiebungssatz und Tabelle 4.7.8.

Aufgabe 5.5

Berechnen Sie die inverse Laplace-Transformierte $f(t) = \mathcal{L}^{-1}\{F(s)\}$ von $F(s) = \dfrac{s}{(s + 2)(s^2 + \omega_0^2)}$, $\text{Re}\{s\} > 0$ mit Hilfe reellwertiger Partialbruchzerlegung.

Aufgabe 5.6

Berechnen Sie die inverse Laplace-Transformierte zu

$$F(s) = \frac{s^2 - s - 2}{(s^3 + 4s^2 + s - 6) \cdot s^2}, \quad \text{Re}\{s\} > 1.$$

Aufgabe 5.7

Gegeben ist $F(s) = \dfrac{-3s^3 - 12s^2 - 16s - 5}{s^4 + 7s^3 + 17s^2 + 17s + 6}$, $\text{Re}\{s\} > -1$.

Bestimmen Sie die inverse Laplace-Transformierte $f(t) = \mathcal{L}^{-1}\{F(s)\}$. (Hinweis: doppelter Pol bei -1.)

6 Analyse zeitkontinuierlicher LTI-Systeme mit der Laplace-Transformation

Die in Kapitel 4 eingeführte Laplace-Transformation dient nicht nur zur Charakterisierung von Signalen, sondern sie erlaubt vor allem auch die elegante Beschreibung der Eigenschaften von LTI-Systemen. In der System- und Netzwerktheorie ist sie zur Standardmethode für die Berechnung der Systemreaktion geworden. Insbesondere können vorgegebene Anfangswerte des Ausgangssignals und Anfangszustände von Systemen berücksichtigt werden.

Wir beschäftigen uns zunächst mit der Berechnung der Systemreaktion auf zweiseitige Signale und ermitteln dabei die Übertragungs- oder Systemfunktion. Am Ende des Kapitels erweitern wir die Ergebnisse auf Kombinationen von LTI-Systemen. Die Lösung von Anfangswertproblemen wird dann ausführlich im Kapitel 7 behandelt.

6.1 Systemreaktion auf zweiseitige Eingangssignale

In diesem Abschnitt betrachten wir die Reaktion von LTI-Systemen auf Eingangssignale, über die wir keine Einschränkungen machen, außer daß ihre Laplace-Transformierte existieren soll. Insbesondere sind auch zweiseitige Signale zugelassen.

Zunächst erinnern wir uns an die Definition der Laplace-Transformation in Abschnitt 4.2. Dort hatten wir die Laplace-Hin- bzw. Rücktransformation als Zerlegung einer Funktion in Exponentialanteile bzw. Zusammensetzung aus diesen Anteilen interpretiert. Jetzt schieben wir zwischen diese beiden Schritte eine weitere Operation, die wir bereits in Abschnitt 3.2.2 kennengelernt hatten: Die Ermittlung der Reaktion eines LTI-Systems auf seine Eigenfunktionen. Damit ist die dreistufige Systemanalyse komplett, die am Anfang von Kapitel 3 skizziert wurde:

1. Die Zerlegung des Eingangssignals in seine Exponentialanteile können wir jetzt mit der Laplace-Transformation bewerkstelligen.

2. Die Feststellung der Systemreaktion auf die einzelnen Anteile geschieht mit Hilfe der Systemfunktion.

3. Die Zusammensetzung der einzelnen Komponenten am Systemausgang zum kompletten Ausgangssignal erreicht man mit der inversen Laplace-Transformation.

Zur mathematischen Formulierung der Systemanalyse greifen wir auf die Darstellung der inversen Laplace-Transformation durch eine Riemannsche Summe nach (4.4) zurück. Sie lautet für das Ausgangssignal $y(t)$

$$y(t) = \frac{1}{2\pi j} \lim_{\Delta s \to 0} \left\{ \ldots + Y(s_0)e^{s_0 t} + Y(s_1)e^{s_1 t} + Y(s_2)e^{s_2 t} + \ldots \right\} \Delta s. \qquad (6.1)$$

Die einzelnen Summenterme sind jeweils komplexe Exponentialfunktionen und daher Eigenfunktionen von LTI-Systemen. Nach Abschnitt 3.2 können wir sie durch Multiplikation der Exponentialanteile $X(s_i)e^{s_i t}$ des Eingangssignals $x(t)$ nach (4.4) mit der Systemfunktion $H(s)$ ausdrücken (s. Bild 6.1)

$$Y(s_i)e^{s_i t} = H(s_i)X(s_i)e^{s_i t} \qquad (6.2)$$

und erhalten so für das Ausgangssignal

$$y(t) = \frac{1}{2\pi j} \lim_{\Delta s \to 0} \left\{ \ldots + H(s_0)X(s_0)e^{s_0 t} \quad + \quad H(s_1)X(s_1)e^{s_1 t} \right. \qquad (6.3)$$
$$\left. + \quad H(s_2)X(s_2)e^{s_2 t} + \ldots \right\} \Delta s.$$

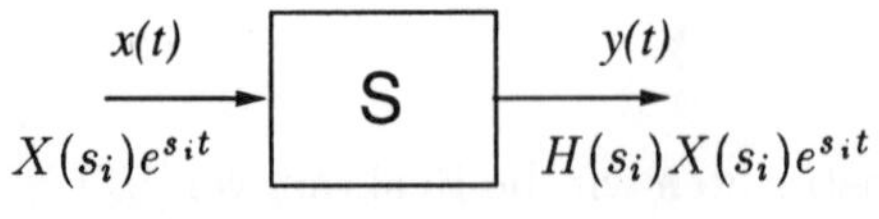

Bild 6.1: Eigenfunktionen eines LTI-Systems

Anstelle der Riemannschen Summen schreiben wir jetzt wieder die entsprechenden komplexen Integrale

$$\frac{1}{2\pi j} \int_{\sigma - j\infty}^{\sigma + j\infty} H(s)X(s)e^{st}ds = \frac{1}{2\pi j} \int_{\sigma - j\infty}^{\sigma + j\infty} Y(s)e^{st}ds. \qquad (6.4)$$

Daraus folgt die grundlegende Beziehung zwischen Ein- und Ausgangssignalen von LTI-Systemen (s. Bild 6.2)

$$\boxed{Y(s) = H(s)X(s).} \qquad (6.5)$$

$H(s)$ ist die *Systemfunktion* oder *Übertragungsfunktion*, die wir bereits aus Abschnitt 3.2 kennen. Im Gegensatz zu dort ist sie jetzt nicht nur als das Verhältnis von Exponentialschwingungen bestimmt, sondern viel allgemeiner durch das Verhältnis der Laplace-Transformierten von Ein– und Ausgangssignal. Die Systemfunktion ist der Schlüssel zur Berechnung der Systemreaktion, denn sie stellt eine vollständige Beschreibung eines LTI-Systems dar. Für ihre Ermittlung gibt es zwei grundsätzliche Möglichkeiten:

1. Bildung des Quotienten aus $Y(s)$ und $X(s)$, wenn Ein– und Ausgangssignal bekannt sind.

2. Analyse des Systems, wenn sein innerer Aufbau bekannt ist.

Die erste Möglichkeit ist eine Aufgabe der Systemidentifikation, die zweite der Systemanalyse. Wir zeigen anhand einiger einfacher Netzwerke die Vorgehensweise bei der Systemanalyse.

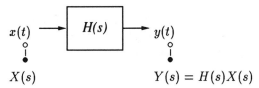

Bild 6.2: Berechnung der Systemreaktion mit Hilfe der System- oder Übertragungsfunktion

6.2 Berechung der Systemfunktion

Die Berechnung der Systemfunktion wird hier am Beispiel zweier elektrischer Netzwerke vorgestellt. In Kapitel 3.2.5 haben wir zwei Wege kennengelernt, wie man mit physikalischen Dimensionen umgehen kann. Wir führen hier beide Wege vor; in den Beispielen 6.1 bis 6.5 wird mit normierten Gleichungen gearbeitet und die Beispiele 7.1 bis 7.5 des folgenden Kapitels demonstrieren das Mitführen von physikalischen Einheiten.

——————————————————————————— **Beispiel 6.1**

Als erstes Netzwerk betrachten wir ein RC-Glied, dessen Aufbau in Bild 6.3 gezeigt ist. Die Bauteile wurden bereits so normiert, daß sich handliche Zahlenwerte ergeben.

Die Analyse dieses Netzwerks kann direkt im Frequenzbereich durchgeführt werden, wenn den Bauelementen die komplexen Impedanzen nach Tabelle 3.2 zugewiesen werden. Die Systemfunktion erhält man sofort, wenn man die Laplace-

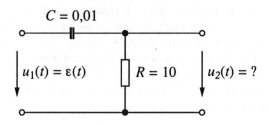

Bild 6.3: RC-Glied

Transformierte des Ausgangssignals durch Spannungsteilung mit der Laplace-Transformierten des Eingangssignals in Beziehung setzt:

$$H(s) = \frac{U_2(s)}{U_1(s)} = \frac{R}{R + \dfrac{1}{sC}} = \frac{s}{s + 10} .$$ (6.6)

Bei bekanntem Eingangssignal folgt die Laplace-Transformierte des Ausgangssignals sofort nach (6.5) zu $U_2(s) = H(s)U_1(s)$. Für eine Sprungfunktion $\varepsilon(t)$ am Eingang erhält man (vergl. Tabelle 4.7.8)

$$U_2(s) = H(s)\frac{1}{s} = \frac{1}{s + 10}, \quad \text{Re}\{s\} > -10 \qquad \bullet\!\!-\!\!\circ \qquad u_2(t) = e^{-10t}\varepsilon(t) .$$ (6.7)

Die Ein–Ausgangsbeziehungen im Zeitbereich und im Frequenzbereich sind in Bild 6.4 dargestellt. Die Reaktion auf die Sprungfunktion $\varepsilon(t)$ wird *Sprungantwort* genannt. Ihren Verlauf für das RC-Glied zeigt Bild 6.5.

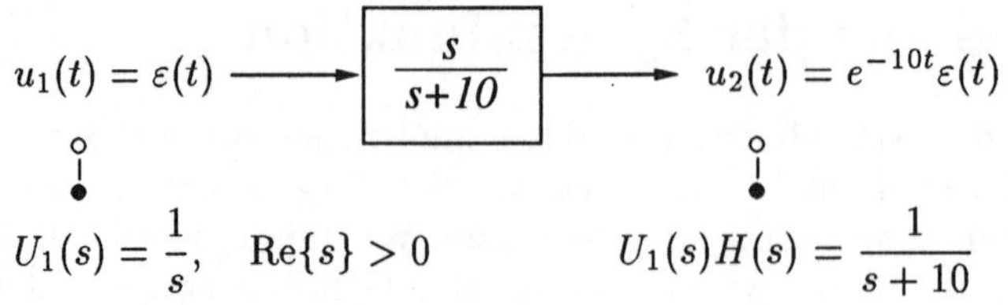

$$u_1(t) = \varepsilon(t) \longrightarrow \boxed{\frac{s}{s+10}} \longrightarrow u_2(t) = e^{-10t}\varepsilon(t)$$

$$U_1(s) = \frac{1}{s}, \quad \text{Re}\{s\} > 0 \qquad\qquad U_1(s)H(s) = \frac{1}{s + 10}$$

Bild 6.4: Systemfunktion und Systemantwort des RC-Gliedes

Da das Eingangssignal hier ausdrücklich als zweiseitiges Signal zugelassen ist, enthält das so bestimmte Ausgangssignal zu jedem Zeitpunkt die gesamte Vorgeschichte des Systems seit $t = -\infty$. Zusätzliche Kenntnisse über Anfangsbedingungen oder Zustände von Energiespeichern zu bestimmten Zeitpunkten sind nicht erforderlich.

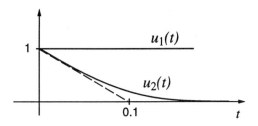

Bild 6.5: Sprungfunktion und Sprungantwort des RC-Gliedes

Beispiel 6.2

Als zweites Netzwerk betrachten wir zwei unabhängige RC-Glieder nach Bild 6.6. Da die Spannung $u_2(t)$ durch die gesteuerte Spannungsquelle vom rechten

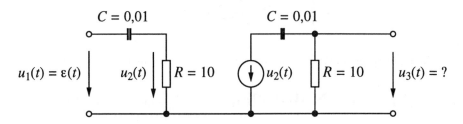

Bild 6.6: Unabhängige RC-Glieder

Teil der Schaltung entkoppelt ist, folgt für die Systemfunktion

$$H(s) = \frac{U_3(s)}{U_1(s)} = \frac{U_3(s)}{U_2(s)} \cdot \frac{U_2(s)}{U_1(s)} = \frac{s^2}{(s+10)^2} . \tag{6.8}$$

Bei Erregung mit einer Sprungfunktion erhält man die Transformierte des Ausgangssignals ähnlich wie in (6.7). Eine einfache Partialbruchzerlegung und Rücktransformation der beiden Anteile anhand von Tabelle 4.7.8 liefert

$$U_3(s) = \frac{s}{(s+10)^2} = \frac{1}{s+10} - \frac{10}{(s+10)^2} \quad \bullet\!\!-\!\!\circ \quad u_3(t) = (1-10t)e^{-10t}\varepsilon(t) . \tag{6.9}$$

Bild 6.7 zeigt wieder die Ein-Ausgangsbeziehungen im Zeitbereich und im Frequenzbereich. Der Zeitverlauf der Sprungfunktion am Eingang und der Spannungen $u_2(t)$ und $u_3(t)$ ist in Bild 6.8 dargestellt.

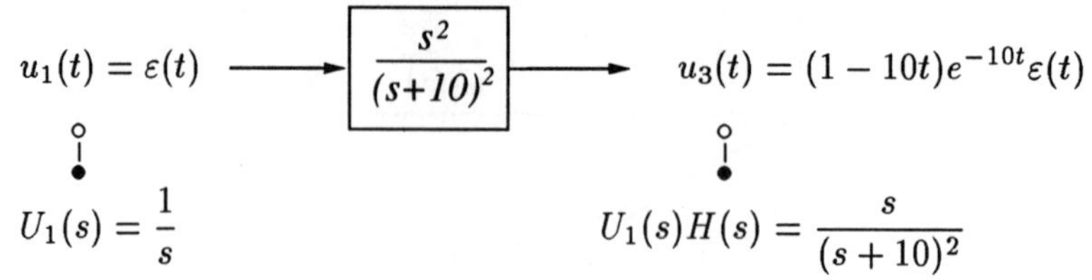

$$u_1(t) = \varepsilon(t) \quad\longrightarrow\quad \boxed{\dfrac{s^2}{(s+10)^2}} \quad\longrightarrow\quad u_3(t) = (1 - 10t)e^{-10t}\varepsilon(t)$$

$$U_1(s) = \frac{1}{s} \qquad\qquad\qquad U_1(s)H(s) = \frac{s}{(s+10)^2}$$

Bild 6.7: Systemfunktion und Systemantwort der unabhängigen RC-Glieder

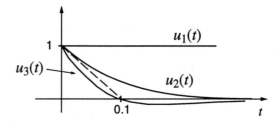

Bild 6.8: Sprungfunktion und Sprungantwort der unabhängigen RC-Glieder

6.3   Pole und Nullstellen der Systemfunktion

Die Systemfunktion ist eine völlig andersartige Systembeschreibung als die Netzwerke nach Bild 6.3 und 6.6. Aber ebenso wie die gezeigten Schaltungen durch
wenige Bauelemente gekennzeichnet sind, werden auch die zugehörigen Systemfunktionen durch wenige Bestimmungsstücke charakterisiert. Die hier auftreten-
den gebrochen rationalen Systemfunktionen sind durch die Angabe aller Pole und
Nullstellen (einschließlich ihrer Vielfachheit) bis auf einen konstanten Faktor festgelegt. Gebrochen rationale Systemfunktionen treten übrigens immer dann auf,
wenn es sich um ein LTI-System mit einer endlichen Anzahl konzentrierter Energiespeicher handelt.

Als Beispiel betrachten wir die Systemfunktion des RC-Glieds nach (6.6).
Bild 6.9 zeigt ihren Betrag über der komplexen Frequenzebene aufgetragen. Die
Nullstelle bei $s = 0$ und der Pol bei $s = -10$ sind deutlich zu erkennen. Deren Lage bestimmt den Wert von $H(s)$ nach Betrag und Phase an allen anderen Stellen
der Frequenzebene. Es genügt daher, diese Stellen in der s-Ebene zu markieren,
um $H(s)$ bis auf einen konstanten Faktor anzugeben. Solche Markierungen in der
komplexen Frequenzebene nennt man ein Pol-Nullstellen-Diagramm.

Beispiele für Pol-Nullstellen-Diagramme zeigt Bild 6.10. Das obere Diagramm
stellt die Systemfunktion aus Bild 6.9 dar. Das untere Diagramm steht für eine
Systemfunktion mit den gleichen Lagen von Pol- und Nullstellen, beide jedoch mit
doppelter Vielfachheit.

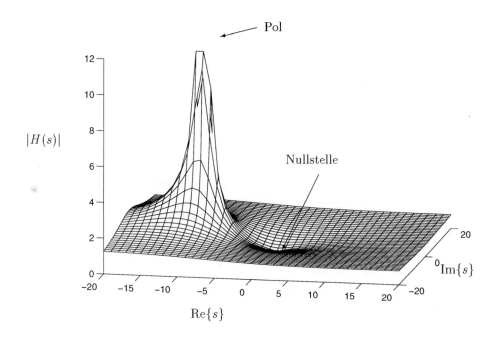

Bild 6.9: Darstellung des Betrags einer Systemfunktion

Pole und Nullstellen können als Nullstellen (Wurzeln) von Zähler– und Nennerpolynom einer gebrochen rationalen Systemfunktion auch komplexe Werte annehmen. Bei Polynomen mit reellen Koeffizienten treten sie dann jedoch in konjugiert
komplexen Paaren auf. Bild 6.11 zeigt ein einfaches Beispiel.

Als Ordnung des Systems bezeichnet man die Anzahl der Pole, die gleich
der Anzahl der unabhängigen Energiespeicher ist. Die Anzahl der Nullstellen hat
keinen Einfluß auf die Ordnung des Systems.

Im Abschnitt 3.2.2 hatten wir bereits kurz darauf hingewiesen, daß auch die
Systemfunktion einen Konvergenzbereich besitzt. Oft haben wir es mit kausalen
Systemen zu tun, bei denen die Reaktion am Systemausgang nie früher als die
Ursache am Systemeingang auftritt. Für kausale Systeme liegt der Konvergenzbereich rechts einer Geraden durch die am weitesten rechts liegende Singularität,
bei einer gebrochen rationalen Systemfunktion also rechts des am weitesten rechts
liegenden Pols. Die Lage der Nullstellen hat keinen Einfluß auf den Konvergenzbereich. Damit die Laplace-Transformierte des Ausgangssignals $Y(s)$ in Bild 6.2 existiert, müssen sich die Konvergenzbereiche des Eingangssignals $X(s)$ und der Systemfunktion $H(s)$ überlappen. Da sich diese Konvergenzbereiche für rechtsseitige
Eingangssignale und kausale Systeme stets überlappen, wenn man nur Re$\{s\}$ groß

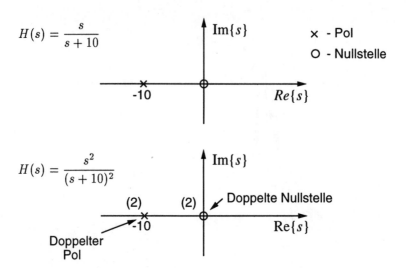

Bild 6.10: Beispiele für Pol-Nullstellen-Diagramme

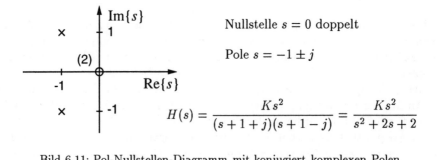

Bild 6.11: Pol-Nullstellen-Diagramm mit konjugiert komplexen Polen

genug wählt, wird in der Regel die Angabe des Konvergenzbereichs der System-funktion unterlassen. Der Konvergenzbereich für Systemfunktionen allgemeiner, auch nicht kausaler Systeme wird später aus dem Faltungssatz (Abschnitt 8.4.2) hervorgehen.

6.4 Berechnung der Systemfunktion aus Differentialgleichungen

Die Berechnung der Systemfunktion von Netzwerken in Abschnitt 6.2 geht durch die Verwendung von komplexen Impedanzen relativ einfach. Noch einfacher ist die Berechnung der Übertragungsfunktion, wenn ein LTI-System durch seine Differentialgleichung (mit konstanten Koeffizienten) gegeben ist. Die Anwendung des Differentiationssatzes (4.26) ersetzt jede Ableitung einer Zeitfunktion durch ein Produkt aus einer Potenz von s und der Laplace-Transformierten der Zeitfunktion. Die Differentialgleichung wird so in eine algebraische Gleichung umgewandelt, aus der sich sofort die Übertragungsfunktion ergibt. Wir erklären das Vorgehen an zwei Beispielen.

——————————————————————————— **Beispiel 6.3**

Aus der Differentialgleichung

$$2\ddot{y} - 3\dot{y} + 5y = 10\dot{x} - 7x \tag{6.10}$$

wird durch Anwendung des Differentiationssatzes (4.26) die algebraische Gleichung

$$2s^2 Y(s) - 3sY(s) + 5Y(s) = 10sX(s) - 7X(s)\,, \tag{6.11}$$

aus der die Übertragungsfunktion

$$H(s) = \frac{Y(s)}{X(s)} = \frac{10s - 7}{2s^2 - 3s + 5} \tag{6.12}$$

folgt. Die Koeffizienten der Differentialgleichung tauchen direkt als Koeffizienten der gebrochen rationalen Übertragungsfunktion auf. ∎

——————————————————————————— **Beispiel 6.4**

Auf dem umgekehrten Weg ist es auch möglich, aus einer Übertragungsfunktion wieder die Differentialgleichung zu erhalten. Aus der Übertragungsfunktion

$$H(s) = \frac{Y(s)}{X(s)} = \frac{s^2}{(s + 10)^2} = \frac{s^2}{s^2 + 20s + 100} \tag{6.13}$$

erhält man durch Umsortieren die algebraische Gleichung

$$(s^2 + 20s + 100)\,Y(s) = s^2\,X(s)\,, \tag{6.14}$$

der nach dem Differentiationssatz (4.26) folgende Differentialgleichung entspricht:

$$\ddot{y} + 20\dot{y} + 100y = \ddot{x}\,. \tag{6.15}$$

∎

Wenn das Eingangssignal nicht überall differenzierbar ist, muß der Differentiationssatz für stückweise glatte Signale (4.41) verwendet werden. Darauf wird in Abschnitt 7 ausführlich eingegangen.

Der Konvergenzbereich der Systemfunktion läßt sich aus der Differentialgleichung allein übrigens nicht ablesen. Dazu sind noch zusätzliche Angaben wie z.B. die Kausalität oder die Stabilität des Systems erforderlich. Bei Anfangswertproblemen, wie sie in Kapitel 7 behandelt werden, wird impliziert, daß es sich um kausale Systeme handelt.

6.5 Zusammenfassendes Beispiel

In den bisherigen Beispielen wurde lediglich die Sprungantwort berechnet, also die Reaktion auf ein Signal, das für $t < 0$ den Wert Null annimmt. Es stellt einen Spezialfall eines zweiseitigen Signals dar, das für $t < 0$ das System nicht erregt. Daher soll noch die Berechnung der Systemreaktion auf ein Signal gezeigt werden, das für alle Zeiten von Null verschieden ist.

Beispiel 6.5

Wir betrachten die Systemreaktion des RC-Glieds aus Beispiel 6.1 auf das Eingangssignal

$$x(t) = 3e^{-5t}\varepsilon(t) + 3e^{5t}\varepsilon(-t) = 3e^{-5|t|} \tag{6.16}$$

$$X(s) = \frac{3}{s+5} - \frac{3}{s-5}, \qquad -5 < \mathrm{Re}\{s\} < 5. \tag{6.17}$$

Für die Laplace-Transformierte des Ausgangssignals folgt mit Partialbruchentwicklung

$$Y(s) = \frac{s}{s+10}X(s) = \frac{4}{s+10} - \frac{3}{s+5} - \frac{1}{s-5} \tag{6.18}$$

Der Konvergenzbereich von $X(s)$ liegt vollständig im Konvergenzbereich der Systemfunktion des kausalen RC-Glieds $\mathrm{Re}\{s\} > -10$. Die Rücktransformation kann so durch Integration innerhalb des Konvergenzbereichs $-5 < \mathrm{Re}\{s\} < 5$ erfolgen, so daß die ersten beiden Terme aufgrund ihrer Pole links des Konvergenzbereichs auf rechtsseitige Zeitfunktionen und der dritte Term entsprechend auf eine linksseitige Zeitfunktion führt

$$y(t) = 4e^{-10t}\varepsilon(t) - 3e^{-5t}\varepsilon(t) + e^{5t}\varepsilon(-t). \tag{6.19}$$

Die Signalverläufe von $x(t)$ und $y(t)$ sind in Bild 6.12 dargestellt. Zur Überprüfung gehen wir von der Differentialgleichung des RC-Glieds aus, die man entweder aus

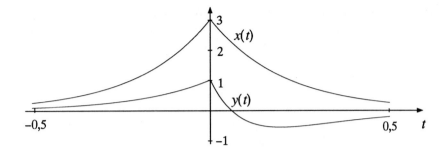

Bild 6.12: Zeitverlauf von Ein- und Ausgangssignal

dem Netzwerk in Bild 6.3 ableiten oder aus der Übertragungsfunktion nach Beispiel 6.4 berechnen kann

$$\dot{y}(t) + 10y(t) = \dot{x}(t) \,. \tag{6.20}$$

Um zu zeigen, daß $y(t)$ nach (6.19) die Differentialgleichung erfüllt, unterscheiden wir die Fälle $t < 0$ und $t > 0$. Für $t < 0$ gilt

$$x(t) = 3e^{5t}, \qquad y(t) = e^{5t}, \qquad t < 0 \tag{6.21}$$

und damit

$$\dot{y}(t) + 10y(t) = 15e^{5t} = \dot{x}(t), \qquad t < 0 \,. \tag{6.22}$$

Für $t > 0$ gilt

$$x(t) = 3e^{-5t}, \qquad y(t) = 4e^{-10t} - 3e^{-5t}, \qquad t > 0 \tag{6.23}$$

und damit

$$\dot{y}(t) + 10y(t) = -15e^{-5t} = \dot{x}(t), \qquad t > 0 \,. \tag{6.24}$$

Das Ausgangssignal (6.19) erfüllt also die Differentialgleichung des RC-Glieds für alle Zeiten, zu denen das Eingangssignal differenzierbar ist. Übrigens ist die Überprüfung anhand der Differentialgleichung keine hinreichende Bestätigung der Lösung. Zum Beispiel erfüllt auch

$$y(t) = -4e^{-10t}\varepsilon(-t) - 3e^{-5t}\varepsilon(t) + e^{5t}\varepsilon(-t)$$

die Gleichung (6.20), ohne jedoch dem kausalen RC-Glied zu entsprechen. Beide Lösungen unterscheiden sich durch die Konvergenzbereiche ihrer Laplace-Transformierten.

6.6 Kombination von einfachen LTI-Systemen

Bisher hatten wir uns nur mit einzelnen Systemen beschäftigt und ihre System-funktion jeweils aus einer gegebenen Systembeschreibung oder Differentialglei-chung bestimmt. In Abschnitt 1.2.2 hatten wir aber das Ziel der Systemtheorie formuliert, von den Details der Realisierung zu abstrahieren. Daher wollen wir bei der Beschreibung eines Systems durch eine Systemfunktion nicht immer auf die Ebene der Realisierung aller Teilsysteme oder auf eine Beschreibung durch eine allumfassende Differentialgleichung oder Zustandsraumbeschreibung hinabsteigen. Stattdessen käme es der gewünschten Abstraktion entgegen, wenn wir die System-funktion eines komplexen Systems direkt aus bereits bekannten Systemfunktionen der Teilsysteme erhalten könnten. Dazu benötigen wir lediglich einige einfache Zu-sammenhänge für die wesentlichen Verknüpfungen von Systemen. Es sind dies die Reihenschaltung, die Parallelschaltung und die Rückkopplung von Systemen.

6.6.1 Reihenschaltung

Bild 6.13 zeigt zwei Systeme mit den Systemfunktionen $H_1(s)$ und $H_2(s)$, die so in Reihe geschaltet sind, daß das Ausgangssignal von $H_1(s)$ das Eingangssignal von $H_2(s)$ ist. Aus den Systemfunktionen

$$H_1(s) = \frac{Y_1(s)}{X(s)}, \qquad H_2(s) = \frac{Y(s)}{Y_1(s)} \tag{6.25}$$

folgt unmittelbar die Systemfunktion des Gesamtsystems

$$H(s) = \frac{Y(s)}{X(s)} = \frac{Y(s)}{Y_1(s)} \cdot \frac{Y_1(s)}{X(s)} = H_2(s)H_1(s) = H_1(s)H_2(s). \tag{6.26}$$

Das Ausgangssignal eines Systems mit der Systemfunktion $H(s) = H_1(s)H_2(s)$ ist daher identisch mit dem Ausgangssignal der Reihenschaltung zweier Systeme mit den Systemfunktionen $H_1(s)$ und $H_2(s)$. Die beiden Teilsysteme dürfen vertauscht werden, ohne daß sich das Ausgangssignal ändert.

―――――――――――――――――――――――――――――――――― **Beispiel 6.6**

Die Direktform I nach Bild 2.1 stellt die Reihenschaltung zweier Systeme dar. Die Systemfunktionen der Teilsysteme lauten

$$H_1(s) = \frac{b_0 s^N + \ldots + b_{N-1}s + b_N}{s^N},$$

$$\tag{6.27}$$

$$H_2(s) = \frac{s^N}{a_0 s^N + \ldots + a_{N-1}s + a_N}.$$

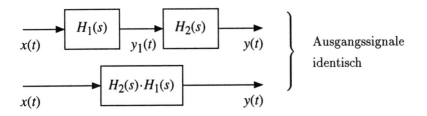

Bild 6.13: Reihenschaltung von Systemen

Ihr Produkt stellt die gewünschte Systemfunktion zur Differentialgleichung (2.3) dar:

$$H(s) = H_1(s)H_2(s) = \frac{b_0 s^N + \dots + b_{N-1} s + b_N}{a_0 s^N + \dots + a_{N-1} s + a_N}.\qquad(6.28)$$

Da beide Teilsysteme vertauschbar sind, konnten wir den in Bild 2.2 gezeigten Übergang von der Direktform I zur Direktform II vollziehen. ∎

Beispiel 6.7

Die beiden unabhängigen RC-Glieder aus Beispiel 6.2 sind ebenfalls ein Beispiel für die Reihenschaltung von Systemen. Ihre Übertragungsfunktion ist das Produkt der Übertragungsfunktionen zweier einzelner RC-Glieder nach Beispiel 6.1. Die Entkopplung durch die gesteuerte Spannungsquelle nach Bild 6.6 ist notwendig, um Rückwirkungen des nachgeschalteten Systems auf das erste zu verhindern. ∎

6.6.2 Parallelschaltung

Bei der Parallelschaltung nach Bild 6.14 werden beide Teilsysteme vom gleichen Eingangssignal gespeist. Wegen der Linearität der Systeme gilt daher

$$Y(s) = H_1(s)X(s) + H_2(s)X(s) = [H_1(s) + H_2(s)]X(s) = H(s)X(s).\qquad(6.29)$$

Das Ausgangssignal der Parallelschaltung ist daher identisch mit dem Ausgangssignal eines Systems mit der Systemfunktion $H(s) = H_1(s) + H_2(s)$. Von dieser Beziehung hatten wir bisher schon bei der Partialbruchentwicklung Gebrauch gemacht. Die Entwicklung einer Systemfunktion in Partialbrüche ist nichts anderes als die Aufteilung in eine Parallelschaltung einfacher Systeme. Die Parallelform nach Bild 2.10 ist ebenfalls eine Aufteilung eines Systems der Ordnung N in N Systeme erster Ordnung.

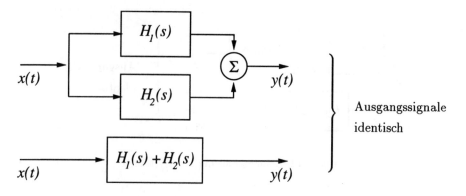

Bild 6.14: Parallelschaltung von Systemen

6.6.3 Rückkopplung

Systeme mit Rückkopplung nach Bild 6.15 sind von größter Bedeutung in der Regelungstechnik und in vielen anderen Anwendungen. Am Ausgang des rückgekoppelten Systems lesen wir die Beziehung

$$Y(s) = F(s)[X(s) + G(s)Y(s)] \tag{6.30}$$

ab. Daraus folgt direkt die Systemfunktion

$$\boxed{H(s) = \frac{Y(s)}{X(s)} = \frac{F(s)}{1 - F(s)G(s)}} \cdot \tag{6.31}$$

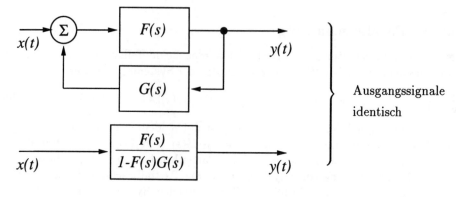

Bild 6.15: Rückkopplung von Systemen

─── **Beispiel 6.8**

Jeder Zweig der Parallelform in Bild 2.10 enthält ein rückgekoppeltes System nach Bild 6.15. Die Übertragungsfunktion des Integrierers folgt aus dem Integrationssatz (4.27), während die Übertragungsfunktion im Rückkopplungszweig eine Konstante ist:

$$F(s) = \frac{1}{s} \qquad G(s) = \lambda_i, \quad i = 1, \ldots, N . \tag{6.32}$$

Zusammen mit der Beziehung für die Reihenschaltung lautet die Übertragungsfunktion jedes Zweiges

$$H_i(s) = b_i \frac{\frac{1}{s}}{1 - \frac{1}{s}\lambda_i} c_i = \frac{b_i c_i}{s - \lambda_i} . \tag{6.33}$$

Die gesamte Übertragungsfunktion erhält man nach der Beziehung für die Parallelschaltung als Summe aller Teilübertragungsfunktionen $H_i(s)$, $i = 1, \ldots, N$. ■

─── **Beispiel 6.9**

Wenn das System mit der Übertragungsfunktion $F(s)$ ein idealer Verstärker mit dem Verstärkungsfaktor V ist, gilt $F(s) = V$. Die Übertragungsfunktion des rückgekoppelten Systems lautet dann

$$H(s) = \frac{V}{1 - VG(s)} = \frac{1}{\frac{1}{V} - G(s)} . \tag{6.34}$$

Wenn die Verstärkung sehr hoch ist, gilt näherungsweise

$$H(s) = -\frac{1}{G(s)} . \tag{6.35}$$

Das bedeutet, daß sich der Kehrwert einer Übertragungsfunktion $G(s)$ näherungsweise durch ein rückgekoppeltes System realisieren läßt. Die geforderten hohen Verstärkungsfaktoren werden mit Operationsverstärkern erreicht (s. Abschnitt 2.2.5). ■

6.7   Kombination von LTI-Systemen mit mehreren Eingängen und Ausgängen

Die im letzten Abschnitt hergeleiteten Regeln für die Reihenschaltung, Parallelschaltung und Rückkopplung von Systemen kann man auch kombinieren und zur

Analyse von komplizierten Blockschaltbildern verwenden. Dabei sind wir aber noch auf Systeme mit nur einem Eingang und einem Ausgang beschränkt. Wir wollen daher diese Regeln jetzt auf Systeme mit mehreren Ein- und Ausgängen erweitern.

Systeme mit mehreren Ein- und Ausgängen haben wir bereits in den Abschnitten 2.3.2, 2.5 und 2.6 kennengelernt. Die Übertragungsfunktion eines Systems mit M Eingangssignalen und K Ausgangssignalen ist eine $K \times M$-Matrix $\mathbf{H}(s)$, die den Vektor $\mathbf{X}(s)$ der transformierten Eingangssignale und den Vektor $\mathbf{Y}(s)$ der transformierten Ausgangssignale verknüpft (s. (6.4))

$$\boxed{\mathbf{Y}(s) = \mathbf{H}(s)\mathbf{X}(s) \ .} \tag{6.36}$$

Die einzelnen Elemente der Matrix $\mathbf{H}(s)$ sind die skalaren Übertragungsfunktionen zwischen den einzelnen Komponenten der Ein- und Ausgangsvektoren $\mathbf{X}(s)$ und $\mathbf{Y}(s)$. So beschreibt das Element in der Zeile κ und der Spalte μ die Übertragungsfunktion zwischen dem Eingang mit der Nummer μ und dem Ausgang mit der Nummer κ

$$Y_\kappa(s) = H_{\kappa\mu}(s)X_\mu(s) \ . \tag{6.37}$$

Die Regeln für die Zusammenschaltung von Systemen mit mehreren Ein- und Ausgängen erhalten wir mit den Gesetzen der Matrizenrechnung ganz ähnlich wie im letzten Abschnitt für nur einen Ein- und Ausgang.

6.7.1 Reihenschaltung

Die Reihenschaltung zweier Systeme mit mehreren Ein- und Ausgängen ist in Bild 6.16 gezeigt. Dabei muß natürlich die Zahl der Eingänge des zweiten Systems gleich der Zahl der Ausgänge des ersten Systems sein. Dann sind die Matrizen der Übertragungsfunktionen $\mathbf{H}_1(s)$ und $\mathbf{H}_2(s)$ verknüpfbar und wir können die Matrix $\mathbf{H}(s)$ der Übertragungsfunktionen des Gesamtsystems durch $\mathbf{H}_1(s)$ und $\mathbf{H}_2(s)$ ausdrücken. Mit

$$\mathbf{Y}_1(s) = \mathbf{H}_1(s)\mathbf{X}(s) \ , \qquad \mathbf{Y}(s) = \mathbf{H}_2(s)\mathbf{Y}_1(s) \tag{6.38}$$

folgt für $\mathbf{H}(s)$

$$\mathbf{Y}(s) = \mathbf{H}_2(s)\mathbf{Y}_1(s) = \underbrace{\mathbf{H}_2(s)\mathbf{H}_1(s)}_{\mathbf{H}(s)}\mathbf{X}(s) = \mathbf{H}(s)\mathbf{X}(s) \tag{6.39}$$

und damit

$$\boxed{\mathbf{H}(s) = \mathbf{H}_2(s)\mathbf{H}_1(s) \ .} \tag{6.40}$$

Im Gegensatz zu Systemen mit nur einem Ein- und Ausgang sind die Matrizen $\mathbf{H}_1(s)$ und $\mathbf{H}_2(s)$ hier nicht vertauschbar!

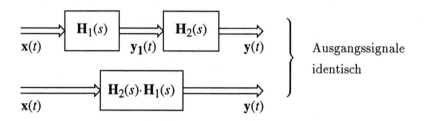

Bild 6.16: Reihenschaltung von Systemen

6.7.2 Parallelschaltung

Für die Parallelschaltung zweier Systeme nach Bild 6.17 müssen bei beiden Systemen jeweils die Zahl der Eingänge und die Zahl der Ausgänge übereinstimmen. Unter dieser Bedingung haben die Matrizen $\mathbf{H}_1(s)$ und $\mathbf{H}_2(s)$ jeweils gleich viele Zeilen und gleich viele Spalten. Dann können wir wie in (6.29) die Addition der Ausgangssignale durch eine Addition der Systemfunktionen ausdrücken

$$\mathbf{Y}(s) = \mathbf{H}_1(s)\mathbf{X}(s) + \mathbf{H}_2(s)\mathbf{X}(s) = \underbrace{[\mathbf{H}_1(s) + \mathbf{H}_2(s)]}_{\mathbf{H}(s)} \mathbf{X}(s) = \mathbf{H}(s)\mathbf{X}(s) . \qquad (6.41)$$

Damit gilt

$$\boxed{\mathbf{H}(s) = \mathbf{H}_1(s) + \mathbf{H}_2(s) .} \qquad (6.42)$$

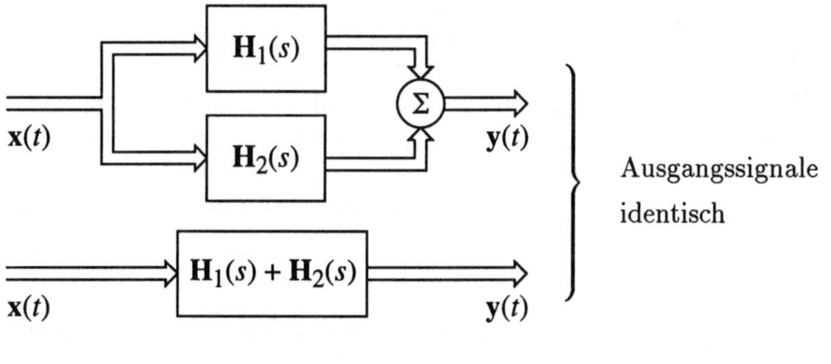

Bild 6.17: Parallelschaltung von Systemen

6.7.3 Rückkopplung

Bild 6.18 zeigt ein rückgekoppeltes System mit mehreren Ein- und Ausgängen. Hier müssen wir besonders auf die Größe der Matrizen achten. Wir beginnen dazu mit dem Summierer am Eingang. Alle dort anliegenden Vektoren müssen die gleiche Anzahl von Komponenten haben. Wenn der Eingangsvektor $\mathbf{X}(s)$ M Komponenten hat, dann muß die Matrix $\mathbf{F}(s)$ auch M Spalten und die Matrix $\mathbf{G}(s)$ M Zeilen haben. Am Ausgang wird das Signal $\mathbf{Y}(s)$ vom Ausgang von $\mathbf{F}(s)$ mit dem Eingang von $\mathbf{G}(s)$ verbunden. Wenn $\mathbf{Y}(s)$ K Komponenten hat, dann muß die Matrix $\mathbf{F}(s)$ K Zeilen und die Matrix $\mathbf{G}(s)$ K Spalten haben. Daher muß $\mathbf{F}(s)$ eine $K \times M$-Matrix und $\mathbf{G}(s)$ eine $M \times K$-Matrix sein.

Zur Bestimmung der Übertragungsfunktion betrachten wir wieder wie in (6.30) den Ausgang. Für $\mathbf{Y}(s)$ können wir schreiben

$$\mathbf{Y}(s) = \mathbf{F}(s)[\mathbf{X}(s) + \mathbf{G}(s)\mathbf{Y}(s)]\,. \tag{6.43}$$

Die Terme mit $\mathbf{Y}(s)$ bringen wir auf die rechte Seite und klammern $\mathbf{Y}(s)$ aus

$$\left[\mathbf{E} - \mathbf{F}(s)\mathbf{G}(s)\right]\mathbf{Y}(s) = \mathbf{F}(s)\mathbf{X}(s)\,. \tag{6.44}$$

Hier ist $\mathbf{E}$ eine $K \times K$-Einheitsmatrix, denn das Produkt $\mathbf{F}(s)\mathbf{G}(s)$ hat ebenfalls die Größe $K \times K$. Wieder müssen wir auf die richtige Reihenfolge der Matrizen achten. Da die Matrix in der eckigen Klammer quadratisch ist $(K \times K)$, kann sie invertiert werden, solange alle ihre Eigenwerte ungleich Null sind. Unter dieser Voraussetzung gilt

$$\mathbf{Y}(s) = \underbrace{\left[\mathbf{E} - \mathbf{F}(s)\mathbf{G}(s)\right]^{-1}\mathbf{F}(s)}_{\mathbf{H}(s)}\mathbf{X}(s) = \mathbf{H}(s)\mathbf{X}(s)\,. \tag{6.45}$$

und damit

$$\boxed{\mathbf{H}(s) = \left[\mathbf{E} - \mathbf{F}(s)\mathbf{G}(s)\right]^{-1}\mathbf{F}(s)\,.} \tag{6.46}$$

Die Matrix der Übertragungsfunktionen $\mathbf{H}(s)$ berechnet sich aus den Übertragungsfunktionen $\mathbf{F}(s)$ im Vorwärtszweig und $\mathbf{G}(s)$ im Rückwärtszweig auf die gleiche Weise wie im skalaren Fall, wenn wir die Division in (6.31) durch eine Matrixinversion ersetzen und auf die richtige Reihenfolge der Matrixmultiplikation $\mathbf{F}(s)\mathbf{G}(s)$ achten.

6.8 Analyse von Zustandsraumbeschreibungen

Die bisher betrachteten Regeln für die Parallelschaltung, Reihenschaltung und Rückkopplung von Systemen mit mehreren Ein- und Ausgängen sind ausreichend für die Analyse von umfangreichen LTI-Systemen. Als Beispiel für ihre systematische Anwendung berechnen wir die Übertragungsfunktion einer allgemeinen Zustandsraumdarstellung für ein System mit mehreren Ein- und Ausgängen, wie sie im Blockdiagramm nach Bild 6.19 gezeigt ist. Sie repräsentiert die in Kapitel 2.3.2 dargestellten Zustandsgleichungen (2.33,2.34). Wie dort gehen wir von

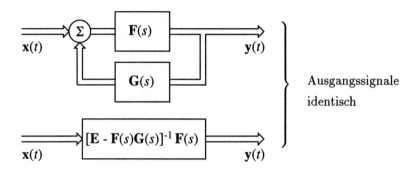

Bild 6.18: Rückkopplung von Systemen

einem Vektor $\mathbf{x}(t)$ mit M Eingangssignalen,

einem Vektor $\mathbf{y}(t)$ mit K Ausgangssignalen und

einem Vektor $\mathbf{z}(t)$ mit N Zustandsgrößen aus.

Die Matrizen der Zustandsraumbeschreibung haben dann die Größen

$$
\begin{array}{ll}
\mathbf{A} & N \times N\,, \\
\mathbf{B} & N \times M\,, \\
\mathbf{C} & K \times N\,, \\
\mathbf{D} & K \times M\,.
\end{array}
$$

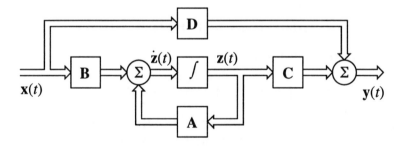

Bild 6.19: Blockdiagramm einer Zustandsraumdarstellung

Die gesamte Übertragungsfunktion $\mathbf{H}(s)$ dieser Zustandsraumdarstellung erhalten wir durch geeignete Zerlegung in Teilübertragungsfunktionen und schrittweise Anwendung der Regeln für die Kombination von LTI-Systemen. Zunächst erkennen wir in Bild 6.19 eine Parallelschaltung zweier Teilsysteme mit den Teilübertragungsfunktionen $\mathbf{H}_1(s)$ und $\mathbf{H}_2(s)$. Dabei ist

$$\mathbf{H}_1(s) = \mathbf{D}\,, \qquad (6.47)$$

d. h. die Übertragungsfunktionen im direkten Pfad zwischen Eingang und Ausgang sind jeweils konstant. Nach (6.42) gilt für die Übertragungsfunktion $\mathbf{H}(s)$

$$\mathbf{H}(s) = \mathbf{H}_1(s) + \mathbf{H}_2(s) \,. \tag{6.48}$$

Die Teilübertragungsfunktion $\mathbf{H}_2(s)$ muß aus dem unteren Zweig ermittelt werden. Er besteht aus einer Reihenschaltung von drei Systemen nach (6.40)

$$\mathbf{H}_2(s) = \mathbf{H}_{23}(s)\mathbf{H}_{22}(s)\mathbf{H}_{21}(s) \tag{6.49}$$

mit

$$\mathbf{H}_{21}(s) = \mathbf{B} \,, \qquad \mathbf{H}_{23}(s) = \mathbf{C} \,. \tag{6.50}$$

Die Teilübertragungsfunktion $\mathbf{H}_{22}(s)$ erhalten wir schließlich durch Analyse des rückgekoppelten Systems, das aus der Schleife für $\dot{\mathbf{z}}(t)$ und $\mathbf{z}(t)$ besteht. Mit den Bezeichnungen

$$\mathbf{F}(s) = \frac{1}{s}\,\mathbf{E} \,, \qquad \mathbf{G}(s) = \mathbf{A} \tag{6.51}$$

gilt nach (6.46)

$$\mathbf{H}_{22}(s) = \left[\mathbf{E} - \frac{1}{s}\,\mathbf{E}\,\mathbf{A}\right]^{-1} \frac{1}{s}\,\mathbf{E} = [s\mathbf{E} - \mathbf{A}]^{-1} \,. \tag{6.52}$$

$\mathbf{E}$ ist eine Einheitsmatrix der Größe $N \times N$. Damit sind alle Teilübertragungsfunktionen bestimmt und wir erhalten nach (6.48) und (6.49) für die gesamte Übertragungsfunktion

$$\mathbf{H}(s) = \mathbf{H}_{23}(s)\mathbf{H}_{22}(s)\mathbf{H}_{21}(s) + \mathbf{H}_1(s) \tag{6.53}$$

oder mit (6.47), (6.50) und (6.52)

$$\boxed{\mathbf{H}(s) = \mathbf{C}\,[s\mathbf{E} - \mathbf{A}]^{-1}\,\mathbf{B} + \mathbf{D} \,.} \tag{6.54}$$

Durch konsequente Anwendung der Regeln für die Kombination von LTI-Systemen haben wir so den allgemeinen Zusammenhang zwischen den Matrizen der Zustandsraumbeschreibung und der Übertragungsfunktion eines Systems mit mehreren Ein- und Ausgängen hergestellt.

6.9 Aufgaben

Aufgabe 6.1

Bestimmen Sie die Übertragungsfunktion $H(s)$ des folgenden Reihenschwingkreises unter Verwendung komplexer Impedanzen.

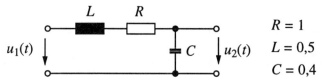

$R = 1$
$L = 0,5$
$C = 0,4$

Berechnen Sie die Sprungantwort $u_2(t)$.

Aufgabe 6.2

Zeichnen Sie die Funktion $u(t) = \varepsilon(t)\, e^{-\frac{t}{T}}$ und die Tangente im Punkt $u(0)$. Die Tangente kann als Konstruktionshilfe beim Zeichnen von Exponentialfunktionen verwendet werden, wenn man ihren Schnittpunkt mit der x-Achse kennt. Berechnen Sie den Schnittpunkt.

Aufgabe 6.3

Bestimmen Sie Übertragungsfunktionen, die die folgenden PN-Diagramme haben.

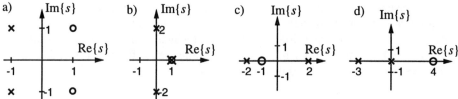

Aufgabe 6.4

Zwei Systeme sind durch ihre Differentialgleichungen gegeben:

a) $\ddot{y} + 2\dot{y} + y = \ddot{x} + 4\dot{x} + 4x$

b) $\dfrac{d^3 y}{dt^3} + 3\dfrac{d^2 y}{dt^2} + 25\dfrac{dy}{dt} + 75y = \dfrac{d^2 x}{dt^2} + 4\dfrac{dx}{dt} - 21x$

Bestimmen Sie die die Übertragungsfunktionen $H(s)$ und zeichnen Sie die PN-Diagramme der Systeme.

Aufgabe 6.5

Bestimmen Sie die Übertragungsfunktion und die Differentialgleichung des Systems mit folgendem PN-Diagramm und $H(0) = 1$.

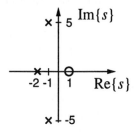

7 Lösung von Anfangswertproblemen mit der Laplace-Transformation

Bei der bisherigen Analyse der Reaktion auf zweiseitige Signale hatten wir angenommen, daß das Eingangssignal eines Systems für alle Zeiten $-\infty < t < \infty$ bekannt ist. Die Systemreaktion hing so ausschließlich vom Eingangssignal ab. Dabei war der Fall eingeschlossen, daß das Eingangssignal für $t < 0$ gleich Null ist und sich das System für $t < 0$ in Ruhe befindet.

In vielen Fällen beginnt die Beobachtung eines Systems erst zu einem bestimmten Zeitpunkt. Das Eingangssignal zu vorherigen Zeiten ist nicht bekannt. Von der ganzen Vorgeschichte des Systems ist nur ein bestimmter Systemzustand zu Beginn der Beobachtung übrig. Die Berechnung der Systemreaktion muß sich daher auf den bei Beginn vorgefundenen Zustand und auf das seither beobachtete Eingangssignal stützen. In der Terminologie der Differentialrechnung spricht man hier von einem Anfangswertproblem.

In welcher Weise der Systemzustand angegeben werden kann, hängt von der verfügbaren Beschreibung des Systems ab. Bei einer Beschreibung des physikalischen Aufbaus, z.B. durch ein elektrisches Netzwerk, ist der Zustand der Energiespeicher zugänglich. Bei einer Beschreibung durch ein Blockdiagramm oder eine Zustandsraumstruktur können die Zustände der Integrierer bzw. die Zustandsgrößen angegeben werden. Wenn nur eine Differentialgleichung des Systems bekannt ist, können solche inneren Größen nicht beobachtet werden. Stattdessen kann die Vorgeschichte des Systems durch die Werte der Ausgangsgröße und ihrer Ableitungen bei Beginn des Beobachtungszeitraums repräsentiert werden.

Um die Lösung von Anfangswertproblemen mit der Laplace-Transformation eingehend zu besprechen, beginnen wir mit Systemen erster Ordnung, weil hier die Verhältnisse noch sehr übersichtlich sind. Daran schließen sich Systeme zweiter und höherer Ordnung an.

7.1 Systeme erster Ordnung

Systeme erster Ordnung werden durch Differentialgleichungen nach (2.3) für $N = M = 1$ beschrieben:

$$\alpha_1 \dot{y}(t) + \alpha_0 y(t) = \beta_1 \dot{x}(t) + \beta_0 x(t) \,. \tag{7.1}$$

Die Eingangsgröße $x(t)$ und die Ausgangsgröße $y(t)$ sind nur für $t > 0$ definiert, die Werte $x(0)$ und $y(0)$ zu Beginn der Beobachtung sind beliebig und bekannt. Der Anfangswert des Ausgangssignals $y(0)$ ist das Resultat der nicht weiter bekannten Vorgeschichte des Systems. Die Eingangsgröße $x(t)$ ist gegeben, gesucht ist die Systemreaktion $y(t)$ für $t > 0$.

Wir beginnen mit dem klassischen Verfahren der Differentialrechnung zur Lösung solcher Anfangswertprobleme und wenden dann die Laplace-Transformation an.

7.1.1 Klassische Lösung von Anfangswertproblemen

Der klassische Ansatz zur Lösung für die oben beschriebenen Probleme besteht aus der Berechnung der Lösung des homogenen Problems und einer speziellen Lösung des inhomogenen Problems. Aus der Summe beider wird eine allgemeine Lösung gebildet, in der die vorhandenen freien Parameter so bestimmt werden, daß die entstehende Gesamtlösung die Anfangsbedingungen erfüllt. Das folgende Beispiel zeigt diese klassische Lösung für ein System erster Ordnung.

── **Beispiel 7.1**

Zur Vereinfachung spezialisieren wir die Koeffizienten in (7.1) und untersuchen die Differentialgleichung

$$\tau \dot{y}(t) + 2y(t) = \tau \dot{x}(t) + x(t), \quad t > 0 \tag{7.2}$$

$$x(t) = x_0 \cos \omega_0 t, \quad t > 0, x_0 \in \mathbb{R} \tag{7.3}$$

$$y(0) = y_0 \,. \quad y_0 \in \mathbb{R} \tag{7.4}$$

Die homogene Lösung $y_h(t)$ muß die Differentialgleichung $\tau \dot{y}_h(t) + 2y_h(t) = 0$ erfüllen und lautet hier

$$y_h(t) = C \, e^{-2t/\tau} \,, \tag{7.5}$$

wie man durch Einsetzen leicht verifiziert. C ist eine zunächst beliebige Konstante, die später aus der Anfangsbedingung (7.4) bestimmt wird.

Zur Berechnung einer speziellen Lösung $y_s(t)$ des inhomogenen Problems (7.2), (7.3) machen wir uns den harmonischen Charakter von $x(t)$ nach (7.3) zunutze und schreiben $x(t)$ und $y_s(t)$ für $t > 0$ als

$$x(t) = Re \left\{ x_0 e^{j\omega_0 t} \right\} \tag{7.6}$$

$$y_s(t) = Re \left\{ Y e^{j\omega_0 t} \right\} \,, \tag{7.7}$$

mit der noch zu bestimmenden komplexen Amplitude Y. Einsetzen in (7.2) gibt

$$(2 + j\omega_0\tau)Ye^{j\omega_0 t} = (1 + j\omega_0\tau)x_0 e^{j\omega_0 t} . \tag{7.8}$$

Die komplexe Amplitude lautet dann

$$Y = \frac{1 + j\omega_0\tau}{2 + j\omega_0\tau}x_0 = P(\omega_0)x_0\, e^{j\Theta(\omega_0)} , \tag{7.9}$$

mit

$$P(\omega_0) = \sqrt{\frac{1 + (\omega_0\tau)^2}{4 + (\omega_0\tau)^2}}, \qquad \Theta(\omega_0) = \arctan(\omega_0\tau) - \arctan(\omega_0\tau/2) . \tag{7.10}$$

Einsetzen in (7.7) gibt eine spezielle Lösung

$$y_s(t) = P(\omega_0)x_0 \cos\left(\omega_0 t + \Theta(\omega_0)\right) . \tag{7.11}$$

Die allgemeine Lösung erhalten wir durch Addition der Lösung des homogenen Problems mit noch unbestimmter Konstante C und der speziellen Lösung des inhomogenen Problems:

$$y(t) = y_h(t) + y_s(t) = C\, e^{-2t/\tau} + P(\omega_0)x_0 \cos\left(\omega_0 t + \Theta(\omega_0)\right) . \tag{7.12}$$

Sie erfüllt die Anfangsbedingung (7.4) für

$$C = y_0 - P(\omega_0)x_0 \cos(\Theta(\omega_0)) . \tag{7.13}$$

Das gesuchte Ausgangssignal lautet schließlich

$$y(t) = y_0\, e^{-2t/\tau} + P(\omega_0)x_0 \left[\cos\left(\omega_0 t + \Theta(\omega_0)\right) - e^{-2t/\tau}\cos(\Theta(\omega_0))\right] . \tag{7.14}$$

Um diese Art der Lösung von Differentialgleichungen zu bewerten, sind folgende Punkte wichtig:

- Die Bestimmung der homogenen Lösung ist nur für Systeme erster Ordnung so einfach wie hier. Im allgemeinen Fall müssen vorher sämtliche Eigenschwingungen des Systems ermittelt werden.

- Die Bestimmung einer speziellen Lösung hat die harmonische Form des Eingangssignals $x(t)$ ausgenutzt. Für andere Eingangssignale kann die Berechnung wesentlich schwieriger sein.

Wenn also schon die Kenntnis der Eigenschwingungen des Systems notwendig und eine harmonische Form des Eingangssignals von Vorteil ist, warum verwendet man dann nicht gleich eine Methode wie die Laplace-Transformation, die beliebige Signale und LTI-Systeme durch Exponentialschwingungen darstellt? Wir werden daher in den nächsten Abschnitten zum Vergleich ein System erster Ordnung mit der Laplace-Transformation analysieren.

7.1.2 Externer und interner Anteil der Lösung

Zur Analyse eines Systems erster Ordnung mit der Laplace-Transformation gehen wir von der Differentialgleichung (7.1) aus. Für das Eingangssignal $x(t)$ nehmen wir zunächst keine spezielle Funktion an, sondern stellen lediglich folgende Forderungen

- $x(t)$ ist ein rechtsseitiges Signal, mit $x(t) = 0$ für $t < 0$,

- $x(t)$ ist für $t > 0$ differenzierbar,

- $x(t)$ ist für $t \to \infty$ von exponentieller Ordnung.

Damit ist sichergestellt, daß die Laplace-Transformierte $X(s)$ existiert. Allerdings müssen wir eine mögliche Sprungstelle bei $t = 0$ berücksichtigen, so daß der Differentiationssatz (4.34) anzuwenden ist. Wenn wir die Differentialgleichung nur für $t > 0$ betrachten, so ist dort $\dot{x}(t) = x^\circ(t)$. Daher können wir auf die Anfangswertaufgabe

$$
\begin{aligned}
\alpha_1 \dot{y}(t) + \alpha_0 y(t) &= \beta_1 \dot{x}(t) + \beta_0 x(t), & t > 0 \\
y(0) &= y_0 & t = 0
\end{aligned}
\tag{7.15}
$$

auch den Differentiationssatz in der Form (4.35) anwenden. Das führt zur algebraischen Gleichung

$$
\alpha_1 [sY(s) - y(0)] + \alpha_0 Y(s) = \beta_1 [sX(s) - x(0)] + \beta_0 X(s),
\tag{7.16}
$$

die man direkt nach der Laplace-Transformierten des Ausgangssignals auflösen kann:

$$
\begin{aligned}
Y(s) &= \frac{\beta_1 s + \beta_0}{\alpha_1 s + \alpha_0} X(s) + \frac{1}{\alpha_1 s + \alpha_0} [\alpha_1 y(0) - \beta_1 x(0)] \\
&= H(s)X(s) + \frac{1}{\alpha_1 s + \alpha_0} [\alpha_1 y(0) - \beta_1 x(0)].
\end{aligned}
\tag{7.17}
$$

Wir sehen bereits hier im Frequenzbereich, daß das Ausgangssignal aus zwei Anteilen besteht: Der erste Anteil enthält das Eingangssignal für $t > 0$ gewichtet mit der Übertragungsfunktion

$$
H(s) = \frac{\beta_1 s + \beta_0}{\alpha_1 s + \alpha_0}
\tag{7.18}
$$

und wird im weiteren kurz als *externer Anteil* bezeichnet. Der zweite Anteil läßt sich anhand der Werte des Ein- und Ausgangssignals zum Zeitpunkt $t = 0$ angeben und wird mit dem Kehrwert des Nennerpolynoms der Übertragungsfunktion gewichtet. Der Zähler des zweiten Anteils hängt nicht von s ab. Wir nennen ihn den *internen Anteil*, da wir gleich sehen werden, daß er dem inneren Anfangszustand $z(0)$ des Systems entspricht. Das Ausgangssignal selbst erhält man durch

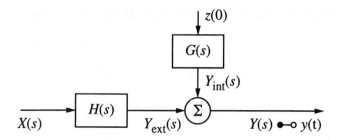

Bild 7.1: Entstehung des externen und internen Anteils

Laplace-Rücktransformation der Summe beider Anteile.

Das Entstehen der beiden Anteile ist in Bild 7.1 noch einmal verdeutlicht. Der externe Anteil wird wie bei zweiseitigen Signalen im Frequenzbereich mit $Y_{ext}(s) = H(s)X(s)$ berechnet. Der interne Anteil hängt über eine weitere Übertragungsfunktion $G(s)$ vom Systemzustand bei $t = 0$ ab. Am Eingang von $G(s)$ erscheint der Anfangszustand $z(0)$, der nicht von der komplexen Frequenz abhängt, sondern eine Konstante im Laplace-Bereich ist [1]. Im folgenden werden wir Verfahren kennenlernen, mit denen wir $G(s)$ in ähnlich einfacher Weise wie $H(s)$ angeben können, ohne den Differentiationssatz der Laplace-Transformation für Signale mit Unstetigkeiten zu bemühen. Die Überlagerung von externem und internem Anteil, wie in Bild 7.1 gezeigt, funktioniert übrigens auch für Systeme höherer Ordnung, wie im Abschnitt 7.3 gezeigt wird. Der Anfangszustand $z(0)$ ist dabei natürlich ein Vektor und $G(s)$ ein LTI-System mit mehreren Eingängen.

7.1.3   Anfangswert und Anfangszustand

Es ist wichtig, die Begriffe *Anfangszustand* und *Anfangswert* genau auseinanderzuhalten.

- Der Anfangswert ist der Wert des *Ausgangssignals* zum Zeitpunkt $t = 0$. Bei Signalen mit einem Sprung bei $t = 0$ ist als Anfangswert der rechtsseitige Grenzwert $y(0+)$ gemeint, auch wenn das Pluszeichen nicht angeschrieben ist.

- Der Anfangszustand ist der Wert der inneren *Zustände* zum Zeitpunkt $t = 0$. Er kann als Inhalt der Energiespeicher interpretiert werden und ist aus physikalischen Gründen in der Regel stetig, insbesondere auch bei $t = 0$.

Während der Anfangswert für alle Realisierungen eines Systems gleich ist, gehören zu verschiedenen Zustandsdarstellungen der gleichen Differentialgleichung auch verschiedene Anfangszustände.

---

[1] Wir werden im Kapitel 9 sehen, daß dem ein Delta-Impuls im Zeitbereich entspricht

Befindet sich das System anfangs in Ruhe, so ist $z(0) = 0$ und entsprechend $Y_{\text{int}}(s) = 0$ bzw. $y_{\text{int}}(t) = 0 \ \forall t$. Die Lösung des Anfangswertproblems besteht dann nur aus $y(t) = y_{\text{ext}}(t)$ und entsprechend ist der Anfangswert $y(0+) = y_{\text{ext}}(0+)$. Der Anfangswert wird also nur durch Einschalten des Eingangssignals $x(t)$ hervorgerufen. Gibt man umgekehrt bei einem Anfangswertproblem $y(0+) = y_{\text{ext}}(0+)$ vor, so impliziert man dadurch, daß sich das System anfangs in Ruhe befindet. Diese Anfangsbedingung nennen wir deshalb auch *natürliche Anfangsbedingung*.

——————————————————————————— **Beispiel 7.2**

Bild 7.2 zeigt ein System erster Ordnung mit der Differentialgleichung (7.1) in einer Struktur nach der Direktform II (vergl. Bild 2.3). Im Gegensatz zur reinen Differentialgleichung (7.1) kennen wir jetzt auch die innere Struktur des Systems. Wir dürfen jedoch nicht vergessen, daß es noch viele andere Strukturen gibt, die dieselbe Differentialgleichung realisieren (s. Abschnitt 2.5).

Da wir uns für die Verhältnisse beim Einsetzen des Eingangssignals interessieren (d.h. bei $t = 0$), drücken wir das Ausgangssignal für diesen Zeitpunkt durch das Eingangssignal $x(0)$ und den Anfangszustand $z(0)$ aus. An Bild 7.2 kann man dafür die Beziehung

$$y(0) = [x(0) - \alpha_0 z(0)]\frac{1}{\alpha_1}\beta_1 + \beta_0 z(0) \tag{7.19}$$

ablesen. Durch Umformen erhält man

$$\alpha_1 y(0) - \beta_1 x(0) = z(0)[\alpha_1\beta_0 - \alpha_0\beta_1]. \tag{7.20}$$

Einsetzen in (7.17) gibt

$$Y(s) = H(s)X(s) + G(s)z(0) \quad \text{mit} \quad G(s) = \frac{\alpha_1\beta_0 - \alpha_0\beta_1}{\alpha_1 s + \alpha_0}. \tag{7.21}$$

Der interne Anteil wird also unmittelbar vom Anfangszustand des Integrierers in Bild 7.2 verursacht.

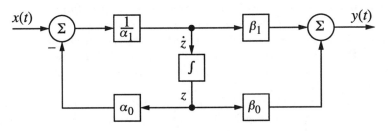

Bild 7.2: System erster Ordnung in Direktform II

——————————————————————————————————— ■

── **Beispiel 7.3**

Um die Bedeutung des Anfangszustands noch klarer zu machen, betrachten wir das RC-Glied aus Beispiel 6.1. Aus der Knotengleichung

$$(\dot{u}_1 - \dot{u}_2)C = \frac{1}{R}u_2 \qquad (7.22)$$

folgt mit der Zeitkonstanten $\tau = RC$ sofort die Differentialgleichung

$$\dot{u}_2\tau + u_2 = \dot{u}_1\tau \qquad (7.23)$$

und daraus durch Anwendung des Differentiationssatzes

$$U_2(s) = \frac{s\tau}{s\tau + 1}U_1(s) + \frac{\tau}{s\tau + 1}[u_2(0) - u_1(0)]. \qquad (7.24)$$

Der Inhalt der eckigen Klammer ist aber genau der Wert der Kondensatorspannung

$$u_C(t) = u_2(t) - u_1(t) \qquad (7.25)$$

bei $t = 0$, so daß wir die Laplace-Transformierte von $u_2(t)$ auch durch $u_C(0)$ ausdrücken können:

$$U_2(s) = \frac{s\tau}{s\tau + 1}U_1(s) + \frac{\tau}{s\tau + 1}u_C(0). \qquad (7.26)$$

Der Vergleich mit (7.21) zeigt, daß hier der Anfangszustand der Kondensatorspannung bei $t = 0$ entspricht.

── ■

Wenn der Anfangszustand gleich Null ist, hat die Systembeschreibung die Form (6.5), die wir von zweiseitigen Signalen her kennen. Zur Erklärung betrachten wir das System vom Standpunkt zweiseitiger Signale aus: Faßt man ein rechtsseitiges Signal als zweiseitiges Signal auf, das für $t < 0$ gleich Null ist, so kann der Energiespeicher bei $t = 0$ noch keinen von Null verschiedenen Anfangszustand besitzen. Wir sprechen davon, daß sich das System anfangs in Ruhe befindet. Die Betrachtungen als rechtsseitiges und als zweiseitiges Signal führen für ein sich anfangs in Ruhe befindendes System zum gleichen Ergebnis.

Daß man Anfangszustand und Anfangswert nicht verwechseln darf, sieht man deutlich am Beispiel 7.3. Wenn der Kondensator am Anfang nicht geladen ist $(u_C(0) = 0)$, ist offenbar der Anfangszustand gleich Null, der Anfangswert der Ausgangsspannung ist jedoch $u_2(0) = u_1(0)$.

Unter welchen Bedingungen ist der Anfangswert des Ausgangssignals eines für $t = 0$ energiefreien Systems gleich Null? Zur Beantwortung integrieren wir die Differentialgleichung (7.1) von $-\infty$ bis 0 und erhalten (vergl. (2.4))

$$\alpha_1 y(0) + \alpha_0 \int_{-\infty}^{0} y(t)\,dt = \beta_1 x(0) + \beta_0 \int_{-\infty}^{0} x(t)\,dt. \qquad (7.27)$$

Wenn das Eingangssignal für $t < 0$ gleich Null war, gilt dies bei einem kausalen System auch für das Ausgangssignal und die beiden Integrale verschwinden. Übrig bleibt die Beziehung für die natürliche Anfangsbedingung eines Anfangswertproblems erster Ordnung

$$\alpha_1 y(0) = \beta_1 x(0)\,. \tag{7.28}$$

Wir hatten sie schon für den Spezialfall einer Realisierung in Direktform II in Beispiel 7.2 erhalten, wenn der Anfangszustand verschwindet. Aus (7.28) lesen wir ab, daß nur für $\beta_1 = 0$ unabhängig vom Eingangssignal $y(0) = 0$ ist. Mit anderen Worten: Bei einem System erster Ordnung ohne direkten Pfad vom Eingang zum Ausgang ($\beta_1 = 0$, Bild 7.2) und ohne Erregung vor dem Zeitpunkt $t = 0$ ist auch das Ausgangssignal $y(0)$ gleich Null. Für $\beta_1 \neq 0$ hängt der Anfangswert $y(0)$ nach (7.28) vom Wert $x(0)$ des Eingangssignals ab.

─── **Beispiel 7.4**

Welche Bedeutung hat der Anfangswert für Systeme, die zu Beginn ($t = 0$) nicht energiefrei sind? Zur Beantwortung betrachten wir das System aus Beispiel 7.1 und erregen es einmal mit einem zweiseitigen Signal

$$\tilde{x}(t) = x_0 \cos \omega_0 t, \qquad -\infty < t < \infty \tag{7.29}$$

und einmal mit dem einseitigen Signal $x(t) = \tilde{x}(t)$, $t > 0$ nach (7.3). Die Reaktion $\tilde{y}(t)$ auf $\tilde{x}(t)$ erhält man zum Beispiel mit Hilfe der Wechselstromrechnung. Man kann seine Form aus Beispiel 7.1 ablesen, indem man berücksichtigt, daß die allgemeine Lösung (7.12) für differenzierbare Eingangssignale auch für $t \leq 0$ gilt. Da das Eingangssignal aus zwei Eigenfunktionen eines LTI-Systems besteht, muß auch das Ausgangssignal $\tilde{y}(t)$ aus den gleichen Eigenfunktionen zusammengesetzt sein, und deshalb ergibt sich aus (7.12) mit $C = 0$

$$\tilde{y}(t) = P(\omega_0) x_0 \cos(\omega_0 t + \Theta(\omega_0))\,. \tag{7.30}$$

Die Reaktion $y(t)$ auf das einseitige Signal $x(t)$ hatten wir bereits berechnet (7.14). Wir fassen sie hier etwas anders zusammen:

$$y(t) = P(\omega_0) x_0 \cos(\omega_0 t + \Theta(\omega_0)) + [y_0 - P(\omega_0) x_0 \cos \Theta(\omega_0)]\, e^{-2t/\tau}, \quad t > 0\,. \tag{7.31}$$

Wenn wir nun den Anfangswert y_0 in (7.31) gleich dem Wert $\tilde{y}(0)$ aus (7.30) wählen, dann verschwindet der zweite Anteil in (7.31) und für $t > 0$ gilt $\tilde{y}(t) = y(t)$.

Das bedeutet, daß wir die Reaktion auf ein zweiseitiges Signal $\tilde{x}(t)$ für $t > 0$ auch durch Erregung mit einem einseitigen Signal $x(t) = \tilde{x}(t)\varepsilon(t)$ berechnen können, wenn wir den Anfangswert $y(0)$ gleich der Reaktion auf $\tilde{x}(t)$ im Zeitpunkt $t = 0$ setzen. Mit anderen Worten: Wir haben den Anfangswert y_0 so gewählt, daß er die ganze Vorgeschichte des Systems, d.h. die Erregung für $t < 0$, enthält und somit kein besonderer Einschwingvorgang auftritt.

7.1.4 Beispiel: Anfangswertproblem mit harmonischer Erregung

Nach diesen Vorüberlegungen können wir jetzt die Laplace-Transformation zur Lösung von Anfangswertproblemen erster Ordnung einsetzen. In der Elektrotechnik sind Anfangswertprobleme mit harmonischer Erregung besonders wichtig.

—— **Beispiel 7.5**

Als Beispiel behandeln wir die Anfangswertaufgabe aus Beispiel 7.1, auf die wir die klassische Lösungmethode angewandt hatten. Die Laplace-Transformierte $X(s)\bullet\!\!-\!\!\circ x(t)$ des Eingangssignals entnehmen wir aus Tabelle 4.7.8 und erhalten so mit (7.17)

$$
\begin{aligned}
Y(s) &= Y_{\text{ext}}(s) + Y_{\text{int}}(s) \\
&= \frac{\tau s + 1}{\tau s + 2} \cdot \frac{x_0\,s}{s^2 + \omega_0^2} + \frac{\tau}{\tau s + 2}[y_0 - x_0] \\
&= \frac{s - s_0}{s - s_\infty} \cdot \frac{x_0\,s}{s^2 + \omega_0^2} + \frac{1}{s - s_\infty}[y_0 - x_0] \tag{7.32}
\end{aligned}
$$

$$
s_0 = -\frac{1}{\tau} \qquad s_\infty = -\frac{2}{\tau}. \tag{7.33}
$$

Das gesuchte Ausgangssignal folgt durch Laplace-Rücktransformation. Dazu behandeln wir beide Anteile getrennt. Für den ersten Anteil $Y_{\text{ext}}(s) = H(s)X(s)$ gelingt die Rücktransformation am leichtesten, wenn wir ihn durch eine Partialbruchentwicklung darstellen. Die zur Bestimmung der Partialbruchkoeffizienten notwendige Rechenarbeit kann man vereinfachen, wenn man zunächst $H(s)$ und $X(s)$ als Partialbrüche darstellt:

$$
\begin{aligned}
H(s) &= \frac{s - s_0}{s - s_\infty} = 1 + \frac{A}{s - s_\infty} & A &= s_\infty - s_0 = -\frac{1}{\tau} \\
X(s) &= \frac{x_0\,s}{s^2 + \omega_0^2} = \left[\frac{B}{s - j\omega_0} + \frac{B^*}{s + j\omega_0}\right]x_0 & B &= \frac{1}{2}
\end{aligned} \tag{7.34}
$$

Daraus folgen sofort die Partialbruchkoeffizienten C und D von $H(s)X(s)$

$$
H(s)X(s) = \frac{C}{s - s_\infty} + \frac{D}{s - j\omega_0} + \frac{D^*}{s + j\omega_0} \tag{7.35}
$$

$$
C = (s - s_\infty)H(s)X(s)\big|_{s=s_\infty} = A\,X(s_\infty) = \frac{2x_0}{4 + (\omega_0\tau)^2} \tag{7.36}
$$

$$
\begin{aligned}
D &= (s - j\omega_0)H(s)X(s)\big|_{s=j\omega_0} = H(j\omega_0)Bx_0 \tag{7.37} \\
&= \frac{x_0}{2}\frac{1 + j\omega_0\tau}{2 + j\omega_0\tau}.
\end{aligned}
$$

Die Rücktransformation kann man jetzt einfach anhand von Tabelle 4.7.8 vornehmen:

$$y_{\text{ext}}(t) = \mathcal{L}^{-1}\{H(s)X(s)\} = C\,e^{-2t/\tau} + D\,e^{j\omega_0 t} + D^*\,e^{-j\omega_0 t}\,. \qquad (7.38)$$

Um die konjugiert komplexen Anteile zusammenzufassen, ist es zweckmäßig, den Koeffizienten D durch Betrag und Phase auszudrücken. Dabei fällt auf, daß $H(j\omega_0)x_0$ mit der komplexen Amplitude Y aus (7.9) identisch ist. Das ist kein Zufall, denn die komplexe Amplitude des Ausgangssignals bei harmonischer Erregung entspricht dem Wert der Übertragungsfunktion an dieser Stelle. Betrag und Phase von $H(j\omega_0)x_0$ sind daher gleich den Ausdrücken für $P(\omega_0)$ und $\Theta(\omega_0)$ nach (7.10):

$$|H(j\omega_0)| = P(\omega_0) = \sqrt{\frac{1 + (\omega_0\tau)^2}{4 + (\omega_0\tau)^2}}, \qquad (7.39)$$

$$\arg\{H(j\omega_0)\} = \Theta(\omega_0) = \arctan(\omega_0\tau) - \arctan(\omega_0\tau/2)\,. \qquad (7.40)$$

Mit

$$D = |H(j\omega_0)|e^{j\Theta(\omega_0)} \cdot \frac{1}{2}x_0 \qquad (7.41)$$

erhalten wir

$$y_{\text{ext}}(t) = C\,e^{-2t/\tau} + |H(j\omega_0)|x_0 \cos(\omega_0 t + \Theta(\omega_0))\,. \qquad (7.42)$$

Den internen Anteil erhalten wir durch Rücktransformation des zweiten Anteils in (7.32):

$$y_{\text{int}}(t) = \mathcal{L}^{-1}\left\{\frac{1}{s - s_\infty}[y_0 - x_0]\right\} = [y_0 - x_0]e^{-2t/\tau}\,. \qquad (7.43)$$

Mit (7.36), (7.43) folgt schließlich das gesuchte Ausgangssignal für $t > 0$:

$$y(t) = \underbrace{\frac{2x_0}{4 + (\omega_0\tau)^2}\,e^{-2t/\tau} + |H(j\omega_0)|x_0 \cos(\omega_0 t + \Theta(\omega_0))}_{\text{externer Anteil}} + \underbrace{[y_0 - x_0]e^{-2t/\tau}}_{\text{interner Anteil}}\,.$$

$$(7.44)$$

Zum Abschluß bringen wir dieses Resultat noch in die Form (7.14), die wir als Ergebnis der klassischen Lösung erhalten hatten. Dazu fassen wir in (7.44) die Anteile mit $x_0\,e^{-2t/\tau}$ zusammen zu

$$\left[1 - \frac{2}{4 + (\omega_0\tau)^2}\right] = \left[\frac{2 + (\omega_0\tau)^2}{4 + (\omega_0\tau)^2}\right] = \text{Re}\{H(j\omega_0)\} = P(\omega_0)\cos\Theta(\omega_0) \qquad (7.45)$$

und setzen das Ergebnis in (7.44) ein. Das Resultat entspricht (7.14).

Für ein harmonisches Eingangssignal, wie es in dem vorangegangenen Beispiel betrachtet wurde, kann der externe Anteil der Systemantwort noch weiter unterteilt werden, so daß (7.44) insgesamt aus drei Anteilen besteht

$$y(t) = \underbrace{\frac{2x_0}{4 + (\omega_0\tau)^2}\, e^{-2t/\tau}}_{\text{Einschwinganteil}} + \underbrace{|H(j\omega_0)|x_0\cos(\omega_0 t + \Theta(\omega_0))}_{\text{Erregeranteil}} + \underbrace{[y_0 - x_0]e^{-2t/\tau}}_{\text{Ausschwinganteil}} \; .$$

(7.46)

Diese Anteile lassen sich folgendermaßen interpretieren:

- Der *Einschwinganteil* gibt an, wie das System auf eine bei $t = 0$ einsetzende Erregung reagiert. Er setzt sich zusammen aus der Eigenschwingung des Systems mit der komplexen Frequenz s_∞ ($A\,e^{s\infty t}\circ$—$\bullet A/(s - s_\infty)$) und dem Wert der Laplace-Transformierten des Eingangssignals $X(s_\infty)$ bei der komplexen Frequenz der Eigenschwingung. Bei stabilen Systemen ($\text{Re}\{s_\infty\} < 0$) klingt dieser Anteil mit der Zeit ab.

- Der *Erregeranteil* gibt an, wie das Eingangssignal am Ausgang des Systems erscheint. Er berücksichtigt nicht den rechtsseitigen Charakter des Eingangssignals und ist identisch dem Ergebnis einer Wechselstromrechnung. Die Bestimmungsstücke sind der Betrag und die Phase des Frequenzgangs, die die Amplitude und die Phasenverschiebung des Ausgangssignals festlegen.

- Der *Ausschwinganteil* entspricht dem internen Anteil und beschreibt die Wirkung des Anfangszustands. Er klingt wie der Erregeranteil mit der komplexen Frequenz der Eigenschwingung des Systems ab.

Der Einschwing- und der Erregeranteil umfassen den ersten in (7.17) gefundenen Term ($\mathcal{L}\{H(s)X(s)\}$), d.h. den externen Anteil. Die Aufteilung geschieht durch die Partialbruchentwicklung (7.35), wobei der Einschwinganteil zum Pol des Systems ($s = s_\infty$) und der Erregeranteil zu den Polen der Erregung ($s = \pm j\omega_0$) gehört. Der Ausschwinganteil entspricht, wie bereits erwähnt, dem zweiten Term in (7.17), also dem internen Anteil.

7.1.5 Zusammenfassung

Die Ergebnisse unserer intensiven Untersuchung von Anfangswertproblemen erster Ordnung fassen wir in folgenden Punkten zusammen:

- Die Laplace-Transformation erlaubt die Berechnung der Reaktion von LTI-Systemen auf einseitige Signale genauso elegant wie bei zweiseitigen Signalen.

- Die Anwendung des Differentiationssatzes für rechtsseitige Signale berücksichtigt einen Sprung des Eingangssignals bei $t = 0$ ebenso wie einen vorgeschriebenen Anfangswert des Ausgangssignals.

- Die Reaktion auf ein rechtsseitiges Signal läßt sich in einen externen und einen internen Anteil aufteilen.

- Bei harmonischen Eingangssignalen läßt sich der externe Anteil der Systemantwort noch weiter in einen Einschwinganteil und einen Erregeranteil unterteilen.

- Wenn nicht nur die Differentialgleichung eines LTI-Systems, sondern auch sein innerer Aufbau bekannt ist, kann man den internen Anteil bzw. Ausschwinganteil als Reaktion auf den Anfangszustand des Systems interpretieren.

- Der Anfangszustand eines Systems erfaßt vollständig die Wirkung seiner Vorgeschichte.

Diese Ergebnisse wurden an Systemen erster Ordnung gewonnen, gelten aber sinngemäß auch für Systeme höherer Ordnung. Dies wird in den folgenden Abschnitten für Systeme zweiter Ordnung und für Systeme allgemeiner Ordnung in Zustandsraumdarstellung gezeigt.

7.2 Systeme zweiter Ordnung

Die Differentialgleichung (2.3) lautet für Systeme zweiter Ordnung

$$\alpha_2 \ddot{y} + \alpha_1 \dot{y} + \alpha_0 y = \beta_2 \ddot{x} + \beta_1 \dot{x} + \beta_0 x \,. \tag{7.47}$$

Zur Analyse mit der Laplace-Transformation benötigen wir den Differentiationssatz für rechtsseitige Signale (4.34) für die erste und die zweite Ableitung. Für $t > 0$ ist $x^\circ(t) = \dot{x}(t)$, und wir erhalten:

$$\mathcal{L}\{\dot{x}\} = s\mathcal{L}\{x\} - x(0) = sX(s) - x(0) \tag{7.48}$$

$$\mathcal{L}\{\ddot{x}\} = s\mathcal{L}\{\dot{x}\} - \dot{x}(0) = s^2 X(s) - [sx(0) + \dot{x}(0)] \,. \tag{7.49}$$

Die Grenzwerte $x(0)$ und $\dot{x}(0)$ sind wieder als rechtsseitige Grenzwerte aufzufassen. Anwendung von (7.48, 7.49) auf (7.47) gibt nach Umsortierung der Terme

$$[\alpha_2 s^2 + \alpha_1 s + \alpha_0]Y(s) - s\alpha_2 y(0) - [\alpha_1 y(0) + \alpha_2 \dot{y}(0)] =$$
$$[\beta_2 s^2 + \beta_1 s + \beta_0]X(s) - s\beta_2 x(0) - [\beta_1 x(0) + \beta_2 \dot{x}(0)] \,. \tag{7.50}$$

Offenbar benötigen wir zur eindeutigen Lösung als Anfangswerte bei $t = 0$ den Wert des Ausgangssignals $y(0)$ und seiner ersten Ableitung $\dot{y}(0)$. Die entsprechenden Werte $x(0)$ und $\dot{x}(0)$ des Eingangssignals sind bekannt. Wir können dann (7.50) nach der Laplace-Transformierten der unbekannten Lösung $Y(s)$ auflösen und erhalten mit der Systemfunktion $H(s)$

$$H(s) = \frac{\beta_2 s^2 + \beta_1 s + \beta_0}{\alpha_2 s^2 + \alpha_1 s + \alpha_0} \tag{7.51}$$

als Resultat

$$Y(s) \;=\; H(s)X(s)+$$

$$\frac{s[\alpha_2 y(0) - \beta_2 x(0)] + [\alpha_1 y(0) + \alpha_2 \dot{y}(0) - \beta_1 x(0) - \beta_2 \dot{x}(0)]}{\alpha_2 s^2 + \alpha_1 s + \alpha_0} \, . \qquad (7.52)$$

Das Ausgangssignal $y(t)$ im Zeitbereich folgt aus (7.52) durch inverse Laplace-Transformation. Dabei ergibt der erste Term den externen Anteil der Systemantwort und der zweite Anteil den internen Anteil.

Wenn der innere Aufbau des Systems bekannt ist, können wir wieder den internen Anteil durch die Anfangszustände repräsentieren. Je nach der Struktur des Systems erhält man unterschiedliche Ausdrücke. Besonders einfach sind die Verhältnisse bei der Direktform III. Sie ist in Bild 7.3 für die Differentialgleichung zweiter Ordnung (7.47) dargestellt. Im Unterschied zu Bild 2.5 für allgemeine Ordnung N wurde die ursprüngliche Bezeichnung der Koeffizienten in (7.47) beibehalten (α_i, β_k). Am Ausgang von Bild 7.3 kann man ablesen (vergl. (2.18) für

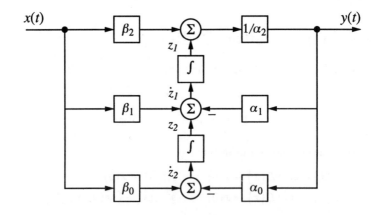

Bild 7.3: System zweiter Ordnung in Direktform III

$N = 2$)

$$y(t) = \frac{1}{\alpha_2} z_1(t) + \frac{\beta_2}{\alpha_2} x(t) \, . \qquad (7.53)$$

Ebenso gilt am mittleren Summierer (vergl. (2.15) für $N = 2$)

$$\dot{z}_1(t) = z_2(t) + \beta_1 x(t) - \alpha_1 y(t) \, . \qquad (7.54)$$

Ableiten von (7.53) und Einsetzen von (7.54) gibt

$$\dot{y}(t) = \frac{\beta_1}{\alpha_2} x(t) + \frac{\beta_2}{\alpha_2} \dot{x}(t) + \frac{1}{\alpha_2} z_2(t) - \frac{\alpha_1}{\alpha_2} y(t) \, . \qquad (7.55)$$

Aus (7.53) und (7.55) folgt durch Auflösen nach den Zuständen für $t = 0$

$$z_1(0) = \alpha_2 y(0) - \beta_2 x(0) \tag{7.56}$$

$$z_2(0) = \alpha_1 y(0) + \alpha_2 \dot{y}(0) - \beta_1 x(0) - \beta_2 \dot{x}(0) . \tag{7.57}$$

Wir können damit die umständlichen Terme in (7.52) viel einfacher durch die beiden Anfangszustände ausdrücken:

$$Y(s) = H(s)X(s) + \frac{sz_1(0) + z_2(0)}{\alpha_2 s^2 + \alpha_1 s + \alpha_0} . \tag{7.58}$$

Dieser Ersatz der Anfangswerte durch die Anfangszustände ist auch bei anderen Strukturen möglich. Allerdings sind die resultierenden Ausdrücke nicht immer so einfach wie in (7.58).

7.3 Systeme höherer Ordnung

Die Laplace-Transformation hat sich bisher für Systeme erster und zweiter Ordnung als effektives Werkzeug zur Lösung von Anfangswertproblemen erwiesen. In der gleichen Weise kann sie auch auf Systeme höheren Grades angewandt werden. Dazu ist der Differentiationssatz nach (7.48), (7.49) auch auf höhere Ableitungen zu erweitern. Aus der Differentialgleichung (2.3) der Ordnung N wird dann eine algebraische Gleichung, die zu einer Systemfunktion $H(s)$ mit einem Nennerpolynom der Ordnung N führt. Der interne Anteil enthält N Anfangswerte $y(0), \dot{y}(0), \ddot{y}(0), \ldots, y^{(N-1)}(0)$ bis zur $(N-1)$-ten Ableitung und die entsprechenden Werte des Eingangssignals. Da die entstehenden Ausdrücke aber schnell ziemlich unübersichtlich werden, ist es zweckmäßig, stattdessen auf die Zustandsraumbeschreibung überzugehen. Das bietet sich ohnehin an, wenn der innere Aufbau des Systems bekannt ist. Aber auch sonst kann man ausgehend von den Koeffizienten der Differentialgleichung für die Direktformen I, II oder III die Matrizen $\mathbf{A}$, $\mathbf{B}$, $\mathbf{C}$, $\mathbf{D}$ der Zustandsraumbeschreibung sofort hinschreiben (z.B. nach (2.40) bis (2.43)). Die so willkürlich eingeführten Zustände haben dann zwar keine physikalische Bedeutung, es bleibt jedoch der Vorteil einer einfacheren Notation.

7.3.1 Lösung der Zustandsraumdifferentialgleichung

Wir gehen von einem System N-ter Ordnung mit einem Eingang und einem Ausgang aus, das durch seine Zustandsraumbeschreibung (2.33), (2.34) gegeben ist. Für seine innere Struktur und damit die Koeffizienten der Matrizen $\mathbf{A}$, $\mathbf{B}$, $\mathbf{C}$, $\mathbf{D}$ machen wir keine Einschränkungen. Zur Anwendung der Laplace-Transformation auf dieses System von N Differentialgleichungen erster Ordnung benötigen wir nur den Differentiationssatz für die erste Ableitung. Angewandt auf den Zustandsvektor $\mathbf{z}(t)$ lautet er

$$\mathcal{L}\{\dot{\mathbf{z}}(t)\} = s\mathbf{Z}(s) - \mathbf{z}(0) . \tag{7.59}$$

Die Laplace-Transformation bezieht sich dabei auf die einzelnen Komponenten des Zustandsvektors, d.h.

$$\mathcal{L}\{\mathbf{z}(t)\} = \mathbf{Z}(s) = \begin{bmatrix} Z_1(s) \\ \vdots \\ Z_N(s) \end{bmatrix} \quad \text{mit} \quad Z_i(s) = \mathcal{L}\{z_i(t)\}. \tag{7.60}$$

Die Anfangszustände sind im Vektor $\mathbf{z}(0)$ zusammengefaßt[2]. Aus der Zustandsraumbeschreibung im Zeitbereich nach (2.33, 2.34) wird so im Frequenzbereich

$$s\mathbf{Z}(s) - \mathbf{z}(0) = \mathbf{A}\mathbf{Z}(s) + \mathbf{B}X(s) \tag{7.61}$$
$$Y(s) = \mathbf{C}\mathbf{Z}(s) + \mathbf{D}X(s). \tag{7.62}$$

Aus dem Differentialgleichungssystem (2.33) ist so das algebraische Gleichungssystem (7.61) geworden, das wir nach der Transformierten des Zustandsvektors $\mathbf{Z}(s)$ auflösen können. Dabei ist beim Zusammenfassen der Terme mit $\mathbf{Z}(s)$ zu beachten, daß gilt $s\mathbf{Z}(s) - \mathbf{A}\mathbf{Z}(s) = (s\mathbf{E} - \mathbf{A})\mathbf{Z}(s)$, wobei $\mathbf{E}$ die Einheitsmatrix ist. Wir erhalten

$$\mathbf{Z}(s) = (s\mathbf{E} - \mathbf{A})^{-1}\mathbf{B}X(s) + (s\mathbf{E} - \mathbf{A})^{-1}\mathbf{z}(0). \tag{7.63}$$

Die Inverse der Matrix $(s\mathbf{E} - \mathbf{A})$ muß jeweils links stehen, weil das Matrixprodukt nicht kommutativ ist.

Aus (7.63) kann man durch inverse Laplace-Transformation den zeitlichen Verlauf der Zustandsgrößen ermitteln, wenn dieser von Interesse ist. Wir suchen hier aber das Ausgangssignal $y(t)$ und setzen daher (7.63) in (7.62) ein. Das Ergebnis lautet

$$\boxed{Y(s) = H(s)X(s) + \mathbf{G}(s)\mathbf{z}(0)} \tag{7.64}$$

mit der Systemfunktion $H(s)$ und dem Zeilenvektor $\mathbf{G}(s)$

$$\boxed{\begin{aligned} H(s) &= \mathbf{C}(s\mathbf{E} - \mathbf{A})^{-1}\mathbf{B} + \mathbf{D} \\ \mathbf{G}(s) &= \mathbf{C}(s\mathbf{E} - \mathbf{A})^{-1}. \end{aligned}} \qquad \begin{aligned} &\text{(7.65)} \\ &\text{(7.66)} \end{aligned}$$

Die Gleichung (7.64) hat den gleichen Aufbau wie (7.21) und (7.58); es sind lediglich die Anfangszustände in einem Vektor zusammengefaßt. (7.65) beschreibt in allgemeiner Form, wie sich die Übertragungsfunktion vom Eingang zum Ausgang einer Zustandsraumstruktur aus den Matrizen $\mathbf{A}$, $\mathbf{B}$, $\mathbf{C}$, $\mathbf{D}$ berechnet.

---

[2]Es mag zunächst erstaunen, daß wir für den Zustand $\mathbf{z}(t)$ den Differentiationssatz mit Unstetigkeit bei $t = 0$ (7.59) verwenden, wo doch $\mathbf{z}(t)$ aus physikalischen Gründen in der Regel stetig ist. Wir kennen aber $\mathbf{z}(t)$ für $t < 0$ nicht, so daß wir willkürlich $\mathbf{z}(t) = 0 \, \forall \, t < 0$ setzen und den Zustand zum Zeitpunkt $t = 0$ auf $\mathbf{z}(0)$ springen lassen.

Dieses Problem hatten wir schon in Kapitel 6.8 behandelt. $\mathbf{G}(s)$ kann ebenfalls als Vektor von Übertragungsfunktionen interpretiert werden. Die einzelnen Komponenten beschreiben jeweils das Übertragungsverhalten vom Eingang der einzelnen Integrierer zum Ausgang des Gesamtsystems. Der Ausdruck $s \cdot \mathbf{G}(s)$ ist damit der Vektor der Übertragungsfunktionen von den Zustandsgrößen $\mathbf{Z}(s)$ zum Ausgang des Gesamtsystems, denn diese treten am Ausgang der Integrierer auf.

Wir fassen die wichtige Gleichung (7.64) als Bild 7.4 zusammen. Die Reaktion des LTI-Systems N-ter Ordnung auf ein Eingangssignal $x(t)$ mit der Laplace-Transformierten $X(s)$ unter der Berücksichtigung von Anfangsbedingungen ergibt sich, indem wir die Systemantwort $X(s) \cdot H(s) \bullet\!\!-\!\!\circ y_{\text{ext}}(t)$ für das sich anfangs in Ruhe befindliche System errechnen und ihm $\mathbf{G}(s)\mathbf{z}(0) \bullet\!\!-\!\!\circ y_{\text{int}}(t)$ überlagern. Die N Anfangszustände $\mathbf{z}(0)$ müssen wir so einstellen, daß die Gesamtlösung $y(t) = y_{\text{ext}}(t) + y_{\text{int}}(t)$ die Anfangsbedingungen erfüllt.

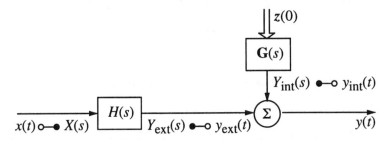

Bild 7.4: Lösung eines Anfangswertproblems im Laplace-Bereich nach (7.64)

Die Berechnung der Systemfunktion $H(s)$ nach (7.65) scheint einen Widerspruch zu beinhalten: Während die Systemfunktion eindeutig durch die gegebene Differentialgleichung festgelegt ist (s. Beispiele 6.3 und 6.4), kommen in (7.65) die von der gewählten Zustandsraumbeschreibung abhängigen Matrizen vor. Hängt also die Übertragungsfunktion vom Eingang zum Ausgang von der Struktur im Inneren ab? Um zu zeigen, daß die Systemfunktion tatsächlich für alle äquivalenten Zustandsraumstrukturen gleich ist, setzen wir in (7.65) die Zustandsraummatrizen einer äquivalenten Struktur nach (2.47)–(2.50) ein und erhalten

$$
\begin{aligned}
H(s) &= \hat{\mathbf{C}}(s\mathbf{E} - \hat{\mathbf{A}})^{-1}\hat{\mathbf{B}} + \hat{\mathbf{D}} = \mathbf{C}\mathbf{T}(s\mathbf{T}^{-1}\mathbf{T} - \mathbf{T}^{-1}\mathbf{A}\mathbf{T})^{-1}\mathbf{T}^{-1}\mathbf{B} + \mathbf{D} = \\
&= \mathbf{C}(s\mathbf{E} - \mathbf{A})^{-1}\mathbf{B} + \mathbf{D}\,.
\end{aligned}
\tag{7.67}
$$

Die Transformationsmatrix $\mathbf{T}$ fällt also bei der Berechnung der Systemfunktion heraus und alle äquivalenten Zustandsraumstrukturen besitzen dieselbe Systemfunktion. Man sagt auch, der Matrixausdruck auf der rechten Seite von (7.65) ist invariant gegenüber Ähnlichkeitstransformationen. Die Übertragungsfunktion $\mathbf{G}(s)$ von den Zuständen zum Ausgang ist dagegen strukturabhängig und ändert sich beim Übergang auf andere Zustandsvariablen gemäß

$$\hat{G}(s) = \hat{C}(s\mathbf{E} - \hat{A})^{-1} = \mathbf{CT}(s\mathbf{T}^{-1}\mathbf{T} - \mathbf{T}^{-1}\mathbf{AT})^{-1} =$$
$$= \mathbf{C}(s\mathbf{E} - \mathbf{A})^{-1}\mathbf{T} = \mathbf{G}(s)\mathbf{T}. \tag{7.68}$$

Man kann sich (7.67) auch durch eine Manipulation des Blockdiagramms des

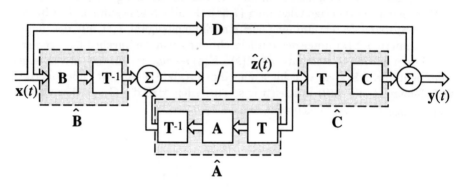

Bild 7.5: Blockdiagramm mit transformierten Systemmatrizen

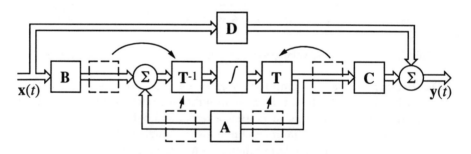

Bild 7.6: Verschiebung der Transformationsmatrizen

Systems klarmachen (Bilder 7.5 und 7.6). In Bild 7.5 werden die Matrixmultipli-
kationen mit $\hat{A}$, $\hat{B}$ und $\hat{C}$ zunächst durch Kaskadierung von $\mathbf{A}$, $\mathbf{B}$, $\mathbf{C}$ mit Multiplikationen mit $\mathbf{T}$ und $\mathbf{T}^{-1}$ gemäß (2.47) – (2.50) dargestellt. Wegen der Linearität
von $\mathbf{T}$ und $\mathbf{T}^{-1}$ lassen sich diese Blöcke verschieben, wie in Bild 7.6 gezeigt, ohne
daß sich das Übertragungsverhalten des Systems verändert. Im zentralen Zweig
von Bild 7.6 steht dann die Übertragungsfunktion $\mathbf{T}s\mathbf{E}\mathbf{T}^{-1} = s\mathbf{E}\mathbf{T}\mathbf{T}^{-1} = s\mathbf{E}$, die
nicht von $\mathbf{T}$ abhängt. Damit ist gezeigt, daß $H(s)$ nicht von der Ähnlichkeitstrans-
formation $\mathbf{T}$ abhängt. Dies gilt übrigens, wie in den Bildern 7.5 und 7.6 gezeigt, für
Systeme mit beliebig vielen Eingängen und Ausgängen. $\hat{G}(s)$ kann man in Bild 7.6
als Vektor der Übertragungsfunktionen vom Eingang der Integrierer zum Ausgang
interpretieren und damit (7.68) direkt ablesen.

Den Zusammenhang zwischen der Berechnung der Übertragungsfunktion aus der Zustandsraumstruktur nach (7.65) und der Berechnung aus der Differentialgleichung machen wir uns an einigen Beispielen klar.

——————————————————————————————— **Beispiel 7.6**

In Beispiel 7.2 ist ein System erster Ordnung in Direktform II dargestellt. Die Zustandsraumbeschreibung lesen wir direkt aus Bild 7.2 ab:

$$\dot{z} = -\frac{\alpha_0}{\alpha_1}z + \frac{1}{\alpha_1}x \tag{7.69}$$

$$y = \left(\beta_0 - \alpha_0\frac{\beta_1}{\alpha_1}\right)z + \frac{\beta_1}{\alpha_1}x. \tag{7.70}$$

Die Matrizen der Zustandsraumbeschreibung haben hier die Größe 1×1:

$$\mathbf{A} = -\frac{\alpha_0}{\alpha_1}, \quad \mathbf{B} = \frac{1}{\alpha_1}, \quad \mathbf{C} = \frac{\alpha_1\beta_0 - \alpha_0\beta_1}{\alpha_1}, \quad \mathbf{D} = \frac{\beta_1}{\alpha_1}. \tag{7.71}$$

Damit folgt aus (7.65),(7.66) das gleiche Ergebnis, das wir in (7.21) direkt aus der Differentialgleichung erhalten hatten:

$$
\begin{aligned}
H(s) &= \frac{\alpha_1\beta_0 - \alpha_0\beta_1}{\alpha_1}\left(s + \frac{\alpha_0}{\alpha_1}\right)^{-1}\frac{1}{\alpha_1} + \frac{\beta_1}{\alpha_1} = \frac{1}{\alpha_1}\frac{\alpha_1\beta_0 - \alpha_0\beta_1}{\alpha_1 s + \alpha_0} + \frac{\beta_1}{\alpha_1} \\
&= \frac{\beta_1 s + \beta_0}{\alpha_1 s + \alpha_0}
\end{aligned}
$$

$$
G(s) = \frac{\alpha_1\beta_0 - \alpha_0\beta_1}{\alpha_1}\left(s + \frac{\alpha_0}{\alpha_1}\right)^{-1} = \frac{\alpha_1\beta_0 - \alpha_0\beta_1}{\alpha_1 s + \alpha_0}.
$$

$$\tag{7.72}$$

————————————————————————————————————— ■

——————————————————————————————— **Beispiel 7.7**

Die Zustandsraumbeschreibung eines Systems zweiter Ordnung in Direktform III nach Bild 7.3 lautet

$$\dot{z}_1 = -\frac{\alpha_1}{\alpha_2}z_1 + z_2 + \frac{\alpha_2\beta_1 - \alpha_1\beta_2}{\alpha_2}x \tag{7.73}$$

$$\dot{z}_2 = -\frac{\alpha_0}{\alpha_2}z_1 \quad + \frac{\alpha_2\beta_0 - \alpha_0\beta_2}{\alpha_2}x \tag{7.74}$$

$$y = \frac{1}{\alpha_2}z_1 \quad + \frac{\beta_2}{\alpha_2}x. \tag{7.75}$$

Daraus lesen wir die Zustandsraummatrizen ab:

$$\mathbf{A} = \frac{1}{\alpha_2} \begin{bmatrix} -\alpha_1 & \alpha_2 \\ -\alpha_0 & 0 \end{bmatrix} \quad \mathbf{B} = \frac{1}{\alpha_2} \begin{bmatrix} \alpha_2\beta_1 - \alpha_1\beta_2 \\ \alpha_2\beta_0 - \alpha_0\beta_2 \end{bmatrix}$$

$$\mathbf{C} = \frac{1}{\alpha_2}[1 \quad 0] \qquad \mathbf{D} = \frac{\beta_2}{\alpha_2}. \tag{7.76}$$

Mit

$$(s\mathbf{E} - \mathbf{A}) = \frac{1}{\alpha_2} \begin{bmatrix} \alpha_2 s + \alpha_1 & -\alpha_2 \\ \alpha_0 & \alpha_2 s \end{bmatrix} \tag{7.77}$$

$$(s\mathbf{E} - \mathbf{A})^{-1} = \frac{1}{\alpha_2 s^2 + \alpha_1 s + \alpha_0} \begin{bmatrix} \alpha_2 s & \alpha_2 \\ -\alpha_0 & \alpha_2 s + \alpha_1 \end{bmatrix} \tag{7.78}$$

folgt aus (7.65) nach einigen Umformungen die Systemfunktion $H(s)$ nach (7.51). Für $\mathbf{G}(s)$ erhält man ebenso

$$\mathbf{G}(s) = \frac{1}{\alpha_2 s^2 + \alpha_1 s + \alpha_0}[s \quad 1] \tag{7.79}$$

und damit aus (7.64) das Ergebnis von (7.58). ∎

　　Für Systeme beliebigen Grades gilt, daß die Determinante von $(s\mathbf{E} - \mathbf{A})$ zum Nennerpolynom von $H(s)$ und $\mathbf{G}(s)$ wird.

7.3.2　Berechnung des Anfangszustands aus den Anfangswerten

Die Gleichungen (7.64) bis (7.66) erlauben eine prägnante Formulierung des Eingangs-Ausgangsverhaltens für Systeme beliebigen Grades in allgemeiner Zustandsraumstruktur. Wenn allerdings eine Zustandsraumbeschreibung nach der Direktform II oder III nur gewählt wurde, um ausgehend von einer Differentialgleichung die Vorteile der Matrixnotation zu nutzen, steht der Anfangszustand $\mathbf{z}(0)$ zunächst nicht zur Verfügung. Es ist deshalb notwendig, den Zusammenhang zwischen Anfangszustand und Anfangswerten für Systeme allgemeinen Grades herzustellen.

　　Auch hierfür machen wir uns die Vorteile der Zustandsraumbeschreibung zunutze. Aus der Ausgangsgleichung (2.34) im Zeitbereich folgt durch fortgesetztes

Differenzieren und Einsetzen der Zustandsgleichung (2.33) bei $t = 0$:

$$y(0) = \mathbf{C}\mathbf{z}(0) + \mathbf{D}x(0)$$

$$\dot{y}(0) = \mathbf{C}\mathbf{A}\mathbf{z}(0) + \mathbf{C}\mathbf{B}x(0) + \mathbf{D}\dot{x}(0)$$

$$\ddot{y}(0) = \mathbf{C}\mathbf{A}^2\mathbf{z}(0) + \mathbf{C}\mathbf{A}\mathbf{B}x(0) + \mathbf{C}\mathbf{B}\dot{x}(0) + \mathbf{D}\ddot{x}(0)$$

$$\vdots$$

Nachdem man so die ersten $N - 1$ Ableitungen von $y(t)$ bei $t = 0$ berechnet hat, faßt man die Ergebnisse in Matrixschreibweise zusammen

$$\mathbf{y}(0) = \mathbf{W}\mathbf{z}(0) + \mathbf{V}\mathbf{x}(0) \tag{7.80}$$

mit den Vektoren

$$\mathbf{x}(0) = \begin{bmatrix} x(0) \\ \dot{x}(0) \\ \ddot{x}(0) \\ \vdots \\ x^{(N-1)}(0) \end{bmatrix}, \quad \mathbf{y}(0) = \begin{bmatrix} y(0) \\ \dot{y}(0) \\ \ddot{y}(0) \\ \vdots \\ y^{(N-1)}(0) \end{bmatrix} \tag{7.81}$$

und den Matrizen

$$\mathbf{W} = \begin{bmatrix} \mathbf{C} \\ \mathbf{C}\mathbf{A} \\ \mathbf{C}\mathbf{A}^2 \\ \mathbf{C}\mathbf{A}^{N-1} \end{bmatrix}, \quad \mathbf{V} = \begin{bmatrix} \mathbf{D} & 0 & 0 & \dots & 0 \\ \mathbf{C}\mathbf{B} & \mathbf{D} & 0 & \dots & \\ \mathbf{C}\mathbf{A}\mathbf{B} & \mathbf{C}\mathbf{B} & \mathbf{D} & \dots & 0 \\ \vdots & \vdots & \vdots & \ddots & \\ \mathbf{C}\mathbf{A}^{N-2}\mathbf{B} & \mathbf{C}\mathbf{A}^{N-3}\mathbf{B} & \mathbf{C}\mathbf{A}^{N-4}\mathbf{B} & & \mathbf{D} \end{bmatrix} . \tag{7.82}$$

Jetzt kann man den Anfangszustand durch den Vektor der Anfangswerte $\mathbf{y}(0)$ und durch $\mathbf{x}(0)$ ausdrücken:

$$\boxed{\mathbf{z}(0) = \mathbf{W}^{-1}[\mathbf{y}(0) - \mathbf{V}\mathbf{x}(0)] .} \tag{7.83}$$

Mit (7.64) folgt für die Laplace-Transformierte des Ausgangssignals eines LTI-Systems, das durch eine Differentialgleichung N-ten Grades nach (2.3) beschrieben wird, wenn die Anfangszustände $y(0)$ bis $y^{(N-1)}(0)$ gegeben sind und das Eingangssignal $x(t)$ bekannt ist:

$$\boxed{Y(s) = H(s)X(s) + \mathbf{G}(s)\mathbf{W}^{-1}[\mathbf{y}(0) - \mathbf{V}\mathbf{x}(0)] .} \tag{7.84}$$

─── **Beispiel 7.8**

Zur Veranschaulichung setzen wir das Beispiel 7.7 fort. Die Matrizen $\mathbf{W}$ und $\mathbf{V}$ lauten hier

$$\mathbf{W} \; = \; \frac{1}{\alpha_2} \begin{bmatrix} 1 & 0 \\ -\dfrac{\alpha_1}{\alpha_2} & 1 \end{bmatrix}, \quad \mathbf{W}^{-1} = \begin{bmatrix} \alpha_2 & 0 \\ \alpha_1 & \alpha_2 \end{bmatrix} \tag{7.85}$$

$$\mathbf{V} \; = \; \begin{bmatrix} \mathbf{D} & 0 \\ \mathbf{CB} & \mathbf{D} \end{bmatrix} = \frac{1}{\alpha_2} \begin{bmatrix} \beta_2 & 0 \\ \dfrac{\alpha_2\beta_1 - \alpha_1\beta_2}{\alpha_2} & \beta_2 \end{bmatrix} . \tag{7.86}$$

Durch Einsetzen erhält man das Resultat (7.52), das dort für ein System zweiter Ordnung hergeleitet wurde. Hier folgt es als Spezialfall eines Systems N-ter Ordnung.

─── ■

7.3.3   Berechnung des internen Anteils im Zeitbereich

Zur Berechnung des Ausgangssignals eines LTI-Systems bei bekanntem rechtsseitigen Eingangssignal und bekannten Anfangswerten haben wir bisher zwei Methoden kennengelernt: die klassische Methode mit allgemeiner homogener und spezieller inhomogener Lösung (Abschnitt 7.1.1) und die Systemanalyse mit Hilfe der Laplace-Transformation (Abschnitte 7.1.2 und folgende). Zur Vervollständigung besprechen wir hier eine dritte Möglichkeit, die eine Zwischenstellung zwischen den ersten beiden einnimmt. Sie kann auch als Spezialfall der Lösung mit Laplace-Transformation angesehen werden und ist besonders einfach anzuwenden, wenn ein System durch eine Differentialgleichung und die Anfangsbedingungen bei $t = 0$ gegeben ist:

$$\sum_{i=0}^{N} \alpha_i \frac{d^i y}{dt^i} \; = \; \sum_{k=0}^{N} \beta_k \frac{d^k x}{dt^k} \tag{7.87}$$

$$y^{(i)}(0) \; = \; y_i \quad i = 0, 1, \ldots, N-1 \, .$$

Liegen die Koeffizienten der Differentialgleichung als Zahlenwerte vor, so führt diese Methode im allgemeinen am schnellsten zur Lösung. Sie geht aus von der Aufteilung der Lösung in den externen und den internen Anteil

$$Y(s) = \underbrace{H(s)X(s)}_{Y_{\text{ext}}(s)} + \underbrace{\mathbf{G}(s)\mathbf{z}(0)}_{Y_{\text{int}}(s)} \, . \tag{7.88}$$

Die Bestimmung des externen Anteils geschieht wie bisher durch inverse Laplace-Transformation von $H(s)X(s)$

$$Y_{\text{ext}}(s) = H(s)X(s) \, . \tag{7.89}$$

Für die Bestimmung des internen Anteils

$$Y_{\text{int}}(s) = \mathbf{G}(s)\mathbf{z}(0) = \mathbf{G}(s)\mathbf{W}^{-1}[\mathbf{y}(0) - \mathbf{V}x(0)] \tag{7.90}$$

mußten wir bisher von einer bestimmten realisierenden Struktur ausgehen und

- entweder die Anfangszustände $\mathbf{z}(0)$ so wählen, daß sie mit den gegebenen Anfangswerten $\mathbf{y}(0)$ kompatibel sind

- oder zusätzlich zu $\mathbf{G}(s)$ noch die Matrizen $\mathbf{W}^{-1}$ und $\mathbf{V}$ berechnen.

Beide Möglichkeiten sind bei höhergradigen Systemen umständlich, wenn die Systembeschreibung nur aus der Differentialgleichung (7.87) und den Anfangswerten besteht (s. (7.52) für ein System zweiten Grades).

Um diesen Aufwand zu vermeiden, gehen wir hier einen Weg, der der Berechnung der homogenen Lösung beim klassischen Ansatz nach Abschnitt 7.1.1 gleicht (s. (7.5) in Beispiel 7.1). Allerdings machen wir uns die Vorteile des Rechnens mit Laplace-Transformierten zunutze.

Zuerst stellen wir fest, daß der Zählergrad der Übertragungsfunktion $\mathbf{G}(s)$ um mindestens eins geringer ist als der Nennergrad. Das kann man sich auf zwei verschiedene Weisen veranschaulichen:

- Die inverse Matrix $(s\mathbf{E} - \mathbf{A})^{-1}$ kann man auch durch die adjungierte Matrix $\text{adj}(s\mathbf{E} - \mathbf{A})$ und die Determinante $\det(s\mathbf{E} - \mathbf{A})$ ausdrücken

$$(s\mathbf{E} - \mathbf{A})^{-1} = \frac{\text{adj}(s\mathbf{E} - \mathbf{A})}{\det(s\mathbf{E} - \mathbf{A})} \; . \tag{7.91}$$

Die adjungierte Matrix enthält die Determinanten von Matrizen, die aus $(s\mathbf{E} - \mathbf{A})$ durch Streichung einer Zeile und einer Spalte entstehen. Bei einem System der Ordnung N entstehen so im Zähler Polynome in s vom maximalen Grad $N - 1$.

- $\mathbf{G}(s)$ beschreibt die Rückkopplung der Zustände im Inneren des Systems über Integrierer und die Matrix $\mathbf{A}$. In dieser Rückkopplungsschleife gibt es keinen Weg, der nicht zumindest über einen Integrierer mit der Übertragungsfunktion $\frac{1}{s}$ laufen würde. Daher muß der Zählergrad um mindestens eins geringer sein als der Nennergrad.

Aus der Darstellung von $(s\mathbf{E} - \mathbf{A})^{-1}$ nach (7.91) ist ersichtlich, daß $\mathbf{G}(s)$ und $H(s)$ das gleiche Nennerpolynom besitzen, nämlich $\det(s\mathbf{E} - \mathbf{A})$. Wir können daher den internen Anteil auch durch eine Partialbruchzerlegung darstellen:

$$Y_{\text{int}}(s) = \mathbf{G}(s)\mathbf{z}(0) = \sum_{i=1}^{N} \frac{A_i}{s - s_i} \; . \tag{7.92}$$

Die Pole s_i sind gleich den Polen der Systemfunktion

$$H(s) = \frac{A(s)}{B(s)} \tag{7.93}$$

mit dem Nennerpolynom $B(s) = \det(s\mathbf{E} - \mathbf{A})$. Die Partialbruchzerlegung in (7.92) berücksichtigt hier zur Vereinfachung nur einfache Pole. Bei mehrfachen Polen ist die Partialbruchzerlegung entsprechend anzusetzen.

Im Unterschied zu vorher versuchen wir jetzt nicht, die Partialbruchkoeffizienten A_i und damit das Zählerpolynom von $\mathbf{G}(s)\mathbf{x}(0)$ im Frequenzbereich aus Anfangszuständen oder Anfangswerten auf mehr oder minder komplizierte Weise zu berechnen. Stattdessen bestimmen wir den internen Anteil im Zeitbereich und erhalten sofort aus (7.92)

$$y_{\text{int}}(t) = \sum_{i=1}^{N} A_i e^{s_i t}, \quad t > 0 . \tag{7.94}$$

Damit ist der interne Anteil in allgemeiner Form bestimmt; es fehlt noch die Berechnung der Partialbruchkoeffizienten A_i. Dazu gehen wir von den ersten $N-1$ Ableitungen der gesuchten Lösung aus

$$
\begin{aligned}
y(t) &= y_{\text{ext}}(t) &+ \quad& y_{\text{int}}(t) \\
\dot{y}(t) &= \dot{y}_{\text{ext}}(t) &+ \quad& \dot{y}_{\text{int}}(t) \\
\ddot{y}(t) &= \ddot{y}_{\text{ext}}(t) &+ \quad& \ddot{y}_{\text{int}}(t) \\
&\vdots &&\vdots \\
y^{(N-1)}(t) &= y_{\text{ext}}^{(N-1)}(t) &+ \quad& y_{\text{int}}^{(N-1)}(t) .
\end{aligned} \tag{7.95}
$$

Darin ist der externe Anteil $y_{\text{ext}}(t) = \mathcal{L}^{-1}\{H(s)X(s)\}$ bereits bekannt und damit auch die Ableitungen $y_{\text{ext}}^{(n)}(t)$. Der interne Anteil ist durch (7.94) oder eine entsprechende Form für mehrfache Pole gegeben. Bei einfachen Polen lauten die Ableitungen des internen Anteils

$$y_{\text{int}}^{(n)}(t) = \sum_{i=1}^{N} A_i s_i^n e^{s_i t}, \quad t > 0 . \tag{7.96}$$

Von der Lösung $y(t)$ und ihren Ableitungen kennen wir durch die Anfangswerte y_i, $i = 1, \ldots, N$ nur die Werte bei $t = 0$. Das genügt aber, um aus (7.95) ein lineares Gleichungssystem für die unbekannten Partialbruchkoeffizienten A_i aufzustellen:

$$
\begin{bmatrix}
1 & 1 & \cdots & 1 \\
s_1 & s_2 & \cdots & s_N \\
s_1^2 & s_2^2 & \cdots & s_N^2 \\
\vdots & \vdots & & \vdots \\
s_1^{N-1} & s_2^{N-1} & \cdots & s_N^{N-1}
\end{bmatrix}
\begin{bmatrix}
A_1 \\
A_2 \\
\vdots \\
\\
A_N
\end{bmatrix}
=
\begin{bmatrix}
y_0 - y_{\text{ext}}(0) \\
y_1 - \dot{y}_{\text{ext}}(0) \\
y_2 - \ddot{y}_{\text{ext}}(0) \\
\vdots \\
y_{N-1} - y_{\text{ext}}^{(N-1)}(0)
\end{bmatrix} . \tag{7.97}
$$

Nach dessen Lösung erhalten wir das gesuchte Ausgangssignal in der Form

$$y(t) = y_{\text{ext}}(t) + y_{\text{int}}(t) = \mathcal{L}^{-1}\{H(s)X(s)\} + \sum_{i=1}^{N} A_i e^{s_i t}, \quad t > 0. \qquad (7.98)$$

Der Vorteil der Bestimmung des internen Anteils im Zeitbereich liegt darin, daß wir nur die Informationen benötigen, die durch die Problemstellung in Gestalt von (7.87) unmittelbar gegeben sind.

- Aus der Differentialgleichung folgt sofort die Systemfunktion $H(s)$ nach Abschnitt 6.4

- Aus der Systemfunktion und der Laplace-Transformierten des Eingangssignals folgt der externe Anteil durch inverse Laplace-Transformation $y_{\text{ext}}(t) = \mathcal{L}^{-1}\{H(s)X(s)\}$. Die Rücktransformation kann mit einer Partialbruchzerlegung durchgeführt werden.

- Aus dem Nennerpolynom der Systemfunktion erhält man durch Partialbruchentwicklung und Rücktransformation eine allgemeine Form des internen Anteils mit noch unbestimmten Faktoren.

- Diese Faktoren werden so bestimmt, daß die Lösung die in (7.87) geforderten Anfangsbedingungen erfüllt.

Der für dieses Vorgehen erforderliche Rechenaufwand besteht in der Bildung der Ableitungen des externen Anteils $y_{\text{ext}}(t)$ und in der Lösung des Gleichungssystems. Beides ist relativ leicht durchzuführen, wenn für die Koeffizienten α_i, β_k der Differentialgleichung Zahlenwerte gegeben sind.

── **Beispiel 7.9**

Wir suchen für $t > 0$ das Ausgangssignal $y(t)$ eines Systems erster Ordnung auf ein gegebenes Eingangssignal $x(t)$:

$$\dot{y} + 0,1y = x, \qquad y(0) = 8, \qquad x(t) = 10,1\sin t, \quad t > 0. \qquad (7.99)$$

Die Systemfunktion lautet

$$H(s) = \frac{1}{s + 0,1} \qquad \text{Re}\{s\} > -0,1. \qquad (7.100)$$

Der externe Anteil folgt mit

$$x(t) = 10,1\sin t \cdot \varepsilon(t) \qquad \circ\!\!-\!\!\bullet \qquad X(s) = \frac{10,1}{s^2 + 1} \qquad \text{Re}\{s\} > 0 \qquad (7.101)$$

aus der Partialbruchentwicklung von $X(s)H(s)$:

$$Y_{\text{ext}}(s) = X(s)H(s) = \frac{10,1}{(s^2+1)(s+0,1)} = \frac{A}{s+0,1} + \frac{Bs+C}{s^2+1}. \qquad (7.102)$$

Die Koeffizienten erhält man entweder wie in Beispiel 7.5 oder durch Koeffizientenvergleich und Lösung eines linearen 3×3 Gleichungssystems zu $A = 10$, $B = -10$, $C = 1$. Rücktransformation liefert den externen Anteil:

$$
\begin{aligned}
Y_{\text{ext}}(s) &= \frac{10}{s+0,1} - \frac{10s}{s^2+1} + \frac{1}{s^2+1} \\[2mm]
&\quad\ \bullet\!-\!\!-\!\circ \qquad\quad \bullet\!-\!\!-\!\circ \qquad\quad \bullet\!-\!\!-\!\circ \\[1mm]
y_{\text{ext}}(t) &= 10e^{-0,1t} - 10\cos t + \sin t \quad,\quad t > 0.
\end{aligned} \qquad (7.103)
$$

Die allgemeine Form des internen Anteils erhält man aus dem Nenner der Systemfunktion:

$$Y_{\text{int}}(s) = \frac{a}{s+0,1} \quad\bullet\!-\!\!-\!\circ\quad y_{\text{int}}(t) = ae^{-0,1t}, \quad t > 0. \qquad (7.104)$$

Die Gesamtlösung ist die Summe der beiden Anteile:

$$y(t) = y_{\text{ext}}(t) + y_{\text{int}}(t) = (10+a)e^{-0,1t} - 10\cos t + \sin t, \quad t > 0. \qquad (7.105)$$

Sie erfüllt die Differentialgleichung und die Anfangsbedingung für $a = 8$. Die Bilder 7.7, 7.8 und 7.9 zeigen den internen Anteil, den externen Anteil und die Gesamtlösung.

■

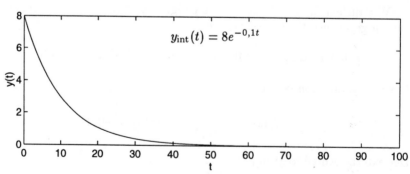

Bild 7.7: Interner Anteil der Systemantwort von Beispiel 7.9

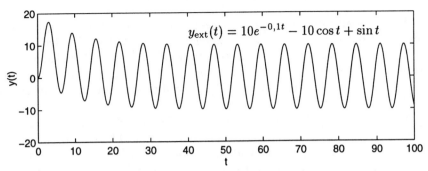

Bild 7.8: Externer Anteil der Systemantwort von Beispiel 7.9

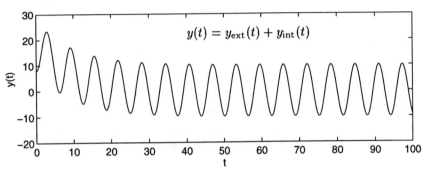

Bild 7.9: Gesamtlösung von Beispiel 7.9

7.4 Bewertung der Verfahren zur Lösung von Anfangswertproblemen

Für die Behandlung von LTI-Systemen mit rechtsseitigem Eingangssignal und bekannten Anfangswerten kennen wir jetzt drei Verfahren

1. die klassische Lösung von Anfangswertproblemen im Zeitbereich (Abschnitt 7.1.1),

2. die Systemanalyse mit der Laplace-Transformation vollständig im Frequenzbereich (Abschnitte 7.1.4, 7.2, 7.3.1, 7.3.2),

3. Systemanalyse mit Laplace-Transformation im Frequenzbereich und Berechnung des internen Anteils im Zeitbereich (Abschnitt 7.3.3).

Die klassische Lösung ist wohl die rechentechnisch umständlichste Methode, da sie ausschließlich im Zeitbereich arbeitet. Das Erraten einer speziellen Lösung ist bei Systemen höherer Ordnung schwierig. Wenn man zur Bestimmmung der speziellen Lösung die Laplace-Transformation verwendet, geht die klassische Lösung in das dritte Verfahren über.

Die Systemanalyse mit der Laplace-Transformation vollständig im Frequenzbereich ist das geeignete Verfahren, wenn der innere Aufbau des Systems bekannt ist, z. B. ein Netzwerk oder eine Zustandsraumdarstellung. Dann kann der interne Anteil entweder aus dem Anfangszustand oder aus den Anfangswerten bestimmt werden. Die Übertragungsfunktion $G(s)$ und die Matrizen V und W erhält man direkt aus der Zustandsraumbeschreibung.

Die Berechnung des internen Anteils im Zeitbereich bietet sich an, wenn der innere Aufbau des Systems unbekannt ist und nur die Differentialgleichung und die Anfangsbedingungen gegeben sind. Die notwendigen Rechenschritte sind einfach durchzuführen, wenn die Zahlenwerte der Koeffizienten der Differentialgleichung gegeben sind.

7.5   Aufgaben

Aufgabe 7.1

Gegeben ist die Übertragungsfunktion $H(s) = \dfrac{1}{s+1}$ eines (kausalen) Systems, das mit dem Eingangssignal $x(t) = -\sin(\omega_0 t)\,\varepsilon(-t) + t\,e^{-2t}\,\varepsilon(t)$ erregt wird. Bei $t \to -\infty$ waren die Energiespeicher des Systems leer.

   a) Begründen Sie, warum hier kein interner Anteil, sondern nur der externe Anteil berechnet werden kann.

   b) Bestimmen Sie die Reaktion $y(t)$ des Systems.

Aufgabe 7.2

Lösen Sie das Anfangswertproblem

$$\dot{y}(t) + 3y(t) = x(t), \quad t > 0$$
$$x(t) = 10\cos(4t), \quad t > 0$$
$$y(0+) = y_0$$

mit der „klassischen Lösungsmethode". Bestimmen Sie dazu

   a) die homogene Lösung $y_h(t)$

   b) eine spezielle Lösung $y_s(t)$

   c) die Gesamtlösung $y(t)$.

Kennzeichnen Sie den externen und den internen Anteil der Lösung.

Aufgabe 7.3

Lösen Sie das Anfangswertproblem

$$\dot{y}(t) + 3y(t) = x(t), \quad t > 0$$
$$x(t) = 10\cos(4t), \quad t > 0$$
$$y(0+) = y_0$$

mit der Laplace-Transformation. Berücksichtigen Sie die Anfangsbedingung durch Anwendung des Differentiationssatzes der einseitigen Laplace-Transformation (4.34), wie in Kap. 7.1.2 gezeigt.
Bestimmen Sie

a) $H(s)$

b) $Y(s)$

c) $y(t)$ für $t > 0$

Aufgabe 7.4

Leiten Sie die Umwandlung von Gleichung 7.15 in Gleichung 7.16 unter Verwendung des Differentiationssatzes der einseitigen Laplace-Transformation nach (4.34) her.

Aufgabe 7.5

Gegeben ist folgendes System 1. Ordnung als Blockdiagramm:

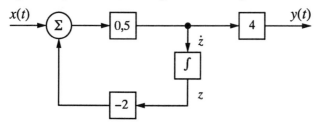

$$x(t) = \varepsilon(t) \cdot (1 - t) + \varepsilon(t - 1)(t - 1)$$
$$z(0) = z_0$$

Bestimmen Sie

a) die Anfangsbedingungen $y(0-)$ und $y(0+)$.

b) das Ausgangssignal $y(t)$.

Aufgabe 7.6

Gegeben ist folgendes System 2. Ordnung in Direktform III:

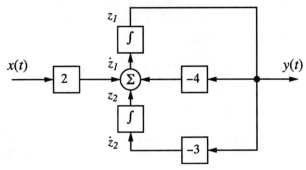

$$x(t) = \varepsilon(t) - \varepsilon(t-2)$$
$$z_1(0) = 2a$$
$$z_2(0) = 2b$$

a) Bestimmen Sie $y(t)$ mit (7.58).

b) Kann man (7.58) auch anwenden, wenn das Blockdiagramm in Direktform II gegeben ist?

8 Faltung und Impulsantwort

8.1 Motivation

In Kapitel 6 hatten wir mit (6.5) die grundlegende Beziehung

$$\boxed{Y(s) = H(s)X(s)} \tag{8.1}$$

zwischen Ein- und Ausgangssignal eines LTI-Systems angegeben. Hier stehen die Systemfunktion $H(s)$ und die Transformierte des Eingangssignals $X(s)$ als Laplace-Transformierte gleichberechtigt nebeneinander. Nach den Rechenregeln der Multiplikation sind sie sogar vertauschbar. Andererseits scheint es sich nach unserem momentanen Kenntnisstand um zwei völlig verschiedene Funktionen zu handeln. $X(s)$ ist die Laplace-Transformierte einer Zeitfunktion und kann nach (4.1) aus dem Eingangssignal $x(t)$ berechnet werden: $X(s) = \mathcal{L}\{x(t)\}$.

Die Systemfunktion $H(s)$ erhält man dagegen aus der vorliegenden Systembeschreibung in Gestalt einer Differentialgleichung, eines elektrischen Netzwerks oder einer anderen Realisierungsvorschrift. Trotz dieser offensichtlichen Verschiedenheit können $H(s)$ und $X(s)$ die gleiche Form annehmen, wie wir uns an zwei kurzen Beispielen klarmachen.

Beispiel 8.1

Die Zeitfunktion

$$x(t) = ae^{-at}\varepsilon(t), \quad a \in \mathbb{R}, \quad a > 0$$

besitzt nach Beispiel 4.1 bzw. Tabelle 4.7.8 die Laplace-Transformierte

$$X(s) = \mathcal{L}\{x(t)\} = \frac{a}{s + a}. \tag{8.2}$$
■

Beispiel 8.2

Das RC-Netzwerk aus Bild 8.1 hat die Übertragungsfunktion

$$H(s) = \frac{Y(s)}{X(s)} = \frac{\dfrac{1}{sC}}{R + \dfrac{1}{sC}} = \frac{\dfrac{1}{T}}{s + \dfrac{1}{T}} = \frac{a}{s + a}, \quad a = \frac{1}{T} = \frac{1}{RC} \qquad (8.3)$$

Offenbar besitzen die Laplace-Transformierte des Signals $x(t) = ae^{-at}\varepsilon(t)$ und die Systemfunktion des RC-Glieds die gleiche Gestalt. Dies läßt vermuten, daß hier Zusammenhänge bestehen, die wir noch nicht aufgedeckt haben. Um uns hierüber Klarheit zu verschaffen, stellen wir zunächst einige Fragen:

1. Kann man der Systemfunktion $H(s)$ eine Zeitfunktion $h(t)$ zuordnen, so daß gilt $H(s) = \mathcal{L}\{h(t)\}$?

2. Ist es möglich, ein System mit einem speziellen Eingangssignal zu erregen, so daß die Zeitfunktion $h(t)$ als Ausgangssignal erscheint? Wie sieht dieses spezielle Eingangssignal aus?

3. Kann man ein System mit der Systemfunktion $H(s)$ auch durch die zugeordnete Zeitfunktion $h(t)$ kennzeichnen, wenn diese existiert? Was sagt die Zeitfunktion $h(t)$ über das System aus?

4. Gibt es eine zu $Y(s) = H(s)X(s)$ äquivalente Beziehung im Zeitbereich zwischen $y(t)$, $x(t)$ und $h(t)$?

In den folgenden Abschnitten werden wir diese Fragen beantworten.

8.2   Zeitverhalten eines RC–Netzwerks

8.2.1   Systemfunktion

Um den Antworten auf die oben gestellten Fragen näher zu kommen, betrachten wir in diesem Abschnitt das RC-Netzwerk aus Bild 8.1 mit der Systemfunktion $H(s)$ nach (8.3). Zuerst wenden wir die inverse Laplace-Transformation auf die Systemfunktion $H(s)$ an und erhalten als Umkehrung von (8.2)

$$h(t) = \mathcal{L}^{-1}\{H(s)\} = \mathcal{L}^{-1}\left\{\frac{a}{s+a}\right\} = ae^{-at}\varepsilon(t) . \qquad (8.4)$$

Bild 8.2 zeigt das Zeitverhalten.

Damit haben wir der Systemfunktion $H(s)$ durch Rücktransformation eine Zeitfunktion $h(t)$ zugeordnet, allerdings ohne bisher zu wissen, was sie bedeutet. Die Annahme einer rechtsseitigen Funktion für $h(t)$ ist vorerst willkürlich, da

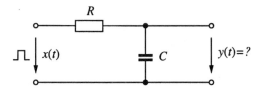

Bild 8.1: *RC*-Netzwerk mit Rechteckimpuls als Eingangssignal

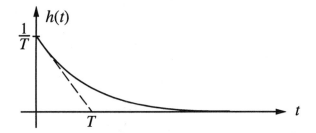

Bild 8.2: Zeitverlauf der Funktion $h(t)$ aus Gleichung (8.4) $(a = \frac{1}{T})$

wir keinen bestimmten Konvergenzbereich vorausgesetzt hatten. Wir werden diese Wahl später durch physikalische Überlegungen begründen. Immerhin können wir aber bereits die Frage 1 in Abschnitt 8.1 mit ja beantworten.

8.2.2 Reaktion auf einen Rechteckimpuls

Um uns über die Bedeutung der Zeitfunktion $h(t)$ klar zu werden, berechnen wir die Reaktion des RC-Netzwerks auf einen Rechteckimpuls $x(t)$ nach Bild 8.3. Die Zeitfunktion und die Laplace-Transformierte lauten

$$x(t) = \begin{cases} \dfrac{1}{T_0} & \text{für } 0 \leq t < T_0 \\[2mm] 0 & \text{sonst} \end{cases} \qquad \circ\!\!-\!\!\bullet \qquad X(s) = \frac{1}{sT_0}\left(1 - e^{-sT_0}\right) . \quad (8.5)$$

Nach den Methoden aus Kapitel 6 erhalten wir für die Laplace-Transformierte des Ausgangssignals $Y(s)$

$$Y(s) = H(s)X(s) = \frac{a}{s+a}\frac{1}{sT_0}\left(1 - e^{-sT_0}\right) = \frac{1}{T_0}\left[\frac{1}{s} - \frac{1}{s+a}\right]\left(1 - e^{-sT_0}\right) \quad (8.6)$$

und durch inverse Laplace-Transformation für das Ausgangssignal $y(t)$

$$y(t) = \frac{1}{T_0}\left[1 - e^{-at}\right]\varepsilon(t) - \frac{1}{T_0}\left[1 - e^{-a(t-T_0)}\right]\varepsilon(t - T_0) =$$

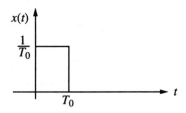

Bild 8.3: Rechteckimpuls

$$
= \begin{cases}
\dfrac{1}{T_0} \left[1 - e^{-t/T} \right] & 0 \le t < T_0 \\[2mm]
\dfrac{1}{T_0} \left[e^{T_0/T} - 1 \right] e^{-t/T} & T_0 \le t \\[2mm]
0 & \text{sonst}
\end{cases} \qquad (8.7)
$$

Bild 8.4 zeigt den Verlauf von $y(t)$ für einen bestimmten Wert T_0.

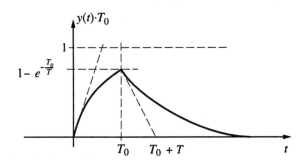

Bild 8.4: Antwort des RC-Netzwerks auf die Erregung mit einem Rechteckimpuls

8.2.3   Reaktion auf sehr kurze Rechteckimpulse

Wir variieren nun die Breite T_0 des Rechteckimpulses am Eingang und untersuchen die Auswirkungen auf das Ausgangssignal. Bild 8.5 zeigt verschiedene Rechteckimpulse $x_i(t)$, $i = 1, 2, 3, 4$ nach (8.5) für die Werte $T_0 = 1;\ 0,5;\ 0,2;\ 0,05$. Da die Höhe des Rechtecks reziprok zur Breite ist, haben alle Rechteckimpulse die Fläche 1.

Die zugehörigen Ausgangssignale $y_i(t)$, $i = 1, 2, 3, 4$ sind in Bild 8.6 dargestellt. Es scheint, als ob sich der Verlauf von $y(t)$ für immer kleiner werdende Werte von T_0 an die Form von $h(t)$ nach Bild 8.2 annähert. Tatsächlich wird der erste Abschnitt ($0 \le t < T_0$) immer kürzer und die Form von $y(t)$ wird hauptsächlich

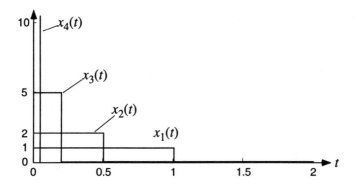

Bild 8.5: Verschiedene Rechteckimpulse mit gleicher Fläche

vom zweiten Anteil $(T_0 \leq t)$ bestimmt. Im Grenzübergang $T_0 \to 0$ gilt dann

$$y(t) = \lim_{T_0 \to 0} \frac{e^{aT_0} - 1}{T_0} e^{-at} \varepsilon(t) = a e^{-at} \varepsilon(t) = h(t) \; . \qquad (8.8)$$

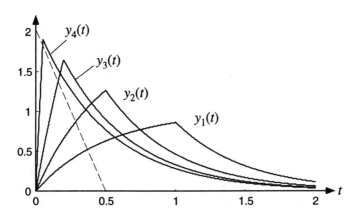

Bild 8.6: Reaktionen des RC-Netzwerks auf verschiedene Rechteckimpulse

Bevor wir auch die zweite Frage in Abschnitt 8.1 mit ja beantworten, müssen wir uns aber noch eine Vorstellung von dem Eingangssignal $x(t)$ machen, das die Reaktion $y(t) = h(t)$ hervorruft.

8.3   Der Delta-Impuls

8.3.1   Einführung

Um das Eingangssignal $x(t)$ zu ermitteln, das zum Ausgangssignal $y(t) = h(t)$ führt, versuchen wir, den Grenzübergang $T_0 \to 0$ direkt auf den Rechteckimpuls $x(t)$ aus (8.5) anzuwenden. Das Resultat nennen wir den Delta-Impuls $\delta(t)$

$$\lim_{T_0 \to 0} x(t) = \delta(t) \ . \tag{8.9}$$

Andere gängige Bezeichnungen sind: Dirac-Impuls, Dirac-Stoß, Impulsfunktion und Einheitsimpuls.

Allerdings stellt der Delta-Impuls $\delta(t)$ keine Funktion im üblichen Sinn dar. Der Versuch, $\delta(t)$ über eine Vorschrift zu definieren, die jedem Zeitpunkt t einen Wert δ zuweist, führt auf eine Funktion, die für $t \neq 0$ den Wert Null annimmt und bei $t = 0$ über alle Grenzen wächst. Die saloppe Formulierung

$$\delta(t) = \begin{cases} 0 & \text{für} \quad t \neq 0 \\ \infty & \text{für} \quad t = 0 \end{cases} \tag{8.10}$$

ist zwar nicht falsch, aber von geringem Nutzen, denn sie erklärt nicht, wie man $\delta(t)$ mit anderen Funktionen rechnerisch verknüpfen kann.

Eine mathematisch exakte Beschreibung des Delta-Impulses ist im Rahmen der uns vertrauten Funktionen, die jedem Wert einer unabhängigen Variablen einem Funktionswert zuordnen, nicht möglich. Sie erfordert den Übergang auf sogenannte *verallgemeinerte Funktionen* oder *Distributionen* [11, 13]. Wir verzichten hier auf eine mathematisch fundierte Herleitung des Delta-Impulses und verwandter verallgemeinerter Funktionen. Stattdessen veranschaulichen wir die für die System- und Signalbeschreibung wichtigen Eigenschaften durch die Analogie mit unendlich schmalen und unendlich hohen Rechteckimpulsen.

8.3.2   Ausblendeigenschaft

Das Prinzip beim Umgang mit dem Delta-Impuls und anderen verallgemeinerten Funktionen besteht darin, daß man diese Distributionen nicht durch ihre unmittelbaren Eigenschaften beschreibt, sondern durch ihre Wirkung auf andere Funktionen. Anstatt den Delta-Impuls durch eine Zuordnungsvorschrift (etwa (8.10)) zu beschreiben, fragen wir nach dem Wert des Integrals

$$\int\limits_{-\infty}^{\infty} f(t)\delta(t)\, dt \ ,$$

das die Wirkung des Delta-Impulses auf die Funktion $f(t)$ beschreibt. Zuerst setzen wir anstelle des Delta-Impulses den Rechteckimpuls $x(t)$ aus (8.5), berechnen das

Integral und führen dann den Grenzübergang $T_0 \to 0$ durch. Mit (8.5) folgt

$$\int\limits_{-\infty}^{\infty} f(t)x(t)\,dt = \frac{1}{T_0} \int\limits_{0}^{T_0} f(t)\,dt = \frac{F(T_0) - F(0)}{T_0}\ , \qquad (8.11)$$

wobei $F(t)$ eine Stammfunktion von $f(t)$ ist, d.h. $F'(t) = f(t)$. Der Grenzübergang $T_0 \to 0$ führt auf den Differentialquotienten von $F(t)$ an der Stelle $t = 0$ und ergibt

$$\lim_{T_0 \to 0} \int\limits_{-\infty}^{\infty} f(t)x(t)\,dt = \lim_{T_0 \to 0} \frac{F(T_0) - F(0)}{T_0} = F'(t)\Big|_{t=0} = f(0)\,. \qquad (8.12)$$

Mit (8.9) erhalten wir

$$\boxed{\int\limits_{-\infty}^{\infty} f(t)\delta(t)\,dt = f(0)\,.} \qquad (8.13)$$

Diese Beziehung beschreibt die *Ausblendeigenschaft* des Delta-Impulses. Sie bedeutet, daß das Integral über das Produkt einer Funktion mit dem Delta-Impuls alle Funktionswerte $f(t)$ für $t \neq 0$ ausblendet und nur den Wert $f(0)$ beibehält. Dabei ist vorausgesetzt, daß $f(t)$ bei $t = 0$ stetig ist.

Bild 8.7 beschreibt diese Situation. Der Delta-Impuls ist durch einen Pfeil nach oben bei $t = 0$ dargestellt. Das soll heißen, daß $\delta(t)$ für $t \neq 0$ verschwindet und bei $t = 0$ über alle Grenzen wächst (vergl. (8.10)).

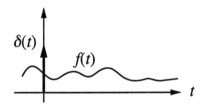

Bild 8.7: Ausblenden des Funktionswertes $f(0)$

Wenn $f(t) = 1 \quad \forall t$ gilt, folgt aus der Ausblendeigenschaft (8.13) sofort

$$\boxed{\int\limits_{-\infty}^{\infty} \delta(t)\,dt = 1\,.} \qquad (8.14)$$

Dieses Resultat leuchtet ein, wenn man sich den Delta-Impuls nach (8.9) als den Grenzwert von flächengleichen Rechtecken vorstellt. Man sagt auch, der Delta-Impuls hat die *Fläche* oder besser das *Gewicht* Eins.

Der Delta-Impuls kann nicht nur einen Wert bei $t = 0$ ausblenden, sondern auch an beliebigen anderen Stellen. Auf die gleiche Weise wie bei (8.11) bis (8.13) folgt

$$\int_{-\infty}^{\infty} f(t)\delta(t - t_0)\, dt = f(t_0)\,. \qquad (8.15)$$

Diese allgemeine Form der Ausblendeigenschaft zeigt Bild 8.8.

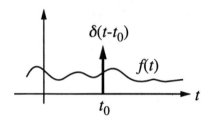

Bild 8.8: Ausblenden des Funktionswertes $f(t_0)$

Die Ausblendeigenschaft ist der wichtigste Teil der Definition des Delta-Impulses in der Distributionstheorie. Mit ihrer Hilfe lassen sich alle hier wichtigen Eigenschaften des Delta-Impulses zeigen.

8.3.3   Impulsantwort

Bevor wir weitere Eigenschaften des Delta-Impulses betrachten, fassen wir die bisherigen Ergebnisse zusammen. Sie erlauben es, die Frage 2 in Abschnitt 8.1 zu beantworten:

Es ist möglich, das RC-Glied nach Bild 8.1 so zu erregen, daß als Ausgangssignal die Zeitfunktion $h(t)$ erscheint. Das dazu notwendige Eingangssignal ist der Delta-Impuls $\delta(t)$. Man nennt daher $h(t)$ auch die *Impulsantwort* des RC-Glieds.

Die bisher so anonyme Zeitfunktion $h(t) = \mathcal{L}^{-1}\{H(s)\}$ entpuppt sich langsam als aussagekräftige Systemkenngröße. Zur weiteren Untersuchung ihrer Eigenschaften benötigen wir aber noch weitere Kenntnisse über den Delta-Impuls.

8.3.4   Rechenregeln für Delta-Impulse

Die folgende Herleitung von Rechenregeln für Delta-Impulse folgt zwei Grundsätzen.

- Der Delta-Impuls ist nur unter einem Integral erklärt. Seine Eigenschaften drücken sich in der durch die Ausblendeigenschaft beschriebenen Wirkung auf andere Zeitfunktionen aus.

- Die Rechenregeln für Delta-Impulse müssen konsistent sein mit den entsprechenden Regeln für gewöhnliche Funktionen.

Wir werden die Eigenschaften von Delta-Impulsen nun auf dieser Grundlage untersuchen. Eine andere Möglichkeit wäre die Rechnung mit Rechteckfunktionen der Breite T_0 und anschließender Grenzübergang $T_0 \to 0$, wie wir sie bei der Herleitung der Ausblendeigenschaft angewendet hatten (s. (8.11) bis (8.13)). Wegen der umständlichen Grenzwertbildung verzichten wir aber darauf und verwenden stattdessen die elegantere Ausblendeigenschaft.

8.3.4.1 Linearkombination von Delta-Impulsen

Die elementarste Eigenschaft von Delta-Impulsen ist ihr Verhalten bei Addition und Multiplikation mit Faktoren, d.h. bei Bildung von Ausdrücken der Form $a\delta(t) + b\delta(t)$. Wir untersuchen die Eigenschaften einer solchen Linearkombination von Delta-Impulsen durch Anwendung der Ausblendeigenschaft

$$\int\limits_{-\infty}^{\infty} [a\delta(t) + b\delta(t)]f(t)dt = a \int\limits_{-\infty}^{\infty} \delta(t)f(t)dt + b \int\limits_{-\infty}^{\infty} \delta(t)f(t)dt$$
$$= af(0) + bf(0) = (a + b)f(0) . \qquad (8.16)$$

Die Linearkombination $a\delta(t) + b\delta(t)$ wirkt also auf die Funktion $f(t)$ wie ein einzelner Delta-Impuls $(a + b)\delta(t)$ mit dem Gewicht $(a + b)$. Daher gilt

$$\boxed{a\delta(t) + b\delta(t) = (a + b)\delta(t) .} \qquad (8.17)$$

8.3.4.2 Skalierung der Zeitachse

Eine Skalierung der Zeitachse tritt auf beim Übergang auf eine andere Maßeinheit für die Zeit oder bei der Normierung auf eine Bezugszeit. Man könnte meinen, daß ein Delta-Impuls von solchen Operationen nicht beeinflußt wird, da er sowieso nur bei $t = 0$ vom Wert Null abweicht. Dieser Versuch, die Eigenschaften des Delta-Impulses aus seinem (entarteten) Zeitverlauf abzuleiten, führt aber in die Irre, wie die folgende Untersuchung mit Hilfe der Ausblendeigenschaft zeigt.

Zur Erklärung der Eigenschaften eines Delta-Impulses mit dem Argument at gehen wir von (8.13) aus und erhalten mit der Substitution $\tau = at$, $a \in \mathbb{R}$

$$\int\limits_{-\infty}^{\infty} \delta(at)f(t)dt = \frac{1}{|a|} \int\limits_{-\infty}^{\infty} \delta(\tau)f\left(\frac{\tau}{a}\right) d\tau = \frac{1}{|a|}f(0) . \qquad (8.18)$$

Die Notwendigkeit der Betragsstriche sieht man ein, wenn man die Substitution $\tau = at$ für verschiedene Vorzeichen von a durchführt.

Der Delta-Impuls $\delta(at)$ wirkt also auf die Funktion $f(t)$ wie ein Delta-Impuls $\frac{1}{|a|}\delta(t)$ mit dem Gewicht $\frac{1}{|a|}$. Daher gilt

$$\delta(at) = \frac{1}{|a|}\delta(t) \; . \tag{8.19}$$

Delta-Impulse mit Gewichtsfaktoren kennzeichnet man durch einen senkrechten Pfeil mit Angabe des entsprechenden Gewichts. Der skalierte Delta-Impuls aus (8.19) besitzt dann eine Darstellung nach Bild 8.9.

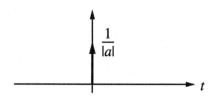

Bild 8.9: Skalierter Delta-Impuls

Aus (8.19) ergibt sich mit $a = -1$ unmittelbar, daß der Delta-Impuls gerade ist, also

$$\delta(t) = \delta(-t) \tag{8.20}$$

gilt.

8.3.4.3 Multiplikation mit einer stetigen Funktion

Aus der Ausblendeigenschaft folgt unmittelbar

$$\int\limits_{-\infty}^{\infty} f(t)\delta(t)dt = \int\limits_{-\infty}^{\infty} f(0)\delta(t)dt = f(0) \; . \tag{8.21}$$

Da alle Werte von $f(t)$ bei $t \neq 0$ ausgeblendet werden, entspricht die Multiplikation eines Delta-Impulses mit einer Funktion einer Gewichtung des Impulses mit dem Funktionswert bei $t = 0$.

$$f(t)\delta(t) = f(0)\delta(t) \tag{8.22}$$

Diese Aussage gilt – ebenso wie die Ausblendeigenschaft (8.13) – nur für Funktionen $f(t)$, die bei $t = 0$ stetig sind. Insbesondere ist das Produkt zweier Delta-Impulse $\delta(t) \cdot \delta(t)$ nicht zulässig.

8.3.4.4 Derivation

Die Untersuchung des Delta-Impulses mit der Ausblendeigenschaft läßt sich auf andere Eigenschaften ausdehnen, z.B. auf die Bildung der Ableitung. Die Differentiation von $\delta(t)$ durch Bildung des Differentialquotienten ist natürlich nicht möglich, da der Delta-Impuls nicht differenzierbar ist. Trotzdem kann man für Distributionen eine vergleichbare Operation einführen. Zur Unterscheidung von der Differentiation von gewöhnlichen (differenzierbaren) Funktionen spricht man bei Distributionen von *Derivation*.

Die Derivierte des Delta-Impulses bezeichnen wir ebenfalls mit dem Symbol für die Zeitableitung und schreiben $\dot{\delta}(t)$. Zur Erklärung, was darunter zu verstehen ist, machen wir wieder von der Ausblendeigenschaft Gebrauch. Unter dem Integral kann man die Ableitung von $\delta(t)$ durch partielle Integration auf die zugehörige stetige Funktion übertragen und so die Ausblendeigenschaft der noch nicht erklärten Funktion $\dot{\delta}(t)$ auf die Wirkung eines Delta-Impulses $\delta(t)$ zurückführen.

$$\int\limits_{-\infty}^{\infty} \dot{\delta}(t)f(t)dt = \delta(t)f(t)\Big|_{-\infty}^{\infty} - \int\limits_{-\infty}^{\infty} \delta(t)\dot{f}(t)dt = -\dot{f}(0) \ . \tag{8.23}$$

Da der Term $\delta(t)f(t)$ für $t \to \pm\infty$ verschwindet, bleibt nur die negative Ableitung von $f(t)$ bei $t = 0$ übrig. Wir können die Derivierte $\dot{\delta}(t)$ als Distribution deuten, die aus einer Funktion $f(t)$ mit Hilfe der Ausblendeigenschaft den Wert der Ableitung $-\dot{f}(0)$ bildet. Die Derivation von $\delta(t)$ zeigt sich daher in ihrer Wirkung auf die stetige Funktion $f(t)$.

Um uns $\dot{\delta}(t)$ zu veranschaulichen, können wir leider nicht auf den Grenzübergang anhand von Rechteckfunktionen zurückgreifen, da auch sie nicht differenzierbar sind. Andererseits hätten wir den Delta-Impuls auch durch Grenzübergang von anderen impulsförmigen Funktionen einführen können [11, 13]. Wir haben die Rechteckfunktion gewählt, weil sie eine besonders einfache Integration in (8.11) gestattet hat.

Den entsprechenden Grenzübergang ausgehend von einer glockenförmigen Impulsfunktion $d(t)$ mit der charakteristischen Breite T veranschaulicht der obere Teil von Bild 8.10. Im Gegensatz zur Rechteckfunktion kann von der Glockenfunktion die Ableitung $\dot{d}(t)$ gebildet werden. Der Grenzübergang für $T \to 0$ führt dann auf die Derivierte $\dot{\delta}(t)$ von $\delta(t)$ nach Bild 8.10 unten. Wegen der Form des Doppelimpulses nach oben und unten wird sie auch als Doublette bezeichnet [13]. Auch hier muß noch einmal betont werden, daß die graphischen Darstellungen der Distributionen durch Pfeile und Doppelpfeile auf der rechten Seite von Bild 8.10 nur zur Veranschaulichung dienen. Eine exakte Beschreibung von Distributionen ist nur anhand ihrer Wirkung auf gewöhnliche Funktionen möglich (s. (8.13) und (8.23)).

Auf die gleiche Weise wie die Distribution $\dot{\delta}(t)$ können auch höhere Derivierte $\delta^{(n)}(t)$ eingeführt werden. Sie bilden aus einer Funktion $f(t)$ jeweils die n-te

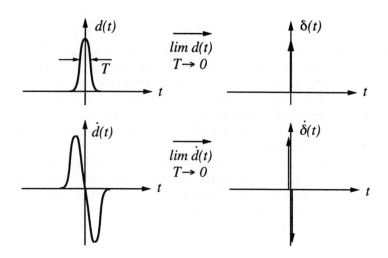

Bild 8.10: Graphische Veranschaulichung von $\dot{\delta}(t)$

Ableitung an der Stelle $t = 0$ (ggf. mit Vorzeichenwechsel)

$$\int_{-\infty}^{\infty} \delta^{(n)}(t)f(t)\,dt = (-1)^n f^{(n)}(0) \ . \tag{8.24}$$

Durch spezielle Wahl der Funktionen $f(t)$ erhält man verschiedene Zusammenhänge zwischen dem Delta-Impuls $\delta(t)$ und seinen Derivierten. Beispielsweise folgt aus (8.23) für $f(t) = -t$ durch Vergleich der Integranden die interessante Beziehung

$$\boxed{-t\dot{\delta}(t) = \delta(t) \ .} \tag{8.25}$$

Da $\delta(t)$ eine gerade verallgemeinerte Funktion ist und $-t$ eine ungerade Funktion, muß $\dot{\delta}(t)$ ungerade sein:

$$\boxed{\dot{\delta}(-t) = -\dot{\delta}(t) \ .} \tag{8.26}$$

Diese Eigenschaften hatten wir natürlich schon aufgrund von Bild 8.10 vermutet.

8.3.4.5 Integration

Nach der Derivation des Delta-Impulses betrachten wir die Integration als Umkehroperation

$$\int_{-\infty}^{t} \delta(\tau)d\tau = \int_{-\infty}^{\infty} \delta(\tau)\varepsilon(t - \tau)d\tau \ . \tag{8.27}$$

Die Einbeziehung der Sprungfunktion $\varepsilon(t)$ ermöglicht eine Formulierung des Integrals ohne variable Obergrenze. So können die in der Ausblendeigenschaft auftauchenden Integrale vertauscht werden, und es folgt

$$\int\limits_{-\infty}^{\infty} \left(\int\limits_{-\infty}^{t} \delta(\tau)\, d\tau \right) f(t)\, dt = \int\limits_{-\infty}^{\infty} \int\limits_{-\infty}^{\infty} \delta(\tau)\varepsilon(t-\tau)d\tau\, f(t)\, dt = \qquad (8.28)$$

$$= \int\limits_{-\infty}^{\infty} \delta(\tau) \int\limits_{-\infty}^{\infty} \varepsilon(t-\tau)f(t)\, dt d\tau = \int\limits_{-\infty}^{\infty} \delta(\tau) \int\limits_{\tau}^{\infty} f(t)\, dt d\tau = \int\limits_{0}^{\infty} f(t)\, dt \; .$$

Die gleiche Wirkung auf eine Funktion $f(t)$ erzielt man aber auch mit der Sprungfunktion $\varepsilon(t)$

$$\int\limits_{-\infty}^{\infty} \varepsilon(t)f(t)dt = \int\limits_{0}^{\infty} f(t)dt \; . \qquad (8.29)$$

Wir können daher das Integral über den Delta-Impuls $\delta(t)$ mit der Sprungfunktion $\varepsilon(t)$ identifizieren

$$\boxed{\int\limits_{-\infty}^{t} \delta(\tau)d\tau = \varepsilon(t) \; .} \qquad (8.30)$$

Umgekehrt ist auch der Delta-Impuls die Derivierte der Sprungfunktion

$$\boxed{\dot{\varepsilon}(t) = \delta(t) \; .} \qquad (8.31)$$

Bild 8.11 zeigt diese Beziehungen zwischen Delta-Impuls und Sprungfunktion.

Delta-Impuls $\delta(t)$ \qquad\qquad Sprungfunktion $\varepsilon(t)$

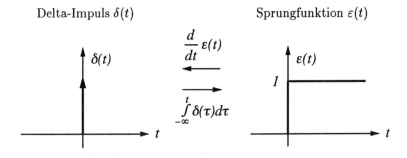

Bild 8.11: Delta-Funktion und Sprungfunktion

8.3.5 Anwendung von Delta-Impulsen

Die Rechenregeln, die wir bis jetzt kennengelernt haben, zeigen, daß man mit
Delta-Impulsen ganz ähnlich rechnen kann wie mit gewöhnlichen Funktionen. Es
ist daher zweckmäßig, die gewöhnlichen Funktionen um den Delta-Impuls und
andere verallgemeinerte Funktionen (z.B. $\dot{\delta}(t)$) zu ergänzen. Mit diesem erweiterten
Repertoire an Funktionen lassen sich viele Probleme auf elegante Weise lösen,
die bei ausschließlicher Anwendung gewöhnlicher Funktionen nur umständlich zu
behandeln sind. Wir sehen uns dazu zwei Beispiele an.

———————————————————————————————————— **Beispiel 8.3**

Bild 8.12 zeigt oben links ein Signal $x(t)$, das an einer Stelle unstetig und daher
auch nicht differenzierbar ist. Die Bildung einer Ableitung ist daher mit herkömmlichen Mitteln nicht möglich. Wenn der rechtsseitige und der linksseitige Grenzwert
des Differentialquotienten (nicht der Funktion selbst!) an der Unstetigkeitsstelle
gleich sind, kann man das Signal $x(t)$ jedoch in die Summe aus einem differenzierbaren Signal und einer Sprungfunktion zerlegen (Bild 8.12 oben rechts). Die
Sprunghöhe a entspricht der Differenz an der Unstetigkeitsstelle von $x(t)$. Durch
Differentiation des glatten Anteils bzw. Derivation der Sprungfunktion erhält man
die Ableitung des glatten Anteils bzw. einen Delta-Impuls mit dem Gewicht a
(Bild 8.12 unten rechts). Beide Anteile zusammengesetzt geben die Derivierte des
unstetigen Signals, das keine Ableitung im herkömmlichen Sinn besitzt. Die Unstetigkeitsstelle mit der Sprunghöhe a zeigt sich in der Derivierten als Delta-Impuls
mit dem Gewicht a (Bild 8.12 unten links).

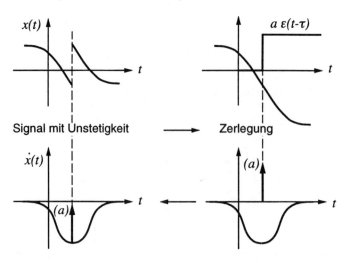

Bild 8.12: Zerlegung von Signalen mit Unstetigkeiten

Die Bewegungsgleichung eines Pucks, der reibungsfrei auf einer Eisfläche glei-
tet, folgt direkt aus der Beziehung Kraft = Masse · Beschleunigung zu

$$\ddot{y}(t) = \frac{1}{m} x(t) \ . \tag{8.32}$$

Dabei ist $x(t)$ die auf den Puck wirkende Kraft, m seine Masse und $y(t)$ der
zurückgelegte Weg (s. Bild 8.13). Sowohl Kraft als auch Weg sind zeitabhängige
Größen.

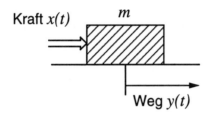

Bild 8.13: Gleitender Puck auf Eisfläche

Wenn der Puck zum Zeitpunkt $t = 0$ mit einem Eishockeyschläger in
gleichförmige Bewegung versetzt wird, nimmt der zurückgelegte Weg proportional
mit der Zeit zu (Bild 8.14 oben). Die Kraft könnten wir nach (8.32) durch zweima-
lige Differentiation des Wegs bekommen, wenn $y(t)$ differenzierbar wäre. Wegen
des Knicks bei $t = 0$ ist das aber nicht der Fall. Hier helfen wieder die verallgemeinerten Funktionen. Durch Derivation des Wegs erhält man die Geschwindigkeit
in Gestalt einer Sprungfunktion. Nochmalige Derivation führt auf die Kraft $x(t)$
in Gestalt eines Delta-Impulses. Der Delta-Impuls ist hier die Idealisierung des
kurzzeitigen Stoßes durch den Schläger.

8.4 Faltung

Nachdem wir den Delta-Impuls ausführlich kennengelernt haben, wenden wir uns
wieder der Beantwortung der restlichen beiden Fragen aus Abschnitt 8.1 zu. Dabei
wird die in Abschnitt 8.3.3 kurz eingeführte Impulsantwort eine wichtige Rolle
spielen.

8.4.1 Systembeschreibung durch Impulsantwort

In Kapitel 3 hatten wir uns zum ersten Mal mit der Beschreibung der Übertragungseigenschaften von LTI-Systemen beschäftigt. Allein mit den Definitionen

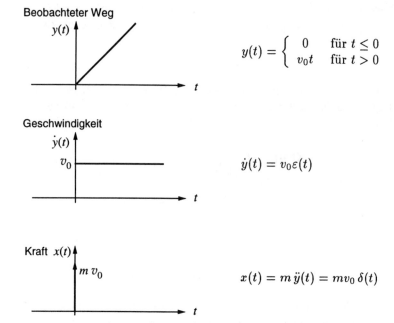

$$y(t) = \left\{ \begin{array}{ll} 0 & \text{für } t \leq 0 \\ v_0 t & \text{für } t > 0 \end{array} \right.$$

$$\dot{y}(t) = v_0 \varepsilon(t)$$

$$x(t) = m\,\ddot{y}(t) = mv_0\,\delta(t)$$

Bild 8.14: Zurückgelegter Weg, Geschwindigkeit und eingesetzte Kraft beim angestoßenen Puck

der Begriffe Linearität und Zeitinvarianz konnten wir zeigen, daß Funktionen der Form e^{st} Eigenfunktionen von LTI-Systemen sind. Diese Überlegung führte direkt zur Systemfunktion als Beschreibungsform von LTI-Systemen im Frequenzbereich.

Nachdem wir die Zeitfunktion $h(t) = \mathcal{L}^{-1}\{H(s)\}$ als weitere Systemkenngröße identifiziert und als Systemreaktion auf einen Delta-Impuls gedeutet haben, können wir eine zu (8.1) äquivalente Beziehung im Zeitbereich herleiten. Dazu verwenden wir nur

- die Impulsantwort $h(t)$ eines LTI-Systems,

- die Ausblendeigenschaft des Delta-Impulses,

- die Definitionen der Begriffe Linearität und Zeitinvarianz.

Die Ergebnisse gelten dann allgemein und nicht nur für das in Abschnitt 8.2 als Einführung betrachtete RC-Netzwerk.

Wir gehen aus von einem LTI-System mit bekannter Impulsantwort $h(t)$ und wollen zeigen,

- daß die Impulsantwort $h(t)$ ausreicht, um die Reaktion auf beliebige Eingangssignale zu beschreiben,

- wie die Beziehung zwischen Eingangssignal und Ausgangssignal im Zeitbereich aussieht.

Zunächst beschreiben wir das LTI-System allgemein durch seine Reaktion auf ein Eingangssignal

$$y(t) = \mathcal{S}\{x(t)\}\,. \tag{8.33}$$

Speziell gilt für Erregung mit einem Delta-Impuls

$$h(t) = \mathcal{S}\{\delta(t)\}\,. \tag{8.34}$$

Dann verwenden wir die Ausblendeigenschaft (8.15) in Verbindung mit (8.20), um das Eingangssignal durch sich selbst auszudrücken

$$x(t) = \int\limits_{-\infty}^{\infty} x(\tau)\delta(t - \tau)d\tau\,. \tag{8.35}$$

Mit (8.33) folgt für das Ausgangssignal

$$y(t) = \mathcal{S}\left\{\int\limits_{-\infty}^{\infty} x(\tau)\delta(t - \tau)d\tau\right\}\,. \tag{8.36}$$

Im Integral hängt nur $\delta(t - \tau)$ von t ab; die Werte $x(\tau)$ sind bezüglich t nur Gewichtsfaktoren. Wegen der Linearität des Systems gilt daher

$$y(t) = \int\limits_{-\infty}^{\infty} x(\tau)\mathcal{S}\{\delta(t - \tau)\}d\tau\,. \tag{8.37}$$

Schließlich folgt aus der Zeitinvarianz und (8.34)

$$y(t) = \int\limits_{-\infty}^{\infty} x(\tau)h(t - \tau)d\tau\,. \tag{8.38}$$

Damit ist das gesteckte Ziel erreicht, denn (8.38) zeigt, wie allein aus der Kenntnis der Impulsantwort eines LTI-Systems die Reaktion auf beliebige Eingangssignale $x(t)$ berechnet werden kann.

Die Verknüpfung zweier Zeitfunktionen $f(t)$ und $g(t)$ nach (8.38) wird *Faltung* genannt und mit * bezeichnet.

$$\boxed{\int\limits_{-\infty}^{\infty} f(\tau)g(t - \tau)d\tau = f(t) * g(t)}$$

Mit der Substitution $\tau' = t - \tau$ zeigt man leicht, daß die Faltung kommutativ ist

$$f(t) * g(t) = g(t) * f(t) \; .$$

8.4.2   Impulsantwort und Systemfunktion

Die Antwort auf die Frage 4 in Abschnitt 8.1 lautet jetzt: So wie man im Frequenzbereich die Transformierte des Ausgangssignals $Y(s)$ eines Systems durch Multiplikation der Transformierten des Eingangssignals mit der Systemfunktion $H(s)$ erhält, berechnet man im Zeitbereich das Ausgangssignal durch Faltung des Eingangssignals mit der Impulsantwort.

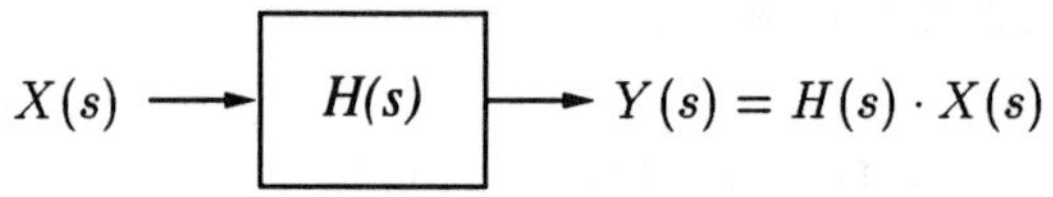

$$X(s) \longrightarrow \boxed{H(s)} \longrightarrow Y(s) = H(s) \cdot X(s)$$

Bild 8.15: System im Frequenzbereich

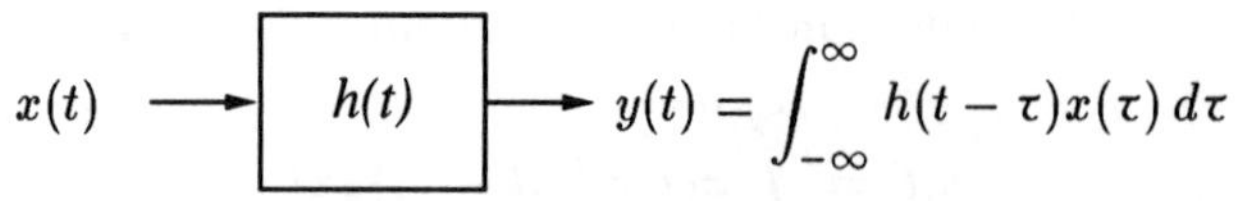

$$x(t) \longrightarrow \boxed{h(t)} \longrightarrow y(t) = \int_{-\infty}^{\infty} h(t - \tau)x(\tau)\,d\tau$$

Bild 8.16: System im Zeitbereich

Die Bilder 8.15 und 8.16 zeigen die Äquivalenz von Multiplikation mit der Systemfunktion im Frequenzbereich und Faltung mit der Impulsantwort im Zeitbereich. Diesen Zusammenhang können wir auch formal zeigen. Aus der Faltungsbeziehung

$$\boxed{y(t) = h(t) * x(t) = \int_{-\infty}^{\infty} h(t - \tau)x(\tau)\,d\tau} \tag{8.39}$$

folgt durch Anwendung der Laplace-Transformation, Vertauschen der Integrale und neue Zusammenfassung der Terme die bereits bekannte Beziehung im Frequenzbereich.

$$\mathcal{L}\{y(t)\} \;=\; \int_{-\infty}^{\infty} \left[\int_{-\infty}^{\infty} h(t - \tau)x(\tau)\,d\tau \right] e^{-st}\,dt$$

$$= \int_{-\infty}^{\infty} \int_{-\infty}^{\infty} h(t-\tau) e^{-st}\, dt\, x(\tau)\, d\tau$$

$$= \int_{-\infty}^{\infty} H(s) e^{-s\tau} x(\tau)\, d\tau = H(s) \int_{-\infty}^{\infty} e^{-st} x(t)\, dt = H(s) \cdot X(s)$$

$$(8.40)$$

Wir haben damit den *Faltungssatz* der Laplace-Transformation bewiesen:

$$\boxed{h(t) * x(t) \qquad \circ\!\!-\!\!\bullet \qquad H(s)X(s)\,, \quad s \in \mathrm{Kb}\{h*x\} \supseteq \mathrm{Kb}\{x\} \cap \mathrm{Kb}\{h\}\,.}$$

$$(8.41)$$

Er gilt nicht nur, wenn $h(t)$ eine Impulsantwort und $x(t)$ ein Eingangssignal ist, sondern allgemein für alle Paare von Zeitfunktionen, deren Laplace–Transformierte existieren.

Der Konvergenzbereich des Faltungsproduktes $\mathrm{Kb}\{h*x\}$ ist der Durchschnitt der Konvergenzbereiche $\mathrm{Kb}\{x\}$ und $\mathrm{Kb}\{h\}$. Die beiden Konvergenzbereiche müssen sich also überlappen, damit die Laplace-Transformierte des Faltungsproduktes existiert. In (8.40) hatten wir stillschweigend vorausgesetzt, daß die komplexe Frequenzvariable s nur solche Werte annimmt, für die sowohl $X(s)$ als auch $H(s)$ existieren. Der Konvergenzbereich $\mathrm{Kb}\{h*x\}$ kann aber auch größer als der Überlappungsbereich von $\mathrm{Kb}\{x\}$ und $\mathrm{Kb}\{h\}$ sein, wenn z.B. Pole durch Nullstellen aufgehoben werden. Die Nichtexistenz von $\mathcal{L}\{h(t)*x(t)\}$ bedeutet oft, daß das Faltungsprodukt (8.38) selbst nicht existiert. (8.38) ist ja ein uneigentliches Integral, das nur unter bestimmten Voraussetzungen konvergiert.

Der zur Systemfunktion $H(s)$ gehörige Konvergenzbereich $\mathrm{Kb}\{h\}$, dem wir bisher kaum Beachtung geschenkt haben, ergibt sich aus dem Zusammenhang zwischen Impulsantwort und Systemfunktion, den wir hier noch einmal ausschreiben:

$$H(s) = \mathcal{L}\{h(t)\}\,. \tag{8.42}$$

Es gelten also alle im Abschnitt 4.5.3 für den Konvergenzbereich der zweiseitigen Laplace-Transformation aufgestellten Regeln, die hier nicht wiederholt werden müssen.

Eine interessante Folgerung aus dem Faltungssatz (8.41) erhalten wir, wenn für $x(t)$ ein Delta-Impuls eingesetzt wird.

$$h(t) * \delta(t) \circ\!\!-\!\!\bullet H(s)\mathcal{L}\{\delta(t)\} \tag{8.43}$$

Da aber $h(t) * \delta(t) = h(t)$ ist, muß gelten

$$\boxed{\mathcal{L}\{\delta(t)\} = 1\,.} \tag{8.44}$$

Das bestätigt man sofort mit der Ausblendeigenschaft

$$\mathcal{L}\{\delta(t)\} = \int_{-\infty}^{\infty} \delta(t)\, e^{-st}\, dt = 1, \qquad \mathrm{Kb} = \mathbb{C}\,. \tag{8.45}$$

Der Konvergenzbereich umfaßt die ganze komplexe Ebene, da der Delta-Impuls ein Signal endlicher Dauer ist.

So wie die Zahl 1 das Eins-Element der Multiplikation ist, ist daher der Delta-Impuls das Eins-Element der Faltung. Bild 8.17 verdeutlicht diesen Zusammenhang.

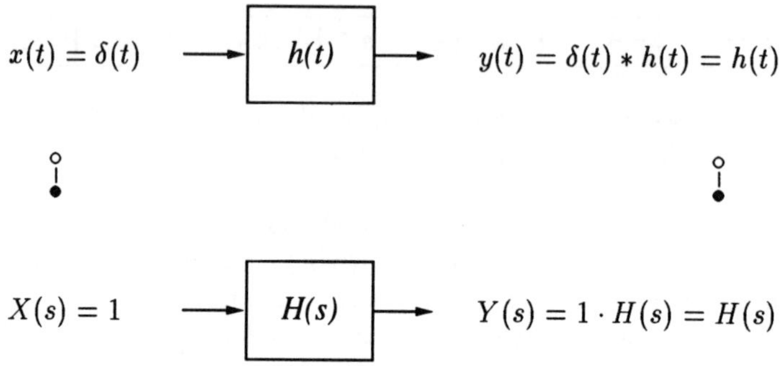

$$x(t) = \delta(t) \longrightarrow \boxed{h(t)} \longrightarrow y(t) = \delta(t) * h(t) = h(t)$$

$$X(s) = 1 \longrightarrow \boxed{H(s)} \longrightarrow Y(s) = 1 \cdot H(s) = H(s)$$

Bild 8.17: LTI-System mit Delta-Impuls als Eingangsfunktion

Mit dem Faltungssatz können wir uns auch leicht bestätigen, daß e^{st} Eigenfunktion von LTI-Systemen ist. In Kapitel 3 hatten wir diese Eigenschaft schon aus den Begriffen Linearität und Zeitinvarianz hergeleitet. Für $x(t) = e^{st}$ lautet die Faltungsgleichung

$$y(t) = \int_{-\infty}^{\infty} h(\tau) \, e^{s(t-\tau)} \, d\tau = e^{st} \int_{-\infty}^{\infty} h(\tau) \, e^{-s\tau} \, d\tau = e^{st} H(s) \,, \quad s \in \text{Kb}\{h\} \,.$$

(8.46)

Die Reaktion auf eine Exponentialfunktion ist ebenfalls eine Exponentialfunktion, multipliziert mit der Systemfunktion $H(s)$. Das Faltungsintegral konvergiert offenbar gerade dann, wenn die komplexe Frequenz s des Eingangssignals $x(t)$ im Konvergenzbereich der Systemfunktion liegt.

8.4.3   Berechnung des Faltungsintegrals

Die Berechnung des Faltungsintegrals (8.39) erfordert einige Übung. Besonders wichtig ist es, sich über den Unterschied der Zeitvariablen t und der Integrationsvariablen τ in (8.39) klar zu werden. Wir behandeln daher ausführlich ein einfaches Beispiel und berechnen die Reaktion eines RC-Netzwerkes auf einen Rechteckimpuls. In Abschnitt 8.2.2 hatten wir dieses Problem bereits im Frequenzbereich gelöst und das im Bild 8.4 gezeigte Ergebnis (8.7) erhalten. Jetzt bleiben wir im Zeitbereich und nehmen den Faltungssatz (8.39) zu Hilfe.

Als erstes betrachten wir die Zeitfunktion $h(t)$ aus Bild 8.2, von der wir jetzt wissen, daß sie die Impulsantwort darstellt. In Bild 8.18 oben ist $h(\tau)$ über der Integrationsvariablen τ aufgetragen. Um sie auf die Form $h(t-\tau)$ aus (8.39) zu bringen, müssen wir zuerst die rechtsseitige Zeitfunktion $h(\tau)$ nach links umklappen $(h(-\tau))$ und um den Parameter t verschieben $(h(t-\tau))$. Bild 8.18 Mitte zeigt das Ergebnis für verschiedene Werte von t. Dabei ist zu beachten, daß t während der Integration über τ einen festen Wert darstellt. Eine Abhängigkeit des Ergebnisses $y(t)$ von t tritt erst dadurch ein, daß das Faltungsintegral für viele Werte von t berechnet wird.

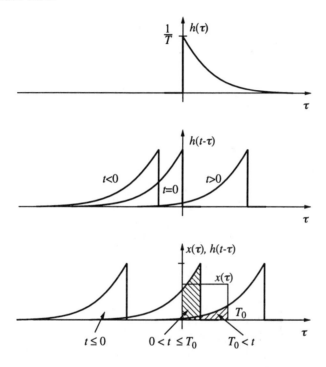

Bild 8.18: Berechnung des Faltungsintegrals

Den Integranden $h(t-\tau)x(\tau)$ erhalten wir durch Multiplikation mit $x(\tau)$. Wegen der Rechteckgestalt von $x(\tau)$ kann das Integral nur für $0 \leq \tau \leq T_0$ von Null verschiedene Werte annehmen. Dabei sind hier drei Fälle zu unterscheiden (Bild 8.18 unten).

- Für $t \leq 0$ gibt es keine Überlappung zwischen $h(t-\tau)$ und $x(\tau)$. Das Produkt $h(t-\tau)x(\tau)$ und ebenso das Integral haben den Wert Null.

- Für $0 < t < T_0$ überdecken sich $h(t-\tau)$ und $x(\tau)$ teilweise, so daß die Obergrenze des Integrals von t abhängt. Das Ergebnis lautet

$$y(t) = \int_0^t h(t-\tau)\frac{1}{T_0}\,d\tau = \frac{1}{T_0}\int_0^t \frac{1}{T}e^{-(t-\tau)/T}\,d\tau =$$

$$= \frac{1}{T_0}\frac{1}{T}e^{-t/T}\int_0^t e^{\tau/T}\,d\tau =$$

$$= \frac{1}{T_0}\frac{1}{T}e^{-t/T}Te^{\tau/T}\Big|_0^t = \frac{1}{T_0}\left[1-e^{-t/T}\right]\ . \tag{8.47}$$

- Für $T_0 \leq t$ überdecken sich $h(t-\tau)$ und $x(\tau)$ ganz und die Integration ist von 0 bis T_0 zu erstrecken. Man erhält

$$y(t) = \int_0^{T_0} h(t-\tau)\frac{1}{T_0}\,d\tau = \frac{1}{T_0}\int_0^{T_0} \frac{1}{T}e^{-(t-\tau)/T}\,d\tau =$$

$$= \frac{1}{T_0}\frac{1}{T}e^{-t/T}\int_0^{T_0} e^{\tau/T}\,d\tau =$$

$$= \frac{1}{T_0}\frac{1}{T}e^{-t/T}Te^{\tau/T}\Big|_0^{T_0} = \frac{1}{T_0}\left[e^{-T_0/T}-1\right]e^{-t/T}\ . \tag{8.48}$$

Zusammengefaßt lautet das Resultat der Faltung

$$y(t) = \frac{1}{T_0}\left[1-e^{-t/T}\right]\varepsilon(t) - \frac{1}{T_0}\left[1-e^{-(t-T_0)/T}\right]\varepsilon(t-T_0) =$$

$$= \begin{cases} \dfrac{1}{T_0}\left[1-e^{-t/T}\right] & 0 \leq t < T_0 \\[2mm] \dfrac{1}{T_0}\left[e^{T_0/T}-1\right]e^{-t/T} & T_0 \leq t \\[2mm] 0 & \text{sonst} \end{cases} \tag{8.49}$$

so wie wir es auch in (8.7) aus der Rechnung im Frequenzbereich erhalten haben. Wegen der Fallunterscheidungen ist die Auswertung des Faltungsintegrals im Zeitbereich schon für den hier betrachteten einfachen Fall wesentlich mühsamer.

8.4.4 Impulsantworten spezieller Systeme

Nachdem wir die Zusammenhänge zwischen der Systemfunktion $H(s)$ im Frequenzbereich und der Impulsantwort $h(t)$ im Zeitbereich allgemein untersucht haben, betrachten wir die Impulsantworten von speziellen Systemen.

8.4.4.1 Integrierer

Zunächst stellen wir uns die Frage nach den Eigenschaften eines Systems, das als Impulsantwort die Sprungfunktion $\varepsilon(t)$ hat. Aus der Faltung von $\varepsilon(t)$ und $x(t)$ folgt nach (8.39) das Ausgangssignal

$$y(t) = \varepsilon(t) * x(t) = \int\limits_{-\infty}^{\infty} \varepsilon(t-\tau)x(\tau)\,d\tau \ . \tag{8.50}$$

Wegen

$$\varepsilon(\tau) = \left\{ \begin{array}{ll} 1 & \tau \geq 0 \\ 0 & \tau < 0 \end{array} \right. \quad \text{und} \quad \varepsilon(t-\tau) = \left\{ \begin{array}{ll} 1 & \tau \leq t \\ 0 & t < \tau \end{array} \right. \tag{8.51}$$

können wir die Sprungfunktion unter dem Integral in (8.50) auch weglassen und stattdessen das Integral nur über die Werte von τ erstrecken, für die $\varepsilon(t-\tau)=1$ ist, d.h. über $-\infty < \tau \leq t$. Dabei ist wieder zu beachten, daß für die Integration über τ die Zeit t als fester Parameter anzusehen ist. Wir erhalten so die Systembeschreibung

$$\boxed{y(t) = \varepsilon(t) * x(t) = \int\limits_{-\infty}^{t} x(\tau)\,d\tau \ .} \tag{8.52}$$

Ein System mit der Sprungantwort $\varepsilon(t)$ als Impulsantwort führt also eine Integration des Eingangssignals durch oder kurz gesagt: es ist ein Integrierer.

Dieses Ergebnis deckt sich auch mit unserer Beobachtung aus Abschnitt 8.3.4.5, in dem wir festgestellt hatten, daß die Sprungfunktion das Integral über den Delta-Impuls ist (8.30). Bild 8.19 zeigt das Blockdiagramm eines Integrierers und seine Reaktion auf einen Delta-Impuls am Eingang. Der Faltungssatz (8.41) lautet für

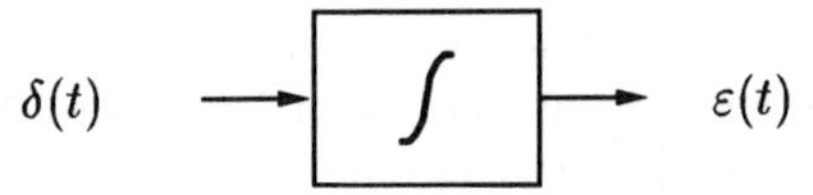

Bild 8.19: Ein Integrierer reagiert auf einen Delta-Impuls mit einer Sprungfunktion.

$h(t) = \varepsilon(t)$

$$\boxed{\varepsilon(t) * x(t) \quad \circ\!\!-\!\!\bullet \quad \frac{1}{s} X(s), \quad s \in \text{Kb} \supseteq \text{Kb}\{x\} \cap \{s : Re\{b\} > 0\} \ .} \tag{8.53}$$

Dies entspricht dem Integrationssatz der Laplace-Transformation (4.27). Die Übertragungsfunktion des Integrierers lautet entsprechend

$$H(s) = \mathcal{L}\{\varepsilon(t)\} = \frac{1}{s} \ , \quad Re\{s\} > 0 \ . \tag{8.54}$$

8.4.4.2 Differenzierer

Im Abschnitt 8.3.4.4 hatten wir $\dot{\delta}(t)$ als zeitliche Ableitung des Delta-Impulses kennengelernt. Deshalb vermuten wir, daß $\dot{\delta}(t)$ die Impulsantwort eines Differenzierers ist. Daß dies zutrifft, können wir bestätigen, wenn wir ein Eingangssignal $x(t)$ mit der vermuteten Impulsantwort falten:

$$
\begin{aligned}
y(t) &= \dot{\delta}(t) * x(t) = \int\limits_{-\infty}^{\infty} \dot{\delta}(t-\tau)x(\tau)d\tau \\
&= -\int\limits_{-\infty}^{\infty} \dot{\delta}(\tau-t)x(\tau)d\tau = \dot{x}(t)
\end{aligned}
\tag{8.55}
$$

In (8.55) haben wir die Ausblendeigenschaft von $\dot{\delta}(t)$ (8.23) ausgenutzt sowie die Ungeradheit von $\dot{\delta}(t)$ (8.26). Die Faltung mit der Impulsantwort $\dot{\delta}(t)$ ergibt also die zeitliche Ableitung einer Funktion!

Die zu einem Differenzierer gehörige Systemfunktion ergibt sich als

$$
H(s) = \mathcal{L}\{\dot{\delta}(t)\} = \int\limits_{-\infty}^{\infty} \dot{\delta}(t)e^{-st}dt = s, \quad s \in \mathbb{C}. \tag{8.56}
$$

Damit können wir den Differentiationssatz der Laplace-Transformation (4.26) direkt als Sonderfall des Faltungssatzes (8.41) hinschreiben:

$$
\boxed{\dot{x}(t) = \dot{\delta}(t) * x(t) \quad \circ\!\!-\!\!\bullet \quad sX(s), \quad s \in \text{Kb} \supseteq \text{Kb}\{x\}.} \tag{8.57}
$$

Interessanterweise können wir (8.57) auch auf stückweise glatte Signale $x(t)$ oder Distributionen anwenden, wenn wir $\dot{x}(t)$ als Deriverte von $x(t)$ auffassen, die Sprünge, Delta-Impulse und Ableitungen von Delta-Impulsen enthalten darf. Damit können wir auf die gesonderte Berücksichtigung des Anfangswertes $x(0+)$ im Differentiationssatz für rechtsseitige Signale (4.34) oder der Sprungstellen im Differentiationssatz (4.41) verzichten. Das folgende Beispiel illustriert dies.

─── **Beispiel 8.5**

Wir berechnen noch einmal die Laplace-Transformierte des Dreiecksimpulses (Beispiel 4.10). Dazu bilden wir die zweite Deriverte von $x(t)$.

$$
\dot{x}(t) = x(t) * \dot{\delta}(t) = \frac{1}{(2T)^2}\varepsilon(t-2T) - \frac{2}{(2T)^2}\varepsilon(t) + \frac{1}{(2T)^2}\varepsilon(t+2T)
$$

$$
\ddot{x}(t) = \dot{x}(t) * \dot{\delta}(t) = \frac{1}{(2T)^2}\delta(t-2T) - \frac{2}{(2T)^2}\delta(t) + \frac{1}{(2T)^2}\delta(t+2T)
$$

Laplace-Transformation ergibt:

$$s^2 X(s) = \frac{1}{(2T)^2}\left(e^{2sT} - 2 + e^{-2sT}\right) = \frac{1}{(2T)^2}\left[e^{sT} - e^{-sT}\right]^2 .$$

Das Ergebnis

$$X(s) = \left[\frac{\sinh(sT)}{sT}\right]^2$$

folgt unmittelbar und entspricht (4.45).

$\blacksquare$

8.4.4.3 Verzögerungsglieder

Ein Verzögerungsglied ist ein System, das das Eingangssignal am Ausgang um eine feste Zeit t_0 verzögert wieder bereitstellt. Abgesehen von dieser Verzögerung bleibt das Signal unverändert. Da diese Systemeigenschaft auch für Delta–Impulse gilt, muß die Impulsantwort als Reaktion auf einen Delta–Impuls ein um t_0 verzögerter Delta–Impuls sein (s. Bild 8.20)

$$h(t) = \delta(t - t_0) . \tag{8.58}$$

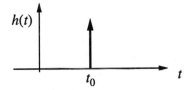

Bild 8.20: Impulsantwort eines Verzögerungsgliedes

Daß ein LTI-System mit dieser Impulsantwort auch alle anderen Eingangssignale um t_0 verzögert, folgt sofort aus der Ausblendeigenschaft und der Faltung

$$y(t) = \delta(t - t_0) * x(t) = \int\limits_{-\infty}^{\infty} \delta(t - \tau - t_0)x(\tau)\,d\tau = x(t - t_0) . \tag{8.59}$$

Dieser Zusammenhang ist im Bild 8.21 dargestellt.

Zu einem Verzögerungsglied gehört die Systemfunktion

$$H(s) = \mathcal{L}\{\delta(t - t_0)\} = \int\limits_{-\infty}^{\infty} \delta(t - t_0)e^{-st}dt = e^{-st_0} , \quad s \in \mathbb{C}. \tag{8.60}$$

Damit können wir, wie vorher schon den Integrationssatz und den Differentiationssatz, nun auch den Verschiebungssatz der Laplace-Transformation (4.22) als Sonderfall des Faltungssatzes (8.41) auffassen. Die Systemfunktion (8.60) ist übrigens keine gebrochen rationale Funktion. Das hängt damit zusammen, daß sich ein ideales Verzögerungsglied nicht mit einer endlichen Anzahl von Energiespeichern und damit einer endlichen Anzahl innerer Zustände realisieren läßt.

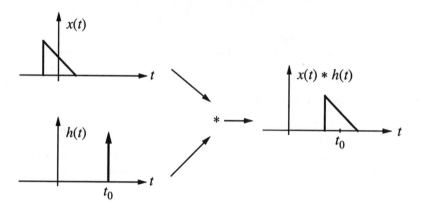

Bild 8.21: Faltung mit einem verschobenen Delta-Impuls

Ein System kann auch aus der Parallelschaltung mehrerer Verzögerungsglieder bestehen. Man kann so beispielsweise die Ausbreitung von Schallwellen oder elektromagnetischen Wellen mit mehrfachen Echos in idealisierter Weise beschreiben. Jedes einzelne Echo wird durch ein Verzögerungsglied repräsentiert, dessen Verzögerung der Signallaufzeit entspricht. Die unterschiedliche Dämpfung kann durch entsprechende Gewichtsfaktoren bei den Delta-Impulsen modelliert werden.

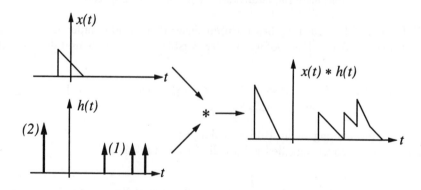

Bild 8.22: Faltung mit mehreren verschobenen Delta-Impulsen

Bild 8.22 zeigt die Impulsantwort eines solchen Systems und das Ergebnis der Faltung mit einem dreieckförmigen Eingangssignal $x(t)$. Dabei entspricht dem Impuls mit dem Gewicht 2 eine negative Verzögerung. Das ist bei der Wellenausbreitung natürlich nicht möglich und könnte allenfalls durch unterschiedliche Wahl des Zeitnullpunktes beim Ein- und Ausgangssignal erklärt werden. In diesem Beispiel soll damit nur gezeigt werden, daß die Systemtheorie problemlos auch idealisierte, physikalisch nicht realisierbare Systeme beschreiben kann.

In Kapitel 11 werden wir uns mit der Abtastung kontinuierlicher Signale beschäftigen. Eine wichtige Rolle wird dabei die Faltung mit einem Impulskamm spielen, der als eine Überlagerung verzögerter Einzelimpulse aufgefaßt werden kann. Die Verzögerungszeiten sind jeweils Vielfache einer Grundverzögerung T, dem Abtastintervall. Der Impulskamm kann so als verallgemeinerte Funktion geschrieben werden

$$\sum_{i=-\infty}^{\infty} \delta(t - iT) \ . \tag{8.61}$$

Der Name kommt von der Ähnlichkeit der graphischen Darstellung mit den Zinken eines Kamms (s. Bild 8.23 unten links). Die Faltung eines Signals $x(t)$ mit einem solchen Kamm führt zu einer periodischen Fortsetzung von $x(t)$ mit der Periode T (s. Bild 8.23).

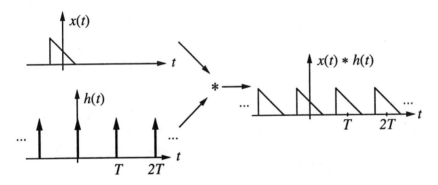

Bild 8.23: Faltung mit Impulskamm

8.4.4.4 Bausteine der Regelungstechnik

Das Prinzip der Systemtheorie, Systeme nicht durch ihre Realisierung, sondern durch Kenngrößen ihres Ein-Ausgangsverhaltens (Systemfunktion, Impulsantwort, Sprungantwort) zu beschreiben, wird in der Regelungstechnik schon sehr lange angewandt. Regelungsverfahren wurden zunächst (angefangen bei den Dampfmaschinen) in den einzelnen Anwendungsbereichen getrennt entwickelt (Maschinenbau, Elektrotechnik, chemische Verfahrenstechnik, u.a.). Bald erkannte man, daß sich die Regelungsverfahren für ganz unterschiedliche Probleme vom Prinzip her gleichen. Man suchte daher nach Beschreibungsmöglichkeiten, die von der jeweiligen Realisierung abstrahieren und nur die wesentlichen Beziehungen zwischen Ursache und Wirkung darstellen.

Traditionell verwendet man in der Regelungstechnik zur Charakterisierung von LTI-Systemen die Sprungantwort anstelle der Impulsantwort. Das liegt zum einen daran, daß die Theorie der Distributionen erst später entwickelt wurde. Zum anderen ist die Sprungantwort meßtechnisch leichter zu beherrschen als die Impulsantwort. Das ist verständlich, denn nicht jedes empfindliche technische oder gar biologische System hält einen kräftigen Stoß (als Näherung für einen Delta–Impuls) so klaglos aus wie der Puck von Bild 8.13.

Die wichtigsten Bausteine der Regelungstechnik sind in Bild 8.24 zusammengestellt. Die graphischen Symbole kennzeichnen jeweils den grundsätzlichen Verlauf der Sprungantwort. Daneben stehen die Formeln für die Impulsantworten.

Das I-Glied ist ein Integrierer mit einem Vorfaktor. Er reagiert auf einen Sprung mit einer stetig ansteigenden Rampe. Seine Impulsantwort ist eine skalierte Sprungfunktion. Das I-Glied kennzeichnet Systeme mit einem Speichervermögen (Behälter aller Art, elektrische Kondensatoren, u.a.).

Das P-Glied ist ein Multiplizierer, der einfach durch Angabe des Faktors gekennzeichnet wird. Seine Impulsantwort ist ein skalierter Impuls.

Ein PI-Glied besteht aus der Parallelanordnung eines P- und eines I-Gliedes. Dementsprechend sind die Sprung- und Impulsantwort die Summen der entsprechenden Funktionen von P- und I-Glied.

Ein PT_1-Glied realisiert eine Differentialgleichung der Form

$$\dot{y}(t) + \frac{1}{T}y(t) = x(t) \ . \tag{8.62}$$

Ein Beispiel ist das RC-Netzwerk aus Bild 8.1 (bis auf einen konstanten Faktor). Die Sprungantwort geht exponentiell gegen einen Endwert, der von der Zeitkonstante T abhängt. Die Impulsantwort ist eine abfallende Exponentialfunktion.

Ein DT_1-Glied realisiert die Differentialgleichung

$$\dot{y}(t) + \frac{1}{T}y(t) = \dot{x}(t) \ . \tag{8.63}$$

Ein Beispiel ist das RC-Netzwerk aus Bild 6.3 mit der Sprungantwort nach Bild 6.5.

8.4.5   Kombination einfacher LTI-Systeme

In Abschnitt 6.6 hatten wir die Kombination von einfachen LTI-Systemen untersucht, die zum Beispiel parallel oder in Reihe geschaltet werden. Dabei hatten wir gesehen, daß die betrachteten Kombinationen von LTI-Systemen wieder zu LTI-Systemen führen, deren Systemfunktion auf einfache Weise aus den Teilsystemfunktionen berechnet werden kann. Wie in den Bildern 8.25 und 8.26 gezeigt,

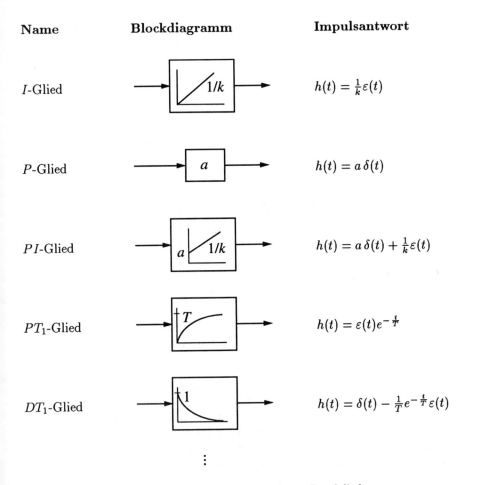

Name	Blockdiagramm	Impulsantwort
I-Glied		$h(t) = \frac{1}{k}\varepsilon(t)$
P-Glied		$h(t) = a\,\delta(t)$
PI-Glied		$h(t) = a\,\delta(t) + \frac{1}{k}\varepsilon(t)$
PT_1-Glied		$h(t) = \varepsilon(t)e^{-\frac{t}{T}}$
DT_1-Glied		$h(t) = \delta(t) - \frac{1}{T}e^{-\frac{t}{T}}\varepsilon(t)$

$\vdots$

Bild 8.24: Lineare, zeitinvariante Regelglieder

gelten auch für die Impulsantworten von parallel oder in Reihe geschalteten Systemen ähnlich einfache Verhältnisse.

Für die Reihenschaltung gilt mit (6.26) und dem Faltungssatz

$$\boxed{H(s) = H_1(s) \cdot H_2(s) \quad \bullet\!\!-\!\!\circ \quad h(t) = h_1(t) * h_2(t)\,.} \qquad (8.64)$$

Für die Parallelschaltung gilt mit (6.29)

$$\boxed{H(s) = H_1(s) + H_2(s) \quad \bullet\!\!-\!\!\circ \quad h(t) = h_1(t) + h_2(t)} \qquad (8.65)$$

wegen der Linearität der Laplace-Transformation. Eine ähnlich einfache Beziehung

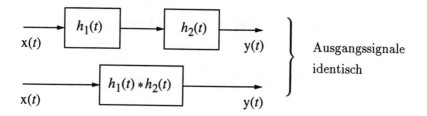

Bild 8.25: Reihenschaltung von Systemen

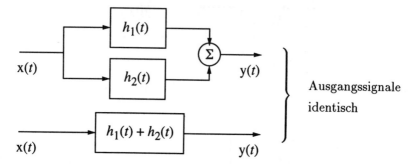

Bild 8.26: Parallelschaltung von Systemen

für die Impulsantwort eines rückgekoppelten Systems, die (6.31) im Frequenzbereich entspräche, kann man leider nicht angeben.

Das Zusammenfassen von Sprungantworten, die z.B. in der Regelungstechnik zur Charakterisierung von LTI-Systemen verwendet werden (vgl. Abschnitt 8.4.4), ist etwas unübersichtlicher als (8.64) und (8.65). Sind $s_1(t)$ und $s_2(t)$ die Sprungantworten der Systeme mit den Impulsantworten $h_1(t)$ und $h_2(t)$, also

$$s_1(t) = \varepsilon(t) * h_1(t)$$
$$s_2(t) = \varepsilon(t) * h_2(t) \,, \tag{8.66}$$

dann ergibt sich die Gesamtsprungantwort für die Parallelschaltung zu

$$s(t) = \varepsilon(t) * (h_1(t) + h_2(t)) = s_1(t) + s_2(t) \,.$$

Für die Reihenschaltung müssen die Sprungantworten aber gemäß

$$s(t) = \varepsilon(t) * h_1(t) * h_2(t) \quad = \dot{\delta}(t) * [\varepsilon(t) * h_1(t)] * [\varepsilon(t) * h_2(t)]$$

$$= \dot{\delta}(t) * s_1(t) * s_2(t) = \dot{s}_1(t) * s_2(t) = s_1(t) * \dot{s}_2(t) \tag{8.67}$$

zusammengefaßt werden. Es muß also eine der beiden Sprungantworten zunächst abgeleitet werden, bevor gefaltet wird. Alternativ faltet man die Sprungantworten und leitet dann das Ergebnis ab. Man kann (8.67) leicht für die Kaskadierung von N Systemen erweitern. Die Gesamtsprungantwort erhält man, wenn man die Teilsprungantworten oder das Gesamtfaltungsprodukt $(N-1)$-mal ableitet.

8.4.6 Faltung durch Hinschauen

Im Abschnitt 8.4.3 hatten wir schon kurz die Berechnung des Faltungsintegrals behandelt. Diese Methode funktioniert immer, ist jedoch bei abschnittsweise definierten Funktionen umständlich, da hier das Faltungsintegral für jeden Abschnitt unterschiedliche Gestalt annimmt und so entsprechende Fallunterscheidungen notwendig sind.

In diesem Abschnitt besprechen wir eine einfache Methode, die bei stückweise konstanten Signalen gut anwendbar ist, da hier auf die Auswertung des Faltungsintegrals verzichtet werden kann. Mit einiger Übung kann man damit den zu faltenden Signalen ihr Faltungsprodukt schon ansehen, man kann also eine *Faltung durch Hinschauen* durchführen. Dem Leser wird diese Fertigkeit besonders ans Herz gelegt, denn mit ihr geht ein intuitives Verständnis für die Faltungsoperation einher, das in der Praxis unverzichtbar ist.

Wir betrachten dazu die beiden Rechtecksignale aus Bild 8.27 und werten zuerst das Faltungsintegral wie in Abschnitt 8.4.3 aus.

── **Beispiel 8.6**

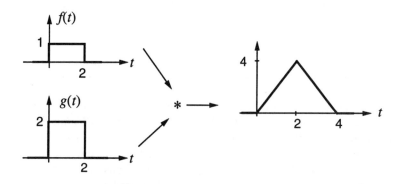

Bild 8.27: Beispiel 8.6 zur Faltung durch Hinschauen

Die beiden Signale aus Bild 8.27 sind durch die Funktionen

$$f(t) = \begin{cases} 1 & 0 \leq t \leq 2 \\ 0 & \text{sonst} \end{cases} \quad \text{und} \quad g(t) = \begin{cases} 2 & 0 \leq t \leq 2 \\ 0 & \text{sonst} \end{cases} \tag{8.68}$$

definiert. Zur Berechnung des Faltungsintegrals müssen aber beide Signale als Funktion von τ angesehen und zusätzlich eines in der Zeit invertiert und verschoben (gefaltet) werden:

$$f(\tau) = \begin{cases} 1 & 0 \le \tau \le 2 \\ 0 & \text{sonst} \end{cases} \quad \text{und} \quad g(t-\tau) = \begin{cases} 2 & 0 \le t - \tau \le 2 \quad \text{oder} \\ & (t-2) \le \tau \le t \\ 0 & \text{sonst} \end{cases} \qquad (8.69)$$

Das Produkt $f(\tau)\,g(t-\tau)$ fällt dann für verschiedene Werte von t abschnittsweise unterschiedlich aus:

$$f(\tau)\,g(t-\tau) = \begin{cases} 0 & t < 0 \\ \begin{cases} 2 & 0 \le \tau \le t \\ 0 & \text{sonst} \end{cases} & 0 \le t < 2 \\ \begin{cases} 2 & (t-2) \le \tau \le 2 \\ 0 & \text{sonst} \end{cases} & 2 \le t < 4 \\ 0 & 4 \le t \end{cases} \qquad (8.70)$$

Das Faltungsintegral nimmt dann die Werte

$$y(t) = \int_{-\infty}^{\infty} f(\tau)\,g(t-\tau)\,d\tau = \begin{cases} \int_0^t 2\,d\tau & 0 \le t < 2 \\ \int_{t-2}^2 2\,d\tau & 2 \le t < 4 \\ 0 & \text{sonst} \end{cases}$$

$$= \begin{cases} 2t & 0 \le t < 2 \\ 4 - 2t & 2 \le t < 4 \\ 0 & \text{sonst} \end{cases} \qquad (8.71)$$

an. Das dadurch definierte Dreiecksignal ist in Bild 8.27 gezeigt.   ∎

Der hier gezeigte Rechenweg ist zwar korrekt, aber wegen der erforderlichen Fallunterscheidungen doch recht umständlich. Bei der Betrachtung des einfachen Ergebnisses stellt sich die Frage, ob es hier keinen einfacheren Weg gibt.

Zuerst fällt auf, daß wegen der stückweisen Konstanz der Signale $f(t)$ und $g(t)$ auch das Produkt $f(\tau)\,g(t-\tau)$ nur stückweise konstante Werte annehmen kann. Infolge dessen liefert das Faltungsintegral entweder den Wert Null (wenn $f(\tau)\,g(t-\tau) = 0$) oder linear ansteigende oder abfallende Funktionen. Es genügt daher, den Wert des Faltungsintegrals nur an den Stellen zu berechnen, an denen $f(\tau)\,g(t-\tau)$ seinen Wert ändert. Die Zwischenwerte des Faltungsintegrals erhält man, wenn die Werte an den Eckpunkten durch Geradenstücke verbunden werden. Zur Erläuterung wiederholen wir das letzte Beispiel mit der eben beschriebenen graphischen Methode.

Beispiel 8.7

Zur Berechnung der Faltung von $f(t)$ und $g(t)$ aus Bild 8.27 betrachten wir zuerst g als Funktion von τ, spiegeln dann $g(\tau)$ an der Ordinate nach links und erhalten $g(-\tau)$. Durch Hin- und Herschieben entsteht $g(t - \tau)$ für verschiedene Werte von t. Für $t < 0$ überlappen sich $f(\tau)$ und $g(t-\tau)$ nicht, erst bei $t = 0$ stoßen die beiden Rechteckfunktionen $f(\tau)$ und $g(-\tau)$ bei $\tau = 0$ aneinander. Für $0 \leq t < 2$ überlappen sich die beiden Rechtecke im Bereich $0 \leq \tau \leq t$. Bei $t = 2$ überdecken sich $f(\tau)$ und $g(2 - \tau)$ vollständig. Für $2 \leq t < 4$ findet die Überdeckung nur im Bereich $t - 2 < \tau < 2$ statt, bis für $t = 4$ die Rechteckfunktionen $f(\tau)$ und $g(4-\tau)$ nur noch bei $\tau = 2$ aneinander grenzen. Für $t > 4$ gibt es keine Überdeckung mehr. Die kritischen Punkte sind daher

- $t = 0$ gerade noch keine Überdeckung,

- $t = 2$ vollständige Überdeckung,

- $t = 4$ gerade keine Überdeckung mehr.

Bei $t = 0$ und $t = 4$ hat das Faltungsintegral den Wert Null ($f(\tau)\, g(-\tau) = 0$ und $f(\tau)\, g(4 - \tau) = 0$). Bei $t = 2$ hat das Produkt $f(\tau)\, g(2 - \tau)$ den Wert $1 \cdot 2 = 2$; der Wert des Faltungsintegrals ist gleich der Fläche eines Rechtecks mit Höhe $1 \cdot 2$ und Breite 2, also gleich 4. Das Ergebnis der Faltung von $f(t)$ und $g(t)$ erhält man so auf graphischem Weg durch Einzeichnen der Punkte $(0,0)$, $(2,4)$ und $(4,0)$ und Verbinden dieser Punkte durch Geradenstücke. Für $t < 0$ und $4 < t$ hat das Faltungsintegral den Wert Null. So entsteht das Dreiecksignal in Bild 8.27, ohne daß eine Integration notwendig ist.

Das eben geschilderte Vorgehen fassen wir zusammen als allgemeines Rezept zur graphischen Ermittlung der Faltung stückweise konstanter Signale:

1. Eines der Signale umdrehen und in Gedanken „durchschieben". Da die Faltung kommutativ ist, sucht man sich dafür das einfachere der beiden Signale heraus.

2. Erkennen und Merken der Verschiebungen, bei denen Änderungen in der Überdeckung auftreten.

3. Bestimmung des Faltungsintegrals an diesen Stellen durch Bildung des Produkts der beiden Signale und Berechnung der Fläche aus Höhe × Breite.

4. Auftragen dieser Punkte über der Zeitachse (t) und Verbinden durch Geradenstücke. Die Abschnitte der Zeitachse, bei denen keine Überlappung auftritt, erhalten den Wert Null.

Nach diesem Rezept behandeln wir zwei weitere Beispiele.

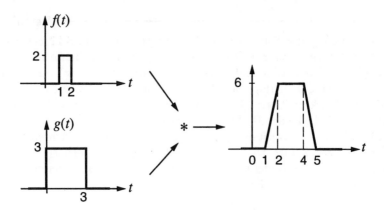

Bild 8.28: Faltung durch Hinschauen (Beispiel 8.8)

Beispiel 8.8

Wir falten die beiden Signale aus Bild 8.28.

1. Zum Umdrehen und Durchschieben wählen wir das Signal $g(t)$, weil es bei $t = 0$ beginnt.

2. Als charakteristische Punkte auf der Zeitachse erkennt man:

   - Bei $t = 1$ beginnt die Überlappung von $f(\tau)$ und $g(1 - \tau)$.
   - Bei $t = 2$ überdeckt $g(2 - \tau)$ das Rechteck $f(\tau)$ vollständig.
   - Die vollständige Überdeckung dauert für $2 \leq t \leq 4$ an und endet bei $t = 4$.
   - Ab $t = 4$ überdeckt $g(t - \tau)$ das Rechteck $f(\tau)$ nur noch teilweise.
   - Bei $t = 5$ endet die Überdeckung der beiden Funktionen.

3. Bei vollständiger Überdeckung ($2 \leq t \leq 4$) hat das Produkt $f(\tau)\,g(t-\tau)$ den Wert $2 \cdot 3 = 6$. Das Faltungsintegral hat den Wert der Fläche eines Rechtecks mit Höhe 6 und Breite 1, also $1 \cdot 6 = 6$.

4. Durch Eintragen und Verbinden der Punkte (1,0), (2,6), (4,6) und (5,0) erhält man das trapezförmige Ergebnis aus Bild 8.28.

Beispiel 8.9

Bild 8.29 zeigt die Faltung eines Rechtecksignals mit einem nicht-rechteckförmigen, aber stückweise konstanten Signal. Die Anwendung des Rezepts führt auf folgende Ergebnisse:

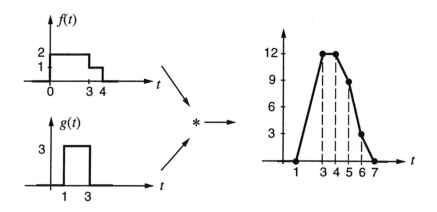

Bild 8.29: Faltung durch Hinschauen (Beispiel 8.9)

1. Das Signal $g(t)$ ist das einfachere und wird herumgedreht und verschoben.

2. Die charakteristischen Punkte sind:

   - $t = 1$ Überlappung beginnt.

   - $t = 3$ Vollständige Überlagerung des Rechtecks mit dem höheren Teil von $f(\tau)$.

   - $t = 4$ Vollständige Überlagerung mit dem höheren Teil von $f(\tau)$ endet und teilweise Überlagerung mit dem niedrigen Teil von $f(\tau)$ beginnt.

   - $t = 5$ Niedriger Teil von $f(\tau)$ wird vom Rechteck vollständig überdeckt.

   - $t = 6$ Überlagerung mit dem höheren Teil endet, nur noch teilweise Überlagerung mit dem niedrigeren Teil.

   - $t = 7$ Teilweise Überlagerung mit dem niedrigen Teil endet.

3. Durch Multiplikation der stückweise konstanten Signale an den charakteristischen Punkten entstehen wieder stückweise konstante Produkte. Durch Ermittlung der Flächen erhält man folgende Werte für das Faltungsintegral:

   - $t = 1$ $\displaystyle\int_{-\infty}^{\infty} f(-\tau)\,g(\tau)\,d\tau = 0$

   - $t = 3$ $\displaystyle\int_{-\infty}^{\infty} f(2-\tau)\,g(\tau)\,d\tau = 12$

   - $t = 4$ $\displaystyle\int_{-\infty}^{\infty} f(3-\tau)\,g(\tau)\,d\tau = 12$

- $t = 5$ $\int\limits_{-\infty}^{\infty} f(4-\tau)\,g(\tau)\,d\tau = 6 + 3 = 9$

- $t = 6$ $\int\limits_{-\infty}^{\infty} f(5-\tau)\,g(\tau)\,d\tau = 3$

- $t = 7$ $\int\limits_{-\infty}^{\infty} f(6-\tau)\,g(\tau)\,d\tau = 0$

4. Durch Eintragen der Punkte (1,0), (3,12), (4,12), (5,9), (6,3), (7,0) und Verbinden durch Geradenstücke entsteht das in Bild 8.29 gezeigte Ergebnis. ∎

Beim Vergleich der Bilder 8.27, 8.28 und 8.29 fällt auf, daß die Länge des Faltungsprodukts jeweils gleich der Summe der Längen der einzelnen Signale ist. Auch die Zeitpunkte von Beginn und Ende des Faltungsprodukts sind die Summen der einzelnen Anfangs- und Endzeiten. Daß dies allgemein auf die Faltung zeitbegrenzter Funktionen zutrifft (auch auf solche, die nicht stückweise konstant sind), sieht man leicht, wenn man Punkt 2 des Rezepts auf den Anfangs- und den Endpunkt der Überlappung bei allgemeinen Signalen nach Bild 8.30 anwendet.

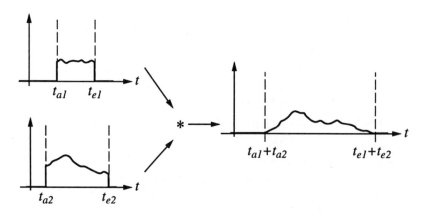

Bild 8.30: Länge des Faltungsprodukts zweier endlicher Funktionen

Das für stückweise konstante Signale formulierte Rezept gilt auch für Signale, die stückweise durch Polynome beschrieben werden. Die Faltung von stückweise polynomialen Signalen mit den Graden K und L führt zu einem stückweisen Faltungsprodukt vom Grad $K + L + 1$. Das bedeutet, daß aus der Faltung eines Dreiecksignals ($K = 1$) mit einem Rechtecksignal ($L = 0$) ein Faltungsprodukt aus Parabelstücken zweiter Ordnung wird ($K + L + 1 = 2$). Die Faltung zweier Dreiecksignale ($K = L = 1$) gibt ein Faltungsprodukt aus Parabelstücken dritter Ordnung ($K + L + 1 = 3$).

8.5 Anwendungen

Viele interessante Anwendungen der Signalverarbeitung beruhen auf Faltungsbeziehungen. Wir besprechen hier als Beispiele die sogenannten Suchfilter und die Entfaltung.

8.5.1 Suchfilter (Matched Filter)

In vielen praktischen Fällen besteht die Aufgabe, bestimmte, in ihrer Form bekannte Signalanteile zu erkennen, d.h. den Zeitpunkt ihres Auftretens zu ermitteln und sie von anderen Signalformen zu unterscheiden. Beispiele hierfür sind die Spracherkennung, die Objekterkennung in Bildern, die Spreizband-Kommunikation und andere.

Funktionsprinzip. Im einfachsten Fall wollen wir erkennen, wann ein Signalanteil der Form $m(t)$ auftritt. Das bedeutet, daß wir mit einem Signal der Form

$$x(t) = m(t - t_0) \tag{8.72}$$

rechnen, wobei die Funktion $m(t)$ bekannt ist, aber nicht die Zeit t_0, um die der Anteil $m(t)$ verschoben ist. Zur Veranschaulichung können wir annehmen, daß ein akustisches Signal $m(t)$ ausgesandt wurde und anhand des Echos $x(t)$ die unbekannte Laufzeit t_0 ermittelt werden soll.

Dazu filtern wir das empfangene Signal $x(t)$ mit einem LTI-System, dessen Impulsantwort aus der Signalform $m(t)$ abgeleitet ist:

$$h(t) = m(-t) \, . \tag{8.73}$$

Das Minuszeichen in $m(-t)$ macht die Umkehr des Signals in der Faltungsbeziehung wieder rückgängig, so daß für das Ausgangssignal gilt:

$$y(t) = h(t) * x(t) = \int\limits_{-\infty}^{\infty} h(t - \tau)\, x(\tau)\, d\tau = \int\limits_{-\infty}^{\infty} m(\tau - t)\, x(\tau)\, d\tau \, . \tag{8.74}$$

Bei einem Eingangssignal der Form (8.72) lautet das Ausgangssignal:

$$y(t) = \int\limits_{-\infty}^{\infty} m(\tau - t)\, m(\tau - t_0)\, d\tau \, . \tag{8.75}$$

Das Ausgangssignal wird maximal zum unbekannten Zeitpunkt t_0, denn es ist:

$$y(t_0) = \int\limits_{-\infty}^{\infty} m^2(\tau - t_0)\, d\tau \geq \int\limits_{-\infty}^{\infty} m(\tau - t)\, m(\tau - t_0)\, d\tau \, . \tag{8.76}$$

Das Integral über die stets positive Größe $m^2(\tau - t_0)$ ist mindestens so groß wie $y(t)$ zu anderen Zeitpunkten $t \neq t_0$. Durch richtige Wahl der Signalform $m(t)$ kann man erreichen, daß der Wert $y(t_0)$ deutlich größer wird als alle anderen Werte $y(t)$. Der unbekannte Zeitpunkt t_0 kann dann als Spitze im Signal $y(t)$ erkannt werden. Bild 8.31 zeigt die zugehörige Anordnung aus einem Filter mit der Impulsantwort nach (8.73) und einem Spitzendetektor. Filter dieser Art heißen *Suchfilter* oder

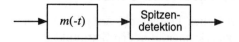

Bild 8.31: Finden eines Signalmusters $m(t)$ durch Faltung mit $m(-t)$

im englischen Sprachgebrauch wegen der Anpassung an das Eingangssignal auch *matched filter*.

─── **Beispiel 8.10**

Als Beispiel für die Anwendung von Suchfiltern betrachten wir die in Bild 8.32 gezeigte Anordnung zur Zählung und groben Geschwindigkeitsmessung von Fahrzeugen. Als einzige Informationsquelle steht uns das Signal des Entfernungssensors zur Verfügung. Es gibt für jeden Zeitpunkt t die Entfernung zum darunter befindlichen Objekt an. Die Aufgabe ist, die vorbeifahrenden Fahrzeuge nach ihrer Art und Geschwindigkeit zu unterscheiden und zu zählen. Typische Signalformen für langsame und schnelle LKW und PKW sind in Bild 8.33 gezeigt.

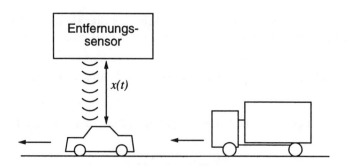

Bild 8.32: Zählung und Geschwindigkeitsmessung von Fahrzeugen

Ein System, das anhand des Signals $x(t)$ des Entfernungssensors die gewünschte Zählung vornimmt, hat einen Aufbau nach Bild 8.34. Das Sensorsignal durchläuft eine Filterbank aus vier Filtern, die jeweils auf eine andere Klasse von Fahrzeugen nach Bild 8.33 reagieren. Durch Maximumdetektion wird in jedem Filter erkannt,

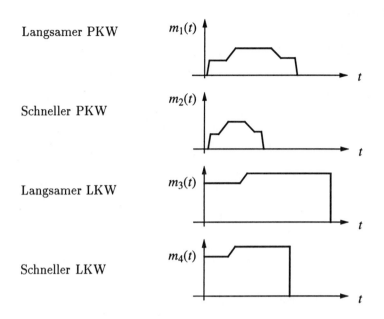

Bild 8.33: Typische Signalverläufe

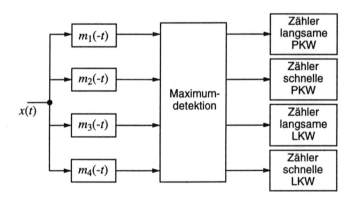

Bild 8.34: Blockdiagramm des Detektors

ob und wann der entsprechende Signalverlauf auftritt. Durch Zählung dieser Er-
eignisse erhält man automatisch das gewünschte Ergebnis.

8.5.2 Entfaltung

Manchmal besteht die Aufgabe nicht darin, ein Signal durch Filterung zu verändern, sondern ein bereits durch Filterung verändertes Signal in seiner ursprünglichen Form zurückzugewinnen. Probleme dieser Art sind zahlreich:

- Bei einer halligen Tonaufnahme wird das Tonsignal eines Instruments oder einer Stimme mit der Impulsantwort des umgebenden Raums gefaltet. Die Impulsantwort eines Raums können wir als die Reaktion auf ein Händeklatschen oder einen Peitschenknall hören. Diese Faltung muß rückgängig gemacht werden, um störenden Raumhall zu entfernen.

- Ein unscharfes Kamerabild kann man als Faltung mit einem glättenden System deuten. Die Impulsantwort ist der verschwommene Fleck, der als Bild eines scharfen Lichtpunkts übrig bleibt.

- Ein Funkkanal mit Mehrwegeausbreitung läßt sich durch eine Impulsantwort beschreiben, die aus mehreren zeitlich verschobenen Echos besteht (vergl. Abschnitt 8.4.4.4).

- Die Trägheit von Meßwertaufnehmern hat einen glättenden Effekt auf die gemessenen Signale und verschleift scharfe Sprünge zu langsam ansteigenden Flanken. Die Impulsantwort solcher Systeme kann oft durch ein RC-Glied mit großer Zeitkonstante modelliert werden.

Wenn für solche Systeme die Impulsantwort $h(t)$ bekannt ist, dann kann man versuchen, durch Faltung mit einem zweiten LTI-System mit der Impulsantwort $g(t)$ den Einfluß von $h(t)$ wieder rückgängig zu machen. Im Idealfall ist das Resultat wieder ein Delta-Impuls:

$$g(t) * h(t) = \delta(t) \ . \tag{8.77}$$

Die Systemfunktion $G(s) = \mathcal{L}\{g(t)\}$ des zweiten Systems können wir mit dem Faltungssatz durch die Systemfunktion $H(s) = \mathcal{L}\{h(t)\}$ ausdrücken:

$$G(s) = \frac{1}{H(s)} \ . \tag{8.78}$$

Die Wirkung des Systems mit der Systemfunktion $G(s)$ bezeichnet man auch als *Entfaltung* (engl. *deconvolution*). Sie ist selten in der idealen Form von (8.78) durchführbar, weil das gemessene Signal meist zusätzlich noch durch Rauschen gestört ist. Außerdem können Signalanteile, die das erste System vollkommen unterdrückt (Nullstellen der Systemfunktion) natürlich vom zweiten System nicht wiedergewonnen werden. Das Filter, das den besten Kompromiß zwischen Entfaltung und Rauschunterdrückung darstellt, werden wir in Kapitel 18 als sogenanntes Wiener-Filter kennenlernen. Darüber hinaus ist ein System mit der Systemfunktion $G(s)$ (8.78) möglicherweise auch instabil. Dieses Problem behandeln wir in Abschnitt 16.3.

8.6   Aufgaben

Aufgabe 8.1

Zeigen Sie, daß die Reaktion eines RC-Gliedes auf einen kurzen Rechteckimpuls (8.7) für $T_0 \to 0$ in die Impulsantwort (8.4) übergeht.

Aufgabe 8.2

Berechnen Sie unter Verwendung der Rechenregeln für Delta-Impulse:

a) $f_a = \int\limits_{-\infty}^{\infty} e^{-t}\delta(t)\,dt$

b) $f_b = \int\limits_{-\infty}^{\infty} e^{-t}\delta(t-\tau)\,dt$

c) $f_c = \int\limits_{-\infty}^{\infty} \left(t^2 - 2\right)\delta(3t)\,dt$

d) $f_d = \int\limits_{-\infty}^{\infty} t\,e^{-t}\,\delta(4 - 2t)\,dt$

Aufgabe 8.3

Gegeben sind folgende Signale, die jeweils bei $t = 0$ eingeschaltet werden:

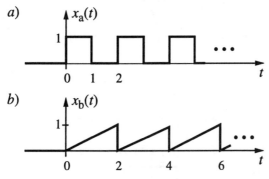

Geben Sie $x_a(t)$ und $x_b(t)$ jeweils mit Hilfe der Sprungfunktion $\varepsilon(t)$ an, bilden Sie die Derivierten und skizzieren Sie sie.

Aufgabe 8.4

Bilden Sie die Derivierte zu $f(t) = \varepsilon(-t)$.

Aufgabe 8.5

Bilden Sie die Derivierte zu $f(t) = \varepsilon(at)$.

Aufgabe 8.6

Gegeben sind die Funktionen $f(t) = t\,\varepsilon(t)$ und $g(t) = \varepsilon(t) - \varepsilon(t - 4)$. Berechnen Sie $y(t) = f(t) * g(t)$ mit Hilfe des Faltungsintegrals.

Aufgabe 8.7

Gegeben ist folgende Auswahl von Signalen:

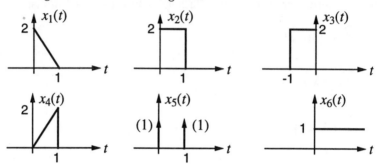

Außerdem sind folgende Faltungsprodukte gegeben:

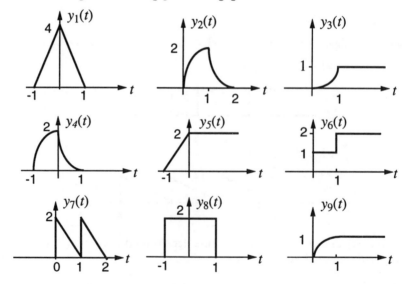

Durch die Faltung welcher Signale lassen sich die Faltungsprodukte erzeugen?

Aufgabe 8.8

Berechnen Sie die Reaktion des RC-Netzwerks aus Bild 8.1 auf den Rechteckimpuls
aus Bild 8.3 durch Lösung des Faltungsintegrals $\int\limits_{-\infty}^{\infty} h(\tau)\, x(t-\tau)\, d\tau$.

Hinweis: Beachten Sie Kapitel 8.4.3.

Aufgabe 8.9

Geben Sie für das Beispiel eines RLC-Netzwerks (Kapitel 3.2.3) an

a) die Systemfunktion (Hinweis: $i(t)$ ist Ausgangsgröße)

b) die Impulsantwort

c) den Konvergenzbereich der Systemfunktion

d) Welche Werte dürfen die Parameter $\dot{\sigma}_0$ und ω_0 des Eingangssignals $u(t)$ annehmen, damit die Systemantwort $i(t)$ konvergiert?

9 Fourier-Transformation

Für die Beschreibung von LTI-Systemen und für die Signalanalyse spielt neben der Laplace-Transformation auch die Fourier-Transformation eine wichtige Rolle. Ihre Definition, Eigenschaften und Anwendungen besprechen wir in diesem Kapitel.

Allerdings stellt sich nach den bisherigen guten Erfahrungen mit der Laplace-Transformation die Frage, warum es denn notwendig ist, eine weitere Transformation einzuführen. Wir beginnen daher mit einem kritischen Rückblick auf die Laplace-Transformation.

9.1 Rückblick auf die Laplace-Transformation

In den vorangegangenen Kapiteln hatten wir die Laplace-Transformation als Beschreibungsform von LTI-Systemen, die durch Differentialgleichungen beschrieben werden, kennengelernt. Sie gestattet auf elegante Weise die Berechnung von Systemreaktionen, insbesondere auch wenn Anfangswerte oder -zustände zu berücksichtigen sind.

Die offensichtlichen Vorteile der Laplace-Transformation kommen aber nur bei solchen LTI-Systemen zum Tragen, die durch Systemfunktionen mit einer überschaubaren Zahl von Polen und Nullstellen gekennzeichnet sind oder gleichbedeutend, die durch lineare Differentialgleichungen mit konstanten Koeffizienten beschrieben werden. Daneben gibt es aber noch weitere wichtige LTI-Systeme, die nicht durch wenige Pole und Nullstellen charakterisiert werden können, z.B. das in Abschnitt 8.4.4.3 beschriebene Verzögerungsglied. Andere wichtige Beispiele lernen wir in diesem Kapitel kennen. Der Versuch, auch solche LTI-Systeme mit Hilfe der Laplace-Transformation zu beschreiben, führt auf Systemfunktionen mit unendlich vielen Polen und Nullstellen oder mit wesentlichen Singularitäten. Damit kann man zwar arbeiten, aber die mathematisch korrekte Behandlung erfordert wesentlich umfangreichere Kenntnisse der Funktionentheorie als wir sie in Kapitel 5 besprochen hatten. Schlimmer noch: Die Eleganz der Methode, Systeme durch einige komplexe Eigenschwingungen in Zeit- und Frequenzbereich zu beschreiben, geht verloren. Die Laplace-Transformation eignet sich besonders, wenn man es mit Signalen endlicher Dauer oder mit einseitigen Signalen zu tun hat. Wir haben diese Signale mit der Laplace-Transformation als Überlagerung von Eigenfunktionen von LTI-Systemen dargestellt, die die Form e^{st} haben. Allerdings existiert gerade $\mathcal{L}\{e^{st}\}$ nicht! Gleiches gilt leider auch für $\mathcal{L}\{\sin \omega t\}$, $\mathcal{L}\{\cos \omega t\}$

oder $\mathcal{L}\{1\}$. Wir werden in diesem Kapitel sehen, daß die Fourier-Transformation dieses Problem elegant bewältigt, wenn man verallgemeinerte Funktionen im Frequenzbereich zuläßt.

Es gibt noch einen weiteren Aspekt unseres bisherigen Umgangs mit der Laplace-Transformation, den wir uns noch nicht ausreichend klargemacht haben: Die Systembeschreibung im Frequenzbereich diente hauptsächlich dem Ziel, Rechenoperationen zu vereinfachen, die sich mit mehr Aufwand auch im Zeitbereich durchführen lassen. Ein erstes Beispiel dafür ist die Berechnung der Systemreaktion, die im Frequenzbereich durch eine Multiplikation mit der Systemfunktion darstellbar ist, im Zeitbereich aber die Auswertung des Faltungsintegrals erfordert. Ein zweites Beispiel ist die Zerlegung in Eigenschwingungen, die im Frequenzbereich einfach durch eine Partialbruchzerlegung geschieht und die wir deshalb im Zeitbereich gar nicht durchgeführt hatten. In allen Fällen sind wir aber wieder in den Zeitbereich zurückgekehrt, nachdem wir die Vorteile der Frequenzbereichsdarstellung zur Rechenvereinfachung ausgenutzt hatten.

Dagegen haben wir kaum den Versuch unternommen, Systeme direkt durch ihre Eigenschaften im Frequenzbereich zu charakterisieren und zu entwerfen. Der einzige Ansatz war die Beschreibung der Systemfunktion durch Pole und Nullstellen in der komplexen s-Ebene (s. Abschnitt 6.3). Die Interpretation solcher Pol-Nullstellen-Diagramme ist aber nicht ganz einfach, weil die Systemfunktion eine komplexwertige Funktion einer komplexwertigen Variablen ist. Sie scheitert vollkommen bei Systemen, die nicht durch eine Differentialgleichung mit konstanten Koeffizienten beschrieben werden, z.B. bei einem Verzögerungsglied. Da die Systemfunktion $H(s)$ im Konvergenzbereich analytisch sein muß, besteht immer die Schwierigkeit, daß man durch Entwurfsvorgaben in der s-Ebene diese starke innere Struktur verletzen kann.

Zusammenfassend können wir folgende Nachteile der Laplace-Transformation nennen:

- Sie ermöglicht eine einfache und elegante Systembeschreibung nur bei LTI-Systemen, die durch gewöhnliche lineare Differentialgleichungen mit konstanten Koeffizienten beschrieben werden.

- Die Laplace-Transformierte existiert gerade für Signale e^{st}, die Eigenfunktionen von LTI-Systemen sind, nicht.

- Aus der Systemfunktion lassen sich die Eigenschaften eines Systems im Frequenzbereich nicht auf einfache Weise ablesen.

Als Alternative zur Laplace-Transformation behandeln wir jetzt die Fourier-Transformation. Wir werden sehen, daß sie die genannten Nachteile überwindet, gleichzeitig aber viele Vorzüge der Laplace-Transformation beibehält.

9.2 Definition der Fourier-Transformation

9.2.1 Hintransformation

Die Definition der Fourier-Transformation hat auf den ersten Blick große Ähnlichkeit mit der Laplace-Transformation. Auch hier wird ein Signal mit einer Integraltransformation auf komplexe Exponentialschwingungen projeziert. Die komplexe Frequenz dieser Exponentialschwingungen ist jedoch rein imaginär, d. h. es treten keine auf- oder abklingenden Schwingungen auf.

$$\boxed{X(j\omega) = \mathcal{F}\{x(t)\} = \int_{-\infty}^{\infty} x(t)e^{-j\omega t}\,dt} \tag{9.1}$$

Das Transformationsergebnis $X(j\omega)$ heißt *Fourier-Transformierte*, *Fourier-Spektrum* oder *komplexes Amplitudenspektrum*. Die komplexe Exponentialschwingung $e^{-j\omega t}$ bezeichnet man auch als *komplexe Zeitfunktion*. Die reelle Variable ω ist der *Frequenzparameter* oder kurz die *Frequenz*. Die Fourier-Transformierte hängt also von einem reellem Frequenzparameter ab, kann selbst aber komplexe Werte annehmen

$$X(j\omega) = \left|X(j\omega)\right| \cdot e^{j\varphi(j\omega)} \, . \tag{9.2}$$

Ihr Betrag $\left|X(j\omega)\right|$ heißt *Betragsspektrum*. Das *Phasenspektrum* $e^{j\varphi(j\omega)}$ drückt man meist durch den *Phasenwinkel* oder kurz die *Phase* $\varphi(j\omega)$ aus. Am Anfang kann es verwirren, daß man $X(j\omega)$ und $\varphi(j\omega)$ schreibt und nicht $X(\omega)$ und $\varphi(\omega)$. Das Argument $j\omega$ ist lediglich eine Konvention, die bedeutet, daß man die eindimensionale, komplexwertige Funktion in der Gaußschen Zahlenebene über der imaginären Achse definiert. Man könnte sie auch als $X(\omega)$ über der reellen Achse definieren, tatsächlich gibt es sogar einige Bücher, die das tun. An der funktionalen Abhängigkeit von ω ändert sich dadurch nichts. Der Sinn der $j\omega$-Konvention wird sofort klar, wenn man eine Beziehung zwischen Fourier- und Laplace-Transformation herstellt (Abschnitt 9.3). Auch für die Fourier-Transformation wird die abkürzende Korrespondenz-Schreibweise

$$X(j\omega) \bullet\!\!-\!\!\circ x(t) \tag{9.3}$$

verwendet. Wir verwenden das gleiche Hantel-Symbol $\bullet\!\!-\!\!\circ$ für verschiedene Transformationen, wie z.B. die Laplace-, die Fourier- und später die z-Transformation. Das Hantel-Symbol ist also keine strenge mathematische Zuordnung, sondern ein typographisches Kurzzeichen für „entsprechen einander im Original- und Transformationsbereich". In einigen Lehrbüchern wird der Versuch unternommen, durch verschiedene Hantelzeichen für verschiedene Transformationen auch eine strenge mathematische Bedeutung zu erreichen.

9.2.2 Existenz der Fourier-Transformation

Ähnlich wie bei der Laplace-Transformation existiert auch die Fourier-Transformierte nur für bestimmte Klassen von Signalen. Hinreichend für die Konvergenz des Fourierintegrals ist die *absolute Integrierbarkeit* der Zeitfunktion $x(t)$, d. h.

$$\int_{-\infty}^{\infty} \left| x(t) \right| dt < \infty , \tag{9.4}$$

denn es gilt

$$X(j\omega) = \lim_{\substack{A \to -\infty \\ B \to +\infty}} \int_A^B \left| x(t) e^{-j\omega t} \right| dt = \lim_{\substack{A \to -\infty \\ B \to +\infty}} \int_A^B \left| x(t) \right| dt . \tag{9.5}$$

Diese Bedingung ist hinreichend, aber nicht notwendig, und es gibt tatsächlich Zeitfunktionen, die zwar nicht absolut integrierbar sind, aber dennoch eine Fourier-Transformierte besitzen. Beispiele für nicht absolut integrierbare Zeitfunktionen und ihre Fourier-Transformierten sind

$$x(t) = \frac{\sin t}{t} \quad \circ\!\!-\!\!\bullet \quad X(j\omega) = \left\{ \begin{array}{ll} \pi & \text{für } |\omega| < 1 \\ 0 & \text{für } |\omega| > 1 \end{array} \right. \tag{9.6}$$

und die Sprungfunktion $\varepsilon(t)$

$$x(t) = \varepsilon(t) \quad \circ\!\!-\!\!\bullet \quad X(j\omega) = \pi\delta(\omega) + \frac{1}{j\omega} . \tag{9.7}$$

Die Berechnung dieser Fourier-Transformierten werden wir im Lauf des Kapitels noch behandeln.

Die Fourier-Transformierte der Sprungfunktion enthält einen Delta-Impuls $\delta(\omega)$. Bisher hatten wir ihn nur bei Zeitfunktionen, aber nicht im Frequenzbereich kennengelernt. Da Laplace-Transformierte im Konvergenzbereich analytische Funktionen sind, ist für verallgemeinerte Funktionen dort kein Platz. Bei Fourier-Transformierten, die (ebenso wie Zeitfunktionen) Funktionen eines reellen Parameters sind (nämlich ω), ist die Erweiterung des Funktionsbegriffs auf verallgemeinerte Funktionen dagegen sinnvoll. Die Beliebtheit der Fourier-Transformation beruht gerade darin, daß sie mit Hilfe der Delta-Impulse auch vielen praktisch wichtigen Funktionen ein Spektrum zuweist, für die keine zweiseitige Laplace-Transformierte existiert. Elementare Beispiele sind Konstanten (z. B. $x(t) = 1$) und die trigonometrischen Funktionen $\sin \omega_0 t$ und $\cos \omega_0 t$.

9.3 Gemeinsamkeiten und Unterschiede von Fourier- und Laplace-Transformation

Bisher war von den Unterschieden zwischen Fourier- und Laplace-Transformation die Rede, die die Einführung der Fourier-Transformation als eigenständige Transformation rechtfertigen. Es gibt aber auch viele Fälle, bei denen Fourier- und

Laplace-Transformation formal übereinstimmen. Aus der Ähnlichkeit der Fourier-Transformation mit der zweiseitigen Laplace-Transformation

$$\mathcal{F}\{x(t)\} = \int_{-\infty}^{\infty} x(t)e^{-j\omega t}\,dt \qquad \mathcal{L}\{x(t)\} = \int_{-\infty}^{\infty} x(t)e^{-st}\,dt \qquad (9.8)$$

sieht man sofort, daß die Fourier-Transformierte einer Zeitfunktion gleich ihrer Laplace-Transformierten auf der imaginären Achse $s = j\omega$ der komplexen Ebene ist. Das gilt natürlich nur, wenn die Laplace-Transformierte dort auch existiert. Für den Zusammenhang zwischen Fourier- und Laplace-Transformation gilt daher: Wenn der Konvergenzbereich von $\mathcal{L}\{x(t)\}$ die imaginäre Achse $s = j\omega$ mit einschließt, dann ist

$$\boxed{\mathcal{F}\{x(t)\} = \mathcal{L}\{x(t)\}\Big|_{s=j\omega}} \qquad (9.9)$$

Mit (9.9) sollte nun auch die Konvention einen Sinn ergeben, die Fourier-Transformierte über der imaginären Achse und nicht über der reellen Ache zu definieren.

── **Beispiel 9.1**

Die Zeitfunktion
$$x(t) = \varepsilon(t)e^{-at}, \qquad a > 0 \qquad (9.10)$$
besitzt die Laplace-Transformierte

$$X(s) = \frac{1}{s+a}, \qquad Re\{s\} > -a. \qquad (9.11)$$

Der Konvergenzbereich liegt rechts der negativen Zahl $-a$, umfaßt also die imaginäre Achse der s-Ebene mit $Re\{s\} = 0$.

Die Fourier-Transformierte erhält man durch Einsetzen von (9.10) in die Definition der Fourier-Transformation (9.1) und Auswerten des Integrals

$$X(j\omega) = \frac{1}{j\omega + a}. \qquad (9.12)$$

Offensichtlich gilt der Zusammenhang (9.9) zwischen Fourier- und Laplace-Transformation.

Wenn dagegen in (9.10) $a < 0$ ist, existiert die Fourier-Transformierte nicht, da dann das Fourier-Integral (9.1) nicht konvergiert. Für die Laplace-Transformierte gilt jedoch unverändert (9.11), allerdings liegt der Konvergenzbereich jetzt rechts der positiven Zahl $-a$ und umfaßt nicht mehr die imaginäre Achse.

Umfaßt der Konvergenzbereich der Laplace-Transformation die imaginäre Achse, so ist die Fourier-Transformierte (9.9) beliebig oft differenzierbar. Man kann deshalb die Laplace-Transformierte leicht aus der Fourier-Transformierten durch analytische Fortsetzung (Abschnitt 5.4.3) erhalten. Praktisch bedeutet das, daß man $j\omega$ durch s ersetzt und anschließend den Konvergenzbereich der Laplace-Transformation bestimmt.

———————————————————————————————— **Beispiel 9.2**

Wie lautet die Laplace-Transformierte des Signals, das die Fourier-Transformierte

$$X(j\omega) = \frac{1}{1 + \omega^2} \tag{9.13}$$

besitzt?

(9.13) besitzt keine Singularitäten für reelle Werte von ω und ist überall differenzierbar. Wir können $X(j\omega)$ analytisch fortsetzen, indem wir schreiben

$$X(j\omega) = \frac{1}{1 - (j\omega)^2} \tag{9.14}$$

$$X(s) = \frac{1}{1 - s^2} = \frac{-1}{(s-1)(s+1)} \,. \tag{9.15}$$

$X(s)$ besitzt Pole bei $s = -1$ und $s = +1$, deshalb muß gelten

$$-1 < Re\{s\} < 1 \,,$$

denn der Konvergenzbereich muß die imaginäre Achse enthalten.

———————————————————————————————————— ■

In Beispiel 9.1 hatten wir gesehen, daß es Signale gibt, für die die Laplace-Transformierte, aber nicht die Fourier-Transformierte existiert. Wir werden aber auch sehen, daß Signale wie $x(t) = e^{j\omega t}$ und daraus abgeleitete Signale (Konstanten, trigonometrische Funktionen) eine Fourier-Transformierte, aber keine Laplace-Transformierte besitzen. Die Fourier-Transformation ist also eine notwendige und sinnvolle Ergänzung zur Laplace-Transformation. Sie ist besonders anschaulich bei der Behandlung selektiver Systeme (Filter), die durch ihren Frequenzgang charakterisiert sind, da dann die Systemeigenschaften unmittelbar an der Fourier-Transformierten der Impulsantwort abgelesen werden können.

Große Bedeutung besitzt die Fourier-Transformation auch in der digitalen Signalverarbeitung, da ihr diskretes Gegenstück, die diskrete Fourier-Transformation (DFT) direkt als Rechnerprogramm oder als Schaltung implementiert werden kann. Damit können zeitdiskrete Signale direkt im Frequenzbereich verarbeitet werden.

9.4   Beispiele zur Fourier-Transformation

In diesem Abschnitt berechnen wir die Fourier-Transformierten von einigen wichtigen Signalen, auf die wir später Bezug nehmen werden.

9.4.1   Fourier-Transformierte des Delta-Impulses

Die Fourier-Transformierte des Delta-Impulses erhält man durch Einsetzen in das Fourierintegral (9.1) und Verwendung der Ausblendeigenschaft:

$$X(j\omega) = \int_{-\infty}^{\infty} \delta(t)e^{-j\omega t}dt = 1 . \qquad (9.16)$$

Das Ergebnis entspricht der Laplace-Transformation, da hier die Voraussetzung für (9.9) erfüllt ist. Bild 9.1 zeigt die entsprechende Korrespondenz.

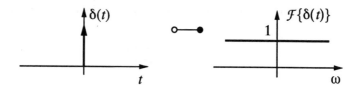

Bild 9.1: Delta-Impuls und seine Fourier-Transformierte

Genauso erhalten wir die Fourier-Transformierte eines verschobenen Delta-Impulses

$$X(j\omega) = \int_{-\infty}^{\infty} \delta(t - \tau)e^{-j\omega t}dt = e^{-j\omega\tau} . \qquad (9.17)$$

Im Gegensatz zur Laplace-Transformation, deren funktionaler Verlauf als komplexwertige Funktion einer komplexen Variablen nicht einfach darzustellen ist, können wir die Fourier-Transformierte als komplexe Funktion einer reellen Variablen leichter graphisch darstellen. Das geht am einfachsten durch Aufspaltung in Real- und Imaginärteil oder in Betrag und Phase der komplexen Transformierten (Bild 9.2). Die Verschiebung des Delta-Impulses ändert im Vergleich zu Bild 9.1 nicht den Betrag der Fourier-Transformierten, sondern äußert sich in einem linear abfallenden Verlauf der Phase $\varphi(j\omega) = \arg\{\mathcal{F}\{\delta(t - \tau)\}\}$. Die Neigung des Phasenverlaufs entspricht der Verschiebung τ. Die Phase von $\mathcal{F}\{\delta(t)\}$ hat den Wert Null und ist in Bild 9.1 nicht eingezeichnet.

9.4.2   Fourier-Transformierte der Rechteckfunktion

Zur Berechnung der Fourier-Transformierten der Rechteckfunktion führen wir zuerst eine Abkürzung ein, von der wir häufig Gebrauch machen werden. Eine Rechteckfunktion läßt sich zwar einfach zeichnen (s. Bild 9.3), aber der Umgang mit der

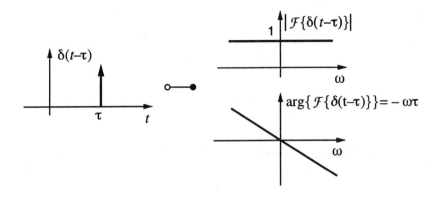

Bild 9.2: Verschobener Delta-Impuls und seine Fourier-Transformierte

abschnittsweisen Definition in (9.18) ist wegen der notwendigen Fallunterscheidung zum Rechnen nicht gut geeignet Wir bezeichnen daher die Rechteckfunktion mit rect(t) und behandeln das Symbol rect als Funktion, die durch (9.18) definiert ist.

$$x(t) = \text{rect}(t) = \begin{cases} 1 & \text{für } |t| \le \dfrac{1}{2} \\ 0 & \text{sonst} \end{cases} \qquad (9.18)$$

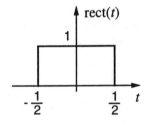

Bild 9.3: Die Rechteckfunktion

Die Grenzen bei $t = \pm\frac{1}{2}$ sind so gewählt, daß das Rechteck rect(t) die Höhe, Breite und Fläche eins hat. Rechteckimpulse mit anderen Breiten werden durch Skalierung mit einem beliebigen Faktor a beschrieben:

$$\text{rect}(at) = \begin{cases} 1 & \text{für } |t| \le \dfrac{1}{2a} \\ 0 & \text{sonst} \end{cases} \qquad (9.19)$$

Die Fourier-Transformierte der Rechteckfunktion erhält man durch Ausrechnen des Fourier-Integrals

$$\mathcal{F}\{\text{rect}(t)\} = \int_{-\infty}^{\infty} \text{rect}(t)e^{-j\omega t}dt = \int_{-\frac{1}{2}}^{+\frac{1}{2}} e^{-j\omega t}dt = \frac{1}{-j\omega}e^{-j\omega t}\Big|_{-\frac{1}{2}}^{+\frac{1}{2}}$$

$$= -\frac{1}{j\omega}\left(e^{-\frac{j\omega}{2}} - e^{\frac{j\omega}{2}}\right) = \frac{\sin\frac{\omega}{2}}{\frac{\omega}{2}} \ . \tag{9.20}$$

Der Verlauf der Transformierten $\mathcal{F}\{\text{rect}(t)\}$ ist in Bild 9.4 dargestellt.

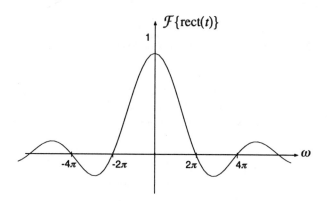

Bild 9.4: Fourier-Transformierte der Rechteckfunktion

Auch für diese charakteristische Funktion führen wir eine Abkürzung ein. Wir nennen sie die si-Funktion und definieren sie als

$$\text{si}(\nu) = \begin{cases} \dfrac{\sin\nu}{\nu} & \text{für } \nu \neq 0 \\[2ex] 1 & \text{für } \nu = 0 \, . \end{cases} \tag{9.21}$$

Trotz des Werts ν im Nenner hat $\text{si}(\nu)$ einen stetigen Verlauf, denn die stetige Fortsetzung bei $\nu = 0$ entspricht dem Grenzwert, den wir mit den Regeln von l'Hospital an dieser Stelle erhalten.

Bild 9.5 zeigt den Verlauf von $\text{si}(\nu)$ in Abhängigkeit von der dimensionslosen Variablen ν.

Für die gesamte Fläche unter dem Integral gilt

$$\int_{-\infty}^{\infty} \text{si}(\nu)d\nu = \pi \, . \tag{9.22}$$

Diese Fläche entspricht genau der Fläche des Dreiecks, das durch das Hauptmaximum und die ersten beiden Nullstellen rechts und links von $\nu = 0$ aufgespannt

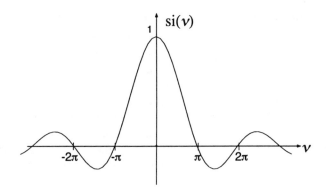

Bild 9.5: Die si-Funktion

wird (s. Bild 9.6). Diese Merkregel ist sehr praktisch, denn sie ist auch für beliebig in der unabhängigen oder der abhängigen Variablen skalierte si-Funktionen unmittelbar anwendbar.

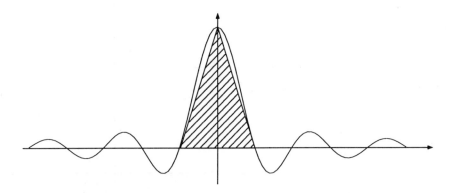

Bild 9.6: Der Flächeninhalt des Dreiecks entspricht dem Integral der si-Funktion

Mit der si-Funktion können wir die Korrespondenz zwischen der Rechteckfunktion und ihrer Fourier-Transformierten sehr elegant formulieren. Durch Vergleich von (9.20) und (9.21) folgt

$$\boxed{\operatorname{rect}(t) \quad \circ\!\!-\!\!\bullet \quad \operatorname{si}\left(\frac{\omega}{2}\right).} \qquad (9.23)$$

Für Rechtecke mit beliebiger Breite erhalten wir aus (9.19)

$$\text{rect}(at) \quad \circ\!\!-\!\!\bullet \quad \frac{1}{|a|} \, \text{si}\left(\frac{\omega}{2a}\right) . \tag{9.24}$$

In Bild 9.7 sind Rechteckfunktionen und ihre Spektren für verschiedene Werte von a dargestellt. Da der Skalierungsfaktor a im Zeitbereich als Multiplikator und im Frequenzbereich als Divisor auftritt, werden die Spektren umso breiter, je schmaler die Rechteckfunktionen sind. Wir werden später sehen, daß dieser Effekt als allgemeines Prinzip auch bei beliebigen anderen Zeitfunktionen auftritt.

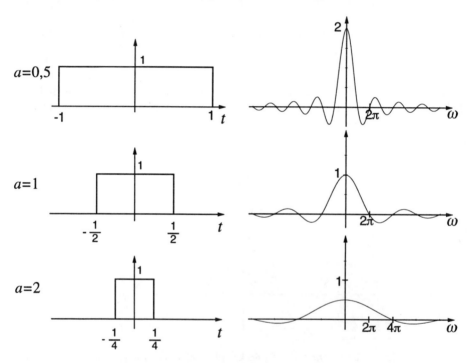

Bild 9.7: Verschiedene Rechteckfunktionen rect(at) und ihre Fourier-Transformierten

9.4.3   Fourier-Transformierte einer komplexen Exponentialfunktion

Die bisherigen Fourier-Transformierten konnten wir durch Ausrechnen des Fourier-Integrals (9.1) lösen. Bei der komplexen Exponentialfunktion

$$x(t) = e^{j\omega_0 t} \tag{9.25}$$

führt dieses Vorgehen nicht zum Ziel, da das entstehende Integral

$$\int_{-\infty}^{\infty} e^{j\omega_0 t} e^{-j\omega t}\, dt = \int_{-\infty}^{\infty} e^{j(\omega_0 - \omega)t}\, dt$$

für $\omega = \omega_0$ offenbar nicht konvergiert. Dennoch läßt sich die Fourier-Transformierte von $e^{j\omega_0 t}$ in Gestalt einer Distribution angeben. Zur Herleitung benutzen wir die eben eingeführte si-Funktion.

Um die erwähnten Konvergenzprobleme bei der Integration einer unendlich andauernden Schwingung zu umgehen, betrachten wir zunächst einen Ausschnitt endlicher Dauer:

$$x_T(t) = \begin{cases} e^{j\omega_0 t} & \text{für } |t| \leq T \\[2mm] 0 & \text{sonst} \ . \end{cases} \tag{9.26}$$

Dessen Fourier-Transformierte kann man leicht ausrechnen. Die erforderlichen Rechenschritte gleichen denen, die wir bei der Berechnung der Fourier-Transformierten der Rechteckfunktion in (9.20) ausgeführt hatten und führen ebenfalls auf ein Ergebnis, das durch die si-Funktion ausgedrückt werden kann.

$$\begin{aligned} X_T(j\omega) &= \int_{-T}^{T} e^{j\omega_0 t} e^{-j\omega t} dt = \int_{-T}^{T} e^{j(\omega_0 - \omega)t} = \\[3mm] &= \frac{1}{j(\omega_0 - \omega)} e^{j(\omega_0 - \omega)t} \Big|_{-T}^{T} = \frac{1}{j(\omega_0 - \omega)} \left(e^{j(\omega_0 - \omega)T} - e^{-j(\omega_0 - \omega)T} \right) \\[3mm] &= \frac{2\sin(\omega - \omega_0)T}{\omega - \omega_0} = 2T\,\text{si}\big((\omega - \omega_0)T\big) \quad . \end{aligned} \tag{9.27}$$

Bild 9.8 zeigt den Verlauf dieses Spektrums. Es gleicht den Spektren in Bild 9.7, ist jedoch um ω_0 auf der Frequenzachse verschoben.

Da die komplexe Exponentialfunktion in (9.25) aus dem Signal endlicher Dauer $x_T(t)$ durch den Grenzübergang $T \to \infty$ entsteht, erhält man auch das Spektrum von $x(t)$ aus $X_T(j\omega)$ durch diesen Grenzübergang. Wenn wir $X_T(j\omega)$ mit $T = \frac{1}{2a}$ als

$$X_T(j\omega) = \frac{1}{|a|} \,\text{si}\left(\frac{\omega - \omega_0}{2a}\right) \tag{9.28}$$

schreiben, erkennen wir aus Bild 9.7, daß $X_T(j\omega)$ für $T \to \infty$, d.h. $a \to 0$ in eine unendlich hohe und schmale Spitze übergeht. $X_T(j\omega)$ ist daher nicht durch eine herkömmliche Funktion darstellbar und es stellt sich die Frage, ob $X_T(j\omega)$ nicht durch einen Delta-Impuls ausgedrückt werden kann. Dazu müssen wir prüfen, ob die Ausblendeigenschaft des verschobenen Delta-Impulses (8.15) nach Vollzug des Grenzübergangs $T \to \infty$ auch für $X_T(j\omega)$ gilt. Wir bilden das Produkt aus $X_T(j\omega)$ und einer anderen Funktion $F(j\omega)$, die bei $\omega = \omega_0$ stetig ist, aber sonst beliebig verlaufen kann. Da für große Werte von T die Funktion $X_T(j\omega)$ abseits von ω_0

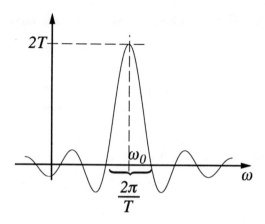

Bild 9.8: Spektrum einer komplexen Exponentialfunktion endlicher Dauer

immer kleiner wird (s. Bilder 9.7 und 9.8), liefert bei einer Integration über das Produkt $X_T(j\omega)F(j\omega)$ für $T \to \infty$ nur der Wert $F(j\omega_0)$ einen Beitrag:

$$\int_{-\infty}^{\infty} \lim_{T\to\infty} X_T(j\omega)F(j\omega)\,d\omega = F(j\omega_0) \int_{-\infty}^{\infty} X_T(j\omega)\,d\omega . \tag{9.29}$$

Die Fläche unter der si-Funktion ist aber nach Bild 9.6 gleich der Fläche eines gleichschenkligen Dreiecks mit der Basis zwischen den beiden Nullstellen neben dem Maximum der si-Funktion. Das bedeutet hier nach Bild 9.8

$$\int_{-\infty}^{\infty} X_T(j\omega)\,d\omega = \int_{-\infty}^{\infty} 2T\,\mathrm{si}\big((\omega-\omega_0)T)\big)\,d\omega = \frac{1}{2}\,2T\cdot\frac{2\pi}{T} = 2\pi . \tag{9.30}$$

Gleichung (9.29) wird so zu

$$\int_{-\infty}^{\infty} \frac{1}{2\pi} \lim_{T\to\infty} X_T(j\omega)F(j\omega)\,d\omega = F(j\omega_0) . \tag{9.31}$$

Offensichtlich blendet die Funktion $\frac{1}{2\pi}\lim_{T\to\infty} X_T(j\omega)$ alle Werte von $F(j\omega)$ außer bei $\omega = \omega_0$ aus. Das ist aber gerade die Eigenschaft, die den Delta-Impuls kennzeichnet. Wir können daher schreiben

$$\lim_{T\to\infty} \frac{1}{2\pi} X_T(j\omega) = \delta(\omega-\omega_0) . \tag{9.32}$$

Wenn wir diese Ergebnisse zusammenfassen, erhalten wir

$$\mathcal{F}\{e^{j\omega_0 t}\} = \mathcal{F}\{\lim_{T\to\infty} x_T(t)\} = \lim_{T\to\infty} X_T(j\omega) = 2\pi\,\delta(\omega-\omega_0) . \tag{9.33}$$

Damit haben wir die gesuchte Korrespondenz für die komplexe Exponentialfunktion erhalten:

$$\boxed{e^{j\omega_0 t} \circ\!\!-\!\!\bullet 2\pi\,\delta(\omega - \omega_0)\,.}$$
(9.34)

Sie gleicht der Korrespondenz für einen verschobenen Impuls im Zeitbereich nach (9.17):

$$\delta(t - \tau) \circ\!\!-\!\!\bullet e^{-j\omega\tau}\,.$$
(9.35)

9.4.4 Fourier-Transformierte von $\frac{1}{t}$

Ein weiteres Beispiel für eine Zeitfunktion, deren Spektrum nicht durch elementare Auswertung des Fourier-Integrals berechnet werden kann, ist die Funktion

$$x(t) = \frac{1}{t}\,,$$
(9.36)

deren Verlauf in Bild 9.9 dargestellt ist. Da die Zeitfunktion bei $t = 0$ über alle

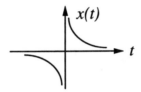

Bild 9.9: Zeitlicher Verlauf der Funktion $\frac{1}{t}$

Grenzen wächst, kann man über diesen Punkt nicht einfach „hinwegintegrieren". Man behilft sich mit einer Aufspaltung des Integrals in zwei Teile für $t < 0$ und $t > 0$. Das obere Teilintegral wird zunächst für die endlichen Grenzen ε und T gelöst, mit $0 < \varepsilon < T < \infty$, das untere entsprechend für $-T$ und $-\varepsilon$. Aus den Ergebnissen dieser Teilintegrale erhält man durch zweimaligen Grenzübergang $T \to \infty$ und $\varepsilon \to 0$ das gesuchte Ergebnis, sofern diese Grenzübergänge durchführbar sind. Diese Vorgehen bezeichnet man auch als Berechnung des *Cauchyschen Hauptwerts*. Für $x(t)$ nach (9.36) lauten die notwendigen Rechenschritte

$$\mathcal{F}\{x(t)\} = X(j\omega) = \int_{-\infty}^{\infty} \frac{1}{t} e^{-j\omega t} dt = \lim_{\substack{\varepsilon \to 0 \\ T \to \infty}} \left[\int_{-T}^{-\varepsilon} \frac{1}{t} e^{-j\omega t} dt + \int_{\varepsilon}^{T} \frac{1}{t} e^{-j\omega t} dt \right] =$$

$$= \lim_{\substack{\varepsilon \to 0 \\ T \to \infty}} \int_{\varepsilon}^{T} \frac{1}{t}(e^{-j\omega t} - e^{j\omega t}) dt = \lim_{\substack{\varepsilon \to 0 \\ T \to \infty}} -2j \int_{\varepsilon}^{T} \frac{\sin\omega t}{t} dt\,.$$
(9.37)

Zur Auswertung dieses uneigentlichen Integrals können wir (9.6) oder besser noch die Dreiecksregel (Bild 9.6) verwenden, wobei zu beachten ist, daß eine Vorzeichenumkehr von ω auch zu einer Vorzeichenumkehr der Amplitude der si-Funktion führt. Für $\omega = 0$ ist die Auswertung trivial. Damit erhalten wir

$$\mathcal{F}\{x(t)\} = \lim_{\substack{\varepsilon \to 0 \\ T \to \infty}} -2j \int_{\varepsilon}^{T} \frac{\sin \omega t}{t} dt = \begin{cases} -j\pi & \text{für } \omega > 0 \\ 0 & \text{für } \omega = 0 \\ j\pi & \text{für } \omega < 0 \end{cases} . \qquad (9.38)$$

Die Fallunterscheidung für das Vorzeichen von ω kann auch durch die Signum-Funktion sign(ω) ausgedrückt werden. Damit bekommt die gesuchte Korrespondenz die einfache Form

$$\boxed{\frac{1}{t} \circ\!\!-\!\!\bullet -j\pi \, \text{sign}(\omega)} . \qquad (9.39)$$

Man erhält hier ein rein imaginäres Spektrum, das für negative und positive Werte der Frequenz ω jeweils einen konstanten Wert hat (s. Bild 9.10). Wegen der Unstetigkeitsstelle ist $X(j\omega)$ nicht analytisch fortsetzbar. Die Zeitfunktion $x(t) = \frac{1}{t}$ ist übrigens auch nicht absolut integrierbar (9.4), dennoch kann man ihre Fourier-Transformierte berechnen. Dies illustriert noch einmal, daß absolute Integrierbarkeit eine hinreichende, aber keine notwendige Voraussetzung für die Existenz der Fourier-Transformierten ist.

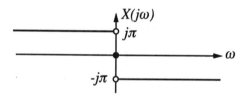

Bild 9.10: Spektrum der Funtion $\frac{1}{t}$

9.5 Symmetrien der Fourier-Transformation

Aus den bisher behandelten Beispielen zur Fourier-Transformation einfacher Signale lassen sich auch die Spektren anderer und komplizierterer Signale ohne neuerliche Integration ermitteln, wenn man die Eigenschaften der Fourier-Transformation kennt. Dazu gehört die Ausnutzung von Symmetriebeziehungen. Das bedeutet, daß man aus bestimmten Eigenschaften des Zeitsignals auf das Aussehen des Spektrums schließen kann und umgekehrt. Zur Beschreibung der Symmetrien eines Signals führen wir zunächst die Begriffe der *geraden* und *ungeraden* Funktion ein und untersuchen dann das Verhalten der zugehörigen Spektren.

9.5.1 Gerade und ungerade Funktionen

Gerade und ungerade Funktionen sind durch ihr Verhalten bei einem Vorzeichenwechsel des Arguments charakterisiert.

Definition 13:   Gerade und ungerade Funktion

Zwei reellwertige Funktionen $x_g(t)$ und $x_u(t)$ heißen gerade *bzw.* ungerade
Funktionen, wenn gilt:

$$x_g(t) \;=\; x_g(-t) \tag{9.40}$$
$$x_u(t) \;=\; -x_u(-t) \;\;. \tag{9.41}$$

Jede Funktion ist in einen geraden und einen ungeraden Anteil zerlegbar

$$x(t) \;=\; x_g(t) + x_u(t)\,, \tag{9.42}$$

wobei diese Anteile durch

$$x_g(t) \;=\; \frac{1}{2}\bigl(x(t) + x(-t)\bigr) \tag{9.43}$$

$$x_u(t) \;=\; \frac{1}{2}\bigl(x(t) - x(-t)\bigr) \tag{9.44}$$

gegeben sind. Mit (9.40), (9.41) bestätigt man leicht, daß $x_g(t)$ und $x_u(t)$ die
behaupteten Symmetrien besitzen.

—————————————————————————— **Beispiel 9.3**

Für die rechtsseitige Funktion $x(t)$ aus Bild 9.11 sind der gerade und der ungerade Anteil jeweils zweiseitige Funktionen, deren Summe für $t < 0$ verschwindet.

———————————————————————————————— ■

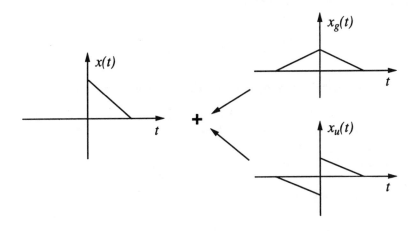

Bild 9.11: Zusammensetzung einer Funktion aus geradem und ungeradem Anteil

Die gerade und die ungerade Symmetrie, die hier anhand von Zeitfunktionen eingeführt wurde, läßt sich natürlich genauso auf Funktionen der Frequenz ω übertragen. So sind gerade und ungerade Spektren durch

$$X_g(j\omega) = X_g(-j\omega) \tag{9.45}$$

$$X_u(j\omega) = -X_u(-j\omega) \tag{9.46}$$

gekennzeichnet. Die Definitionen für gerade und ungerade Funktionen gelten gleichermaßen für reell- und komplexwertige Signale.

9.5.2 Konjugierte Symmetrie

Für den Real- und den Imaginärteil von komplexwertigen Signalen gelten oft unterschiedliche Symmetrien, die man im Begriff der konjugierten Symmetrie zusammenfaßt.

Definition 14: Konjugierte Symmetrie

Eine komplexwertige Funktionen $x(t)$ besitzt konjugierte Symmetrie, *wenn gilt:*

$$x(t) = x^*(-t)\,. \tag{9.47}$$

Dabei bedeutet $x^*(t)$ die zu $x(t)$ konjugiert komplexe Funktion.

Durch Aufspalten von $x(t) = \text{Re}\{x(t)\} + j\text{Im}\{x(t)\}$ in Real- und Imaginärteil sieht man sofort, daß bei einer Funktion mit konjugierter Symmetrie der Realteil eine gerade und der Imaginärteil eine ungerade Funktion ist.

Auch diese Definition gilt natürlich ebenfalls für Funktionen der Frequenz. Für ein Spektrum mit konjugierter Symmetrie gilt entsprechend

$$X(j\omega) = X^*(-j\omega)\,. \tag{9.48}$$

9.5.3 Symmetriebeziehungen für reellwertige Zeitsignale

Die eben eingeführten Symmetriebeziehungen wenden wir jetzt an, um die Zusammenhänge zwischen Zeitsignalen und Spektren zu beschreiben. Wir beginnen mit reellwertigen Zeitsignalen und fragen, wie sich diese Eigenschaft im Frequenzbereich niederschlägt. Dazu wenden wir die beiden Operationen, die konjugiert symmetrische Spektren kennzeichnen, der Reihe nach auf das Fourier-Integral (9.1) für eine reelle Zeitfunktion $x(t)$ an:

$$X(j\omega) = \int_{-\infty}^{\infty} x(t)e^{-j\omega t}\,dt$$

$$X(-j\omega) = \int_{-\infty}^{\infty} x(t)e^{j\omega t}\,dt$$

$$X^*(-j\omega) \;=\; \int_{-\infty}^{\infty} x^*(t)e^{-j\omega t}\,dt = \int\limits_{-\infty}^{\infty} x(t)e^{-j\omega t}\,dt\;.$$

Da die reelle Funktion $x(t)$ beim Übergang auf die konjugiert komplexe Funktion $x^*(t)$ nicht verändert wird, heben sich beide Operationen offenbar auf. Reelle Zeitsignale besitzen daher konjugiert symmetrische Spektren

$$\boxed{x(t) \text{ reell} \;\longleftrightarrow\; X(j\omega) = X^*(-j\omega)\;.} \tag{9.49}$$

Da man komplexwertige Spektren durch die reellen Größen Real- und Imaginärteil bzw. Betrag und Phase darstellen kann, ist konjugierte Symmetrie von $X(j\omega)$ gleichbedeutend mit gerader oder ungerader Symmetrie dieser reellen Anteile

$$
\begin{aligned}
X(j\omega) &= X^*(-j\omega) & &\tag{9.50}\\
\mathrm{Re}\{X(j\omega)\} &= \mathrm{Re}\{X(-j\omega)\} & \text{Realteil gerade,} &\tag{9.51}\\
\mathrm{Im}\{X(j\omega)\} &= -\mathrm{Im}\{X(-j\omega)\} & \text{Imaginärteil ungerade,} &\tag{9.52}\\
|X(j\omega)| &= |X(-j\omega)| & \text{Betrag gerade,} &\tag{9.53}\\
\arg\{X(j\omega)\} &= -\arg\{X(-j\omega)\} & \text{Phase ungerade.} &\tag{9.54}
\end{aligned}
$$

Weiter fragen wir, welchen Anteilen des Zeitsignals der Real- und der Imaginärteil des Spektrums entsprechen. Dazu gehen wir zuerst vom Realteil des Spektrums anhand des Fourier-Integrals (9.1) aus, führen die Substitution $\tau = -t$ für die Zeitvariable durch und berücksichtigen, daß $\mathrm{Re}\{e^{-j\omega t}\} = \cos(\omega t)$ eine gerade Funktion ist:

$$
\begin{aligned}
\mathrm{Re}\{X(j\omega)\} &= \int_{-\infty}^{\infty} x(t)\cos(\omega t)\,dt\\[4pt]
\mathrm{Re}\{X(j\omega)\} &= \int_{-\infty}^{\infty} x(-\tau)\cos(-\omega\tau)\,d\tau\\[4pt]
\mathrm{Re}\{X(j\omega)\} &= \int_{-\infty}^{\infty} x(-t)\cos(\omega t)\,dt\quad.
\end{aligned}
$$

In der letzten Zeile haben wir wieder $\tau = t$ gesetzt, da der Wert des Integrals nicht von der Bezeichnung der Integrationsvariablen abhängt. Alle rechten Seiten sind identisch, so daß für eine reelle Zeitfunktion mit reellem Spektrum $x(t) = x(-t)$ gelten muß. Nach Definition 13 ist $x(t)$ dann eine gerade Funktion.

Die gleiche Überlegung können wir auch für den Imaginärteil des Spektrums anstellen und erhalten die Aussage, daß eine reelle Zeitfunktion mit imaginärem Spektrum eine ungerade Funktion sein muß. Damit haben wir folgende Symmetriebeziehungen für reelle Zeitsignale gezeigt:

$$x_g(t) \text{ reell, gerade} \quad \longleftrightarrow \quad X(j\omega) \text{ reell, gerade} \qquad (9.55)$$
$$x_u(t) \text{ reell, ungerade} \quad \longleftrightarrow \quad X(j\omega) \text{ imaginär, ungerade.} \quad (9.56)$$

Diese allgemeinen Beziehungen decken sich mit unseren Beobachtungen bei der Transformation spezieller Zeitsignale.

––––––––––––––––––––––––––––––––––––––– **Beispiel 9.4**

Die Rechteckfunktion ist reell und gerade. Das gleiche gilt für ihr Spektrum.

$$\text{rect}(t) \circ\!\!-\!\!\bullet \text{ si}\left(\frac{\omega}{2}\right) \qquad (9.57)$$

–– ■

––––––––––––––––––––––––––––––––––––––– **Beispiel 9.5**

Die reelle und ungerade Zeitfunktion $\frac{1}{t}$ hat ein imaginäres und ungerades Spektrum.

$$\frac{1}{t} \circ\!\!-\!\!\bullet -j\pi\text{sign}(\omega) \qquad (9.58)$$

–– ■

9.5.4 Symmetriebeziehungen für imaginäre Zeitsignale

Die gleichen Überlegungen wie bei reellwertigen Zeitsignalen lassen sich auch für imaginäre Zeitsignale anstellen. Die zu (9.55), (9.56) äquivalenten Beziehungen lauten dann:

$$x_g(t) \text{ imaginär, gerade} \quad \longleftrightarrow \quad X(j\omega) \text{ imaginär, gerade} \quad (9.59)$$
$$x_u(t) \text{ imaginär, ungerade} \quad \longleftrightarrow \quad X(j\omega) \text{ reell, ungerade.} \quad (9.60)$$

Dabei darf man nicht die imaginäre Funktion $x(t)$ und ihren reellen Imaginärteil $\text{Im}\{x(t)\}$ verwechseln. Bei rein imaginären Funktionen gilt $x(t) = j\text{Im}\{x(t)\}$.

9.5.5 Symmetriebeziehungen für allgemeine komplexwertige Signale

Die bisherigen Ergebnisse für reelle und für rein imaginäre Signale fügen wir jetzt zusammen zu Symmetriebeziehungen für allgemeine komplexwertige Signale. Da sich jedes Signal sowohl in seinen geraden und ungeraden Anteil als auch in seinen Real- und Imaginärteil zerlegen läßt, erhält man insgesamt vier Anteile für das Zeitsignal und ebenso für das Spektrum. Die Symmetriebeziehungen (9.55), (9.56) für reelle Signale lassen sich dann auf den Realteil und die Beziehungen (9.59), (9.60) für imaginäre Signale auf den Imaginärteil anwenden.

Insgesamt erhält man das Zuordnungsschema (9.61) für die Symmetriebeziehungen zwischen Real- und Imaginärteilen von den geraden und ungeraden Anteilen von Zeitsignal und Spektrum [13]. Obwohl die Symmetriebeziehungen zunächst scheinbar immer verwickelter geworden sind, ist das Endergebnis für den allgemeinen komplexen Fall doch erstaunlich einfach, logisch und leicht zu merken.

$$
x(t) \;=\; \mathrm{Re}\{x_g(t)\} \;+\; \mathrm{Re}\{x_u(t)\} \;+\; j\mathrm{Im}\{x_g(t)\} \;+\; j\mathrm{Im}\{x_u(t)\}
$$

$$
X(j\omega) = \mathrm{Re}\{X_g(j\omega)\} + \mathrm{Re}\{X_u(j\omega)\} + j\mathrm{Im}\{X_g(j\omega)\} + j\mathrm{Im}\{X_u(j\omega)\}
$$

(9.61)

Beispiel 9.6

Ein komplexwertiges Signal $x(t)$ möge die Fourier-Transformierte $X(j\omega)$ besitzen. Wie lautet $\mathcal{F}\{x^*(t)\}$?

Aus (9.61) entnimmt man, daß sich der Vorzeichenwechsel des Imaginärteils im Zeitbereich wie folgt im Frequenzbereich auswirkt:

$$
\mathcal{F}\{x^*(t)\} = \mathrm{Re}\{X_g(j\omega)\} - \mathrm{Re}\{X_u(j\omega)\} - j\mathrm{Im}\{X_g(j\omega)\} + j\mathrm{Im}\{X_u(j\omega)\} \,.
$$

Unter der Ausnutzung der Symmetrie der geraden und ungeraden Anteile kann man das kompakter schreiben als

$$
\begin{aligned}
\mathcal{F}\{x^*(t)\} \;&= \mathrm{Re}\{X_g(-j\omega)\} + \mathrm{Re}\{X_u(-j\omega)\} - j\mathrm{Im}\{X_g(-j\omega)\} - j\mathrm{Im}\{X_u(-j\omega)\} \\
&= X^*(-j\omega)
\end{aligned}
$$

Es folgt aus (9.61) also die wichtige Korrespondenz

$$
x^*(t) \circ\!\!-\!\!\bullet X^*(-j\omega)
$$

9.6 Inverse Fourier-Transformation

Die Umkehrung der Fourier-Transformation ist ein Integralausdruck, der große formale Ähnlichkeit mit dem Fourier-Integral (9.1) hat:

$$
x(t) = \mathcal{F}^{-1}\{X(j\omega)\} = \frac{1}{2\pi} \int_{-\infty}^{\infty} X(j\omega) e^{j\omega t}\, d\omega \,.
$$

(9.62)

Das liegt daran, daß sowohl Zeit- als auch Frequenzparameter reelle Größen sind. Die wesentlichen Unterschiede zwischen Hin- und Rücktransformation sind die Integrationsvariable (Zeit / Frequenz), das Vorzeichen der Exponentialfunktion $(-/+)$ und der Vorfaktor $1/2\pi$ vor dem Integral. Ähnlich wie bei der inversen Laplace-Transformation kann man die inverse Fourier-Transformation als Überlagerung von Eigenfunktionen $e^{j\omega t}$ eines LTI-Systems deuten, wobei hier nur ungedämpfte Eigenschwingungen zugelassen sind.

Tatsächlich kann man (9.62) als inverse Laplace-Transformation (5.34) deuten, bei der die imaginäre Achse $s = j\omega$ als Integrationsweg gewählt wird. Diese Deutung ist zulässig, wenn die Voraussetzungen für $X(s) = X(j\omega)|_{s=j\omega}$ (9.9) gelten, also der Konvergenzbereich von $X(s)$ die imaginäre Achse einschließt und $X(j\omega)$ beliebig oft differenzierbar ist.

Um zu verifizieren, daß (9.62) tatsächlich auch die zu einem möglicherweise unstetigen Spektrum $X(j\omega)$ gehörige Zeitfunktion liefert, setzen wir in (9.62) die Definition von $X(j\omega)$ nach (9.1) ein und vertauschen die Integrationsreihenfolge. Innerhalb des äußeren Integrals entsteht ein Ausdruck (in eckigen Klammern), den wir entsprechend den Überlegungen in Abschnitt 9.4.3 als verschobenen Delta-Impuls im Zeitbereich deuten können. Im Gegensatz zu Abschnitt 9.4.3 sind hier aber ω und t in ihrer Rolle vertauscht. Mit der Ausblendeigenschaft folgt, daß das Integral in (9.62) auf die Zeitfunktion führt, aus der $X(j\omega)$ mit (9.1) berechnet wurde.

$$
\begin{aligned}
\frac{1}{2\pi}\int_{-\infty}^{\infty} X(j\omega)e^{j\omega t}\,d\omega &= \frac{1}{2\pi}\int_{-\infty}^{\infty}\int_{-\infty}^{\infty} x(\tau)e^{-j\omega\tau}\,d\tau\,e^{j\omega t}\,d\omega = \\[2mm]
&= \frac{1}{2\pi}\int_{-\infty}^{\infty}\int_{-\infty}^{\infty} x(\tau)e^{j\omega(t-\tau)}\,d\tau\,d\omega = \\[2mm]
&= \int_{-\infty}^{\infty}\underbrace{\left[\frac{1}{2\pi}\int_{-\infty}^{\infty} e^{j\omega(t-\tau)}\,d\omega\right]}_{\delta(t-\tau)} x(\tau)\,d\tau = \\[2mm]
&= x(t) \qquad\qquad\qquad\qquad\qquad\qquad (9.63)
\end{aligned}
$$

Bei dieser Herleitung wurde vorausgesetzt, daß man die beiden uneigentlichen Integrale vertauschen darf. Diese Voraussetzung ist bei gleichmäßiger Konvergenz der Integrale erfüllt.

Genau wie für die Laplace-Transformation gilt, daß die Zuordnung zwischen Zeitsignal und ihrer Fourier-Transformierten eindeutig ist, wenn man von Unstetigkeitsstellen absieht (vgl. Abschnitt 4.6.2). Abweichungen einzelner Punkte an Unstetigkeitsstellen ändern den Wert der Integrale in (9.63) nicht. Für die Lösung praktischer Probleme reicht dieser Grad von Eindeutigkeit.

9.7 Sätze zur Fourier-Transformation

Neben den bereits behandelten Symmetrieeigenschaften gehören die Sätze der Fourier-Transformation zu den wichtigen Eigenschaften, die man kennen muß, um die Vorteile der Frequenzbereichsdarstellung zu nutzen, ohne ständig die Integrale der Hin- und Rücktransformation zu lösen.

9.7.1 Linearität der Fourier-Transformation

Aus der Linearität der Integration folgt direkt, daß für die Fourier-Transformation und ihre Inverse das Superpositionsprinzip gilt:

$$\boxed{\begin{aligned}
\mathcal{F}\{a\,f(t) + b\,g(t)\} &= a\,\mathcal{F}\{f(t)\} + b\,\mathcal{F}\{g(t)\} \\
\mathcal{F}^{-1}\{c\,F(j\omega) + d\,G(j\omega)\} &= c\,\mathcal{F}^{-1}\{F(j\omega)\} + d\,\mathcal{F}^{-1}\{G(j\omega)\}\,.
\end{aligned}} \qquad (9.64)$$

Hier sind a, b, c und d beliebige relle oder komplexe Konstanten.

── **Beispiel 9.7**

Die Fourier-Transformierte eines Delta-Impuls-Paars nach Bild 9.12 erhält man als Summe der Transformierten zweier einzelner Impulse, die jeweils um $\pm\tau$ verschoben sind:

$$\delta(t + \tau) + \delta(t - \tau) \quad \circ\!\!-\!\!\bullet \quad e^{-j\omega\tau} + e^{j\omega\tau} = 2\cos\omega\tau\,. \qquad (9.65)$$

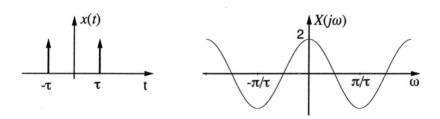

Bild 9.12: Impuls-Paar und ihre Fourier-Transformierte

9.7.2 Dualität

Aufgrund der Ähnlichkeit der Formeln für die Hin- und Rücktransformation kann man durch geschickte Wahl der Argumente aus einer gegebenen Korrespondenz zwischen Zeit- und Frequenzbereich die entsprechende Korrespondenz zwischen

Frequenz- und Zeitbereich ableiten. Durch Substitution in den Integralen für Hin-
und Rücktransformation kann man zeigen, daß für zwei Funktionen f_1 und f_2 gilt:

$$\boxed{\begin{aligned} f_1(t) \quad &\circ\!\!-\!\!\bullet \quad f_2(\omega) \\ f_2(t) \quad &\circ\!\!-\!\!\bullet \quad 2\pi f_1(-\omega)\,. \end{aligned}} \tag{9.66}$$

Diese Beziehung wird *Dualität* genannt.

─── **Beispiel 9.8**

Durch Ausnutzung der Dualitätseigenschaft erhalten wir aus der bereits bekannten Beziehung (9.23)

$$\operatorname{rect}(t) \quad \circ\!\!-\!\!\bullet \quad \operatorname{si}\!\left(\frac{\omega}{2}\right)$$

die Korrespondenz für ein rechteckförmiges Spektrum

$$\Rightarrow \quad \operatorname{si}\!\left(\frac{t}{2}\right) \quad \circ\!\!-\!\!\bullet \quad 2\pi\operatorname{rect}(-\omega) \quad = \quad 2\pi\operatorname{rect}(\omega)\,. \tag{9.67}$$

Bild 9.13 zeigt die Dualität zwischen si-Funktion und Rechteckfunktion

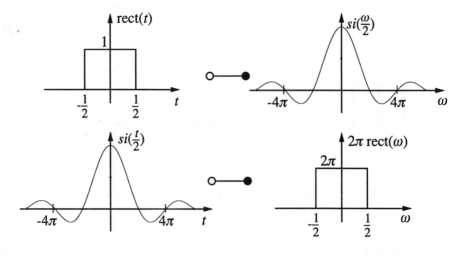

Bild 9.13: Dualität zwischen si-Funktion und Rechteckfunktion

---

Beispiel 9.9

Aus (9.65) erhalten wir durch Ausnutzung der Dualität die Fourier-Transformierte einer kosinusförmigen Zeitfunktion:

$$\cos \omega_0 t \quad \circ\!\!-\!\!\bullet \quad \pi\big[\delta(\omega + \omega_0) + \delta(\omega - \omega_0)\big]. \tag{9.68}$$

Die Fourier-Transformierte besteht also aus einem Paar von Delta-Impulsen. Für diese Zeitfunktion können wir eine Fourier-Transformierte, aber keine Laplace-Transformierte angeben. Die Delta-Impulse auf der imaginären Achse von $X(j\omega)$ sind sicher auch nicht analytisch fortsetzbar.

9.7.3 Ähnlichkeitssatz

Bei der Behandlung der Rechteckfunktion hatten wir bereits gesehen, daß schmale Rechtecke breite Spektren haben und umgekehrt (Bild 9.7). Diese Beobachtung gilt nicht nur für die Rechteckfunktion, sondern für alle Zeitfunktionen und ihre zugehörigen Spektren.

Durch die Substitution $t' = at$ bzw. $\omega' = \omega/a$ in den Integralen der Hin- und Rücktransformation zeigt man, daß einer Dehnung der Zeitachse eine Stauchung der Frequenzachse entspricht und umgekehrt. Der Faktor a darf auch negativ, aber nicht komplex sein:

$$x(at) \quad \circ\!\!-\!\!\bullet \quad \frac{1}{|a|} X\left(\frac{j\omega}{a}\right) \qquad a \in \mathbb{R}\backslash\{0\}. \tag{9.69}$$

Die daraus folgende Konstanz des Zeit-Bandbreite-Produktes werden wir in Abschnitt 9.10 ausführlich besprechen.

9.7.4 Faltungssatz der Fourier-Transformation

Wie bei der Laplace-Transformation gilt auch für die Fourier-Transformation, daß der Faltung die Multiplikation der Fourier-Transformierten entspricht:

$$
\begin{aligned}
y(t) &= x(t) * h(t) = \int\limits_{-\infty}^{\infty} x(\tau)h(t-\tau)d\tau \\
&\quad\;\; \circ\!\!-\!\!\bullet \\
Y(j\omega) &= X(j\omega)\,H(j\omega) \quad.
\end{aligned}
\tag{9.70}
$$

Der Beweis wird ganz entsprechend dem Faltungssatz der Laplace-Transformation geführt (vgl. Abschnitt 8.4.2).

Die wichtigste Anwendung ist die Berechnung des Augangssignals von LTI-Systemen. Die Fourier-Transformierte der Impulsantwort wird *Frequenzgang* genannt. Den Zusammenhang zwischen Faltung mit der Impulsantwort und Multiplikation mit dem Frequenzgang zeigt Bild 9.14.

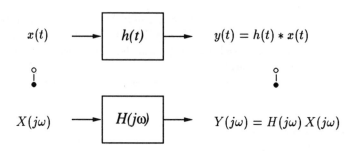

Bild 9.14: Zusammenhang zwischen Faltung und Multiplikation

─── **Beispiel 9.10**

Als Beispiel für die Anwendung des Faltungssatzes berechnen wir die Fourier-Transformierte eines Dreieckimpulses nach Bild 9.15, dessen funktionale Abhängig-

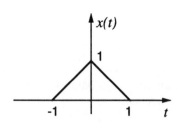

Bild 9.15: Dreieckimpuls

keit von der Zeit durch die abschnittsweise Definition

$$x(t) = \begin{cases} t+1 & \text{für } -1 \leq t < 0 \\ -t+1 & \text{für } 0 \leq t < 1 \\ 0 & \text{sonst} \end{cases} \qquad (9.71)$$

gegeben ist. Die Berechnung der Fourier-Transformierten $X(j\omega) = \mathcal{F}\{x(t)\}$ mit dem Fourier-Integral ist zwar nicht schwierig, aber doch etwas umständlich. Viel einfacher geht es, wenn wir beachten, daß ein Dreieckimpuls das Ergebnis der Faltung zweier Rechteckimpulse ist. Anhand von Bild 9.16 bestätigt man das leicht durch "Hinschauen". Dieser Zusammenhang wird auch durch (9.72) ausgedrückt.

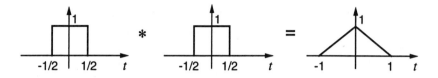

Bild 9.16: Dreieckimpuls ergibt sich aus der Faltung zweier Rechteckimpulse

$$\text{rect}(t) \ast \text{rect}(t) \quad = \quad x(t) \tag{9.72}$$

$$\text{si}\left(\frac{\omega}{2}\right) \cdot \text{si}\left(\frac{\omega}{2}\right) \quad = \quad X(j\omega). \tag{9.73}$$

Mit dem Faltungssatz folgt sofort (9.73). Damit steht die gesuchte Fourier-Transformierte schon da:

$$X(j\omega) = \text{si}^2\left(\frac{\omega}{2}\right). \tag{9.74}$$

Bild 9.17 zeigt ihren Verlauf. Da der Dreieckimpuls reell und gerade ist, hat sein Spektrum aufgrund der Symmetriebeziehungen die gleiche Eigenschaft.

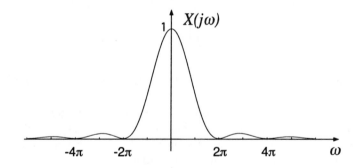

Bild 9.17: Fourier-Transformierte des Dreieckimpulses

9.7.5 Multiplikationssatz

Aus dem Faltungssatz erhalten wir durch Ausnutzung der Dualität zwischen $\mathcal{F}$ und $\mathcal{F}^{-1}$ (9.66) direkt die Beziehung für die Fourier-Transformierte eines Signals

$y(t)$, das als Produkt zweier Signale $f(t)$ und $g(t)$ geschrieben werden kann,

$$
\begin{array}{rcl}
y(t) & = & f(t) \cdot g(t) \\
& \circ\!\!-\!\!\bullet & \\
Y(j\omega) & = & \dfrac{1}{2\pi} F(j\omega) * G(j\omega)
\end{array}
\tag{9.75}
$$

als Faltung der Spektren $F(j\omega)$ und $G(j\omega)$.

Beispiel 9.11

Als etwas umfangreicheres Beispiel behandeln wir ein typisches Problem aus der Spektralanalyse. Das Spektrum von zwei überlagerten kosinusförmigen Signalen mit fast gleicher Frequenz soll so dargestellt werden, daß beide Signale im Frequenzbereich gut zu unterscheiden sind. Allerdings ist die Dauer der Beobachtung notwendigerweise begrenzt. Es ist zu ermitteln, wie lange die Beobachtungsdauer sein muß, um beide Signale gut voneinander trennen zu können. Bild 9.18 zeigt die beiden Signale, deren Überlagerung von $-T/2$ bis $T/2$ beobachtet wird.

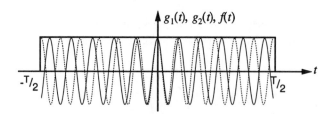

Bild 9.18: Sinus-Signale $g_1(t)$, $g_2(t)$ und Beobachtungsfenster $f(t)$

Wir wissen bereits, daß das Spektrum eines kosinusförmigen Signals aus zwei Delta-Impulsen auf der Frequenzachse besteht. Die Lage der Impulse entspricht der Frequenz der Signale. Da beide Frequenzen fast gleich sind, liegen auch die Delta-Impulse der beiden Signale eng beieinander:

$$
g(t) = g_1(t) + g_2(t) = \cos\omega_1 t + \cos\omega_2 t
$$

$$
\circ\!\!-\!\!\bullet
$$

$$
G(j\omega) = \pi\Big(\delta(\omega - \omega_1) + \delta(\omega + \omega_1) + \delta(\omega - \omega_2) + \delta(\omega + \omega_2) \Big) .
\tag{9.76}
$$

Die endliche Beobachtungsdauer kann man mathematisch durch Multiplikation mit einer Rechteckfunktion im Zeitbereich ausdrücken. Sie beschreibt das endliche Beobachtungsfenster, durch das wir die zeitlich nicht begrenzten Kosinus-Funktionen sehen.

$$f(t) = \text{rect}\left(\frac{t}{T}\right) \quad \circ\!\!-\!\!\bullet \quad F(j\omega) = T\,\text{si}\left(\frac{\omega T}{2}\right) \tag{9.77}$$

Auch das Spektrum des Beobachtungsfensters kennen wir schon: Es ist eine si-Funktion. Das beobachtete Signal ist damit

$$y(t) = f(t) \cdot g(t) = f(t) \cdot [g_1(t) + g_2(t)], \tag{9.78}$$

wie in Bild 9.19 gezeigt. Das tatsächlich beobachtete Spektrum kann man mit

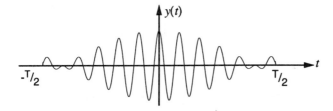

Bild 9.19: Mit dem Beobachtungsfenster gewichtetes Summensignal $y(t)$

dem Multiplikationssatz als Faltung des Spektrums $G(j\omega)$, das die idealen Delta-Impulse enthält, mit dem Spektrum des Beobachtungsfensters darstellen. Wegen der Faltung mit vier verschobenen Delta-Impulsen besteht das Spektrum des Meßsignals aus vier Anteilen, die jeweils die Form des Spektrums des Beobachtungsfensters haben und die an den Stellen der Signalfrequenzen sitzen.

$$\begin{aligned}
Y(j\omega) &= \frac{1}{2\pi} F(j\omega) * G(j\omega) \tag{9.79}\\[2mm]
&= \frac{T}{2}\left[\text{si}\left((\omega-\omega_1)\frac{T}{2}\right) + \text{si}\left((\omega+\omega_1)\frac{T}{2}\right)\right.\\[2mm]
&\quad \left. +\,\text{si}\left((\omega-\omega_2)\frac{T}{2}\right) + \text{si}\left((\omega+\omega_2)\frac{T}{2}\right)\right]
\end{aligned}$$

Bild 9.20 zeigt das Spektrum des Meßsignals für drei verschieden breite Beobachtungsfenster. Aus dem Ähnlichkeitssatz wissen wir, daß das Spektrum des Beobachtungsfensters um so schmaler ist, je breiter das Fenster, d.h. umso länger die Meßdauer ist. Ein Beobachtungsfenster der Länge $T = 1,2$ (oben) hat ein so breites Spektrum, daß die Anteile der beiden Frequenzen nicht mehr voneinander zu trennen sind und als ein einziges Signal erscheinen. Erst bei einer Fensterbreite von $T = 1,5$ beginnen sich die beiden Anteile voneinander zu unterscheiden, sind aber nicht als zwei getrennte Impulse zu erkennen. Nur eine wesentliche Erhöhung

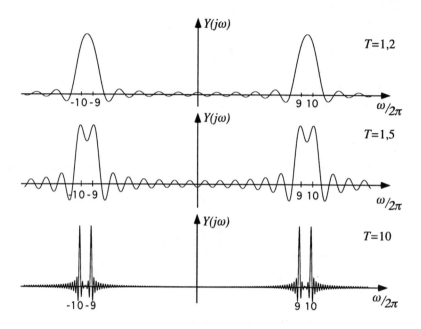

Bild 9.20: Spektrum $Y(j\omega)$ für verschiedene Beobachtungsfenster

der Meßdauer z.B. auf $T = 10$ erlaubt eine klare Identifizierung der beiden Signale. Man muß wenigstens einige Perioden der Differenzfrequenz der beiden Signale beobachten, um sie spektral gut auflösen zu können.

9.7.6 Verschiebungssatz und Modulationssatz

Wenn wir im Faltungssatz (9.70) einen Faltungspartner gleich $\delta(t - \tau)$ setzen, folgt mit $x(t) * \delta(t - \tau) = x(t - \tau)$ der *Verschiebungssatz*:

$$\boxed{x(t - \tau) \circ\!\!-\!\!\bullet\, e^{-j\omega\tau} X(j\omega)\ .} \tag{9.80}$$

Beispiel 9.12

In Bild 9.21 oben ist die Korrespondenz $x(t) = \mathrm{si}(\pi t) \circ\!\!-\!\!\bullet X(j\omega) = \mathrm{rect}(\frac{\omega}{2\pi})$ gezeigt. Die Fourier-Transformation von $x(t - 1)$ und $x(t - 5)$ können mit dem Verschiebungssatz direkt angegeben werden:

$$\mathrm{si}(\pi(t - 1)) \circ\!\!-\!\!\bullet e^{-j\omega} \cdot \mathrm{rect}(\frac{\omega}{2\pi}) \tag{9.81}$$

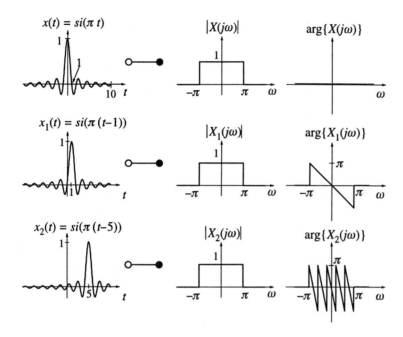

Bild 9.21: Beispiel zum Verschiebungssatz

und

$$\text{si}\big(\pi(t-5)\big) \circ\!\!-\!\!\bullet\; e^{-j5\omega} \cdot \text{rect}\big(\frac{\omega}{2\pi}\big). \tag{9.82}$$

Die beiden Korrespondenzen sind ebenfalls in Bild 9.21 illustriert.   ∎

Das obige Beispiel läßt eine interessante Eigenschaft des Verschiebungssatzes erkennen: eine Verschiebung des Zeitsignals ändert das Betragsspektrum nicht, denn das Spektrum wird lediglich mit einer komplexen Exponentialfunktion multipliziert.

Eine Verschiebung im Frequenzbereich wird durch den *Modulationssatz*

$$\boxed{e^{j\omega_0 t} x(t) \circ\!\!-\!\!\bullet\; X\big(j(\omega-\omega_0)\big)} \tag{9.83}$$

beschrieben, wobei man die Multiplikation eines Zeitsignals mit einer komplexen Exponentialfunktion als *Modulation* bezeichnet. Der Modulationssatz ist ein Spezialfall des Multiplikationssatzes (9.75) für die Multiplikation mit

$$e^{j\omega_0 t} \circ\!\!-\!\!\bullet\; 2\pi\delta(\omega-\omega_0). \tag{9.84}$$

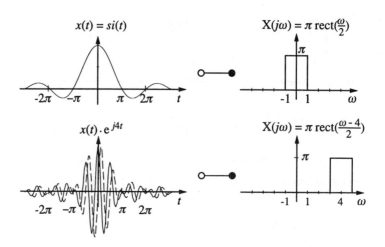

Bild 9.22: Beispiel zum Modulationssatz

── **Beispiel 9.13**

Bild 9.22 veranschaulicht die Wirkung einer Modulation des Signals $x(t) = \text{si}(t)$ mit e^{j4t}. Das Zeitsignal ist nach der Modulation komplexwertig, sein Realteil ist durchgezogen (–), sein Imaginärteil gestrichelt (– –) dargestellt. Man erkennt, daß eine Modulation mit der Frequenz $j\omega_0 = j4$ eine Verschiebung des Spektrums um $\omega_0 = 4$ nach rechts bewirkt.

── ∎

9.7.7 Differentiationssätze

Wie bei der zweiseitigen Laplace-Transformation gibt es einen Differentiationssatz im Zeitbereich und einen im Frequenzbereich. Die Differentiation im Zeitbereich entspricht der Faltung mit $\dot{\delta}(t)$:

$$\frac{dx(t)}{dt} = x(t) * \dot{\delta}(t) \tag{9.85}$$

Mit der Korrespondenz $\mathcal{F}\{\dot{\delta}(t)\} = j\omega$ (Herleitung in Aufgabe 9.13) und dem Faltungssatz erhalten wir sofort den *Differentiationssatz*

$$\boxed{\frac{dx(t)}{dt} \circ\!\!-\!\!\bullet\, j\omega X(j\omega).} \tag{9.86}$$

Erwartungsgemäß ergibt er sich aus dem Differentiationssatz der zweiseitigen Laplace-Transformation (vgl. Kap. 4.7.4) durch Ersetzen von s durch $j\omega$. Voraussetzung ist jedoch, daß $x(t)$ differenzierbar ist.

Die Differentiation des Fourier-Spektrums enspricht wie bei der Laplace-Transformation einer Multiplikation des Zeitsignals mit $-t$ (vgl. Kap. 4.7.7):

$$-tx(t) \; \circ\!\!-\!\!\bullet \; \frac{dX(j\omega)}{d(j\omega)} \; . \tag{9.87}$$

Deshalb heißt dieser Satz auch *"Multiplikation mit t"*. Er läßt sich durch Differenzieren der Definitionsgleichung der Fouriertransformation (9.1) nach $j\omega$ leicht beweisen (siehe Aufgabe 9.14). Man setzt dabei voraus, daß $X(j\omega)$ differenzierbar ist.

9.7.8 Integrationssatz

Hier interessiert uns nur die Integration im Zeitbereich. Sie entspricht einer Faltung mit dem Einheitssprung

$$\int_{-\infty}^{t} x(\tau)d\tau = x(t) * \varepsilon(t). \tag{9.88}$$

Zur Herleitung des Satzes benötigen wir die Transformierte $\mathcal{F}\{\varepsilon(t)\}$, deren Berechnung einfach ist, wenn wir $\varepsilon(t)$ in seinen geraden und ungeraden Anteil zerlegen:

$$\varepsilon(t) = \frac{1}{2} + \frac{1}{2}\text{sign}(t). \tag{9.89}$$

Unter Ausnutzung des Dualitätsprinzips und der Korrespondenzen $\delta(t) \circ\!\!-\!\!\bullet 1$ (9.16) und $\frac{1}{t} \circ\!\!-\!\!\bullet - j\pi\text{sign}(\omega)$ (9.39) erhält man für den geraden Anteil

$$\mathcal{F}\left\{\frac{1}{2}\right\} = \pi\delta(\omega) \tag{9.90}$$

und für den ungeraden Anteil

$$\mathcal{F}\left\{\frac{1}{2}\text{sign}(t)\right\} = \frac{1}{j\omega}. \tag{9.91}$$

Damit gilt

$$\varepsilon(t) \; \circ\!\!-\!\!\bullet \; \pi\delta(\omega) + \frac{1}{j\omega}, \tag{9.92}$$

und die Anwendung des Faltungssatzes führt schließlich auf den *Integrationssatz*

$$\int_{-\infty}^{t} x(\tau)d\tau \quad \circ\!\!-\!\!\bullet \quad X(j\omega)\left[\pi\delta(\omega) + \frac{1}{j\omega}\right] = \frac{1}{j\omega}X(j\omega) + \pi X(0)\,\delta(\omega) \; . \tag{9.93}$$

Man erhält den Integrationssatz der Fourier-Transformation also nicht einfach dadurch, daß man im Integrationssatz der Laplace-Transformation (4.27) $s = j\omega$ einsetzt. Die so erhaltene Form ist unvollständig und gilt nur für mittelwertfreie Signale $X(0) = 0$. Tatsächlich gehört die imaginäre Achse laut (4.27) auch nicht zum Konvergenzbereich der Laplace-Transformation, da die Integration einen Pol bei $s = 0$ erzeugt! (9.93) ist deshalb auch nicht analytisch fortsetzbar, denn sie enhält für nicht mittelwertfreie Signale einen Delta-Impuls bei $\omega = 0$.

9.8   Parsevalsches Theorem

Eine weitere wichtige Eigenschaft der Fourier-Transformation drückt das *Parsevalsche Theorem* aus. Es sagt aus, daß das Integral über das Produkt zweier Zeitfunktionen auch durch das Integral über das Produkt ihrer Spektren ausgedrückt werden kann. Zu seiner Herleitung gehen wir vom Multiplikationssatz (9.75) aus und schreiben das Fourier-Integral für die Zeitfunktionen und das Faltungsintegral für die Spektren ausführlich hin

$$\int_{-\infty}^{\infty} f(t)g(t)e^{-j\omega t}\,dt = \frac{1}{2\pi}\int_{-\infty}^{\infty} F(j\nu)G(j\omega - j\nu)d\nu\,. \tag{9.94}$$

Für $\omega = 0$ verschwindet der Exponentialterm im Fourier-Integral auf der linken Seite und

$$\int_{-\infty}^{\infty} f(t)g(t)dt = \frac{1}{2\pi}\int_{-\infty}^{\infty} F(j\nu)G(-j\nu)d\nu\,. \tag{9.95}$$

Für die Zeitfunktionen $f(t)$ und $g(t)$ lassen wir hier auch komplexwertige Funktionen zu. Aus der Symmetriebeziehung (9.61) und Beispiel 9.7 lesen wir dann für ein Signal $g(t)$ und das zugehörige konjugiert komplexe Signal $g^*(t)$ den Zusammenhang

$$g(t) \quad \circ\!\!-\!\!\bullet \quad G(j\omega)$$

$$g^*(t) \quad \circ\!\!-\!\!\bullet \quad G^*(-j\omega) \tag{9.96}$$

für die Spektren $G(j\omega)$ und $G^*(j\omega)$ ab. Daraus erhalten wir die allgemeine Form des Parsevalschen Theorems für komplexwertige Zeitfunktionen

$$\boxed{\int_{-\infty}^{\infty} f(t)g^*(t)dt = \frac{1}{2\pi}\int_{-\infty}^{\infty} F(j\nu)\cdot G^*(j\nu)d\nu\,.} \tag{9.97}$$

Speziell für $g(t) = f(t)$ folgt die einprägsame Beziehung

$$\boxed{\int_{-\infty}^{\infty} |f(t)|^2 dt = \frac{1}{2\pi}\int_{-\infty}^{\infty} |F(j\omega)|^2 d\omega\,.} \tag{9.98}$$

Zur Interpretation dieser Formel definieren wir die Energie eines Zeitsignals

---

Definition 15: Energie eines Zeitsignals

Die Energie E_f eines Zeitsignals $f(t)$ ist durch

$$E_f = \int\limits_{-\infty}^{\infty} |f(t)|^2 dt$$

gegeben.

Die Bezeichnung dieses Integrals als Energie wird verständlich, wenn wir uns $f(t)$ z.B. als Spannung vorstellen, die an einem ohmschen Widerstand abfällt. Die in diesem Widerstand in Wärme umgesetzte Energie ist proportional dem Integral über dem Quadrat der Spannung. Der Übergang zum Betragsquadrat ermöglicht eine Erweiterung auf komplexwertige Signale.

Das Parsevalsche Theorem sagt dann aus, daß die Energie eines Zeitsignals nicht nur im Zeitbereich durch Integration über das Betragsquadrat der Zeitfunktion, sondern auch im Frequenzbereich durch Integration über das Betragsquadrat des Spektrums berechnet werden kann. Da nur der Betrag des Spektrums beteiligt ist, hat der Phasenverlauf offenbar keinen Einfluß auf die Energie.

── **Beispiel 9.14**

Als Beispiel für die Anwendung des Parsevalschen Theorems berechnen wir die Energie E_x des Signals

$$x(t) = \mathrm{si}\left(\frac{t}{2}\right) \tag{9.99}$$

Die unmittelbare Berechnung des Integrals

$$E_x = \int\limits_{-\infty}^{\infty} x^2(t) dt = \int\limits_{-\infty}^{\infty} \mathrm{si}^2\left(\frac{t}{2}\right) dt = \int\limits_{-\infty}^{\infty} \frac{4 \cdot \sin^2(t/2)}{t^2} dt$$

im Zeitbereich ist zwar möglich, erfordert aber einige Umformungen und Kunstgriffe. Mit der Korrespondenz aus (9.67)

$$\mathrm{si}\left(\frac{t}{2}\right) \;\circ\!\!-\!\!\bullet\; 2\pi\,\mathrm{rect}(\omega) \tag{9.100}$$

und dem Parsevalschen Theorem können wir dagegen die Berechnung der Energie viel einfacher im Frequenzbereich durch Integration über eine Rechteckfunktion durchführen

$$E_x = \frac{1}{2\pi} \int_{-\infty}^{\infty} |X(j\omega)|^2 \, d\omega = \frac{1}{2\pi} \int_{-\frac{1}{2}}^{\frac{1}{2}} (2\pi)^2 d\omega = 2\pi \,. \qquad (9.101)$$

Dabei kommt uns zugute, daß das Betragsquadrat einer Rechteckfunktion wieder eine Rechteckfunktion ist.

■

9.9 Korrelation deterministischer Signale

Das Konzept der Korrelation stammt eigentlich aus der Theorie der Zufallssignale, in die wir in den Kapiteln 17 und 18 einführen. In diesem Zusammenhang spielt es eine zentrale Rolle. Bisher haben wir es aber noch nicht mit Zufallssignalen zu tun, und wir betonen, daß sich die folgenden Überlegungen zunächst auf deterministische (also nicht zufällige) Signale beziehen.

Die Verknüpfung zweier Zeitfunktionen $f(t)$ und $g(t)$ läßt sich noch allgemeiner fassen als in (9.97). Bei der Bildung des Produkts von $f(t)$ und $g(t)$ können wir zusätzlich noch eine Zeitverschiebung um die Spanne τ zwischen beiden Zeitfunktionen berücksichtigen. Der entstehende Integralausdruck ist dann eine Funktion der Zeitspanne τ. Diese Überlegung führt zur Definition der Kreuzkorrelationsfunktion.

9.9.1 Definition

Definition 16: Kreuzkorrelationsfunktion

Unter der Kreuzkorrelationsfunktion (KKF) *zweier deterministischer Signale* $f(t)$ *und* $g(t)$ *versteht man die Funktion*

$$\varphi_{fg}(\tau) = \int\limits_{-\infty}^{\infty} f(t+\tau)g^*(t)dt \quad . \qquad (9.102)$$

Definition 17: Autokorrelationsfunktion

Für $f(t) = g(t)$ *erhält man die* Autokorrelationsfunktion (AKF) *der Zeitfunktion* $f(t)$

$$\varphi_{ff}(\tau) = \int\limits_{-\infty}^{\infty} f(t+\tau)f^*(t)dt \,. \qquad (9.103)$$

Die Kreuzkorrelationsfunktion beschreibt die Verwandtschaft zweier Zeitsignale unter Berücksichtigung einer möglichen Verschiebung. Die Autokorrelationsfunktion gibt an, wie ähnlich die Anteile eines Zeitsignals sind, die zu verschiedenen Zeitpunkten auftreten. Wir werden uns im folgenden noch ausführlich mit der Erweiterung von (9.102) auf Zufallssignale beschäftigen. Wesentliche Eigenschaften lassen sich aber auch bereits darstellen, wenn man sich auf deterministische Signale beschränkt.

9.9.2 Eigenschaften

9.9.2.1 Zusammenhang mit der Faltung

Der Integralausdruck in der Definition der Kreuzkorrelationsfunktion (9.102) weist eine gewisse Verwandtschaft mit dem Faltungsintegral auf. Tatsächlich kann man (9.102) in eine Faltung umwandeln, denn durch die Substitution $t' = -t$ folgt

$$\varphi_{fg}(\tau) = \int\limits_{-\infty}^{\infty} f(t + \tau)g^*(t)dt = \int\limits_{-\infty}^{\infty} f(\tau - t')g^*(-t')dt' \, .$$

Die Kreuzkorrelationsfunktion deterministischer Signale kann daher auch durch einen Faltungsausdruck definiert werden

$$\boxed{\varphi_{fg}(\tau) = \int\limits_{-\infty}^{\infty} f(t + \tau)g^*(t)dt = f(\tau) * g^*(-\tau) \, .} \qquad (9.104)$$

Ebenso gilt für die Autokorrelationsfunktion

$$\boxed{\varphi_{ff}(\tau) = \int\limits_{-\infty}^{\infty} f(t + \tau)f^*(t)dt = f(\tau) * f^*(-\tau) \, .} \qquad (9.105)$$

--- **Beispiel 9.15**

Wie lautet die KKF $\varphi_{yx}(\tau)$ zwischen Ausgang und Eingang eines LTI-Systems mit der Impulsantwort $h(t)$?
Offenbar gilt

$$\begin{aligned}
\varphi_{yx}(\tau) &= y(\tau) * x^*(-\tau) \\
&= h(\tau) * x(\tau) * x^*(-\tau) \\
&= h(\tau) * \varphi_{xx}(\tau)
\end{aligned}$$

Die KKF zwischen Ausgang und Eingang eines LTI-Systems ist die AKF des Eingangssignals gefaltet mit der Impulsantwort. Betrachten wir zum Beispiel ein Verzögerungsglied mit

$$h(t) = \delta(t - t_0),$$

so ist die KKF eine verschobene Version der AKF

$$\varphi_{yx}(\tau) = \delta(\tau - t_0) * \varphi_{xx}(\tau) = \varphi_{xx}(\tau - t_0).$$

9.9.2.2 Symmetrie

Die Frage nach der Symmetrie der Kreuzkorrelationsfunktion ist eng mit der Vertauschung der beiden Zeitfunktionen $f(t)$ und $g(t)$ verknüpft, denn eine Verschiebung von f gegenüber g um τ ist gleichbedeutend mit einer Verschiebung von g gegenüber f um $-\tau$. Durch Vertauschung von f und g in (9.102) und Variablensubstitution erhält man

$$\varphi_{fg}(\tau) = \varphi_{gf}^*(-\tau). \qquad (9.106)$$

Offensichtlich läßt sich $\varphi_{fg}(\tau)$ nur durch φ_{gf} und nicht durch φ_{fg} selbst ausdrükken. Die Kreuzkorrelationsfunktion besitzt daher keine allgemeinen Symmetrieeigenschaften.

Für $f(t) = g(t)$ folgt aus (9.106) für die komplexe Autokorrelationsfunktion

$$\varphi_{ff}(\tau) = \varphi_{ff}^*(-\tau) \qquad (9.107)$$

bzw. für reelle Zeitfunktionen $f(t)$

$$\varphi_{ff}(\tau) = \varphi_{ff}(-\tau). \qquad (9.108)$$

Die Autokorrelationsfunktion einer komplexen Zeitfunktion besitzt daher konjugierte Symmetrie; die Autokorrelationsfunktion einer reellen Zeitfunktion ist eine gerade Funktion.

9.9.2.3 Kommutativität

Bei der Untersuchung der Symmetrieeigenschaften der Kreuzkorrelationsfunktion hatten wir bereits den engen Zusammenhang mit der Vertauschung der Zeitfunktionen festgestellt. Aus (9.106) liest man unmittelbar ab, daß im allgemeinen

$$\varphi_{fg}(\tau) \neq \varphi_{gf}(\tau) \qquad (9.109)$$

gilt. Das bedeutet, daß die Bildung der Kreuzkorrelationsfunktion nicht kommutativ ist, im Gegensatz zur eng verwandten Faltung.

9.9.2.4 Fourier-Transformierte von Korrelationsfunktionen

Die Fourier-Transformierte der Kreuzkorrelationsfunktion ermittelt man am elegantesten aus der Faltungsbeziehung (9.104). Dazu benötigen wir wieder eine spezielle Symmetriebeziehung der Fourier-Transformation, die wir ähnlich wie bei (9.96) aus dem allgemeinen Schema (9.61) ablesen

$$g(t) \quad \circ\!\!-\!\!\bullet \quad G(j\omega)$$

$$g^*(-t) \quad \circ\!\!-\!\!\bullet \quad G^*(j\omega) \tag{9.110}$$

Damit folgt aus (9.104) mit dem Faltungssatz

$$\varphi_{fg}(\tau) \qquad = \qquad\qquad\qquad f(\tau) \quad * \quad g^*(-\tau)$$

$$\Phi_{fg}(j\omega) \ = \ \mathcal{F}\{\varphi_{fg}(\tau)\} \ = \ \int\limits_{-\infty}^{\infty} \varphi_{fg}(\tau)e^{-j\omega\tau}d\tau \ = \ F(j\omega) \ \cdot \ G^*(j\omega)$$

$$\tag{9.111}$$

oder kurz

$$\boxed{\varphi_{fg}(\tau) \quad \circ\!\!-\!\!\bullet \quad F(j\omega)G^*(j\omega) \ .} \tag{9.112}$$

Für die Fourier-Transformierte der Autokorrelationsfunktion vereinfacht sich diese Beziehung zu

$$\boxed{\varphi_{ff}(\tau) \quad \circ\!\!-\!\!\bullet \quad |F(j\omega)|^2 \ .} \tag{9.113}$$

―――――――――――――――――――――――――――――― **Beispiel 9.16**

In Verallgemeinerung des Beispiels 9.14 berechnen wir hier die Autokorrelationsfunktion von $x(t) = \mathrm{si}\left(\dfrac{t}{2}\right)$ (9.99). Die Auswertung des Integrals

$$\varphi_{xx}(\tau) = \int\limits_{-\infty}^{\infty} x(t+\tau)x(t)dt = \int\limits_{-\infty}^{\infty} \mathrm{si}\left(\frac{t+\tau}{2}\right) \mathrm{si}\left(\frac{t}{2}\right) dt$$

ist wieder so umständlich, daß wir nach einem kürzeren Weg suchen.

Aus (9.113) ist abzulesen, daß wir die Fourier-Transformierte der gesuchten Autokorrelationsfunktion direkt aus der bereits bekannten Fourier-Transformierten der si-Funktion bekommen. Die Autokorrelationsfunktion $\varphi_{xx}(\tau)$ folgt dann durch Rücktransformation

$$\mathcal{F}\{\varphi_{xx}(\tau)\} \ = \ |X(j\omega)|^2 \ = \ 4\pi^2 \mathrm{rect}(\omega) \tag{9.114}$$

$$\varphi_{xx}(\tau) \ = \ 2\pi \,\mathrm{si}\left(\frac{t}{2}\right) \quad . \tag{9.115}$$

Als Kontrolle betrachten wir den Wert bei $\tau = 0$. Hier ist der Wert der Autokorrelationsfunktion $\varphi_{xx}(0)$ gleich der Energie E_x des Signals x

$$\varphi_{xx}(0) = \int\limits_{-\infty}^{\infty} x(t)x^*(t)dt = \int\limits_{-\infty}^{\infty} |x(t)|^2 dt = E_x \quad .$$

Aus (9.115) folgt also mit $\varphi_{xx}(0) = E_x = 2\pi$ der gleiche Wert, den wir bereits in (9.101) ermittelt hatten.   ∎

9.10   Zeit-Bandbreite-Produkt

An verschiedenen Stellen haben wir bereits gesehen, daß zwischen der Dauer eines Zeitsignals und dem Aussehen seines Spektrums ein enger Zusammenhang besteht. In Bild 9.18 hatten wir von dieser Eigenschaft Gebrauch gemacht, um die Meßdauer so zu bestimmen, daß sich eine gute Auflösung im Frequenzbereich ergab. Der reziproke Zusammenhang zwischen der Dauer des Zeitsignals und der Breite des Spektrums ist offenbar nicht auf Rechteckimpulse beschränkt. Die Aussage des Ähnlichkeitssatzes (9.69), daß einem gedehnten Zeitsignal ein gestauchtes Spektrum (und umgekehrt) entspricht, gilt ja für beliebige Zeitsignale.

Wir werden diese Zusammenhänge jetzt genauer untersuchen. Dabei interessieren wir uns besonders für die Beziehung zwischen der Dauer eines Zeitsignals und der Breite des zugehörigen Spektrums. Die Breite des Spektrums bezeichnet man auch kurz als *Bandbreite*. Wir müssen aber noch klären, was unter den Begriffen Dauer und Breite genau zu verstehen ist.

In Bild 9.7 ist klar, was mit der Dauer eines Rechteckimpulses gemeint ist. Die zugehörigen Spektren sind aber alle unendlich ausgedehnt. Trotzdem scheint das Spektrum eines Rechteckimpulses in einem gewissen Sinn umso breiter zu sein, je kürzer der Impuls ist. Es gibt verschiedene Möglichkeiten, die Dauer eines Zeitsignals und seine Bandbreite für allgemeine Signale zu definieren. Wir betrachten drei dieser Möglichkeiten und werden sehen, daß sie auf die gleiche grundsätzliche Beziehung führen.

9.10.1   Flächengleiches Rechteck

Die erste Möglichkeit zur Definition der Dauer eines Signals und seiner Bandbreite ist in Bild 9.23 gezeigt[1]. Unter der Dauer D_1 eines — möglicherweise zeitlich nicht begrenzten — Signals $x(t)$ verstehen wir hier die Dauer eines Rechteckimpulses, der die gleiche Fläche und Höhe hat wie $x(t)$ selbst. Wenn der Zeitnullpunkt so

---

[1]Dabei nehmen wir an, daß $x(t)$ reell und symmetrisch ist. Die Fourier-Transformierte $F\{x(t)\} = X(j\omega)$ hat dann die gleichen Eigenschaften.

gewählt wird, daß er mit dem Maximalwert von $x(t)$ zusammentrifft, dann ist die Höhe des äquivalenten Rechteckimpulses gleich $x(0)$. Aus der Forderung nach Flächengleichheit von Zeitsignal $x(t)$ und Rechteck der Breite D_1 und Höhe $x(0)$

$$\int_{-\infty}^{\infty} x(t)dt = D_1 x(0)$$

folgt direkt die gesuchte Signaldauer D_1

$$D_1 = \frac{1}{x(0)} \underbrace{\int_{-\infty}^{\infty} x(t)dt}_{X(0)} \quad . \tag{9.116}$$

Die Fläche unter dem Zeitsignal $x(t)$ können wir nicht nur durch Integration bestimmen, sondern als Wert des Spektrums bei $\omega = 0$ ablesen, denn es ist

$$X(0) = \left[\int_{-\infty}^{\infty} x(t)e^{-j\omega t}dt \right]\Bigg|_{\omega=0} = \int_{-\infty}^{\infty} x(t)dt .$$

Die gesuchte Signaldauer kann man daher auch einfach durch das Verhältnis

$$D_1 = \frac{X(0)}{x(0)}$$

ausdrücken.

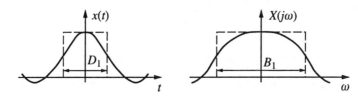

Bild 9.23: Zeitdauer D_1 und Bandbreite B_1

Unter der Breite B_1 eines – möglicherweise nicht begrenzten – Spektrums $X(j\omega)$ verstehen wir in der gleichen Weise die Breite eines rechteckförmigen Spektrums, das die gleiche Höhe und Fläche hat wie $X(j\omega)$ selbst. Mit den gleichen Überlegungen wie beim Zeitsignal erhalten wir die gesuchte Bandbreite B_1 als

$$B_1 = \frac{1}{X(0)} \underbrace{\int_{-\infty}^{\infty} X(j\omega)d\omega}_{2\pi\, x(0)} \quad . \tag{9.117}$$

Die Fläche unter dem Spektrum $X(j\omega)$ können wir auch durch den Wert des Zeitsignals $x(t)$ bei $t = 0$ ausdrücken, denn es ist

$$x(0) = \left[\frac{1}{2\pi} \int_{-\infty}^{\infty} X(j\omega)e^{j\omega t}d\omega\right]\Bigg|_{t=0} = \frac{1}{2\pi} \int_{-\infty}^{\infty} X(j\omega)d\omega \,.$$

Für die Bandbreite B_1 gilt damit

$$B_1 = 2\pi\frac{x(0)}{X(0)} \,.$$

Zeitdauer D_1 und Bandbreite B_1 sind offenbar reziprok zueinander, so daß für ihr Produkt folgt:

$$D_1 B_1 = 2\pi \,. \tag{9.118}$$

Das Produkt $D_1 B_1$ aus Zeitdauer und Bandbreite nennt man auch das *Zeit-Bandbreite-Produkt*.

Aus (9.118) lesen wir ab:

$$\boxed{\text{Das Zeit-Bandbreite-Produkt ist konstant.}}$$

Diese Aussage gilt bei der hier gewählten Definition von Zeitdauer und Bandbreite durch flächengleiche Rechtecke für alle reellen und symmetrischen Zeitsignale.

9.10.2 Toleranzschemata

Eine grundsätzlich andere Möglichkeit zur Definition von Zeitdauer und Bandbreite geht von einer graphischen Beschreibung durch Toleranzschemata aus. Bild 9.24 zeigt Beispiele für ein Zeitsignal und sein Spektrum. Die Zeitdauer D_2 ist hier die Zeitspanne, außerhalb derer der Betrag des Signals $x(t)$ kleiner als das q-fache $(0 < q < 1)$ seines Maximalwerts ist:

$$\big|x(t)\big| \le q \max|x| \qquad \forall\, t \notin [t_1, t_1 + D_2] \,. \tag{9.119}$$

Diese Definition zählt alle Signalanteile, die kleiner als das q-fache des Maximums sind, nicht zur Signaldauer.

Entsprechend ist die Bandbreite B_2 der Ausschnitt der Frequenzachse, für den das Spektrum noch nicht auf das q-fache seines Maximalwerts abgefallen ist:

$$|X(j\omega)| \le q \max|X(j\omega)| \qquad \forall\, |\omega| > \frac{B_2}{2} \,. \tag{9.120}$$

Toleranzschemata dieser Art kommen häufig beim Filterentwurf und in der Impulstechnik vor. Sie erlauben pauschale Aussagen über ein Zeitsignal oder sein Spektrum, auch wenn der genaue Verlauf nicht bekannt ist. Aus dem Ähnlichkeitssatz folgt, daß das Zeit-Bandbreite-Produkt $D_2 B_2$ für einen bestimmten Wert von q nur von der Form des Zeitsignals $x(t)$ abhängt. Ein fester Wert oder eine untere Schranke ist bei der Definition durch Toleranzschemata nicht bekannt.

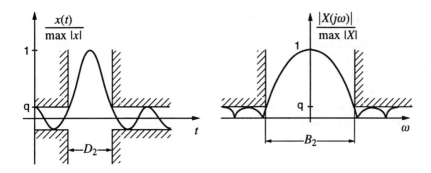

Bild 9.24: Beispiel für ein Toleranzschema

─── **Beispiel 9.17**

Signale der Form

$$x(t) = e^{-\alpha^2 t^2}$$

werden als *Gauß-Impulse* bezeichnet. Für sie gilt die Korrespondenz [13, 3, 17]

$$e^{-\alpha^2 t^2} \circ\!\!-\!\!\bullet \frac{\sqrt{\pi}}{\alpha} e^{-\frac{\omega^2}{4\alpha^2}} . \qquad (9.121)$$

Aus der Bedingung

$$e^{-\alpha^2 (D_2/2)^2} = q$$

erhält man

$$D_2 = \frac{2}{\alpha}\sqrt{-\ln q} .$$

Dabei ist zu beachten, daß $\ln q$ negativ ist. Ebenso folgt aus

$$\frac{\sqrt{\pi}}{\alpha} e^{-\frac{(B_2/2)^2}{4\alpha^2}} = q \frac{\sqrt{\pi}}{\alpha}$$

$$B_2 = 4\alpha\sqrt{-\ln q}$$

und damit für das Zeit-Bandbreite-Produkt der Wert

$$D_2 B_2 = -8\ln q ,$$

der für ein vorgegebenes q konstant ist. Verkleinert man q und macht damit das Toleranzschema strenger, so vergrößert sich natürlich das resultierende Zeit-Bandbreite-Produkt $D_2 B_2$ für Gauß-Impulse.

9.10.3   Momente zweiter Ordnung

Eine dritte Möglichkeit zur Definition von Signaldauer und Bandbreite erhält man durch die Verwendung von Momenten zweiter Ordnung für die Betragsquadrate des Zeitsignals und seines Spektrums. Diese Definition ist motiviert durch Analogien zu Zufallssignalen oder zu mechanischen Systemen.

Zur Vereinfachung normieren wir die betrachteten Zeitsignale $x(t)$ so, daß sie die Energie $E_x = 1$ besitzen, d.h. wir nehmen an, daß gilt

$$\int\limits_{-\infty}^{\infty} |x(t)|^2 dt = \frac{1}{2\pi} \int\limits_{-\infty}^{\infty} |X(j\omega)|^2 d\omega = 1 . \tag{9.122}$$

Die Zeitdauer D_3 läßt sich dann als

$$D_3 = \sqrt{\int\limits_{-\infty}^{\infty} (t - t_s)^2 |x(t)|^2 dt} \tag{9.123}$$

definieren, wobei

$$t_s = \int\limits_{-\infty}^{\infty} t |x(t)|^2 dt \tag{9.124}$$

das erste Moment von $|x(t)|^2$ ist. Es entspricht dem *Schwerpunkt* der Mechanik, wenn man die Zeitvariable als Entsprechung des Orts (z.B. entlang eines Balkens) auffaßt und $|x(t)|^2$ als Massendichte. In dieser Analogie entspräche (9.123) dann dem Trägheitsmoment. Bevorzugt der Leser die Analogie zur Wahrscheinlichkeitslehre, so kann er $|x(t)|^2$ als Wahrscheinlichkeitsdichtefunktion abhängig von t interpretieren, (9.124) als Mittelwert und (9.123) als Standardabweichung.

Entsprechend ist die Bandbreite B_3 durch

$$B_3 = \sqrt{\int\limits_{-\infty}^{\infty} (\omega - \omega_s) |X(j\omega)|^2 d\omega} \tag{9.125}$$

definiert, mit

$$\omega_s = \int\limits_{-\infty}^{\infty} \omega |X(j\omega)|^2 d\omega . \tag{9.126}$$

Unter Verwendung des Parsevalschen Theorems für $|x(t)|^2$ und $|x'(t)|^2$ und der Schwarzschen Ungleichung kann man zeigen [3], daß für das Zeit-Bandbreite-Produkt die Beziehung

$$D_3 B_3 \geq \sqrt{\frac{\pi}{2}} \tag{9.127}$$

gilt. Der genaue Wert von $D_3 B_3$ hängt von der Form des Signals $x(t)$ ab. Das Minimum wird für Gauß-Impulse erreicht [3]. Wegen formaler Analogien zur Quantenmechanik bezeichnet man diese Ungleichung auch als *Unschärferelation*.

Da Gauß-Impulse ein besonders günstiges Zeit-Bandbreite-Produkt $D_3 B_3$ (9.127) besitzen, werden sie überall dort eingesetzt, wo es darauf ankommt, möglichst viel Energie gleichzeitig in ein schmales Frequenzband und einen kurzen Zeitraum zu packen. Dies ist zum Beispiel eine typische Forderung in digitalen Übertragungssystemen. Auch in der Kurzzeit-Spektralanalyse möchte man gleichzeitig in Zeit und Frequenz gute Auflösung erzielen, und Gaußsche Meßfenster werden verbreitet eingesetzt.

9.10.4 Zusammenfassung

Aus den verschiedenen Definitionen von Zeitdauer und Bandbreite und den damit erhaltenen Ergebnissen können wir eine wichtige Schlußfolgerung ziehen:

Zeitdauer und Bandbreite eines Zeitsignals sind zueinander reziproke Größen. Es ist daher nicht möglich, Zeitsignale zu finden, die beliebig kurze Dauer und gleichzeitig eine beliebig kleine Bandbreite besitzen. Eine Verkleinerung der Signaldauer zieht immer eine Vergrößerung der Bandbreite nach sich und umgekehrt.

Diese Aussage ist von größter Bedeutung für die Signalübertragung und die Spektralanalyse (s. Beispiel 9.11). Sie ist formal dem Unschärfeprinzip der Quantenmechanik gleichwertig.

9.11 Aufgaben

Aufgabe 9.1

Berechnen Sie die Fourier–Transformierte der folgenden Signale mit dem Fourier–Integral, sofern es konvergiert. Geben Sie zum Vergleich die Laplace–Transformierte mit Konvergenzbereich an.

a) $x(t) = \varepsilon(t)\, e^{-j\omega_0 t}$

b) $x(t) = \text{rect}(0, 1\, t)$

c) $x(t) = \delta(-4t)$

d) $x(t) = \varepsilon(-t)$

e) $x(t) = e^{-j\omega_0 t}$

Hinweis: b) Sätze der Laplace–Transformation in Kapitel 4; c) Rechenregeln für Delta–Impulse in Kapitel 8.3.4

Aufgabe 9.2

Für welche Teilaufgaben aus Aufgabe 9.1 kann die Laplace–Transformation verwendet werden, um die Fourier–Transformierte zu berechnen (siehe Gleichung (9.9))? Begründung!

Aufgabe 9.3

Geben Sie die Fourier-Transformierten der Signale in Aufgabe 9.1, deren Fourier-Integral nicht gegen eine Funktion konvergiert, mit Hilfe verallgemeinerter Funktionen an. Greifen Sie dazu auf bereits bekannte Korrespondenzen und auf Sätze der Fourier-Transformation zurück.

Aufgabe 9.4

Berechnen Sie $\mathcal{F}\left\{\dfrac{1}{t-a}\right\}$ mit Hilfe des Fourier–Integrals 9.1.

Hinweis: Beachten Sie Kapitel 9.4.4 und verwenden Sie eine geeignete Substitution.

Aufgabe 9.5

Gegeben ist $x(t) = \mathrm{si}(\omega_0 t)$.

  a) Bestimmen Sie ω_0 so, daß die Nullstellen von $x(t)$ bei $t = n \cdot 4\pi$, $n \in \mathbb{Z} \setminus \{0\}$ liegen.

  b) Berechnen Sie $\displaystyle\int\limits_{-\infty}^{\infty} x(t)\, dt$.

  c) Skizzieren Sie $x(t)$ für diese Wahl von ω_0.

Aufgabe 9.6

Berechnen Sie die Fourier–Transformierte von $x(t) = \mathrm{si}(10\pi(t+T))$ und skizzieren Sie für $T = 0,2$

  a) $|X(j\omega)|$ sowie $\arg\{X(j\omega)\}$

  b) $\mathrm{Re}\{X(j\omega)|\}$ und $\mathrm{Im}\{X(j\omega)\}$

Hinweis: Verschiebungssatz

Aufgabe 9.7

Berechnen Sie die zu folgenden Fouriertransformierten gehörigen Zeitfunktionen.

$$X_1(j\omega) = \frac{5j\omega + 5}{(j\omega)^2 + 2j\omega + 17}$$

$$X_2(j\omega) = \frac{\sin(2\omega)}{2\omega}$$

$$X_3(j\omega) = \left(\frac{\sin(2\omega)}{2\omega}\right)^2$$

Aufgabe 9.8

Welche Symmetrien besitzt das Spektrum (der Realteil bzw. Imaginärteil) eines
a) reellwertigen und b) rein imaginären Signals?

Aufgabe 9.9

Gegeben ist die Korrespondenz $x(t) \circ\!\!-\!\!\bullet X(j\omega)$, $x(t) \in \mathbb{C}$. Drücken Sie die Fourier-
Transformierten von a) $y_a(t) = x(-t)$, b) $y_b(t) = x^*(t)$ und c) $y_c(t) = x^*(-t)$ durch
$X(j\omega)$ aus. Verwenden Sie das Symmetrieschema (9.61).

Aufgabe 9.10

Das Signal $x(t)$ hat das gezeichnete Spektrum $X(j\omega)$. Durch Amplitudenmodu-
lation entsteht $y(t) = (x(t) + m)\sin(\omega_T t)$. Geben Sie $Y(j\omega)$ in Abhängigkeit von
$X(j\omega)$ an und skizzieren Sie es.

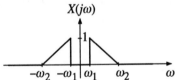

Hinweis: Zerlegen Sie $\sin(\omega_T t)$ in Exponentialschwingungen und verwenden Sie
den Modulationssatz.

Aufgabe 9.11

Berechnen Sie $Y(j\omega)$ aus 9.10 über $\mathcal{F}\{\sin \omega_T t\}$ und den Multiplikationssatz.

Aufgabe 9.12

Berechnen Sie mit Hilfe des Dualitätsprinzips

a) $\mathcal{F}\{\pi\delta(t) + \frac{1}{jt}\}$

b) $\mathcal{F}\{\frac{1}{t-ja}\}$

c) $\mathcal{F}\{\text{sign}(t)\}$.

Hinweis: die dualen Korrespondenzen finden Sie in Kapitel 9.2.2, Kapitel 9.3 und Kapitel 9.4.4.

Aufgabe 9.13

Beweisen Sie die in Kapitel 9.7.7 (Differentiationssätze) benötigte Korrespondenz $\dot{\delta}(t) \circ\!\!-\!\!\bullet\, j\omega$ durch Einsetzen in das Fourier–Integral (9.1).

Aufgabe 9.14

Beweisen Sie den Satz "Multiplikation mit t" (9.87) durch Differenzieren des Fourier–Integrals (9.1).

Aufgabe 9.15

Bestimmen Sie die Fouriertransformierte der gezeichneten dreieckförmigen Funktion

a) durch Anwendung des Differentiationssatzes der Fouriertransformation,

b) durch Multiplikation der Spektralfunktionen von geeignet gewählten Rechteckimpulsen, deren Faltung die Dreieckfunktion ergibt.

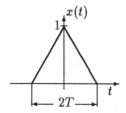

10 Bode-Diagramme

10.1 Einführung

Zu Beginn von Kapitel 9 hatten wir schon auf den engen Zusammenhang zwischen der Laplace-Transformation und der Fourier-Transformation hingewiesen. In diesem Kapitel stellen wir eine klassische Methode vor, um Betrag und Phase der Fourier-Transformierten eines Signals aus dem Pol-Nullstellen-Diagramm der Laplace-Transformierten zu ermitteln. Sie wird meist zur Beschreibung von Systemen verwendet, so daß wir anstelle der Laplace-Transformierten der Impulsantwort auch von der Systemfunktion und anstelle der Fourier-Transformierten auch vom Frequenzgang sprechen können.

Als graphische Methode zur schnellen und näherungsweisen Gewinnung des Frequenzgangs aus den Polen und Nullstellen der Systemfunktion verwendet man *Bode-Diagramme*. Früher waren Bode-Diagramme die Standard-Methode für den Ingenieur, zu einer graphischen Darstellung des Frequenzgangs zu gelangen. Dazu hielt er halb- und doppellogarithmisches Millimeterpapier bereit. Dieser Aspekt hat heute in der Praxis keine Bedeutung mehr, denn Rechner können jeden Frequenzgang schneller und genauer zeichnen. Das Beherrschen von Bode-Diagrammen ist aber ein hervorragender Weg, die Auswirkungen von Polen und Nullstellen der Systemfunktion auf den Frequenzgang auch intuitiv zu verstehen, und ist deshalb für den Systementwurf und die Systemanalyse nach wie vor wichtig.

Der grundsätzliche Zusammenhang zwischen Systemfunktion und Frequenzgang ist durch die Beziehung (9.9) gegeben, die wir hier auch als

$$\mathcal{F}\{h(t)\} = H(j\omega) = H(s)|_{s=j\omega} = \mathcal{L}\{h(t)\}|_{s=j\omega} \qquad (10.1)$$

schreiben können. Da stabile Systeme nur abklingende Eigenschwingungen besitzen, liegen alle Pole links der imaginären Achse der s-Ebene. Die imaginäre Achse $s = j\omega$ zählt dann zum Konvergenzbereich von $\mathcal{L}\{h(t)\}$, so daß die Gleichsetzung von Fourier- und Laplace-Transformation nach 9.9 zulässig ist. Außerdem hatten wir in Kapitel 9 als Argument der Fourier-Transformierten $j\omega$ und nicht ω eingeführt, so daß wir zwischen dem Frequenzgang $H(j\omega) = \mathcal{F}\{h(t)\}$ und den Werten der Systemfunktion $H(s) = \mathcal{L}\{h(t)\}$ für $s = j\omega$ keine Unterschiede in der Notation machen müssen.

Bode-Diagramme stellen den Frequenzgang getrennt nach Betrag und Phase

$$H(j\omega) = |H(j\omega)| \cdot e^{j\varphi(j\omega)} = |H(j\omega)| \cdot e^{j\,\arg\{H(j\omega)\}}$$

dar mit folgenden Eigenschaften

1. Der Logarithmus des Betrags $|H(j\omega)|$ wird über dem Logarithmus der Frequenz ω aufgetragen.

2. Die Phase $\varphi(j\omega) = \arg\{H(j\omega)\}$ wird linear über dem Logarithmus der Frequenz aufgetragen.

Für gebrochen rationale Übertragungsfunktionen lassen sich asymptotische Näherungen für diese Diagramme sehr schnell zeichnen, denn für

$$H(j\omega) = K\frac{\prod\limits_{m}(j\omega - s_{0m})}{\prod\limits_{n}(j\omega - s_{pn})}\,, \quad K > 0 \tag{10.2}$$

gilt

$$\log|H(j\omega)| = \sum_{m}\log|j\omega - s_{0m}| - \sum_{n}\log|j\omega - s_{pn}| + \log K$$

$$\varphi(j\omega) = \sum_{m}\arg(j\omega - s_{0m}) - \sum_{n}\arg(j\omega - s_{pn}) \quad . \tag{10.3}$$

Man kann daher den Logarithmus des Betrags und die Phase für jede Nullstelle und jeden Pol getrennt ermitteln und die einzelnen Beiträge in der Zeichnung additiv zusammensetzen. Eine logarithmische Teilung der Frequenzachse erleichtert den Überblick über mehrere Dekaden. Ebenfalls aus Gründen der Übersichtlichkeit beziffert man die Ordinate für $\log|H(j\omega)|$ in Dezibel (dB), d.h. man trägt $20\log_{10}|H(j\omega)|$ auf.

In den folgenden Abschnitten zeigen wir zunächst die Darstellung einzelner Pole oder Nullstellen und setzen die Teilergebnisse dann zu ganzen Bode-Diagrammen zusammen.

10.2   Beiträge einzelner reeller Pole und Nullstellen

Wir beginnen mit einem Beispiel. Den Beitrag eines einzelnen reellen Pols bei $s = -10$ ermitteln wir anhand des Frequenzgangs

$$H(j\omega) = \frac{1}{j\omega + 10} = \frac{1}{s + 10}\bigg|_{s=j\omega} \quad . \tag{10.4}$$

Durch Einsetzen verschiedener Werte für ω erhalten wir die Werte für $|H(j\omega)|$, $\arg\{H(j\omega)\}$ und $20\log_{10}|H(j\omega)|$ nach Tabelle 10.1. Der Betragsfrequenzgang ist in Bild 10.1 in linearer und in doppelt logarithmischer Darstellung gezeigt. Die lineare Darstellung zeigt weder das Verhalten bei kleinen Frequenzen ($0 < \omega < 10$) noch für große Frequenzen ($\omega \gg 10$) besonders deutlich. In der doppelt logarithmischen Darstellung wird dagegen klar, daß sich der Betragsfrequenzgang näherungsweise durch zwei Asymptoten beschreiben läßt: Für $\omega \ll 10$ ist der Betragsfrequenzgang näherungsweise konstant und für $\omega \gg 10$ fällt er näherungsweise mit 20 dB/Dekade ab. Die Frequenz $\omega = 10$, die die beiden asymptotischen Bereiche trennt, entspricht dem Betrag des Pols bei $s = -10$ auf der reellen Achse. Sie heißt auch *Eckfrequenz* des Systems.

Tabelle 10.1: Betrag, Phase und Dämpfung von $H(j\omega)$ für verschiedene Frequenzen ω

ω	$|H(j\omega)|$	$\arg\{H(j\omega)\}$	$20\log_{10}|H(j\omega)|$
0	$0,1$	0	-20dB
1	$0,0995$	$-5,71°$	$-20,04$dB
2	$0,0981$	$-11,31°$	$-20,17$dB
$\vdots$	$\vdots$	$\vdots$	$\vdots$

$|H(j\omega)|$ linear

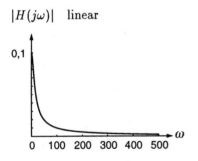

$20\log_{10}|H(j\omega)|$ logarithmisch

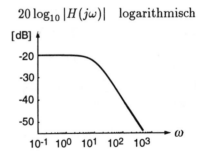

Bild 10.1: Lineare und doppelt-logarithmische Darstellung des Frequenzganges

Das exakte und das asymptotische Verhalten unterhalb, bei und oberhalb der Eckfrequenz ist in Tabelle 10.2 für ein System mit einem reellen Pol bei $s = -a$ zusammengestellt. Die Systemfunktion lautet

$$H(s) = \frac{1}{s+a}, \quad a > 0 \quad .$$

Die Zahlenwerte des Betragsfrequenzgangs gelten für den Zahlenwert $a = 10$ nach (10.4); die Phasenwinkel gelten für beliebige reelle Pole.

Bei $\omega = 0$ ist der Frequenzgang rein reell und hat den Wert $H(0) = \frac{1}{a} = \frac{1}{10}$ bzw. in logarithmischer Darstellung $20 \log_{10} H(0) = 20 \cdot (-1) = -20$ dB. Der Phasenwinkel beträgt $0°$.

Tabelle 10.2: Wertetabelle für $H(j\omega)$, Dämpfung und Phase

Frequenz	$H(j\omega)$	Dämpfung	Phase
$\omega = 0$	$\frac{1}{a} = \frac{1}{10}$	-20 dB	$0°$
$\omega < 0,1a$			$\approx 0°$
$\omega < a$	$\approx \frac{1}{a} = \frac{1}{10}$	-20 dB	
$\omega = a$	$\frac{1}{ja + a}$	-23 dB	$-45°$
$\omega > a$	$\approx \frac{1}{j\omega}$	-20 dB/Dekade	
$\omega > 10a$			$\approx -90°$

Bei steigender Frequenz erhält man keine wesentlichen Abweichungen von diesen Werten bis etwa $\omega = 0,1a$. Bei dieser Frequenz hat die Phase den Wert

$$\varphi(j0,1a) = \arg H(j0,1a) = -\arctan \frac{0,1a}{a} = -\arctan 0,1 = -6° \,.$$

Der Betrag des Frequenzgangs weicht erst bei der Eckfrequenz $\omega = a$ deutlich vom Wert bei $\omega = 0$ ab und beträgt

$$|H(ja)| = \frac{1}{\sqrt{a^2 + a^2}} = \frac{1}{\sqrt{2}} \cdot \frac{1}{a} = \frac{1}{\sqrt{2}} |H(0)|$$

bzw. $20 \log_{10} |H(j10)| = -3\,\text{dB} - 20\,\text{dB} = -23\,\text{dB}$ für $a = 10$.

Für die Phase gilt hier

$$\varphi(ja) = -\arctan \frac{a}{a} = -\arctan 1 = -45° \,.$$

Für $\omega > a$ kann man im Betragsfrequenzgang

$$|H(j\omega)| = \frac{1}{\sqrt{a^2 + \omega^2}} \approx \frac{1}{\omega}$$

den Wert von a^2 gegenüber ω^2 vernachlässigen, so daß dann der Betragsfrequenz-gang reziprok zu ω abfällt.

In doppelt logarithmischer Darstellung erhält man wegen $\log|H(j\omega)| = -\log\omega$ einen linearen Zusammenhang zwischen $\log|H(j\omega)|$ und $\log\omega$. Eine Vergrößerung der Frequenz um den Faktor 10 (eine Dekade) führt dann zu einer Verringerung von $\log|H(j\omega)|$ um 20 dB. Man sagt auch, daß der Betragsfrequenzgang linear mit -20 dB pro Dekade abfällt.

Die Phase erreicht bei $\omega = 10a$ den Wert

$$\varphi(j10a) = \arg H(j10a) = -\arctan\frac{10a}{a} = -\arctan 10 = -84^o \ .$$

Für $\omega \to \infty$ geht sie gegen -90°.

Offenbar kann man die Verläufe des Betragsfrequenzgangs und der Phase mit wenigen Regeln näherungsweise beschreiben:

- Der Betragsfrequenzgang ist konstant für Frequenzen unterhalb der Eckfre-quenz $\omega = a$, darüber fällt er mit -20 dB/Dekade ab. Der exakte Verlauf liegt unterhalb dieser Asymptoten und erreicht seine größte Abweichung mit 3 dB bei der Eckfrequenz $\omega = a$.

- Die Phase hat die konstanten Werte 0° für $\omega < 0,1a$ und -90° für $\omega > 10a$. Zwischen $\omega = 0,1a$ und $\omega = 10a$ fällt der Phasenverlauf linear mit dem Logarithmus der Frequenz ab. Bei der Eckfrequenz hat die Phase genau den Wert -45°.

Die größten Abweichungen des exakten Verlaufs von der asymptotischen Näherung mit etwa 6° treten bei $\omega = 0,1a$ und $\omega = 10a$ auf. Bild 10.2 zeigt die asymptotischen Näherungen (durchgezogene Linien) und den exakten Verlauf (gestrichelte Linien) für $a = 10$. Der Vorteil dieser Darstellung ist, daß man den exakten Verlauf in guter Näherung aus den Asymptoten und den bekannten Abweichungen bei $0,1a$, a und $10a$ skizzieren kann.

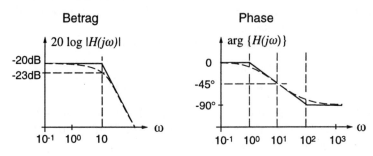

Bild 10.2: Bode-Diagramm für $H(s) = \dfrac{1}{s + 10}$

Für eine reelle Nullstelle gelten die gleichen Regeln mit wenigen Abweichungen:

- Der Betragsfrequenzgang steigt oberhalb der Eckfrequenz mit 20 dB/Dekade an.

- Die Phase steigt zwischen $\omega = 0,1a$ und $\omega = 10a$ von $0°$ auf $+90°$ an.

In der Zeichnung wirkt sich das lediglich so aus, daß die Diagramme nach oben umgeklappt werden. Bild 10.3 zeigt die entsprechenden Verläufe für eine Nullstelle bei $s = -a = -10$, d.h. für eine Systemfunktion der Form $H(s) = s + 10$.

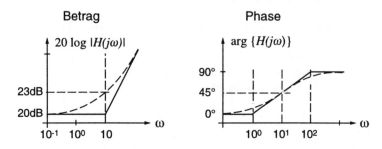

Bild 10.3: Bode-Diagramm für $H(s) = s + 10$

10.3 Bode-Diagramm für mehrere reelle Pole und Nullstellen

Mit der ausführlichen Behandlung der Beiträge einzelner reeller Pole und Nullstellen im letzten Abschnitt ist die Hauptarbeit für die Zeichnung eines Bode-Diagramms für Systeme mit mehreren reellen Polen und Nullstellen bereits getan. Da sich Systeme mit mehreren Polen und Nullstellen nach (10.2), (10.3) als Summe der Beiträge einzelner Pole und Nullstellen schreiben lassen, brauchen wir nur die Asymptoten für die einzelnen Pole und Nullstellen zu ermitteln und zu einem Gesamtbild zusammenzusetzen.

Wir erläutern das Vorgehen für die Systemfunktion

$$H(s) = \frac{s + 1000}{(s + 10)^2} = (s + 1000) \cdot \frac{1}{s + 10} \cdot \frac{1}{s + 10} \; .$$

Der doppelte Pol wird als Produkt zweier einfacher Pole dargestellt. Die Eckfrequenzen sind $\omega = 1000$ für die Nullstelle und $\omega = 10$ für die beiden Pole. Bild 10.4 zeigt oben die logarithmische Darstellung der Betragsfrequenzgänge nach den Regeln des letzten Abschnitts. Die Beiträge der Pole entsprechen genau der Systemfunktion (10.4), die wir bereits ausführlich behandelt haben. Den Beitrag der Nullstelle können wir direkt angeben, wenn wir berücksichtigen, daß er gegenüber dem Beitrag eines Pols nach oben geklappt ist und wegen der größeren Eckfrequenz von

$\omega = 1000$ um zwei Dekaden nach rechts verschoben ist. Den Wert der konstanten Asymptote erhalten wir am einfachsten für $\omega = 0$ zu $20\log_{10} 1000 = 60$ dB.

In Bild 10.4 unten sind die Phasenverläufe aufgetragen. Auch hier sind die Phasen der Pole bereits bekannt. Den Phasenverlauf der Nullstelle erhalten wir wieder durch Umklappen nach oben und Verschieben um zwei Dekaden nach rechts.

$20 \log |H(j\omega)|$

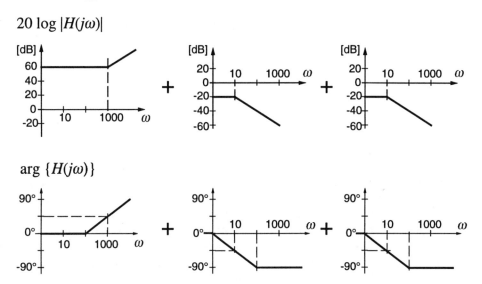

$\arg \{H(j\omega)\}$

Bild 10.4: Zusammensetzen eines Bode-Diagramms für mehrere Pole und Nullstellen

Wenn wir jeweils die logarithmisch dargestellten Betragsfrequenzgänge und die linear dargestellten Phasenverläufe addieren, erhalten wir das fertige Bode-Diagramm, so wie es in Bild 10.5 unten gezeigt ist. Der doppelte Pol führt als Summe der Beiträge zweier einfacher Pole zu einem Abfall des Betragsfrequenzgangs um $2 \cdot (-20\,\text{dB/Dekade}) = -40$ dB/Dekade ab der Eckfrequenz von $\omega = 10$. In der gleichen Weise sinkt der Phasenverlauf zwischen $0,1 \cdot 10 = 1$ und $10 \cdot 10 = 100$ um $2 \cdot 90^o = 180^o$ von 0° auf -180° ab.

Die Nullstelle macht sich im Bode-Diagramm des Betrags erst ab der Eckfrequenz von $\omega = 1000$ bemerkbar. Ihr Anstieg um 20 dB/Dekade addiert sich zum Beitrag des doppelten Pols von -40 dB/Dekade zu einem Abfall von -20 dB/Dekade für $\omega > 1000$. Der Anstieg der Phase um 90° zwischen $0,1 \cdot 1000 = 100$ und $10 \cdot 1000 = 10000$ führt zu einer Restphase von -90° für $\omega > 10000$.

10.4 Regeln für Bode-Diagramme

Die bisherigen Überlegungen zur Ermittlung von Bode-Diagrammen fassen wir jetzt in einigen einfachen Regeln für den Betragsfrequenzgang und die Phase zu-

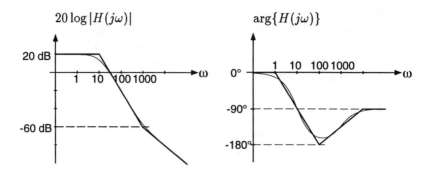

Bild 10.5: Komplettes Bode-Diagramm für $H(s) = \dfrac{s + 1000}{(s + 10)^2}$

sammen. Sie gelten für Pole und Nullstellen auf der reellen Achse der linken s-Halbebene. Ihr gegenseitiger Abstand soll so groß sein, daß sich die Übergangsbereiche in der Nähe der Eckfrequenzen nicht gegenseitig beeinflussen. Nach unseren bisherigen Überlegungen (s. Tabelle 10.2) ist dafür ein Faktor von 100 ausreichend. Die Beschränkung auf reelle Pole und Nullstellen hat historische Gründe. Da sich unter dieser Einschränkung Bode-Diagramme sehr einfach zeichnen lassen, ist ihre Anwendung dafür am weitesten verbreitet. Erweiterungen auf komplexe Pol- und Nullstellenpaare folgen in weiteren Abschnitten.

Die folgenden Regeln beinhalten auch den Grenzfall, daß Pole oder Nullstellen bei $s = 0$ liegen können. In der logarithmischen Frequenzeinteilung des Bode-Diagramms ist aber die Eckfrequenz bei $\omega = 0$ nicht sichtbar, so daß jeweils nur der Beitrag rechts der Eckfrequenz auftaucht, d.h. die Steigung von ± 20 dB/Dekade des Betragsfrequenzgangs und die Phase von $\pm 90^\circ$.

10.4.1   Betragsfrequenzgang

1. Lage und Vielfachheiten von Polen und Nullstellen bestimmen.

2. Achsen zeichnen, Eckfrequenzen einzeichnen.

3. Bei kleinen ω beginnen:
   a) kein Pol und keine Nullstelle bei $s = 0$ $\rightarrow$ Steigung 0
   b) Pol bei $s = 0$ $\qquad\qquad\qquad\quad$ $\rightarrow$ Steigung -20 dB/Dekade
   c) Nullstelle bei $s = 0$ $\qquad\qquad\quad$ $\rightarrow$ Steigung +20 dB/Dekade

   Bei mehrfachen Polen oder Nullstellen entsprechend mit mehrfacher Steigung beginnen.

4. Gerade Linie bis zur nächsten Eckfrequenz.

5. Für jeden Pol Steigung um 20 dB/Dekade verringern, für jede Nullstelle Steigung um 20 dB/Dekade vergrößern, weiter mit 4. bis alle Eckfrequenzen abgearbeitet sind.

6. Vertikale Achse beschriften: Dazu $|H(j\omega)|$ in einem ebenen Bereich des Bode-Diagramms ausrechnen.

7. Ecken um ± 3 dB oder Vielfache davon (bei mehrfachen Polen oder Nullstellen) abrunden.

10.4.2 Phasenverlauf

1. Lage und Vielfachheiten von Polen und Nullstellen bestimmen.

2. Achsen zeichnen, Eckfrequenzen einzeichnen.

3. Bei kleinen ω beginnen:
   a) kein Pol und keine Nullstelle bei $s = 0$ $\rightarrow$ Phase 0
   b) Pol bei $s = 0$ $\rightarrow$ Phase $-90°$
   c) Nullstelle bei $s = 0$ $\rightarrow$ Phase $+90°$

   Bei mehrfachen Polen oder Nullstellen entsprechend mit mehrfachem Phasenwinkel beginnen. Minuszeichen vor $H(j\omega)$ durch Phasenoffset $180°$ berücksichtigen.

4. Gerade Linie bis $0,1\times$ Eckfrequenz.

5. Jeder Pol subtrahiert $90°$, jede Nullstelle addiert $90°$ über einen Bereich von $0,1\times$ Eckfrequenz bis $10\times$ Eckfrequenz verteilt. Weiter mit 4. bis alle Eckfrequenzen abgearbeitet sind.

6. Phasenskizze glätten, so daß arctan-Verläufe entstehen. Abrundung ca. $6°$ bei $0,1\times$ Eckfrequenz und $10\times$ Eckfrequenz oder entsprechenden Vielfachen bei mehrfachen Polen oder Nullstellen.

10.5 Komplexe Pol- und Nullstellenpaare

Für komplexe Pol- und Nullstellenpaare gibt es keine so einfachen Regeln wie bei reellen Polen und Nullstellen. Das liegt daran, daß die Eckfrequenz hier vom Real- und vom Imaginärteil des Pols bzw. der Nullstelle abhängt.

Wenn der Imaginärteil klein gegenüber dem Realteil ist, kann man ein komplexes Polpaar näherungsweise wie einen doppelten Pol auf der reellen Achse behandeln, da dann die Eckfrequenz fast ausschließlich vom Realteil bestimmt ist. Für Nullstellenpaare gilt sinngemäß das gleiche.

Wenn umgekehrt der Realteil eines Pols klein gegenüber dem Imaginärteil ist, hängt die Eckfrequenz näherungsweise nur vom Imaginärteil ab. Man kann dann das Bode-Diagramm mit der entsprechenden Eckfrequenz so zeichnen wie vorher. Da es sich um zwei Pole handelt, beträgt der Abfall oberhalb der Eckfrequenz -40 dB/Dekade. Das Verhalten bei der Eckfrequenz hängt vom Verhältnis zwischen Realteil und Imaginärteil ab. Bei gegenüber dem Realteil nicht zu kleinem Imaginärteil erhält man eine Resonanzüberhöhung, die umso stärker ausfällt, je näher der Pol an der imaginären Achse liegt. Auch dies gilt analog für Nullstellenpaare.

─── **Beispiel 10.1**

Als Beispiel betrachten wir den Betragsfrequenzgang und die Phase zu der Systemfunktion

$$H(s) = \frac{1}{s^2 + 0,4s + 1,04}$$

mit den Polen bei

$$s = -0,2 \pm j \,.$$

Die exakten Verläufe sind in Bild 10.6 dargestellt.

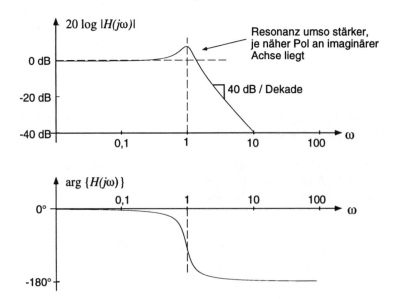

Bild 10.6: Bode-Diagramm für ein komplexes Polpaar

Die Eckfrequenz wird hier hauptsächlich vom Imaginärteil bestimmt und liegt bei $\omega = 1$. Links davon ist der Betragsfrequenzgang annähernd konstant bei

$-20 \log_{10} 1,04 \approx 0$ dB. Rechts der Eckfrequenz erhält man einen linearen Abfall mit -40 dB/Dekade gemäß

$$20 \log_{10} |H(j\omega)| \approx 20 \log_{10} \frac{1}{\omega^2} = -40 \log_{10} \omega \ .$$

Die Form der Resonanzüberhöhung hängt vom Abstand der Pole zur imaginären Achse ab. Die Phase sinkt in der Umgebung der Eckfrequenz von 0° auf -180° ab. Auch hier wird die genaue Form des Verlaufs in der Nähe der Eckfrequenz vom Abstand der Pole zur imaginären Achse bestimmt.

∎

Wenn Real- und Imaginärteil nicht gegeneinander vernachlässigt werden dürfen, gibt es keine einfache Methode zur Bestimmung der Eckfrequenz und damit zum Zeichnen des Bode-Diagramms. Man kann dann auf die Gleichungen (10.3) zurückgreifen und für jeden Punkt von Interesse auf der imaginären Achse die Abstände zu den Polen und Nullstellen bzw. die entsprechenden Winkel graphisch bestimmen und addieren. Bild 10.7 zeigt die Situation für ein Polpaar und einen beliebigen Punkt auf der imaginären Achse. Sowohl die Abstände zu den Polen als auch die entsprechenden Winkel kann man leicht ablesen.

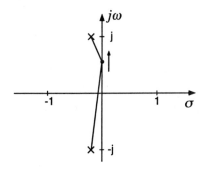

Bild 10.7: Pol-Nullstellen-Diagramm eines komplexen Polpaares

─── **Beispiel 10.2**

Als Beispiel behandeln wir die Systemfunktion

$$H(s) = \frac{(s + \frac{1}{2})^2}{(s + \frac{3}{2})(s^2 + \frac{s}{2} + \frac{65}{16})}$$

mit dem Pol-Nullstellen-Diagramm nach Bild 10.8.

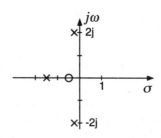

Bild 10.8: PN-Diagramm der gegebenen Übertragungsfunktion

Für die Abschätzung des Betragsfrequenzganges beginnen wir mit der Betrachtung des Wertes des Betrags der Systemfunktion bei $\omega = 0$. Aus dem PN-Diagramm erkennen wir weiterhin, daß bei $\omega = 2$ eine Resonanzüberhöhung auftritt. Wir berechnen also auch für diesen Punkt den Betrag von $H(s)$. Da die Zahl der Polstellen um Eins größer als die Zahl der Nullstellen ist, fällt der Betragsfrequenzgang für $\omega \gg 2$ mit 20 dB/Dekade. Als Stützwert für diese Gerade bestimmen wir den Betragswert bei $\omega = 10$. Zur genaueren Approximation des Verlaufes wollen wir noch den Wert für $\omega = 1$ berechnen. Zur Berechnung schätzen wir die Längen nach Gleichung 10.3 aus dem PN-Diagramm ab. Wie in Bild 10.9

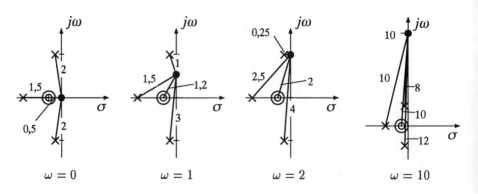

Bild 10.9: Schätzung der Längen für verschiedene ω

ersichtlich, ergeben sich folgende ungefähren Werte, wenn man die Abstände von den Nullstellen multipliziert und durch die Abstände von den Polen teilt:

$$|H(j0)| \approx \frac{\frac{1}{2} \cdot \frac{1}{2}}{\frac{3}{2} \cdot 2 \cdot 2} = \frac{1}{24} \,\,\widehat{=}\,\, -27,6 \text{ dB}$$

$$|H(j1)| \approx \frac{1,2 \cdot 1,2}{1,5 \cdot 1 \cdot 3} \approx \frac{1}{3} \,\,\widehat{=}\,\, -10 \text{ dB}$$

$$|H(j2)| \approx \frac{4}{2,5 \cdot 4 \cdot \frac{1}{4}} = 1,6 \,\hat{=}\, 4,1 \text{ dB}$$

$$|H(j10)| \approx \frac{10 \cdot 10}{10 \cdot 8 \cdot 12} \approx 0,1 \,\hat{=}\, -20 \text{ dB} . \tag{10.5}$$

Für den Phasenverlauf benötigen wir die Phase bei $\omega = 0$ und erkennen aus dem PN-Diagramm, daß durch den Pol bei $s = -\frac{1}{4} + 2j$ sich die Phase um $\omega = 2$ stark ändert. Desweiteren wird die Phase von $H(s)$ für $\omega \gg 2$ einen Wert von $-90°$ annehmen (Begründung s.o.). Aus diesen Überlegungen heraus schätzen wir die Phase an folgenden Punkten mit Hilfe des PN–Diagramms ab, wie in Bild 10.10 gezeigt. Wir erhalten

$$\varphi(j0) = 0$$
$$\varphi(j1) \approx 2 \cdot 60° - 30° + 90° - 90° = 90°$$
$$\varphi(j2) \approx 2 \cdot 80° - 50° - 0° - 90° = 20° . \tag{10.6}$$

In Bild 10.11 sind unsere Schätzwerte dem exakten Resultat des Betragsfrequenz-

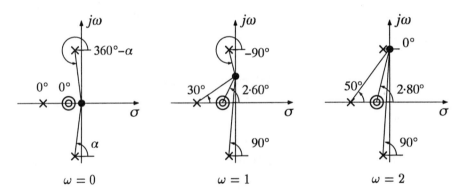

Bild 10.10: Schätzung der Phase für verschiedene ω

gangs $|H(j\omega)|$ gegenübergestellt. Die Schätzwerte sind als Kreuze eingezeichnet. Ebenso können wir in Bild 10.12 unsere Schätzwerte des Phasengangs mit dem exakten Verlauf vergleichen.

Für Systeme zweiter Ordnung mit einem komplexen Polpaar sehr nah an der imaginären Achse kann man den Verlauf des Betragsfrequenzgangs auch direkt durch die Nennerkoeffizienten ausdrücken.

Für die Systemfunktion

$$H(s) = \frac{s^2}{s^2 + 2\alpha s + \omega_0^2}$$

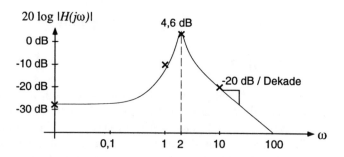

Bild 10.11: Exakter Verlauf und Schätzwerte des Betrags

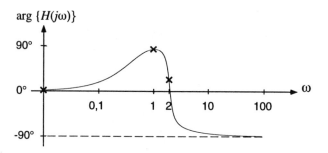

Bild 10.12: Exakter Verlauf und Schätzwerte der Phase

mit den Polen

$$s = -\alpha \pm j\beta, \quad \alpha \ll \beta$$

ist das Pol-Nullstellen-Diagramm in Bild 10.13 gezeigt. Das Nennerpolynom nimmt unter der genannten Voraussetzung $\alpha \ll \beta$ die Form

$$(s + \alpha - j\beta)(s + \alpha + j\beta) = s^2 + 2\alpha s + (\alpha^2 + \beta^2) \approx s^2 + 2\alpha s + \beta^2$$

an. Für die Resonanzfrequenz gilt

$$\omega_0 \approx \beta.$$

Der Betragsfrequenzgang in linearer Darstellung ist in Bild 10.14 für $\alpha = 0,1$ und $\beta = 1$ dargestellt. Verläufe dieser Art treten bei allen schwingungsfähigen Systemen mit geringer Dämpfung auf und werden Resonanzkurve genannt. Ein Maß für die Resonanzüberhöhung ist die Breite der Resonanzkurve 3 dB unter dem Maximum. Durch Nachrechnen bestätigt man, daß diese Punkte bei $\omega \approx \beta \pm \alpha$ auftreten und die Breite somit $\Delta\omega \approx 2\alpha$ beträgt. Man kann sich das auch leicht geometrisch in Bild 10.13 veranschaulichen, indem man ein Dreieck mit zwei

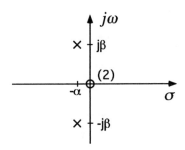

Bild 10.13: PN-Diagramm: Pole liegen sehr nah an der imaginären Achse

Eckpunkten $\beta \pm \alpha$ auf der imaginären Achse und den Pol als dritten Eckpunkt einzeichnet. Ein dimensionsloses Maß – die sogenannte Güte – erhält man, wenn man $\Delta\omega$ auf die Resonanzfrequenz ω_0 bezieht. Für die Güte gilt dann

$$Q = \frac{\omega_0}{\Delta\omega} \approx \frac{\beta}{2\alpha}.$$

Unser Beispiel in Bild 10.14 weist die Güte $Q = 5$ auf. Die Resonanzüberhöhung liegt übrigens auch gerade beim Q-fachen des Wertes von $|H(j\omega)|$ für $\omega \to \infty$. Das kann man sich ebenfalls anhand von Bild 10.13 klarmachen, indem man wie in (10.5) für $\omega = \beta$ das Produkt der Abstände von den Nullstellen $(= \beta \cdot \beta)$ durch das Produkt der Abstände von den Polen $(\approx \alpha \cdot 2\beta)$ teilt.

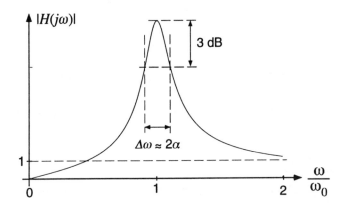

Bild 10.14: Resonanzkurve des Systems

10.6 Aufgaben

Aufgabe 10.1

Gegeben ist folgendes System:

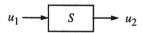

Wieviel dB Verstärkung hat das System, wenn gilt

a) $u_2 = 10\, u_1$

b) $u_2 = 10^4\, u_1$

c) $u_2 = \sqrt{2}\, u_1$

d) $u_2 = 0,02\, u_1$

e) $u_2 = -2\, u_1$?

Aufgabe 10.2

Wieviel dB Verstärkung hat ein System, das die a) 64-fache oder b) 2-fache Ausgangsleistung bezogen auf die Eingangsleistung hat (gleicher Eingangs- und Ausgangswiderstand vorausgesetzt)? Berechnen Sie zuerst das Verhältnis von Ausgangs- und Eingangsspannung!

Aufgabe 10.3

Berechnen Sie die Werte von $H(s) = \dfrac{1000}{s + 100}$, die Verstärkung von $H(s)$ in dB und die Phase von $H(s)$ für die Frequenzen $\omega = 10^k$, $k = 0, 1, \ldots, 5$. Die Werte von $H(s)$ sind dabei als komplexe Zahlen der Form $a + jb$ anzugeben.

Aufgabe 10.4

Zeichnen Sie die Amplituden- und die Phasenskizze des Bode-Diagramms zu $H(s) = \dfrac{s + 1}{s(s + 100)}$. Berechnen Sie zur Beschriftung der Amplitudenachse die Verstärkung bei $\omega = 10$.

Aufgabe 10.5

Zeichnen Sie zu folgender Amplitudenskizze ein PN-Diagramm und die Phasenskizze:

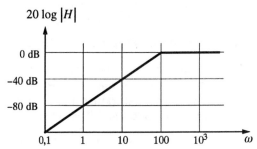

Aufgabe 10.6

Ein System hat die Impulsantwort $h(t) = -\dfrac{1}{500}\delta(t) - \dfrac{999}{500}e^{-t}\epsilon(t)$.

a) Geben Sie $H(s)$ an. Zeichnen Sie das Bode-Diagramm (Amplitudenskizze und Phasenskizze mit korrekter Achsenbeschriftung).

b) Geben Sie das Ausgangssignal $y(t)$ des Systems für eine Erregung mit $x(t) = \cos(\omega_0 t)$ bei den normierten Frequenzen $\omega_0 = 0.01, 1, 10$ und 10^5 an.

Aufgabe 10.7

a) Zeichnen Sie die Amplitudenskizze des Bode-Diagrammes zu $H(s) = \dfrac{s^2}{(s+10)^2}$; verwenden Sie zur Achsenbeschriftung die Frequenz $\omega = 100$.

b) Um wieviel Prozent weicht der exakte Amplitudenwert von dem im Bode-Diagramm bei $\omega = 100$ und $\omega = 1000$ eingezeichneten Wert ab?

c) Um wieviel dB rundet man bei der Eckfrequenz $\omega = 10$? Welche Verstärkung ergibt sich bei $\omega = 10$ exakt? Geben Sie die Abweichung vom gerundeten Wert im Bode-Diagramm in Prozent an.

Aufgabe 10.8

Zeichnen Sie die Phasenskizzen von $H_1(s) = \dfrac{s^2}{(s+1)^2}$ und $H_2(s) = -\dfrac{s^2}{(s+1)^2}$. Wodurch unterscheiden sich die Amplitudenskizzen von H_1 und H_2?

Aufgabe 10.9

Ein System hat folgende Übertragungsfunktion:

$$H(s) = 10^4 \cdot \frac{s^2 + 1,1s + 0,1}{s^3 + 1011s^2 + 11010s + 10000}$$

a) Zeichnen Sie das Pol-Nullstellen-Diagramm des Systems.

b) Zeichnen Sie Betrags- und Phasenskizze des Bode-Diagramm von $H(j\omega)$ mit Achsenbeschriftung. Welches Verhalten weist $H(s)$ auf? Lesen Sie aus dem Diagramm die maximale Verstärkung und die Frequenz(en) ab, an der (denen) die Verstärkung auf ein Zehntel ihres Maximums abgefallen ist.

c) Das Eingangssignal des Systems sei $x(t) = \varepsilon(t)$. Bestimmen Sie mit Hilfe der Amplitudenskizze den Wert des Ausgangssignals $y(t)$ für $t \to \infty$.

Aufgabe 10.10

Zeichnen Sie die Eckfrequenzen in folgendes PN-Diagramm ein und erstellen Sie eine Betragsskizze des Bode-Diagramms. Geben Sie $H(s)$ an und beschriften Sie die $|H|$-Achse so, daß $|H(\omega = 2 \cdot 10^4)| = 1$ gilt.

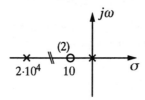

Aufgabe 10.11

Die Verstärkung eines Systems

a) fällt proportional zum Kehrwert

b) steigt linear

c) steigt quadratisch

d) steigt mit der n-ten Potenz

der Frequenz an. Wieviel $\frac{\text{dB}}{\text{Dekade}}$ entsprechen diesen Frequenzgängen?

Aufgabe 10.12

Geben Sie die Verstärkung $|H|$ des Systems aus Aufgabe 10.5 bei den Frequenzen $\omega = 2, \omega = 4, \omega = 8$ und $\omega = 2000$ an.

Aufgabe 10.13

Geben Sie die Steigungen $20\frac{\mathrm{dB}}{\mathrm{Dek}}$, $40\frac{\mathrm{dB}}{\mathrm{Dek}}$ und $60\frac{\mathrm{dB}}{\mathrm{Dek}}$ in $\frac{\mathrm{dB}}{\mathrm{Oktave}}$ an. Hinweis: Oktave bedeutet Frequenzverdoppelung.

Aufgabe 10.14

Gegeben ist ein Tiefpaß 2. Ordnung mit einer Eckfrequenz $\omega_c = 10^4$ und einer Gleichspannungsverstärkung von 20 dB.

a) Zeichnen Sie die Amplitudenskizze des Bode-Diagramms mit Achsenbeschriftung und geben Sie die zugehörige Übertragungsfunktion $H_{\mathrm{TP}}(s)$ an.

b) Das System soll durch Nachschalten eines Hochpasses 1.Ordnung in einen Bandpaß mit folgenden Eigenschaften verwandelt werden:

   – max. Verstärkung 14 dB

   – Verstärkung gleich $0,5$ bei $\omega = 10$

   Der Hochpaß habe die Grenzfrequenz ω_g und für $\omega \to \infty$ die Verstärkung A. Geben Sie $H_{\mathrm{HP}}(s)$ und die zugehörige Amplitudenskizze an. Fertigen Sie dann eine Amplitudenskizze des Zielsystems an und bestimmen Sie durch grafische Überlegungen an den Skizzen die Werte von A und ω_g.

Aufgabe 10.15

Von einem System sei folgendes bekannt:

- Güte $Q = 50$,

- maximale Verstärkung ist 26 dB bei $\omega_0 = 10$,

- $H(j\omega)$ steigt für $\omega \ll \omega_0$ mit $20\frac{\mathrm{dB}}{\mathrm{Dek}}$ an und fällt für $\omega \to \infty$ mit $20\frac{\mathrm{dB}}{\mathrm{Dekade}}$ ab.

a) Zeichnen Sie eine Amplitudenskizze des Bode-Diagramms. Beschriften Sie die Achsen soweit wie möglich.

b) Berechnen Sie mit zulässigen Näherungen für Systeme mit Resonanzen die Übertragungsfunktion $H(s)$.

c) Beschriften Sie unter Verwendung von $H(s)$ die Achsen für $\omega = 1$ und $\omega = 100$.

d) Zeichnen Sie das Pol-Nullstellen-Diagramm.

e) Bei etwa welchen Frequenzen liegt die Verstärkung um 3 dB unter dem Maximum?

f) Unter welchen Bedingungen geht $|H(j\omega)| \to \infty$? Welcher Bedingung entspricht dies bei einem realen System?

11 Abtastung und periodische Signale

11.1 Einleitung

Die in den vorigen Kapiteln behandelten kontinuierlichen Signale treten bei der Beschreibung natürlicher und technischer Vorgänge auf, bei denen die Zeit (oder der Ort) eine kontinuierliche Variable ist.

Für die Speicherung und Verarbeitung dieser analogen Signale mit einem Digitalrechner ist aber eine Umwandlung in digitale Signale notwendig. Sie wird technisch mit Analog-Digital-Umsetzern durchgeführt und vollzieht sich in zwei Schritten

- Abtastung eines kontinuierlichen Zeitsignals $x(t)$ zu äquidistanten Zeitpunkten im Abstand T (Zeitquantisierung)

$$x[k] = x(kT), \quad k \in \mathbb{Z}.$$

- Speicherung der Wertefolge $x[k]$ in Speicherzellen mit einer endlichen Anzahl von Binärstellen (Amplitudenquantisierung)

Die eckige Klammer in $x[k]$ deutet an, daß es sich hier um ein diskretes Signal, also eine Zahlenfolge handelt. Der zeitliche Abstand T zweier aufeinanderfolgender Abtastwerte $x(kT)$ heißt auch *Abtastintervall*.

Wir beschäftigen uns hier nur mit dem ersten Punkt, der zeitlichen Abtastung. Der zweite Punkt, die Amplitudenquantisierung, ist wegen der Rundung auf eine endliche Wortlänge ein nichtlinearer Vorgang und wird hier vernachlässigt. Bei Computern mit einem ausreichend großen Zahlenumfang (z.B. 10^{-308} bis 10^{308}) und einer entsprechend hohen Anzahl von Binärstellen (z.B. 64 Bit) ist diese Näherung in vielen Fällen vertretbar.

Als äußerst nützliches Werkzeug für die systemtheoretische Beschreibung des Abtastvorgangs führen wir zuerst den Delta-Impulskamm ein. Den Umgang mit dieser verallgemeinerten Funktion üben wir zuerst an einem bekannten Problem: der Darstellung eines kontinuierlichen periodischen Signals durch eine Fourierreihe. Nicht nur die damit gewonnene Rechentechnik, sondern auch die erhaltenen Ergebnisse können wir auf elegante Weise auf die Behandlung der Abtastung übertragen. Über das Dualitätsprinzip der Fourier-Transformation ist das Linienspektrum eines periodischen Zeitsignals eng mit den Abtastwerten eines kontinuierlichen Signals verwandt.

11.2 Delta-Impulskamm und periodische Funktionen

11.2.1 Delta-Impulskamm und seine Fourier-Transformierte

Unter einem *Delta-Impulskamm* verstehen wir die Summe von unendlich vielen verschobenen einzelnen Delta-Impulsen wie in Bild 11.1 gezeigt. Wie der Delta-Impuls selbst, ist er eine verallgemeinerte Funktion im Sinn der Distributionentheorie. Zur Abkürzung bezeichnen wir den Delta-Impulskamm mit dem Zeichen $\bot\!\bot\!\bot(t)$, dessen Aussehen seine Form wiedergibt. Wegen seiner Ähnlichkeit mit einem Buchstaben des kyrillischen Alphabets wird es auch als „Scha-Symbol" bezeichnet. Damit ist der Delta-Impulskamm durch die Formel

$$x(t) = \bot\!\bot\!\bot(t) = \sum_{\mu=-\infty}^{\infty} \delta(t - \mu) \quad , \quad \mu \in \mathbb{Z} \tag{11.1}$$

gegeben.

Bild 11.1: Delta-Impulskamm

Die Fourier-Transformierte des Delta-Impulskamms erhalten wir einfach durch Transformation der Einzelimpulse mit dem Verschiebungssatz

$$\delta(t - \mu) \quad \circ\!\!-\!\!\bullet \quad e^{-j\mu\omega}$$

zu

$$X(j\omega) = \sum_{\mu=-\infty}^{\infty} e^{-j\mu\omega} . \tag{11.2}$$

Da jeder einzelne Exponentialterm $e^{-j\mu\omega}$ mit 2π periodisch ist, gilt auch $X(j\omega) = X(j(\omega + 2\pi))$. Die Form des Spektrums $X(j\omega)$ nach 11.2 ist zwar korrekt, aber wegen der unendlichen Summe unpraktisch. Um einen handlichen Ausdruck herzuleiten, multiplizieren wir $X(j\omega)$ mit einer si-Funktion im Frequenzbereich und erhalten

$$Y(j\omega) = X(j\omega) \cdot \mathrm{si}\left(\frac{\omega}{2}\right) \tag{11.3}$$

Die Funktion $\mathrm{si}(\omega/2)$ hat Nullstellen bei $\omega = \pm 2\pi,\ \pm 4\pi,\ \ldots$, deren Abstand 2π genau der Periode von $X(j\omega)$ entspricht. Obwohl das Produkt $X(j\omega)\cdot\mathrm{si}(\omega/2)$ kompliziert aussieht, ist $Y(j\omega)$ eine sehr eine einfache Funktion, wie wir uns durch den Umweg über den Zeitbereich klarmachen. Durch inverse Fourier-Transformation folgt mit

$$\mathrm{si}\left(\frac{\omega}{2}\right) \quad \circ\!\!-\!\!\bullet \quad \mathrm{rect}(t)$$

und dem Faltungssatz

$$y(t) = \underline{\mathrm{III}}(t) * \mathrm{rect}(t) = 1\ . \tag{11.4}$$

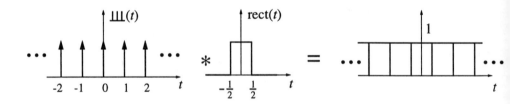

Bild 11.2: Faltung eines Delta-Impulskammes mit einer Rechteckfunktion

Auf den ersten Blick sieht die Zeitfunktion nun noch komplizierter aus als ihr Spektrum. Da aber $\mathrm{rect}(t)$ die Breite 1 hat, die genau dem Abstand der Impulse in $\underline{\mathrm{III}}(t)$ entspricht, ergibt die Faltung $\underline{\mathrm{III}}(t) * \mathrm{rect}(t)$ einfach die Konstante 1 (s. Bild 11.2). Damit ist $Y(j\omega)$ gleich einem Delta-Impuls mit dem Gewicht 2π.

$$y(t) = 1 \quad \circ\!\!-\!\!\bullet \quad Y(j\omega) = 2\pi\delta(\omega) \tag{11.5}$$

Nun könnten wir aus (11.3) auch $X(j\omega)$ ermitteln bis auf die Stellen $\omega = \pm 2\pi,\ \pm 4\pi,\ \ldots$, denn wenn $\mathrm{si}(\omega/2)$ Null ist, ist der Wert des Produkts ebenfalls Null; über den Wert von $X(j\omega)$ kann keine Aussage gemacht werden. Für diese Stellen kommt uns aber die anhand von (11.2) ermittelte Periodizität von $X(j\omega) = X(j(\omega + 2\pi))$ zu Hilfe. Durch Vergleich von (11.3) und (11.5) kann man sicher schließen, daß

$$X(j\omega) = 2\pi\delta(\omega) \ \text{für} - \pi < \omega \leq \pi\ . \tag{11.6}$$

Durch periodische Fortsetzung erhält man dann für (11.2)

$$X(j\omega) = \sum_{\mu=-\infty}^{\infty} e^{-j\mu\omega} = \sum_{\mu=-\infty}^{\infty} 2\pi\delta(\omega - 2\pi\mu) = \text{\musl}\left(\frac{\omega}{2\pi}\right). \qquad (11.7)$$

Dabei haben wir die Skalierungseigenschaft (8.19) des Delta-Impulses verwendet

$$2\pi\delta(\omega - 2\pi\mu) = \delta\left(\frac{\omega}{2\pi} - \mu\right). \qquad (11.8)$$

Das erstaunlich einfache Ergebnis dieser Überlegungen lautet also: *Die Fourier-Transformierte eines Delta-Impulskamms im Zeitbereich ist ein Delta-Impulskamm im Frequenzbereich:*

$$\boxed{\text{\musl}(t) \circ\!\!-\!\!\bullet \text{\musl}\left(\frac{\omega}{2\pi}\right).} \qquad (11.9)$$

Um die vorangegangene Herleitung möglichst einfach zu halten, sind wir von einem Impulskamm nach (11.1) mit einem Abstand der Impulse von 1 ausgegangen. Zur Beschreibung von Abtastvorgängen mit einem beliebigen Abtastintervall T benötigen wir jedoch Delta-Impulskämme der Form

$$x(t) = \sum_{\mu=-\infty}^{\infty} \delta(t - \mu T) = \frac{1}{T}\text{\musl}\left(\frac{t}{T}\right) \qquad (11.10)$$

Auch diese beschreiben wir mit dem Scha-Symbol nach (11.1), wobei wieder die Skalierungseigenschaft (8.19) zu beachten ist

$$\delta(t - \mu T) = \frac{1}{T}\delta\left(\frac{t}{T} - \mu\right) \qquad (11.11)$$

Mit dem Ähnlichkeitssatz folgt dann aus (11.9) die allgemeinere Beziehung

$$\boxed{\frac{1}{T}\text{\musl}\left(\frac{t}{T}\right) \circ\!\!-\!\!\bullet \text{\musl}\left(\frac{\omega T}{2\pi}\right).} \qquad (11.12)$$

11.2.2 Fourier-Transformierte periodischer Signale

Der Zusammenhang (11.12) zwischen Delta-Impulskämmen im Zeit- und Frequenzbereich ist sehr elegant und kann ansonsten aufwendige Rechnungen sehr verkürzen. Dennoch erfordert der Umgang damit einige Übung. Bevor wir die Abtastung kontinuierlicher Funktionen damit behandeln, üben wir den Gebrauch von Delta-Impulskämmen anhand eines klassischen Problems ein, nämlich der Darstellung periodischer Signale in Zeit- und Frequenzbereich. Periodische Signale besitzen ein Linienspektrum, wobei der Abstand der Linien durch die Periode im Zeitbereich gegeben ist. Das Gewicht der einzelnen Linien kann durch eine Fourier-Reihenentwicklung ermittelt werden. Diese Tatsachen wollen wir hier noch einmal unter Verwendung von Delta-Impulskämmen herleiten.

Dazu betrachten wir ein periodisches Zeitsignal $x(t)$ mit der Periode T. Es kann als Faltung einer Periode $x_0(t)$ mit einem Delta-Impulskamm dargestellt werden (s. Bild 11.3).

$$x(t) = x_0(t) * \frac{1}{T} \text{⊥⊥⊥} \left(\frac{t}{T}\right) \tag{11.13}$$

Durch den Abstand T der Impulse werden die Perioden $x_0(t)$ der Länge T lückenlos aneinander gesetzt.

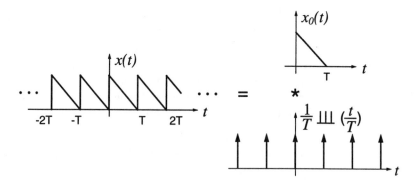

Bild 11.3: Darstellung eines periodischen Signals $x(t)$ als Faltung einer Periode $x_0(t)$ mit einem Delta-Impulskamm

Für die Fourier-Transformierte $X(j\omega)$ des periodischen Signals $x(t)$ erhalten wir mit (11.12) und dem Faltungssatz

$$X(j\omega) = X_0(j\omega) \text{⊥⊥⊥} \left(\frac{\omega T}{2\pi}\right) = \frac{2\pi}{T} \sum_{\mu} \delta\left(\omega - \frac{2\pi}{T}\mu\right) X_0(j\omega) \tag{11.14}$$

Die Fourier-Transformierte $X(j\omega)$ ist also – wie bereits bekannt – ein Linienspektrum mit einem Linienabstand von $\omega = \frac{2\pi}{T}$ und einem Gewicht, das dem Wert des Spektrums $X_0(j\omega)$ an der jeweiligen Linie entspricht.

Bild 11.4 zeigt diesen Zusammenhang zwischen dem Delta-Impulskamm und dem kontinuierlichen Spektrum $X_0(j\omega)$ einer Periode. Dabei symbolisiert die Höhe der Pfeile das Gewicht der Impulse. Den Zusammenhang zwischen dem periodischen Zeitsignal und den einzelnen Linien des Spektrums erhält man durch inverse Fourier-Transformation von (11.14). Mit Hilfe der Ausblendeigenschaft geht das Integral der inversen Fourier-Transformation in eine Summe über die einzelnen

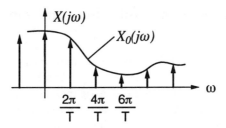

Bild 11.4: Fourier-Transformation einer periodischen Funktion ergibt ein Linienspektrum

Frequenzlinien über:

$$x(t) \;=\; \frac{1}{2\pi} \int_{-\infty}^{\infty} X_0(j\omega) \, \text{⊥⊥⊥}\left(\frac{\omega T}{2\pi}\right) e^{j\omega t}\, dt \qquad (11.15)$$

$$=\; \frac{1}{T} \sum_{\nu=-\infty}^{\infty} X_0\left(j\frac{2\pi\nu}{T}\right) e^{j\frac{2\pi\nu t}{T}}\;. \qquad (11.16)$$

Diesen Ausdruck vergleichen wir mit der allgemeinen Form der Fourier-Reihenentwicklung periodischer Funktionen

$$x(t) = \sum_{\nu=-\infty}^{\infty} A_\nu e^{j\frac{2\pi\nu t}{T}}\;. \qquad (11.17)$$

Durch Vergleich mit (11.16) erhalten wir für die komplexen Fourier-Koeffizienten A_ν

$$A_\nu = \frac{1}{T} X_0\left(j\frac{2\pi\nu}{T}\right)\;. \qquad (11.18)$$

Das Spektrum $X(j\omega)$ des periodischen Signals $x(t)$ ist also ein Linienspektrum, wobei das Gewicht der einzelnen Linien durch die Fourier-Koeffizienten von $x(t)$ gegeben ist. Die Fourier-Koeffizienten erhält man auch als Werte des Spektrums $X_0(j\omega)$ der Periode $x_0(t)$ an den Vielfachen $\omega = \nu\frac{2\pi}{T}$ der Grundfrequenz $\frac{2\pi}{T}$ (s. Bild 11.4).

Diese kompakte Herleitung zeigt, daß der Umgang mit Delta-Impulskämmen und dem Scha-Symbol lästige und umständliche Rechenarbeit spart. Bei der Behandlung der Abtastung werden wir wieder darauf zurückkommen. Der Schwerpunkt liegt dann aber nicht mehr auf der Gewinnung von Abtastwerten aus einem Spektrum, sondern auf der Abtastung von Zeitfunktionen. Zuvor behandeln wir aber noch die Faltung von periodischen und aperiodischen bzw. von zwei periodischen Signalen.

11.2.3 Faltung eines periodischen und eines aperiodischen Signals

Das Ausgangssignal eines LTI-Systems erhält man im Zeitbereich durch Faltung des Eingangssignals mit der Impulsantwort (s. Abschnitt 8.4.2). Wenn das Eingangssignal periodisch ist, wird auch das Ausgangssignal periodisch sein. Wir fragen hier nach der Beziehung zwischen den Fourier-Koeffizienten von Ein- und Ausgangssignal. Das zugehörige Faltungsintegral beschreibt dann die Faltung eines periodischen Signals (dem Eingangssignal) mit einem aperiodischen Signal (der Impulsantwort).

── **Beispiel 11.1**

Als Beispiel betrachten wir ein periodisches Eingangssignal $x(t)$ mit der Fourier-Reihe

$$x(t) = \sum_k A_k e^{jk2\pi t} \tag{11.19}$$

und ein LTI-System mit der Impulsantwort

$$h(t) = e^{-t}\varepsilon(t) \tag{11.20}$$

wie in Bild 11.5. Durch Vergleich von (11.19) und (11.17) erkennt man, daß die Periode gerade $T = 1$ ist.

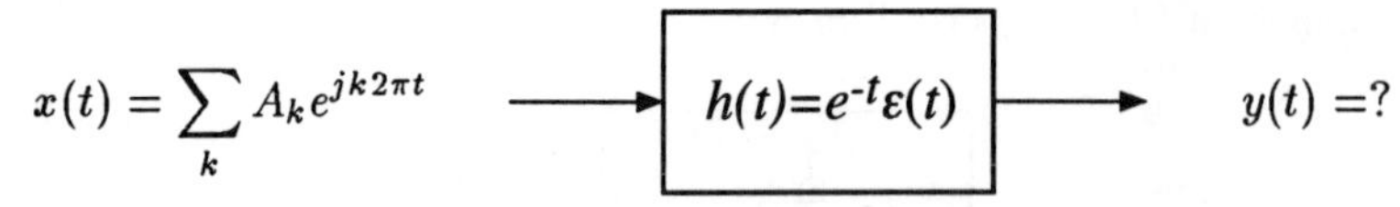

$$x(t) = \sum_k A_k e^{jk2\pi t} \longrightarrow \boxed{h(t)=e^{-t}\varepsilon(t)} \longrightarrow \quad y(t) =?$$

Bild 11.5: Periodisches Eingangssignal wird gefaltet mit aperiodischer Impulsantwort des Systems

Den Frequenzgang des Systems erhalten wir aus der Systemfuktion für $s = j\omega$ zu

$$H(j\omega) = \frac{1}{j\omega + 1} \,. \tag{11.21}$$

Für die Fourier-Transformierte des Eingangssignals folgt das Linienspektrum

$$X(j\omega) = \sum_k 2\pi A_k \delta(\omega - 2\pi k) \,. \tag{11.22}$$

Das Ausgangssignal besitzt ebenfalls ein Linienspektrum, denn für das Produkt $Y(j\omega) = H(j\omega)X(j\omega)$ folgt

$$Y(j\omega) = H(j\omega)\,X(j\omega) = \sum_k \left(\frac{2\pi A_k}{1 + j2\pi k} \right) \delta(\omega - 2\pi k)$$

$$\begin{array}{c} \bullet \\ \mid \\ \circ \end{array} \qquad\qquad\qquad\qquad (11.23)$$

$$y(t) = \sum_k \left(\frac{A_k}{1 + j2\pi k} \right) e^{j2\pi kt} \quad .$$

Die abschließende Rücktransformation liefert die Fourier-Reihe des Ausgangssignals. Seine Fourier-Koeffizienten sind das Produkt der Fourier-Koeffizienten des Eingangssignals mit den Werten des Frequenzgangs des Systems bei den Frequenzen der einzelnen Spektrallinien. ∎

Die Faltung eines beliebigen periodischen Signals mit der Periode T, das sich durch seine Fourier-Koeffizienten A_k (11.17) darstellen läßt, mit einem aperiodischen Signal $h(t)$ ergibt

$$y(t) = \sum_{k=-\infty}^{\infty} C_k e^{j\frac{2\pi kt}{T}} \quad \text{mit} \quad C_k = H\left(j\frac{2\pi k}{T} \right) A_k \,, \qquad (11.24)$$

wobei $H(j\omega) = \mathcal{F}\{h(t)\}$. Ist $h(t)$ die Impulsantwort eines LTI-Systems, so ist $H(j\omega)$ sein Frequenzgang, und (11.24) gibt an, wie die Fourier-Koeffizienten des Eingangssignals durch das System verändert werden.

11.2.4 Periodische Faltung

Es liegt nahe, die Ergebnisse des letzten Abschnitts auf die Faltung zweier periodischer Signale mit der gleichen Periode zu erweitern. Allerdings ist das Produkt der beiden periodischen Signale unter dem Faltungsintegral ebenfalls periodisch. Das Faltungsintegral zweier periodischer Signale konvergiert daher nicht. Da aber die gesamte Information über eine periodische Funktion in einer einzigen Periode steckt, kann man auch eine modifizierte Faltungsoperation durch Integration über nur eine Periode definieren.

Definition 18: Periodische Faltung

Die periodische Faltung *zweier periodischer Signale* $x_1(t)$ *und* $x_2(t)$ *mit der gleichen Periode* T *ist durch*

$$y(t) = \int_{\tau_0}^{\tau_0 + T} x_1(\tau)\, x_2(t - \tau)\, d\tau = \int_T x_1(\tau) x_2(t - \tau) d\tau = x_1(t) \circledast x_2(t) \quad (11.25)$$

gegeben. Sie wird auch zyklische Faltung *genannt.*

Die genaue Lage der Integrationsgrenzen, die durch τ_0 bestimmt wird, ist dabei unerheblich, solange die Integration nur eine Periode der Länge T umfaßt. Die periodische Faltung entspricht der herkömmlichen Faltung des periodischen Signals $x_1(t)$ mit einer Periode von $x_2(t)$ bzw. einer Periode von $x_1(t)$ mit dem periodischen Signal $x_2(t)$.

Das Ergebnis $y(t)$ der periodischen Faltung ist ebenfalls periodisch. Wir fragen wieder nach dem Zusammenhang zwischen den Koeffizienten der Fourier-Reihendarstellungen

$$x_1(t) \;\; = \;\; \sum_k A_k e^{jk2\pi t/T} \tag{11.26}$$

$$x_2(t) \;\; = \;\; \sum_\ell B_\ell e^{j\ell 2\pi t/T} \tag{11.27}$$

$$y(t) \;\; = \;\; \sum_k C_k e^{jk2\pi t/T} \tag{11.28}$$

Zunächst folgt durch Einsetzen von (11.27) und (11.28) in (11.25) und Umordnung der Terme

$$y(t) = \sum_k \sum_\ell A_k B_\ell \int_T e^{j2\pi(k-\ell)\tau/T} d\tau \cdot e^{j2\pi\ell t/T} \tag{11.29}$$

Die Terme $e^{j2\pi(k-\ell)\tau/T}$ unter dem Integral sind für $k \neq \ell$ rotierende komplexe Exponentialzeiger der Länge 1 mit der Periode $T/(k-\ell)$, für $k = \ell$ sind sie konstant gleich 1. Daher gilt für das Integral

$$\int_T e^{j2\pi(k-\ell)\tau/T} d\tau = \begin{cases} T & \ell = k \\ 0 & \ell \neq k \end{cases} \tag{11.30}$$

Man spricht auch davon, daß die Basisfunktionen der Fourier-Reihenentwicklung orthogonal sind. Einsetzen in 11.29 gibt

$$y(t) = \sum_k A_k B_k T e^{j2\pi kt/T} \tag{11.31}$$

Durch Vergleich von (11.28) und (11.31) folgt der gesuchte Zusammenhang der Fourierkoeffizienten von $y(t)$, $x_1(t)$ und $x_2(t)$

$$C_k = A_k B_k T \tag{11.32}$$

11.3   Abtastung

11.3.1   Ideale Abtastung

Nachdem wir uns anhand der Spektren periodischer Signale mit dem Gebrauch des Delta-Impulskamms vertraut gemacht haben, verwenden wir ihn nun zur Beschreibung der Abtastung kontinuierlicher Signale. Zuerst behandeln wir den Fall der idealen Abtastung, bei der einer kontinuierlichen Funktion genau die Werte an den Abtastzeitpunkten entnommen werden. Bei dieser Idealisierung lassen sich die systemtheoretischen Grundlagen besonders einfach herausarbeiten. Später werden wir sehen, daß auch die notwendigen Zugeständnisse an die Realisierung durch einfache Erweiterungen des Konzepts der idealen Abtastung beschrieben werden können.

Zur Modellierung der idealen Abtastung gehen wir von einem kontinuierlichen Signal $\tilde{x}(t)$ aus und multiplizieren es mit einem Impulskamm $\frac{1}{T}\text{⊥⊥⊥}(\frac{t}{T})$, wie in Bild 11.6 gezeigt. Das Resultat $x(t)$ ist wieder eine Impulsfolge. Die Gewichte der einzelnen Impulse sind die Werte des Signals $\tilde{x}(t)$ an den Stellen $t = kT, k \in \mathbb{Z}$. In Bild 11.6 sind die Gewichte durch die Länge der Pfeile symbolisiert. Für das Spektrum $X(j\omega)$ des abgetasteten Signals $x(t)$ erhalten wir mit dem Multiplikationssatz (9.75)

$$x(t) = \tilde{x}(t) \cdot \frac{1}{T}\text{⊥⊥⊥}\left(\frac{t}{T}\right) \circ\!\!-\!\!\bullet\ X(j\omega) = \frac{1}{2\pi}\tilde{X}(j\omega) * \text{⊥⊥⊥}\left(\frac{\omega T}{2\pi}\right). \qquad (11.33)$$

Die Faltung des Spektrums $\tilde{X}(j\omega)$ des kontinuierlichen Signals mit dem Impulskamm im Frequenzbereich $\text{⊥⊥⊥}(\omega T/2\pi)$ bewirkt eine periodische Fortsetzung von $\tilde{X}(j\omega)$ an den Vielfachen von $2\pi/T$.

Die Frequenz $\omega_a = \frac{2\pi}{T}$ heißt die *Abtastfrequenz* oder, genauer, *Abtastkreisfrequenz*. Offensichtlich ist das Spektrum des abgetasteten Signals im Frequenzbereich periodisch mit der Periode ω_a. Hier liegt eine Dualität zur Fourier-Transformation periodischer Signale vor, die durch folgendes Schema verdeutlicht wird.

Periodisches Signal	$\circ\!\!-\!\!\bullet$	Linienspektrum
Abgetastetes Signal	$\circ\!\!-\!\!\bullet$	Periodisches Spektrum

11.3.2 Abtasttheorem

In der Regel wird die Abtastung eines analogen Signals vorgenommen, um es der Speicherung oder Bearbeitung mit Hilfe der Digitaltechnik zugänglich zu machen. Dahinter steht aber bei den meisten Anwendungen der Wunsch nach der Rekonstruktion des analogen Signals aus seinen Abtastwerten. Ein Beispiel ist die Compact Disc. Die Musiksignale werden abgetastet, weil die Speicherung des digitalisierten Signals technische Vorteile gegenüber der Speicherung eines analogen Signals bietet. Die Benutzer eines CD-Spielers interessieren sich aber nicht für die Abtastwerte, sondern für das zugrundeliegende analoge Musiksignal. Es stellt sich daher die Frage, ob und wie ein kontinuierliches Signal $\tilde{x}(t)$ aus dem abgetasteten Signal $x(t)$ rekonstruiert werden kann. Die Antwort darauf gibt das Abtasttheorem, mit dem wir uns in diesem Abschnitt beschäftigen.

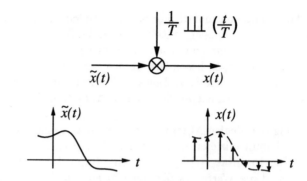

Bild 11.6: Ideale Abtastung des Signals $\tilde{x}(t)$

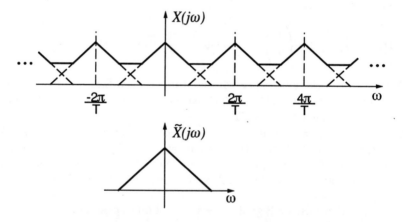

Bild 11.7: Spektrum der abgetasteten Funktion $\tilde{x}(t)$

Zu Beginn führen wir den Begriff des bandbegrenzten Signals ein:

Definition 19: Bandbegrenztes Signal

Ein Signal $\tilde{x}(t)$ heißt bandbegrenzt, *wenn sein Spektrum $\tilde{X}(j\omega)$ ab einer Frequenz ω_g keine Anteile mehr hat*

$$\tilde{X}(j\omega) = \begin{cases} \textit{beliebig} & |\omega| < \omega_g \\ 0 & |\omega| \geq \omega_g . \end{cases}$$

Die Frequenz ω_g heißt Grenzfrequenz.

Bild 11.8 zeigt das Spektrum eines bandbegrenzten Signals, hier willkürlich mit einem dreieckförmigen Verlauf für $|\omega| < \omega_g$. Zur Unterscheidung von den periodischen Wiederholungen durch Abtastung wird es auch *Basisbandspektrum* genannt.

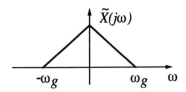

Bild 11.8: Basisbandspektrum mit Grenzfrequenz ω_g

Damit können wir die zentrale Aussage des Abtasttheorems formulieren:

> **Wird ein bandbegrenztes Signal $\tilde{x}(t)$ hinreichend häufig abgetastet, so daß sich seine Basisbandwiederholungen nicht überlappen, so läßt sich $\tilde{x}(t)$ durch Faltung aus dem abgetasteten Signal $x(t)$ fehlerfrei interpolieren.**

Die Begründung des Abtasttheorems machen wir uns durch die folgenden Überlegungen im Frequenzbereich klar. Bild 11.9 zeigt das Spektrum eines abgetasteten Signals mit den Wiederholungen des Basisbands aus Bild 11.8 bei den Vielfachen der Abtastfrequenz $\omega_a = \frac{2\pi}{T}$. Eine Rekonstruktion des nicht abgetasteten Signals erfordert ein Interpolationsfilter $H(j\omega)$, das das Basisband unverändert läßt, aber alle durch die Abtastung hervorgerufenen Wiederholungen unterdrückt. Das ist immer dann möglich, wenn die Abtastfrequenz $\omega_a = \frac{2\pi}{T}$ größer oder gleich dem Doppelten der Grenzfrequenz ω_g des bandbegrenzten Signals $\tilde{x}(t)$ gewählt wurde, d.h.

$$\omega_a = \frac{2\pi}{T} \geq 2\omega_g \text{ oder } T \leq \frac{\pi}{\omega_g}$$

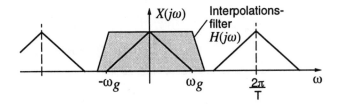

Bild 11.9: Für $\omega_g < \frac{\pi}{T}$ kann das Signal $X(j\omega)$ durch das Interpolationsfilter $H(j\omega)$ wiederhergestellt werden

Ist diese Bedingung verletzt, dann kommt es zu Überlappungen zwischen dem Basisband und den Wiederholungen, die auch durch eine Filterung nicht mehr

getrennt werden können (s. Bild 11.10). Die in den gestrichelten Bereichen auf-
tretenden Überlappungen werden auch Überfaltungen oder *Aliasing* genannt, da
eine notgedrungen fehlerhafte Rekonstruktion durch ein Interpolationsfilter dazu
führt, daß Signalanteile bei hohen Frequenzen wieder an anderer Stelle im falsch
rekonstruierten Basisband auftauchen. Die der Abtastkreisfrequenz $\omega_a = \frac{2\pi}{T}$ zu-

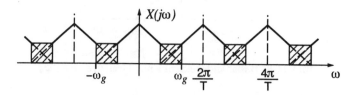

Bild 11.10: Basisbandüberlappungen für $\omega_g > \frac{\pi}{T}$

geordnete Frequenz

$$f_a = \frac{1}{T} = \frac{\omega_a}{2\pi} \qquad (11.34)$$

wird auch *Abtastrate* genannt. Sie gibt an, wie oft das Signal je Zeiteinheit abgetastet wird. Manchmal wird auch f_a als die Abtastfrequenz bezeichnet. Geht aus dem
Zusammenhang nicht hervor, was gemeint ist, oder möchte man zwischen f_a und
ω_a deutlich unterscheiden, sollte man von „Abtastrate" und „Abtastkreisfrequenz"
sprechen.

Tabelle 11.1: Bezeichnungen unterschiedlicher Abtastraten

$f_a > \dfrac{\omega_g}{\pi}$	Überabtastung
$f_a = \dfrac{\omega_g}{\pi}$	kritische Abtastung Nyquist-Frequenz
$f_a < \dfrac{\omega_g}{\pi}$	Unterabtastung $\Rightarrow$ Aliasing Überfaltung der Spektren

Je nach Wahl der Abtastrate können unterschiedliche Fälle auftreten, die in
Tabelle 11.1 aufgeführt sind. Offenbar stellt der Fall der kritischen Abtastung
einen Grenzfall dar, bei dem die Abtastrate so gering wie möglich ist, aber eine
Überfaltung der Spektren gerade noch vermieden wird. In diesem Fall ist das ideale
Interpolationsfilter ein Rechteck im Frequenzbereich mit dem Frequenzgang $H(j\omega)$
und der Impulsantwort $h(t)$ nach Bild 11.11:

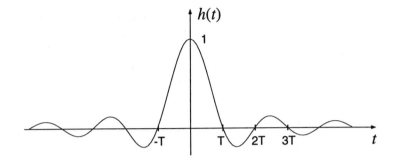

Bild 11.11: Impulsantwort des idealen Interpolationsfilters

$$H(j\omega) = T \operatorname{rect}\left(\frac{\omega T}{2\pi}\right) \; \bullet\!\!-\!\!\circ \; h(t) = \operatorname{si}\left(\frac{\pi t}{T}\right) . \tag{11.35}$$

Im Frequenzbereich ist es offensichtlich, daß das Spektrum $\tilde{X}(j\omega)$ des ursprünglichen Signals $\tilde{x}(t)$ durch Multiplikation von $X(j\omega)$ mit $H(j\omega)$ nach (11.35) wiedergewonnen werden kann. Die Skalierung mit T ist erforderlich, da die einzelnen Impulse des Impulskammes $\frac{1}{2\pi}\operatorname{\bot\!\bot\!\bot}(\frac{\omega T}{2\pi})$ in (11.33) ein Gewicht von $\frac{1}{T}$ haben.

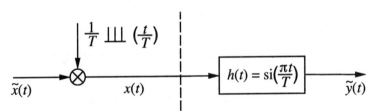

Bild 11.12: Abtastung und Interpolation mit idealem Interpolationsfilter

Im Zeitbereich erhalten wir daraus nach einigen Umformungen für das rekonstruierte Signal $\tilde{y}(t)$ (Bild 11.12)

$$\tilde{y}(t) = \left[\tilde{x}(t) \cdot \frac{1}{T}\operatorname{\bot\!\bot\!\bot}\left(\frac{t}{T}\right)\right] * \operatorname{si}\left(\frac{\pi t}{T}\right) \tag{11.36}$$

$$= \left[\sum_{k=-\infty}^{\infty} \tilde{x}(kT)\delta(t - kT)\right] * \operatorname{si}\left(\frac{\pi t}{T}\right) \tag{11.37}$$

$$= \sum_{k=-\infty}^{\infty} \tilde{x}(kT)\operatorname{si}\left(\pi\frac{t - kT}{T}\right) . \tag{11.38}$$

Die perfekte Rekonstruktion $\tilde{y}(t) = \tilde{x}(t)$ aus den Abtastwerten $\tilde{x}(kT)$ gelingt dann, wenn die Abtastwerte als Stützwerte einer Interpolation mit der si-Funktion genommen werden (s. Bild 11.13). Dazu muß sich $\tilde{x}(t)$ natürlich durch verschobene, gewichtete si-Funktionen darstellen lassen. Aus (11.33) mit (11.35) – (11.38) kann man ablesen, daß diese Forderung äquivalent zur Forderung der Bandbegrenzung mit $\omega_g < \frac{\pi}{T}$ ist. Für Werte $t = kT$ haben in (11.38) gerade alle bis auf eine si-Funktion einen Nulldurchgang. Diese eine si-Funktion hat dort gerade ihren Maximalwert 1. Deshalb ergeben sich die Abtastwerte $\tilde{x}(kT)$ direkt als Gewichte der si-Funktionen. Zwischen den Abtastwerten überlagern sich die Beiträge aller (unendlich vieler) si-Funktionen, wobei die naheliegenden Abtastwerte aber einen größeren Einfluß als weit entfernte besitzen.

$$\tilde{y}(t) = \tilde{x}(t) = \sum_k \tilde{x}(kT)\, si\left(\pi\frac{t - kT}{T}\right)$$

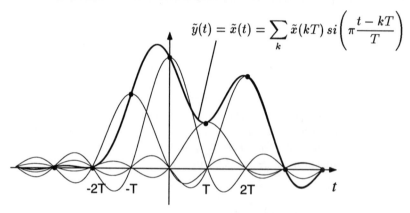

Bild 11.13: Ein bandbegrenztes Signal $\tilde{x}(t)$ läßt sich aus vielen verschobenen gewichteten si-Funktionen zusammensetzen

Der Grundgedanke des Abtasttheorems findet sich schon bei Lagrange (1736-1813). Die Interpolation mit si-Funktionen wurde bereits 1915 von Whittaker beschrieben. In die Nachrichtentechnik wurde das Abtasttheorem in seiner heutigen Form 1948 von Shannon eingeführt.

11.3.3 Abtasttheorem für komplexwertige Bandpaß-Signale

Wenn wir die durch die Abtastung bewirkte periodische Fortsetzung des Spektrums betrachten (z.B. in Bild 11.9), fällt auf, daß das Basisbandspektrum zwischen $-\omega_g$ und ω_g und die periodischen Fortsetzungen bei den Vielfachen der Abtastfrequenz gleichberechtigt nebeneinander stehen. Genausogut hätte das Spektrum des Originalsignals $\tilde{x}(t)$ zwischen $-\omega_g + \frac{2\pi}{T}$ und $+\omega_g + \frac{2\pi}{T}$ liegen können oder gar zwischen 0 und $\frac{2\pi}{T}$, das periodisch fortgesetzte Spektrum $X(j\omega)$ würde sich nicht grundsätzlich unterscheiden. Für die richtige Wahl des Interpolationsfilters zur Rekonstruktion von $\tilde{x}(t)$ muß man wissen, in welchem Bereich der Frequenzachse das Signal $\tilde{x}(t)$ vor der Abtastung angesiedelt war. Dieser Gedanke führt zum Abtasttheorem für komplexwertige Bandpaß-Signale.

Dazu gehen wir von einem Signal $\tilde{x}(t)$ mit einem Spektrum $\tilde{X}(j\omega)$ nach Bild 11.14 aus. Da es weder tiefe ($|\omega| < \omega_0$) noch hohe ($|\omega| \geq \omega_0 + \Delta\omega$) Frequenzanteile aufweist, wird es als *Bandpaßspektrum* bezeichnet. Das zugehörige Zeitsignal ist sicherlich komplex, denn die Bedingung der konjugierten Symmetrie (9.49) ist hier nicht erfüllt:

$$\tilde{X}(j\omega) \neq \tilde{X}^*(-j\omega) \qquad \rightarrow \tilde{x}(t) \text{ komplex}. \tag{11.39}$$

Komplexe Bandpaß-Signale besitzen in der Übertragungstechnik eine wichtige Bedeutung; sie werden durch zwei reelle Signale für den Real- und den Imaginärteil repräsentiert.

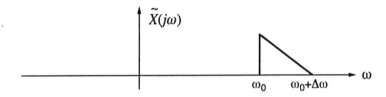

Bild 11.14: Einseitiges Bandpaßspektrum

Wenn wir dieses Zeitsignal mit der Abtastrate

$$f_a = \frac{1}{T} = \frac{\Delta\omega}{2\pi} \text{ bzw. } \omega_a = \Delta\omega$$

abtasten, erhalten wir wieder eine periodische Fortsetzung des Spektrums, bei der gerade keine Überlappung auftritt. Dies entspricht dem Fall der kritischen Abtastung. Bild 11.15 zeigt das Spektrum des abgetasteten Signals und den Impulskamm, der der Abtastfrequenz $\omega_a = \Delta\omega$ entspricht. Dabei ist keine Bedingung für das Verhältnis von ω_0 zu $\Delta\omega$ gestellt. Beide Frequenzen können unabhängig voneinander gewählt werden. Eine kritische Abtastung ist beim komplexen Bandpaßsignal offenbar immer möglich. Wir werden bald sehen, daß das beim scheinbar einfacheren Fall des reellen Bandpaßsignals nicht so ist.

Für eine Rückgewinnung des ursprünglichen Signals ist das Interpolationsfilter so zu wählen, daß es alle Frequenzanteile sperrt, die nicht im Spektrum $\tilde{X}(j\omega)$ des Originalsignals $\tilde{x}(t)$ enthalten sind. Sein Frequenzgang ist ein Rechteck in Bandpaßlage:

$$H(j\omega) = T \operatorname{rect}\left(\left(\omega - \omega_0 - \frac{\Delta\omega}{2}\right)\frac{T}{2\pi}\right) \cdot \; 2 \tag{11.40}$$

Auch hier ist keine konjugierte Symmetrie vorhanden, die zugehörige Impulsantwort also komplex:

$$\frac{2\bar{\upsilon}}{T}$$

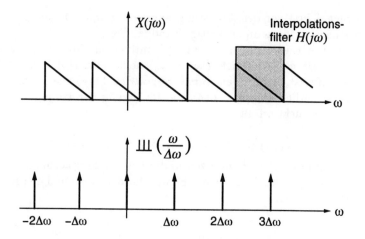

Bild 11.15: Spektrum des abgetasteten komplexen Signals

$$h(t) = \text{si}\left(\frac{\pi t}{T}\right) e^{j(\omega_0 + \frac{\Delta\omega}{2})t} \ . \tag{11.41}$$

Bild 11.16 zeigt den Real- und den Imaginärteil von $h(t)$ für $\omega_0 = 4\Delta\omega$.

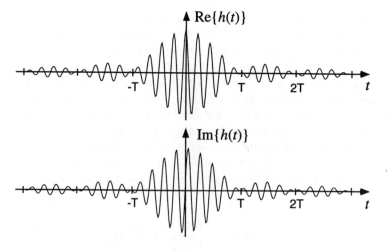

Bild 11.16: Komplexe Impulsantwort des Interpolationsfilters

11.3.4 Abtasttheorem für reellwertige Bandpaß-Signale

Für den scheinbar einfacheren Fall eines reellwertigen Bandpaßsignals ist die richtige Wahl der Abtastfrequenz nicht mehr so einfach wie beim komplexen Bandpaßsignal. Das Spektrum eines reellen Bandpaßsignals ist in Bild 11.17 gezeigt. Die Bedingung der konjugierten Symmetrie des Spektrums ist hier erfüllt. Der

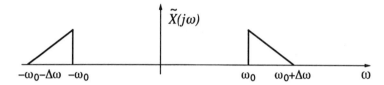

Bild 11.17: Bandpaß-Spektrum eines reelen Signals

Fall der kritischen Abtastung, d.h. einer Ineinanderschachtelung der periodisch fortgesetzten Bandpaßspektren ohne Lücken, erfordert hier eine Abtastrate von

$$f_a = \frac{1}{T} = \frac{\Delta\omega}{\pi} \text{ bzw. } \omega_a = 2\Delta\omega$$

Im Gegensatz zu den komplexen Bandpaßsignalen ist hier eine kritische Abtastung aber nur möglich, wenn ω_0 und $\Delta\omega$ in einer bestimmten Beziehung zu einander stehen. Eine lückenlose Fortsetzung des Bandpaßspektrums erfordert, daß der Zwischenraum zwischen $-\omega_0$ und ω_0 in Bild 11.17 genau eine gerade Anzahl von Halbbändern der Breite $\Delta\omega$ aufnehmen kann. Die Bedingung der Geradzahligkeit ergibt sich wegen der konjugierten Symmetrie zu $\omega = 0$, und es muß also gelten

$$\omega_0 = n \cdot \Delta\omega, n \in \mathbb{N} \qquad (11.42)$$

Andernfalls kann der Zwischenraum in Bild 11.17 nicht vollständig mit Halbbändern gefüllt werden und die kritische Abtastung wird nicht erreicht.

Bild 11.18 zeigt das Spektrum des kritisch abgetasteten Signals und den zugehörigen Delta-Impulskamm für $n = 2$.

Das ideale Interpolationsfilter muß wieder genau die Frequenzanteile herausholen, die im ursprünglichen Bandpaßsignal enthalten waren. Wir können es durch einen Rechteck-Frequenzgang in Basisbandlage beschreiben, der durch Faltung mit zwei symmetrischen Delta-Impulsen in die Bandpaßlage verschoben wird:

$$H(j\omega) = T \operatorname{rect}\left(\frac{\omega T}{\pi}\right) * \left[\delta\left(\omega - \omega_0 - \frac{\Delta\omega}{2}\right) + \delta\left(\omega + \omega_0 + \frac{\Delta\omega}{2}\right)\right] . \qquad (11.43)$$

Die zugehörige Impulsantwort ist rein reell und ähnelt der Impulsantwort des Interpolationsfilters nach (11.35), ist aber aufgrund des Bandpaßcharakters noch mit einer cos-Funktion multipliziert:

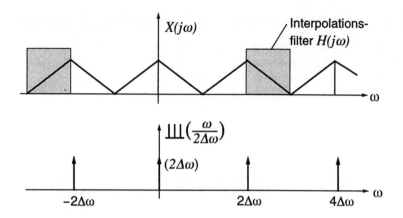

Bild 11.18: Spektrum des abgetasteten reellen Signals

$$h(t) = \text{si}\left(\frac{\pi t}{2T}\right) \cos\left(\left(\omega_0 + \frac{\Delta\omega}{2}\right)t\right) \qquad (11.44)$$

Bild 11.19 zeigt ihren Verlauf für $\omega_0 = 3 \cdot \Delta\omega (n = 3)$. Man sieht deutlich, daß die Einhüllende in Bild 11.19 bis auf einen Faktor 2 in der Skalierung der Zeitachse mit der Kurve in Bild 11.11 übereinstimmt. Übrigens geht (11.44) für den Fall $\omega_0 = 0$ in den Tiefpaßfall (11.35) über (Aufgabe 11.22).

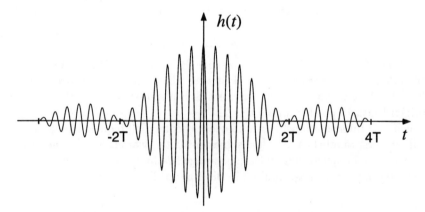

Bild 11.19: Impulsantwort eines Interpolationsfilters für kritisch abgetastete reellwertige Bandpaßsignale mit $\omega_0 = 3\Delta\omega$

In Tabelle 11.2 sind für die drei betrachteten Fälle die jeweils ermittelten Abtastfrequenzen für kritische Abtastung zusammengestellt. Durch Vergleich mit den

Tabelle 11.2: Abtastfrequenzen für kritische Abtastung

Basisbandsignal	$\omega_a = 2\omega_g$
komplexes Bandpaßsignal	$\omega_a = \Delta\omega$
reelles Bandpaßsignal	$\omega_a = 2\Delta\omega$

Bildern 11.8, 11.14 und 11.17 erkennt man folgende einfache Regel für die Wahl der Abtastfrequenz: Die für kritische Abtastung erforderliche Abtastfrequenz ω_a ist gleich der gesamten Breite der Frequenzbänder, in denen $\tilde{X}(j\omega)$ von Null verschieden ist. Dabei ist vorausgesetzt, daß die Spektren so gewählt wurden, daß kritische Abtastung auch möglich ist.

11.3.5 Nichtideale Abtastung

Bis jetzt hatten wir uns keine Gedanken über die technische Realisierung des Abtastvorgangs gemacht. Wir hatten angenommen, daß es möglich ist, dem Signal $\tilde{x}(t)$ die Werte $\tilde{x}(kT)$ an genau definierten Zeitpunkten $t = kT$ zu entnehmen, so wie in Bild 11.20 dargestellt. Tatsächlich erfordert der Abtastvorgang aber für jeden Abtastwert die Entnahme von Energie aus dem Signal $\tilde{x}(t)$. Beispielsweise kann man die Abtastung eines elektrischen Signals realisieren, indem man ihm zu jedem Abtastzeitpunkt Ladung entnimmt und in einem Kondensator speichert. Die resultierende Kondensatorspannung ist ein Maß für den gesuchten Abtastwert. Die Aufladung des Kondensators erfordert aber eine bestimmte Zeitspanne, so daß die Kondensatorspannung nicht einem bestimmten Signalwert von $\tilde{x}(t)$ zu einem scharf definierten Zeitpunkt zugewiesen werden kann (s. Bild 11.20 unten).

Auch eine solche nichtideale Abtastung können wir mit dem Impulskamm beschreiben, wenn wir das Aufsammeln der Ladung über eine Zeitspanne τ als Integration

$$\int_{t-\tau/2}^{t+\tau/2} \tilde{x}(\nu)d\nu = \tilde{x}(t) * \frac{1}{\tau}\text{rect}\left(\frac{t}{\tau}\right) \tag{11.45}$$

formulieren. Die Integrationszeit τ ist notwendig kleiner als das Abtastintervall ($\tau < T$). Die Folge von Rechtecken, die den nichtidealen Abtastvorgang beschreibt, ist in der Mitte von Bild 11.20 gezeigt. Die Rechtecke sind jeweils auf den gewünschten Abtastzeitpunkt zentriert, obwohl streng genommen der aufintegrierte Wert erst am Ende des Integrationsintervalls zur Verfügung steht. Hierdurch ersparen wir uns das lästige Mitführen eines Verzögerungsterms in der Rechnung.

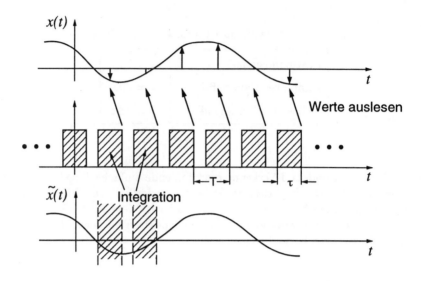

Bild 11.20: Nichtideale Abtastung eines Signals

Das abgetastete Signal $x(t)$ lautet somit

$$x(t) = \left[\tilde{x}(t) * \frac{1}{\tau}\operatorname{rect}\left(\frac{t}{\tau}\right)\right] \cdot \frac{1}{T}\mathrm{III}\left(\frac{t}{T}\right). \qquad (11.46)$$

Die systemtheoretische Beschreibung der nichtidealen Abtastung ist in Bild 11.21 gezeigt. Gegenüber der idealen Abtastung nach Bild 11.6 ist das System mit der Impulsantwort $h(t) = \frac{1}{\tau}\operatorname{rect}(\frac{t}{\tau})$ hinzugekommen.

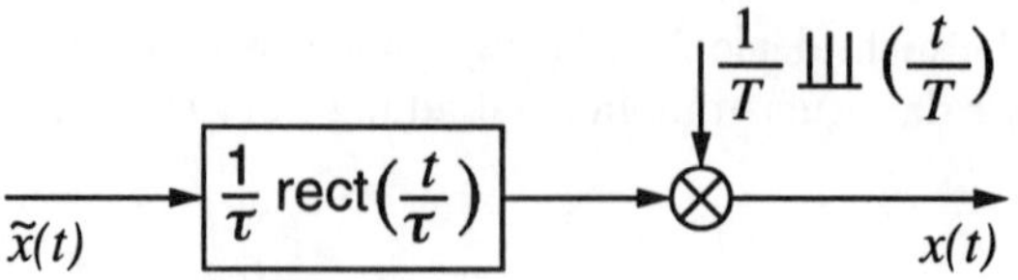

$$\frac{1}{T}\mathrm{III}\left(\frac{t}{T}\right)$$

$$\tilde{x}(t) \longrightarrow \boxed{\frac{1}{\tau}\operatorname{rect}\left(\frac{t}{\tau}\right)} \longrightarrow \otimes \longrightarrow x(t)$$

Bild 11.21: Nichtideale Abtastung des Signals $\tilde{x}(t)$

Die hier am Beispiel eines elektrischen Signals eingeführte systemtheoretische Beschreibung der nichtidealen Abtastung gilt auch für die Abtastung anderer Signale. In jedem Fall erfordert die zur Messung eines Signalwerts notwendige Energieübertragung eine gewisse Zeit. Als weitere Verallgemeinerung kann man annehmen, daß die Energieübertragung während der Zeit τ nicht gleichmäßig verläuft. Wir berücksichtigen dies durch die Verwendung einer beliebigen Gewichtsfunktion

$a(t)$ mit

$$a(t) > 0 \quad f\ddot{u}r - \frac{\tau}{2} < t < \frac{\tau}{2}$$
$$a(t) = 0 \quad \text{sonst.}$$
(11.47)

anstelle der Rechteckfunktion. Vor der Integration wird $\tilde{x}(\nu)$ in (11.45) mit $a(t-\nu)$ multipliziert. In Anlehnung an die Optik nennt man $a(t)$ auch eine *Aperturfunktion*. Für das abgetastete Signal gilt dann

$$x(t) = \left[\tilde{x}(t) * a(t)\right] \cdot \frac{1}{T} \, \text{Ш}\left(\frac{t}{T}\right).$$
(11.48)

Bei der idealen Abtastung hatten wir die grundlegende Eigenschaft gefunden, daß das Spektrum des abgetasteten Signals durch periodische Fortsetzung des Spektrums des nicht abgetasteten Signals entsteht. Wir untersuchen jetzt die Frage, welchen Einfluß die nichtideale Abtastung im Frequenzbereich hat. Zur Vereinfachung beschränken wir uns auf die rechteckförmige Apertur nach (11.46). Durch Fourier-Transformation von (11.46) folgt das Spektrum des nichtideal abgetasteten Signals $X(j\omega)$

$$X(j\omega) = \frac{1}{2\pi}\left[\tilde{X}(j\omega) \cdot \text{si}\left(\frac{\omega\tau}{2}\right)\right] * \text{Ш}\left(\frac{\omega T}{2\pi}\right).$$
(11.49)

Im Vergleich zum Spektrum des ideal abgetasteten Signals nach (11.33) fällt auf, daß das Spektrum des ursprünglichen Signals $X(j\omega)$ hier vor der periodischen Fortsetzung mit dem Spektrum der Aperturfunktion gewichtet wird. Bild 11.22 zeigt ein mögliches Spektrum des ursprünglichen Signals $\tilde{X}(j\omega)$ (wie in Bild 11.8) und die Gewichtung mit der Fourier-Transformierten des Rechteckimpulses. Als Breite des Rechtecks wurde mit $\tau = T$ der größte mögliche Wert genommen, der einer Integrationsdauer τ über das gesamte Abtastintervall T entspricht. Die erste Nullstelle der si-Funktion liegt dann genau bei der Abtastfrequenz $\omega = 2\pi/T$.

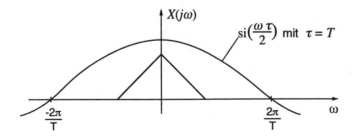

Bild 11.22: Spektrum des nichtideal abgetasteten Signals

Um die Beeinträchtigung des Frequenzgangs durch die nichtideale Abtastung abzuschätzen, berechnen wir den Wert der si-Funktion bei der höchsten Frequenz, die in $\tilde{X}(j\omega)$ noch enthalten sein darf, ohne daß Überfaltungsfehler auftreten:

$$\mathrm{si}\left(\frac{\omega\tau}{2}\right)\Bigg|_{\omega=\frac{\pi}{T}} \geq \frac{2}{\pi} \,\hat{=}\, -3,9 \text{ dB für } \tau \leq T. \qquad (11.50)$$

Dieser höchste Frequenzanteil wird also höchstens um knapp 4 dB gedämpft; für alle niedrigeren Frequenzen ist die Dämpfung geringer. Eine Integrationszeit τ, die kürzer als das Abtastintervall ist, bewirkt ebenfalls eine geringere Dämpfung. Diese Beeinträchtigung ist in vielen Anwendungen tolerabel und kann gegebenenfalls durch ein geeignetes nachgeschaltetes Filter zur Aperturkorrektur wieder ausgeglichen werden. So enthalten zum Beispiel die meisten Fernsehkameras Aperturkorrekturfilter, die die Filterwirkung der reihenweisen Abtastung des Bildes kompensieren. Eventuell vorhandene Anteile bei Frequenzen oberhalb der halben Abtastfrequenz werden durch die Interpolation zwar stärker gedämpft, aber nicht soweit unterdrückt, daß das entstehende Aliasing vernachlässigt werden könnte. Wenn solche Frequenzanteile mit nennenswerter Amplitude vorhanden sind, sollten sie durch ein gesondertes Antialiasing-Vorfilter unterdrückt werden, das oberhalb der halben Abtastfrequenz eine gute Sperrdämpfung besitzt.

11.3.6   Nichtideale Rekonstruktion

Nicht nur bei der Abtastung, sondern auch bei der Rekonstruktion kontinuierlicher Signale aus ihren Abtastwerten sind Zugeständnisse an die Realisierung zu machen. Die Beschreibung der Wiedergewinnung eines kontinuierlichen Signals mit Hilfe eines Impulskamms nach (11.36 bis 11.38) ist zwar systemtheoretisch sehr elegant, für die Verarbeitung in elektrischen Schaltkreisen sind Delta-Impulskämme bzw. Annäherungen durch kurze und hohe Spannungsspitzen jedoch nicht praktikabel. Reale Digital-Analog-Umsetzer produzieren deshalb auch keine solchen Signale, sondern mit Hilfe eines Abtasthalteglieds („Sample-and-Hold") Treppenfunktionen, deren Stufenhöhe dem Gewicht des entsprechenden Delta-Impulses und damit dem aktuellen Abtastwert entspricht.

Trotzdem brauchen wir für die Beschreibung dieser realen Rekonstruktion nicht auf die Vorteile von Delta-Impulskämmen zu verzichten. Die Treppenfunktionen kann man sich nämlich durch Interpolation mit einem Rechteck der Breite T aus einem Delta-Impulskamm entstanden denken

$$x'(t) = x(t) * \frac{1}{T} \mathrm{rect}\left(\frac{t}{T} - \frac{1}{2}\right). \qquad (11.51)$$

Bild 11.23 zeigt einen Impulskamm und die zugehörige Rechteckfunktion. Da die Rechteckimpulse nicht symmetrisch zu den Abtastzeitpunkten liegen, sondern um

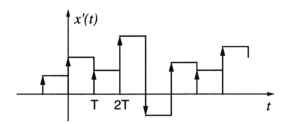

Bild 11.23: Mit einem Abtasthalteglied interpoliertes Signal im Zeitbereich

$T/2$ gegenüber der symmetrischen Lage verschoben sind, taucht im Spektrum nach dem Verschiebungssatz ein entsprechender Exponentialterm auf.

$$X'(j\omega) = X(j\omega) \cdot \text{si}\left(\frac{\omega T}{2}\right) \cdot e^{-j\frac{\omega T}{2}} \tag{11.52}$$

Bild 11.24 zeigt den Betrag des enstehenden Spektrums $X'(j\omega)$. Während in Bild 11.22 das Basisbandspektrum mit einer si-Funktion gewichtet und dann periodisch fortgesetzt wurde, liegt hier bereits das periodische Spektrum $X(j\omega)$ vor und wird dann durch die Multiplikation mit der si-Funktion gewichtet. Dies führt zu einer Dämpfung der Basisbandwiederholungen (in Bild 11.24 gestrichelt), aber leider nicht zu ihrer völligen Unterdrückung. Die gestrichelten Anteile können zum Beispiel bei einem Audiosignal als hochfrequente Störungen hörbar sein, oder sie können sich in einem Bild als blockig sichtbare Pixel äußern. Anders als bei Aliasingfehlern, die nicht mehr vom Nutzsignal getrennt werden können, kann man aber diese Störanteile durch ein nachgeschaltetes Tiefpaß-Filter mit der Impulsantwort $h(t)$ (11.35) vollkommen beseitigen. Die dann noch verbleibende Absenkung hochfrequenter Anteile des Basisbandes kann ebenfalls durch ein Korrekturfilter kompensiert werden, das entweder vor der Digital-Analog-Wandlung als digitales Filter oder danach als analoges Filter realisiert wird.

─────────────────────────────── **Beispiel 11.2**

Die geschilderten Probleme der nichtidealen Rekonstruktion treten auch bei der Wiedergabe von Kinofilmen auf. Die Aufnahme und Wiedergabe einer Folge von Einzelbildern kann als Abtastung einer sich zeitlich kontinuierlich verändernden Szene betrachtet werden. Es werden 24 Einzelbilder pro Sekunde aufgenommen, die Abtastfrequenz beträgt daher

$$f_a = \frac{1}{T} = 24\text{Hz}.$$

Die Interpolation bei der Wiedergabe ist sehr einfach zu realisieren indem man jedes Einzelbild entsprechend lange projiziert. Allerdings steht dafür nicht das

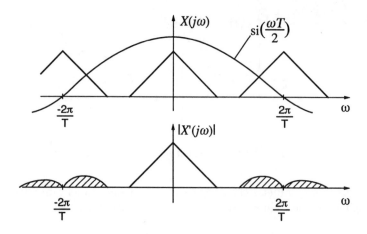

Bild 11.24: Betragsfrequenzgang $|X'(j\omega)|$ des mit Abtasthalteglied interpolierten Signals

gesamte Abtastintervall von $T = 1/24$s zur Verfügung, da zwischen zwei Einzel-bildern der Film transportiert werden muß. Außerdem gibt es für diese optischen Signale keine praktikablen Interpolationsfilter wie in Bild 11.9, so daß die spek-tralen Wiederholungen bei 24 Hz, 48 Hz, 72 Hz,... nicht entfernt werden können und vom Auge als Flickern wahrgenommen werden. Die Flickerempfindlichkeit des Auges reicht zwar bis ca. 60 Hz, aber hauptsächlich die erste Wiederholung bei 24 Hz wird als störend empfunden. Um dies zu vermeiden, greift man zu einem Trick: Die Projektion eines Einzelbildes wird nicht nur einmal pro Abtastintervall für den Filmtransport sondern noch ein zweites Mal unterbrochen (s. Bild 11.25). Das ist mit einer mechanischen Blende sehr leicht zu bewerkstelligen. Dadurch täuscht man eine doppelt so hohe Abtastfrequenz vor (48 Hz), wobei je zwei auf-einanderfolgende Abtastwerte gleich sind, da sie vom selben Einzelbild herrühren.

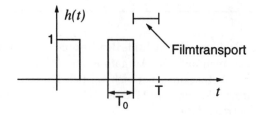

Bild 11.25: Impulsantwort des Interpolationsfilters

Die Wirksamkeit des Doppelprojektionsverfahrens können wir systemtheore-tisch erklären. Dazu stellen wir die Doppelprojektion eines Einzelbildes nach

Bild 11.25 als Impulsantwort eines Interpolationsfilters dar und berechnen das
Spektrum:

$$h(t) = \text{rect}\left(\frac{t}{T_0}\right) * \left[\delta\left(t - \frac{T_0}{2}\right) + \delta\left(t - \frac{T}{2} - \frac{T_0}{2}\right)\right] \tag{11.53}$$

$$= \text{rect}\left(\frac{t}{T_0}\right) * \delta\left(t - \frac{T_0}{2} - \frac{T}{4}\right) * \left[\delta\left(t - \frac{T}{4}\right) + \delta\left(t + \frac{T}{4}\right)\right] \tag{11.54}$$

$$H(j\omega) = T_0 \, \text{si}\left(\frac{\omega T_0}{2}\right) e^{-j\omega\left(\frac{T_0}{2} + \frac{T}{4}\right)} \cdot 2\cos\left(\omega\frac{T}{4}\right) \tag{11.55}$$

$$|H(j\omega)| = 2T_0 \, \text{si}\left(\frac{\omega T_0}{2}\right) \cos\left(\omega\frac{T}{4}\right) \tag{11.56}$$

Bild 11.26 zeigt das den 24 Einzelbildern pro Sekunde entsprechende periodische Spektrum und die Gewichtung durch das Spektrum der Interpolations-
funktion $h(t)$ für die Doppelprojektion. Ein Bildsignal ist nicht mittelwertfrei und
besitzt deshalb eine dominante Komponente um $\omega = 0$ herum. Die Nullstelle des
Spektrums bei der Abtastfrequenz von 24 Hz unterdrückt die erste Wiederholung
weitgehend. Die zweite Wiederholung bei 48 Hz wird zwar kaum geschwächt, aber
hier ist die Flickerempfindlichkeit des Auges nicht mehr so groß. Die Flickerun-
terdrückung funktioniert übrigens nur, wenn die beiden Rechtecke, die $h(t)$ bilden
(Bild 11.25) genau gleich und um $T/2$ gegeneinander verschoben sind. Eine Unterdrückung der Komponenten bei 24 Hz und bei 48 Hz kann man durch Dreifach-
projektion erreichen (Aufgabe 11.24).

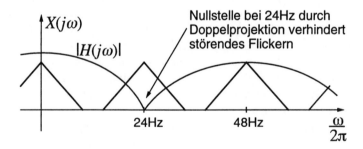

Bild 11.26: Betragsfrequenzgang des Interpolationsfilters mit Nullstelle bei 24Hz

11.3.7 Abtastung im Frequenzbereich

Das Abtasttheorem sagt aus, daß bandbegrenzte Signale aus ihren Abtastwerten rekonstruiert werden können, wenn die Abtastfrequenz so hoch gewählt wird, daß im Frequenzbereich keine Überlappungen auftreten. Aufgrund der Dualität zwischen Zeit- und Frequenzbereich läßt sich auch ein dazu duales Abtastheorem formulieren:

> **Signale endlicher Zeitdauer lassen sich aus hinreichend vielen Abtastwerten des Frequenzbereichs eindeutig rekonstruieren. Dabei dürfen sich Zeitbereichswiederholungen nicht überlappen.**

Mathematisch können wir uns das durch die Korrespondenz

$$Y(j\omega) \;=\; \tilde{Y}(j\omega) \cdot \frac{T}{2\pi}\, \underset{\text{ш}}{\text{ш}}\!\left(\frac{\omega T}{2\pi}\right) \tag{11.57}$$

$$y(t) \;=\; \tilde{y}(t) * \frac{1}{2\pi}\, \underset{\text{ш}}{\text{ш}}\!\left(\frac{t}{T}\right) \tag{11.58}$$

klar machen. Die Abtastung im Frequenzbereich wird in (11.57) wieder idealisiert als Multiplikation mit einem Delta-Impulskamm beschrieben. Dem entspricht die Faltung (11.58), die eine periodische Fortsetzung von $\tilde{y}(t)$ im Zeitbereich bewirkt. Falls das Signal $\tilde{y}(t)$ zeitbegrenzt ist und seine Dauer weniger als T beträgt, kommt es durch die Abtastung im Frequenzbereich nicht zu Überlappungen im Zeitbereich. Dann läßt sich $\tilde{y}(t)$ aus $y(t)$ durch Multiplikation mit einem Zeitfenster der Länge T zurückgewinnen. Im Frequenzbereich entspricht das einer Interpolation (Faltung) mit dem Spektrum $\mathrm{si}(\omega T/2)$, die aus dem Linienspektrum das zu $\tilde{y}(t)$ gehörige glatte Spektrum macht. Treten Überlappungen im Zeitbereich auf, so ist eine fehlerfreie Rekonstruktion nicht möglich. Man spricht in diesem Zusammenhang auch von *Zeitbereichsaliasing*.

Die Abtastung im Frequenzbereich wird immer dann durchgeführt, wenn Werte eines Spektrums im Speicher eines Computers abgelegt werden. Dort haben keine kontinuierlichen Funktionen, sondern nur Zahlenfolgen Platz. Der dadurch notwendigen Beschränkung auf zeitbegrenzte Funktionen wird z.B. dadurch Rechnung getragen, daß das Signal in Abschnitte endlicher Dauer zerlegt wird. Die Beziehung zwischen endlich langen Zahlenfolgen und ihren Spektren stellt die *Diskrete Fourier-Transformation* her.

11.4 Aufgaben

Aufgabe 11.1

Geben Sie das skizzierte Signal sowohl als Summe von Delta-Impulsen, als auch unter Verwendung des ⊥⊥⊥-Symbols an.

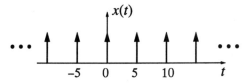

Aufgabe 11.2

Bestimmen Sie die Fourier-Transformierte $X(j\omega)$ zu $x(t) = \bot\!\bot\!\bot(at)$ und skizzieren Sie $x(t)$ und $X(j\omega)$ für $a = \frac{1}{2}$, $a = 1$ und $a = 3$. Hinweis: Korrespondenz (11.12).

Aufgabe 11.3

Gegeben ist ein um t_0 verschobener Delta-Impulskamm:

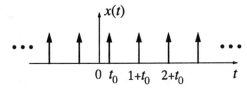

a) Geben Sie $x(t)$ und $X(j\omega)$ mit ⊥⊥⊥-Symbolen an.

b) Welche Symmetrien besitzt $x(t)$ für $t_0 = 0$, $t_0 = \frac{1}{4}$ und $t_0 = \frac{1}{2}$? Leiten Sie daraus die Symmetrien von $X(j\omega)$ ab. Hinweis: Symmetrieschema (9.61).

c) Skizzieren Sie $X(j\omega)$ für $t_0 = \frac{1}{4}$ und $t_0 = \frac{1}{2}$. Schreiben Sie dazu $X(j\omega)$ als Summe von Delta-Impulsen aus.

Aufgabe 11.4

Geben Sie $X_1(j\omega)$ und $X_2(j\omega)$ sowie $x_1(t) \circ\!\!-\!\!\bullet X_1(j\omega)$ und $x_2(t) \circ\!\!-\!\!\bullet X_2(j\omega)$ mit Hilfe des ⊥⊥⊥- Symbols an und skizzieren Sie die beiden Zeitfunktionen.

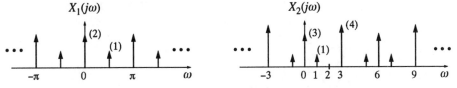

Hinweise: $X_\nu(j\omega)$ als Summe zweier Teilspektren darstellen. Für die Skizzen das Ergebnis als Summe von Delta-Impulsen darstellen.

Aufgabe 11.5

Berechnen Sie die Fourier-Reihen der folgenden periodischen Funktionen durch eine geeignete Zerlegung.

Hinweis: Eine Auswertung der Koeffizientenformel ist nicht notwendig.

a) $x_a(t) = \cos(3\omega_0 t) \cdot \sin^2(2\omega_0 t)$

b) $x_b(t) = \cos^5(2\omega_0 t) \cdot \sin(\omega_0 t)$

c) $x_c(t) = \sin^4(3\omega_0 t) \cdot \cos^2(\omega_0 t)$

Aufgabe 11.6

Gegeben sind die Funktionen

$$
\begin{aligned}
x_1(t) &= \cos(6\omega_0 t) + \cos(9\omega_0 t) \\
x_2(t) &= \sin(\omega_0 t) \cdot \cos(\sqrt{2}\omega_0 t) \\
x_3(t) &= x_2(t) + \cos(\omega_0 t) \cdot \sin(\sqrt{2}\omega_0 t) \\
x_4(t) &= \sum_{\nu=1}^{5} \sin(\sqrt{\nu}\omega_0 t) \\
x_5(t) &= \sin\left(\frac{\pi}{2}t\right) + \cos\left(\frac{\pi}{3}t\right)
\end{aligned}
$$

a) Prüfen Sie, welche der Funktionen periodisch sind. Geben Sie gegebenenfalls die Periode an.

b) Geben Sie die Fouriertransformierten $X_1(j\omega) \ldots X_5(j\omega)$ an.

Aufgabe 11.7

Entwickeln Sie folgende periodische Signale mit Hilfe der Koeffizientenformel in eine komplexe Fourier-Reihe $x(t) = \sum_{\mu} A_\mu e^{j\omega_0 \mu t}$. Geben Sie jeweils die Grund-kreisfrequenz ω_0 an.

a) $x_a(t) = \sin^2 \omega_1 t$

b)

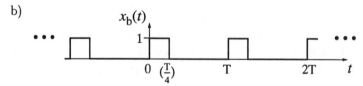

c)

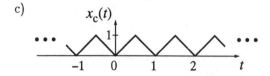

Hinweis: Koeffizientenformel $A_\mu = \dfrac{1}{T} \displaystyle\int\limits_0^T x(t)\, e^{-j\omega_0 \mu t}\, dt\,, \quad T = \dfrac{2\pi}{\omega_0}$

Aufgabe 11.8

Beweisen Sie $X(j\omega) = \sum_\mu e^{-j\mu\omega} = \bot\!\bot\!\bot \left(\dfrac{\omega}{2\pi}\right)$, siehe (11.7), durch Entwickeln des rechten Terms in eine Fourier-Reihe.

Aufgabe 11.9

Gegeben sind $\tilde{x}(t) = \operatorname{si}^2(\pi t)$ und das periodische Signal $x(t) = \tilde{x}(t) * \frac{1}{4}\bot\!\bot\!\bot\left(\frac{t}{4}\right)$.

a) Berechnen und skizzieren Sie $\tilde{X}(j\omega)$ und anschließend $X(j\omega)$. Wie hängen die Gewichte der Delta-Impulse von $X(j\omega)$ mit $\tilde{X}(j\omega)$ zusammen?

b) Geben Sie die Fourier-Reihenentwicklung von $x(t)$ mit (11.18) an und skizzieren Sie die Folge der Fourierkoeffizienten A_μ.

Aufgabe 11.10

Geben Sie die Fourier-Transformierte von $x(t) = \operatorname{rect}\left(\frac{t}{4}\right)$ und der periodischen Fortsetzung $x_p(t) = x(t) * \bot\!\bot\!\bot\left(\frac{t}{2}\right)$ an. Berechnen Sie $X_p(j\omega)$

a) durch Faltung im Zeitbereich.

b) durch Anwendung des Faltungssatzes.

Aufgabe 11.11

Die Beziehung (11.22) erlaubt es, das Spektrum eines Signals $x(t)$ mit Periode $T = 1$ aus seinen komplexen Fourier-Koeffizienten A_μ anzugeben. Leiten Sie diese Beziehung für allgemeine Perioden T her. Es gibt zwei verschiedene Lösungswege: a) Gehen Sie von (11.14) und (11.18) aus und b) wenden Sie die Fourier-Transformation auf (11.17) an.

Aufgabe 11.12

Geben Sie die Fourier-Transformierten der Signale aus Aufgabe 11.7 an. Verwenden Sie die Ergebnisse aus Aufgabe 11.7 und 11.11.

Aufgabe 11.13

Ein System mit der Impulsantwort $h(t) = \sin(t)\, e^{-0,1t}\varepsilon(t)$ wird durch ein periodisches Rechtecksignal $x(t)$ erregt. Geben Sie das Ausgangssignal $y(t)$ als Fourier-Reihe an. Beachten Sie Kapitel 11.2.3.

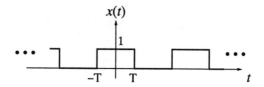

Aufgabe 11.14

Berechnen Sie die zyklische Faltung der Signale $f(t)$ und $g(t) = \sin(\omega_0 t)$ mit Hilfe von Fourier-Reihen. Geben Sie zuerst den Zusammenhang zwischen ω_0 und T an, so daß die zyklische Faltung definiert ist.

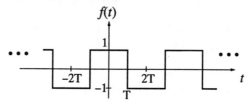

Aufgabe 11.15

Gegeben ist ein Spektrum $X(j\omega)$ des Signals $x(t)$.

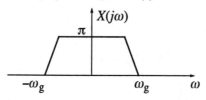

Berechnen Sie $X_a(j\omega) \circ\!\!-\!\!\bullet\ x(t) \cdot \frac{1}{T} \bot\!\!\bot\!\!\bot \left(\frac{t}{T} \right)$ und skizzieren Sie es für $T_1 = \frac{\pi}{2\omega_g}$, $T_2 = \frac{\pi}{\omega_g}$, $T_3 = \frac{2\pi}{\omega_g}$ und $T_4 = \frac{2\pi}{3\omega_g}$. Bei welchen Fällen tritt Aliasing auf? In welchem Fall wird kritisch abgetastet?

Aufgabe 11.16

Ein Signal $x(t) = \frac{\omega_g}{2\pi} \mathrm{si}^2 \left(\frac{\omega_g t}{2} \right)$ wird durch Abtastung in äquidistanten Zeitpunkten νT, $\nu \in \mathbb{Z}$ in ein Signal $x_A(t)$ gewichteter Dirac-Impulse überführt.

    a) Geben Sie das ursprüngliche Spektrum $X(j\omega) = \mathcal{F}\{\mathrm{x(t)}\}$ an (Skizze mit Achsenbeschriftung).

    b) Skizzieren Sie das Spektrum $X_A(j\omega) \bullet\!\!-\!\!\circ\ x_A(t)$ für den Fall $T = \dfrac{2\pi}{3\omega_g}$.

Aufgabe 11.17

Das skizzierte Rechteck-Zeitsignal $r(t)$ werde untersucht.

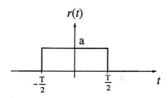

a) Geben Sie das Spektrum $R(j\omega) = \mathcal{F}\{r(t)\}$ des Signals nach Betrag und Phase an. Skizzieren Sie $|R(j\omega)|$.

b) Das Spektrum $R(j\omega)$ werde äquidistant im Abstand ω_0 abgetastet. Dadurch entsteht das neue Spektrum:

$$R_a(j\omega) = \omega_0 \sum_{\nu=-\infty}^{\infty} R(j\nu\omega_0) \cdot \delta(\omega - \nu\omega_0).$$

Skizzieren Sie den Betrag dieses neuen Spektrums für $|\omega| \leq \frac{4\pi}{T}$ mit

α) $\omega_0 = \frac{2\pi}{4T}$,

β) $\omega_0 = \frac{2\pi}{2T}$,

γ) $\omega_0 = \frac{2\pi}{T}$,

indem Sie die gewichteten Dirac-Impulse durch Linien entsprechender Länge darstellen.

c) Skizzieren Sie die Zeitfunktionen $r_a(t)$, die in den Fällen α), β), γ) nach Teil b) zu $R_a(j\omega)$ gehören.

Aufgabe 11.18

Gegeben ist das Spektrum $X(j\omega)$ eines einseitigen Bandpaß-Signals $x(t)$.

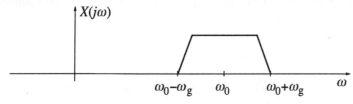

a) Ist $x(t)$ reellwertig? Welche Symmetrien besitzt $x(t)$?

b) Durch kritische Abtastung von $x(t)$ entsteht das Signal $x_a(t)$. Geben Sie die Abtastfrequenz f_A und das Abtastintervall T_A für diesen Fall an. Skizzieren Sie $X_a(j\omega)$ für $\omega_0 = 9\pi$ und für $\omega_g = 2\pi$.

c) Skizzieren Sie $X_a(j\omega)$ für Abtastung mit $f_a = \frac{3\omega_g}{2\pi}$, ω_0 und ω_g wie oben.

Aufgabe 11.19

Das Signal $x(t)$ mit dem skizzierten Spektrum $X(j\omega)$ wird mit der gezeigten Anordnung moduliert.

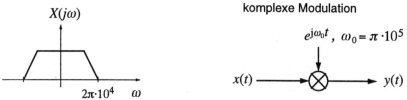

a) Skizzieren Sie das Spektrum $Y(j\omega)$ des Ausgangssignals.

b) Zeichnen Sie eine Anordnung aus Abtaster und Rekonstruktionsfilter $H(j\omega)$, mit der $y(t)$ demoduliert werden kann, d.h. am Ausgang erhält man $x(t)$. Geben Sie alle möglichen Abtastfrequenzen an und skizzieren Sie $|H(j\omega)|$ eines geeigneten Rekonstruktionfilters.

Aufgabe 11.20

Ein Signal mit dem skizzierten Spektrum werde ideal in Abständen T abgetastet.

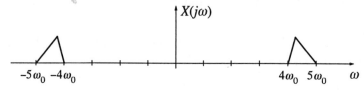

a) Ist das Signal ein Hochpaß-, ein Tiefpaß- oder ein Bandpaßsignal? Ist es komplex- oder reellwertig?

b) Ist kritsche Abtastung möglich?

c) Zeichnen Sie das Spektrum $X_a(j\omega)$ des abgetasteten Signals für $T_1 = \frac{\pi}{\omega_0}$, $T_2 = \frac{2\pi}{3\omega_0}$ und $T_3 = 0{,}2\frac{\pi}{\omega_0}$.

Aufgabe 11.21

Können die Bandpaßsignale mit folgenden Spektren kritisch abgetastet werden? Geben Sie jeweils die minimale Abtastfrequenz an, bei der kein Aliasing auftritt.

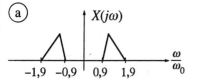

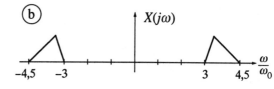

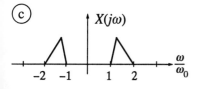

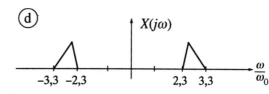

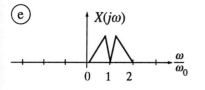

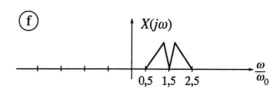

Aufgabe 11.22

Zeigen Sie, daß die Impulsantwort des idealen Interpolationsfilters für kritisch abgetastete reellwertige Bandpaßsignale (11.44) für $\omega_0 = 0$ in den Tiefpaßfall (11.35) übergeht.

Aufgabe 11.23

Ein auf $f_g = 20$ kHz bandbegrenztes Signal $x(t)$ wird kritisch mit der Frequenz f_a abgetastet. Nichtideale Eigenschaften der Abtastung sind durch die Aperturfunktion

$$a(t) = \begin{cases} 1 + \dfrac{t}{\tau} & \text{für} \quad -\tau < t < 0 \\ 1 - \dfrac{t}{\tau} & \text{für} \quad 0 \leq t < \tau \\ 0 & \text{sonst} \end{cases}$$

gegeben. Für die Teilaufgaben a) und b) sei $\tau = \dfrac{1}{2f_a}$.

a) Zeichnen Sie $A(j\omega) \circ\!\!-\!\!\bullet\, a(t)$ und ein geeignetes Beispiel für $X(j\omega)$ in eine gemeinsame Skizze.

b) Vergleichen Sie die Verstärkung der Aperturfunktion bei der Frequenz Null und an den Bandfrequenzen des Signals. Um wieviel dB geringer ist sie an den Bandgrenzen?

c) Bestimmen Sie τ so, daß sich die Aperturfunktion als Anti-Aliasing-Vorfilter eignet, wenn man mit $f_a = 10$ kHz abtasten möchte.

Aufgabe 11.24

Die Auswirkung einer Dreifach-Projektion auf das Flickern bei der Wiedergabe
von Kinofilmen (vgl. Beispiel 11.2) ist zu untersuchen. Durch eine mechanische
Blende wird ein Interpolationsfilter mit der skizzierten Impulsantwort $h(t)$ realisiert.

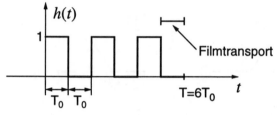

Drücken Sie $h(t)$ durch rect-Funktionen und δ-Impulse aus, wie in (11.53) be-
schrieben. Berechnen Sie dann $H(j\omega)$ und skizzieren Sie $|H(j\omega)|$ für $T = \frac{1}{24\mathrm{Hz}}$.
Kennzeichnen Sie insbesondere die Nullstellen von $H(j\omega)$.

12 Diskrete Signale und ihr Spektrum

In den Kapiteln 1 bis 10 haben wir mächtige Werkzeuge für den Umgang mit kontinuierlichen Signalen und Systemen kennengelernt. Den Übergang von in der Natur vorkommenden kontinuierlichen Signalen zu abgetasteten Signalen, die für eine digitale Verarbeitung nötig sind, haben wir in Kapitel 11 vollzogen. Der Definitionsbereich der abgetasteten Signale war immer noch eine kontinuierliche (Zeit)-Variable, so daß wir die bekannten Werkzeuge, u.a. die Fourier-Transformation, verwenden konnten.

In einem Rechner können wir aber nur Zahlenfolgen verarbeiten, die über einer *diskreten*, d.h. ganzzahligen Laufvariable (Index) definiert sind. Beispiele für solche Laufvariablen sind die Nummern der Abtastwerte bei digitalen Audiosignalen oder die Pixel-Adressen bei digitalen Bildern. Daneben gibt es auch diskrete Signale, die nicht durch Abtastung kontinuierlicher Signale entstanden sind. Beispiele dafür sind in den Bildern 1.3 und 1.4 dargestellt. Zur Beschreibung solcher Zahlenfolgen benötigen wir neue Werkzeuge, mit denen wir uns in den Kapiteln 12 - 14 beschäftigen werden. Dieses Kapitel behandelt *diskrete Signale* und das diskrete Pendant zur Fourier-Transformation, die $\mathcal{F}_*$-*Transformation*. Die beiden folgenden Kapitel behandeln *diskrete Systeme*, und wir lernen das Gegenstück zur Laplace-Transformation, die *z-Transformation*, kennen.

In den Abschnitten 12.1 und 12.2 betrachten wir diskrete Signale anhand einiger Beispiele. Anschließend wird die *Fourier-Transformation für Folgen ($\mathcal{F}_*$)* eingeführt, mit der wir diskrete Signale im Frequenzbereich untersuchen können. Wir werden sehen, daß sie ähnliche Eigenschaften wie die Fourier-Transformation für kontinuierliche Signale besitzt. Am Schluß dieses Kapitels behandeln wir den Zusammenhang zwischen kontinuierlichen Signalen und den Folgen ihrer Abtastwerte.

12.1 Diskrete Signale

Ein diskretes (auch: diskontinuierliches) Signal ist eine *Zahlenfolge*, d.h. seine Werte stellen eine Serie von aufeinanderfolgenden Ereignissen dar, zwischen denen es keine fließenden Übergänge gibt. Bild 12.1 zeigt, welche Konventionen der Darstellung wir verwenden. Um Verwechslungen mit kontinuierlichen Signalen zu vermeiden, setzen wir die Laufvariable diskreter Signale in eckige Klammern.

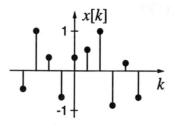

Bild 12.1: Darstellung eines zeitdiskreten Signals $x[k]$

In vielen technischen Anwendungen entsteht ein diskretes Signal durch *Abtastung* eines zeitkontinuierlichen Signals $\tilde{x}(t)$, wobei in regelmäßigen Abständen T eine Probe aus $\tilde{x}(t)$ entnommen und in einen Zahlenwert $x[k]$ umgesetzt wird:

$$x[k] = \tilde{x}(kT), \quad k \in \mathbb{Z}. \tag{12.1}$$

Dabei ist es essentiell, das diskrete Signal $x[k]$ von dem in Kapitel 11 eingeführten abgetasteten Signal

$$\begin{aligned}
x_a(t) = \tilde{x}(t) \cdot \frac{1}{T} \underline{\text{Ш}}\left(\frac{t}{T}\right) &= \sum_k \tilde{x}(kT)\delta(t - kT) \\
&= \sum_k x[k]\,\delta(t - kT), \quad t \in \mathbb{R}
\end{aligned} \tag{12.2}$$

zu unterscheiden. Die „Laufvariable" t ist für jeden beliebigen Zeitpunkt aus $\mathbb{R}$ definiert, allerdings ist $x_a(t)$ für fast alle Zeitpunkte Null (außer für $t = kT$, $k \in \mathbb{Z}$). Im Gegensatz dazu ist $x[k]$ nur für ganzzahlige Indizes k definiert, d.h. ein Integral über $x[k]$ ist nicht erklärt, und somit ist auch die Fourier-Transformation aus Kapitel 9 nicht anwendbar. In den folgenden Abschnitten werden wir diskrete Signale eingehend behandeln. Dabei beschränken wir uns nicht auf Folgen von Abtastwerten kontinuierlicher Signale, sondern lassen allgemeine Zahlenfolgen $x[k]$ zu. Erst in Abschnitt 12.4 wenden wir uns wieder der Abtastung zu.

Die Werte $x[k]$ selbst sind kontinuierlich und können im allgemeinen auch komplex sein: $x[k] \in \mathbb{C}$. Genaugenommen ist diese Annahme nicht erfüllt, wenn Zahlenfolgen im Rechner verarbeitet werden. Durch die endliche Wortlänge können nur solche Werte gespeichert werden, die im Rahmen der Zahlendarstellung zulässig sind. Damit sind auch die Werte $x[k]$ diskret. Zur Unterscheidung von den wertkontinuierlichen diskreten Signalen bezeichnet man wertdiskrete Zahlenfolgen als *digitale Signale*.

Die Rundung auf diskrete Zahlenwerte ist ein nichtlinearer Vorgang und wird auch als *Quantisierung* bezeichnet. Die Verarbeitung digitaler Signale kann daher nicht durch LTI-Systeme beschrieben werden. Bei genügend großer Wortlänge eines Rechners sind die von ihm verarbeiteten digitalen Signale aber so fein quantisiert, daß sie näherungsweise auch durch wertkontinuierliche diskrete Signale beschrieben werden können. Wir beschränken uns daher im weiteren auf diskrete Signale.

12.2 Einfache Zahlenfolgen

In diesem Abschnitt behandeln wir einige einfache diskrete Signale. Ähnlich wie bei kontinuierlichen Signalen sind das die Impuls-, Sprung- und Exponentialfolge.

12.2.1 Diskreter Einheitsimpuls

Der diskrete Einheitsimpuls ist durch

$$\delta[k] = \left\{ \begin{array}{ll} 1, & k = 0 \\ 0, & k \in \mathbb{Z} \backslash \{0\} \end{array} \right.$$
(12.3)

definiert. Bild 12.2 zeigt den Verlauf dieser Zahlenfolge. Der diskrete Einheitsimpuls besitzt die Ausblendeigenschaft

$$x[k] = \sum_{\kappa=-\infty}^{\infty} x[\kappa]\delta[k - \kappa],$$
(12.4)

die man leicht durch Nachrechnen bestätigt.

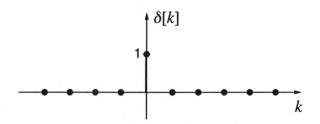

Bild 12.2: Diskreter Einheitsimpuls

Der Vergleich mit der Ausblendeigenschaft des kontinuierlichen Delta-Impulses zeigt eine enge Verwandtschaft:

$$x(t) = \int_{-\infty}^{\infty} x(\tau)\delta(t - \tau) \, d\tau .$$
(12.5)

Der Integration über die kontinuierliche Variable t in (12.5) entspricht in (12.4) die Summation über die diskrete Laufvariable k. Wir werden sehen, daß man den

Übergang von Vorschriften für kontinuierliche Signale zu solchen von diskreten Signalen oft durch Ersetzen eines Integrals durch eine Summe erreicht.

Ein wesentlicher Unterschied besteht jedoch zwischen dem diskreten Einheitsimpuls und dem kontinuierlichen Delta-Impuls: Der diskrete Einheitsimpuls $\delta[k]$ ist keine Distribution. Er besitzt für $k = 0$ den endlichen Wert $\delta[0] = 1$, mit dem man leicht rechnen kann. Im Gegensatz zum kontinuierlichen Delta-Impuls $\delta(t)$ kann man den diskreten Einheitsimpuls $\delta[k]$ direkt in eine Formel einsetzen und muß nicht jedesmal den Umweg über die Ausblendeigenschaft gehen.

12.2.2 Diskreter Einheitssprung

Den diskreten Einheitssprung nach Bild 12.3 definieren wir durch

$$\boxed{\varepsilon[k] = \left\{ \begin{array}{ll} 1, & k \geq 0 \\ 0, & k < 0 \end{array} \right. } \tag{12.6}$$

Die Zusammenhänge zwischen Einheitssprung und Einheitsimpuls gelten entsprechend denen der kontinuierlichen Signale:

$$\boxed{\varepsilon[k] = \sum_{\kappa=-\infty}^{k} \delta[\kappa]} \tag{12.7}$$

$$\boxed{\delta[k] = \varepsilon[k] - \varepsilon[k-1]\,.} \tag{12.8}$$

Der Integration im kontinuierlichen Fall entspricht hier eine Summation, und die Entsprechung der Differentiation kontinuierlicher Signale ist die Differenzbildung benachbarter Werte eines diskreten Signals.

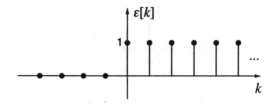

Bild 12.3: Diskreter Einheitssprung

12.2.3 Exponentialfolgen

Exponentialfolgen sind – im allgemeinen komplexwertige – Folgen der Form

$$\boxed{x[k] = \hat{X}\, e^{(\Sigma + j\Omega)k}\,.} \tag{12.9}$$

Hier ist $\hat{X}$ die komplexe Amplitude, Σ die Dämpfung und Ω die Kreisfrequenz. Diskrete Exponentialfolgen werden oft durch direkte Angabe ihrer Basis charakterisiert, besonders wenn sie als Impulsantwort eines diskreten Systems interpretiert werden sollen.

─── **Beispiel 12.1**

Zwei Beispiele für reellwertige, einseitige Exponentialfolgen sind durch (12.10) und (12.11) gegeben und in Bild 12.4 illustriert.

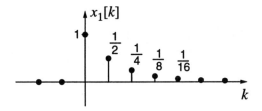

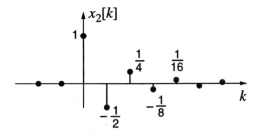

Bild 12.4: Beispiele für Exponentialfolgen

$$x_1[k] = \left(\frac{1}{2}\right)^k \varepsilon[k] \tag{12.10}$$

$$x_2[k] = \left(-\frac{1}{2}\right)^k \varepsilon[k] \tag{12.11}$$

Für beide Exponentialfolgen gilt $\hat{X} = 1$ und $\Sigma = -\ln 2$. Die Kreisfrequenz Ω hat die Werte $\Omega = 0$ bzw. $\Omega = \pi$. Beide Folgen stimmen bis auf das Vorzeichen der ungeraden Werte überein.   ■

Im Gegensatz zu kontinuierlichen Exponentialfunktionen können bei Exponentialfolgen verschiedene Werte der Kreisfrequenz Ω zur selben Folge führen. Da $e^{j\Omega k}$ nur für ganzzahlige k ausgewertet wird, ändert ein Hinzufügen von Vielfachen von 2π zu Ω nichts am Verlauf der Folge:

$$e^{j\Omega k} = e^{j(\Omega + 2\pi)k}. \tag{12.12}$$

Beispiel 12.2

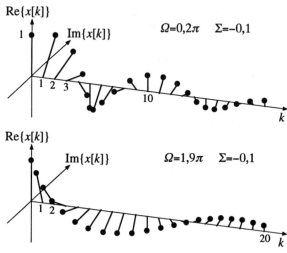

Bild 12.5: Beispiele für komplexe Exponentialfolgen

Die Exponentialfunktion in Bild 12.5 veranschaulicht die Mehrdeutigkeit (12.12): Die obere Kurve wurde mit einer Kreisfrequenz von $\Omega = 0,2\pi$ berechnet. Bei Erhöhung von k um 1 dreht sich der aktuelle Folgenwert um $0,2\pi$ rad in mathematisch positive Richtung (vom Realteil zum Imaginärteil). Für $k = 10$ ist wegen $10\Omega = 2\pi$ wieder die gleiche Richtung wie für $k = 0$ erreicht; der Absolutwert ist aufgrund der Dämpfung von $\Sigma = -0,1$ auf den Wert $\exp(-0,1 \cdot 10) = 1/e$ geschrumpft.

In der unteren Kurve hat die Kreisfrequenz den Wert $\Omega = 1,9\pi$. Der aktuelle Folgenwert führt jedesmal fast eine volle Drehung aus, da nur $0,1\pi$ rad zum Bogenmaß des ganzen Kreises fehlen. Im Vergleich zur oberen Kurve scheint sich die untere Kurve aber nicht mit einer höheren Frequenz in die gleiche, sondern mit einer niedrigeren Frequenz in die entgegengesetzte Richtung zu drehen. Die Exponentialfolge der Kreisfrequenz $\Omega = 1,9\pi$ ist identisch mit der Exponentialfolge der Kreisfrequenz $\Omega = 1,9\pi - 2\pi = -0,1\pi$. Wir kennen dieses Phänomen aus Western-Filmen, wenn sich die Räder einer Kutsche rückwärts zu drehen scheinen.

Die Mehrdeutigkeit der Frequenz diskreter Exponentialfunktionen ist der Grund für das Auftreten des „Aliasing" (vgl. Kapitel 11.3.2), d.h. der von der Abtastung verursachten Überlagerung verschiedener Frequenzen. Aufgrund dieser Mehrdeutigkeit ist für eine Spektraldarstellung diskreter Signale bereits ein eingeschränkter Frequenzbereich der Breite 2π ausreichend.

12.3 Fourier-Transformierte einer Folge

Die Vorteile, die die Betrachtung kontinuierlicher Signale im Frequenzbereich gebracht hat, wollen wir uns auch bei diskreten Signalen zunutze machen. Wir führen deshalb in diesem Abschnitt das diskrete Gegenstück zur Fourier-Transformation ein, die Fourier-Transformierte einer Folge oder, kurz, das Spektrum einer Folge. Ähnlich wie bei Fourier- und Laplace-Transformation benötigt man beim Umgang mit dem Frequenzbereich auch hier eine inverse Transformation, Korrespondenzen, Sätze und Symmetrieeigenschaften.

12.3.1 Definition der $\mathcal{F}_*$-Transformation

Da eine Folge $x[k]$ nur für diskrete Werte der Variablen $k \in \mathbb{N}$ definiert ist, können wir das in Kapitel 9 eingeführte Fourier-Integral (9.1) nicht verwenden. Wir definieren deshalb die *Fourier-Transformation einer Folge* oder kurz die $\mathcal{F}_*$-*Transformation*:

$$X(e^{j\Omega}) = \mathcal{F}_*\{x[k]\} = \sum_{k=-\infty}^{\infty} x[k]e^{-jk\Omega} \,. \qquad (12.13)$$

Sie transformiert eine Zahlenfolge $x[k]$ in eine kontinuierliche, komplexwertige Funktion einer reellen Variablen Ω. Man bezeichnet $X(e^{j\Omega})$ auch als *Spektrum einer Folge*. Es ist im Gegensatz zum Spektrum eines kontinuierlichen Signals periodisch mit 2π, d.h.

$$X(e^{j(\Omega+2\pi)}) = X(e^{j\Omega}). \qquad (12.14)$$

Dies ist leicht einzusehen, da jeder Summand in (12.13) einen 2π-periodischen Term $e^{jk\Omega}$ enthält. Um uns diese Tatsache vor Augen zu halten, schreiben wir als Argument der $\mathcal{F}_*$-Transformierten $e^{j\Omega}$ und definieren die Fourier-Transformierte damit über dem Einheitskreis der komplexen Ebene. Diese Konvention wird uns auch den Übergang zu der noch einzuführenden z-Transformation erleichtern.

Eine *hinreichende Voraussetzung* für die Existenz des Spektrums $\mathcal{F}_*\{x[k]\}$ ist die absolute Summierbarkeit der Folge $x[k]$

$$\sum_{k} \left| x[k] \right| < \infty. \qquad (12.15)$$

12.3.2 Inverse $\mathcal{F}_*$-Transformation

Die Definition des Spektrums einer Folge nach (12.13) stellt eine Fourier-Reihenentwicklung von $X(e^{j\Omega})$ dar. Die Periode beträgt 2π und die Fourier-Koeffizienten sind die Folgenwerte $x[k]$. Um die Folgenwerte $x[k]$ aus dem Spektrum $X(e^{j\Omega})$ wiederzugewinnen, müssen wir daher nur die Formel für die Berechnung der Fourier-Koeffizienten anwenden. Sie besteht aus einer Integration von $X(e^{j\Omega})e^{jk\Omega}$ über eine Periode des Spektrums

$$\boxed{x[k] = \frac{1}{2\pi} \int_{-\pi}^{\pi} X(e^{j\Omega})e^{jk\Omega}d\Omega \ .} \tag{12.16}$$

Diese Beziehung stellt die *inverse Fourier-Transformation einer Folge* dar.

12.3.3 Korrespondenzen der $\mathcal{F}_*$-Transformation

In diesem Abschnitt berechnen wir die Fourier-Transformierten der in Abschnitt 12.2 besprochenen einfachen Folgen Einheitsimpuls, Einheitssprung sowie einseitige und zweiseitige Exponentialfolge. Als abschließendes Beispiel berechnen wir das Spektrum einer Rechteckfolge.

12.3.3.1 $\mathcal{F}_*$-Transformierte des diskreten Einheitsimpulses

Für die Berechnung der $\mathcal{F}_*$-Transformierte des Einheitsimpulses $x[k] = \delta[k]$ gehen wir von der Definitionsgleichung der $\mathcal{F}_*$-Transformation aus. Das Ergebnis läßt sich mit der Ausblendeigenschaft des Einheits-Impulses sofort angeben:

$$X(e^{j\Omega}) = \sum_k \delta[k]e^{-j\Omega k} = 1 \quad . \tag{12.17}$$

Wir erhalten so die Korrespondenz

$$\boxed{\delta[k] \circ\!\!-\!\!\bullet \ 1 \ .} \tag{12.18}$$

Die Transformation des verschobenen Einheitsimpulses $x[k] = \delta[k-\kappa]$ führt wie bei kontinuierlichen Signalen zu einer linearen Änderung der Phase des Spektrums:

$$X(e^{j\Omega}) = \sum_k \delta[k-\kappa]e^{-j\Omega k} = e^{-j\Omega\kappa} \ , \tag{12.19}$$

und damit zur Korrespondenz

$$\boxed{\delta[k-\kappa] \circ\!\!-\!\!\bullet \ e^{-j\Omega\kappa} \ .} \tag{12.20}$$

Wir erkennen die Korrespondenz (12.18) sofort als Spezialfall für $\kappa = 0$.

12.3.3.2 $\mathcal{F}_*$-Transformierte der ungedämpften komplexen Exponentialfolge

Zur Berechnung der $\mathcal{F}_*$-Transformierten der zweiseitigen ungedämpften komplexen Exponentialfolge $e^{j\Omega_0 k}$ gehen wir von dem interessanten Zusammenhang

$$\sum_k e^{-j\Omega k} = 2\pi \sum_\nu \delta(\Omega - 2\pi\nu) \tag{12.21}$$

aus, den wir als Gleichung (11.7) des letzten Kapitels hergeleitet hatten. Jetzt wenden wir ihn an, um das Spektrum von $x[k] = e^{j\Omega_0 k}$ zu berechnen:

$$X(e^{j\Omega}) = \sum_{k=-\infty}^{\infty} e^{-j(\Omega-\Omega_0)k} = 2\pi \sum_{k=-\infty}^{\infty} \delta(\Omega-\Omega_0-2\pi k) . \tag{12.22}$$

Die Korrespondenz lautet demnach

$$\boxed{e^{j\Omega_0 k} \circ\!\!-\!\!\bullet 2\pi \sum_{k=-\infty}^{\infty} \delta(\Omega-\Omega_0-2\pi k) = \text{⊥⊥⊥}\left(\frac{\Omega-\Omega_0}{2\pi}\right)} \tag{12.23}$$

und sagt aus, daß das Spektrum einer Exponentialfolge $e^{j\Omega_0 k}$ aus einem Delta-Impuls bei $\Omega = \Omega_0$ besteht. Wegen der in Abschnitt 12.2.3 besprochenen Mehrdeutigkeit der Frequenz gehören aber die Delta-Impulse bei $\Omega = \Omega_0 + 2\pi\nu$, $\nu \in \mathbb{Z}$ ebenfalls zum Spektrum. Mit dem aus Kapitel 11 bekannten Scha-Symbol läßt sich dieser Impulskamm im Frequenzbereich elegant darstellen. Die Korrespondenz (12.23) kann sehr einfach auch durch Anwenden der inversen $\mathcal{F}_*$-Transformation auf $\text{⊥⊥⊥}\left(\frac{\Omega-\Omega_0}{2\pi}\right)$ bewiesen werden.

Ein Spezialfall von (12.23) ist die Berechnung des Spektrums der Eins-Folge $x[k] = 1$. Sie ergibt sich, wenn man in (12.23) $\Omega_0 = 0$ setzt

$$\boxed{x[k] = 1 \circ\!\!-\!\!\bullet X(e^{j\Omega}) = 2\pi \sum_{k=-\infty}^{\infty} \delta(\Omega-2\pi k) = \text{⊥⊥⊥}\left(\frac{\Omega}{2\pi}\right) .} \tag{12.24}$$

12.3.3.3 $\mathcal{F}_*$-Transformierte des diskreten Einheitssprungs

Den diskreten Einheitssprung $\varepsilon[k]$ können wir als Summe eines konstanten Anteils

$$\varepsilon_1[k] = \frac{1}{2}, \qquad -\infty < k < \infty \tag{12.25}$$

und einer zweiseitigen mittelwertfreien Sprungfolge

$$\varepsilon_2[k] = \begin{cases} \dfrac{1}{2} & k \geq 0 \\[2mm] -\dfrac{1}{2} & k < 0 \end{cases} \tag{12.26}$$

darstellen:

$$\varepsilon[k] = \varepsilon_1[k] + \varepsilon_2[k] \,. \tag{12.27}$$

Die Fourier-Transformierte des konstanten Anteils $\varepsilon_1[k]$ erhalten wir direkt aus (12.24)

$$\mathcal{F}_*\{\varepsilon_1[k]\} = \frac{1}{2}\mathcal{F}_*\{1\} = \frac{1}{2} \, \underline{\text{III}}\left(\frac{\Omega}{2\pi}\right) \,. \tag{12.28}$$

Zur Ermittlung der Fourier-Transformierten des zweiten Anteils $\varepsilon_2[k]$ drücken wir den Einheitsimpuls $\delta[k]$ durch $\varepsilon_2[k]$ aus

$$\delta[k] = \varepsilon_2[k] - \varepsilon_2[k-1] \,. \tag{12.29}$$

Durch Einsetzen von (12.26) bestätigt man diesen Ansatz.

Mit Hilfe der Sätze über Linearität und Verschiebung aus Abschnitt 12.5 erhalten wir

$$\mathcal{F}_*\{\varepsilon_2[k] - \varepsilon_2[k-1]\} = \mathcal{F}_*\{\varepsilon_2[k]\} - \mathcal{F}_*\{\varepsilon_2[k-1]\} = \mathcal{F}_*\{\varepsilon_2[k]\} - e^{-j\Omega}\mathcal{F}_*\{\varepsilon_2[k]\} \,. \tag{12.30}$$

Zusammen mit (12.18) folgt aus (12.29)

$$\mathcal{F}_*\{\varepsilon_2[k]\} - e^{-j\Omega}\mathcal{F}_*\{\varepsilon_2[k]\} = 1 \,. \tag{12.31}$$

und daraus

$$\mathcal{F}_*\{\varepsilon_2[k]\} = \frac{1}{1 - e^{-j\Omega}} \,. \tag{12.32}$$

Da wir nicht durch Null teilen dürfen, gilt (12.32) nur für $\Omega \neq \ldots -2\pi, 0, 2\pi, 4\pi, \ldots$. Wenn $\mathcal{F}_*\{\varepsilon_2[k]\}$ Delta-Impulse bei diesen Frequenzen enthielte, müßten diese gesondert berücksichtigt werden. Mit (12.26) ist $\varepsilon_2[k]$ aber mittelwertfrei. Damit sollte nun auch einleuchten, warum wir $\varepsilon[k]$ in $\varepsilon_1[k] + \varepsilon_2[k]$ zerlegt haben. Durch Addition von (12.28) und (12.32) erhalten wir schließlich nach (12.27)

$$\boxed{x[k] = \varepsilon[k] \circ\!\!-\!\!\bullet \, X(e^{j\Omega}) = \frac{1}{1 - e^{-j\Omega}} + \frac{1}{2} \, \underline{\text{III}}\left(\frac{\Omega}{2\pi}\right) \,.} \tag{12.33}$$

Wir vergleichen dieses Ergebnis mit der Fourier-Transformierten des Einheitssprungs nach (9.92). Auch dort hatten wir zwei Anteile gefunden: Einen Delta-Impuls und einen Anteil, der für $s = j\omega$ aus der Übertragungsfunktion eines Integrierers folgt. Bei der $\mathcal{F}_*$-Transformierten des diskreten Einheitssprungs erhalten wir anstelle eines einzelnen Impulses einen Impulskamm. Den anderen Anteil werden wir später mit der Übertragungsfunktion eines Akkumulators in Verbindung bringen (s. Beispiel 14.5), der das diskrete Gegenstück zum Integrierer darstellt.

12.3.3.4 $\mathcal{F}_*$-Transformierte von einseitigen Exponentialfolgen

Schließlich berechnen wir die $\mathcal{F}_*$-Transformierte der einseitigen Exponentialfolge $x[k] = a^k \varepsilon[k]$ mit $a \in \mathbb{C}$ aus der Definitionsgleichung (12.13):

$$X(e^{j\Omega}) = \sum_{k=0}^{\infty} a^k e^{-j\Omega k} = \sum_{k=0}^{\infty} (a\, e^{-j\Omega})^k \,. \qquad (12.34)$$

Wenn wir die Summationsformel für die unendliche geometrische Reihe

$$\sum_{n=0}^{\infty} q^n = \frac{1}{1-q}, \qquad |q| < 1 \qquad (12.35)$$

verwenden, erhalten wir direkt

$$x[k] = a^k \varepsilon[k] \circ\!\!-\!\!\bullet X(e^{j\Omega}) = \frac{1}{1 - ae^{-j\Omega}}, \qquad |a| < 1\,. \qquad (12.36)$$

Bild 12.6 zeigt links die ersten Werte dieser Exponentialfolge für einen reellen Wert von a und rechts den Betrags des Spektrums. Die Periodizität des Spektrums mit der Periode von 2π ist deutlich zu erkennen. Da (12.36) für $a = 1$ nicht konvergiert, ist das Spektrum des Einheitssprungs (12.33) nicht als Sonderfall in (12.36) enthalten.

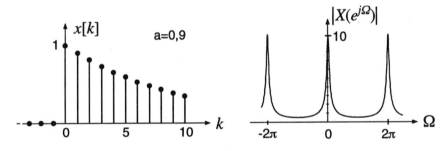

Bild 12.6: Folge $x[k]$ und ihr Betragsfrequenzgang $|X(e^{j\Omega})|$

12.3.3.5 $\mathcal{F}_*$-Transformation einer Rechteckfolge

Wir berechnen die $\mathcal{F}_*$-Transformierte $X(e^{j\Omega})$ einer Rechteckfolge der Länge N

$$x[k] = \begin{cases} 1 & \text{für } 0 \le k \le N-1 \\ 0 & \text{sonst} \end{cases} \qquad (12.37)$$

nach Bild 12.7. Einsetzen in die Definitionsgleichung (12.13) führt auf eine endliche

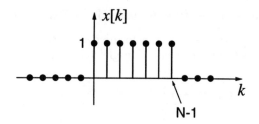

Bild 12.7: Rechteckfolge der Länge N

geometrische Reihe

$$X(e^{j\Omega}) = \sum_{k=0}^{N-1} e^{-j\Omega k} = \frac{1 - e^{-j\Omega N}}{1 - e^{-j\Omega}}, \qquad (12.38)$$

die sich zu

$$X(e^{j\Omega}) = \frac{e^{-j\Omega \frac{N}{2}}(e^{j\Omega \frac{N}{2}} - e^{-j\Omega \frac{N}{2}})}{e^{-j\frac{\Omega}{2}}(e^{j\frac{\Omega}{2}} - e^{-j\frac{\Omega}{2}})} = e^{-j\Omega \frac{N-1}{2}} \cdot \frac{\sin(\frac{N\Omega}{2})}{\sin(\frac{\Omega}{2})} \qquad (12.39)$$

umformen läßt. Das Ergebnis ist in Bild 12.8 dargestellt.

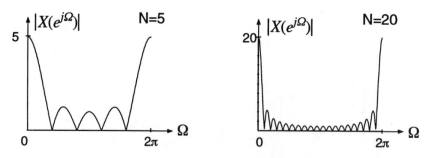

Bild 12.8: Betragsfrequenzgang einer Rechteckfolge für verschiedene N

12.4 Abtastung kontinuierlicher Signale

Bisher hatten wir allgemeine Folgen betrachtet, ohne nach deren Herkunft oder deren Bedeutung zu fragen. Jetzt untersuchen wir speziell solche Folgen $x[k]$, die durch die Abtastung kontinuierlicher Signale $\tilde{x}(t)$ entstanden sind. Die einzelnen Glieder der Folge $x[k]$ sind die Abtastwerte $\tilde{x}(kT)$ des kontinuierlichen Signals nach (12.1).

Bei diesem einfachen Zusammenhang im Zeitbereich liegt es nahe, nach dem entsprechenden Zusammenhang im Frequenzbereich zu suchen, d.h. zwischen der Fourier-Transformierten des abgetasteten kontinuierlichen Signals und dem Spektrum des diskreten Signals.

Das aus dem kontinuierlichen Signal $\tilde{x}(t)$ durch ideale Abtastung gewonnene Signal $x_a(t)$ (s. Bild 12.9) stellen wir zunächst durch einen Impulskamm dar

$$x_a(t) = \tilde{x}(t) \cdot \frac{1}{T} \text{\textcyr{Ш}} \left(\frac{1}{T}\right) = \sum_k \tilde{x}(kT)\delta(t - kT). \tag{12.40}$$

Die Gewichte der Delta-Impulse drücken wir nach (12.1) durch die Werte $x[k]$ des diskreten Signals aus

$$x_a(t) = \sum_k x[k]\delta(t - kT). \tag{12.41}$$

Wenn wir $x_a(t)$ mit dem Fourier-Integral (9.1) transformieren, ergibt sich

$$\begin{aligned} X_a(j\omega) &= \int_{-\infty}^{\infty} \sum_k x[k]\delta(t - kT)e^{-j\omega t}dt \tag{12.42} \\ &= \sum_k x[k]e^{-j\omega kT}. \end{aligned}$$

Der Vergleich mit der Definition der $\mathcal{F}_*$-Transformation (12.13) zeigt, daß die Spektren übereinstimmen, wenn man $\Omega = \omega T$ als normierte Kreisfrequenz auffaßt:

$$\boxed{X_a(j\omega) = X(e^{j\omega T}).} \tag{12.43}$$

Die periodische Fourier-Transformierte des abgetasteten kontinuierlichen Signals $x_a(t)$ ist also gleich dem Spektrum des diskreten Signals $x[k]$. Die dimensionslose Kreisfrequenz Ω von $X(e^{j\Omega})$ entsteht aus der Kreisfrequenz ω von $X_a(j\omega)$ durch Normierung mit dem Abtastintervall T. Die Zusammenhänge zwischen kontinuierlichem Signal $\tilde{x}(t)$, abgetastetem kontinuierlichen Signal $x_a(t)$, der Zahlenfolge von Abtastwerten $x[k]$ und ihren Spektren sind in Bild 12.9 dargestellt.

Der Zusammenhang zwischen $\mathcal{F}$- und $\mathcal{F}_*$-Spektren ist eine sehr wichtige Einsicht, denn er erlaubt es, viele bekannte Eigenschaften und Sätze für Spektren kontinuierlicher Signale auf die Spektren von diskreten Signalen zu übertragen. Im folgenden Abschnitt sind die wichtigsten Entsprechungen dargestellt. Umgekehrt kann man sich aber auch leicht überlegen, daß manche Sätze, z.B. der Ähnlichkeitssatz, wegen der Abtastung nicht auf diskrete Signale übertragbar sind.

12.5 Sätze der $\mathcal{F}_*$-Transformation

Da das Spektrum einer Folge als Spektrum eines kontinuierlichen Signals, das aus gewichteten Dirac-Impulsen besteht, aufgefaßt werden kann, gelten bis auf den

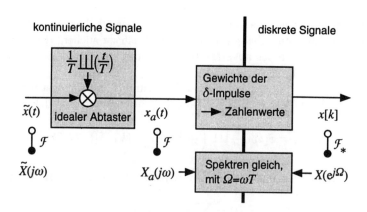

Bild 12.9: Zusammenhang zwischen $\mathcal{F}$- und $\mathcal{F}_*$-Spektrum

Ähnlichkeits-, den Differentiations- und den Integrationssatz alle in Kapitel 9.7 beschriebenen Sätze von $\mathcal{F}$ auch für $\mathcal{F}_*$. Wir werden im folgenden die wichtigsten Sätze kurz diskutieren. In Anhang B.8 ist eine Zusammenstellung von Sätzen der $\mathcal{F}$- und der $\mathcal{F}_*$- Transformation zu finden.

12.5.1 Linearität

Aus der Linearität der Summation in (12.13) folgt direkt, daß für die $\mathcal{F}_*$- Transformation das Superpositionsprinzip gilt, und aus der Linearität der Integration folgt dasselbe für die inverse $\mathcal{F}_*$- Transformation.

$$
\begin{aligned}
\mathcal{F}_*\{a\,f[k] + b\,g[k]\} &= a\,\mathcal{F}_*\{f[k]\} + b\,\mathcal{F}_*\{g[k]\} \\
\mathcal{F}_*^{-1}\{c\,F(e^{j\Omega}) + d\,G(e^{j\Omega})\} &= c\,\mathcal{F}_*^{-1}\{F(e^{j\Omega})\} + d\,\mathcal{F}_*^{-1}\{G(e^{j\Omega})\}\,.
\end{aligned}
$$

$$(12.44)$$

Hier sind a, b, c und d beliebige reelle oder komplexe Konstanten.

12.5.2 Verschiebungs- und Modulationssatz

Eine Verschiebung im Zeit- oder Frequenzbereich wirkt sich genauso aus wie bei der $\mathcal{F}$-Transformation oder der Laplace-Transformation. Durch Einsetzen von $x[k - \kappa]$ in die Definitionsgleichung (12.33) erhält man

$$
x[k - \kappa] \circ\!\!-\!\!\bullet\, e^{-j\Omega\kappa}\,X(e^{j\Omega})\,.
$$

$$(12.45)$$

Die Verschiebung bewirkt eine Multiplikation des Spektrums der nicht verschobenen Folge mit einem linearphasigen Term (siehe Aufgabe 12.8). Allerdings muß die Verschiebung eine ganze Zahl von Abtastwerten betragen, also $\kappa \in \mathbb{Z}$.

Ebenso entspricht einer Verschiebung des Spektrums um die Kreisfrequenz Ω_0 im Zeitbereich eine Modulation mit dieser Frequenz:

$$e^{j\Omega_0 k} \, x[k] \circ\!\!-\!\!\bullet \, X(e^{j(\Omega - \Omega_0)}) \, . \tag{12.46}$$

Dies kann ebenfalls mit Hilfe von (12.13) gezeigt werden (Aufgabe 12.8).

12.5.3 Faltungssatz der $\mathcal{F}_*$-Transformation

Bei der Berechnung der Reaktion eines diskreten Systems auf ein diskretes Signal ist es sehr nützlich, daß auch hier der Faltung im Zeitbereich die Multiplikation der beiden $\mathcal{F}_*$-Transformierten entspricht. Für Zahlenfolgen ist die *diskrete Faltung* definiert als

$$\begin{aligned} y[k] &= x[k] * h[k] = \sum_{\kappa=-\infty}^{\infty} x[\kappa] \, h[k-\kappa] \\ &= h[k] * x[k] = \sum_{\kappa=-\infty}^{\infty} h[\kappa] \, x[k-\kappa] \, . \end{aligned} \tag{12.47}$$

Sie wird in Kapitel 14.6 im Zusammenhang mit diskreten LTI-Systemen genauer besprochen. Durch Einsetzen in (12.13) kann man zeigen (Aufgabe 12.9), daß

$$\begin{aligned} y[k] &= x[k] * h[k] \\ &\circ\!\!-\!\!\bullet \\ Y(e^{j\Omega}) &= X(e^{j\Omega}) \, H(e^{j\Omega}) \, . \end{aligned} \tag{12.48}$$

12.5.4 Multiplikationssatz

Die Multiplikation im Zeitbereich führt erwartungsgemäß zu einer Faltung im Frequenzbereich. Da beide Faltungspartner periodisch sind, würde das klassische Faltungsintegral allerdings nicht konvergieren. Der Multiplikationssatz beinhaltet aber erfreulicherweise die schon aus Kapitel 11.2.4 bekannte *zyklische Faltung*:

$$f[k] \cdot g[k] \circ\!\!-\!\!\bullet \frac{1}{2\pi} \, F(e^{j\Omega}) \circledast G(e^{j\Omega}) = \frac{1}{2\pi} \int_{-\pi}^{\pi} F(e^{j\eta}) G(e^{j(\Omega-\eta)}) d\eta \, . \tag{12.49}$$

Der Beweis gelingt durch Einsetzen der rechten Seite in die Definition der inversen $\mathcal{F}_*$-Transformation unter Zuhilfenahme des Modulationssatzes (Aufgabe 12.10).

─── **Beispiel 12.3**

In Beispiel 9.11 hatten wir gesehen, daß die Beobachtungsdauer eines Meßsignals entscheidend für die Auflösung der spektralen Darstellung des gemessenen Signals ist. Den Einfluß der endlichen Beobachtungsdauer auf das gemessene Signal hatten wir durch Multiplikation des Signals mit einem Meßfenster endlicher Dauer im Zeitbereich beschrieben. Das Spektrum des gemessenen Signals ergab sich dann im Frequenzbereich durch Faltung des nicht gefensterten Signals mit dem Spektrum des Meßfensters. Als vorteilhaft hatten sich lange Meßfenster mit entsprechend schmalem Spektrum erwiesen (s. Bild 9.20).

Bei der Erfassung diskreter Signale gelten genau die gleichen Überlegungen. Die Beschneidung eines Signals auf endliche Länge kann man hier durch die Multiplikation mit einer Rechteckfolge dieser Länge beschreiben. Das Spektrum des Beobachtungsfensters nähert sich dem Spektrum der Eins-Folge nach (12.24) an, wenn die Länge der Rechteckfolge sehr groß wird (siehe Abschnitt 12.3.3.5, Bild 12.8). Eine längere Beobachtungsdauer bei der Messung führt so zu einer besseren Frequenzauflösung.

─── ■

12.5.5 Satz von Parseval

Als Spezialfall des Multiplikationssatzes erhält man mit $g[k] = f^*[k]$ den Parsevalschen Satz:

$$\sum_{k=-\infty}^{\infty} |f[k]|^2 = \frac{1}{2\pi} \int_{-\pi}^{\pi} |F(e^{j\Omega})|^2 \, d\Omega \ . \tag{12.50}$$

Wie bei kontinuierlichen Signalen besagt der Parsevalsche Satz, daß die Energie des Zeitsignals, hier definiert durch Summation über $|f[k]|^2$, auch direkt im Spektralbereich durch Integration über $|F(e^{j\Omega})|^2$ berechnet werden kann.

12.5.6 Symmetrien der Fourier-Transformation diskreter Signale

Wir definieren gerade und ungerade Folgen so, daß die Symmetrieachse genau durch das Element $x[0]$ geht:

$$\text{Gerade Folge} \qquad x_g[k] = x_g[-k] \tag{12.51}$$

$$\text{Ungerade Folge} \qquad x_u[k] = -x_u[-k] . \tag{12.52}$$

Bei ungeraden Folgen muß demnach $x_u[0] = 0$ gelten. Man kann jede Folge $x[k]$ in einen geraden und einen ungeraden Anteil zerlegen:

$$x_g[k] = \frac{1}{2}\Big(x[k] + x[-k]\Big) \tag{12.53}$$

$$x_u[k] = \frac{1}{2}\Big(x[k] - x[-k]\Big). \tag{12.54}$$

Durch Addieren beider Gleichungen bestätigt man

$$x_g[k] + x_u[k] = x[k]. \tag{12.55}$$

Für allgemeine komplexwertige Signale $x[k]$ gilt bei der $\mathcal{F}_*$-Transformation das selbe Symmetrieschema wie bei der $\mathcal{F}$-Transformation (vgl. Kapitel 9.5):

$$x[k] = \mathrm{Re}\{x_g[k]\} + \mathrm{Re}\{x_u[k]\} + j\,\mathrm{Im}\{x_g[k]\} + j\,\mathrm{Im}\{x_u[k]\}$$

$$X(e^{j\Omega}) = \mathrm{Re}\{X_g(e^{j\Omega})\} + \mathrm{Re}\{X_u(e^{j\Omega})\} + j\,\mathrm{Im}\{X_g(e^{j\Omega})\} + j\,\mathrm{Im}\{X_u(e^{j\Omega})\}. \tag{12.56}$$

── **Beispiel 12.4**

Als (12.24) haben wir die Korrespondenz

$$x[k] = 1 \circ\!\!-\!\!\bullet\ X(e^{j\Omega}) = \mathrm{⊥⊥⊥}\Big(\frac{\Omega}{2\pi}\Big)$$

kennengelernt. Da $x[k] = 1$ reell und gerade ist, erwarten wir ein reelles, gerades $X(e^{j\Omega})$ nach Schema (12.56). Tatsächlich ist $\mathrm{⊥⊥⊥}\big(\frac{\Omega}{2\pi}\big)$ reell und gerade. ■

── **Beispiel 12.5**

Nach (12.56) erwarten wir konjugiert symmetrische Spektren für reellwertige diskrete Signale. Speziell muß gelten

$$\mathrm{Im}\{X(e^{j\Omega})\} = -\mathrm{Im}\{X(e^{-j\Omega})\} \tag{12.57}$$

Da das Spektrum aber gleichzeitig 2π-periodisch ist, also

$$\mathrm{Im}\{X(e^{j\Omega})\} = \mathrm{Im}\{X(e^{j(\Omega+2\pi\nu)})\}, \quad \nu \in \mathbb{Z}, \tag{12.58}$$

kann zum Beispiel für $\Omega = \pi$ diese Bedingung nur für

$$\text{Im}\{X(e^{j\pi})\} = 0 \qquad\qquad (12.59)$$

erfüllt werden. Das Spektrum reellwertiger Folgen ist also bei
$\Omega = \ldots - 3\pi, -\pi, \pi, 3\pi, \ldots$ reell. Die Korrespondenzen (12.20), (12.33) und (12.39)
bestätigen dies.

12.6   Aufgaben

Aufgabe 12.1

Durch regelmäßige Abtastung im Abstand $T = \dfrac{1}{4}$ entsteht aus der Exponentialfunktion $x(t) = e^{(\sigma + j\omega)t}$ die Exponentialfolge $x[k] = e^{(\Sigma + j\Omega)k}$. Führen Sie die
folgenden Schritte getrennt für a) $\omega = 2\pi$ und b) $\omega = 10\pi$ sowie $\sigma = \ln\dfrac{1}{4}$ durch:

- Geben Sie $x_R(t) = \text{Re}\{x(t)\}$ und $x_I(t) = \text{Im}\{x(t)\}$ an und skizzieren Sie
  beide für $t \in [0; 1]$.

- Geben Sie Σ und Ω an und zeichnen Sie die Abtastwerte $x[k]$ in die Skizzen
  von $x(t)$ ein.

Aufgabe 12.2

Bestimmen Sie die normierte Dämpfung Σ und die normierte Kreisfrequenz Ω der
komplexen Exponentialfolgen a) e^{-2k}, b) $0,9^k$, c) $(-0,9)^k$, d) j^k, e) $\left(\dfrac{1+j}{2}\right)^k$,
f) $(-j)^{3k}$, g) j^{5k}, h) j^{9k}. Wählen Sie Ω für alle Teilaufgaben im Bereich $[0; 2\pi]$.
Welche Folgen sind gleich?

Aufgabe 12.3

Verifizieren Sie die inverse $\mathcal{F}_*$-Transformation (12.16) durch Einsetzen der Definitionsgleichung der $\mathcal{F}_*$-Transformation (12.13).

Aufgabe 12.4

Die $\mathcal{F}_*$-Transformierte der Folge $x[k] = \text{si}\left[\dfrac{\pi}{2}k\right]$ soll mit verschiedenen Methoden
berechnet und skizziert werden. Sie wird sich als Impulsantwort eines wichtigen
Systems herausstellen.

a) Berechnen Sie $\mathcal{F}_*\{x[k]\}$ über die Definitionsgleichung (12.13).

b) Berechnen Sie zunächst $X_a(j\omega) = \mathcal{F}\{x_a(t)\}$ mit $x_a(t) = \sum \delta(t - kT)\,x[k]$ und geben Sie dann unter Verwendung von (12.43) $\mathcal{F}_*\{x[k]\}$ an. Skizzieren Sie das Ergebnis.

c) Beweisen Sie die Übereinstimmung der Ergebnisse von a) und b), indem Sie $X(e^{j\Omega})$ in eine Fourier-Reihe entwickeln. Hinweis: Beachten Sie, daß hier anstelle einer Grundkreisfrequenz ω_0 eine Grundzeitdauer t_0 verwendet werden muß, da eine *Frequenzfunktion* in eine Fourierreihe entwickelt wird.

d) Welches System hat die Impulsantwort $x[k]$?

Aufgabe 12.5

Ein Tiefpaß mit der Impulsantwort $h_1[k]$ habe das Spektrum $H_1(e^{j\Omega})$, von dem eine Periode skizziert ist. Durch Umdrehen jedes zweiten Vorzeichens von $h_1[k]$ entsteht ein neues Filter mit $h_2[k] = (-1)^k h_1[k]$. Berechnen und skizzieren Sie $H_2(e^{j\Omega})$.

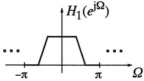

Was für ein Filter ist $h_2[k]$?

Aufgabe 12.6

Bei dem skizzierten System wird die Tiefpaßfilterung eines kontinuierlichen Signals mit Hilfe eines diskreten Tiefpasses durchgeführt. Das Eingangssignal $x(t)$ ist duch sein Spektrum $X(j\omega)$ gegeben.

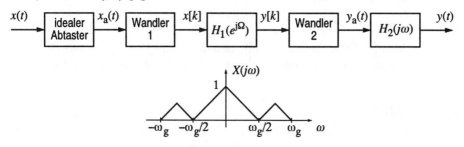

Wandler 1 setzt den zeitkontinuierlichen Delta-Impulszug $x_a(t)$ in eine zeitdiskrete Folge $x[k]$ um, wobei die Werte der Folge $x[k]$ die Gewichte der Delta-Impulse sind ($x[k] = x(kT)$). Der Wandler 2 macht auf dieselbe Art aus der zeitdiskreten Folge $y[k]$ das zeitkontinuierliche Signal $y_a(t)$.

Das Signal $x(t)$ soll mit der Nyquistfrequenz abgetastet werden.

a) Geben Sie T an und zeichnen Sie das Spektrum von $x_a(t) = x(t) \cdot \dfrac{1}{T} \bot\bot\bot(\dfrac{t}{T})$.

b) Zeichnen Sie $X(e^{j\Omega}) = \mathcal{F}_*\{x[k]\}$.

c) Für $Y(e^{j\Omega}) = \mathcal{F}_*\{y[k]\}$ soll gelten:

$$Y(e^{j\Omega}) \;=\; 0 \qquad \text{für} \quad \frac{\pi}{2} < |\Omega| \le \pi$$

$$Y(e^{j\Omega}) \;=\; T \cdot X(e^{j\Omega}) \qquad \text{für} \quad |\Omega| \le \frac{\pi}{2}$$

Bestimmen und zeichnen Sie $H_1(e^{j\Omega})$. Zeichnen Sie $Y_a(j\omega) \bullet\!\!-\!\!\circ y_a(t)$.

d) $H_2(j\omega)$ ist ein RC-Tiefpaß N-ter Ordnung mit Eckfrequenz $\dfrac{3}{4}\omega_g$, der Gleich-anteil wird mit Faktor 1 verstärkt. Geben Sie $H_2(j\omega)$ an und bestimmen Sie N so, daß spektrale Wiederholungen des Basisbandes (d.h. Anteile bei $|\omega| > \omega_g$) in $Y(j\omega)$ um mindestens 18 dB gedämpft sind. Hinweis: Beachten Sie Kapitel 10.

Aufgabe 12.7

Beweisen Sie (12.23) durch Anwenden der inversen $\mathcal{F}_*$-Transformation auf $\bot\bot\bot\left(\frac{\Omega - \Omega_0}{2\pi}\right)$.

Aufgabe 12.8

Beweisen Sie durch Anwenden der Definitionsgleichung (12.13) der $\mathcal{F}_*$-Transformation

a) den Verschiebungssatz.

b) den Modulationssatz.

Aufgabe 12.9

Beweisen Sie den Faltungssatz (12.48), indem Sie die Faltungssumme für $f[k] * g[k]$ ansetzen und die Definitionsgleichung (12.13) der $\mathcal{F}_*$-Transformation darauf anwenden.

Aufgabe 12.10

Beweisen Sie den Multiplikationssatz (12.49), indem Sie das zyklische Faltungsintergral ansetzen und das Ergebnis mit (12.16) rücktransformieren.

13 z-Transformation

Im Kapitel 12 hatten wir zeitdiskrete Signale $x[k]$ und ihre Spektren $X(e^{j\Omega})$ in Gestalt der Fourier-Transformation für· Folgen $\mathcal{F}_*\{x[k]\}$ nach (12.13) kennengelernt. Die Verwandtschaft zwischen der Transformation $\mathcal{F}_*$ für zeitdiskrete Signale und zwischen der Fourier-Transformation $\mathcal{F}\{x(t)\}$ für zeitkontinuierliche Signale kommt z.B. durch die Beziehung (12.43) zum Ausdruck. Daneben kennen wir aber für zeitkontinuierliche Signale auch die Laplace-Transformation $\mathcal{L}\{x(t)\}$, die dem Zeitsignal $x(t)$ eine Funktion $X(s)\bullet\!\!-\!\!\circ x(t)$ der komplexen Frequenzvariablen s zuweist. Eine vergleichbare Transformation für zeitdiskrete Signale stellt die z-Transformation dar. Sie ist nicht nach einem berühmten Mathematiker, sondern einfach nach der üblichen Bezeichnung für ihre komplexe Frequenzvariable z benannt.

Bei ihrer Besprechung in diesem Kapitel werden uns die gleichen Themen begegnen, die wir schon in Kapitel 4 bei der Laplace-Transformation behandelt hatten. Nach der Definition der z-Transformation stellen wir daher zunächst die Zusammenhänge zwischen der z-Transformation und der Fourier-Transformation und anschließend zwischen der z-Transformation und der Laplace-Transformation her. Danach folgen Konvergenzuntersuchungen, die Sätze der z-Transformation und die inverse z-Transformation.

13.1 Definition und Beispiele

13.1.1 Definition der zweiseitigen z-Transformation

Die allgemeine Definition der z-Transformation gilt für zweiseitige Folgen $x[k]$ mit $-\infty < k < \infty$ und lautet

$$\boxed{X(z) = \mathcal{Z}\{x[k]\} = \sum_{k=-\infty}^{\infty} x[k]z^{-k}; \quad z \in \mathrm{Kb} \subset \mathbb{C}\,.}\qquad(13.1)$$

Es wird also eine Folge $x[k]$, deren Werte auch komplexe Zahlen sein können, durch eine komplexwertige Funktion $X(z)$ über der komplexen z-Ebene repräsentiert. Die unendliche Summe in (13.1) konvergiert meist nur für bestimmte Werte von z, den Konvergenzbereich Kb.

Wir können (13.1) auf zwei Arten deuten. Durch Vergleich mit der Laurent-Reihe einer Funktion eines komplexen Arguments nach (4.15) erkennt man, daß die Werte der Folge $x[k]$ die Koeffizienten der Laurent-Reihenentwicklung der z-Transformierten $X(z)$ um den Punkt $z_0 = 0$ darstellen. Wir können deshalb viele Beziehungen der z-Transformation direkt von den bekannten Sätzen über Laurent-Reihen übernehmen.

Für die zweite Art der Deutung benötigen wir ein Ergebnis aus Kapitel 14. Dort werden wir sehen, daß die Folge z^k eine Eigenfolge eines zeitdiskreten LTI-Systems ist. Sie ist das zeitdiskrete Gegenstück zu den Eigenfunktionen e^{st} der zeitkontinuierlichen LTI-Systeme nach Kapitel 3.2. Die z-Transformation projeziert ein zeitdiskretes Signal auf die Eigenfolgen eines LTI-Systems. Wir werden sehen, daß wir deshalb die inverse z-Transformation als eine Überlagerung von lauter Eigenfolgen auffassen können, aus denen das Signal zusammengesetzt wird.

Die Korrespondenz zwischen einer Folge $x[k]$ und ihrer z-Transformierten $X(z)$ schreibt man wieder mit dem bekannten Korrespondenzzeichen

$$x[k] \circ\!\!-\!\!\bullet X(z)\,,$$

das auch hier, wie in Abschnitt 9.2.1 besprochen, keine mathematisch strenge Bedeutung besitzt, sondern als typographisches Symbol verwendet wird.

13.1.2 Beispiele zur z-Transformation

Die Eigenschaften der z-Transformation machen wir uns an einigen einfachen Beispielen klar. Dabei achten wir besonders auf die Konvergenzeigenschaften der Summe in (13.1).

── **Beispiel 13.1**

Als erstes berechnen wir die z-Transformierte einer Folge endlicher Dauer nach Bild 13.1:

$$x[k] = \begin{cases} 3 & k = 0 \\ 2 & |k| = 1 \\ 1 & |k| = 2 \\ 0 & \text{sonst} \end{cases} \tag{13.2}$$

Da nur wenige Werte der Folge von Null verschieden sind, können wir die Summe in (13.1) direkt hinschreiben

$$X(z) = z^2 + 2z + 3 + 2z^{-1} + z^{-2} = \frac{z^4 + 2z^3 + 3z^2 + 2z + 1}{z^2} \quad \text{mit} \quad 0 < |z| < \infty\,. \tag{13.3}$$

In der Darstellung als gebrochen rationale Funktion in z erhalten wir ein Nennerpolynom mit einer doppelten Nullstelle bei $z = 0$. Da die Summe in (13.1) nur endlich viele Terme hat, bleibt sie für alle Werte $0 < |z| < \infty$ endlich. Der Konvergenzbereich der z-Transformierten $X(z)$ umfaßt daher die gesamte komplexe Ebene mit Ausnahme des Ursprungs.

── ■

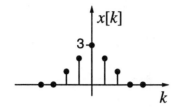

Bild 13.1: Diskrete Dreiecksfolge $x[k]$ aus Beispiel 13.1

—————————————————————————— **Beispiel 13.2**

Exponentialfolgen haben wir bereits in Kapitel 12.2.3 kennengelernt. Hier berechnen wir die z-Transformierte einer allgemeinen rechtsseitigen Exponentialfolge

$$x[k] = a^k \cdot \varepsilon[k], \quad a \in \mathbb{C}. \tag{13.4}$$

Bild 13.2 zeigt ihren Verlauf für $a = 0,9\, e^{j\pi/6}$ (Vergl. Bild 12.4).

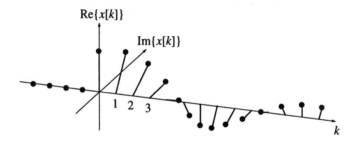

Bild 13.2: Beispiel einer rechtsseitigen Exponentialfolge

Aus der Definitionsgleichung (13.1) erhalten wir

$$X(z) = \sum_{k=0}^{\infty} a^k\, z^{-k} = \sum_{k=0}^{\infty} \left(\frac{a}{z}\right)^k = \frac{1}{1 - az^{-1}} = \frac{z}{z - a}. \tag{13.5}$$

Die unendliche Summe konvergiert nur für $|a| < |z|$, d. h. für alle Werte von z, die in der komplexen Ebene außerhalb eines Kreises mit dem Radius $|a|$ liegen. Dieser Konvergenzbereich ist in Bild 13.3 schraffiert eingetragen. Die z-Transformierte hat eine Nullstelle bei $z = 0$ und einen Pol bei $z = a$. Die kreisförmige Berandung des Konvergenzgebiets wird also durch den Betrag des Pols festgelegt.

Für $a = 1$ stellt die Folge $x[k]$ den Einheitssprung $\varepsilon[k]$ nach (12.6) dar. Seine z-Transformierte lautet

$$\mathcal{Z}\{\varepsilon[k]\} = \frac{z}{z - 1}, \ |z| > 1 \tag{13.6}$$

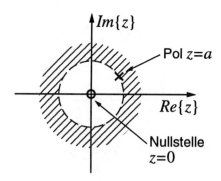

Bild 13.3: Konvergenzbereich der Funktion $X(z)$ aus Beispiel 13.2

■

Die z-Transformierte einer linksseitigen Exponentialfolge nach Bild 13.4

$$x[k] = -a^k \cdot \varepsilon[-k-1], \quad a \in \mathbb{C} \tag{13.7}$$

lautet

$$
X(z) = \sum_{k=-\infty}^{-1} -a^k z^{-k} = -\sum_{k=-\infty}^{-1} \left(\frac{a}{z}\right)^k = -\sum_{k=1}^{\infty}\left(\frac{z}{a}\right)^k = 1 - \sum_{k=0}^{\infty}\left(\frac{z}{a}\right)^k =
$$

$$
= 1 - \frac{1}{1-za^{-1}} = 1 - \frac{a}{a-z} = \frac{z}{z-a}. \tag{13.8}
$$

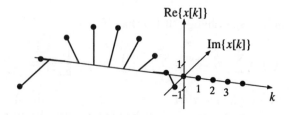

Bild 13.4: Beispiel einer linksseitigen Exponentialfolge

Diese Summe konvergiert für $|z| < |a|$, d. h. für alle Werte von z, die in der komplexen Ebene innerhalb eines Kreises mit dem Radius $|a|$ liegen (s. Bild 13.5). Auch hier ist die Berandung des Konvergenzbereichs kreisförmig. Ihr Radius ist gleich dem Betrag des Pols.

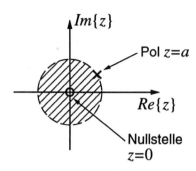

Bild 13.5: Konvergenzbereich der Funktion $X(z)$ aus Beispiel 13.3

Im Vergleich zu Beispiel 13.2 fällt auf, daß die z-Transformierten der rechtsseitigen Exponentialfolge (13.4) und der linksseitigen Exponentialfolge (13.7) die gleiche Gestalt haben und sich nur im Konvergenzbereich unterscheiden (Bilder 13.3 und 13.5). Dies unterstreicht die Notwendigkeit der Angabe des Konvergenzbereichs, ohne den eine eindeutige Rücktransformation nicht möglich ist.

Diese Situation ist uns bereits von der Laplace-Transformation her bekannt. In den Beispielen 4.1 und 4.2 hatten wir kontinuierliche rechts- und linksseitige Signale betrachtet, deren Laplace-Transformierte sich ebenfalls nur durch den Konvergenzbereich unterscheiden (s. Bild 4.3 und 4.4).

13.1.3   Anschauliche Deutung der z-Ebene

Die Bedeutung der einzelnen Punkte der z-Ebene können wir uns auf ähnliche Weise klarmachen wie bei der s-Ebene in Abschnitt 3.1.3. Bild 13.6 zeigt für verschiedene Werte von z die zugehörigen Exponentialfolgen z^k.

Die Werte $z = e^{j\Omega}$ auf dem Einheitskreis entsprechen Exponentialfolgen $e^{j\Omega k}$ mit konstantem Betrag: $z = 1$ führt wegen $e^{j0k} = 1^k = 1$ zu einer Wertefolge mit konstanten Werten, während $z = -1$ wegen $e^{j\pi k} = (-1)^k$ die höchste darstellbare Frequenz repräsentiert. Alle anderen Werte auf dem Einheitskreis stellen komplexe Exponentialschwingungen der Frequenz Ω mit $-\pi < \Omega < \pi$ dar. Dabei unterscheiden sich konjugiert komplexe Werte von z in der Drehrichtung. Werte $z = re^{j\Omega}$ innerhalb des Einheitskreises ($r < 1$) gehören zu abklingenden und außerhalb des Einheitskreises ($r > 1$) zu aufklingenden Exponentialfolgen. In Bild 13.6 sind die Exponentialfolgen z^k jeweils nur für $k \geq 0$ gezeigt. Das soll aber nicht zu der Fehlinterpretation verleiten, daß es sich um einseitige Folgen handelt. Auch für $k < 0$ ist $z^k \neq 0$.

Dem Leser wird empfohlen, sich die anschauliche Deutung der z-Ebene (Bild 13.6) einzuprägen. Sie kann für das intuitive Verständnis der Eigenschaften der z-Transformation und der Systemfunktion diskreter LTI-Systeme ein wichtiger Zugang sein.

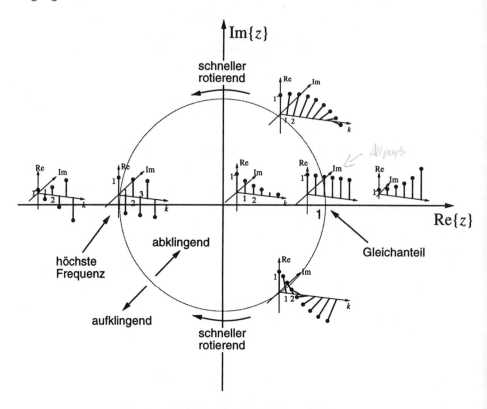

Bild 13.6: Anschauliche Deutung der z-Ebene

13.2 Konvergenzbereich der z-Transformation

Für den Konvergenzbereich der z-Transformation lassen sich Regeln aufstellen, die große Ähnlichkeit mit den entsprechenden Regeln für die Laplace-Transformation in Kapitel 4.5.3 aufweisen. Dort hatten wir uns die Eigenschaften des Konvergenzbereichs der Laplace-Transformation zunächst anhand einer Reihe von Beispielen (Beispiele 4.1 bis 4.5) klargemacht. Auch im Fall der z-Transformation könnten wir so verfahren. Tatsächlich entsprechen sich die Beispiele 13.2 und 4.1 bzw. 13.3 und 4.2. Wir verzichten jedoch auf die Fortführung der Beispiele für zeitdiskrete Funktionen und geben gleich die Regeln für den Konvergenzbereich der z-Transformation in allgemeiner Form an. Sie beziehen sich jeweils auf eine Folge $x[k]$ und ihre z-Transformierte $X(z)$ nach (13.1).

1. **Der Konvergenzbereich von $X(z)$ besteht im allgemeinen aus einem Kreisring um den Ursprung der z-Ebene bei $z = 0$.**

   Da für die Konvergenz der z-Transformation nur der Betrag von z verantwortlich ist, besitzen alle Punkte der z-Ebene mit gleichem Betrag auch die gleichen Konvergenzeigenschaften. Dieses Ergebnis ergibt sich auch aus den bekannten Konvergenzeigenschaften von Laurent-Reihen.

2. **Wenn $x[k]$ ein rechtsseitiges Signal ist, dann liegt der Konvergenzbereich außerhalb eines Kreises durch die am weitesten vom Ursprung entfernt liegende Singularität.**

   In Beispiel 13.2 hatten wir gesehen, daß bei einer rechtsseitigen Exponentialfolge der Betrag des Pols den Konvergenzbereich bestimmt. Bei rechtsseitigen Folgen mit mehreren Singularitäten gilt dies sinngemäß für die Singularität, die am weitesten vom Ursprung entfernt liegt. Der Rand selbst gehört nicht zum Konvergenzbereich.

3. **Wenn $x[k]$ ein linksseitiges Signal ist, dann liegt der Konvergenzbereich innerhalb eines Kreises durch die dem Ursprung am nächsten liegende Singularität.**

   Auch bei der linksseitigen Exponentialfolge aus Beispiel 13.3 bestimmt der Betrag des Pols den Konvergenzbereich, der hier allerdings im Inneren eines Kreises durch den Pol liegt. Bei linksseitigen Folgen mit mehreren Singularitäten gilt dies sinngemäß für die Singularität, die dem Ursprung am nächsten liegt. Der Rand selbst gehört nicht zum Konvergenzbereich.

4. **Ist $x[k]$ zweiseitig bzw. die Summe einer linksseitigen und einer rechtsseitigen Folge, dann ist der Konvergenzbereich ein Kreisring zwischen zwei Singularitäten, falls sich der linksseitige und der rechtsseitige Konvergenzbereich überlappen.**

   Jede zweiseitige Folge kann man aus einem linksseitigen und einem rechtsseitigen Anteil zusammensetzen. Für die einzelnen Konvergenzbereiche für die z-Transformierte der beiden Anteile gelten die Regeln 2 und 3. Der Konvergenzbereich des zweiseitigen Signals besteht dann aus der Schnittmenge der Konvergenzbereiche von rechts- und linksseitigem Anteil. Diese Schnittmenge ist ein Kreisring, der nach innen durch die am weitesten außen liegende Singularität des rechtsseitigen Anteils und nach außen durch die am weitesten innen liegende Singularität des linksseitigen Anteils begrenzt wird. Wenn Singularitäten des rechtsseitigen Anteils außerhalb von Singularitäten des linksseitigen Anteils liegen, ist die Schnittmenge leer, und die z-Transformation konvergiert nicht. In diesem Fall sprechen wir davon, daß die z-Transformierte nicht existiert.

5. **$X(z)$ ist im gesamten Konvergenzbereich analytisch.** Da der kreisförmige Konvergenzbereich nach innen durch die Singularitäten des rechtsseitigen Anteils und nach außen durch die Singularitäten des linksseitigen Anteils begrenzt wird, enthält der Konvergenzbereich selbst keine Singularitäten. Die z-Transformierte ist überall im Konvergenzbereich analytisch (oder *regulär* oder *holomorph*), d.h. beliebig oft differenzierbar, denn sie kann als Laurent-Reihe (13.1) interpretiert werden.

6. **Wenn die Folge $x[k]$ von endlicher Dauer ist, dann konvergiert $X(z)$ in der gesamten z-Ebene, außer möglicherweise für $z = 0$ und $z \to \infty$.**

In Beispiel 13.1 hatten wir gesehen, daß die Summe über endlich viele Summanden einen endlichen Wert gibt. Dabei ist vorausgesetzt, daß alle Glieder der Folge $x[k]$ endlich sind, d.h. $|x[k]| < \infty$ und daß $0 < |z| < \infty$ gilt. Die Konvergenz für $z = 0$ und $z = \infty$ hängt davon ab, ob die Folge $x[k]$ von Null verschiedene Werte für $k > 0$ bzw. $k < 0$ enthält.

13.3 Beziehungen zu anderen Transformationen

Zwischen der z-Transformation und anderen, bereits bekannten Transformationen bestehen enge Beziehungen:

- Die z-Transformation und die Fourier-Transformation $\mathcal{F}_*$ einer Folge sind auf ähnliche Weise miteinander verwandt wie die Laplace-Transformation und die Fourier-Transformation $\mathcal{F}$ eines kontinuierlichen Signals (s. Kapitel 9.3).

- Wenn eine Folge $x[k]$ durch Abtastung eines kontinuierlichen Signals $x(t)$ entsteht, lassen sich die Werte von $x[k]$ als Gewichte der einzelnen Impulse eines Impulskamms interpretieren (s. Bild 12.9). Zwischen der Laplace-Transformierten $X(s) = \mathcal{L}\{x(t)\}$ und der z-Transformierten $X(z) = \mathcal{Z}\{x[k]\}$ muß dann ebenfalls eine enge Verwandtschaft bestehen.

Diese Beziehungen zwischen den einzelnen Transformationen werden wir jetzt genauer untersuchen.

13.3.1 z-Transformation und Fourier-Transformation von Folgen

Berechnet man die z-Transformierte einer Folge $x[k]$ nur für Werte von z auf dem Einheitskreis

$$z = e^{j\Omega}, \qquad \Omega \in \mathbb{R}, \tag{13.9}$$

so erhält man unmittelbar die Fourier-Transformierte dieser Folge, wie man durch Vergleich der Vorschriften für die Berechnung der z-Transformation und der Fourier-Transformation erkennt

$$\mathcal{Z}\{x[k]\} = \sum_k x[k]z^{-k} \qquad \mathcal{F}_*\{x[k]\} = \sum_k x[k]e^{-j\Omega k} \ . \qquad (13.10)$$

Daraus folgt direkt der Zusammenhang zwischen diesen beiden Transformationen

$$\boxed{\mathcal{F}_*\{x[k]\} = \mathcal{Z}\{x[k]\} \, |_{z=e^{j\Omega}} \ .} \qquad (13.11)$$

Diese Bezeichnung entspricht dem Zusammenhang zwischen der Fourier-Transformierten eines kontinuierlichen Signals und seiner Laplace-Transformierten nach (9.9). Damit wird auch klar, warum wir die Fourier-Transformierte $X(e^{j\Omega})$ nicht einfach über der reellen Achse Ω, sondern über dem Einheitskreis $e^{j\Omega}$ definieren. Für die Transformation von Folgen spielt der Einheitskreis der z-Ebene die gleiche Rolle wie die imaginäre Achse der s-Ebene für die Transformation von kontinuierlichen Signalen.

Diese Beziehung läßt sich noch verallgemeinern, wenn man nicht den Einheitskreis der z-Ebene, sondern den durch

$$z = re^{j\Omega}, \qquad 0 < r < \infty \qquad (13.12)$$

beschriebenen Kreis mit Radius r betrachtet. Für alle Werte von z nach (13.12) läßt sich dann die z-Transformierte von $x[k]$ als Fourier-Transformierte der Folge $x[k]r^{-k}$ angeben:

$$X(z) = X(re^{j\Omega}) = \sum_k x[k](re^{j\Omega})^{-k} = \sum_k x[k]r^{-k}e^{-j\Omega k} \ . \qquad (13.13)$$

Es gilt also

$$\mathcal{F}_*\{x[k]r^{-k}\} = \mathcal{Z}\{x[k]\} \, |_{z=re^{j\Omega}} \ . \qquad (13.14)$$

Die Beziehungen (13.11) bzw. (13.14) haben natürlich nur dann einen Sinn, wenn die Fourier-Transformierte von $x[k]$ bzw. $x[k]r^{-k}$ existiert und der Einheitskreis der z-Ebene bzw. der Kreis mit Radius r zum Konvergenzbereich der z-Transformierten gehört. Gehört der Einheitskreis nicht zum Konvergenzbereich der z-Transformierten, so bedeutet das aber nicht automatisch, daß die Fourier-Transformierte nicht existiert, sondern nur, daß die Fourier-Transformierte nicht analytisch fortsetzbar ist. Tatsächlich gibt es sogar Folgen, für die man die Fourier-Transformierte angeben kann, aber nicht die z-Transformierte, zum Beispiel $x[k] = 1$. Konvergiert allerdings umgekehrt die z-Transformierte auf dem Einheitskreis, so läßt sich die Fourier-Transformierte $X(e^{j\Omega})$ analytisch fortsetzen, indem man $e^{j\Omega}$ durch z ersetzt. Hier gelten sinngemäß die Bemerkungen, die in Kapitel 9.3 zur Fourier- und Laplace-Transformation gemacht werden.

Wie lautet die z-Transformierte der Folge, die die Fourier-Transformierte

$$X(e^{j\Omega}) = 1 + \cos\Omega$$

besitzt?

$X(e^{j\Omega})$ ist offenbar überall beliebig oft nach Ω differenzierbar und deshalb analytisch fortsetzbar, indem wir $e^{j\Omega}$ durch z ersetzen. Mit

$$X(e^{j\Omega}) = 1 + \cos\Omega = 1 + \frac{1}{2}e^{j\Omega} + \frac{1}{2}e^{-j\Omega}$$

erhalten wir

$$X(z) = 1 + \frac{1}{2}z + \frac{1}{2}z^{-1}\,.$$

Der Konvergenzbereich ist die ganze z-Ebene außer $z = 0$, $z = \infty$, es handelt sich deshalb um eine Folge endlicher Länge. Koeffizientenvergleich mit (13.1) ergibt dann auch direkt

$$x[k] = \begin{cases} \dfrac{1}{2} & k = -1 \\ 1 & k = 0 \\ \dfrac{1}{2} & k = 1 \\ 0 & \text{sonst} \end{cases}\,.$$

13.3.2 z-Transformation und Laplace-Transformation

Der Zusammenhang zwischen einem abgetasteten zeitkontinuierlichen Signal $x_a(t)$ und der Folge seiner Abtastwerte $x[k]$ lautet nach (12.2) bzw. Bild 12.9

$$x_a(t) = \sum_k x[k]\delta(t - kT)\,. \tag{13.15}$$

Dabei ist T das Abtastintervall. Für die Laplace-Transformierte folgt mit der Ausblendeigenschaft des Delta-Impulses

$$\begin{aligned} \mathcal{L}\{x_a(t)\} &= \int\limits_{-\infty}^{\infty} \sum_k x[k]\delta(t - kT)e^{-st}dt = \sum_k x[k]e^{-skT} = \\ &= \sum_k x[k]z^{-k} = \mathcal{Z}\{x[k]\} \quad \text{mit} \quad z = e^{sT}\,, \end{aligned} \tag{13.16}$$

oder kurz

$$X_a(s) = X(e^{sT}) \,. \tag{13.17}$$

Die z-Transformierte $X(z)$ der Folge $x[k]$ ist also gleich der Laplace-Transformierten des abgetasteten zeitkontinuierlichen Signals $x_a(t)$ für

$$z = e^{sT} \,. \tag{13.18}$$

Um diese Beziehung zwischen der komplexen Frequenz s eines zeitkontinuierlichen Signals und der komplexen Frequenz z einer Folge besser zu verstehen, fassen wir sie als Abbildung der s-Ebene auf die z-Ebene auf. Bild 13.7 veranschaulicht diese geometrischen Beziehungen für eine Laplace-Transformierte, deren Konvergenzbereich die imaginäre Achse umfaßt. Die Zuordnung (13.18) bildet die

- imaginäre Achse $s = j\omega$ der s-Ebene auf den Einheitskreis $z = e^{j\Omega}$ der z-Ebene ab,

- die linke Hälfte der s-Ebene auf das Innere des Einheitskreises der z Ebene ab,

- die rechte Hälfte der s-Ebene auf das Äußere des Einheitskreises der z-Ebene ab.

Wenn der Konvergenzbereich der Laplace-Transformation in der s-Ebene die imaginäre Achse umfaßt (wie in Bild 13.7 gezeigt), dann umfaßt der Konvergenzbereich der z-Transformation in der z-Ebene den Einheitskreis.

Besonders interessant ist die Art, wie die imaginäre Achse der s-Ebene auf den Einheitskreis der z-Ebene abgebildet wird. Offenbar ist diese Abbildung nicht umkehrbar, denn alle Punkte

$$s_\mu = j\mu\omega_a \text{ mit } \omega_a = \frac{2\pi}{T}, \quad \mu \in \mathbb{Z}$$

der s-Ebene werden auf den Punkt

$$z_\mu = e^{s_\mu T} = e^{j\mu\omega_a T} = e^{j\mu 2\pi} = 1, \quad \forall \mu$$

der z-Ebene abgebildet. Entsprechend werden die Punkte

$$s_\nu = j(\nu\omega_a + \omega_0)$$

auf

$$z_\nu = e^{s_\nu T} = e^{j(\nu\omega_a T + \omega_0 T)} = e^{j\omega_0 T}, \quad \forall \nu$$

abgebildet. Die Frequenz $\omega_a = 2\pi/T$ ist gerade die Abtastkreisfrequenz (s. Kapitel 11.3.1).

Durch die Abbildung (13.18) wird also die imaginäre Achse $s = j\omega$ um den Einheitskreis der z-Ebene „herumgewickelt", wobei der Umfang des Einheitskreises einem Abschnitt der imaginären Achse von der Länge der Abtastfrequenz ω_a entspricht. Die zentrale Aussage des Abtasttheorems läßt sich daher auch direkt aus der Abbildungsvorschrift (13.18) herleiten.

Die Eigenschaft der Abbildung (13.18), eine senkrechte Gerade der s-Ebene in einen Kreis der z-Ebene abzubilden, gilt nicht nur für die imaginäre Achse, sondern auch für jede Gerade die parallel dazu verläuft. Aus $s = \sigma_0 + j\omega$ mit einem festen Wert σ_0 folgt mit (13.18)

$$ z = e^{(\sigma_0 + j\omega)T} = re^{j\omega T} \qquad \text{mit} \quad r = e^{\sigma_0 T} \, . \tag{13.19} $$

Bei Variation von ω beschreibt z nach (13.19) einen Kreis mit Radius r um den Ursprung. Dabei werden senkrechte Geraden in der linken Hälfte der s-Ebene in das Innere des Einheitskreises der z-Ebene abgebildet (s. Bild 13.7) und Geraden in der rechten Hälfte in Kreise außerhalb des Einheitskreises.

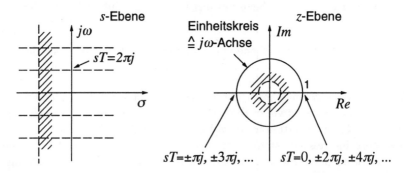

Bild 13.7: Beziehung zwischen der z-Transformierten und der Laplace-Transformierten eines abgetasteten Signals. Die s-Ebene wird gemäß $z = e^{sT}$ in die z-Ebene abgebildet.

Die Laplace-Transformierte des abgetasteten, zeitkontinuierlichen Signals (13.15) ist mit der Abtastfrequenz $\omega_a = 2\pi/T$ periodisch in ω, denn es ist $e^{-(s+m\omega_a)kT} = e^{-sT}$ für $m \in \mathbb{Z}$ in (13.16). Die Werte von $X_a(s)$ innerhalb der gestrichelten Streifen in Bild 13.7 wiederholen sich daher nach oben und nach unten. Jeder Streifen bedeckt nach der Transformation $z = e^{sT}$ (13.18) gerade die gesamte z-Ebene.

─── **Beispiel 13.5**

Die z-Transformierte der diskreten Einheitssprungfolge $\varepsilon[k]$ lautet nach (13.6)

$$ \mathcal{Z}\{\varepsilon[k]\} = \frac{z}{z-1} \, , \quad |z| > 1 \, . $$

Wir können daraus direkt auf die Laplace-Transformierte des zeitkontinuierlichen Signals

$$x_a(t) = \sum_{k=0}^{\infty} \delta(t - k) = \varepsilon\left(t + \frac{1}{2}\right) \cdot \text{⊥⊥⊥}(t)$$

schließen, indem wir $z = e^s$ setzen.

$$X_a(s) = \frac{e^s}{e^s - 1}, \quad |e^s| > 1$$

$$\text{oder} \quad X_a(s) = \frac{1}{1 - e^{-s}}, \quad \text{Re}\{s\} > 0$$

13.4 Sätze der z-Transformation

Für den praktischen Umgang mit der z-Transformation gilt das gleiche, das wir schon bei der Laplace-Transformation festgestellt hatten. Die Berechnung der z-Transformierten einer Folge durch Auswertung der Summenformel (13.1) führt man nur für sehr einfache Folgen $x[k]$ durch (vergl. Beispiele 13.1 bis 13.3). Alle anderen Fälle versucht man durch Anwendung allgemeiner Gesetzmäßigkeiten auf solche einfachen Folgen zurückzuführen. Diese Gesetzmäßigkeiten werden in einer Reihe von Sätzen zusammengefaßt, die große formale Ähnlichkeit mit den Sätzen der Laplace-Transformation aufweisen (s. Kapitel 4.7). Das ist kein Zufall, denn im Abschnitt 13.3.2 hatten wir gesehen, daß sich die z-Transformierte einer Zahlenfolge als Laplace-Transformierte eines abgetasteten, zeitkontinuierlichen Signals auffassen läßt, das aus lauter Delta-Impulsen besteht. Viele Sätze der Laplace-Transformation gelten daher auch für die z-Transformation.

Die wichtigsten Sätze der z-Transformation sind in Tabelle 13.4 zusammengefaßt. Man kann sie auch ohne Rückgriff auf die Laplace-Transformation durch gliedweise Anwendung auf die einzelnen Summenterme in (13.1) beweisen. Im Gegensatz zu den Sätzen der Laplace-Transformation ist zu beachten, daß der Definitionsbereich der Wertefolgen nur aus den ganzen Zahlen besteht. In den eckigen Klammern [ ] dürfen keine reellen Zwischenwerte stehen. Entsprechend sind beim Verschiebungssatz nur ganzzahlige Verschiebungen $\kappa \in \mathbb{Z}$ zugelassen. Beim Ähnlichkeitssatz (4.24) ist für abgetastete Signale nur eine Skalierung der Zeitachse mit $a = -1$ zulässig, so daß daraus der Zeitumkehrsatz der z-Transformation wird. Eine Umkehr des Index einer Folge von abgespeicherten Werten läßt sich durch umgekehrtes Auslesen leicht bewerkstelligen, so daß man hiermit auch eine Vorstellung verbinden kann.

Tabelle 13.1: Sätze der z-Transformation

Eigenschaft	Zeitbereich	z-Bereich	Neuer Kb
Linearität	$ax[k] + by[k]$	$aX(z) + bY(z)$	Kb $\supseteq$ Kb$\{x\}\cap$ Kb$\{y\}$
Verschiebung	$x[k - \kappa]$	$z^{-\kappa}X(z)$	Kb$\{x\}$; $z = 0$ und $z \to \infty$ gesondert betrachten
Modulation	$a^k x[k]$	$X\left(\dfrac{z}{a}\right)$	Kb $= \left\{z \left\| \dfrac{z}{a} \in \text{Kb}\{x\}\right.\right\}$
Multiplikation mit k	$kx[k]$	$-z\dfrac{dX(z)}{dz}$	Kb$\{x\}$; $z = 0$ gesondert betrachten
Zeitumkehr	$x[-k]$	$X(z^{-1})$	Kb $= \left\{z \left\| z^{-1} \in Kb\{x\}\right.\right\}$

Beispiel 13.6

Als Beispiel zeigen wir, wie man den Verschiebungssatz der z-Transformation aus dem Verschiebungssatz der Laplace-Transformation (4.22)

$$\mathcal{L}\{x_a(t - \tau)\} = e^{-s\tau}X_a(t) , \quad s \in \text{Kb}\{x\}$$

ableitet.

Dazu stellen wir uns unter $x_a(t)$ ein abgetastetes, zeitkontinuierliches Signal vor, das aus Delta-Impulsen im Abstand $T = 1$ besteht (13.15). Da wir die Abtastzeitpunkte festhalten wollen, sind nur Verschiebungen $\tau \in \mathbb{Z}$ zulässig. Die z-Transformierte $X(z)$ der zu $x_a(t)$ gehörigen Wertefolge $x[k]$ erhalten wir mit (13.17) als $X(z) = X_a(s)|_{s=\ln z}$, und es folgt

$$\mathcal{Z}\{x[k - \tau]\} = e^{-(\ln z)\tau}X_a(\ln z) = z^{-\tau}X(z) .$$

Der Konvergenzbereich der z-Transformierten verändert sich dabei höchstens an den Stellen $z = 0$ und $z = \infty$. Natürlich kann man den Verschiebungssatz genauso einfach zeigen, indem man $x[k - \tau]$ in die Definition der z-Transformation einsetzt:

$$
\begin{aligned}
\mathcal{Z}\{x[k - \tau]\} &= \sum_k x[k - \tau]z^{-k} &= \sum_\ell x[\ell]z^{-(\ell+\tau)} \\
&= z^{-\tau}\sum_\ell x[\ell] &= z^{-\tau}\mathcal{Z}\{x[k]\} \quad .
\end{aligned}
$$

Man sollte sich merken, daß die Verzögerung eines zeitdiskreten Signals um einen Abtasttakt der Multiplikation mit z^{-1} entspricht; z^{-1} ist damit die Systemfunktion eines einfachen Verzögerungsgliedes und sicher die wichtigste und elementarste Korrespondenz zur Analyse zeitdiskreter Systeme, mit denen wir uns im Kapitel 14 befassen.

■

13.5 Inverse z-Transformation

In Abschnitt 13.1.1 hatten wir die z-Transformation von $X(z)$ als Laurent-Reihenentwicklung mit den Werten der Folge $x[k]$ als Koeffizienten gedeutet. Für die Umkehrung der z-Transformation $x[k] = \mathcal{Z}^{-1}\{X(z)\}$ können wir daher die Formel zur Berechnung der Koeffizienten einer Laurent-Reihe verwenden:

$$
\boxed{x[k] = \frac{1}{2\pi j} \oint X(z)z^{k-1}dz =: \mathcal{Z}^{-1}\{X(z)\}\,.}
\tag{13.20}
$$

Die Integration erfolgt auf einem geschlossenen Weg um den Ursprung im mathematisch positiven Sinn. Der Integrationsweg muß den Ursprung einschließen und im Konvergenzbereich von $X(z)$ verlaufen. Ist die Folge $x[k]$ von endlicher Länge, so kann man (13.20) sehr einfach aus der Integralformel von Cauchy (5.13) und der daraus folgenden Residuenberechnung (Abschnitt 5.4.1) herleiten. In dem Ausdruck

$$
X(z)z^{k-1} = \sum_\kappa x[\kappa]z^{-\kappa}z^{k-1} = \sum_\kappa x[\kappa]z^{-\kappa+k-1}
$$

ist jeder Summand innerhalb des Integrationsweges analytisch mit Ausnahme von Polen bei $z = 0$. Aus (5.21) folgt, daß nur der jeweils einfache Pol $x[\kappa]z^{-1}$, der sich für $\kappa = k$ ergibt, ein Residuum liefert, für alle anderen Terme ist das Ringintegral Null:

$$
\begin{aligned}
\oint X(z)z^{k-1}dz &= \oint \sum_\kappa x[\kappa]z^{-\kappa}z^{k-1}dz = \sum_\kappa \oint x[\kappa]z^{-\kappa+k-1}dz \\
&= \oint x[k]z^{-1}dz = 2\pi j x[k]
\end{aligned}
\tag{13.21}
$$

Für allgemeine zweiseitige Folgen $x[k]$ mit Singularitäten innerhalb des Integrationswegs muß man $x[k]$ in rechtsseitige und linksseitige Folgen zerlegen und durch geschickte Substitution $z \to z^{-1}$ die Voraussetzungen für (13.21) schaffen. Damit läßt sich (13.20) auch allgemein zeigen.

Ähnlich wie die Umkehrformel der Laplace-Transformation (Abschnitt 4.2) können wir (13.20) als eine Überlagerung von komplexen Exponentialfolgen deuten. Im Kapitel 14.4 werden wir zeigen, daß komplexe Exponentialfolgen Eigenfolgen diskreter LTI-Systeme sind und sich die z-Transformation deshalb besonders für die Untersuchung und Beschreibung solcher Systeme eignet.

Für den Fall, daß der Konvergenzbereich den Einheitskreis der z-Ebene einschließt, läßt sich durch Parametrisierung des Einheitskreises mit

$$z = e^{j\Omega}, \quad -\pi \le \Omega < \pi \tag{13.22}$$

eine Umkehrformel aufstellen, die nur eine Integration längs einer reellen Variable erfordert. Aus (13.22) folgt durch Differentiation

$$dz = je^{j\Omega}d\Omega. \tag{13.23}$$

Substitution von z in (13.20) ergibt dann

$$x[k] = \frac{1}{2\pi j} \oint X(e^{j\Omega})e^{j\Omega(k-1)}dz = \frac{1}{2\pi} \int_{-\pi}^{\pi} X(e^{j\Omega})e^{j\Omega k}d\Omega. \tag{13.24}$$

Dies ist aber gerade die Umkehrformel der Fourier-Transformation (12.16)! Da wir die Fourier-Transformierte einer Folge auf dem Einheitskreis in der z-Ebene wiederfinden, ist das natürlich nicht weiter überraschend.

Wie bei der inversen Laplace-Transformation vermeidet man auch bei der inversen z-Transformation die Auswertung der Integralausdrücke, wenn es auch einfachere Möglichkeiten zur Rückgewinnung der Folge $x[k]$ gibt. Solche Möglichkeiten bestehen für gebrochen rationale z-Transformierte, mit denen man es meistens zu tun hat, nämlich

- bei Folgen endlicher Länge durch Ablesen der Folgewerte an den Potenzen von z (vergl. Beispiel 13.1),

- bei Folgen unendlicher Länge durch Zerlegung der z-Transformierten in bekannte Ausdrücke, z.B. durch Partialbruchzerlegung.

Woran kann man aber einer z-Transformierten $X(z)$ ansehen, ob sie zu einer Folge endlicher oder unendlicher Länge gehört? Dazu bringt man $X(z)$ in die Form einer gebrochen rationalen Funktion und betrachtet das Nennerpolynom:

- Wenn das Nennerpolynom N-ten Grades gleich z^N ist (d.h. nur eine N-fache Nullstelle bei $z = 0$ hat), dann läßt sich $X(z)$ als Laurent-Reihe mit endlich vielen Summanden schreiben. Daran lassen sich die gesuchten Werte $x(k)$ direkt ablesen.

• Wenn das Nennerpolynom ein allgemeines Polynom in z ist, in dem außer z^N auch niedrigere Potenzen vorkommen, dann besitzt es auch Nullstellen außerhalb des Ursprungs der z-Ebene. Durch Partialbruchentwicklung nach diesen Nullstellen des Nennerpolynoms erhält man eine Summe von Termen ähnlich (13.5), zu denen jeweils eine Exponentialfolge gehört. Die genaue Form dieser Exponentialfolge hängt vom Konvergenzbereich von $X(z)$ ab (vergl. die Beispiele 13.2 und 13.3).

Wir behandeln beide Fälle anhand von jeweils einem Beispiel:

___

Beispiel 13.7

Die z-Transformierte

$$X(z) = \frac{3z^4 + 5z^2 + 3z - 5}{z^2} \tag{13.25}$$

besitzt nur einen doppelten Pol bei $z = 0$ und keine Pole außerhalb des Ursprungs. Die zugehörige Folge $x[k]$ kann daher nur endlich viele von Null verschiedenen Werte haben. Durch Division erhält man

$$X(z) = \sum_{k=-\infty}^{\infty} x[k]z^{-k} = 3z^2 + 5 + 3z^{-1} - 5z^{-2}. \tag{13.26}$$

Die gesuchten Koeffizienten liest man direkt ab (vergl. Beispiel 13.1):

$$x[k] = \mathcal{Z}^{-1}\left\{X(z)\right\} = \begin{cases} 3 & k = -2 \\ 5 & k = 0 \\ 3 & k = 1 \\ -5 & k = 2 \\ 0 & \text{sonst} \end{cases} . \tag{13.27}$$

Bild 13.8 zeigt die aus $X(z)$ errechnete Folge $x[k]$.

___ ■

___

Beispiel 13.8

Die z-Transformierte

$$X(z) = \frac{z + 1}{z^2 - 2,5z + 1}, \quad |z| > 2 \tag{13.28}$$

besitzt zwei Nennernullstellen (Pole) außerhalb des Ursprungs der komplexen Ebene, denn aus $z^2 - 2,5z + 1 = 0$ folgt $z_{p1} = \frac{1}{2}$, $z_{p2} = 2$. Da der Konvergenzbereich

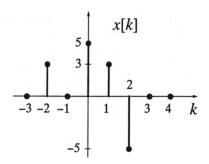

Bild 13.8: Aus $X(z)$ errechnete Folge $x[k]$ des Beispiels 13.7

außerhalb eines Kreises um den Ursprung liegt, haben wir eine rechtsseitige Folge $x[k] = \mathcal{Z}^{-1}\{X(z)\}$ zu erwarten. Wenn es gelingt, $X(z)$ als Summe zweier Anteile ähnlich (13.5) anzugeben, können wir jedem Anteil eine Exponentialschwingung zuordnen. Eine direkte Partialbruchzerlegung führt allerdings nicht zum Ziel, denn sie ergibt eine Summe der Form

$$X(z) = A_0 + \frac{A_1}{z - z_{p1}} + \frac{A_2}{z - z_{p2}}, \qquad (13.29)$$

während wir für die Ermittlung der Exponentialanteile eine Zerlegung in

$$X(z) = B_0 + B_1 \frac{z}{z - z_{p1}} + B_2 \frac{z}{z - z_{p2}} \qquad (13.30)$$

brauchen. Hier hilft der Trick, nicht $X(z)$ sondern $X(z)/z$ in Partialbrüche zu zerlegen.

$$\frac{X(z)}{z} = \frac{z + 1}{z(z - \frac{1}{2})(z - 2)} = \frac{B_0}{z} + \frac{B_1}{z - \frac{1}{2}} + \frac{B_2}{z - 2} \qquad (13.31)$$

Die Ermittlung der Partialbruchkoeffizienten, z.B. durch Koeffizientenvergleich, führt auf $B_0 = 1$, $B_1 = -2$ und $B_2 = 1$. Durch Multiplikation mit z und gliedweise Rücktransformation mit Hilfe von Beispiel 13.2 erhält man die gesuchte Folge

$$X(z) = 1 - \frac{2z}{z - \frac{1}{2}} + \frac{z}{z - 2} \qquad (13.32)$$

$$\begin{matrix} \bullet \\ | \\ \circ \end{matrix}$$

$$x[k] = \delta[k] - 2\left(\frac{1}{2}\right)^k \varepsilon[k] + 2^k \varepsilon[k]. \qquad (13.33)$$

13.6 Pol-Nullstellen-Diagramm in der z-Ebene

Wie bei der Laplace-Transformation kontinuierlicher Signale treten auch bei der z-Transformation diskreter Signale häufig gebrochen rationale z-Transformierte auf. Sie entsprechen den Systemfunktionen diskreter LTI-Systeme mit einer endlichen Anzahl innerer Zustandsvariablen, die wir im nächsten Kapitel ausführlich besprechen werden. Gebrochen rationale z-Transformierte sind - bis auf einen Skalierungsfaktor - durch ihre Pole und Nullstellen eindeutig festgelegt und können durch ein Pol-Nullstellen-Diagramm in der z-Ebene repräsentiert werden. Wie bereits erwähnt, besitzen die z-Transformierten von Signalen endlicher Dauer nur Pole im Ursprung der z-Ebene, während Signale unendlicher Dauer auch Pole an anderen Stellen aufweisen.

─────────────────────────────────── **Beispiel 13.9**

Das Pol-Nullstellen-Diagramm der z-Transformierten aus Beispiel 13.7 hat einen doppelten Pol im Ursprung, zwei reelle und zwei konjugiert komplexe Nullstellen, die in Bild 13.9 gezeigt werden.

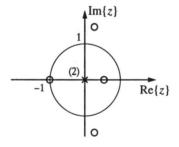

Bild 13.9: Pol-Nullstellen-Diagramm zu (13.25)

─────────────────────────────────── ■

─────────────────────────────────── **Beispiel 13.10**

Das Pol-Nullstellen-Diagramm der z-Transformierten aus Beispiel 13.8 hat zwei reelle Pole und eine reelle Nullstelle (Bild 13.10).

─────────────────────────────────── ■

Nach den Regeln von Kapitel 10 (Bode-Diagramme) kann man aus dem Pol-Nullstellen-Diagramm der z-Transformation auch mit etwas Übung Betrag und Phase der Fourier-Transformierten abschätzen. Dazu fährt man nicht, wie in Kapitel 10, die imaginäre Achse der s-Ebene, sondern den Einheitskreis der z-Ebene

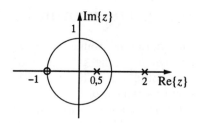

Bild 13.10: Pol-Nullstellen-Diagramm zu (13.28)

ab und bestimmt die Abstände und die Winkel zu Polen und Nullstellen. Ansonsten entsprechen sich die Vorgehensweisen.

── **Beispiel 13.11**

Gesucht ist der Frequenzgang eines Systems mit dem Pol-Nullstellen-Diagramm aus Bild 13.10. Wir können ihn bis auf einen konstanten Faktor K aus dem Pol-Nullstellen-Diagramm ablesen.

Ω	$K \cdot \lvert X(e^{j\Omega}) \rvert$
0	$\dfrac{2}{1/2 \cdot 1} = 4$
$\pm\dfrac{\pi}{4}$	$\dfrac{1,8}{0,7 \cdot 1,5} \approx 1,7$
$\pm\dfrac{\pi}{2}$	$\dfrac{1,4}{1,1 \cdot 2,2} \approx 0,6$
$\pm\dfrac{3\pi}{4}$	$\dfrac{0,7}{1,5 \cdot 3} \approx 0,15$
π	0

Durch Einsetzen von $z = 1$ in (13.28) folgt $K = -1$. Die Schätzwerte werden in Bild 13.11 mit dem genauen Ergebnis verglichen. Nullstellen direkt auf dem Einheitskreis zwingen den Betrag der Fourier-Transformierten bei dieser Frequenz zu Null, Pole nahe am Einheitskreis führen zu einer Resonanzüberhöhung. Je näher ein Pol oder eine Nullstelle am Einheitskreis liegt, umso mehr wirkt sie sich auf die Fourier-Transformierte aus. Pole oder Nullstellen im Ursprung der z-Ebene haben keinen Einfluß auf den Betrag der Fourier-Transformierten. Sie liefern aber einen linearen Beitrag zur Phase.

■

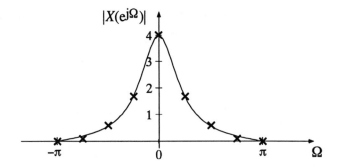

Bild 13.11: Exakter und aus dem PN-Diagramm geschätzter Frequenzgang zu (13.28)

13.7   Aufgaben

Aufgabe 13.1

Berechnen Sie die z-Transformierten zu

$x_1[k] = \delta[k-3] - 4\delta[k-2] + 6\delta[k-1] - 4\delta[k] + \delta[k+1]$
$x_2[k] = e^{-ak}\varepsilon[k-2], \quad a \in \mathbb{C}$
$x_3[k] = \begin{cases} (-0,8)^{|k|} & \text{für } |k| \leq 10 \\ 0 & \text{sonst} \end{cases}$

mit Hilfe der Definitionsgleichung (13.1).

Aufgabe 13.2

Berechnen Sie die z-Transformierten zu

$x_1[k] = a^{-k}\varepsilon[k]$
$x_2[k] = -a^{-k}\varepsilon[-k]$
$x_3[k] = 2^{-k}\varepsilon[k] + 0,8^k\varepsilon[-k]$
$x_4[k] = 0,8^{-k}\varepsilon[k] + 0,5^k\varepsilon[-k]$
$x_5[k] = a^{|k|}, \quad a \in \mathbb{R}, \, a > 0$

und geben Sie den Konvergenzbereich an. Hinweis: Beispiele 13.2 und 13.3.

Aufgabe 13.3

Gegeben seien die Zeitfunktionen $x_\nu(t)$:
$$x_1(t) = e^{(-0.5\frac{t}{T})} \cdot \varepsilon(t)$$
$$x_2(t) = e^{(-0.5\frac{t}{T})} \cos(2\pi\frac{t}{T}) \cdot \varepsilon(t)$$
$$x_3(t) = e^{(-2\frac{t}{T})} \sin(0.5\pi\frac{t}{T}) \cdot \varepsilon(t)$$

Aus den $x_\nu(t)$ werden durch Abtastung in den Zeitpunkten $t = kT$ die ebenfalls zeitkontinuierlichen Signale $x_{\nu a}(t) = \sum\limits_{k=0}^{\infty} x_\nu[k] \cdot \delta(t - kT)$ gewonnen.

a) Skizzieren Sie $x_{\nu a}(t)$

b) Berechnen Sie die Laplace-Transformierten $X_{\nu a}(s)$ der abgetasteten zeitkontinuierlichen Signale $x_{\nu a}(t)$.

Hinweis: Bestimmen Sie geeignete Funktionen $x_\nu[k]$ und die dazugehörigen z-Transformierten $X_\nu(z)$.

Aufgabe 13.4

a) Berechnen Sie die z-Transformierten der Tiefpaß-Impulsantworten $x_\nu[k]$.

$$x_1[k] = \begin{cases} 0,5 & \text{für } |k| = 1 \\ 1 & \text{für } k = 0 \\ 0 & \text{sonst} \end{cases}$$

$$x_2[k] = \sum_{\mu=-1}^{1} \delta[k - \mu]$$

$$x_3[k] = \sum_{\mu=0}^{2} \delta[k - \mu]$$

$$x_4[k] = \begin{cases} \text{si}(0,5\pi k) & \text{für } |k| \leq 4 \\ 0 & \text{sonst} \end{cases}$$

b) Geben Sie die Spektren $\mathcal{F}_*\{x_\nu[k]\}$ an und skizzieren sie die Folgen und die Beträge ihrer Spektren.

Aufgabe 13.5

Beweisen Sie die folgenden Sätze der z-Transformation

1. unter Verwendung der Definitionsgleichung (13.1)

2. durch Ableitung aus den entsprechenden Sätzen der Laplace-Transformation:

a) Verschiebungssatz

b) Modulationssatz

c) Satz „Multiplikation mit k"

d) Zeitumkehr

Aufgabe 13.6

Gegeben ist $x[k] = \delta[k-1] + 2\delta[k] + \delta[k+1]$. Berechnen Sie mit Hilfe des Modulationssatzes die z-Transformierte von $x_m[k] = e^{j\Omega_0 k} x[k]$ für $\Omega_0 = 0$, $\Omega_0 = \frac{\pi}{2}$ und $\Omega_0 = \pi$. Skizzieren Sie die zugehörigen Spektren $X_m(e^{j\Omega})$.

Aufgabe 13.7

Es sei $X(z)$ die z-Transformierte des diskreten rechtsseitigen Signals $x[k]$ und für die Pole von $X(z)$ gelte $|z_{p\nu}| \leq 0,5$. Berechnen Sie die z-Transformierten der Signale und geben Sie den Konvergenzbereich an.

$$
\begin{aligned}
x_1[k] &= k_0 \cdot x[k] \\
x_2[k] &= x[k-k_0] \cdot \varepsilon[k-k_0] \ . \\
x_3[k] &= (-e)^{\alpha k} \cdot x[k]
\end{aligned}
$$

Aufgabe 13.8

Entscheiden Sie, ob folgende z-Transformierten zu Folgen endlicher oder unendlicher Dauer gehören. Geben Sie jeweils den Konvergenzbereich an unter der Annahme, daß es sich um rechtsseitige Folgen handelt.

$$H_1(z) = z^3 - 1$$

$$H_2(z) = \frac{1}{z^3} - 1$$

$$H_3(z) = \frac{1}{z^2}$$

$$H_4(z) = 1 + \frac{z+1}{z-0,5}$$

$$H_5(z) = \frac{2z^2 - 4z + 2}{z(z-1)}$$

Aufgabe 13.9

Berechnen Sie die inversen z-Transformierten der folgenden Funktionen:

$$X_1(z) = \frac{z-1}{z(z+0.5)}, \quad \text{Kb}: |z| > 0,5$$

$$X_2(z) = \frac{z-1}{(z+0.5)^2}, \quad \text{Kb}: |z| > 0,5.$$

Aufgabe 13.10

Zeichnen Sie die PN-Diagramme zu

  a) $H_a(z) = z^3 - 1$

  b) $H_b(z) = z^{-3} - 1$

c) $H_c(z) = z^3 + z^{-3}$

Aufgabe 13.11

Die PN-Diagramme dreier ähnlicher Systeme sind gegeben. Berechnen und skizzieren Sie die Impulsantworten der Systeme (bis auf einen konstanten Faktor). Wodurch unterscheiden Sie sich?

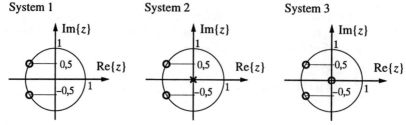

Aufgabe 13.12

Gegeben sei die Folge $x[k] = \begin{cases} 1 & 0 \le k \le r \\ -1 & r+1 \le k \le 2r+1 \\ 0 & \text{sonst} \end{cases}$, $r \in \mathbb{N}$

a) Berechnen Sie die z-Transformierte $X(z)$

b) Berechnen Sie die Pole und Nullstellen von $X(z)$

c) Skizzieren Sie ein Pol-Nullstellen-Diagramm für $r = 3$

14 Zeitdiskrete LTI-Systeme

14.1 Einführung

Nach den zeitdiskreten Signalen und ihrer Beschreibung im Frequenzbereich behandeln wir jetzt Systeme, deren Ein- und Ausgangssignale zeitdiskret sind. Auch die Systeme selbst nennt man kurz *zeitdiskrete Systeme*. Wir hatten sie bereits kurz in Kapitel 1.2.5 erwähnt, aber dann zugunsten der kontinuierlichen Systeme zurückgestellt.

Die Eigenschaften diskreter Systeme weisen in vieler Hinsicht starke Parallelen zu den kontinuierlichen Systemen auf. Wir können uns daher bei ihrer Behandlung kürzer fassen, indem wir auf den entsprechenden Eigenschaften kontinuierlicher Systeme aufbauen. Auch hier kommt uns die Denkweise der Systemtheorie zugute, die von den höchst unterschiedlichen technischen Realisierungen kontinuierlicher und diskreter Systeme abstrahiert und nur auf die grundlegenden Zusammenhänge eingeht.

14.2 Linearität und Zeitinvarianz

Die allgemeinste Form eines diskreten Systems mit einem Ein- und einem Ausgang ist in Bild 14.1 gezeigt. Das System S verarbeitet die Eingangsfolge $x[k]$ und berechnet daraus die Ausgangsfolge $y[k]$. Die Eigenschaften des diskreten Systems S schränken wir jetzt soweit ein, daß S die Anforderungen eines LTI-Systems erfüllt. Dabei können wir direkt auf die Definitionen 3 bis 6 aus Kapitel 1 zurückgreifen, da deren allgemeine Formulierung für kontinuierliche und diskrete Systeme gleichermaßen gilt.

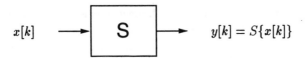

$$x[k] \longrightarrow \boxed{S} \longrightarrow y[k] = S\{x[k]\}$$

Bild 14.1: Diskretes LTI-System

Durch Spezialisierung des Superpositionsprinzips und der Zeitinvarianz auf das durch Bild 14.1 beschriebene diskrete System erhalten wir folgende Aussagen:

- Ein diskretes System S heißt *linear*, wenn für die Reaktion auf zwei beliebige Eingangssignale $x_1[k]$ und $x_2[k]$ das Superpositionsprinzip gilt:

$$S\{Ax_1[k] + Bx_2[k]\} = AS\{x_1[k]\} + BS\{x_2[k]\}\,. \tag{14.1}$$

Wie in (1.3) können A und B im allgemeinen beliebige komplexe Konstanten sein.

- Ein diskretes System S heißt *zeitinvariant*, wenn für die Reaktion $y[k]$ auf ein beliebiges Eingangssignal $x[k]$

$$y[k] = S\{x[k]\} \tag{14.2}$$

auch die Beziehung

$$y[k - \kappa] = S\{x[k - \kappa]\}\,, \quad \forall\,\kappa \in \mathbb{Z} \tag{14.3}$$

gilt. Wenn der Index k nicht die Zeit, sondern z. B. eine diskrete Ortsvariable bezeichnet, nennt man das System S auch *verschiebungsinvariant*. In allen Fällen ist die Verschiebung nur für ganzzahlige Werte von κ erklärt, denn die Differenz $k - \kappa$ muß wieder einen ganzzahligen Index der Folge $x[k]$ ergeben.

14.3 Lineare Differenzengleichungen mit konstanten Koeffizienten

14.3.1 Differenzengleichungen und Differentialgleichungen

So wie lineare Differentialgleichungen mit konstanten Koeffizienten kontinuierlichen LTI-Systemen entsprechen, charakterisieren lineare Differenzengleichungen mit konstanten Koeffizienten diskrete LTI-Systeme. Beispiele für solche Differenzengleichungen sind

$$y[k] + \frac{1}{2}y[k-1] \;=\; x[k] \tag{14.4}$$

$$y[k] - \frac{1}{5}y[k-1] + \frac{1}{3}y[k-2] \;=\; x[k] + x[k-1] - \frac{1}{2}x[k-2]\,. \tag{14.5}$$

Eine allgemeine Form einer linearen Differenzengleichung N-ter Ordnung mit den konstanten Koeffizienten a_n, b_n ist

$$\boxed{\sum_{n=0}^{N} a_n y[k - n] = \sum_{n=0}^{N} b_n x[k - n]\,.} \tag{14.6}$$

Im Unterschied zur entsprechenden Form (2.3) einer Differentialgleichung treten an die Stelle der n-ten Ableitungen Verschiebungen des Zeitindex k um n Werte.

Die Differenzengleichung (14.6) besitzt für ein gegebenes Eingangssignal $x[k]$ unendlich viele Lösungen $y[k]$, die sich im allgemeinen aus N linear unabhängigen Teillösungen zusammensetzen lassen. Eine eindeutige spezielle Lösung erhält man durch die Vorschrift von N Randbedingungen, die hier natürlich nicht durch Ableitungen, sondern z.B. durch die Anfangswerte $y[0]$, $y[-1]$, $y[-2]$, ..., $y[-N+1]$ gegeben sind.

Durch Anwendung des Superpositionsprinzips (14.1) und der Bedingung für die Zeitinvarianz (14.3) bestätigt man, daß ein durch die Differenzengleichung (14.6) beschriebenes System ein diskretes LTI-System ist.

14.3.2 Lösung von linearen Differenzengleichungen

Für die Lösung der linearen Differenzengleichung (14.6) gibt es zwei Möglichkeiten: die schrittweise numerische Lösung und die analytische Lösung.

14.3.2.1 Numerische Lösung

Durch Umstellen der Differenzengleichung (14.6) erhält man einen Ausdruck

$$y[k] = \frac{1}{a_0} \left[\sum_{n=0}^{N} b_n x[k-n] - \sum_{n=1}^{N} a_n y[k-n] \right], \qquad (14.7)$$

der sich beginnend mit $k = 1, 2, 3, \ldots$ schrittweise numerisch berechnen läßt. Für $k = 1$ beginnt die Berechnung bei bekanntem Eingangssignal $x[k]$ mit den Werten $y[0]$, $y[-1]$, ..., $y[-N+1]$ der Anfangsbedingungen. Für $k > 1$ werden bereits berechnete Werte $y[k-1]$, $y[k-2]$, ... auf der rechten Seite eingesetzt. Diese Lösungsmöglichkeit hat große praktische Bedeutung, da die Berechnung der rechten Seite von (14.7) auf jedem Digitalrechner schnell und mit hoher Genauigkeit durchgeführt werden kann. Die zeitliche Verzögerung um n Werte ist durch Ablage im Speicher des Rechners exakt zu realisieren.

14.3.2.2 Analytische Lösung

Daneben ist auch eine analytische Lösung in ganz ähnlicher Weise wie bei linearen Differentialgleichungen möglich. Das Grundprinzip ist wieder die Aufteilung der Lösung in einen externen und einen internen Anteil

$$y[k] = y_{\text{ext}}[k] + y_{\text{int}}[k]. \qquad (14.8)$$

Hier stellt $y[k]$ die Lösung der Differenzengleichung unter Einhaltung der Anfangsbedingungen dar, $y_{\text{ext}}[k]$ beschreibt die Reaktion auf das Eingangssignal, wenn sich das System anfangs in Ruhe befindet, und $y_{\text{int}}[k]$ beschreibt die homogene Lösung des Anfangswertproblems ohne Eingangssignal. Das Zusammenwirken der Anteile

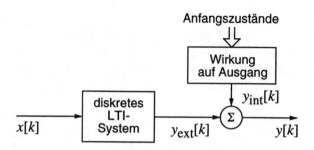

Bild 14.2: Zusammensetzung der Lösung einer Differenzengleichung aus externem und internem Anteil

ist in Bild 14.2 dargestellt, das Bild 7.7 für kontinuierliche Anfangswertprobleme entspricht. Den externen und den internen Anteil kann man mit Hilfe der z-Transformation auf ähnliche Weise berechnen, wie wir diese Anteile bei kontinuierlichen Systemen mit Hilfe der Laplace-Transformation berechnet hatten (s. Kapitel 7).

14.4   Eigenfolgen und Systemfunktion diskreter LTI-Systeme

14.4.1   Eigenfolgen

In den Abschnitten 13.1.1 und 13.5 hatten wir bereits erwähnt, daß man die inverse z-Transformation als Überlagerung von Eigenfolgen diskreter LTI-Systeme deuten kann. Die Eigenschaften von Eigenfolgen sind vollkommen analog zu den Eigenfunktionen kontinuierlicher LTI-Systeme nach Definition 10 in Kapitel 3.2. Eine Eigenfolge am Eingang eines diskreten LTI-Systems führt zu einer Reaktion am Ausgang, die bis auf einen konstanten Faktor der Eingangsfolge entspricht (s. Bild 14.3). Den Nachweis, daß die Eigenfolgen diskreter LTI-Systeme Exponentialfolgen der Form $e[k] = z^k$ sind, führen wir genau wie bei den Eigenfunktionen in Kapitel 3.2.2. Wir betrachten dazu ein allgemeines LTI-System nach Bild 14.1

Bild 14.3: System S wird mit der Eigenfolge $e[k]$ erregt

und setzen lediglich Linearität nach (14.1) und Zeitinvarianz nach (14.2), (14.3) voraus. Das Eingangssignal soll eine Exponentialfolge $x[k] = z^k$ sein. Gesucht ist das zugehörige Ausgangssignal

$$y[k] = S\{z^k\}\,. \tag{14.9}$$

Aus den Voraussetzungen Zeitinvarianz und Linearität folgt

$$y[k - \kappa] = S\{x[k - \kappa]\} = S\{z^{k-\kappa}\} = z^{-\kappa}S\{z^k\} = z^{-\kappa}y[k]\,. \tag{14.10}$$

Diese Differenzengleichung wird für beliebige κ gleichzeitig nur dann erfüllt, wenn $y[k]$ eine gewichtete Exponentialfolge ist

$$y[k] = \lambda z^k\,. \tag{14.11}$$

Aus dem Vergleich von $x[k] = z^k$ und $y[k] = \lambda z^k$ folgt, daß jede Exponentialfolge

$$e[k] = z^k\,, \quad z \in \mathbb{C} \tag{14.12}$$

Eigenfolge eines LTI-Systems ist. Die zugehörigen Eigenwerte λ hängen im allgemeinen von z ab. Wie bei kontinuierlichen Systemen nennen wir $\lambda = H(z)$ die *Systemfunktion* oder *Übertragungsfunktion* diskreter LTI-Systeme (s. Bild 14.4).

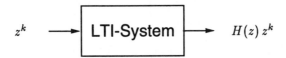

Bild 14.4: z^k sind Eigenfolgen diskreter LTI-Systeme, $H(z)$ ist der Eigenwert

Wie die Systemfunktion kontinuierlicher Systeme, so gilt auch die Systemfunktion $H(z)$ diskreter Systeme oft nur in einem Teil der komplexen Ebene, dem Konvergenzbereich von $H(z)$. Anregung des Systems mit einer komplexen Exponentialfolge außerhalb des Konvergenzbereichs führt nicht zu einer Ausgangsfolge mit endlicher Amplitude. Wie bei kontinuierlichen Systemen wird der Konvergenzbereich von $H(z)$ oft nicht ausdrücklich mit angegeben.

Abschließend sei auch hier wieder gewarnt, daß eine einseitige Exponentialfolge

$$x[k] = z^k \cdot \varepsilon[k] \tag{14.13}$$

keine Eigenfolge eines diskreten Systems ist.

14.4.2 Systemfunktion

Die Systemfunktion $H(z)$ kann nicht nur die Systemreaktion auf Eigenfolgen $e[k] = z^k$, sondern auch auf allgemeine Eingangssignale $x[k]$ beschreiben. Den Zusammenhang zwischen allgemeinen diskreten Eingangssignalen $x[k]$ und Exponentialfolgen stellt gerade die z-Transformation dar, die hier als Rücktransformation des Eingangssignals

$$x[k] = \frac{1}{2\pi j} \oint X(z)z^k \frac{dz}{z} \tag{14.14}$$

und des Ausgangssignals

$$y[k] = \frac{1}{2\pi j} \oint Y(z)z^k \frac{dz}{z} \qquad (14.15)$$

eines LTI-Systems angegeben wird. Die Ausgangsfolge $y[k]$ erhalten wir als Systemreaktion auf $x[k]$

$$y[k] = S\{x[k]\} = \frac{1}{2\pi j} \oint X(z)S\{z^k\}\frac{dz}{z}. \qquad (14.16)$$

Durch Einsetzen von $S\{z^k\} = H(z)z^k$ (s. Bild 14.4) und Vergleich mit (14.15) folgt die Beziehung zwischen den z-Transformierten der Ein- und Ausgangssignale (s. Bild 14.5)

$$\boxed{Y(z) = H(z)X(z).} \qquad (14.17)$$

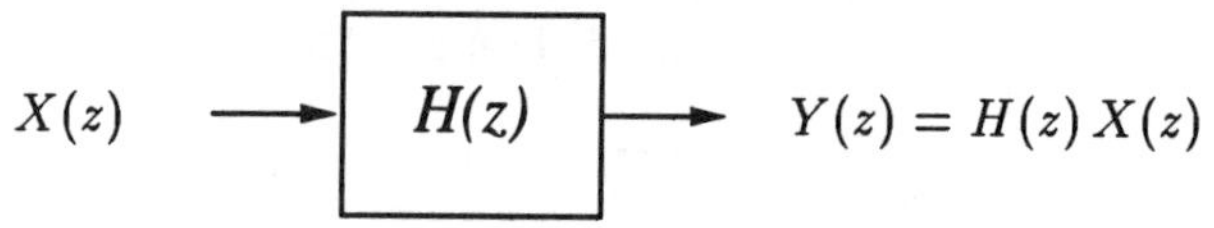

$$X(z) \longrightarrow \boxed{\quad H(z) \quad} \longrightarrow Y(z) = H(z)\,X(z)$$

Bild 14.5: Systemfunktion $H(z)$ eines diskreten LTI-Systems

Die Systemfunktion $H(z)$ (einschließlich ihres Konvergenzbereichs) ist eine vollständige Beschreibung des Eingangs-Ausgangsverhaltens eines diskreten LTI-Systems. Sie erlaubt für jede vorgegebene Eingangsfolge $x[k]$ die Angabe der Ausgangsfolge $y[k]$.

14.4.3 Berechnung der Systemfunktion aus einer Differenzengleichung

Die Systemfunktion kann leicht aus einer Differenzengleichung durch Anwendung des Verschiebungssatzes der z-Transformation gewonnen werden (s. Tabelle 13.4). Wir zeigen das Vorgehen anhand von einigen Beispielen.

─── **Beispiel 14.1**

Ein diskretes Verzögerungsglied verzögert das Eingangssignal um einen Takt. Seine „Differenzengleichung" lautet

$$y[k] = x[k-1]. \qquad (14.18)$$

Durch z-Transformation und Anwendung des Verschiebungssatzes aus Tabelle 13.4 mit $\kappa = 1$ folgt

$$Y(z) = \mathcal{Z}\{y[k]\} = \mathcal{Z}\{x[k-1]\} = z^{-1}X(z). \qquad (14.19)$$

Ein Vergleich mit (14.17) zeigt die Systemfunktion des diskreten Verzögerungsglieds (s. Bild 14.6)

$$H(z) = z^{-1} \, .$$

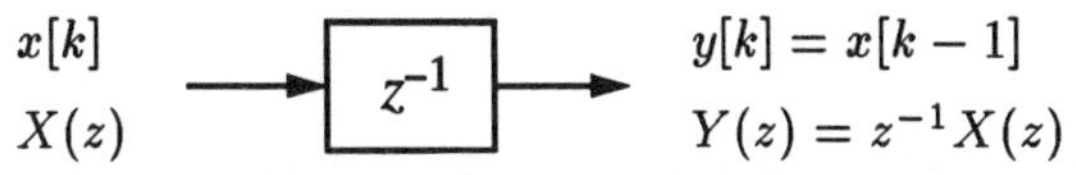

$$
\begin{array}{ccc}
x[k] & & y[k] = x[k-1] \\
X(z) & \boxed{z^{-1}} & Y(z) = z^{-1}X(z)
\end{array}
$$

Bild 14.6: Systemfunktion des diskreten Verzögerungsglieds

─── ■

─────────────────────────────────────── **Beispiel 14.2**

Wir berechnen die Systemfunktion eines diskreten LTI-Systems, das durch die
Differenzengleichung

$$y[k] - \frac{1}{5}y[k-1] + \frac{1}{3}y[k-2] = x[k] + x[k-1] - \frac{1}{2}x[k-2] \tag{14.20}$$

beschrieben wird. Durch z-Transformation erhält man mit dem Verschiebungssatz

$$Y(z) - \frac{1}{5}Y(z)z^{-1} + \frac{1}{3}Y(z)z^{-2} = X(z) + X(z)z^{-1} - \frac{1}{2}X(z)z^{-2} \, . \tag{14.21}$$

Aus der Differenzengleichung ist so eine algebraische Gleichung geworden, aus der
man $X(z)$ und $Y(z)$ ausklammern kann

$$Y(z)\left[1 - \frac{1}{5}z^{-1} + \frac{1}{3}z^{-2}\right] = X(z)\left[1 + z^{-1} - \frac{1}{2}z^{-2}\right] \, . \tag{14.22}$$

Durch Sortieren der Terme folgt die gesuchte Systemfunktion

$$H(z) = \frac{Y(z)}{X(z)} = \frac{1 + z^{-1} - \frac{1}{2}z^{-2}}{1 - \frac{1}{5}z^{-1} + \frac{1}{3}z^{-2}} = \frac{z^2 + z - \frac{1}{2}}{z^2 - \frac{1}{5}z + \frac{1}{3}} \, . \tag{14.23}$$

─── ■

Auf die gleiche Weise wie im letzten Beispiel erhält man auch die Systemfunktion eines allgemeinen LTI-Systems vom Grad N, das durch die Differenzengleichung (14.6) beschrieben wird. Durch z-Transformation mit dem Verschiebungssatz folgt aus (14.6)

$$Y(z) \cdot \sum_{n=0}^{N} a_n z^{-n} = X(z) \cdot \sum_{m=0}^{N} b_m z^{-m} \tag{14.24}$$

und daraus die Systemfunktion

$$
H(z) = \frac{Y(z)}{X(z)} = \frac{\sum\limits_{m=0}^{N} b_m z^{-m}}{\sum\limits_{n=0}^{N} a_n z^{-n}} . \tag{14.25}
$$

Anhand der beiden Beispiele und von (14.24) und (14.25) können wir einige Beobachtungen machen, die uns im Prinzip schon von der Behandlung kontinuierlicher Systeme mit der Laplace-Transformation her vertraut sind:

- Die z-Transformation wandelt eine lineare Differenzengleichung mit konstanten Koeffizienten in eine algebraische Gleichung um. Die algebraische Gleichung kann viel leichter gelöst oder in ihren Eigenschaften untersucht werden als die Differenzengleichung.

- Die Systemfunktion für eine Differenzengleichung endlicher Ordnung ist eine gebrochen rationale Funktion und kann durch Pole und Nullstellen beschrieben werden. Den Frequenzgang des Systems kann man aus den Pol-Nullstellendiagrammen mit der in Abschnitt 13.6 beschriebenen Technik leicht abschätzen.

- Die Ableitung der Systemfunktion aus der Differenzengleichung erlaubt eine Aussage über den Konvergenzbereich der Systemfunktion $H(z)$ nur, wenn noch zusätzliche Eigenschaften wie Kausalität oder Stabilität bekannt sind. Bei kausalen Systemen liegt der Konvergenzbereich außerhalb eines Kreises durch den am weitesten vom Ursprung entfernt liegenden Pol.

14.5 Beschreibung durch Blockdiagramme und im Zustandsraum

Wie kontinuierliche Systeme können auch diskrete Systeme durch Blockdiagramme dargestellt werden. Die Parallelen zwischen beiden Arten von Systemen werden hier besonders augenfällig, denn an die Stelle der Integration bei kontinuierlichen Systemen tritt bei diskreten Systemen die Verzögerung. Im Frequenzbereich bedeutet das, daß an die Stelle der Blöcke mit der Systemfunktion $H(s) = s^{-1}$ (Integrierer) Blöcke mit der Systemfunktion $H(z) = z^{-1}$ (Verzögerungsglieder) treten.

14.5.1 Direktform I

Die Direktform I eines diskreten LTI-Systems nach Bild 14.7 entspricht genau dem entsprechenden Blockdiagramm für kontinuierliche Systeme in Bild 2.1. Der einzige Unterschied sind die Verzögerungsglieder, die an der Stelle der Integrierer bei kontinuierlichen Systemen sitzen. Durch Vergleich mit der Systemfunktion (14.25)

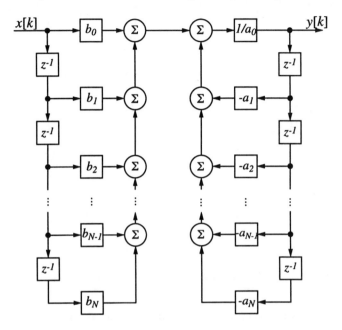

Bild 14.7: Direktform I eines diskreten LTI-Systems

bestätigt man, daß das Blockdiagramm nach Bild 14.7 ein diskretes LTI-System mit der Differenzengleichung (14.6) realisiert.

14.5.2 Direktform II

Das Blockdiagramm in Bild 14.7 kann als Reihenschaltung zweier LTI-Systeme aufgefaßt werden, deren Reihenfolge auch vertauscht werden kann (vergl. Bild 2.2). Das Resultat ist in Bild 14.8 gezeigt. Wie in Kapitel 2.2 fällt auch hier auf, daß die beiden senkrechten Reihen von Verzögerern parallel laufen und durch eine einzige Reihe ersetzt werden können. Das Resultat in Bild 14.9 entspricht wieder der Struktur der Direktform II des kontinuierlichen Systems in Bild 2.3. Auf ähnliche Weise kann auch die Direktform III (s. Bild 2.5) für diskrete Systeme hergeleitet werden.

14.5.3 Zustandsraumbeschreibung diskreter LTI-Systeme

Ist ein Blockdiagramm eines LTI-Systems gegeben, so läßt sich eine Zustandsraumbeschreibung der Form

$$\mathbf{z}[k+1] \quad = \quad \mathbf{A}\mathbf{z}[k] + \mathbf{B}x[k] \tag{14.26}$$

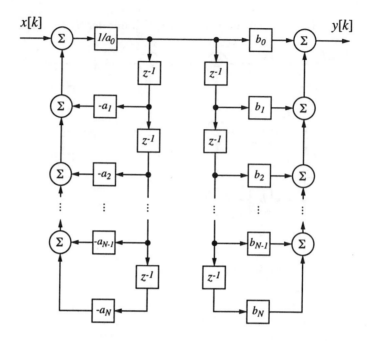

Bild 14.8: Entwicklung der Direktform II aus der Direktform I

$$y[k] \;=\; \mathbf{C}z[k] + \mathbf{D}x[k] \tag{14.27}$$

aufstellen. Als Zustandsvektor $\mathbf{z}[k]$ wählt man dazu die in den Verzögerungsgliedern gespeicherten Werte. Wir bezeichnen (14.26) als Systemgleichung, die das Fortschreiten des inneren Zustands abhängig vom aktuellen Zustand $\mathbf{z}[k]$ und der Eingangsfolge $x[k]$ beschreibt. Mit der Form (14.26) und (14.27) lassen sich auch leicht Systeme mit mehreren Eingängen und Ausgängen charakterisieren (Bild 14.10).

Wir können die Zustandsraumbeschreibung (14.26), (14.27) z-transformieren und erhalten

$$z\mathbf{Z}(z) \;=\; \mathbf{A}\mathbf{Z}(z) + \mathbf{B}X(z) \tag{14.28}$$

$$Y(z) \;=\; \mathbf{C}\mathbf{Z}(z) + \mathbf{D}X(z) \tag{14.29}$$

Diese Gleichungen sind aber identisch mit der Zustandsraumbeschreibung eines zeitkontinuierlichen Systems im Laplace-Bereich! An die Stelle der komplexen Variablen s ist hier lediglich die komlexe Variable z getreten. Wir können deshalb viele Techniken, die wir für kontinuierliche Systeme entwickelt haben, für diskrete Systeme direkt übernehmen. Dies schließt die Zusammenhänge zwischen Differenzen- bzw. Differentialgleichung, Blockdiagramm und Zustandsraumbeschreibung (Ab-

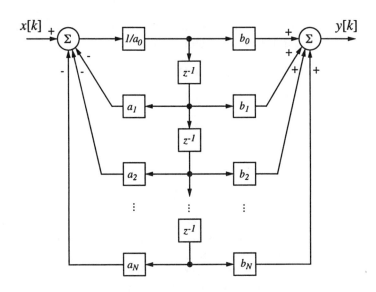

Bild 14.9: Direktform II eines diskreten LTI-Systems

schnitt 2.4), äquivalente Zustandsraumdarstellungen (Abschnitt 2.5), Steuerbarkeit und Beobachtbarkeit (Abschnitt 2.6) mit ein. Bild 14.10 zeigt das Blockdiagramm der Zustandsraumbeschreibung eines diskreten LTI-Systems nach den Zustandsgleichungen (14.26), (14.27), bzw. (14.28), (14.29). (Man darf hier nicht den Zustandvektor im Zeitbereich $z[k]$ mit der Frequenzvariablen z der z-Transformation verwechseln!)

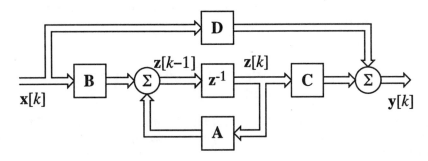

Bild 14.10: Blockdiagramm der Zustandsraumbeschreibung eines diskreten LTI-Systems

Sollen Anfangswertprobleme, die durch Differenzengleichungen beschrieben werden, gelöst werden, so kann man die Zustandsraumbeschreibung (14.26) und (14.27) erweitern, indem man das System zu einem geeigneten Zeitpunkt k_0 in einen geeigneten Anfangszustand $z[k_0]$ versetzt, so daß die vorgegebenen Anfangsbedingungen erfüllt werden. Das läßt sich durch einen überlagerten Impuls $z_0\delta[k - k_0]$ erreichen, mit dem die Zustandsraumbeschreibung lautet

$$z[k + 1] = \mathbf{A}z[k] + \mathbf{B}x[k] + z_0\delta[k + 1 - k_0] \tag{14.30}$$

$$y[k] = \mathbf{C}z[k] + \mathbf{D}x[k]$$

Gibt man den Anfangszustand bei $k_0 = +1$ vor, so lautet die z-Transformierte der Zustandsraumbeschreibung

$$z\mathbf{Z}(z) - z_0 = \mathbf{A}\mathbf{Z}(z) + \mathbf{B}X(z) \tag{14.31}$$

$$Y(z) = \mathbf{C}\mathbf{Z}(z) + \mathbf{D}X(z),$$

was formal genau dem Anfangswertproblem für kontinuierliche Systeme im Laplace-Bereich (7.61), (7.62) entspricht. Den Anfangszustand z_0 kann man leicht errechnen, wenn Anfangsbedingungen $y[1], y[0], y[-1], \ldots, y[-N + 2]$ gegeben sind. Ausgehend von (7.64) – (7.66) kann man das diskrete Anfangswertproblem wie gewohnt lösen. Wir zeigen das Vorgehen an einem Beispiel.

─── **Beispiel 14.3**

Das diskrete System 2. Ordnung in Bild 14.11 ist durch folgende Matrizen der Zustandsraumbeschreibung gekennzeichnet

$$\mathbf{A} = \begin{bmatrix} 0 & \dfrac{1}{4} \\ 1 & 0 \end{bmatrix}, \qquad \mathbf{B} = \begin{bmatrix} 1 \\ 0 \end{bmatrix}, \qquad \mathbf{C} = \begin{bmatrix} 0 & \dfrac{1}{4} \end{bmatrix}, \qquad \mathbf{D} = 1.$$

Wir berechnen die Reaktion des Systems für $x[k] = 0$ und die Anfangswerte $y[0]$ und $y[1]$ mit Hilfe der Formel (vergl. (7.64) – (7.66))

$$Y(z) = \mathbf{G}(z)\,z_0, \qquad \mathbf{G}(z) = \mathbf{C}(z\mathbf{E} - \mathbf{A})^{-1} = \frac{\dfrac{1}{4}}{z^2 - \dfrac{1}{4}}\,[1 \quad z].$$

Den Zusammenhang zwischen den vorgegebenen Anfangswerten $y[0]$ und $y[1]$ und dem Zustandsvektor $z_0 = z[1]$, der das gleiche Ausgangssignal erzeugt, lesen wir aus Bild 14.11 ab

$$z_1[1] = y[0], \qquad z_2[1] = 4y[1].$$

Daraus erhalten wir zunächst

$$Y(z) = \frac{\dfrac{1}{4}}{z^2 - \dfrac{1}{4}}\,\big(y[0] + z\,4y[1]\big) \tag{14.32}$$

und weiter durch Partialbruchzerlegung

$$Y(z) = \frac{1}{4}z^{-1}\left[(y[0] + 2y[1])\frac{z}{z - \frac{1}{2}} - (y[0] - 2y[1])\frac{z}{z + \frac{1}{2}}\right].$$

Durch inverse z-Transformation folgt schließlich das Ausgangssignal

$$\begin{aligned}
y[k] &= y[0]\frac{1}{4}\left[\left(\frac{1}{2}\right)^{k-1} - \left(-\frac{1}{2}\right)^{k-1}\right]\varepsilon[k-1] + \\
&\quad y[1]\frac{1}{2}\left[\left(\frac{1}{2}\right)^{k-1} + \left(-\frac{1}{2}\right)^{k-1}\right]\varepsilon[k-1].
\end{aligned}$$

Da wir den Anfangszustand bei $k_0 = 1$ angenommen hatten, beginnt das daraus berechnete Ausgangssignal natürlich auch erst bei $k = 1$, liefert da aber den erwarteten Wert $y[1]$, wie man durch Einsetzen bestätigt.

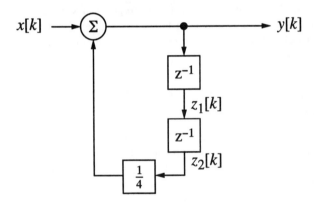

Bild 14.11: Blockdiagramm des diskreten Systems zu Beispiel 14.3

14.6   Diskrete Faltung und Impulsantwort

In Kapitel 8 hatten wir für kontinuierliche Systeme die Impulsantwort als zweite wichtige Kenngröße neben der Systemfunktion eingeführt. Ihre Bedeutung drückt sich durch drei wesentliche Eigenschaften aus:

- Die Impulsantwort eines Systems ist die Reaktion auf eine impulsförmige Erregung.

- Die Impulsantwort erhält man durch inverse Transformation der Systemfunktion.

- Das Ausgangssignal eines Systems erhält man im Zeitbereich durch Faltung des Eingangssignals mit der Impulsantwort.

Die Herleitung dieser Eigenschaften war nicht ganz einfach, denn die für die Erzeugung der Impulsantwort notwendige impulsförmige Erregung ist keine gewöhnliche Funktion. Der Preis für die Eleganz dieser Systembeschreibung war die Verallgemeinerung des Funktionenbegriffs auf Distributionen. Der dazu in Kapitel 8.3 eingeführte Delta-Impuls kann nicht einfach durch seine Funktionswerte charakterisiert werden, sondern nur durch seine Wirkung auf andere Funktionen, insbesondere die sogenannte Ausblendeigenschaft.

Diese Systembeschreibung mit Hilfe der Impulsantwort übertragen wir jetzt auf diskrete Systeme. Wir werden sehen, daß die Impulsantwort eines diskreten Systems die gleichen grundsätzlichen Eigenschaften aufweist wie die eines kontinuierlichen Systems. In einem Punkt sind die Verhältnisse bei diskreten Systemen aber wesentlich einfacher: Das impulsförmige Eingangssignal zur Erzeugung der Impulsantwort ist hier eine höchst einfache Folge. Es ist der in Kapitel 12.2.1 eingeführte diskrete Einheitsimpuls, eine Folge von Nullen und einer Eins. Mit diesen Werten kann man unmittelbar rechnen; eine Verallgemeinerung des Funktionenbegriffs ist hier nicht notwendig.

14.6.1 Berechnung der Systemreaktion durch diskrete Faltung

Zur Einführung der Impulsantwort eines diskreten Systems betrachten wir Bild 14.12. Es zeigt ein diskretes System mit dem Eingangssignal $x[k]$ und dem Ausgangssignal $y[k]$. Die Reaktion $h[k]$ auf einen diskreten Einheitsimpuls nach Kapitel 12.2.1 nennen wir die Impulsantwort des diskreten Systems.

Die Impulsantwort ermöglicht bei diskreten LTI-Systemen eine Berechnung der Systemreaktion im Zeitbereich. Als Beispiel dient die Eingangsfolge $x[k]$ in Bild 14.12 mit drei von null verschiedenen Werten. Wir können sie aufspalten in drei Einzelfolgen mit je einem von Null verschiedenen Wert. Jede dieser Folgen kann als um $\kappa = 0, 1, 2$ Werte verschobener Einheitsimpuls aufgefaßt werden, der mit dem jeweiligen Funktionswert von $x[k]$ gewichtet ist, d.h. $x[\kappa]\delta[k - \kappa]$ für $\kappa = 0, 1, 2$. Am Ausgang des LTI-Systems ruft jede dieser verschobenen und gewichteten Impulsfolgen eine ebenso verschobene und gewichtete Impulsantwort hervor, also $x[\kappa]h[k - \kappa]$ für $\kappa = 0, 1, 2$. Die Addition der Reaktionen auf die Einzelfolgen führt wegen der Linearität des Systems zur Reaktion auf das gesamte Eingangssignal $x[k]$, d.h. auf $y[k] = \sum_{\kappa=0}^{2} x[\kappa]h[k-\kappa]$. Diese Überlegung kann auch auf beliebige Eingangsfolgen $x[k]$ mit mehr als drei Werten ausgedehnt werden. Die Summation über κ erstreckt sich dann im allgemeinsten Fall von $-\infty$ bis ∞. Der entstehende Ausdruck für $y[k]$ gleicht der Faltungsbeziehung (8.39), wenn man

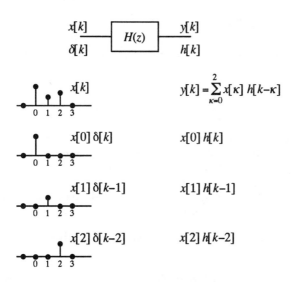

Bild 14.12: Diskrete Faltung

das Integral durch ein Summenzeichen ersetzt. Wir sprechen deshalb von einer *diskreten Faltung* und bezeichnen sie ebenfalls mit $*$:

$$
\begin{aligned}
y[k] &= x[k] * h[k] = \sum_{\kappa=-\infty}^{\infty} x[\kappa]\, h[k-\kappa] \\
&= h[k] * x[k] = \sum_{\kappa=-\infty}^{\infty} h[\kappa]\, x[k-\kappa].
\end{aligned}
\tag{14.33}
$$

Durch Substitution $n = k - \kappa$ zeigt man schnell, daß auch die diskrete Faltung kommutativ ist.

14.6.2 Faltungssatz der z-Transformation

Bei der Beschreibung des Systems aus Bild 14.12 ist bis jetzt noch offen geblieben, welche Beziehung zwischen der Impulsantwort $h[k]$ und der Systemfunktion $H(z)$ besteht. Um diesen Zusammenhang herzustellen, gehen wir von der diskreten Faltung nach (14.33) aus und wenden auf beide Seiten die z-Transformation an:

$$
Y(z) = \sum_{k=-\infty}^{\infty} y[k] z^{-k} = \sum_{k=-\infty}^{\infty} \sum_{\kappa=-\infty}^{\infty} x[\kappa] h[k-\kappa] z^{-k+(\kappa-\kappa)}.
\tag{14.34}
$$

Auf der rechten Seite haben wir im Exponenten von z noch eine Null in Gestalt von $\kappa - \kappa = 0$ angefügt, was sicher erlaubt ist. Durch Vertauschen der Summationen und Umgruppieren der Terme folgt

$$Y(z) = \sum_{\kappa=-\infty}^{\infty} x[\kappa]z^{-\kappa} \cdot \sum_{k=-\infty}^{\infty} h[k-\kappa]z^{-(k-\kappa)}$$

$$= \sum_{\kappa=-\infty}^{\infty} x[\kappa]z^{-\kappa} \cdot \sum_{n=-\infty}^{\infty} h[n]z^{-n} \quad .$$

(14.35)

In der zweiten Zeile wurde die Substitution $n = k - \kappa$ verwendet. Die beiden Summen sind unabhängig voneinander und stellen jeweils die z-Transformierten von $x[k]$ und von $h[k]$ dar. Daraus lesen wir ab:

- Durch z-Transformation geht eine diskrete Faltung in eine Multiplikation der entsprechenden z-Transformierten über.

- Die z-Transformierte der Impulsantwort eines diskreten Systems ist die Systemfunktion.

Die erste Aussage kennzeichnet den *Faltungssatz* der z-Transformation, der dem Faltungssatz der Laplace-Transformation entspricht:

$$\boxed{y[k] = x[k] * h[k] \;\circ\!\!-\!\!\bullet\; Y(z) = X(z)\,H(z) \quad Kb\{y\} \supseteq Kb\{x\} \cap Kb\{h\}\,.}$$ (14.36)

Der Konvergenzbereich von $Y(z)$ entspricht mindestens der Schnittmenge der Konvergenzbereiche von $X(z)$ und $H(z)$. Das bedeutet, daß $Y(z)$ sicher dort konvergiert, wo sowohl $X(z)$ auch $H(z)$ konvergieren. $Y(z)$ konvergiert aber auch an Polstellen von $H(z)$, wenn diese gleichzeitig Nullstellen von $X(z)$ sind (und umgekehrt). Der Konvergenzbereich von $Y(z)$ kann also größer als die Schnittmenge sein.

Die zweite Aussage stellt den gesuchten Zusammenhang zwischen Impulsantwort und Systemfunktion her:

$$\boxed{H(z) = \mathcal{Z}\{h[k]\}\,.}$$ (14.37)

Ebenso wie die Systemfunktion ist die Impulsantwort eine vollständige Beschreibung des Eingangs-Ausgangsverhaltens eines diskreten LTI-Systems. Über die Faltung mit der Impulsantwort läßt sich die Reaktion des Systems auf jede beliebige Eingangsfolge berechnen. Aus (14.37) ergibt sich auch der Konvergenzbereich der Systemfunktion $H(z)$, den wir in Abschnitt 14.4 schon als bekannt vorausgesetzt hatten.

14.6.3 Systeme mit endlich und unendlich langer Impulsantwort

Ein wesentliches Unterscheidungsmerkmal diskreter Systeme ist die Länge der Impulsantwort. Abhängig von der Struktur des Systems kann sie endlich oder unendlich viele von Null verschiedene Werte besitzen. Wir betrachten dazu zwei Beispiele für diskrete Systeme 1. Ordnung.

Beispiel 14.4

Bild 14.13 zeigt die Struktur eines Systems mit der Systemfunktion

$$H(z) = 1 + bz^{-1}.$$

Es besteht aus einem direkten Pfad vom Eingang zum Ausgang und einem parallelen Pfad mit einer Verzögerung und einer Multiplikation. Die Reaktion auf einen Impuls besteht daher aus zwei Werten und ist endlich lang.

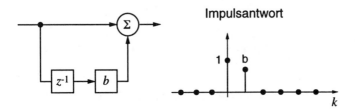

Bild 14.13: System mit einer endlich langen Impulsantwort

Eine Software-Realisierung dieses Systems in der Programmiersprache MATLAB besteht z.B. aus folgenden Befehlen:

```
x    = [ 1 0 0 0 0 0];     % Eingangssignal: Einheitsimpuls
b    = 0.8;                % Multiplizierer

xalt = 0;                  % Speicher (zu Beginn leer)
y    = zeros(size(x));     % Ausgangssignal (noch nicht berechnet)

for k=1:6,                 % Schleife fuer 6 Zeitschritte
    y(k) = x(k) + xalt*b;  % aktueller Wert des Ausgangssignals
    xalt = x(k);           % Verzoegerung des Eingangssignals
end
```

Die Verzögerung wird durch Speicherung des aktuellen Eingangswertes in der Variablen `xalt` gebildet.

Beispiel 14.5

Bild 14.14 zeigt die Struktur eines Systems mit der Systemfunktion

$$H(z) = \frac{1}{1 - az^{-1}} = \frac{z}{z - a} \ .$$

Es besteht aus einem direkten Pfad und einer Rückkopplung vom Ausgang zum Eingang mit einer Verzögerung und einer Multiplikation. Die Reaktion auf einen Impuls klingt für $0 < |a| < 1$ zwar stetig ab, erreicht aber nie ganz den Wert Null. Die Impulsantwort ist daher unendlich lang.

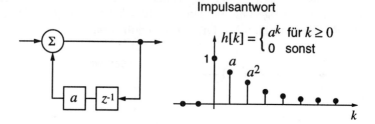

Bild 14.14: System mit einer unendlich langen Impulsantwort

Die entsprechenden Programmschritte in der Programmiersprache MATLAB lauten

```
x    = [ 1 0 0 0 0 0];     % Eingangssignal: Einheitsimpuls
a    = 0.8;                % Multiplizierer

yalt = 0;                  % Speicher (zu Beginn leer)
y    = zeros(size(x));     % Ausgangssignal (noch nicht berechnet)

for k=1:6,                 % Schleife fuer 6 Zeitschritte
    y[k] = x[k] + yalt*a;  % aktueller Wert des Ausgangssignals
    yalt = y[k];           % Verzoegerung des Ausgangssignals
end
```

Hier wird der aktuelle Ausgangswert in der Variablen **yalt** gespeichert, um die Verzögerung zu realisieren.

Für $a = 1$ stellt dieses System einen Akkumulator dar, der die Summe über alle ankommenden Eingangswerte bildet. Die Impulsantwort des Akkumulators ist der diskrete Einheitssprung (s. Bild 14.14 für $a = 1$). Die $\mathcal{F}_*$-Transformierte des diskreten Einheitssprung hatten wir bereits in Kapitel 12.3.3.3 berechnet, ebenso wie die zugehörige Z-Transformierte in Beispiel 13.2.

Folgende deutsche und englische Bezeichnungen werden verwendet:

- Systeme mit endlich langer Impulsantwort heißen auch *nichtrekursive* oder *FIR*-Systeme (FIR – Finite Impulse Response).

- Systeme mit unendlich langer Impulsantwort heißen auch *rekursive* oder *IIR*-Systeme (IIR – Infinite Impulse Response).

14.6.4 Berechnung der diskreten Faltung

Die große praktische Bedeutung der diskreten Faltung besteht darin, daß die Berechnungsvorschrift

$$y[k] = x[k] * h[k] = \sum_{\kappa=-\infty}^{\infty} x[\kappa]\, h[k - \kappa] \qquad (14.38)$$

unmittelbar als Rechnerprogramm realisiert werden kann. In den üblichen Programmiersprachen erfordert die Berechnung von (14.38) zwei FOR-Schleifen, wobei die äußere Schleife über den Index k und die innere über den Index κ läuft. Es gibt aber auch Prozessoren mit spezieller Architektur (Signalprozessoren), bei denen die Summation über κ in (14.38) mit einem Befehl als Skalarprodukt zweier Vektoren sehr schnell ausgeführt werden kann. Für die Erstellung und den Test solcher Programme ist es jedoch unerläßlich, die diskrete Faltung auch auf dem Papier zu beherrschen. Wir werden sie daher noch ausführlicher behandeln als die Berechnung des Faltungsintegrals in Kapitel 8.4.3.

Zu Beginn stellen wir ein Rezept zusammen, das dem für das Faltungsintegral in Kapitel 8.4.3 gleicht:

1. $x[\kappa]$ und $h[\kappa]$ über κ auftragen.

2. $h[\kappa]$ umklappen: $h[\kappa] \rightarrow h[-\kappa]$.

3. $h[-\kappa]$ um k Positionen nach *rechts* verschieben: $h[-\kappa] \rightarrow h[k - \kappa]$.

4. Multiplikation von $x[\kappa]$ mit $h[k - \kappa]$ und Summation der Produkte über alle Werte von κ ergibt *einen* Wert von $y[k]$.

5. Schritte 3 und 4 für alle Werte von k wiederholen.

Wegen der Kommutativität der Faltung kann man das Rezept auch ausführen, wenn $x[k]$ und $h[k]$ ihre Rollen tauschen. Die Berechnung der diskreten Faltung nach diesem Rezept führen wir nun in einigen Beispielen durch.

Wir berechnen die Reaktion des rekursiven Systems aus Bild 14.14 mit der Impulsantwort

$$h[k] = \varepsilon[k]a^k \qquad 0 < a < 1 \tag{14.39}$$

auf ein Eingangssignal der Form

$$x[k] = \begin{cases} 1 & \text{für } 0 \le k \le K-1 \\ 0 & \text{sonst} \end{cases} \tag{14.40}$$

als Ergebnis der Faltung

$$y[k] = x[k] * h[k]. \tag{14.41}$$

Die Impulsantwort $h[k]$ und das Eingangssignal $x[k]$ sind in Bild 14.15 dargestellt. Durch Umklappen und Verschieben der Impulsantwort erhält man die Folge

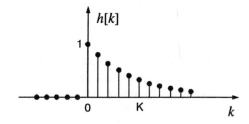

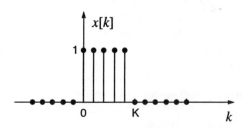

Bild 14.15: Eingangssignal $x[k]$ und Impulsantwort $h[k]$

$h[k - \kappa]$, die Bild 14.16 für $k = -2$ und $k = 6$ zeigt.

Für die Multiplikation von $x[\kappa]$ und $h[k - \kappa]$ und Summation über κ sind hier drei verschiedene Fälle zu unterscheiden:

- Für $k < 0$ überlappen sich $h[k - \kappa]$ und $x[\kappa]$ nicht (s. Bild 14.16 unten), das Produkt ergibt für alle κ den Wert Null, so daß gilt

$$y[k] = 0. \tag{14.42}$$

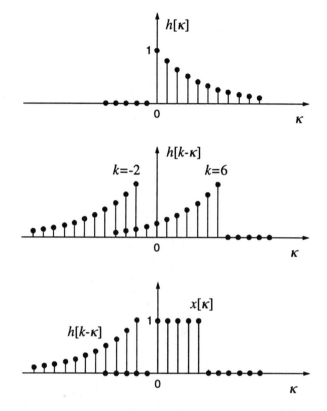

Bild 14.16: Gespiegelte Impulsantwort überlappt sich für $k < 0$ nicht mit dem Eingangssignal $x[k]$

- Für $0 \leq k < K$ beginnen sich $h[k - \kappa]$ und $x[k]$ zu überlappen, so daß das Produkt $x[\kappa]h[k - \kappa]$ für $0 \leq \kappa \leq k$ von Null verschieden ist (s. Bild 14.17). Die Summation über κ ergibt

$$y[k] = \sum_{\kappa=0}^{k} a^{k-\kappa} = a^k \sum_{\kappa=0}^{k} (a^{-1})^\kappa = \frac{a^k(1 - a^{-k-1})}{1 - a^{-1}} = \frac{1 - a^{k+1}}{1 - a} . \quad (14.43)$$

- Für $K \leq k$ überlappen sich sämtliche K Werte des Eingangssignals $x[k]$ mit der umgeklappten und verschobenen Impulsantwort $h[k - \kappa]$ (s. Bild 14.18). Die Summation über κ läuft jeweils über $0 \leq k < K$ und ergibt

$$y[k] = \sum_{\kappa=0}^{K-1} a^{k-\kappa} = \frac{a^k(1 - a^{-K})}{1 - a^{-1}} = \frac{a^{k+1}(a^{-K} - 1)}{1 - a} . \quad (14.44)$$

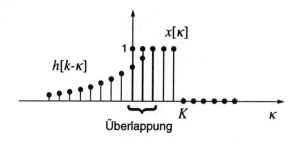

Bild 14.17: Für $0 \leq k < K$ beginnen sich die beiden Funktionen zu überlappen

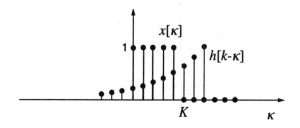

Bild 14.18: Überlappungsbereich für $K \leq k$

Die Zusammenfassung der Werte von $y[k]$ aus allen drei Teilbereichen ist in Bild 14.19 dargestellt.

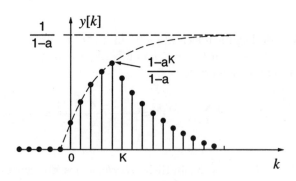

Bild 14.19: Endergebnis für $y[k]$ in Beispiel 14.6

Die Faltung einer Folge $x[k]$ mit einem verschobenen und skalierten Einheitsimpuls gibt die verschobene und skalierte Variante von $x[k]$:

$$x[k] * A\delta[k - k_0] = Ax[k - k_0] \,. \tag{14.45}$$

Bild 14.20 zeigt ein Beispiel für $A = -2$ und $k_0 = 3$.

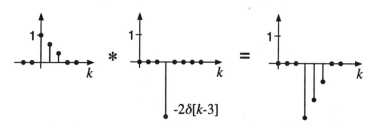

Bild 14.20: Gegebene Folge wird um 3 verschoben und mit dem Faktor -2 skaliert

Wenn $h[k]$ nur eine kurze Folge ist (z.B. als Impulsantwort eines nichtrekursiven Filters), kann man die bereits in Bild 14.12 verwendeten Schritte durchführen, um das Faltungsprodukt $k[k] * x[k]$ zu berechnen:

1. Zerlegung von $h[k]$ in verschobene und skalierte Einheitsimpulse $h[\kappa]\delta[k - \kappa]$.

2. Überlagerung der Teil-Faltungsprodukte, die sich aus der Faltung von $x[k]$ mit den verschobenen, skalierten Einheitsimpulsen $h[\kappa]\delta[k - \kappa]$ ergeben.

Die Anwendung dieser Schritte auf das in Bild 14.21 gezeigte Eingangssignal $x[k]$ und die kurze Impulsantwort $h[k]$ zeigt Bild 14.22. Die Faltung von $x[k]$ mit jeder Teilfolge (links)

$$h_\kappa[k] = h[\kappa]\delta[k - \kappa] \,, \quad \kappa = 0, 1, 2$$

gibt die Teilprodukte (rechts)

$$y_\kappa[k] = h[\kappa]x[k - \kappa] \,, \quad \kappa = 0, 1, 2 \quad,$$

deren Summe über $\kappa = 0, 1, 2$ das gesamte Ausgangssignal $y[k]$ ergibt (rechts unten).

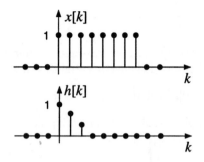

Bild 14.21: Eingangssignal $x[k]$ und Impulsantwort $h[k]$

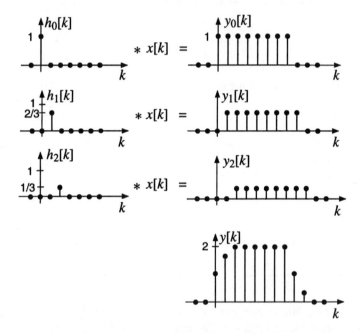

Bild 14.22: Berechnung der Faltungsprodukte von $x[k]$ mit den Teilfolgen $h_\kappa[k]$

Die Faltung zweier Signale endlicher Dauer gibt wieder ein Signal endlicher Dauer. Aus Bild 14.23 ist abzulesen, daß der erste von Null verschiedene Wert des Resultats $y[k]$ bei dem Index liegt, der der Summe der Indizes der ersten Werte von $x[k]$ und $h[k]$ entspricht. Für den letzten Wert von $y[k]$ gilt sinngemäß das gleiche. Die Dauer von $y[k]$ erhält man dann aus der Dauer von $x[k]$ und $h[k]$ zu

$$\boxed{\text{Dauer}\{y[k]\} = \text{Dauer}\{x[k]\} + \text{Dauer}\{h[k]\} - 1\,.}\qquad(14.46)$$

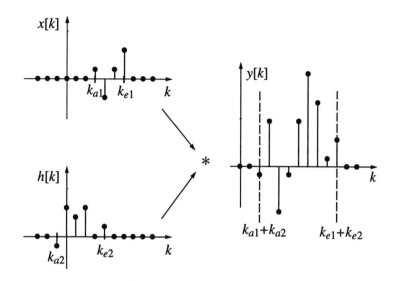

Bild 14.23: Faltung zweier Signale $x[k]$ und $h[k]$ endlicher Dauer

14.7 Aufgaben

Aufgabe 14.1

Überprüfen Sie die Linearität und die Zeitinvarianz folgender Systeme $y[k] = S\{x[k]\}$:

a) $y[k] = a\,x[k]$

b) $y[k] = x[k - 5]$

c) $y[k] = a + x[k]$

d) $y[k] = a^k\,x[k]$

e) $y[k] = x[k] - x[k - 1]$

f) $y[k] = \displaystyle\sum_{\mu=0}^{k} x[\mu]$

g) $y[k] = \displaystyle\sum_{\mu=-\infty}^{k} x[\mu]$

h) $y[k] = c \cdot y[k - 1] + x[k]$

i) $y[k] = \dfrac{1}{k} x[k]$

j) $y[k] = a^{x[k]}$

Aufgabe 14.2

Sind folgende Systeme verschiebungsinvariant? Begründen Sie Ihre Antworten.

a) Unterabtaster um Faktor 2: $y[k] = x[2\,k]$

b) Überabtaster um Faktor 2: $y[k] = \begin{cases} x\left[\frac{1}{2}k\right] & k \text{ gerade} \\ 0 & k \text{ ungerade} \end{cases}$

c) Unterabtaster gefolgt von einem Überabtaster:

$$x[k] \longrightarrow \boxed{\downarrow 2} \longrightarrow \boxed{\uparrow 2} \longrightarrow y[k]$$

Untersuchen Sie speziell die Verzögerung um einen und um zwei Takte.

Aufgabe 14.3

Ein System ist durch die Differenzengleichung

$$y[k] = x[k] - 2y[k-1] - y[k-2]$$

gegeben. Berechnen Sie die Reaktion auf a) $x[k] = \delta[k]$ und b) $x[k] = \varepsilon[k]$ numerisch für $k \geq -1$.

Aufgabe 14.4

Lösen Sie folgendes diskrete Anfangswertproblem numerisch für $k \in [0; 5]$:

Differenzengleichung: $y[k] + y[k-2] = x[k]$

Nebenbedingungen: $y[0] = 0$

$y[1] = 5$

Erregung: $x[k] = (-1)^k \varepsilon[k]$

Aufgabe 14.5

Das Ausgangssignal des folgenden Systems soll numerisch für $k \in [0; 3]$ berechnet werden. Geben Sie $y_{\text{ext}}[k]$, $y_{\text{int}}[k]$ und die Anfangsbedingung $y[0]$ an, wenn der Ausgang des Verzögerungsgliedes den Anfangszustand $z[0] = 2$ hat und $x[k] = \varepsilon[k]$ gilt.

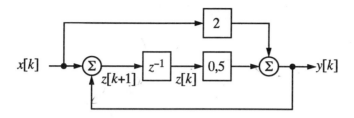

Aufgabe 14.6

a) Wandeln Sie das Blockdiagramm aus Aufgabe 14.5 (durch Überlegen) in Direktform I, II und III um. Ermitteln Sie jeweils die Anfangszustände der Verzögerer damit die Anfangsbedingung erfüllt wird. Bei welchen Formen ist die Zuordnung der Anfangszustände eindeutig?

b) Ermitteln Sie aus dem Blockdiagramm aus Aufgabe 14.5 eine Differenzengleichung und vergleichen Sie die Koeffizienten mit a).

Aufgabe 14.7

Geben Sie für das System aus Aufgabe 14.4 die Direktform II und III an. Bestimmen Sie jeweils die Anfangszustände so, daß die Nebenbedingungen erfüllt werden.

Aufgabe 14.8

Ein System ist durch die Differenzengleichung $y[k] - \frac{1}{2}y[k-1] + \frac{1}{4}y[k-2] = x[k]$

gegeben. Berechnen Sie die Reaktion auf $x[k] = \left(\frac{1}{2}\right)^k \varepsilon[k]$ mit der inversen z-Transformation.

Aufgabe 14.9

a) Berechnen Sie die Impulsantwort $h_1[k]$ des diskreten Systems $H_1(z) = \dfrac{a\,z^2}{z^2 - z + 0,5}$, $|z| > c$. Handelt es sich um ein FIR- oder IIR-System (Begründung)?

b) $H_1(z)$ soll mit einem FIR-System $H_2(z)$ näherungsweise nachgebildet werden. Die Impulsantworten $h_1[k]$ und $h_2[k]$ sollen für $k \leq 5$ übereinstimmen. Berechnen Sie $H_2(z)$ und geben Sie ein Blockdiagramm zur Realisierung an.

Aufgabe 14.10

Lösen Sie das Anfangswertproblem der Aufgabe 14.5 analytisch mit Hilfe der z-Transformation:

$y[k] - 0,5y[k-1] = 2x[k] + 0,5x[k-1]$

$y[0] = 3$

$x[k] = \varepsilon[k]$

a) Berechnen Sie $y_{\text{ext}}[k] \circ\!\!-\!\!\bullet\, Y_{\text{ext}}(z) = H(z) \cdot X(z)$.

b) Berechnen Sie $y_{\text{int}}[k]$. Beginnen Sie mit dem Ansatz $Y_{\text{int}}(z) = \dfrac{Az}{z - z_p}$, wobei z_p der Pol von $H(z)$ ist. Bestimmen Sie dann A im Zeitbereich unter Verwendung der Anfangsbedingung. Hinweis: Beachten Sie Kap. 7.3.3.

c) Geben Sie $y[k]$ an. Vergleichen Sie die Ergebnisse mit Aufgabe 14.5.

Aufgabe 14.11

Lösen Sie das Anfangswertproblem aus Aufgabe 14.4 analytisch mit der z-Transformation. Berechnen Sie externen und internen Anteil wie in Aufgabe 14.10. Verifizieren Sie Ihr Ergebnis anhand der Aufgabe 14.4.

Aufgabe 14.12

Berechnen Sie mit Hilfe der Faltungssumme (14.33) $c[k] = a[k] * b[k]$, für

a) $a[k] = \varepsilon[k] - \varepsilon[k-3]$; $b[k] = \delta[k] + 2\delta[k-1] - \delta[k-2]$

b) $a[k] = 0,8^k \varepsilon[k]$; $b[k] = \delta[k+2] + 0,8\delta[k+1]$, mit Skizze

Aufgabe 14.13

Skizzieren Sie das Faltungsprodukt $y[k] = x[k] * h[k]$:

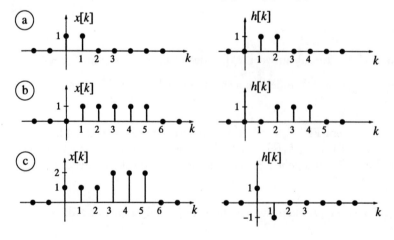

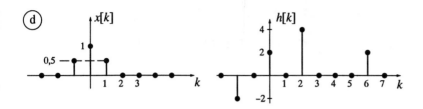

Aufgabe 14.14

Gegeben sind jeweils Ein- und Ausgangssignal eines FIR-Systems. Bestimmen Sie seine Impulsantwort durch Überlegungen zur diskreten Faltung.

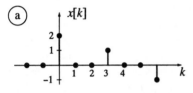
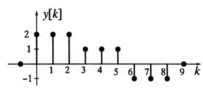

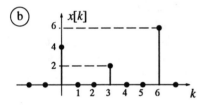
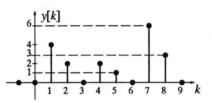

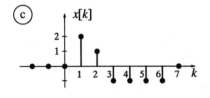
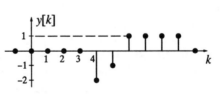

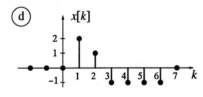

15 Kausalität und Hilbert-Transformation

Bei unseren bisherigen Betrachtungen über Systeme hatten wir uns nur wenige Gedanken über deren Realisierbarkeit gemacht. Zwar waren wir in etlichen Beispielen von einer Realisierung (z.B. durch ein elektrisches Netzwerk) ausgegangen und hatten daraus Systembeschreibungen wie Impulsantwort oder Übertragungsfunktion hergeleitet. Wir hatten aber noch nicht die umgekehrte Frage gestellt, ob zu einer gegebenen Systemfunktion auch eine Realisierung mit technischen Mitteln angegeben werden kann. Dies werden wir in diesem Kapitel und dem nächsten nachholen. Gemäß den Zielen der Systemtheorie beschäftigen wir uns dabei nicht mit speziellen Realisierungen in bestimmten Technologien. Statt dessen suchen wir nach allgemeinen Kriterien, die für jede Art der Realisierung erfüllt sein müssen. Diese Kriterien lassen sich auf zwei wesentliche Begriffe reduzieren: Kausalität und Stabilität. In diesem Kapitel behandeln wir Fragen, die mit der Kausalität eines Systems zusammenhängen. Das Problem der Stabilität eines Systems behandeln wir im folgenden Kapitel 17.

Kausalität bezeichnet allgemein einen ursächlichen Zusammenhang zwischen zwei oder mehreren Vorgängen, z.B. zwischen dem Eingangs- und dem Ausgangssignal eines Systems. In der Sprache der Systemtheorie bedeutet Kausalität aber nicht nur einen logischen Zusammenhang (*wenn* Eingang, *dann* Ausgang), sondern auch eine zeitliche Folge (*zuerst* Eingang, *danach* Ausgang).

Speziell für LTI-Systeme lernen wir in diesem Kapitel eine einfache Charakterisierung im Zeitbereich anhand der Impulsantwort kennen. Die Erweiterung auf den Frequenzbereich führt dann auf den Begriff der Hilbert-Transformation. Diese neugewonnenen Werkzeuge lassen sich auch nutzbringend einsetzen, wenn man Zeit- und Frequenzbereich vertauscht. Das sogenannte analytische Signal ist eine Folge dieser Anwendung des Dualitätsprinzips.

Die Überlegungen zur Kausalität gelten für kontinuierliche und diskrete Systeme in eng verwandter Weise. Wir werden daher beide Arten von Systemen weitgehend parallel behandeln.

15.1 Kausale Systeme

Den Begriff der Kausalität führen wir hier schrittweise ein. Wir beginnen mit allgemeinen Systemen und spezialisieren uns dann zunächst auf lineare Systeme und schließlich auf LTI-Systeme.

15.1.1 Allgemeine Systeme

Zuerst betrachten wir ein allgemeines kontinuierliches System nach Bild 15.1, bei dem wir keine speziellen Eigenschaften ausnutzen können. Ein kausaler Zusammenhang zwischen Eingangs- und Ausgangssignal besteht dann, wenn zwei, bis zu einem bestimmten Zeitpunkt t_0 gleiche Eingangssignale $x_1(t)$ und $x_2(t)$ auch zwei bis t_0 gleiche Ausgangssignale $y_1(t)$ und $y_2(t)$ hervorrufen:

$$x_1(t) = x_2(t) \quad \text{für} \quad t < t_0 \quad \Longrightarrow \quad y_1(t) = y_2(t) \quad \text{für} \quad t < t_0 \,. \tag{15.1}$$

Mit anderen Worten: Wenn sich zwei Eingangssignale $x_1(t)$ und $x_2(t)$ erst ab einem festen Zeitpunkt t_0 unterscheiden, dürfen sich auch die Ausgangssignale erst ab diesem Zeitpunkt unterscheiden. Da weder Linearität noch Zeitinvarianz vorausge-

Bild 15.1: Zur Definition der Kausalität bei kontinuierlichen Systemen

setzt ist, muß die Bedingung (15.1) für alle möglichen Paare von Eingangssignalen $x_1(t)$ und $x_2(t)$ und für alle Zeitpunkte t_0 erfüllt sein.

Für diskrete Systeme nach Bild 15.2 gilt die entsprechende Bedingung für den diskreten Zeitpunkt k_0:

$$x_1[k] = x_2[k] \quad \text{für} \quad k < k_0 \quad \Longrightarrow \quad y_1[k] = y_2[k] \quad \text{für} \quad k < k_0 \,. \tag{15.2}$$

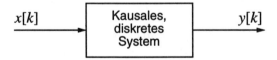

Bild 15.2: Zur Definition der Kausalität bei diskreten Systemen

15.1.2 Lineare Systeme

Bei linearen Systemen entspricht der Differenz $x(t) = x_1(t) - x_2(t)$ der beiden Eingangssignale aus (15.1) auch die Differenz $y(t) = y_1(t) - y_2(t)$ der zugehörigen Ausgangssignale. Die Kausalitätsbedingung lautet daher einfacher

$$x(t) = 0 \quad \text{für } t < t_0 \quad \Longrightarrow \quad y(t) = 0 \quad \text{für } t < t_0 \,. \tag{15.3}$$

Ein lineares System ist demnach kausal, wenn ein Eingangssignal $x(t)$, das erst ab einem Zeitpunkt t_0 von Null verschieden ist, ein Ausgangssignal $y(t)$ hervorruft, daß sich auch erst ab t_0 von Null unterscheidet. Diese Bedingung muß für alle Zeitpunkte t_0 gelten. Die entsprechende Kausalitätsbedingung für lineare diskrete Systeme ist einfach

$$x[k] = 0 \quad \text{für } k < k_0 \quad \Longrightarrow \quad y[k] = 0 \quad \text{für } k < k_0 \,. \tag{15.4}$$

15.1.3 LTI-Systeme

Wenn bei LTI-Systemen zur Linearität noch die Zeitinvarianz hinzukommt, braucht man die Bedingungen (15.3) und (15.4) nur noch für einen Zeitpunkt zu formulieren, z.B. $t_0 = 0$ bzw. $k_0 = 0$ und erhält für kontinuierliche bzw. diskrete Systeme

$$x(t) = 0 \quad \text{für } t < 0 \quad \Longrightarrow \quad y(t) = 0 \quad \text{für } t < 0 \tag{15.5}$$

$$x[k] = 0 \quad \text{für } k < 0 \quad \Longrightarrow \quad y[k] = 0 \quad \text{für } k < 0 \,. \tag{15.6}$$

Mit Hilfe der Faltungsbeziehungen (8.39) und (14.33)

$$y(t) \;=\; h(t) * x(t) \;=\; \int\limits_{-\infty}^{\infty} h(\tau) x(t - \tau)\, d\tau \tag{15.7}$$

$$y[k] \;=\; h[k] * x[k] \;=\; \sum_{\kappa=-\infty}^{\infty} h[\kappa] x[k - \kappa] \tag{15.8}$$

können wir die Bedingungen (15.5) und (15.6) noch wesentlich kürzer durch die Impulsantwort ausdrücken.

Für kontinuierliche Systeme folgt aus (15.7) mit $x(t) = 0$ für $t < 0$

$$y(t) = \int\limits_{-\infty}^{t} h(\tau) x(t - \tau)\, d\tau \,. \tag{15.9}$$

Die Kausalitätsbedingung $y(t) = 0$ für $t < 0$ ist genau dann erfüllt, wenn auch die Impulsantwort $h(t)$ für $t < 0$ verschwindet:

$$h(t) = 0 \quad \text{für } \; t < 0 \,. \tag{15.10}$$

Auf die gleiche Weise folgt aus (15.8) für diskrete Systeme

$$h[k] = 0 \quad \text{für } \; k < 0 \,. \tag{15.11}$$

Die Bilder 8.18 und 14.16 bis 14.18 zeigen die Berechnung der Faltung mit Impulsantworten kausaler Systeme (kontinuierlich und diskret). Wir hatten im Zusammenhang mit den Beispielen schon gelernt, daß das Faltungsprodukt ab dem

Zeitpunkt $t_a = t_{a1} + t_{a2}$ ungleich Null ist, wobei t_{a1} und t_{a2} die „Anfangszeitpunkte" der zu faltenden Signale sind (Bilder 8.30 und 14.23). Im hier untersuchten Fall ist $t_a = t_{a1} = t_{a2}$ gleich Null.

Die Kausalitätsbedingung für LTI-Systeme können wir auch in Worten kurz ausdrücken:

> Ein LTI-System ist kausal, wenn seine Impulsantwort eine rechtsseitige Funktion ist und für negative Zeiten verschwindet.

Diese Aussage gilt für kontinuierliche und für diskrete Systeme.

Aus den Eigenschaften des Konvergenzbereichs der Laplace-Transformation nach Kapitel 4.5.3 bzw. der z-Transformation nach Kapitel 13.2 können wir dann auch eine allgemeine Eigenschaft des Konvergenzbereichs der Übertragungsfunktion eines kausalen LTI-Systems ableiten. Getrennt für kontinuierliche und diskrete Systeme gilt:

- Die Übertragungsfunktion eines kontinuierlichen kausalen LTI-Systems ist die Laplace-Transformierte einer rechtsseitigen Zeitfunktion. Sie konvergiert daher rechts einer senkrechten Geraden in der komplexen s-Ebene, d.h. für $\mathrm{Re}\{s\} > \sigma$.

- Die Übertragungsfunktion eines diskreten kausalen LTI-Systems ist die z-Transformierte einer rechtsseitigen Folge. Sie konvergiert daher außerhalb eines Kreises in der komplexen z-Ebene, d.h. für $|z| > a$.

Die Übertragungsfunktion eines kausalen LTI-Systems läßt sich aber noch wesentlich genauer kennzeichnen als nur durch die Lage des Konvergenzbereichs. Diese Eigenschaften lernen wir anhand der Spektren kausaler Signale in den nächsten Abschnitten kennen.

15.2 Kausale Signale

15.2.1 Zeitbereich

Wir hatten bereits gesehen, daß kausale LTI-Systeme rechtsseitige Signale als Impulsantworten besitzen. Die folgenden Untersuchungen können wir noch etwas allgemeiner gestalten, wenn wir sie auf alle rechtsseitigen Signale ausdehnen, unabhängig davon, ob sie nun tatsächlich als Impulsantwort zu einem LTI-System gehören oder nicht. Dazu müssen wir den Nullpunkt der Zeitachse so legen, daß die rechtsseitigen Signale frühestens bei Null beginnen. Wegen des engen Zusammenhangs zu den kausalen Systemen bezeichnet man rechtsseitige Signale, die frühestens bei $t = 0$ oder $k = 0$ beginnen, auch als *kausale Signale*:

Definition 20: Kausale Signale

Kausale Signale sind Signale, die die in (15.10) und (15.11) gemachten Voraussetzungen für die Impulsantworten kontinuierlicher oder diskreter Systeme erfüllen, also

$$x(t) = 0 \quad \text{für} \quad t < 0 \quad \text{bzw.} \quad x[k] = 0 \quad \text{für} \quad k < 0 \, . \tag{15.12}$$

── **Beispiel 15.1**

Das Signal $x(t) = \varepsilon(t + 1)e^{-t}$ ist ein rechtsseitiges Signal, aber es ist nicht kausal. Durch Verschiebung des Nullpunkts der Zeitachse folgt ein äquivalentes Signal $u(t)$, das kausal ist:

$$u(t) = x(t - 1) = \varepsilon(t)e^{-t+1} \, .$$

── ■

15.2.2 Spektren kausaler Signale

Die Kausalität eines Signals ist eine Eigenschaft, die sich auch im Spektrum des Signals ausdrücken muß. Diese charakteristischen Eigenschaften der Spektren kausaler Signale untersuchen wir in diesem Abschnitt. Die gefundenen Ergebnisse gelten allgemein für kausale Signale und ihre Spektren. Da jedes kausale Signal aber auch Impulsantwort eines Systems sein kann, gelten diese spektralen Eigenschaften auch für die Frequenzgänge kausaler LTI-Systeme.

15.2.2.1 Kontinuierliche Signale

Wir beginnen mit der Herleitung der spektralen Eigenschaften bei kontinuierlichen Signalen. Wenn ein Signal $h(t)$ kausal ist und keinen Dirac-Impuls bei $t = 0$ enthält, ändert eine Multiplikation mit einer Sprungfunktion $\varepsilon(t)$ das Signal nicht:

$$h(t) = h(t) \cdot \varepsilon(t) \, . \tag{15.13}$$

Durch Fourier-Transformation erhält man mit dem Multiplikationssatz (9.75) und dem Spektrum der Sprungfunktion (9.92)

$$H(j\omega) = \frac{1}{2\pi} H(j\omega) * \left[\pi\delta(\omega) + \frac{1}{j\omega} \right] \tag{15.14}$$

und weiter mit der Ausblendeigenschaft des Delta-Impulses $\delta(\omega)$

$$H(j\omega) = \frac{1}{2} H(j\omega) + \frac{1}{2\pi} H(j\omega) * \frac{1}{j\omega} \, . \tag{15.15}$$

Daraus folgt sofort

$$H(j\omega) = \frac{1}{\pi}H(j\omega) * \frac{1}{j\omega}. \tag{15.16}$$

Dieses Ergebnis besagt zunächst nur, daß das Spektrum eines kausalen Signals nicht geändert wird, wenn man es mit $\frac{1}{j\omega}$ faltet und durch π teilt. Um diese Aussage etwas anschaulicher zu gestalten, spalten wir (15.16) in Real- und Imaginärteil auf:

$$\text{Re}\{H(j\omega)\} = \frac{1}{\pi}\text{Im}\{H(j\omega)\} * \frac{1}{\omega} \tag{15.17}$$

$$\text{Im}\{H(j\omega)\} = -\frac{1}{\pi}\text{Re}\{H(j\omega)\} * \frac{1}{\omega}. \tag{15.18}$$

Da $\frac{1}{j\omega}$ rein imaginär ist, bestimmt der Realteil eines Spektrums $\text{Re}\{H(j\omega)\}$ gerade den Imaginärteil des Faltungsprodukts und umgekehrt. Wir erkennen, daß man Real- und Imaginärteil durch eine bis auf das Vorzeichen identische Operation ineinander umwandeln kann. Diese Operation heißt *Hilbert-Transformation* und ist definiert durch

$$\boxed{\mathcal{H}\{X(j\omega)\} = \frac{1}{\pi}X(j\omega) * \frac{1}{\omega} = \frac{1}{\pi}\int_{-\infty}^{\infty}\frac{X(j\eta)}{\omega - \eta}\,d\eta.} \tag{15.19}$$

Die Hilbert-Transformation besteht aus einer Faltung mit $\frac{1}{\omega}$ und einer Division durch π, sie ist also ein LTI-System, das hier allerdings im Frequenzbereich eingesetzt wird. Im Gegensatz zu Laplace- und Fourier-Transformation beinhaltet die Hilbert-Transformation keinen Übergang zwischen Zeit- und Frequenzbereich. Sie ordnet einer Funktion einer Variablen (hier der Frequenz) eine andere Funktion derselben Variablen zu, die sogenannte *Hilbert-Transformierte*. Die Berechnung der Hilbert-Transformation durch Auswertung des Integrals in 15.19 erfordert einige Vorsicht, da für $\eta = \omega$ der Nenner Null wird. Das richtige Vorgehen ist z.B. in [13] ausführlich dargestellt.

Mit der Hilbert-Transformation können wir die Beziehungen zwischen Real- und Imaginärteil des Spektrums kausaler Signale kurz und prägnant formulieren:

$$\boxed{\begin{aligned}\text{Re}\{H(j\omega)\} &= \mathcal{H}\{\text{Im}\{H(j\omega)\}\} \\ \text{Im}\{H(j\omega)\} &= -\mathcal{H}\{\text{Re}\{H(j\omega)\}\}.\end{aligned}} \tag{15.20} \tag{15.21}$$

Als Ergebnis können wir festhalten: Das Spektrum eines kausalen Signals besitzt die charakteristische Eigenschaft, daß Real- und Imaginärteil jeweils durch Hilbert-Transformation nach (15.20, 15.21) auseinander hervorgehen. Da die Impulsantwort eines kausalen LTI-Systems eine kausale Funktion ist, gilt diese Aussage auch für Frequenzgänge kausaler LTI-Systeme. Offenbar kann man Real- und Imaginärteil des Frequenzganges eines kausalen LTI-Systems, und damit auch Betrag und Phase, nicht unabhängig voneinander vorgeben.

Man kann das Ergebnis dieses Abschnitts leicht auf Signale $h(t)$ erweitern, die einen Deltaimpuls $h_0\delta(t)$ im Ursprung enthalten. Diesen Fall haben wir zunächst ausgeschlossen. Dazu ersetzen wir $h(t)\circ\!\!-\!\!\bullet H(j\omega)$ in (15.13) – (15.18) durch $h(t) - h_0\delta(t)\circ\!\!-\!\!\bullet H(j\omega) - h_0$. Damit ergibt sich anstelle von (15.20) und (15.21)

$$
\begin{aligned}
\mathrm{Re}\{H(j\omega)\} &= \mathrm{Re}\{h_0\} + \mathcal{H}\{\mathrm{Im}\{H(j\omega)\}\} && (15.22)\\
\mathrm{Im}\{H(j\omega)\} &= \mathrm{Im}\{h_0\} - \mathcal{H}\{\mathrm{Re}\{H(j\omega)\}\}\,. && (15.23)
\end{aligned}
$$

15.2.2.2 Diskrete Signale

Für die Spektren diskreter kausaler Signale gelten ganz ähnliche Beziehungen wie im eben behandelten kontinuierlichen Fall. Wir beginnen mit einem kausalen diskreten Signal $h[k]$, das wir ohne Änderung mit einem Einheitssprung multiplizieren können:

$$
h[k] = h[k] \cdot \varepsilon[k]\,. \tag{15.24}
$$

Das Spektrum dieses Signals erhält man mit dem Multiplikationssatz (12.49) und dem Spektrum des Einheitssprungs (12.33)

$$
H(e^{j\Omega}) = \frac{1}{2\pi} H(e^{j\Omega}) \circledast \left[\frac{1}{1 - e^{-j\Omega}} + \frac{1}{2}\, \underline{\text{ill}}\left(\frac{\Omega}{2\pi}\right) \right] \tag{15.25}
$$

und daraus mit der Ausblendeigenschaft

$$
H(e^{j\Omega}) = \frac{1}{2} H(e^{j\Omega}) + \frac{1}{2\pi} H(e^{j\Omega}) \circledast \frac{1}{1 - e^{-j\Omega}}\,, \tag{15.26}
$$

so daß schließlich folgt:

$$
H(e^{j\Omega}) = \frac{1}{\pi} H(e^{j\Omega}) \circledast \frac{1}{1 - e^{-j\Omega}}\,. \tag{15.27}
$$

Um auf eine (15.17) und (15.18) ähnliche Beziehung zu kommen, müssen wir den Wert $h[0]$ bei $k = 0$ besonders behandeln. Dazu schreiben wir mit elementaren trigonometrischen Umformungen

$$
\frac{1}{1 - e^{-j\Omega}} = \frac{1}{2} + \frac{1}{2j \tan\frac{\Omega}{2}}\,. \tag{15.28}
$$

Die Ausführung der zyklischen Faltung $\circledast$ von $H(e^{j\Omega})$ mit der Konstanten $\frac{1}{2\pi}$ ergibt gerade den Wert $h[0]$, so daß anstelle von (15.27) auch

$$
H(e^{j\Omega}) = h[0] + H(e^{j\Omega}) \circledast \frac{1}{2\pi j \tan\frac{\Omega}{2}} \tag{15.29}
$$

gilt. Durch Ausschreiben nach Real- und Imaginärteil folgt:

$$\text{Re}\{H(e^{j\Omega})\} = \text{Re}\{h[0]\} + \text{Im}\{H(e^{j\Omega})\} \circledast \frac{1}{2\pi\tan\frac{\Omega}{2}} \qquad (15.30)$$

$$\text{Im}\{H(e^{j\Omega})\} = \text{Im}\{h[0]\} - \text{Re}\{H(e^{j\Omega})\} \circledast \frac{1}{2\pi\tan\frac{\Omega}{2}} . \qquad (15.31)$$

Das sind wieder die gesuchten Beziehungen zwischen Real- und Imaginärteil, die wir mit einer geeigneten Definition einer Hilbert-Transformation für periodische Spektren vereinfachen können. Diese lautet hier

$$\boxed{\mathcal{H}_*\{X(e^{j\Omega})\} = X(e^{j\Omega}) \circledast \frac{1}{2\pi\tan\frac{\Omega}{2}} = \frac{1}{2\pi}\int_{-\pi}^{\pi} \frac{X(e^{j\eta})}{\tan(\frac{\Omega-\eta}{2})}\, d\eta .} \qquad (15.32)$$

Auch die Hilbert-Transformation $\mathcal{H}_*$ ist ein lineares, verschiebungsinvariantes System. Damit erhalten wir den Zusammenhang zwischen Real- und Imaginärteil des Spektrums eines kausalen diskreten Signals

$$\text{Re}\{H(e^{j\Omega})\} = \text{Re}\{h[0]\} + \mathcal{H}_*\{\text{Im}\{H(e^{j\Omega})\}\} \qquad (15.33)$$

$$\text{Im}\{H(e^{j\Omega})\} = \text{Im}\{h[0]\} - \mathcal{H}_*\{\text{Re}\{H(e^{j\Omega})\}\} . \qquad (15.34)$$

Diese Beziehungen haben große Ähnlichkeit mit dem kontinuierlichen Fall (15.22), 15.23). Auch bei einem diskreten kausalen LTI-System kann man Real- und Imaginärteil, bzw. Betrag und Phase des Frequenzgangs nicht unabhängig voneinander vorgeben.

15.3 Analytisches Signal

Die Eigenschaften von kausalen Signalen und ihren Spektren können wir unter Ausnutzung der Dualität zwischen Zeit- und Frequenzbereich auch auf rechtsseitige Spektren und ihre zugehörigen Zeitfunktionen übertragen. Wir erhalten dabei Ergebnisse, die große Verwandtschaft mit den in Abschnitt 15.2 gefundenen Resultaten aufweisen. Aufgrund der Dualität sind lediglich Zeit- und Frequenzbereich miteinander vertauscht.

Wir gehen aus von einem rechtsseitigen Spektrum, das für negative Frequenzen keine Anteile enthält,

$$H(j\omega) = 0 \quad \text{für} \quad \omega < 0 \qquad (15.35)$$

und interessieren uns für die speziellen Eigenschaften des Zeitsignals $h(t) = \mathcal{F}^{-1}\{H(j\omega)\}$, die durch die Einseitigkeit des Spektrums bedingt sind. Zunächst stellen wir fest, daß $H(j\omega)$ keine konjugierte Symmetrie aufweist (vergl. (9.49)). Daraus folgt, daß $h(t)\circ\!\!-\!\!\bullet H(j\omega)$ keine reelle Zeitfunktion ist, sondern aus Real- und Imaginärteil besteht. Ausgehend von dem Ansatz

$$H(j\omega) = H(j\omega) \cdot \varepsilon(\omega) \qquad (15.36)$$

könnten wir eine zu den Gleichungen (15.13) bis (15.21) analoge Herleitung durchführen, um am Ende das zu (15.20), (15.21) duale Ergebnis zu erhalten:

$$\text{Re}\{h(t)\} \quad = \quad -\mathcal{H}\{\text{Im}\{h(t)\}\} \tag{15.37}$$

$$\text{Im}\{h(t)\} \quad = \quad \mathcal{H}\{\text{Re}\{h(t)\}\} \quad . \tag{15.38}$$

Auch dieses Ergebnis kann man für Signale erweitern, die mittelwertbehaftet sind und damit einen spektralen Delta-Impuls $2\pi H_0 \delta(\omega) \bullet\!\!-\!\!\circ H_0$ enthalten:

$$\text{Re}\{h(t)\} \quad = \quad \text{Re}\{H_0\} - \mathcal{H}\{\text{Im}\{h(t)\}\} \tag{15.39}$$

$$\text{Im}\{h(t)\} \quad = \quad \text{Im}\{H_0\} + \mathcal{H}\{\text{Re}\{h(t)\}\} \tag{15.40}$$

Für Zeitsignale gilt die gleiche Definition der Hilbert-Transformation wie in (15.19):

$$\boxed{\mathcal{H}\{x(t)\} = \frac{1}{\pi}x(t) * \frac{1}{t} = \frac{1}{\pi}\int\limits_{-\infty}^{\infty} \frac{x(\tau)}{t-\tau}d\tau\,.} \tag{15.41}$$

Hier wurde die unabhängige Variable gegenüber (15.19) lediglich t genannt und nicht ω. Einen kürzeren und wesentlich anschaulicheren Weg zur Ausführung der Hilbert-Transformation als die Berechnung des Faltungsintegrals (15.41) erhält man durch Übergang auf den Frequenzbereich. Die Anwendung des Faltungssatzes (9.70) auf (15.41) liefert

$$\mathcal{H}\{x(t)\} = \mathcal{F}^{-1}\left\{\frac{1}{\pi}X(j\omega) \cdot \mathcal{F}\left\{\frac{1}{t}\right\}\right\}\,. \tag{15.42}$$

Mit der Korrespondenz (9.39) folgt schließlich

$$\mathcal{H}\{x(t)\} = \mathcal{F}^{-1}\left\{-jX(j\omega)\,\text{sign}\,(\omega)\right\}\,. \tag{15.43}$$

Die Hilbert-Transformierte $\hat{x}(t)$ eines Zeitsignals $x(t)$ erhält man daher, wenn man aus dem Spektrum $X(j\omega)$ ein neues Spektrum durch Invertieren des Vorzeichens für $\omega < 0$ und Multiplikation mit $-j$ bildet. Die zu diesem Spektrum gehörige Zeitfunktion $\hat{x}(t)$ ist die Hilbert-Transformierte von $x(t)$.

Dieses Vorgehen ist uns bereits vertraut, wenn wir die Hilbert-Transformation eines Zeitsignals als Wirkung eines Systems $\mathcal{H}$ auf das Eingangssignal $x(t)$ auffassen (Bild 15.3). Die Funktion $1/(\pi t)$ ist dann die Impulsantwort des Systems $\mathcal{H}$ und die Berechnungsvorschrift (15.41) beschreibt die Faltung des Eingangssignals $x(t)$ mit der Impulsantwort. Die alternative Berechnung im Frequenzbereich entspricht der Multiplikation des Spektrums des Eingangssignals $X(j\omega)$ mit der Übertragungsfunktion des Systems $\mathcal{H}$

$$H_{\mathcal{H}}(j\omega) = -j\text{sign}(\omega)\,. \tag{15.44}$$

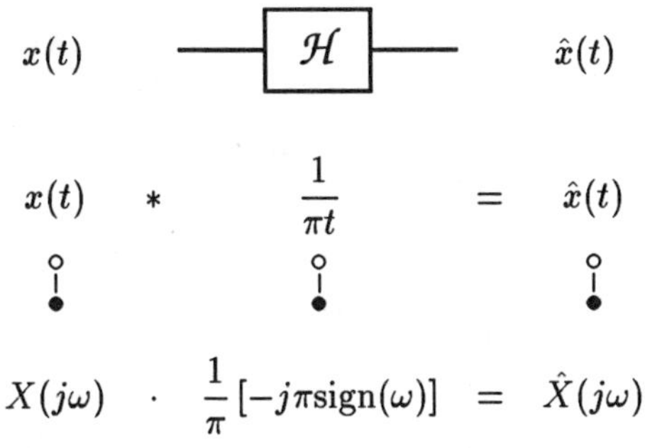

$$x(t) \quad \text{———}\boxed{\mathcal{H}}\text{———} \quad \hat{x}(t)$$

$$x(t) \quad * \quad \frac{1}{\pi t} \quad = \quad \hat{x}(t)$$

$$X(j\omega) \quad \cdot \quad \frac{1}{\pi}\left[-j\pi\operatorname{sign}(\omega)\right] \quad = \quad \hat{X}(j\omega)$$

Bild 15.3: Hilbert-Transformation im Zeit- und Frequenzbereich

Dieser scheinbare Umweg über den Frequenzbereich ist wesentlich einfacher und sicherer zu handhaben als die Berechnung des Faltungsintegrals (15.41). Weiterhin ist diese Methode unter Ausnutzung der Dualität auch auf (15.19) und sinngemäß auch auf diskrete kausale Signale bzw. einseitige periodische Spektren anwendbar.

Aus (15.40) ist abzulesen, daß für einen bestimmten Realteil Re $\{h(t)\}$ auch der zugehörige Imaginärteil bis auf seinen Gleichanteil eindeutig festgelegt ist, wenn das zugehörige Spektrum keine Anteile bei $\omega < 0$ enthalten soll. Aus einem reellen Signal $x(t)$ kann daher durch die Vorschrift

$$x_1(t) = x(t) + j\mathcal{H}\{x(t)\} \tag{15.45}$$

ein neues Signal $x_1(t)$ gebildet werden, für dessen Real- und Imaginärteil die Beziehungen (15.39, 15.40) gelten und das daher ein einseitiges Spektrum $X_1(j\omega)$ besitzt. Für den Mittelwert des Imaginärteils haben wir dabei willkürlich Im$\{H_0\} = 0$ gesetzt, wir hätten aber auch jeden anderen Wert wählen können. Das komplexe Zeitsignal $x_1(t)$ nennt man das *analytische Zeitsignal* zum reellen Signal $x(t)$. Das analytische Signal erlaubt eine einfache Beschreibung von wichtigen Systemen der Nachrichtenübertragung und der Signalverarbeitung wie z.B. Modulationsverfahren, Abtastung von Bandpaßsignalen, Filterbänken, u.a.. Das folgende Beispiel zeigt eine typische Anwendung.

——————————————————————————— **Beispiel 15.2**

Bild 15.4 zeigt eine Anordnung zur Übertragung eines reellen Signals $x(t)$. Sein Spektrum $X(j\omega)$ soll Bandpaßcharakter mit den Grenzfrequenzen ω_1 und ω_2 besitzen. Im allgemeinen wird $X(j\omega)$ komplex sein, im Bild 15.4 ist der Einfachheit halber ein reelles Spektrum eingezeichnet. In jedem Fall weist $X(j\omega)$ jedoch konjugierte Symmetrie nach (9.49) auf, da $x(t)$ reell ist. Aufgrund dieser Symmetrie ist das linke Seitenband ein Abbild des rechten und enthält keine weitere Information.

Damit liegt der Wunsch nahe, von den beiden Seitenbändern nur eines zu übertragen, um so mit dem halben Bedarf an Bandbreite auszukommen. Das fehlende

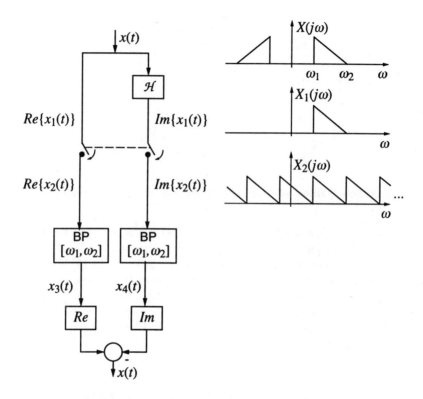

Bild 15.4: Signalübertragung mit Hilbert-Transformator

Seitenband kann dann beim Empfänger mit Hilfe der Symmetriebedingungen rekonstruiert werden. Eine Reduktion der Bandbreite ist auch dann von Nutzen, wenn das Signal abgetastet werden soll (s. Abschnitt 11.3.2). Nach Tabelle 11.3.4 benötigt ein komplexes Bandpaßsignal mit einem einseitigen Spektrum wie in Bild 11.14 nur die halbe Abtastfrequenz gegenüber einem reellen Bandpaßsignal. Es bleibt nun zu klären, wie man aus dem reellen Bandpaßsignal $x(t)$ ein komplexes Bandpaßsignal $x_1(t)$ mit einem einseitigen Spektrum bilden kann.

Hier hilft die Hilbert-Transformation. Nach (15.45) besitzt das analytische Signal $x_1(t)$ mit dem Real- und Imaginärteil

$$\text{Re}\{x_1(t)\} = x(t)\,, \qquad \text{Im}\{x_1(t)\} = \mathcal{H}\{x(t)\} \qquad (15.46)$$

das gewünschte rechtsseitige Spektrum $X_1(j\omega)$. Es kann in jedem Fall kritisch abgetastet werden mit $\omega_a = \omega_2 - \omega_1$. Das daraus resultierende Signal $x_2(t)$ besitzt ein periodisches Spektrum ohne Überlappungen. Das ursprüngliche Signal $x(t)$ erhält man zurück, wenn man die reellen Signale $\text{Re}\{x_2(t)\}$ und $\text{Im}\{x_2(t)\}$ jeweils mit einem komplexen Bandpaß BP mit der Übertragungsfunktion (11.40)

$$H_{BP}(j\omega) = \begin{cases} T & \omega_1 < \omega < \omega_2 \\ 0 & \text{sonst} \end{cases}$$

filtert mit dem Abtastintervall $T = \dfrac{2\pi}{\omega_2 - \omega_1}$. Die so entstandenen Signale $x_3(t)$ und $x_4(t)$ sind jeweils komplexwertige Signale, deren Kombination

$$x_3(t) + jx_4(t) = x_1(t)$$

wieder das analytische Signal $x_1(t)$ ergibt. Der Realteil $\text{Re}\{x_1(t)\}$ ist aber gerade das reelle Originalsignal $x(t)$, so daß $x_3(t)$ und $x_4(t)$ gemäß

$$\text{Re}\{x_1(t)\} = \text{Re}\{x_3(t) + jx_4(t)\} = \text{Re}\{x_3(t)\} - \text{Im}\{x_4(t)\}$$

zusammengefügt werden müssen, um $x(t)$ zurückzugewinnen. Da die Eingangssignale der beiden komplexwertigen Bandpaßfilter rein reell sind, reicht es offenbar, in einem Zweig nur den Realteil, im anderen Zweig den Imaginärteil der Impulsantwort zu berücksichtigen.

Im Vergleich zur kritischen Abtastung reellwertiger Bandpaßsignale (Abschnitt 11.3.4) ist die Abtastrate hier nur halb so groß, ohne daß Aliasing auftritt. Dies ist aber nur scheinbar ein Widerspruch, denn in unserem Beispiel hat jeder Abtastwert einen Realteil und einen Imaginärteil, in Abschnitt 11.3.4 waren dagegen alle Abtastwerte reell. Die erforderliche Anzahl der Abtastwerte je Zeiteinheit ist also nicht geringer geworden. Allerdings erlaubt es die Anordnung in Bild 15.4, reellwertige Bandpaßsignale unabhängig vom Verhältnis ihrer Bandgrenzen ω_1 und ω_2 kritisch abzutasten.

■

15.4 Aufgaben

Aufgabe 15.1

Welche der folgenden diskreten Systeme sind kausal?

a) $y[k] = c_1 x[k+1] + c_0 x[k]$

b) $y[k] = a[k]x[k]$

c) $y[k] = a[k+1]x[k]$

d) $y[k] = \sin(\pi \cdot x[k])$

e) $y[k] = x[2k]$

Aufgabe 15.2

Berechnen Sie für $\omega_0 > 0$ die Hilbert-Transformierten von a) $e^{j\omega_0 t}$, b) $\sin \omega_0 t$, c) $\cos \omega_0 t$ und d) $\cos 2\omega_0 t$ im Frequenzbereich. Hinweis: Beachten Sie Bild 15.3. Geben Sie bei jeder Teilaufgabe an, welche Phasenverschiebung zwischen Ein- und Ausgangssignal durch den Hilbert-Transformator verursacht wird.

Aufgabe 15.3

Gegeben ist ein reellwertiges Signal $x(t)$ mit dem Spektrum $X(j\omega)$. Einige Eigenschaften der Hilbert-Transformierten $y(t) = \mathcal{H}\{x(t)\} = \dfrac{1}{\pi t} * x(t)$ sollen untersucht werden. Die Impulsantwort des Hilbert-Transformators wird mit $h(t)$ bezeichnet.

a) Geben Sie $H(j\omega) \bullet\!\!-\!\!\circ h(t)$ an und skizzieren Sie $H(j\omega)$ nach Betrag und Phase. Wie wirkt sich die Hilbert-Transformation auf $|X(j\omega)|$ und $\arg\{X(j\omega)\}$ aus?

b) Ist $y(t)$ reell, imaginär oder komplexwertig? Welche Symmetrie hat die Hilbert-Transformierte des geraden Anteils $x_g(t)$ und des ungeraden Anteils $x_u(t)$?

c) Berechnen Sie die KKF der (deterministischen) Signale $x(t)$ und $y(t)$ für $\tau = 0$, d. h. $\varphi_{xy}(0) = \int_{-\infty}^{\infty} x(t)y(t)\,dt$. Welche Eigenschaft der Hilbert-Transformation reeller Signale kann man aus dem Ergebnis ablesen? Hinweis: Beachten Sie Kap. 9.8 und 9.9.

d) Berechnen Sie die Hilbert-Transformierte der Fourier-Reihe $x_F(t) = \dfrac{A_0}{2} + \displaystyle\sum_{\nu=1}^{\infty} [a_\nu \cos(\omega_0 \nu t) + b_\nu \sin(\omega_0 \nu t)]$, mit $\omega_0 > 0$.

Aufgabe 15.4

Gegeben ist das Signal $x(t) = \dfrac{\omega_g}{\pi} \cdot \dfrac{1 - \cos \omega_g t}{\omega_g t}$ und die Hilbert-Transformierte $\hat{x}(t) = \mathcal{H}\{x(t)\}$.

a) Berechnen und skizzieren Sie $X(j\omega) \bullet\!\!-\!\!\circ x(t)$. Hinweis: Verwenden Sie den Multiplikationssatz der Fourier–Transformation, Kap. 9.7.5.

b) Ermitteln Sie $\hat{X}(j\omega) \bullet\!\!-\!\!\circ \hat{x}(t)$ graphisch und berechnen Sie dann $\hat{x}(t)$. Hinweis: Beachten Sie Bild 15.3.

c) Es sei $x_a(t) = x(t) + j\hat{x}(t)$. Welche Besonderheit weist $X_a(j\omega) \bullet\!\!-\!\!\circ x_a(t)$ auf?

d) Berechnen Sie $X_a(j\omega)$ formal in Abhängigkeit von $X(j\omega)$.

Aufgabe 15.5

Welcher Zusammenhang besteht zwischen der Energie eines Signals $x(t)$ und dem Hilbert-transformierten Signal $\tilde{x}(t) = \mathcal{H}\{x(t)\}$? Nehmen Sie an, daß das Signal keinen Gleichanteil hat. Hinweis: Beachten Sie den Satz von Parseval aus Kapitel 9.8.

Aufgabe 15.6

Es sei $X_1(j\omega)$ das Spektrum des reellwertigen Signals $x_1(t)$ und $X_2(j\omega) = (1 + \text{sign}(\omega))X_1(j\omega)$ das Spektrum eines analytischen Signals $x_2(t)$.

a) Bestimmen Sie $x_2(t)$ in Abhängigkeit von $x_1(t)$. Hinweis: Überlegen sie, welcher Transformation eine auftretende Faltung entspricht.

b) Geben Sie das Verhältnis der Energien von $x_1(t)$ und $x_2(t)$ an. Berechnen Sie beide Energien direkt im Frequenzbereich.

c) Ermitteln Sie das Verhältnis der Energien von $x_1(t)$ und $x_2(t)$ durch eine Überlegung im Zeitbereich. Verwenden Sie das Ergebnis von Aufgabe 15.5.

Aufgabe 15.7

Gegeben ist die skizzierte Realteilfunktion $P(j\omega)$ der Übertragungsfunktion $H(j\omega) = P(j\omega) + jQ(j\omega)$ eines kausalen Systems.

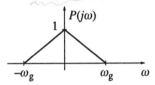

a) Bestimmen Sie die zugehörige Impulsantwort $h(t) \circ\!\!-\!\!\bullet H(j\omega)$. Hinweis: $\varepsilon(0) = \dfrac{1}{2}$.

b) Berechnen Sie die Imaginärteilfunktion $Q(j\omega)$ mit 15.18.

c) Welche Symmetrien weisen $p(t) \circ\!\!-\!\!\bullet P(j\omega)$, $q(t) \circ\!\!-\!\!\bullet Q(j\omega)$ und $Q(j\omega)$ auf?

Aufgabe 15.8

Es soll ein Audiosignal mit dem Spektrum $S(j\omega)$ übertragen werden. Um Bandbreite zu sparen, ist das Signalspektrum 0 für $|\omega| > \omega_g = 2\pi \cdot 4$ kHz.

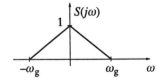

a) Das Signal $s(t)$ wird zur Übertragung mit $\cos(\omega_0 t)$ moduliert.

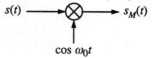

Geben Sie das Spektrum von $s_M(t)$ an.

b) Wie groß ist der von $S_M(j\omega)$ belegte Frequenzbereich im Vergleich zu $S(j\omega)$?

c) Um den in Teilaufgabe b) erkannten Nachteil zu beheben, wird das Signal $s(t)$ gemäß folgender Darstellung übertragen.

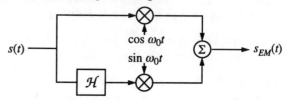

Dieses als Einseitenbandmodulation bezeichnete Verfahren nutzt die Redundanz im Spektrum eines reellen Signals. Zeichnen Sie das Spektrum $S_{EM}(j\omega)$.

d) Wie groß ist der von $S_{EM}(j\omega)$ belegte Frequenzbereich im Vergleich zu $S(j\omega)$?

16 Stabilität und rückgekoppelte Systeme

Neben der Kausalität eines Systems ist ein zweites wichtiges Kriterium für die Realisierung eines Systems seine Stabilität. Die Stabilität eines Systems stellt sicher, daß das Ausgangssignal nicht über alle Grenzen anwächst. Diese Bedingung ist zu erfüllen, wenn kontinuierliche Systeme auf der Grundlage des physikalischen Gesetzes der Energieerhaltung realisiert werden sollen (d.h. mit elektrischen, optischen, mechanischen, hydraulischen, pneumatischen, etc. Methoden). Aber auch für diskrete Systeme ist die Einhaltung gewisser Schranken für die Signalamplituden notwendig, da sonst der zulässige Zahlenbereich der verwendeten Rechner überschritten wird. In diesem Kapitel werden wir zunächst die Zusammenhänge zwischen Stabilität, Frequenzgang und Impulsantwort allgemeiner LTI-Systeme untersuchen. Danach beschränken wir uns auf kausale Systeme und betrachten Stabilitätstests anhand des Pol-Nullstellen-Diagramms. Abschließend diskutieren wir einige typische Anwendungen rückgekoppelter Systeme. Wir werden wiederum kontinuierliche und diskrete Systeme parallel behandeln.

16.1 BIBO, Impulsantwort und Frequenzgang

Es gibt verschiedene Möglichkeiten, die Stabilität eines Systems zu definieren. Darunter ist die sogenannte BIBO-Stabilität für LTI-Systeme besonders nützlich. Zunächst führen wir aber die Begriffe *beschränkte Funktion* und *beschränkte Folge* ein.

Definition 21: Beschränkte Funktion, beschränkte Folge

Eine Funktion heißt beschränkt, wenn ihr Betrag für alle Zeiten t kleiner als eine feste Schranke ist:

$$|x(t)| < M_1 < \infty, \ \forall\, t\,. \tag{16.1}$$

Entsprechend genügt eine beschränkte Folge der Bedingung

$$|x[k]| < M_2 < \infty, \ \forall\, k\,. \tag{16.2}$$

Damit können wir folgende Stabilitätsdefinition angeben:

Definition 22: Stabilität

Ein zeitkontinuierliches (zeitdiskretes) LTI-System heißt stabil, wenn es auf jede beschränkte Eingangsfunktion $x(t)$ (Eingangsfolge $x[k]$) mit einer beschränkten Ausgangsfunktion $y(t)$ (Ausgangsfolge $y[k]$) reagiert.

Im Englischen kann man das auf die griffige Formel

$$\text{Bounded Input} \quad \longrightarrow \quad \text{Bounded Output}$$

bringen. Daher spricht man bei dieser Stabilitätsdefinition auch kurz von BIBO-Stabilität.

Wie bei der Kausalität kann man auch bei der Stabilität Bedingungen für die Impulsantworten von LTI-Systemen angeben. Daraus ergeben sich auch Aussagen über den Frequenzgang und die Übertragungsfunktion. Zur Herleitung dieser Zusammenhänge gehen wir für kontinuierliche und diskrete Systeme getrennt vor.

16.1.1   Kontinuierliche LTI-Systeme

Aus der allgemeinen Definition der BIBO-Stabilität läßt sich folgende Bedingung für die Stabilität kontinuierlicher LTI-Systeme ableiten:

Ein kontinuierliches LTI-System ist dann und nur dann stabil, wenn seine Impulsantwort absolut integrierbar ist:

$$\int_{-\infty}^{\infty} |h(t)|\, dt < M_3 < \infty\,. \tag{16.3}$$

Wir zeigen zuerst, daß die absolute Integrierbarkeit der Impulsantwort hinreichend für BIBO-Stabilität ist. Dazu bilden wir den Betrag des Ausgangssignals $|y(t)|$ mit Hilfe des Faltungsintegrals. Die Annahme eines beschränkten Eingangssignals $x(t)$ (16.1) und einer absolut integrierbaren Impulsantwort $h(t)$ führt direkt zu einer oberen Schranke für $|y(t)|$:

$$\begin{aligned}
|y(t)| &= \left| \int_{-\infty}^{\infty} x(\tau) h(t-\tau)\, d\tau \right| \quad < \quad \int_{-\infty}^{\infty} |x(\tau)|\, |h(t-\tau)|\, d\tau \\
&< \quad \int_{-\infty}^{\infty} M_1 |h(t-\tau)|\, d\tau \quad = \quad M_1 \int_{-\infty}^{\infty} |h(t)|\, dt \\
&< \quad M_1\, M_3 < \infty\,. \tag{16.4}
\end{aligned}$$

Die absolute Integrierbarkeit der Impulsantwort ist aber auch notwendig. Um das zu zeigen, betrachten wir das sicher beschränkte, „bösartige" Eingangssignal

$$x(t) = \frac{h^*(-t)}{|h(-t)|} \tag{16.5}$$

und berechnen damit den Wert

$$y(0) = \int_{-\infty}^{\infty} x(\tau)h(-\tau)d\tau = \int_{-\infty}^{\infty} \frac{h^*(\tau)h(\tau)}{|h(\tau)|}d\tau = \int_{-\infty}^{\infty} |h(\tau)|d\tau \, . \tag{16.6}$$

Nur wenn die Impulsantwort absolut integrierbar ist, ist $y(0)$ endlich. Andernfalls wäre $|y(t)|$ nicht beschränkt.

Aus der absoluten Integrierbarkeit der Impulsantwort folgt nach den Überlegungen von Kapitel 9.2.2 auch direkt die Existenz ihrer Fourier-Transformierten $H(j\omega) = \mathcal{F}\{h(t)\}$, d. h. des Frequenzgangs des stabilen Systems. Wegen der Beschränktheit des Fourier-Integrals, siehe (9.5), ist sie analytisch fortsetzbar und ist gleich der Laplace-Transformierten auf der imaginären Achse $s = j\omega$. Das bedeutet, daß bei stabilen Systemen die imaginäre Achse der s-Ebene zum Konvergenzbereich der Systemfunktion gehört. Der Frequenzgang eines stabilen Systems darf keine Singularitäten oder Unstetigkeitsstellen enthalten.

16.1.2 Diskrete Systeme

Für diskrete LTI-Systeme gilt:

Ein diskretes LTI-System ist dann und nur dann stabil, wenn seine Impulsantwort absolut summierbar ist:

$$\sum_{k=-\infty}^{\infty} |h[k]| < M_4 < \infty \, . \tag{16.7}$$

Der Beweis verläuft genau wie bei kontinuierlichen Systemen.

In der gleichen Weise zeigt man auch die Existenz des Frequenzgangs als Fourier-Transformierte $H(e^{j\Omega}) = \mathcal{F}_*\{h[k]\}$ der Impulsantwort $h[k]$ und seine Übereinstimmung mit der Übertragungsfunktion $H(z) = \mathcal{Z}\{h[k]\}$ auf dem Einheitskreis der z-Ebene. Entsprechend darf auch der Frequenzgang eines stabilen diskreten Systems keine Unstetigkeitsstellen oder Singularitäten besitzen.

16.1.3 Beispiele

Den Gebrauch des Stabilitätskriteriums (16.3) für kontinuierliche Systeme machen wir uns an einigen Beispielen klar. Der Stabilitätsnachweis für diskrete Systeme anhand von (16.7) verläuft analog.

—— **Beispiel 16.1**

Als einfachstes Beispiel betrachten wir ein System mit der Impulsantwort

$$h(t) = e^{-at}\varepsilon(t) \qquad a \in \mathbb{R} \, . \tag{16.8}$$

Als Kriterium für die Stabilität untersuchen wir nach (16.3), ob die Impulsantwort absolut integrabel ist:

$$\int_{-\infty}^{\infty} |e^{-at}\varepsilon(t)|\, dt = \int_{0}^{\infty} e^{-at} dt = \begin{cases} \dfrac{1}{a} & \text{für } a > 0 \\[2mm] \infty & \text{sonst} \end{cases} \tag{16.9}$$

und erhalten das Ergebnis: das System ist stabil für $a > 0$.

Für $a = 0$ nimmt die Impulsantwort die Form der Sprungfunktion an $h(t) = \varepsilon(t)$. Nach Kapitel 8.4.4.1 erkennen wir darin die Impulsantwort des Integrierers und können daher anhand von (16.9) die folgende Stabilitätsaussage machen: Der Integrierer ist nicht BIBO-stabil. Diese Tatsache überrascht nicht, wenn man sich die Reaktion eines Integrierers auf eine Sprungfunktion $\varepsilon(t)$ vergegenwärtigt. Das Integral über dieses beschränkte Eingangssignal wächst mit zunehmender Zeit über alle Grenzen und verletzt somit die Voraussetzung der BIBO-Stabilität.

∎

―――――――――――――――――――――――――――――――――――――― **Beispiel 16.2**

Bei der Behandlung des Abtasttheorems in Kapitel 11.3.2 hatten wir als Interpolationsfilter bei kritischer Abtastung ein System mit einem rechteckförmigen Frequenzgang und einer si-Funktion als Impulsantwort nach (11.35) verwendet. Es wird auch *idealer Tiefpaß* genannt. Wir wollen jetzt untersuchen, ob ein solches System realisiert werden kann.

Bei der Betrachtung der Impulsantwort in Bild 11.11 sehen wir sofort, daß die Impulsantwort des idealen Tiefpasses ein zweiseitiges Signal ist. Der ideale Tiefpaß ist daher nicht kausal.

Da der Frequenzgang eines stabilen Systems keine Unstetigkeitsstellen besitzen darf, vermuten wir, daß der ideale Tiefpaß auch instabil ist. Um dies zu bestätigen, wählen wir den Zeitmaßstab in (11.35) zur Vereinfachung so, daß $T = \pi$ ist und für die Impulsantwort gilt:

$$h(t) = \text{si}(t)\,. \tag{16.10}$$

Wir müssen nun feststellen, ob das Integral

$$\int_{-\infty}^{\infty} |h(t)|\, dt = \int_{-\infty}^{\infty} \frac{|\sin(t)|}{|t|}\, dt = 2 \int_{0}^{\infty} \frac{|\sin(t)|}{|t|}\, dt \tag{16.11}$$

einen endlichen Wert hat oder über alle Grenzen wächst. Dazu schätzen wir die Fläche unter $|h(t)|$ durch eine Folge von Dreiecken ab, deren Fläche jeweils kleiner als die Fläche der einzelnen Nebenkeulen in Bild 16.1 ist. Die Grundlinie der Dreiecke hat jeweils die Breite π und ihre Höhe nimmt mit $1/t$ ab. Die unendliche

Summe über diese Dreiecksflächen ist eine untere Schranke für die Fläche unter dem Betrag der Impulsantwort $|h(t)|$:

$$\sum_{k=0}^{\infty} \frac{1}{2} \cdot \pi \cdot \frac{1}{\pi k + \frac{3\pi}{2}} = \frac{1}{2} \sum_{k=0}^{\infty} \frac{1}{k + \frac{3}{2}} < \frac{1}{2} \int_{-\infty}^{\infty} |h(t)|\, dt\,. \qquad (16.12)$$

Die Summe selbst ist aber eine harmonische Reihe, von der bekannt ist, daß sie nicht konvergiert. Damit ist gezeigt, daß die Impulsantwort des idealen Tiefpasses nicht absolut integrabel ist. Der ideale Tiefpass ist also weder kausal noch stabil. ∎

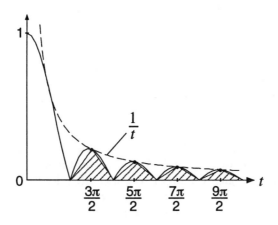

Bild 16.1: Abschätzung der Fläche unter der $|\mathrm{si}|$-Funktion

Nach diesem Beispiel stellt sich die Frage, warum man solche idealisierten Systeme überhaupt betrachtet, wenn sie doch keine Chance auf technische Realisierung besitzen. Die Antwort ist ganz im Sinne der Systemtheorie:

- Der ideale Tiefpaß mit seinem rechteckförmigen, reellen Frequenzgang ist ein äußerst einfaches Konzept. Es gestattet, viele Überlegungen zur spektralen Begrenzung, zur Rekonstruktion von kontinuierlichen Signalen aus Abtastwerten etc. in möglichst einfacher Form durchzuführen.

- Der ideale Tiefpaß ist zwar nicht exakt, aber doch näherungsweise realisierbar, wenn man zu einigen Zugeständnissen bereit ist. Beispiele für den Verzicht auf ideales Verhalten können sein:

  - Verzicht auf kritische Abtastung.

    Durch leichte Überabtastung lassen sich Interpolationsfilter mit weniger steilen Flanken einsetzen (s. Bild 11.9), deren Impulsantwort schneller abklingt und daher absolut integrabel ist. Dadurch wird ein stabiles Verhalten erreicht.

– Zulassen einer Zeitverzögerung.

Die Impulsantwort des idealen Tiefpasses verschiebt man so weit nach rechts (s. Bild 11.11), daß sie ohne großen Fehler durch ein kausales Signal angenähert wird. Dadurch erhält man ein kausales System.

16.2 Kausale stabile LTI-Systeme

LTI-Systeme, die kausal und stabil zugleich sind, erkennt man auch an der Lage ihrer Singularitäten in der komplexen s-Ebene bzw. z-Ebene. Wir geben zuerst ihre Eigenschaften in allgemeiner Form an und spezialisieren die Ergebnisse dann auf LTI-Systeme mit gebrochen rationalen Übertragungsfunktionen.

16.2.1 Allgemeine Eigenschaften

16.2.1.1 Kontinuierliche Systeme

Für den Konvergenzbereich der Übertragungsfunktion eines kontinuierlichen LTI-Systems können wir aus den Eigenschaften Kausalität und Stabilität wichtige Aussagen ableiten. Dazu greifen wir auf die Eigenschaften des Konvergenzbereichs der Laplace-Transformation in Kapitel 4.5.3 zurück.

Kausalität bedeutet, daß die Impulsantwort ein rechtsseitiges Signal ist. Für rechtsseitige Signale liegt der Konvergenzbereich ihrer Laplace-Transformierten rechts einer Geraden in der s-Ebene, die parallel zur imaginären Achse verläuft. Damit konvergiert die Übertragungsfunktion eines kausalen LTI Systems in einem Gebiet der s-Ebene, das rechts der Singularität mit dem größten Realteil liegt.

Nun nehmen wir noch die Eigenschaft der Stabilität hinzu. Sie ist gleichbedeutend mit absoluter Integrierbarkeit der Impulsantwort. Daraus hatten wir bereits geschlossen, daß die imaginäre Achse der s-Ebene zum Konvergenzbereich der Übertragungsfunktion gehören muß. Da dieser aber rechts einer zur imaginären Achse parallelen Berandung liegt, bedeutet dies, daß diese Berandung links der imaginären Achse liegen muß, d.h. in der linken Halbebene (vergl. Bild 4.5).

Wo liegen nun die Singularitäten der Übertragungsfunktion? Da der Konvergenzbereich frei von Singularitäten ist, müssen sie links der Geraden, also in der linken Halbebene liegen.

Diese Einsicht fassen wir in der folgenden Aussage zusammen:

Bei einem kausalen, stabilen, kontinuierlichen LTI-System liegen alle Singularitäten der Systemfunktion $H(s)$ in der offenen linken Halbebene der s-Ebene.

16.2.1.2 Diskrete Systeme

Für diskrete Systeme können wir unter Rückgriff auf die Eigenschaften des Konvergenzbereichs der z-Transformation zu ähnlichen Ergebnissen kommen:

Aus der Kausalität eines diskreten LTI-Systems folgt, daß der Konvergenzbereich der Übertragungsfunktion $H(z)$ außerhalb eines Kreises um den Ursprung der z-Ebene liegt. Da der Einheitskreis für ein stabiles System Teil des Konvergenzbereichs ist, muß der Radius der Berandung kleiner als 1 sein. Da die Singularitäten nicht im Konvergenzbereich liegen können, ist für sie nur Platz innerhalb des Kreises, der kleiner als der Einheitskreis ist. Damit gilt

> Bei einem kausalen, stabilen, diskreten System liegen alle Singularitäten der Systemfunktion $H(z)$ innerhalb des Einheitskreises der z-Ebene.

16.2.2 LTI-Systeme mit gebrochen rationaler Übertragungsfunktion

Für Systeme mit gebrochen rationaler Übertragungsfunktion lassen sich die allgemeinen Aussagen des letzten Abschnitts noch weiter präzisieren. Ihre Singularitäten sind ein- oder mehrfache Pole, die die Eigenschwingungen des Systems kennzeichnen. Anhand von Pol-Nullstellen-Diagrammen können wir diese Systeme anschaulich beschreiben.

16.2.2.1 Kontinuierliche Systeme

Für kontinuierliche LTI-Systeme lautet die Stabilitätsaussage:

> Die Pole der Systemfunktion $H(s)$ eines kausalen und stabilen kontinuierlichen LTI-Systems liegen in der offenen linken s-Halbebene.

Zur Veranschaulichung dieser Eigenschaft erinnern wir uns an den internen Anteil $y_{\text{int}}(t)$ des Ausgangssignals nach Kapitel 7.3.3. Er beschreibt den Teil des Ausgangssignals der von den Anfangswerten hervorgerufen wird. Die Laplace-Transformierte des internen Anteils kann man nach (7.92) als Partialbruchentwicklung nach den Polen s_i darstellen. Dem entspricht im Zeitbereich die Summe der Eigenschwingungen des Systems, die wir hier nur für N einfache Pole aufschreiben:

$$Y_{\text{int}}(s) = \sum_{i=1}^{N} \frac{A_i}{s - s_i}$$

$$y_{\text{int}}(t) = \sum_{i=1}^{N} A_i e^{s_i t} \varepsilon(t). \tag{16.13}$$

Für Pole $s_i = \sigma_i + j\omega_i$ in der linken Halbebene ist der Realteil $\sigma_i < 0$, so daß die zugehörige Eigenschwingung abklingt.

$$\lim_{t \to \infty} e^{s_i t} = \lim_{t \to \infty} e^{\sigma_i t} \cdot e^{j\omega_i t} = 0 \qquad (16.14)$$

Die Stabilitätsbedingung, daß alle Pole in der linken Halbebene liegen, bedeutet daher im Zeitbereich, daß die Reaktion auf Anfangswerte mit der Zeit abklingt – ganz so, wie man es von einem stabilen System erwarten kann. Das können wir uns auch gut anhand von Bild 3.3 klarmachen. Nur Pole in der linken s-Halbebene entsprechen dort abklingenden Exponentialschwingungen. Das Abklingen des internen Anteils bedeutet, daß der Anfangszustand eines stabilen, kausalen Systems unmaßgeblich ist, wenn man nur lange genug wartet.

Die Lage der Nullstellen in der komplexen Ebene beeinflußt die Eigenschwingungen nicht und hat daher auch keinen Einfluß auf die Stabilität.

16.2.2.2 Diskrete Systeme

Für diskrete Systeme gilt entsprechend:

> Die Pole der Systemfunktion $H(z)$ eines kausalen und stabilen diskreten LTI-Systems liegen im Inneren des Einheitskreises der z-Ebene.

Auch hier kann man einen Zusammenhang zwischen der Lage der Pole in der komplexen Frequenzebene und den Eigenschwingungen des Systems im Zeitbereich herstellen (siehe Aufgabe 16.5). Auch diese Stabilitätsbedingung können wir wieder anschaulich deuten, indem wir Bild 13.6 zu Hilfe nehmen. Der interne Anteil der Systemantwort klingt nur dann ab, wenn die ihm entsprechenden Pole innerhalb des Einheitskreises liegen. Auch bei einem stabilen diskreten System besitzt der Anfangszustand keinen Einfluß mehr, wenn man lang genug wartet.

─── **Beispiel 16.3**

Bild 16.2 zeigt jeweils vier Pol-Nullstellen-Diagramme von kontinuierlichen (links) und diskreten (rechts) kausalen Systemen. An der Lage der Pole sieht man sofort, daß nur das erste und das dritte kontinuierliche System bzw. das erste und das vierte diskrete System stabil sind. Läßt man hingegen auch zweiseitige Impulsantworten, also nichtkausale Systeme zu, so könnten die ersten 3 kontinuierlichen Systeme und das erste, zweite und vierte diskrete System stabil sein. Dazu müßte man den Konvergenzbereich so wählen, daß er die imaginäre Achse der s-Ebene oder den Einheitskreis der z-Ebene einschließt. Liegen Pole direkt auf der imaginären Achse bzw. dem Einheitskreis, gelingt das natürlich nicht und die Systeme sind in jedem Fall instabil.

■

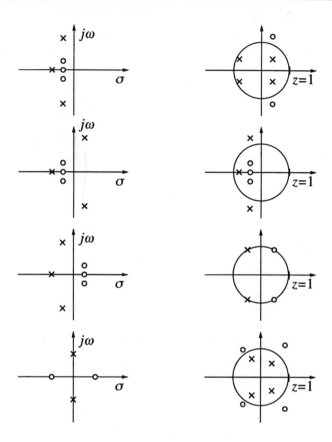

Bild 16.2: Pol-Nullstellen-Diagramme stabiler und instabiler Systeme

16.2.3 Stabilitätskriterien

Wenn die gebrochen rationale Übertragungsfunktion eines LTI-Systems aus einer Differential- oder Differenzengleichung ermittelt wird, erhält man zunächst nur die Koeffizienten von Zähler- und Nennerpolynom. Um die Stabilität des Systems anhand der Lage der Pole zu überprüfen, müssen die Nullstellen des Nennerpolynoms berechnet werden. Diese kann man für Polynome bis zum dritten Grad in geschlossener Form angeben, für Systeme höherer Ordnung sind iterative Verfahren erforderlich, die heute mit dem Rechner leicht durchgeführt werden können. Früher standen Digitalrechner aber nicht zur Verfügung. Um die mit der Nullstellensuche verbundene numerische Rechnung mit der Hand zu vermeiden, wurde eine Reihe von einfacher durchzuführenden Stabilitätskriterien entwickelt. Sie verzichten auf die Berechnung der einzelnen Pole und stellen stattdessen nur fest, ob alle Pole in der linken Halbebene, bzw. im Einheitskreis liegen. Wir betrachten hier nur jeweils einen Stabilitätstest für kontinuierliche und diskrete Systeme, da diese Tests für die Praxis eine abnehmende Bedeutung besitzen.

16.2.3.1 Kontinuierliche Systeme

Für kontinuierliche Systeme beschreiben wir das Stabilitätskriterium von Hurwitz. Es kommt ohne Nullstellensuche aus und verwendet direkt die Koeffizienten des Nennerpolynoms der Übertragungsfunktion.

Für seine Anwendung bringt man die gebrochen rationale Übertragungsfunktion in die Form

$$H(s) = \frac{P(s)}{Q(s)}, \tag{16.15}$$

so daß das Nennerpolynom

$$Q(s) = s^N + a_1 s^{N-1} + a_2 s^{N-2} + \ldots + a_{N-1}s + a_N \tag{16.16}$$

als Koeffizienten der höchsten Potenz s^N eine Eins besitzt.

Ein Polynom wird *Hurwitz-Polynom* genannt, wenn alle seine Nullstellen einen negativen Realteil besitzen. Das System ist dann stabil, wenn sein Nennerpolynom $Q(s)$ ein Hurwitz-Polynom ist. Das Stabilitätskriterium von Hurwitz stellt fest, ob $Q(s)$ ein Hurwitz-Polynom ist. Der Test besteht aus zwei Teilen:

- Eine notwendige Bedingung für ein Hurwitz-Polynom ist, daß alle Koeffizienten a_n positiv sind:

$$a_n > 0, \quad n = 1, \ldots, N \,. \tag{16.17}$$

Sie kann nur erfüllt sein, wenn in $Q(s)$ alle Potenzen s^n von $n = 0, \ldots, N$ vorhanden sind, da andernfalls der betreffende Koeffizient $a_n = 0$ wäre.

Für $N = 1$ und $N = 2$ ist diese Bedingung auch hinreichend, so daß der Test hier abgebrochen werden kann. Für $N > 2$ muß noch die folgende hinreichende Bedingung getestet werden.

- Zur Formulierung der hinreichenden Bedingung stellt man für $\mu = 1, 2, \ldots, N$ die *Hurwitz-Determinanten*

$$\Delta_\mu = \begin{vmatrix} a_1 & 1 & 0 & 0 & \cdots & 0 \\ a_3 & a_2 & a_1 & 1 & \cdots & 0 \\ a_5 & a_4 & a_3 & a_2 & \cdots & 0 \\ \vdots & \vdots & \vdots & \vdots & & \vdots \\ a_{2\mu-1} & a_{2\mu-2} & & \cdots & & a_\mu \end{vmatrix} \tag{16.18}$$

mit

$$a_\nu = 0 \text{ für } \nu > N \tag{16.19}$$

auf.

> $Q(s)$ ist ein Hurwitz-Polynom, wenn alle Hurwitz-Determinanten positiv sind.
>
> $$\Delta_\mu > 0 \text{ für } \mu = 1, 2, \ldots N \qquad (16.20)$$

Damit ist der Hurwitz-Test abgeschlossen. Seine Durchführung zeigen wir in Beispiel 16.4. Ein verwandtes Verfahren ist der Stabilitätstest von Routh [17, 13].

16.2.3.2 Diskrete Systeme

Für diskrete Systeme gilt es festzustellen, ob alle Pole im Inneren des Einheitskreises liegen. Wir behandeln dazu ein Verfahren, das die komplexe z-Ebene auf die komplexe s-Ebene abbildet, um dann dort einen Stabilitätstest für kontinuierliche Systeme durchzuführen.

Eine geeignete Abbildungsvorschrift ist die *bilineare Transformation*

$$z = \frac{s+1}{s-1} \quad , \quad s = \frac{z+1}{z-1} . \qquad (16.21)$$

Sie bildet das Innere des Einheitskreises $|z| < 1$ auf die offene linke Halbebene $Re\{s\} < 0$ ab. Um das zu zeigen, bilden wir mit $s = \sigma + j\omega$ den Betrag

$$|z| = \sqrt{\frac{(\sigma+1)^2 + \omega^2}{(\sigma-1)^2 + \omega^2}} . \qquad (16.22)$$

Für $|z| < 1$ folgt $\sigma < 0$.

Die Stabilität des diskreten Systems

$$H(z) = \frac{P(z)}{Q(z)} \qquad (16.23)$$

ist gewährleistet, wenn die Nullstellen des Nennerpolynoms $Q(z)$ im Einheitskreis der z-Ebene liegen. Um das zu testen, bilden wir mit Hilfe der bilinearen Transformation aus $Q(z)$ die gebrochen rationale Funktion $\tilde{Q}(s)$:

$$\tilde{Q}(s) = Q\left(\frac{s+1}{s-1}\right) . \qquad (16.24)$$

Nullstellen von $\tilde{Q}(s)$ und damit von $Q(z)$ können nur vom Zählerpolynom von $\tilde{Q}(s)$ herrühren. Wir testen daher, ob das Zählerpolynom von $\tilde{Q}(s)$ ein Hurwitz-Polynom ist. Wenn ja, liegen seine Nullstellen in der linken s-Halbebene und die Nullstellen von $Q(z)$ im Einheitskreis der z-Ebene.

Die bilineare Transformation (16.21) besitzt gegenüber anderen Transformationen, die ebenfalls das Innere des Einheitskreises auf die linke s-Halbebene abbilden (z.B. $z = e^s$) den Vorzug, daß $\tilde{Q}(s)$ gebrochen rational ist und wir damit z.B. den Hurwitz-Test anwenden können.

Bei genauem Hinsehen weist unser Vorgehen aber immer noch eine undichte Stelle auf: Der Punkt $z = 1$ wird nach (16.21) auf den Punkt $s = \infty$ abgebildet und daher vom Hurwitz-Test nicht erfaßt. Wir müssen diesen Punkt daher extra testen, d.h. $Q(1)$ berechnen.

Das Stabilitätskriterium für das diskrete System mit der Übertragungsfunktion $H(z)$ lautet damit:

Das diskrete System mit der Systemfunktion $H(z) = \dfrac{P(z)}{Q(z)}$ ist stabil,

wenn das Zählerpolynom von $\tilde{Q}(s) = Q\left(\dfrac{s+1}{s-1}\right)$ ein Hurwitzpolynom ist, und $Q(1) \neq 0$ ist.

Die Durchführung des Stabilitätstests zeigen wir an einem Beispiel.

─── **Beispiel 16.4**

Das Bild 16.3 zeigt ein rekursives diskretes System 4. Ordnung. Um festzustellen ob es stabil ist, lesen wir aus dem Blockdiagramm den Zusammenhang

$$Y(z) = Y(z)\left(\frac{3}{2}z^{-1} + \frac{3}{4}z^{-2} + \frac{3}{8}z^{-3} + \frac{1}{4}z^{-4}\right) + X(z) \qquad (16.25)$$

ab und erhalten daraus die Übertragungsfunktion

$$H(z) = \frac{Y(z)}{X(z)} = \frac{z^4}{z^4 - \frac{3}{2}z^3 - \frac{3}{4}z^2 - \frac{3}{8}z - \frac{1}{4}} = \frac{z^4}{Q(z)}. \qquad (16.26)$$

Durch bilineare Transformation wird aus dem Nennerpolynom $Q(z)$ die gebrochen rationale Funktion $\tilde{Q}(s)$:

$$\tilde{Q}(s) = Q\left(\frac{s+1}{s-1}\right) = \frac{-1,875\,(s^4 - 1,4667s^3 - 3,2s^2 - 3,8667s - 1)}{(s-1)^4}. \qquad (16.27)$$

Das Polynom in runden Klammern im Zähler von $\tilde{Q}(s)$ muß nun getestet werden ob es ein Hurwitzpolynom ist. Die notwendige Bedingung für ein Hurwitzpolynom (16.17) ist aber nicht erfüllt, denn die Koeffizienten sind nicht alle positiv. Daraus folgt nun der Reihe nach:

$\Rightarrow$ $\tilde{Q}(s)$ besitzt Nullstellen mit $\text{Re}\{s\} \geq 0$.

$\Rightarrow$ $Q(z)$ besitzt Nullstellen mit $|z| \geq 1$.

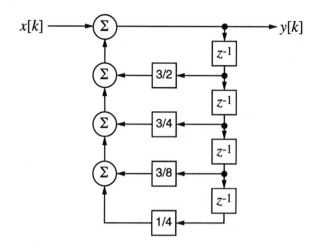

Bild 16.3: Rekursives zeitdiskretes System 4. Ordnung

$\Rightarrow$ $H(z)$ besitzt Pole mit $|z| \geq 1$.

$\Rightarrow$ Das System ist instabil.

Natürlich kann man auch die Nullstellen des Nennerpolynoms $Q(z)$ direkt mit dem Computer berechnen. Am bequemsten geht das mit einem Computeralgebra-Programm. Das Ergebnis lautet

$$Q(z) = (z - 2)\left(z + \frac{1}{2}\right)\left(z^2 + \frac{1}{4}\right) \ .$$

Tatsächlich liegt also eine Nullstelle bei $z = 2$ außerhalb des Einheitskreises. Das bestätigt unser Ergebnis mit bilinearer Transformation und Hurwitz-Kriterium.

16.3 Rückgekoppelte Systeme

Die bisherigen Stabilitätsbetrachtungen bezogen sich auf Systeme, die wir ausschließlich durch ihre Übertragungsfunktion beschrieben hatten. Jetzt betrachten wir rückgekoppelte Systeme, die wir bereits in Kapitel 6.6.3 kennengelernt hatten. Natürlich kann man auch ein rückgekoppeltes LTI-System durch eine Übertragungsfunktion kennzeichnen, so wie es in Bild 6.15 gezeigt ist. Dabei geht die Information über die einzelnen Übertragungsfunktionen im Vorwärtszweig und im Rückwärtszweig verloren (in Bild 6.15 sind dies $F(s)$ und $G(s)$). Rückkopplung wird als Prinzip in sehr vielen Bereichen von Technik und Natur verwendet. Wir zeigen im folgenden drei typische Aufgabenstellungen, die mit Hilfe von Rückkopplung gelöst werden können.

16.3.1   Invertierung eines Systems durch Rückkopplung

In Beispiel 7.9 hatten wir bereits gesehen, daß durch Rückkopplung die Übertragungsfunktion eines Systems invertiert werden kann. Bild 16.4 zeigt diese Situation noch einmal, wobei im Gegensatz zu Bild 6.15 die Rückkopplungsschleife noch einen Vorzeichenwechsel enthält. Die Übertragungsfunktion des geschlossenen Kreises lautet dann

$$H(s) = \frac{Y(s)}{X(s)} = \frac{K}{1 + KG(s)} \approx \frac{1}{G(s)} \text{ für } K\,|G(s)| \gg 1\,. \tag{16.28}$$

Die Pole des rückgekoppelten Gesamtsystems $H(s)$ sind die Nullstellen von $G(s)$. Sie müssen in der offenen linken s-Halbebene liegen, um Stabilität zu gewährleisten. Die Pole von $G(s)$ haben dagegen keinen Einfluß auf die Stabilität des rückgekoppelten Systems.

Kontinuierliche Systeme, die keine Nullstellen in der rechten s-Halbebene besitzen, heißen *minimalphasig*. Entsprechend bezeichnet man auch diskrete Systeme ohne Nullstellen außerhalb des Einheitskreises als minimalphasig. Damit das inverse System $\frac{1}{G(s)}$ bzw. $\frac{1}{G(z)}$ stabil ist, muß $G(s)$ bzw. $G(z)$ minimalphasig sein und darf zusätzlich keine Nullstellen auf der imaginären Achse bzw. dem Einheitskreis der komplexen Frequenzebene besitzen.

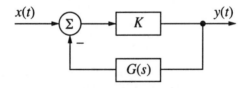

Bild 16.4: Einbau des Systems $G(s)$ in eine Rückkopplungsschleife

16.3.2   Glättung des Frequenzgangs durch Gegenkopplung

Beim Bau von elektronischen Verstärkern, z.B. in der Audiotechnik, verwendet man gern das Prinzip der Gegenkopplung, das in Bild 16.5 illustriert ist. Einen Verstärker mit sehr hoher Verstärkung $|F(j\omega)| \gg 1$ kann man leicht bauen, wenn man starke Schwankungen im Frequenzgang $F(j\omega)$ in Kauf nimmt. Man opfert dann einen Teil der Verstärkung, indem man das Ausgangssignal $y(t)$ über einen Faktor K auf den Eingang zurückführt. Damit resultiert ein Frequenzgang

$$H(j\omega) = \frac{F(j\omega)}{1 + KF(j\omega)} \approx \frac{1}{K} \quad \text{für} \quad |K \cdot F(j\omega)| \gg 1,$$

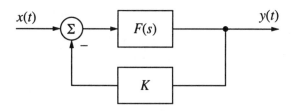

Bild 16.5: Glättung des Frequenzgangs durch Gegenkopplung

der nahezu konstant ist. Wichtig ist natürlich, daß $|F(j\omega)|$ so groß ist, daß die Ungleichung $|K \cdot F(j\omega)| \gg 1$ auch für kleine Werte von K erfüllt ist, so daß das gegengekoppelte System eine ausreichend hohe Verstärkung $1/K$ besitzt.

16.3.3 Stabilisierung eines Systems durch Rückkopplung

In vielen Anwendungen der Regelungstechnik ist das System im Vorwärtszweig (die „Regelstrecke") eine große technische Anlage, an der nichts verändert werden kann bzw. aus Kostengründen nicht soll. Eine Änderung im Systemverhalten ist nur zu erreichen, wenn mit einem zweiten System im Rückwärtszweig die Rückkopplungsschleife geschlossen wird. Dieses zweite System wird auch *Regler* genannt und ist so aufgebaut, daß seine Eigenschaften ohne großen (Kosten-) Aufwand in weiten Grenzen verändert werden können. Wir betrachten hier die Frage, ob wir für eine an sich instabile Regelstrecke durch geeignete Wahl des Systems im Rückkopplungszweig trotzdem ein stabiles Verhalten des Gesamtsystems erreichen können.

Wir beginnen mit einer Regelstrecke 1. Ordnung nach Bild 16.6. Das System im Vorwärtszweig hat die Übertragungsfunktion 1. Ordnung

$$H(s) = \frac{b}{s-a}, \quad a > 0, \quad b > 0$$

und damit einen Pol bei $s = a > 0$ in der rechten Halbebene. Es ist also instabil. Für den Rückkopplungszweig wählen wir ein P-Glied nach Bild 8.24 mit der Verstärkung K. Die Übertragungsfunktion des rückgekoppelten Systems lautet dann

$$Q(s) = \frac{Y(s)}{X(s)} = \frac{H(s)}{1 + KH(s)} = \frac{b}{s-a+K \cdot b} \tag{16.29}$$

und besitzt einen Pol bei $s = a - Kb$. Die Lage des Pols kann jetzt mit dem Verstärkungsfaktor K des P-Glieds beeinflußt werden. Bild 16.7 zeigt die möglichen Pollagen in Abhängigkeit von der Verstärkung K. Für $K = 0$ ist die Rückkopplung unwirksam und der Pol liegt bei $s = a$. Für wachsende Werte von K wandert der Pol nach links und befindet sich für $K > a/b$ in der linken Halbebene. Durch genügend große Wahl der Verstärkung im Rückkopplungszweig kann

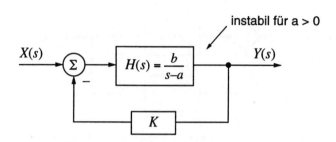

Bild 16.6: Regelstrecke 1. Ordnung mit P-Regler

so ein stabiles Verhalten des Gesamtsystems erreicht werden. Der Weg in der s-Ebene, den der Pol in Abhängigkeit von der Verstärkung durchläuft, heißt auch *Wurzelortskurve (WOK)*.

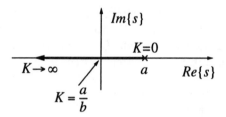

Bild 16.7: Wurzelortskurve (WOK) des Regelkreises Bild 16.6

Die Wirkung der Rückkopplung kann aber auch in die umgekehrte Richtung gehen: Ein stabiles System im Vorwärtszweig kann durch Rückkopplung entstabilisiert werden. Dazu gehen wir wieder von Bild 16.6 aus, wählen aber jetzt $a < 0$, $b > 0$ und $K < 0$. Damit liegt der Pol des Gesamtsystems ohne Rückkopplung ($K = 0$) in der linken Halbebene. Für $K < 0$ wandert er nach rechts und erreicht bei $K = a/b$ die rechte Halbebene. Bild 16.8 zeigt die zugehörige Wurzelortskurve.

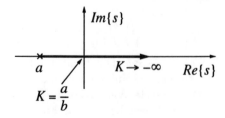

Bild 16.8: Wurzelortskurve für $a < 0, K < 0$

Wenn man den Vorzeichenwechsel am Summationspunkt noch in den Rückkopplungszweig mit einbezieht und so die gesamte Schleifenverstärkung betrachtet,
läßt sich der Einfluß des P-Gliedes so zusammenfassen

- Eine positive Rückkopplung (auch *Mitkopplung* genannt) bewirkt eine Ent-
stabilisierung des Systems

- Eine negative Rückkopplung (auch *Gegenkopplung* genannt) bewirkt eine
Stabilisierung des Systems

Für Systeme höherer Ordnung liegen die Verhältnisse leider nicht mehr so einfach. Das wollen wir anhand einer Regelstrecke 2. Ordnung zeigen, die in Bild 16.9
dargestellt ist. Die Übertragungsfunktion im Vorwärtszweig

$$H(s) = \frac{b}{s^2 + a} \quad , \quad a \in \mathbb{R} \tag{16.30}$$

besitzt zwei Pole $s = \pm\sqrt{-a}$ ist also für alle Werte von a instabil. Bei Rückkopplung mit einem P-Glied erhält man die Übertragungsfunktion des Gesamtsystems

$$Q(s) = \frac{Y(s)}{X(s)} = \frac{H(s)}{1 + KH(s)} = \frac{b}{s^2 + a + Kb} . \tag{16.31}$$

Bild 16.10 zeigt die Wurzelortskurve für $a < 0$.

Für $K = 0$ liegen die Pole des Gesamtsystems auf der reellen Achse, einer leider
in der rechten Halbebene. Für $K < 0$ ändert sich daran nichts, die Pole wandern
nur weiter nach außen. Für $K > 0$ bewegen sich die Pole auf die imaginäre Achse zu
und bilden für $K > (-a)/b$ ein konjugiert komplexes Polpaar auf der imaginären
Achse. Offenbar ist es hier nicht möglich, durch Rückkopplung mit einem P-Glied
die beiden Pole in die linke Halbebene zu verschieben. Dies bestätigt ein Hurwitz-

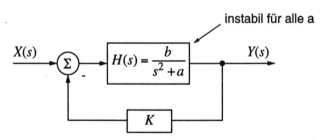

Bild 16.9: Regelstrecke 2. Ordnung mit Proportional-Regler

Test. Das Nennerpolynom $s^2 + a + Kb$ in (16.31) ist kein Hurwitz-Polynom, da
der Koeffizient des linearen Terms in s gleich Null ist.

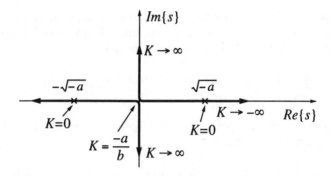

Bild 16.10: Wurzelortskurve des Regelkreises Bild 16.9

Allerdings gelingt die Stabilisierung mit einer Proportional-Differential-Rückführung nach Bild 16.11. Sie führt zu der Übertragungsfunktion des Gesamtsystems

$$Q(s) = \frac{Y(s)}{X(s)} = \frac{H(s)}{1 + G(s)\,H(s)} = \frac{b}{s^2 + bK_2 s + (a + K_1 b)}\,, \qquad (16.32)$$

deren Nennerpolynom ein Hurwitz-Polynom ist, wenn die Konstanten K_1 und K_2 so gewählt werden, daß

$$bK_2 > 0 \quad \text{und} \quad a + K_1 b > 0 \qquad (16.33)$$

gilt.

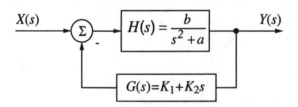

Bild 16.11: Regelstrecke 2. Ordnung mit Proportional-Differential-Regler

16.4   Aufgaben

Aufgabe 16.1

Die Stabilität eines Systems mit der Impulsantwort $h(t) = e^{-0,1t}\sin(5\pi t)\varepsilon(t)$ soll untersucht werden.

a) Ist die Impulsantwort absolut integrierbar?

b) Überprüfen Sie die Lage der Pole.

Aufgabe 16.2

Beweisen Sie, daß (16.7) eine notwendige und hinreichende Bedingung für die BIBO Stabilität eines diskreten LTI-Systems ist.

Aufgabe 16.3

Ein diskretes LTI-System wird durch folgende Differenzengleichung beschrieben: $y[k] = x[k] - a^6 x[k-6]$ mit $0 < |a| < \infty$.

a) Bestimmen sie $H_1(z) = \frac{Y(z)}{X(z)}$ und das dazugehörige PN-Diagramm. Geben Sie den Konvergenzbereich von $H_1(z)$ an. Für welche a ist das System stabil?

b) Bestimmen Sie die Übertragungsfunktion $H_2(z)$ eines zweiten diskreten Systems so, daß $H_1(z) \cdot H_2(z) = 1$ gilt. Geben Sie beide möglichen Konvergenzbereiche von $H_2(z)$ an und bestimmen Sie dazu jeweils, ob es dann stabil ist.

Aufgabe 16.4

Ein System ist durch die Differenzengleichung $y[k] - \frac{1}{2}y[k-1] + \frac{1}{4}y[k-2] = x[k]$ gegeben.

a) Geben Sie die Übertragungsfunktion $H(z) = \frac{Y(z)}{X(z)}$ des Systems an.

b) Ist das System stabil? Man bestimme dies

$\alpha)$ anhand des PN-Diagramms,

$\beta)$ mit der bilinearen Transformation $z = \frac{s+1}{s-1}$ und einem Stabilitätstest für kontinuierliche Systeme.

c) Ist das System minimalphasig?

d) Ist das System kausal?

Aufgabe 16.5

Motivieren Sie anhand des internen Anteils des Ausgangssignals, daß ein diskretes System stabil ist, wenn seine Pole im Inneren des Einheitskreises der komplexen z-Ebene liegen (siehe Kapitel 16.2.2).

Aufgabe 16.6

Überprüfen Sie die Stabilität der Systeme

a) $H(s) = \dfrac{s^3 + 1}{-2,5s^4 - 11,25s^3 - 20s^2 - 17,5s - 5}$

b) $H(s) = \dfrac{s^3 - 0,125}{s^4 - 4,5s^3 + 8s^2 - 7s + 2}$

c) $H(s) = \dfrac{s + 2}{s^3 + s + 2}$,

ohne die Pole explizit zu berechnen. Sind die Systeme minimalphasig?

Aufgabe 16.7

Wohin in die s-Ebene bildet die bilineare Transformation nach (16.21) die linke Hälfte des Inneren des Einheitskreises der z-Ebene ab?

Aufgabe 16.8

Ein Regelkreis mit $E(s) = s$ und $G(s) = \dfrac{2V_0(s^2 + 1)}{s}$ ist gegeben.

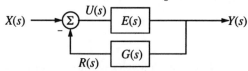

Die Übertragungsfunktion des offenen Kreises ist $H_0(s) = \frac{R(s)}{U(s)}$ und die des geschlossenen ist $H(s) = \frac{Y(s)}{X(s)}$.

a) Bestimmen Sie $H_0(s)$ und $H(s)$.

b) Ist $H(s)$ stabil? Wo liegen die Polstellen von $H(s)$?

c) Läßt sich das System durch geeignete Wahl von V_0 stabilisieren?

d) Es sei $V_0 = \frac{1}{70}$ gegeben. Bei welcher Frequenz ω_0 verhält sich das System instabil?

e) Berechnen Sie $r(t)$ für $u(t) = \sin(6t)$ und $V_0 = \frac{1}{70}$.

Aufgabe 16.9

Ein System S_1 mit der Übertragungsfunktion $H(s) = \dfrac{1}{s^2 + 1}$ ist zu betrachten.

a) Ist $H(s)$ stabil?

b) S_1 werde jetzt in eine Rückkopplungsschleife eingebaut.

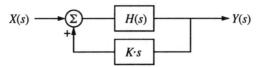

Geben Sie die neue Übertragungsfunktion $H_r(s) = \frac{Y(s)}{X(s)}$ an.

c) Für welche K ist das rückgekoppelte System stabil?

d) Überprüfen Sie die Stabilität für $K < 0$ anhand von $h_r(t)$.

Aufgabe 16.10

Gegeben ist $H(s) = \frac{Y(s)}{X(s)}$ mit $F(s) = \dfrac{s}{s^2 - 2s + 5}$.

$$X(s) \longrightarrow \Sigma \longrightarrow \boxed{F(s)} \longrightarrow Y(s)$$
$$\boxed{G(s)}$$

a) Zeichnen Sie das PN-Diagramm von $H(s)$ für $G(s) = 0$. Ist $H(s)$ in diesem Fall stabil?

b) Zur Stabilisierung von $H(s)$ wird für $G(s)$ eine Proportionalrückführung eingesetzt (reelle Verstärkung K). Zeichnen Sie die Wurzelortskurve von $H(s)$ für $0 < K < \infty$. Für welche K gelingt die Stabilisierung?

Aufgabe 16.11

Gegeben ist $H(s)$ wie in Aufgabe 16.10, allerdings mit $F(s) = \dfrac{1}{s^2 - 2s + 5}$.

a) Zeichnen Sie die WOK für $G(s) = K$. Ist eine Stabilisierung möglich?

b) $G(s)$ ist eine Differentialrückführung mit reellem K. Gelingt die Stabilisierung jetzt? Wenn ja, für welche K? Hinweis: Hurwitz

17 Beschreibung von Zufallssignalen

17.1 Einleitung

Bei allen bisherigen Betrachtungen über kontinuierliche und diskrete Signale und ihre Beschreibung in Zeit- und Frequenzbereich waren wir immer von Signalverläufen ausgegangen, die durch mathematische Funktionen beschreibbar waren. Damit konnten wir mit den Werten der Signalverläufe rechnen, Signale addieren und subtrahieren, verzögern und schließlich Ableitungen und Integrale bilden. Gerade von der Integration hatten wir häufig Gebrauch gemacht, als Faltung, als Fourier- und Laplace-Transformation und als komplexe Integration für die inverse Laplace- und die inverse z-Transformation. Bei diskreten Signalen traten endliche und unendliche Summen an die Stelle der Integrale. Dies alles war nur möglich, weil wir angenommen hatten, daß jedes vorkommende Signal zu jedem Zeitpunkt einen eindeutig bestimmbaren Wert besitzt, der durch – möglicherweise komplizierte – mathematische Formeln beschrieben werden kann.

Bei vielen praktisch vorkommenden Signalverläufen trifft diese Annahme aber nicht zu. Es wäre zwar theoretisch denkbar, das Sprachsignal aus Bild 1.1 anhand der Eigenschaften des menschlichen Sprachtrakts durch eine Überlagerung von Schwingungen zu beschreiben, aber dieses Vorgehen würde sicher nicht zu technisch sinnvollen Lösungen führen. Vollends unmöglich ist die Angabe von Funktionsverläufen für Störsignale wie Rauschen oder chaotische Schwingungen. Für die Beschreibung solcher regelloser Vorgänge muß ein neues Konzept gefunden werden. Mit dem bloßen Eingeständnis, daß ein Signalverlauf nicht vorhersehbare Werte annehmen kann und daher zufällig ist, ist noch nicht viel gewonnen. Um dennoch wie gewohnt mit Eingangs- und Ausgangsgrößen von Systemen rechnen zu können, muß auch für Zufallssignale eine Beschreibung durch nicht zufällige oder „deterministische" Größen gefunden werden. Dies leisten die sogenannten Erwartungswerte, die im nächsten Abschnitt eingeführt werden. Danach folgt die Behandlung stationärer und ergodischer Zufallsprozesse, mit denen eine wesentlich einfachere Berechnung der Erwartungswerte möglich ist. Eine wichtige Klasse von Erwartungswerten sind Korrelationsfunktionen, die im Anschluß besprochen werden. Alle diese Beschreibungsformen von Zufallssignalen werden zunächst für kontinuierliche Signale eingeführt. Das Kapitel schließt mit einer Erweiterung dieses Konzepts auf diskrete Zufallssignale.

17.1.1 Was sind Zufallssignale?

Die Signale, mit denen wir bis jetzt gearbeitet haben, nennt man auch *deterministische Signale* und drückt damit aus, daß ein Signal zu jedem Zeitpunkt durch einen bekannten Wert eindeutig bestimmt ist. Ein deterministisches Signal liegt auch vor, wenn der Verlauf nicht durch einfache mathematische Funktionen geschlossen beschreibbar ist, sondern z.B. durch eine unendliche Fourier-Reihe.

Signale, deren Verlauf nicht vorhersehbar ist, heißen dagegen *nichtdeterministische Signale, stochastische Signale* oder *Zufallssignale*. Beispiele für Zufallssignale in der Elektrotechnik sind Störsignale wie Antennenrauschen, Verstärkerrauschen oder thermisches Widerstandsrauschen. Aber auch Nutzsignale können Zufallssignale sein. So sind in der Nachrichtentechnik die zu übertragenden Signale für den Empfänger unbekannt, warum sollten sie sonst übertragen werden? Tatsächlich ist ja der Informationsgehalt einer Nachricht für den Empfänger um so größer, je weniger er von ihrem Inhalt vorhersagen kann.

17.1.2 Wie beschreibt man Zufallssignale?

Zur Beschreibung von Zufallssignalen können wir zunächst versuchen, vom Signalverlauf selbst auszugehen. Auch wenn die Signalform selbst nicht mathematisch beschreibbar ist, können wir typische Signalausschnitte dennoch durch Messung aufzeichnen und erhalten Kurven wie z.B. in den Bildern 17.1 und 17.2. Allerdings ist nicht sichergestellt, ob Fourier-, Laplace- oder Faltungsintegrale solcher Zufallssignale existieren, d.h. ob die Berechnung eines Spektrums oder einer Systemreaktion mit den uns bekannten Methoden überhaupt erklärt ist. Aber auch wenn die Existenz der Integrale gesichert ist, so ist das resultierende Spektrum oder Ausgangssignal selbst doch wieder nur eine Zufallsgröße, aus deren Verlauf wir keine allgemein gültigen Aussagen treffen können.

Wir können z.B. das Signal $x_1(t)$ in Bild 17.1 als das Rauschen eines Verstärkers auffassen und die Reaktion eines nachgeschalteten Systems berechnen. Die Kenntnis dieses Ausgangssignals ist aber nicht auf andere Situationen übertragbar, denn ein anderer Verstärker gleicher Bauart würde zur gleichen Zeit ein anderes Rauschsignal erzeugen, etwa $x_2(t)$. Aber auch der erste Verstärker würde zu einem späteren Zeitpunkt nie mehr das gezeigte Rauschsignal $x_1(t)$ wiederholen, so daß wir mit einem daraus berechneten Ausgangssignal wenig anfangen können.

Der Ausweg aus diesem Dilemma besteht darin, nicht einzelne Zufallssignale zu betrachten, sondern stattdessen den Vorgang zu analysieren, der diese Signale erzeugt. In unserem Beispiel bedeutet das, aus der Schaltung eines Verstärkers und anderen Einflüssen, wie etwa der Temperatur, allgemeine Aussagen über sein Rauschverhalten abzuleiten. Dabei ist es natürlich nicht möglich, die Rauschsignale einzelner Verstärker in ihrem Verlauf vorherzusagen. Stattdessen kann man z.B. die für einen solchen Verstärker typische Rauschleistung angeben. Dieses Vorgehen hat zwei wesentliche Vorteile:

- die angegebene Rauschleistung ist eine deterministische Größe, mit der sich wie gewohnt rechnen läßt,

- sie gilt für alle Verstärker gleicher Bauart.

Um diese Betrachtungsweise auf beliebige Zufallssignale zu erweitern, führen wir einige Begriffe ein. Einen Vorgang, der Zufallssignale erzeugt, nennen wir *Zufallsprozeß*. Die Gesamtheit aller Zufallssignale, die er erzeugen kann, heißt *Schar* oder *Ensemble* von Zufallssignalen. Einzelne Zufallssignale (z.B. $x_1(t)$, $x_2(t)$, $x_i(t)$ in Bild 17.1) heißen *Musterfunktionen* oder *Realisationen* eines Zufallsprozesses. Dadurch kommt zum Ausdruck, daß wir den Zufallsprozeß, d.h. den erzeugenden Vorgang, in den Vordergrund stellen, da nur er Aussagen über die Eigenschaften aller seiner Musterfunktionen erlaubt.

Als deterministische Kenngrößen von Zufallssignalen verwendet man *statistische Mittelwerte* oder kurz *Mittelwerte*. Dabei unterscheidet man Kenngrößen eines Zufallsprozesses, die für die ganze Schar bzw. das Ensemble der Zufallssignale gelten (*Erwartungswert*), und *Zeitmittelwerte*, die durch Mittelung eines Zufallssignals, d.h. einer Musterfunktion entlang der Zeitachse entstehen.

Wir behandeln im nächsten Abschnitt die Erwartungswerte und danach die Zeitmittelwerte.

17.2 Erwartungswerte

17.2.1 Erwartungswert als Scharmittelwert

In Bild 17.1 sind verschiedene Musterfunktionen eines Prozesses dargestellt. Wir können uns vorstellen, daß es Rauschsignale sind, die gleichzeitig an verschiedenen baugleichen Verstärkern gemessen werden. Als *Erwartungswert* (auch *Scharmittelwert* oder *Ensemblemittelwert*) definieren wir den mittleren Wert, den wir zum gleichen Zeitpunkt aus allen Musterfunktionen des gleichen Prozesses erhalten:

$$E\{x(t_1)\} = \lim_{N \to \infty} \frac{1}{N} \sum_{i=1}^{N} x_i(t_1) \,. \qquad (17.1)$$

Da wir zu verschiedenen Zeitpunkten verschiedene Mittelwerte erhalten können, ist der Erwartungswert im allgemeinen zeitabhängig:

$$E\{x(t_1)\} \neq E\{x(t_2)\} \,. \qquad (17.2)$$

In Bild 17.1 ist zu erkennen, daß der Mittelwert über die Funktionen $x_1(t), x_2(t), \cdots, x_i(t)$ zum Zeitpunkt t_2 einen anderen Wert annimmt als zum Zeitpunkt t_1.

Da die Mittelung in Bild 17.1 jeweils in Richtung der gestrichelten Linien verläuft, spricht man beim Erwartungswert auch von einer Mittelung *quer zum*

Prozeß. Im Gegensatz dazu ist der zeitliche Mittelwert einer Musterfunktion in Richtung der Zeitachse eine Mittelung *längs des Prozesses.*

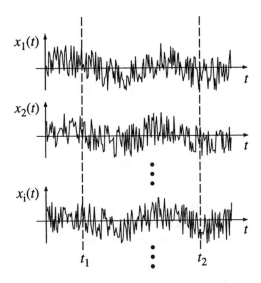

Bild 17.1: Beispiel für Musterfunktionen (Realisationen) $x_i(t)$

Die Definition des Erwartungswerts nach (17.1) ist als formale Beschreibung aufzufassen und nicht als Rechenvorschrift. Sie besagt, das über *alle* Musterfunktionen eines Prozesses zu mitteln ist - eine praktisch nicht lösbare Aufgabe. Damit kommt zum Ausdruck, daß der Erwartungswert den gesamten Zufallsprozeß kennzeichnet und nicht nur für ausgewählte Musterfunktionen gilt. Wie kann man aber einen Erwartungswert tatsächlich ausrechnen? Dafür gibt es drei Möglichkeiten:

- Aus der genauen Kenntnis des erzeugenden Prozesses kann man den Erwartungswert ohne Mittelung über Musterfunktionen berechnen. Dazu sind Werkzeuge aus der Wahrscheinlichkeitsrechnung notwendig, die wir hier nicht voraussetzen wollen.

- Durch Mittelung über endlich viele Musterfunktionen kann der Erwartungswert aus (17.1) näherungsweise berechnet werden. Das bedeutet, daß der Grenzübergang in (17.1) nicht vollzogen wird. Die Näherung wird umso genauer, je mehr Musterfunktionen einbezogen werden.

- Unter bestimmten Voraussetzungen, die wir noch genauer behandeln werden, kann der Scharmittelwert auch durch den Zeitmittelwert über eine Musterfunktion ausgedrückt werden.

─── **Beispiel 17.1**

Die drei Möglichkeiten zur exakten oder näherungsweisen Bestimmung des Erwartungswerts wenden wir auf einen Würfel an:

- Aus der Kenntnis des Prozesses, d.h. aus der vollkommenen Symmetrie des idealen Würfels schließen wir, daß jede Augenzahl die gleiche Wahrscheinlichkeit besitzt. Für den Erwartungswert gilt dann

$$E\left\{x(t)\right\} = \frac{1+2+3+4+5+6}{6} = 3,5\,.$$

Da der Würfel seine Symmetrieeigenschaften nicht ändert, gilt dieser Erwartungswert für jede Zeit t.

- Wenn wir über viele Würfel verfügen, deren Symmetrieeigenschaften wir nicht genau kennen, können wir den Scharmittelwert auch durch Mitteln über alle Augenzahlen näherungsweise berechnen. Da sich Erwartungswerte im allgemeinen mit der Zeit ändern können, sollten wir die Ensemblemittelung für alle Würfel zum gleichen Zeitpunkt vornehmen.

- Die Befürchtung, daß sich die statistischen Eigenschaften mit der Zeit ändern können, ist bei normalen Würfeln allerdings unbegründet. Hier können wir davon ausgehen, daß die Mittelung über viele Würfel zum gleichen Zeitpunkt annähernd das gleiche Resultat ergibt wie die Mittelung über viele aufeinanderfolgende Würfe eines Würfels. Die mit einem Würfel nacheinander geworfenen Augenzahlen entsprechen den diskreten Werten einer Musterfunktion entlang der Zeitachse. Man kann also hier den Erwartungswert durch den Zeitmittelwert ausdrücken.

Bevor wir uns weiter mit den Beziehungen zwischen Schar- und Zeitmittelwerten befassen, lernen wir noch allgemeinere Formen von Erwartungswerten kennen.

17.2.2   Erwartungswerte erster Ordnung

Der Erwartungswert $E\{x(t)\}$ gibt zwar an, welchen Wert wir im Mittel aus einem Zufallsprozeß erwarten können, aber er kennzeichnet den Zufallsprozeß sicher nicht vollständig.

In Bild 17.2 sind Musterfunktionen zweier Zufallsprozesse gezeigt, die zwar den gleichen (zeitveränderlichen) Mittelwert besitzen, sich aber offensichtlich in anderen Eigenschaften unterscheiden. So schwanken die Musterfunktionen des Zufallsprozesses B sehr viel stärker um den Mittelwert als die von Prozeß A. Um solche Eigenschaften zu beschreiben führen wir den allgemeinen *Erwartungswert erster Ordnung* ein:

$$\mathrm{E}\{f(x(t))\} = \lim_{N\to\infty} \frac{1}{N} \sum_{i=1}^{N} f(x_i(t)) \,. \qquad (17.3)$$

Im Gegensatz zu (17.1) ist hier $x(t)$ durch eine Funktion $f(x(t))$ ersetzt. Durch die Wahl verschiedener Funktionen f erhalten wir verschiedene Mittelwerte erster Ordnung. Man spricht deshalb von einem Erwartungswert *erster* Ordnung, weil nur die Amplituden der Realisationen des Zufallprozesses zu *einem* Zeitpunkt berücksichtigt werden. Wir werden künftig noch Erwartungswerte höherer Ordnung kennenlernen, in denen die Werte mehrerer Zeitpunkte miteinander kombiniert werden. Der Mittelwert nach (17.1) ist in (17.3) für $f(x) = x$ enthalten. Er

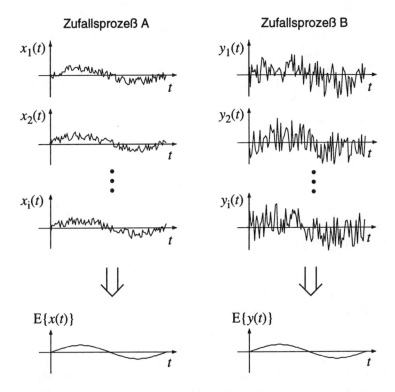

Bild 17.2: Zufallsprozesse A und B mit unterschiedlicher Streuung zwischen den einzelnen Musterfunktionen

heißt auch *linearer Mittelwert* und wird mit $E\{x(t)\} = \mu_x(t)$ bezeichnet.

Für $f(x) = x^2$ erhalten wir den *quadratischen Mittelwert*:

$$E\{x^2(t)\} = \lim_{N \to \infty} \frac{1}{N} \sum_{i=1}^{N} x_i^2(t) \,. \tag{17.4}$$

Damit können wir die mittlere Momentanleistung eines Zufallsprozesses beschreiben, z.B. die Rauschleistung, die ein Verstärker im Leerlauf abgibt.

Von großer Bedeutung ist auch die quadratische Abweichung vom linearen Mittelwert. Sie folgt aus (17.3) für $f(x) = (x - \mu_x)^2$ und heißt *Varianz*:

$$E\left\{(x(t) - \mu_x(t))^2\right\} = \sigma_x^2(t) \,. \tag{17.5}$$

Die positive Wurzel aus der Varianz heißt *Standardabweichung* $\sigma_x(t)$. Varianz und Standardabweichung sind Maße für die Streuung der Amplitude eines Zufallssignals um seinen linearen Mittelwert. So besitzt der Zufallsprozeß A in Bild 17.2 offenbar eine geringere Varianz als der Zufallsprozeß B.

Der lineare Mittelwert und die Varianz bzw. der quadratische Mittelwert sind die mit Abstand am häufigsten verwendeten Erwartungswerte erster Ordnung. Sie reichen, in Verbindung mit Erwartungswerten zweiter Ordnung, aus, um viele häufig vorkommenden Zufallssignale zu kennzeichnen. Für allgemeinere Zufallssignale kann man durch andere Wahl von $f(x)$ in (17.3) noch weitere Erwartungswerte 1. Ordnung definieren.

———————————————————————————— **Beispiel 17.2**

Die allgemeinste Charakterisierung durch Erwartungswerte erster Ordnung erhält man, wenn man in (17.3)

$$f(x) = \varepsilon(\Theta - x)$$

setzt und den Erwartungswert abhängig vom Schwellwert Θ bestimmt. Man erhält damit die *Verteilungsfunktion*

$$P_{x(t)}(\Theta) = E\{\varepsilon(\Theta - x(t))\} \,.$$

Sie gibt an, mit welcher Wahrscheinlichkeit $x(t)$ kleiner als die Schwelle Θ ist. In Bild 17.3 ist sie für den Würfel aus Beispiel 17.1 gezeigt. Die Ableitung

$$\frac{dP_{x(t)}(\Theta)}{d\Theta} =: p_{x(t)}(\Theta)$$

heißt *Wahrscheinlichkeitsdichtefunktion* des Zufallssignals x zum Zeitpunkt t. Aus $P_{x(t)}(\Theta)$ oder $p_{x(t)}(\Theta)$ lassen sich alle Erwartungswerte erster Ordnung berechnen:

$$E\{f(x(t))\} = \int\limits_{-\infty}^{\infty} f(x(t)) p_{x(t)}(\Theta) d\Theta \,.$$

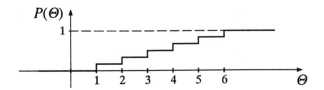

Bild 17.3: Verteilungsfunktion der Augenzahl eines Würfels

Damit ergibt sich für den Würfel nach Bild 17.3 der lineare Mittelwert $\mu_x(t) = 3,5$, wie in Beispiel 17.1.

■

17.2.3 Rechnen mit Erwartungswerten

Mit Erwartungswerten kann man ähnlich rechnen wie mit Funktionen, wenn man die entsprechenden Rechenregeln beherrscht. Man muß sich eigentlich nur zwei einfache Regeln merken:

- Der Erwartungswert $E\{\cdot\}$ ist ein linearer Operator, für den das Superpositionsprinzip gilt:

$$\boxed{E\{ax(t) + by(t)\} = aE\{x(t)\} + bE\{y(t)\}.}$$

(17.6)

Dabei können a und b auch deterministische Zeitfunktionen $a(t)$ und $b(t)$ sein.

- Der Erwartungswert eines deterministischen Signals $d(t)$ ist der Wert des Signals selbst, denn man kann sich $d(t)$ als Realisierung eines Zufallsprozesses mit lauter identischen Musterfunktionen vorstellen:

$$\boxed{E\{d(t)\} = d(t).}$$

(17.7)

Beispiel 17.3

Die beiden Regeln (17.6) und (17.7) verwenden wir, um die Varianz durch den linearen und den quadratischen Mittelwert auszudrücken:

$$
\begin{aligned}
\sigma_x{}^2(t) &= E\{(x(t) - \mu_x(t))^2\} = E\{x^2(t) - 2x(t)\mu_x(t) + \mu_x{}^2(t)\} \\
&= E\{x^2(t)\} - 2\mu_x(t)E\{x(t)\} + \mu_x{}^2(t) \\
&= E\{x^2(t)\} - \mu_x{}^2(t)
\end{aligned}
$$

(17.8)

Man braucht also nur zwei der drei Größen linearer Mittelwert, quadratischer Mittelwert und Varianz zu kennen und kann dann die dritte Größe ausrechnen. Diese Beziehung wird in der Praxis regelmäßig verwendet, um die Varianz zu berechnen. Dazu geht man einmal durch die vorliegenden N Musterfunktionen, summiert $x_i(t)$ und $x_i^2(t)$ und teilt anschließend durch N. $x_i(t) - \mu_x(t)$ kann man noch nicht mitteln, da im ersten Durchgang der lineare Mittelwert $\mu_x(t)$ noch nicht vorliegt. Man kann sich aber einen zweiten Durchgang durch alle Musterfunktionen ersparen, indem man die Varianz nach (17.8) errechnet.

■

17.2.4 Erwartungswerte zweiter Ordnung

Erwartungswerte erster Ordnung gelten für einen bestimmten Zeitpunkt. Sie können daher statistische Abhängigkeiten, die in einem Signal zwischen verschiedenen Zeitpunkten bestehen, nicht erfassen. Dies ist aber mit *Erwartungswerten zweiter Ordnung* möglich. Sie verknüpfen das Signal an zwei verschiedenen Zeitpunkten miteinander:

$$\mathrm{E}\{f(x(t_1), x(t_2))\} = \lim_{N \to \infty} \frac{1}{N} \sum_{i=1}^{N} f(x_i(t_1), x_i(t_2)) \, . \qquad (17.9)$$

Ein wichtiger Erwartungswert zweiter Ordnung ist die Autokorrelationsfunktion (AKF), die wir aus (17.9) für $f(\mu, \nu) = \mu\nu$ erhalten:

$$\boxed{\varphi_{xx}(t_1, t_2) = \mathrm{E}\{x(t_1)\, x(t_2)\} \, .} \qquad (17.10)$$

Sie beschreibt die Verwandtschaft zwischen den Werten eines Zufallssignals zu verschiedenen Zeitpunkten t_1 und t_2. Große Werte der Autokorrelationsfunktion bedeuten, daß $x(t)$ an den Zeitpunkten t_1 und t_2 ähnliche Werte annimmt. Für $t_1 = t_2$ geht die Autokorrelationsfunktion in den quadratischen Mittelwert über:

$$\varphi_{xx}(t_1, t_1) = E\{x^2(t_1)\} \, . \qquad (17.11)$$

──────────────────────────────────── **Beispiel 17.4**

Welche Eigenschaften eines Zufallssignals durch Erwartungswerte zweiter Ordnung erfaßt werden, sehen wir in Bild 17.4. Die Zufallsprozesse A und B stimmen in allen Erwartungswerten erster Ordnung überein, insbesondere in ihrer Verteilungsfunktion $P_{x(t)}(\Theta) = P_{y(t)}(\Theta)$ (Beispiel 17.3). Die Musterfunktionen des Zufallsprozesses A ändern sich aber wesentlich langsamer mit der Zeit als die Musterfunktionen von Prozeß B. Wir können daher bei A für benachbarte Werte von t_1 und t_2 einen größeren Wert für die Autokorrelationsfunktion $\varphi_{xx}(t_1, t_2)$ erwarten als für $\varphi_{yy}(t_1, t_2)$ bei B. Das bestätigen die gemessenen AKFs, die in Bild 17.5 dargestellt sind.

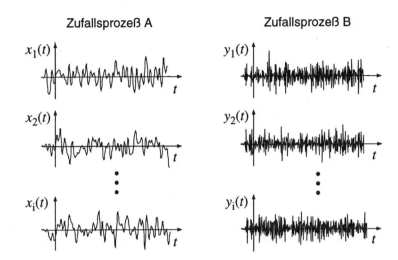

Bild 17.4: Darstellung zweier Zufallsprozesse A und B mit identischen Erwartungswerten erster Ordnung, aber unterschiedlichen Erwartungswerten zweiter Ordnung

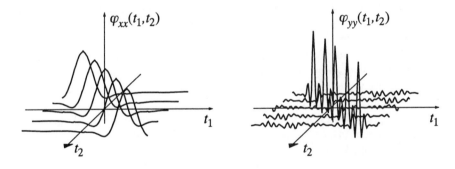

Bild 17.5: Autokorrelationsfunktionen $\varphi_{xx}(t_1, t_2)$ und $\varphi_{yy}(t_1, t_2)$ der Zufallsprozesse A und B in Bild 17.4

17.3 Stationäre Zufallsprozesse

In Abschnitt 17.2.1 hatten wir verschiedene Möglichkeiten zur Berechnung von Erwartungswerten betrachtet. Eine davon war, den Scharmittelwert durch den Zeitmittelwert auszudrücken. Die Bedingungen, unter denen das möglich ist, werden wir in diesem Abschnitt klären.

17.3.1 Definition

Einen Zufallsprozeß bezeichnet man als stationär, wenn sich seine statistischen Eigenschaften nicht mit der Zeit ändern. Dies scheint bei den beiden Zufallsprozessen in Beispiel 17.4 der Fall zu sein, während man in Bild 17.2 sieht, daß sich der lineare Erwartungswert mit der Zeit ändert.

Für eine genaue Definition gehen wir vom Erwartungswert zweiter Ordnung nach (17.9) aus. Wenn er von einem Signal gebildet wird, dessen statistische Eigenschaften sich nicht mit der Zeit ändern, dann ändert sich der Erwartungswert nicht, wenn man beide Zeitpunkte t_1 und t_2 um den gleichen Betrag Δt verschiebt:

$$\boxed{\mathrm{E}\{f(x(t_1), x(t_2))\} = \mathrm{E}\{f(x(t_1 + \Delta t), x(t_2 + \Delta t))\}\,.} \tag{17.12}$$

Der Erwartungswert hängt dann nicht von den einzelnen Zeitpunkten t_1 und t_2 sondern nur von ihrer Differenz ab. Diese Eigenschaft können wir zur Definition der Stationarität verwenden.

Definition 23: Stationarität

Ein Zufallsprozeß heißt stationär, *wenn seine Erwartungswerte zweiter Ordnung nur von der Differenz der Beobachtungszeitpunkte* $\tau = t_1 - t_2$ *abhängen.*

In (17.7) hatten wir deterministische Signale als Sonderfall von Zufallssignalen betrachtet, bei denen der lineare Erwartungswert gleich dem momentanen Funktionswert ist. Daraus folgt sofort, daß deterministische Signale nur dann stationär sein können, wenn sie zeitlich konstant sind. Jedes zeitlich veränderliche deterministische Signal ist also nicht stationär.

Das gleiche gilt für Zufallssignale endlicher Dauer, denn ein Signal, das vor bzw. nach einem bestimmten Zeitpunkt zu Null wird, ändert dort seine statistischen Eigenschaften und kann nicht stationär sein.

Aus dieser Definition für Erwartungswerte zweiter Ordnung können wir auch die Eigenschaften der Erwartungswerte erster Ordnung ableiten. Da Erwartungswerte erster Ordnung für $f(x(t_1), x(t_2)) = g(x(t_1))$ als Sonderfall in den Erwartungswerten zweiter Ordnung enthalten sind, gilt:

$$\mathrm{E}\{g(x(t_1))\} = \mathrm{E}\{g(x(t_1 + \Delta t))\}\,. \tag{17.13}$$

Das bedeutet, daß für stationäre Zufallsprozesse die Erwartungswerte erster Ordnung nicht von der Zeit abhängen. Insbesondere gilt für den linearen Mittelwert und die Varianz:

$$\mu_x(t) = \mu_x, \quad \sigma_x^2(t) = \sigma_x^2\,. \tag{17.14}$$

Die Autokorrelationsfunktion können wir einfacher durch die Zeitdifferenz $\tau = t_1 - t_2$ ausdrücken:

$$\mathrm{E}\{x(t_1)x(t_2)\} = \mathrm{E}\{x(t_1)x(t_1 - \tau)\} = \mathrm{E}\{x(t_2 + \tau)x(t_2)\} = \varphi_{xx}(\tau)\,. \tag{17.15}$$

Die Autokorrelationsfunktion $\varphi_{xx}(\tau)$, die wir in (17.15) als eindimensionale Funktion einführen, ist nicht die gleiche Funktion wie $\varphi_{xx}(t_1, t_2)$ in (17.10), das ja eine Funktion zweier Variablen t_1 und t_2 ist. Die beiden φ_{xx} hängen aber für stationäre Zufallssignale über (17.15) miteinander zusammen. Wenn die Stationaritätsbedingung nur für

$$f(x(t_1), x(t_2)) \;=\; x(t_1)\,x(t_2) \qquad\qquad (17.16)$$
$$f(x(t_1), x(t_2)) \;=\; x(t_1) \qquad\qquad (17.17)$$

gilt, aber nicht für allgemeine Funktionen $f(\cdot, \cdot)$, dann nennt man den Zufallsprozeß *schwach stationär* oder *im weiteren Sinne stationär*. Auch für den linearen Mittelwert, die Varianz und die Autokorrelationsfunktion schwach stationärer Prozesse gelten (17.13), (17.14), (17.15). Wir erhalten so die anschauliche Aussage: Bei einem schwach stationären Prozeß sind der lineare Mittelwert und die in der Autokorrelationsfunktion enthaltenen Korrelationseigenschaften zeitlich konstant. Der Begriff der schwachen Stationarität wird meist im Zusammenhang mit der Modellierung und Analyse von Zufallsprozessen verwendet, bei der man oft Stationarität voraussetzt. Betrachtet man nur linearen Mittelwert und Autokorrelationsfunktion, so macht man mit der Voraussetzung der schwachen Stationarität eine geringere Einschränkung als mit der Voraussetzung der Stationarität für alle Erwartungswerte erster und zweiter Ordnung.

—————————————————————————— **Beispiel 17.5**

Gegeben ist ein Zufallsprozeß mit dem linearen Mittelwert $\mathrm{E}\{x(t)\} = 0$ und der AKF

$$\varphi_{xx}(t_1, t_2) = \mathrm{si}(t_1 - t_2)\,.$$

Dieser Zufallsprozeß ist sicher schwach stationär, denn wir können seine AKF auch als

$$\varphi_{xx}(\tau) = \mathrm{si}(\tau)$$

schreiben, und sein linearer Mittelwert $\mu_x = 0$ ist konstant. Damit ist (17.12) für die Funktionen (17.16), (17.17) erfüllt. Die Varianz des Signals ist

$$\sigma_x^2 = \mathrm{E}\{x^2\} = \varphi_{xx}(0) = 1\,.$$

Ob der Zufallsprozeß auch im strengen Sinne stationär ist, können wir aufgrund der uns vorliegenden Angaben nicht entscheiden. ——————————————— ■

—————————————————————————— **Beispiel 17.6**

Das schwach stationäre Zufallssignal $x(t)$ aus dem Beispiel 17.5 wird mit einem deterministischen Signal $m(t) = \sin \omega t$ moduliert, so daß ein neues Zufallssignal $y(t)$ entsteht:

$$y(t) = m(t)x(t) = \sin(\omega t)x(t)\,.$$

Der lineare Mittelwert von $y(t)$ ist nach (17.6)

$$E\{y(t)\} = m(t) \cdot E\{x(t)\} = 0\,.$$

Die AKF ist

$$\varphi_{yy}(t_1, t_2) = E\{y(t_1)y(t_2)\} = E\{m(t_1)x(t_1)m(t_2)x(t_2)\}$$

$$= m(t_1)m(t_2)\varphi_{xx}(t_1, t_2)\,.$$

Zwar ist $\varphi_{xx}(t_1, t_2)$ nur von der Differenz der Beobachtungszeitpunkte $\tau = t_1 - t_2$ abhängig (siehe Beispiel 17.5), aber nicht

$$m(t_1)m(t_2) = \sin \omega t_1 \sin \omega t_2\,.$$

Deshalb ist $y(t)$ auch weder stationär noch schwach stationär. Zum Beispiel ist der quadratische Mittelwert zum Zeitpunkt $t = \frac{\pi}{2\omega}$

$$\varphi_{yy}\left(\frac{\pi}{2\omega}, \frac{\pi}{2\omega}\right) = \sin \frac{\pi}{2} \sin \frac{\pi}{2} \cdot \mathrm{si}(0) = 1\,.$$

zum Zeitpunkt $t = 0$ jedoch

$$\varphi_{yy}(0, 0) = \sin(0)\sin(0) \cdot \mathrm{si}(0) = 0\,.$$

17.3.2 Ergodische Zufallsprozesse

Wir kehren jetzt wieder zu der Frage zurück, unter welchen Bedingungen wir Scharmittelwerte durch Zeitmittelwerte ausdrücken können. Dazu definieren wir zunächst die Zeitmittelwerte erster Ordnung

$$\overline{f(x_i(t))} = \lim_{T \to \infty} \frac{1}{2T} \int_{-T}^{T} f(x_i(t))\, dt \qquad (17.18)$$

und die Zeitmittelwerte zweiter Ordnung

$$\overline{f(x_i(t), x_i(t - \tau))} = \lim_{T \to \infty} \frac{1}{2T} \int_{-T}^{T} f(x_i(t), x_i(t - \tau))\, dt\,. \qquad (17.19)$$

Die scheinbar umständliche Bildung des Grenzwerts $T \to \infty$ ist notwendig, weil das Integral $\int_{-\infty}^{\infty} f(\cdot)dt$ für eine Funktion f eines stationären Zufallssignals nicht existiert. Man bildet daher den Mittelwert über einen Signalausschnitt der Länge $2T$ und läßt dann diese Länge gegen Unendlich gehen.

Wenn nun die Zeitmittelwerte (17.18), (17.19) für *alle* Musterfunktionen eines stationären Zufallsprozesses übereinstimmen und auch noch gleich dem Scharmittelwert sind, dann können wir den Scharmittelwert durch den Zeitmittelwert einer beliebigen Musterfunktion ausdrücken. Solche Zufallsprozesse heißen *ergodisch*.

Definition 24: Ergodizität

Ein stationärer Zufallsprozeß, bei dem die Zeitmittelwerte jeder Musterfunktion mit den Scharmittelwerten übereinstimmen, heißt ergodischer Zufallsprozeß.

Ob ein stationärer Zufallsprozeß ergodisch ist, muß man im Einzelfall nachweisen. In vielen Fällen wird solch ein Nachweis nicht exakt zu führen sein. Man kann dann von der Annahme ausgehen, daß der Prozeß ergodisch sei und damit arbeiten, solange keine offensichtlichen Widersprüche auftreten. Der große Vorteil ergodischer Prozesse liegt darin, daß bereits die Kenntnis einer einzigen Musterfunktion genügt, um die verschiedenen Erwartungswerte durch Zeitmittelung auszurechnen.

Ähnlich wie bei der Stationarität gibt es auch hier eine Einschränkung für bestimmte Zufallsprozesse. Wenn die Ergodizitätsbedingung nur für

$$f(x(t_1), x(t_2)) = x(t_1)\,x(t_2) \qquad (17.20)$$

$$f(x(t_1), x(t_2)) = x(t_1) \qquad (17.21)$$

gilt, aber nicht für allgemeine Funktionen $f(\cdot, \cdot)$, dann nennt man den Zufallsprozeß *schwach ergodisch*. Wie der Begriff der schwachen Stationarität dient dieser Begriff im wesentlichen dazu, bei der Modellierung und Analyse von Zufallsprozessen möglichst geringe Einschränkungen zu machen.

────────────────────────────────────── **Beispiel 17.7**

Ein Zufallsprozeß erzeugt Musterfunktionen

$$x_i(t) = \sin(\omega_0 t + \varphi_i)\,,$$

wobei ω_0 eine feste, nicht veränderliche Größe ist, die Phase φ_i aber völlig zufällig ist. Alle Phasenwinkel mögen gleich wahrscheinlich sein.

Der Prozeß ist stationär, denn die Erwartungswerte zweiter Ordnung (17.12) hängen nur von der Differenz der Beobachtungszeitpunkte ab. Das belegen wir am Beispiel der AKF

$$\varphi_{xx}(t_1, t_2) = E\{\sin(\omega_0 t_1 + \varphi)\sin(\omega_0 t_2 + \varphi)\}$$

$$= \frac{1}{2\pi}\int\limits_0^{2\pi} \sin(\omega_0 t_1 + \varphi)\sin(\omega_0 t_2 + \varphi)d\varphi$$

$$= \frac{1}{2}\cos(\omega_0 t_1 - \omega_0 t_2) = \frac{1}{2}\cos\omega_0\tau \quad \text{mit} \quad \tau = t_1 - t_2\,.$$

Durch das Integral mitteln wir über alle Phasenwinkel zwischen 0 und 2π.

Der Prozeß ist auch ergodisch, denn die Zeitmittelwerte (17.19) stimmen mit den Scharmittelwerten überein. Am Beispiel der AKF können wir das verifizieren, indem wir berechnen

$$\overline{x_i(t)x_i(t-\tau)} = \lim_{T\to\infty} \frac{1}{2T} \int\limits_{-T}^{T} \sin(\omega_0 t + \varphi_i)\sin(\omega_0(t-\tau)+\varphi_i)dt$$

$$= \lim_{N\to\infty} \frac{1}{2N+1} \sum_{\mu=-N}^{N} \int\limits_{-\pi/\omega}^{\pi/\omega} \sin(\omega_0 t + \varphi_i)\sin(\omega_0(t-\tau)+\varphi_i)dt$$

$$= \frac{1}{2}\cos\omega_0\tau .$$

Besitzt der Zufallsprozeß zusätzlich zu der zufälligen Phase φ auch noch einen zufälligen Spitzenwert $\hat{x}$, also

$$x(t) = \hat{x}\sin(\omega_0 t + \varphi) ,$$

so ist er zwar stationär, aber nicht ergodisch. Zum Beispiel wäre dann $E\{x^2(t)\} = \frac{1}{2}E\{\hat{x}\}$, der Zeitmittelwert einer bestimmten Musterfunktion i jedoch $\overline{x_i^2(t)} = \frac{1}{2}\hat{x}_i^2$.

17.4   Korrelationsfunktionen

Nachdem wir uns mit dem Konzept der Erwartungswerte vertraut gemacht und Wege zu ihrer Berechnung kennengelernt haben, wenden wir uns wieder einer Aufgabe zu, die wir uns in Abschnitt 17.1 zu Beginn dieses Kapitels gestellt hatten. Wir wollen die Eigenschaften von Zufallssignalen durch deterministische Größen beschreiben. Dies werden wir jetzt mit Hilfe der Erwartungswerte 1. und 2. Ordnung tun. Dabei gehen wir von ergodischen Zufallsprozessen aus, so daß wir die Erwartungswerte bei Bedarf durch Zeitmittelwerte ausdrücken und ausrechnen können.

Die wichtigsten Erwartungswerte sind der lineare Mittelwert, die Autokorrelationsfunktion und eine daraus abgeleitete Verallgemeinerung, die Kreuzkorrelationsfunktion.

Für den linearen Erwartungswert gilt nach (17.1), (17.14) und (17.18)

$$E\{x(t)\} = \mu_x = \overline{x(t)} = \lim_{T\to\infty} \frac{1}{2T} \int\limits_{-T}^{T} x(t)dt . \tag{17.22}$$

Da ergodische Funktionen stationär sind, ist der lineare Mittelwert μ_x (wie alle anderen Erwartungswerte erster Ordnung) zeitunabhängig. Nach Definition 24 ist er gleich dem Zeitmittelwert $\overline{x(t)}$. Da der Zeitmittelwert hier aus jeder beliebigen Musterfunktion gebildet werden kann, ist diese Musterfunktion in (17.22) nicht mehr besonders gekennzeichnet (vergl. (17.18)).

Die anderen Erwartungswerte, nämlich die Auto- und die Kreuzkorrelationsfunktion werden wir in den folgenden Abschnitten genauer kennenlernen, als wir dies bisher getan hatten. Da wir dabei von Erwartungswerten 2. Ordnung nur in der Form von (17.20) Gebrauch machen werden, genügt im Weiteren die Voraussetzung der schwachen Ergodizität.

Zunächst betrachten wir nur Korrelationsfunktionen reeller Signale. Anschließend werden die Ergebnisse auf komplexwertige Signale erweitert.

17.4.1 Korrelationsfunktionen reeller Signale

17.4.1.1 Autokorrelationsfunktion

Wir hatten bereits gesehen, daß sich die Autokorrelationsfunktion eines schwach stationären Signals durch die Zeitdifferenz τ der beiden multiplizierten Signalwerte ausdrücken läßt (vergl. (17.15)):

$$\varphi_{xx}(\tau) = E\left\{x(t)x(t-\tau)\right\} . \tag{17.23}$$

Das Produkt $x(t)x(t-\tau)$ wird im allgemeinen sowohl positive als auch negative Werte annehmen. Je nachdem, welche von beiden überwiegen, wird auch der Erwartungswert positiv oder negativ ausfallen. Für $\tau = 0$ ist $x^2(t)$ jedoch sicher nicht negativ und damit größer, als es für jeden anderen Wert von τ zu erwarten ist. Das bedeutet, daß die Autokorrelationsfunktion $\varphi_{xx}(\tau)$ für $\tau = 0$ ihren Maximalwert annimmt. Dies zeigen wir leicht, indem wir die sicher positive Größe

$$E\{(x(t) - x(t-\tau))^2\} = \varphi_{xx}(0) - 2\varphi_{xx}(\tau) + \varphi_{xx}(0) \geq 0 \tag{17.24}$$

betrachten, woraus direkt $\varphi_{xx}(\tau) \leq \varphi_{xx}(0)$ folgt. Aus

$$E\{(x(t) + x(t-\tau))^2\} = \varphi_{xx}(0) + 2\varphi_{xx}(\tau) + \varphi_{xx}(0) \geq 0 \tag{17.25}$$

folgt, daß es auch eine untere Schranke $\varphi_{xx}(\tau) \geq -\varphi_{xx}(0)$ gibt. Wir können diese untere Schranke für mittelwertbehaftete Signale noch enger fassen, indem wir

$$\tilde{x}(t) = x(t) - \mu_x \tag{17.26}$$

mit der AKF

$$\varphi_{\tilde{x}\tilde{x}}(\tau) = E\{(x(t) - \mu_x)(x(t-\tau) - \mu_x)\} = \varphi_{xx}(\tau) - \mu_x^2 \tag{17.27}$$

betrachten. Wenden wir (17.25) auf $\varphi_{\tilde{x}\tilde{x}}(\tau)$ an, ergibt sich für die AKF des mittelwertbehafteten Signals $\varphi_{xx}(\tau) \geq -\varphi_{\tilde{x}\tilde{x}}(0) + \mu_x^2 = \varphi_{xx}(0) + 2\mu_x^2$. Den Wert

$\varphi_{xx}(0)$ können wir aber auch nach (17.4) durch die Varianz σ_x^2 und dem linearen Mittelwert μ_x ausdrücken, so daß zusammenfassend gilt:

$$-\varphi_{xx}(0) + 2\mu_x^2 = -\sigma_x^2 + \mu_x^2 \leq \varphi_{xx}(\tau) \leq \varphi_{xx}(0) = \sigma_x^2 + \mu_x^2\,. \tag{17.28}$$

In der Beziehung $\varphi_{xx}(\tau) \leq \varphi_{xx}(0)$ steht das Gleichheitszeichen für den Fall, daß $x(t)$ eine periodische Zeitfunktion ist. Wenn die Verschiebung um τ genau den Wert einer Periode oder ein Vielfaches davon annimmt, dann gilt $x(t)x(t+\tau) = x^2(t)$ und damit $\varphi_{xx}(\tau) = \varphi_{xx}(0)$. Es gibt jedoch keine Verschiebung zwischen $x(t)$ und $x(t+\tau)$ für die der Erwartungswert $E\{x(t)x(t+\tau)\} > E\{x^2(t)\}$ wird. Beobachtet man einen solchen Effekt dennoch bei einer Messung der AKF, so bedeutet dies, daß die Voraussetzungen der schwachen Stationarität nicht vorliegen.

Eine weitere wichtige Eigenschaft der Autokorrelationsfunktion $\varphi_{xx}(\tau)$ ist ihre Symmetrie bezüglich $\tau = 0$. Da der Wert von $\varphi_{xx}(\tau)$ nur von der Verschiebung zwischen den beiden Zeitfunktionen im Produkt $x(t)x(t+\tau)$ abhängt, können wir die Substitution $t' = t + \tau$ durchführen und erhalten so

$$E\left\{x(t)x(t+\tau)\right\} = E\left\{x(t'-\tau)x(t')\right\} = E\left\{x(t')x(t'-\tau)\right\}\,. \tag{17.29}$$

Daraus folgt unmittelbar die Symmetrieeigenschaft

$$\varphi_{xx}(\tau) = \varphi_{xx}(-\tau)\,. \tag{17.30}$$

Für das Verhalten der Autokorrelationsfunktion für $\tau \to \infty$ lassen sich keine allgemeingültigen Aussagen machen. In vielen Fällen ist es jedoch so, daß zwischen weit auseinanderliegenden Werten eines Signals keine Verwandtschaft mehr besteht. Man nennt diese Werte dann *unkorreliert*.

Diese Eigenschaft drückt sich in den Erwartungswerten des Signals so aus, daß der Erwartungswert zweiter Ordnung in das Produkt zweier Erwartungswerte erster Ordnung zerfällt:

$$E\left\{x(t)x(t-\tau)\right\} = E\left\{x(t)\right\} \cdot E\left\{x(t-\tau)\right\} \qquad |\tau| \to \infty\,. \tag{17.31}$$

Da der lineare Erwartungswert eines stationären Signals nicht von der Zeit abhängt, gilt hier

$$E\left\{x(t)\right\} = E\left\{x(t-\tau)\right\} = \mu_x \tag{17.32}$$

und damit für die Autokorrelationsfunktion

$$\varphi_{xx}(\tau) = \mu_x^2 \qquad |\tau| \to \infty\,. \tag{17.33}$$

Für Signale, deren Werte in großem Abstand unkorreliert sind, besteht somit die einzige Verwandtschaft in ihrem (zeitunabhängigen) linearen Mittelwert μ_x.

Bild 17.6 zeigt den typischen Verlauf einer Autokorrelationsfunktion mit den eben besprochenen Eigenschaften:

$$\begin{array}{rl}
\text{Maximalwert:} & \varphi_{xx}(0) = \sigma_x^2 + \mu_x^2 \geq \varphi_{xx}(\tau) \quad (17.34)\\
\text{untere Schranke:} & \varphi_{xx}(\tau) \geq -\sigma_x^2 + \mu_x^2 \quad (17.35)\\
\text{Symmetrie:} & \varphi_{xx}(\tau) = \varphi_{xx}(-\tau) \quad (17.36)\\
\text{Unkorreliertheit für } |\tau| \to \infty : & \lim_{|\tau|\to\infty} \varphi_{xx}(\tau) = \mu_x^2 \quad (17.37)
\end{array}$$

Die negativen Werte der Autokorrelationsfunktion in Bild 17.6 zeigen an, daß für diese Werte der Verschiebung τ der Erwartungswert $E\{x(t + \tau)x(t)\}$ negativ ist. Das bedeutet, daß im Abstand τ Werte von $x(t + \tau)$ und $x(t)$ mit unterschiedlichem Vorzeichen zu erwarten sind. Ebenso wie große positive Werte der Autokorrelationsfunktion deuten auch betragsmäßig große negative Werte auf eine starke Verwandtschaft zwischen den Werten von $x(t)$ hin. Die untere Schranke $-\sigma_x^2 + \mu_x^2$ wird in diesem Beispiel aber nicht erreicht. Die ersten drei

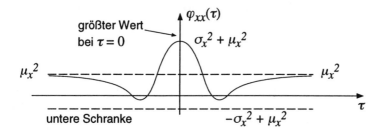

Bild 17.6: Beispiel für den Verlauf einer Autokorrelationsfunktion

Eigenschaften (17.34) – (17.36) gelten für alle stationären Zufallssignale $x(t)$, die Eigenschaft (17.37) nur dann, wenn weit auseinanderliegende Werte tatsächlich nicht korreliert sind. Für den Zufallsprozeß im Beispiel 17.7 gilt (17.37) zum Beispiel nicht.

—————————————————————————————— **Beispiel 17.8**

In Beispiel 17.4 hatten wir zwei Zufallsprozesse A und B betrachtet, deren Musterfunktionen offensichtlich unterschiedliche statistische Abhängigkeiten aufweisen. Unter der Annahme, daß diese Prozesse auch über die gezeigten zeitlichen Ausschnitte hinaus stationär sind, können wir sie jetzt durch ihre Autokorrelationsfunktionen $\varphi_{xx}(\tau)$ und $\varphi_{yy}(\tau)$ kennzeichnen. Bild 17.7 zeigt ihre Verläufe. Sie ergeben sich einfach als Schnitte durch $\varphi_{xx}(t_1, t_2)$ und $\varphi_{yy}(t_1, t_2)$ in Bild 17.7 entlang der t_1- oder t_2-Achse. Besonders die Autokorrelationsfunktion $\varphi_{xx}(\tau)$ weist große Ähnlichkeit mit der Autokorrelationsfunktion aus Bild 17.6 auf. Offensichtlich ist hier aber der lineare Mittelwert gleich Null, was auch den Musterfunktionen in Bild 17.4 zu entnehmen ist. Die wesentlich schnelleren Änderungen der

Zeitfunktionen von Zufallsprozeß B in Bild 17.4 drücken sich in einem wesentlich schnelleren Abfall der Autokorrelationsfunktion $\varphi_{yy}(\tau)$ von ihrem Maximalwert in Bild 17.7 aus. Der Maximalwert $\varphi_{yy}(0)$ selbst ist gleich dem entsprechenden Wert $\varphi_{xx}(0)$ von Zufallsprozeß A, da ja vorausgesetzt wurde, daß die Erwartungswerte erster Ordnung beider Prozesse gleich sind. Auch $y(t)$ ist offenbar mittelwertfrei. Die untere Schranke $-\sigma_x^2 + \mu_x^2 = -\sigma_y^2 + \mu_y^2$ wird von beiden AKFs nicht erreicht.

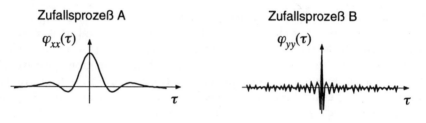

Bild 17.7: Autokorrelationsfunktionen der Zufallsprozesse A und B aus Bild 17.4

Beispiel 17.9

Bild 17.8 zeigt die Autokorrelationsfunktion des Sprachsignals eines männlichen Sprechers. Die ausgeprägte negative Korrelation bei einer Verschiebung von $\tau \approx 5\mathrm{ms}$ gibt einen Hinweis auf die Sprach-Grundfrequenz. Da die negative Korrelation bei der Verschiebung um eine Halbwelle auftritt, errechnet sich daraus eine Grundfrequenz von etwa 100 Hz. Für größere Verschiebungen geht die Autokorrelationsfunktion zunächst nicht gegen einen konstanten Wert, was auf die Wiederkehr von verwandten Signalanteilen auch in größeren Abständen schließen läßt. Tatsächlich sind ja Vokale über einen größeren Zeitraum periodisch. Für sehr große τ ist dann aber $\varphi_{xx}(\tau) = 0$, denn das Sprachsignal ist mittelwertfrei.

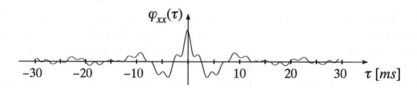

Bild 17.8: Autokorrelationsfunktion eines Sprachsignals

17.4.1.2 Autokovarianzfunktion

Die Einführung von Erwartungswerten soll dem Zweck dienen, diese deterministischen Funktionen bei der Systembeschreibung als Ersatz für die Zufallssignale selbst zu verwenden. Das bedeutet, daß wir damit dieselben Operationen ausführen wollen, wie wir das mit deterministischen Ein- und Ausgangssignalen getan hatten. Das schließt als wichtiges Element die Berechnung der Fourier-Transformation ein. Eine hinreichende Bedingung für deren Existenz ist nach Kapitel 9.2.2 die absolute Integrierbarkeit der Zeitfunktion. Diese Eigenschaft ist aber für Autokorrelationsfunktionen nach Bild 17.6 nicht gegeben, wenn der lineare Mittelwert μ_x nicht gleich Null ist.

Um diesen Schwierigkeiten aus dem Weg zu gehen, kann man den linearen Mittelwert von vornherein abziehen und anstelle des Signals $x(t)$ das mittelwertbefreite Signal $(x(t) - \mu_x)$ betrachten. Dessen Autokorrelationsfunktion heißt die *Autokovarianzfunktion* von $x(t)$ und wird mit $\psi_{xx}(\tau)$ bezeichnet:

$$\psi_{xx}(\tau) = \mathrm{E}\{(x(t) - \mu_x)(x(t - \tau) - \mu_x)\} . \tag{17.38}$$

Mit den Rechenregeln aus Abschnitt 17.2.3 folgt wie in (17.8)

$$\psi_{xx}(\tau) = \varphi_{xx}(\tau) - \mu_x^2 . \tag{17.39}$$

Die Eigenschaften der Autokovarianzfunktion entsprechen denen der Autokorrelationsfunktion für mittelwertfreie Signale:

Maximalwert:	$\sigma_x^2 = \psi_{xx}(0) \geq \psi_{xx}(\tau)$	(17.40)
untere Schranke:	$\psi(\tau) \geq -\sigma_x^2 = -\psi(0)$	(17.41)
Symmetrie:	$\psi_{xx}(\tau) = \psi_{xx}(-\tau)$	(17.42)
Unkorreliertheit für $|\tau| \to \infty$:	$\lim_{|\tau| \to \infty} \psi_{xx}(\tau) = 0$	(17.43)

17.4.1.3 Kreuzkorrelationsfunktion

Die Autokorrelationsfunktion ist durch den Erwartungswert zweier Signalwerte gegeben, die *einem* Zufallsprozeß zu zwei verschiedenen Zeitpunkten entnommen sind. Dieses Konzept kann man auch auf Signalwerte erweitern, von denen jeder aus einem anderen Zufallsprozeß entnommen ist. Der zugehörige Erwartungswert heißt *Kreuzkorrelationsfunktion*. Zur genauen Darstellung ihrer Eigenschaften müssen wir unsere bisherigen Definitionen von Erwartungswerten zweiter Ordnung, stationären und ergodischen Zufallsprozessen noch auf zwei Zufallsprozesse erweitern. Unter einem *Verbund-Erwartungswert zweiter Ordnung* verstehen wir den Erwartungswert einer Funktion $f(x(t_1), y(t_2))$, die aus Signalen zweier verschiedener

Zufallsprozesse gebildet wird:

$$E\left\{f(x(t_1), y(t_2))\right\} = \lim_{N \to \infty} \frac{1}{N} \sum_{i=1}^{N} f(x_i(t_1), y_i(t_2)) \,. \qquad (17.44)$$

Für die Kreuzkorrelationsfunktion $\varphi_{xy}(t_1, t_2)$ gilt dann allgemein (vergl. (17.10)):

$$\boxed{\varphi_{xy}(t_1, t_2) = E\left\{x(t_1) \cdot y(t_2)\right\} \,.} \qquad (17.45)$$

Wir bezeichnen die Kreuzkorrelationsfunktion ähnlich wie die Autokorrelationsfunktion, deuten jedoch den zweiten Zufallsprozeß durch einen anderen Buchstaben im Index an.

Als nächstes erweitern wir den Begriff der Stationarität nach Definition 23 auf zwei Zufallsprozesse. Wir nennen zwei Zufallsprozesse *verbunden stationär*, wenn ihre Verbund-Erwartungswerte zweiter Ordnung nur von der Differenz $\tau = t_1 - t_2$ abhängen. Für verbunden stationäre Zufallsprozesse nimmt die Kreuzkorrelationsfunktion dann eine Form ähnlich (17.15) an:

$$\varphi_{xy}(\tau) = E\left\{x(t + \tau) \cdot y(t)\right\} = E\left\{x(t) \cdot y(t - \tau)\right\} \,. \qquad (17.46)$$

Schließlich führen wir noch den *Verbund-Zeitmittelwert zweiter Ordnung* ein

$$\overline{f(x_i(t), y_i(t - \tau))} = \lim_{T \to \infty} \frac{1}{2T} \int_{-T}^{T} f(x_i(t), y_i(t - \tau)) dt \qquad (17.47)$$

und nennen zwei Zufallsprozesse, bei denen die Verbund-Erwartungswerte mit den Verbund-Zeitmittelwerten übereinstimmen, *verbunden ergodisch*. Auch für verbunden stationäre und verbunden ergodische Zufallsprozesse gibt es jeweils eine schwache Form, wenn die entsprechenden Bedingungen nur für $f(x(t_1), y(t_2)) = x(t_1)y(t_2)$, $f(x(t_1), y(t_2)) = x(t_1)$ und $f(x(t_1), y(t_2)) = y(t_2)$ erfüllt sind. Von diesen Annahmen gehen wir im Weiteren aus.

Die Kreuzkorrelationsfunktion macht so für zwei Zufallsprozesse ähnliche Aussagen wie die Autokorrelationsfunktion für einen Zufallsprozeß. Sie ist ein Maß für die Verwandtschaft von Werten, die zwei Zufallsprozessen zu Zeitpunkten entnommen werden, die um die Zeitspanne τ auseinander liegen. Aus der Verallgemeinerung auf zwei Zufallsprozesse ergeben sich einige Unterschiede zur Autokorrelationsfunktion.

Zunächst können zwei Zufallsprozesse nicht nur für große Zeitspannen, sondern für alle Werte von τ unkorreliert sein. Ihre Kreuzkorrelationsfunktion ist dann das Produkt der linearen Erwartungswerte μ_x und μ_y der einzelnen Zufallsprozesse:

$$\varphi_{xy}(\tau) = \mu_x \, \mu_y \quad \forall \, \tau \,. \qquad (17.48)$$

Daneben gibt es auch hier den Fall, daß zwei Zufallsprozesse zwar nicht für alle Werte von τ aber doch für $|\tau| \to \infty$ unkorreliert sind:

$$\varphi_{xy}(\tau) = \mu_x \mu_y \quad \text{für } |\tau| \to \infty. \tag{17.49}$$

Weiterhin besitzt die Kreuzkorrelationsfunktion nicht die gerade Symmetrie der Autokorrelationsfunktion, denn aus (17.46) folgt durch Vertauschen von x und y nur

$$\varphi_{xy}(\tau) = \varphi_{yx}(-\tau) \neq \varphi_{xy}(-\tau). \tag{17.50}$$

Die Autokorrelationsfunktion $\varphi_{xx}(\tau)$ erhält man aus der Kreuzkorrelationsfunktion $\varphi_{xy}(\tau)$ als Sonderfall $y(t) = x(t)$. Dann folgt aus (17.50) auch die Symmetrieeigenschaft (17.36) der Autokorrelationsfunktion.

17.4.1.4 Kreuzkovarianzfunktion

Man kann die Kreuzkorrelationsfunktion auch von den mittelwertbefreiten Signalen $(x(t) - \mu_x)$ und $(y(t) - \mu_y)$ bilden und gelangt so zur *Kreuzkovarianzfunktion* (vergl. Abschnitt 17.4.1.2):

$$\psi_{xy}(\tau) = \mathrm{E}\{(x(t) - \mu_x)(y(t - \tau) - \mu_y)\}. \tag{17.51}$$

Wie bei der Autokovarianzfunktion in (17.39) folgt mit den Rechenregeln aus Abschnitt 17.2.3 der Zusammenhang zwischen Kreuzkovarianzfunktion $\psi_{xy}(\tau)$ und Kreuzkorrelationsfunktion $\varphi_{xy}(\tau)$:

$$\psi_{xy}(\tau) = \varphi_{xy}(\tau) - \mu_x \mu_y. \tag{17.52}$$

17.4.2 Korrelationsfunktionen komplexwertiger Signale

Bei der Einführung der verschiedenen Korrelationsfunktionen in Abschnitt 17.4.1 hatten wir uns der Einfachheit halber auf reelle Zeitsignale beschränkt. In vielen Anwendungen tauchen jedoch auch komplexwertige Signale auf, so wie in der Anordnung zur Signalübertragung nach Beispiel 15.2. Wir werden daher in diesem Abschnitt die Anwendung von Korrelationsfunktionen auf komplexe Zufallsprozesse ausdehnen. Darunter verstehen wir Zufallsprozesse, die komplexwertige Musterfunktionen liefern.

Zur Einführung der Korrelationsfunktionen komplexwertiger Signale gehen wir anders vor als im Abschnitt 17.4.1. Dort hatten wir mit der Autokorrelationsfunktion begonnen und dann durch Verallgemeinerung die Kreuzkorrelationsfunktion eingeführt, die die anderen Korrelationsfunktionen (Kreuzkovarianz-, Autokorrelations-, Autokovarianzfunktion) als Spezialfälle enthält.

Hier beginnen wir gleich mit der Kreuzkorrelationsfunktion für komplexwertige Signale und leiten die anderen Korrelationsfunktionen daraus ab. Dazu nehmen wir an, daß $x(t)$ und $y(t)$ komplexe Zufallsprozesse repräsentieren, die verbunden schwach stationär sind.

17.4.2.1 Kreuzkorrelationsfunktion

Für die Erweiterung der Kreuzkorrelationsfunktion auf komplexe Zufallsprozesse gibt es verschiedene Möglichkeiten. Wir wählen eine Definition, die zu einer besonders einfachen Deutung des Kreuzleistungsdichtespektrums führt. Es gibt jedoch in anderen Büchern auch abweichende Definitionen (z.B. [14]). In Anlehnung an (17.46) definieren wir die Kreuzkorrelationsfunktion für komplexe Zufallsprozesse als

$$\boxed{\varphi_{xy}(\tau) = \mathrm{E}\{x(t+\tau)\,y^*(t)\}\,.}\tag{17.53}$$

Der einzige Unterschied zur Definition für reelle Zufallsprozesse besteht darin, daß die konjugiert komplexe Zeitfunktion $y^*(t)$ verwendet wird. Für reelle Zufallsprozesse geht (17.53) in (17.46) über.

Im allgemeinen ist die Kreuzkorrelationsfunktion auch bei komplexen Zufallsprozessen weder symmetrisch noch kommutativ:

$$\varphi_{xy}(\tau) = \varphi_{yx}^*(-\tau) \neq \varphi_{yx}(\tau)\,.\tag{17.54}$$

Für unkorrelierte Zufallsprozesse erhält man

$$\varphi_{xy}(\tau) = E\{x(t+\tau)\}\,E\{y^*(t)\} = \mu_x\mu_y^* \quad \forall \tau\,.\tag{17.55}$$

17.4.2.2 Autokorrelationsfunktion

Die Autokorrelationsfunktion eines komplexen Zufallsprozesses erhalten wir aus der Kreuzkorrelationsfunktion nach (17.53) für $y(t) = x(t)$:

$$\boxed{\varphi_{xx}(\tau) = \mathrm{E}\{x(t+\tau)\,x^*(t)\}\,.}\tag{17.56}$$

Wie im reellen Fall besteht für die Autokorrelationsfunktion eine Symmetriebeziehung beim Übergang von τ auf $-\tau$. Wir erhalten sie direkt aus (17.56) durch die Substitution $t' = t + \tau$ und mit den Rechenregeln für konjugiert komplexe Größen:

$$
\begin{aligned}
\varphi_{xx}(\tau) &= E\{x(t+\tau)x^*(t)\} = E\{x(t')x^*(t'-\tau)\} = E\left\{[x(t'-\tau)x^*(t')]^*\right\}\\
&= [E\{x(t'-\tau)x^*(t')\}]^* = \varphi_{xx}^*(-\tau)
\end{aligned}\tag{17.57}
$$

oder kurz

$$\boxed{\varphi_{xx}(\tau) = \varphi_{xx}^*(-\tau)\,.}\tag{17.58}$$

Wir erkennen darin die konjugierte Symmetrie nach (9.47), die sich durch einen geraden Realteil und einen ungeraden Imaginärteil von $\varphi_{xx}(\tau)$ ausdrückt. Für reelle Zufallsprozesse ist der Imaginärteil von $\varphi_{xx}(\tau)$ gleich Null, und es gilt die gerade Symmetrie nach (17.36). Auf jeden Fall verschwindet der ungerade Imaginärteil bei $\tau = 0$, so daß auch für komplexe Zufallsprozesse $\varphi_{xx}(0)$ rein reell ist. Mit der gleichen Argumentation wie in Abschnitt 17.4.1.1 gilt, daß der Betrag von $\varphi_{xx}(\tau)$ sein Maximum für $\tau = 0$ annimmt, das durch die Varianz σ_x^2 und den Mittelwert μ_x ausgedrückt werden kann:

$$\varphi_{xx}(\tau) \leq \varphi_{xx}(0) = E\{x(t)x^*(t)\} = \sigma_x^2 + \mu_x\mu_x^* = \sigma_x^2 + |\mu_x|^2 \,. \tag{17.59}$$

Während der Mittelwert μ_x eines komplexen Zufallsprozesses im allgemeinen auch komplex ist, ist die Varianz σ_x^2 eine reelle Größe

$$\sigma_x^2 = E\left\{[x(t) - \mu_x][x(t) - \mu_x]^*\right\} = E\left\{|\,x(t) - \mu_x\,|^2\right\} \,, \tag{17.60}$$

da der quadratische Erwartungswert hier anhand des Betragsquadrats zu bilden ist.

17.4.2.3 Kreuzkovarianz- und Autokovarianzfunktion

Aus der Kreuzkorrelationsfunktion und der Autokorrelationsfunktion erhalten wir durch den Übergang auf die mittelwertbefreiten Signale $(x(t) - \mu_x)$ und $(y(t) - \mu_y)$ wieder die komplexe Kreuzkovarianz- und die komplexe Autokovarianzfunktion. Die Kreuzkovarianzfunktion ist durch

$$\psi_{xy}(\tau) = E\{(x(t + \tau) - \mu_x)(y(t) - \mu_y)^*\} \tag{17.61}$$

gegeben, wobei der Zusammenhang

$$\psi_{xy}(\tau) = \varphi_{xy}(\tau) - \mu_x\mu_y^* \tag{17.62}$$

mit der Kreuzkorrelationsfunktion gilt. Auch die Kreuzkovarianzfunktion ist weder symmetrisch noch kommutativ:

$$\psi_{xy}(\tau) = \psi_{yx}^*(-\tau) \neq \psi_{yx}(\tau) \,. \tag{17.63}$$

Falls die beiden Zufallsprozesse für große Zeitspannen τ nicht korreliert sind, geht die Kreuzkovarianzfunktion für $|\tau| \to \infty$ gegen Null:

$$\psi_{xy}(\tau) = 0 \quad \text{für} \quad |\tau| \to \infty \,. \tag{17.64}$$

Die Autokovarianzfunktion $\psi_{xx}(\tau)$ folgt aus der Kreuzkovarianzfunktion $\psi_{xy}(\tau)$ für $y(t) = x(t)$. Dann gilt der Zusammenhang mit der Autokorrelationsfunktion

$$\psi_{xx}(\tau) = \varphi_{xx}(\tau) - \mu_x\,\mu_x^* = \varphi_{xx}(\tau) - |\mu_x|^2 \tag{17.65}$$

und die konjugierte Symmetrie

$$\psi_{xx}(\tau) = \psi_{xx}^*(-\tau) \,.$$ (17.66)

Der Maximalwert bei $\tau = 0$ ist gleich der Varianz σ_x^2:

$$\psi_{xx}(0) = \sigma_x{}^2 \,.$$ (17.67)

Auch die Autokovarianzfunktion verschwindet für $|\tau| \to \infty$, wenn der Zufallsprozeß für große Zeitspannen τ nicht mehr korreliert ist:

$$\psi_{xx}(\tau) = 0 \quad \text{für} \quad |\tau| \to \infty \,.$$ (17.68)

17.5 Leistungsdichtespektren

Die Beschreibung von Zufallssignalen durch Erwartungswerte und speziell durch Korrelationsfunktionen hat gezeigt, daß die Eigenschaften von Zufallssignalen durch deterministische Größen ausgedrückt werden können. An die Stelle eines zufälligen Zeitsignals tritt z.B. die deterministische Autokorrelationsfunktion, die ebenfalls eine zeitabhängige Größe ist. In den vorangegangenen Kapiteln hatten wir gesehen, daß die Beschreibung von Signalen im Frequenzbereich besonders praktisch ist und zu eleganten Methoden der Analyse von LTI-Systemen führt. Wir wünschen uns deshalb auch eine deterministische Beschreibung von Zufallssignalen im Frequenzbereich.

Der naheliegende Gedanke, anstelle der Musterfunktionen $x_i(t)$ eines Zufallsprozesses die Fourier-Transformierten $\mathcal{F}\{x_i(t)\}$ als Zufallssignale zu betrachten und durch Erwartungswerte zu beschreiben, ist nicht zweckmäßig. Stationäre Zufallssignale sind sicherlich nicht absolut integrierbar (9.4), denn sie klingen für $|t| \to \infty$ nicht ab. Deshalb existiert das Laplace-Integral nie und das Fourier-Integral nur in Ausnahmefällen. Anstatt also zunächst in den Frequenzbereich zu transformieren und dann Erwartungswerte zu bilden, bilden wir deshalb zunächst Erwartungswerte im Zeitbereich und gehen mit den so erhaltenen deterministischen Größen in den Frequenzbereich über. Dies ist die Idee, die der Definition von Leistungsdichtespektren zugrunde liegt.

17.5.1 Definition

Wir gehen von der Autokorrelationsfunktion oder der Autokovarianzfunktion eines schwach stationären Zufallsprozesses aus und bilden davon die Fourier-Transformierte:

$$\boxed{\Phi_{xx}(j\omega) = \mathcal{F}\{\varphi_{xx}(\tau)\} \,.}$$ (17.69)

Sie heißt das *Leistungsdichtespektrum* des Zufallsprozesses. Das Leistungsdichtespektrum kennzeichnet genauso wie die Autokorrelationsfunktion statistische

Abhängigkeiten der Amplitude des Zufallssignals zu zwei verschiedenen Zeitpunkten. Ganz entsprechend kann man auch die Fourier-Transformierte einer Kreuzkorrelationsfunktion bilden und gelangt so zum *Kreuzleistungsdichtespektrum*:

$$\boxed{\Phi_{xy}(j\omega) = \mathcal{F}\{\varphi_{xy}(\tau)\}.}$$ (17.70)

$\Phi_{xy}(j\omega)$ wird auch kurz *Kreuzspektrum* genannt.

Beispiel 17.10

Im Beispiel 7.9 hatten wir einen stationären Zufallsprozeß kennengelernt, der sinusförmige Musterfunktionen $x_i(t) = \sin(\omega_0 t + \varphi_i)$ mit der Zufallsphase φ_i erzeugt. Für diese Musterfunktionen können wir ausnahmsweise sogar die Fourier-Transformierte

$$X_i(j\omega) = [\pi\delta(\omega - \omega_0) - \pi\delta(\omega + \omega_0)]e^{j\omega/\omega_0\varphi_i}$$

angeben. Ihr linearer Mittelwert

$$\mathrm{E}\{X(j\omega)\} = 0$$

ist allerdings nicht aussagekräftig, der quadratische Mittelwert

$$\mathrm{E}\{X_i(j\omega)X_i^*(j\omega)\}$$

kann wegen der Delta-Impulse nicht angegeben werden. Bestenfalls könnten wir hier

$$\mathrm{E}\{|X_i(j\omega)|\} = \pi\delta(\omega - \omega_0) + \pi\delta(\omega + \omega_0)$$

als deterministische Beschreibung des Zufallsprozesses bilden.

Bilden wir die Erwartungswerte zunächst im Zeitbereich und transformieren anschließend, so können wir das Leistungsdichtespektrum

$$\Phi_{xx}(j\omega) = \frac{\pi}{2}\delta(\omega - \omega_0) + \frac{\pi}{2}\delta(\omega + \omega_0) \quad \bullet\!-\!\!\circ \quad \varphi_{xx}(\tau) = \frac{1}{2}\cos\omega_0\tau$$

als Fourier-Transformierte der AKF problemlos angeben. Es ähnelt $\mathrm{E}\{|X_i(j\omega)|\}$ und sagt ebenfalls aus, daß das Zufallssignal nur Komponenten bei $\pm\omega_0$ enthält. ∎

17.5.2 Leistungsdichtespektrum und quadratischer Mittelwert

Den quadratischen Mittelwert eines Zufallsprozesses kann man auch direkt aus dem Leistungsdichtespektrum berechnen. Dazu stellen wir zunächst die Autokorrelationsfunktion als inverse Fourier-Transformierte des Leistungsdichtespektrums dar:

$$\varphi_{xx}(\tau) = \mathcal{F}^{-1}\{\Phi_{xx}(j\omega)\} = \frac{1}{2\pi}\int_{-\infty}^{\infty}\Phi_{xx}(j\omega)e^{j\omega\tau}d\omega \ . \tag{17.71}$$

Da der quadratische Mittelwert gleich dem Wert der Autokorrelationsfunktion bei $\tau = 0$ ist, erhalten wir den Zusammenhang zwischen Leistungsdichtespektrum und quadratischem Mittelwert, wenn wir in (17.71) $\tau = 0$ einsetzen:

$$\boxed{\mathrm{E}\{|x(t)|^2\} = \varphi_{xx}(0) = \frac{1}{2\pi}\int_{-\infty}^{\infty}\Phi_{xx}(j\omega)d\omega \ .} \tag{17.72}$$

Der quadratische Mittelwert ist also bis auf den Faktor $1/2\pi$ gleich dem Integral über das Leistungsdichtespektrum.

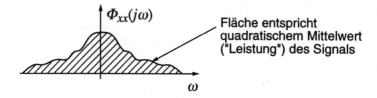

Bild 17.9: Fläche unter dem Leistungsdichtespektrum $\Phi_{xx}(j\omega)$ eines Signals $x(t)$ ist proportional zum quadratischen Mittelwert des Signals

Bei der Einführung des quadratischen Mittelwerts in (17.4) hatten wir gesehen, daß er sich auch als Maß für die Leistung eines Zufallsprozesses auffassen läßt, z.B. als Rauschleistung einer zufälligen Störung. Damit legt die Beziehung (17.72) die Interpretation nahe, daß das Leistungsdichtespektrum die Verteilung der Leistung eines Zufallsprozesses nach den verschiedenen Frequenzen beschreibt. In Abschnitt 18.2.6 werden wir diese Vermutung wieder aufgreifen und präzisieren.

17.5.3   Symmetrieeigenschaften des Leistungsdichte-spektrums

Die Symmetrieeigenschaften des Leistungsdichtespektrums folgen direkt aus der konjugierten Symmetrie der Autokorrelationsfunktion nach (17.58). Da der Realteil der Autokorrelationsfunktion eine gerade Funktion und der Imaginärteil eine ungerade Funktion ist, folgt aus den Symmetriebeziehungen der Fourier-Transformation nach (9.61), daß das Leistungsdichtespektrum rein reell ist:

$$\mathrm{Im}\{\Phi_{xx}(j\omega)\} = 0 \ . \tag{17.73}$$

Das gilt auch, wenn $x(t)$ einen komplexen Zufallsprozeß beschreibt. Im Abschnitt 18.2.6 werden wir zeigen, daß darüber hinaus

$$\Phi_{xx}(j\omega) \geq 0$$

gilt.

Das Kreuzleistungsdichtespektrum zeigt – ebenso wie die Kreuzkorrelations-funktion – im allgemeinen keine besonderen Symmetrien. Aus (17.54) folgt ledig-lich:

$$\Phi_{xy}(j\omega) = \Phi_{yx}^*(j\omega) \qquad (17.74)$$

Für reelle Zufallsprozesse erhält man noch weitere Symetrieeigenschaften. Die Autokorrelationsfunktion ist dann nach (17.30) eine reelle und gerade Funktion

$$\varphi_{xx}(\tau) = \varphi_{xx}(-\tau)\,, \qquad (17.75)$$

deren Fourier-Transformierte nach (9.61) ebenfalls reell und gerade ist. Das Lei-stungsdichtespektrum eines reellen Zufallsprozesses ist daher eine gerade Funktion:

$$\Phi_{xx}(j\omega) = \Phi_{xx}(-j\omega)\,. \qquad (17.76)$$

Für das Kreuzleistungsdichtespektrum zweier reeller Zufallsprozesse folgt aus (17.74) und (9.61) die konjugierte Symmetrie

$$\Phi_{xy}(j\omega) = \Phi_{xy}^*(-j\omega) = \Phi_{yx}(-j\omega) = \Phi_{yx}^*(j\omega)\,. \qquad (17.77)$$

Da die Kreuzkorrelationsfunktion im allgemeinen nicht symmetrisch ist, ist auch das Kreuzleistungsdichtespektrum reellwertiger Zufallsprozesse nicht reellwertig. Genauso wie die KKF ist auch das Kreuzleistungsdichtespektrum nicht kommuta-tiv.

─────────────────────────────────────── **Beispiel 17.11**

Als Beispiel betrachten wir in Bild 17.10 das Leistungsdichtespektrum des Sprachsignals aus Beispiel 17.9. Es ist, wie erwartet, reell und positiv. Da das Sprachsignal selbst natürlich auch reellwertig ist, ist das Leistungsdichtespektrum zusätzlich eine gerade Funktion. In Bild 17.10 ist daher nur der Anteil der positiven Frequenzen gezeigt. Deutlich zu erkennen ist die Konzentration der Leistungsdich-te in der Umgebung von 100 Hz. Dies deckt sich mit der überschlägigen Ermittlung der Sprach-Grundfrequenz in Beispiel 17.9. ────────────────── ∎

17.5.4 Weißes Rauschen

Viele Störeinflüsse, wie Verstärkerrauschen oder Störungen bei der Funkübertra-gung, lassen sich durch Zufallsprozesse mit einem Leistungsdichtespektrum be-schreiben, das über einen großen Frequenzbereich nahezu konstant ist. Solche Zu-fallsprozesse nähert man häufig durch einen idealisierten Prozeß an, dessen Lei-stungsdichtespektrum keine Frequenzabhängigkeit zeigt:

$$\Phi_{nn}(j\omega) = N_0\,. \qquad (17.78)$$

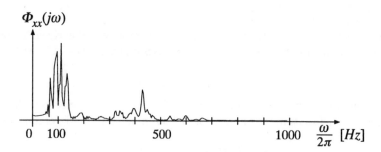

Bild 17.10: Leistungsdichtespektrum des Sprachsignals aus Bild 17.10

Da alle Frequenzen gleichmäßig vertreten sind, nennt man diesen idealisierten Prozeß auch *weißes Rauschen*. Die Bezeichnung ist von weißem Licht abgeleitet, das ebenfalls als gleichmäßige Mischung aller Spektralfarben aufgefaßt werden kann. Der Index n in (17.78) rührt von der englischen Bezeichnung für Störgeräusch (noise) her und deutet an, daß weißes Rauschen häufig zur Beschreibung von rauschartigen Störungen verwendet wird.

Die Autokorrelationsfunktion von weißem Rauschen kann nach Kapitel 9.4.1 nur durch eine verallgemeinerte Funktion, den Delta-Impuls, dargestellt werden:

$$\varphi_{nn}(\tau) = \mathcal{F}^{-1}\{N_0\} = N_0\,\delta(\tau)\,. \tag{17.79}$$

Das bedeutet, daß Proben, die einem weißen Rauschprozeß $n(t)$ zu verschiedenen Zeiten entnommen werden, nicht miteinander korreliert sind.

Aus den Darstellungen des weißen Rauschens im Zeitbereich nach (17.79) und im Frequenzbereich nach (17.78) sieht man, daß die Leistung eines weißen Rauschsignals unendlich groß sein muß:

$$\varphi_{nn}(0) = \frac{1}{2\pi} \int\limits_{-\infty}^{\infty} N_0\,d\omega \to \infty \tag{17.80}$$

Weißes Rauschen ist also eine Idealisierung, die sich physikalisch nicht realisieren läßt. Trotzdem macht man wegen der äußerst einfachen Form des Leistungsdichtespektrums und der Autokorrelationsfunktion gerne davon Gebrauch. Diese Idealisierung ist gerechtfertigt, wenn das weiße Rauschsignal auf tiefpaß- oder bandpaßartige Systeme trifft, die die hohen Frequenzanteile ohnehin unterdrücken.

Dies führt auf ein verfeinertes Modell für Zufallsprozesse, das bandbegrenzte weiße Rauschen mit dem rechteckförmigen Leistungsdichtespektrum

$$\Phi_{nn}(j\omega) = \begin{cases} N_0 & \text{für } |\omega| < \omega_{\max} \\ 0 & \text{sonst} \end{cases}, \tag{17.81}$$

der si-förmigen Autokorrelationsfunktion

$$\varphi_{nn}(\tau) = \mathcal{F}^{-1}\left\{ N_0 \operatorname{rect}\left(\frac{\omega}{2\omega_{\max}}\right)\right\} = N_0\,\frac{\omega_{\max}}{\pi}\operatorname{si}(\tau\,\omega_{\max}) \qquad (17.82)$$

und der endlichen Leistung

$$\varphi_{nn}(0) = N_0\,\frac{\omega_{\max}}{\pi}\,. \qquad (17.83)$$

Es kennzeichnet Rauschprozesse, deren Leistung gleichmäßig bei Frequenzen unterhalb einer Grenzfrequenz $\omega_{\max}$ abgegeben wird. Bild 17.11 zeigt das Leistungsdichtespektrum und die Autokorrelationsfunktion.

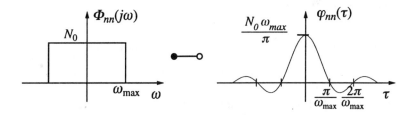

Bild 17.11: Bandbegrenztes weißes Rauschen im Frequenz- und Zeitbereich

17.6 Beschreibung diskreter Zufallssignale

Die bisher besprochenen Konzepte für die Beschreibung kontinuierlicher Zufallssignale können leicht auch auf Zufallsfolgen erweitert werden. Da die meisten Argumentationen und Herleitungen sehr ähnlich sind, verzichten wir auf eine eingehende Darstellung der Beschreibung diskreter Zufallssignale. Zu beachten sind lediglich die Definitionen von Stationarität und Ergodizität für Zufallsfolgen.

Stationarität bedeutet hier, daß die Erwartungswerte zweiter Ordnung $E\{f(x[k_1], y[k_2])\}$ nur von ganzzahligen Differenzen $\kappa = k_1 - k_2$ der diskreten Zeitvariablen k_1 und k_2 abhängen.

Die für die Definition der Ergodizität notwendigen Zeitmittelwerte von Musterfolgen diskreter Zufallsprozesse sind durch

$$\overline{f(x_i[k])} = \lim_{K\to\infty}\frac{1}{2K+1}\sum_{k=-K}^{K} f(x_i[k]) \qquad (17.84)$$

gegeben.

Damit lassen sich die Betrachtungen über Auto- und Kreuzkorrelationen und -kovarianzen in der gleichen Weise wie bei kontinuierlichen Zufallsprozessen

durchführen. An die Stelle von Autokorrelationsfunktionen und Kreuzkorrelationsfunktionen treten dann Autokorrelationsfolgen und Kreuzkorrelationsfolgen.

Für das Kreuzleistungsdichtespektrum zweier diskreter schwach stationärer Zufallsprozesse erhält man mit der Fourier-Transformation für Folgen ein in Ω periodisches Spektrum

$$\Phi_{xy}(e^{j\Omega}) = \mathcal{F}_*\{\varphi_{xy}[\kappa]\} \, . \tag{17.85}$$

Das Leistungsdichtespektrum eines diskreten Zufallsprozesses ist darin für $y = x$
enthalten.

─── **Beispiel 17.12**

Ein schwach stationärer kontinuierlicher Zufallsprozeß $\tilde{x}(t)$ ist durch eine exponentiell abfallende AKF

$$\varphi_{\tilde{x}\tilde{x}}(\tau) = e^{-\omega_0|\tau|}$$

gekennzeichnet. Ihm werden im Abstand T regelmäßig Proben

$$x[k] = \tilde{x}(kT) \quad k \in \mathbb{Z}$$

entnommen. Seine Autokorrelationsfolge lautet

$$\varphi_{xx}[\kappa] = \mathrm{E}\{x[k+\kappa]x[k]\} = \mathrm{E}\{\tilde{x}(kT+\kappa T)\tilde{x}(kT)\} = \varphi_{\tilde{x}\tilde{x}}(\kappa T) = e^{-\omega_0 T|\kappa|} \, .$$

Das Leistungsdichtespektrum des diskreten Zufallsprozesses ist

$$\Phi_{xx}(e^{j\Omega}) = \mathcal{F}_*\{\varphi_{xx}[\kappa]\} = \frac{1 - e^{-2\omega_0 T}}{1 + e^{-2\omega_0 T} - 2e^{-\omega_0 T}\cos\Omega}$$

und ist in Bild 17.12 gezeigt. Es ist positiv reell und gerade, wie das Leistungsdich-

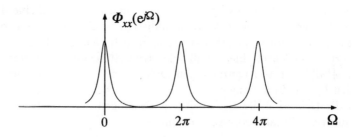

Bild 17.12: Leistungsdichtespektrum des diskreten Zufallsprozesses φ_{xx}

tespektrum eines kontinuierlichen reellwertigen Zufallsprozesses. Darüber hinaus
ist es 2π-periodisch. Da sich die Autokorrelationsfolge $\varphi_{xx}[\kappa]$ einfach durch Abtastung der Autokorrelationsfunktion $\varphi_{\tilde{x}\tilde{x}}(t)$ ergibt, ist das Leistungsdichtespektrum des diskreten Zufallsprozesses $\Phi_{xx}(e^{j\Omega})$ einfach die periodische Fortsetzung

des Leistungsdichtespektrums $\Phi_{\tilde{x}\tilde{x}}(j\omega)$ gemäß (11.33)

$$\Phi_{xx}(e^{j\Omega}) = \frac{1}{2\pi}\Phi_{\tilde{x}\tilde{x}}\left(\frac{j\Omega}{T}\right) * \text{\small III}\left(\frac{\Omega}{2\pi}\right).$$

■

17.7 Aufgaben

Aufgabe 17.1

Für welche der folgenden Ensembles könnte gelten:

a) $\displaystyle\lim_{N\to\infty}\frac{1}{N}\sum_{i=1}^{N}x_i(t) = \lim_{T\to\infty}\frac{1}{2T}\int_{-T}^{T}x_i(t)\,dt$, für beliebige i

b) $\displaystyle\lim_{N\to\infty}\frac{1}{N}\sum_{i=1}^{N}x_i^2(t) = \lim_{T\to\infty}\frac{1}{2T}\int_{-T}^{T}x_i^2(t)\,dt$, für beliebige i

Formulieren Sie zuerst die Bedingungen verbal.

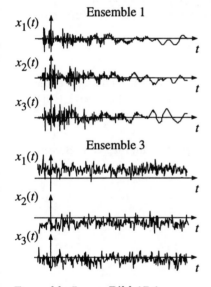
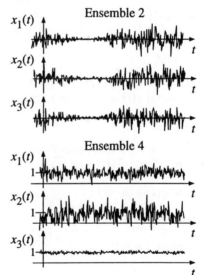

Ensemble 5: aus Bild 17.1

Aufgabe 17.2

Erörtern Sie, welche der Ensembles aus Aufgabe 17.1
a) schwach stationär
b) schwach ergodisch
sein können.

Aufgabe 17.3

Betrachten Sie einen Zufallsprozeß $x(t)$ am Analog-Ausgang eines CD-Spielers: Die Musterfunktionen werden dadurch erzeugt, daß jemand eine beliebige Stelle auf einer Hard-Rock CD ausgesucht hat und den CD-Spieler so eingestellt hat, daß er die nächsten zehn Sekunden ständig wiederholt. Nehmen Sie idealisierend an, daß dies vor unendlich langer Zeit geschehen ist und der CD-Spieler noch unendlich lange weiterspielen wird.

a) Wie groß sind $E\{x(t)\}$ und $\overline{x_i(t)}$ unter der Annahme, daß der Analog-Ausgang keinen Gleichanteil hat.

b) Diskutieren Sie anhand von Erwartungswerten 1. Ordnung, ob der Prozeß stationär sein kann.

c) Diskutieren Sie anhand von Erwartungswerten 1. Ordnung, ob der Prozeß ergodisch sein kann.

Aufgabe 17.4

Gegeben sind die unkorrelierten Zufallsprozesse $x_1(t)$ und $x_2(t)$ durch $\mu_{x_1} = 2$, $\mu_{x_2} = 0$, $E\{x_1^2(t)\} = 5$ und $E\{x_2^2(t)\} = 2$. Berechnen Sie für den Zufallsprozeß $y(t) = x_1(t) + x_2(t)$ die Mittelwerte $\mu_y(t)$, $\sigma_y^2(t)$, $E\{y^2(t)\}$.

Aufgabe 17.5

Zu einem Zufallssignal $x(t)$ mit der Varianz $\sigma_x^2 = 10$ wird ein beliebiges deterministisches Signal $y(t)$ addiert. Berechnen Sie die Varianz von $v(t) = x(t) + y(t)$.

Aufgabe 17.6

Gegeben ist der ergodische Zufallsprozeß $x(t)$ mit $\mu_x = 1$ und $\sigma_x^2 = 4$. Berechnen Sie $\mu_y(t)$, $\sigma_y^2(t)$, $E\{y^2(t)\}$ und $\overline{y_i(t)}$ für

a) $y(t) = x(t) + K$ *deterministisch !*

b) $y(t) = x(t) + \sin t$

c) $y(t) = x(t) + \varepsilon(t)$

d) $y(t) = x(t) \cdot 5\varepsilon(t)$

Geben sie bei allen Teilaufgaben an, ob $y(t)$ ergodisch ist. Nehmen Sie für Teilaufgabe d) an, daß alle Musterfunktionen $x_i(t)$ gerade sind.

Aufgabe 17.7

Geben Sie $\mu_x(t)$, $E\{x^2(t)\}$, $\sigma_x^2(t)$ und $\overline{x_i(t)}$ des deterministischen Signals $x(t) = e^{-0,1t}\varepsilon(t)$ an.

Aufgabe 17.8

Betrachten Sie den diskreten Zufallsprozeß „Werfen eines Würfels", wobei a) $x[k]$ die Augenzahl, b)$x[k]$ das Quadrat der Augenzahl ist. Berechnen Sie $\mu_x[k]$, $\sigma_x[k]$ und $E\{x^2[k]\}$. Sind die Prozesse ergodisch?

Aufgabe 17.9

Betrachten Sie den diskreten Zufallsprozeß „Werfen eines gezinkten Würfels", der zu allen Zeiten $k = 3N$, $N \in \mathbb{Z}$ die Sechs liefert, während die Augenzahlen der übrigen Würfe gleichverteilt sind; $y[k]$ sei die Augenzahl. Berechnen Sie $\overline{y_i[k]}$ und $\overline{y_i{}^2[k]}$ sowie $\mu_y[k]$, $\sigma_y[k]$ und $E\{y^2[k]\}$. Ist der Prozeß stationär bzw. ergodisch?

Aufgabe 17.10

Berechnen Sie die AKF des deterministischen Signals $x(t) = K$, $K \in \mathbb{C}$, anhand von (17.56).

Aufgabe 17.11

Welche Besonderheiten hat die AKF des Zufallsprozesses der Aufgabe 17.3? Hängt Sie nur von der Differenz der Mittelungszeitpunkte ab? Geben Sie speziell $\varphi_{xx}(t_0, t_0 + 10s)$ an.

Aufgabe 17.12

Es seien $x(t)$ und $y(t)$ zwei reelle Zufallssignale.

a) Zeigen Sie, daß aus $E\{(x(t) + y(t))^2\} = E\{x^2(t)\} + E\{y^2(t)\}$ folgt: $E\{x(t)y(t)\} = 0$.

b) Wie läßt sich $E\{x(t)y(t)\}$ darstellen, wenn $x(t)$ und $y(t)$ unkorreliert sind?

c) Geben Sie Bedingungen für unkorrelierte $x(t)$ und $y(t)$ an, so daß $E\{x(t)y(t)\} = 0$ gilt.

Aufgabe 17.13

Nennen Sie die Berechnungsvorschriften für Leistung, Gleichanteil, Effektivwert und Leistung des Wechsel-Anteils eines deterministischen reellwertigen Signals $d(t)$.

Aufgabe 17.14

Die Leistung des Wechsel-Anteils eines deterministischen reellwertigen Signals $d(t)$ mit Gleichanteil μ läßt sich auf zwei Arten berechnen: $P = \overline{(d(t) - \mu)^2}$ oder $P = \overline{d^2(t)} - \mu^2$. Zeigen Sie, daß beide Vorschriften übereinstimmen.

Aufgabe 17.15

Leiten Sie den Zusammenhang $\psi_{xy}(\tau) = \varphi_{xy}(\tau) - \mu_x \mu_y$ her, der für reelle stationäre Zufallsprozesse gilt. Gehen Sie von der Definitionsgleichung (17.51) aus.

Aufgabe 17.16

Die Verwandtschaft zweier stationärer Zufallsprozesse $x(t)$ und $y(t)$ ist durch $\varphi_{xy}(\tau) = \dfrac{4\tau^2 + 10}{1 + \tau^2}$ gegeben. Berechnen Sie μ_y, $\varphi_{yx}(\tau)$, $\psi_{xy}(\tau)$ und $\psi_{yx}(\tau)$, wenn $\mu_x = 1$ ist.

Aufgabe 17.17

Gegeben ist ein stationärer Zufallsprozeß $v(t)$ mit $\varphi_{vv}(\tau) = e^{-|\tau|}$. Ein weiterer Zufallsprozeß $u(t)$ entsteht durch Verzögern von $v(t)$ um $t_0 = 10$. Bestimmen Sie

a) μ_v, μ_u, $\varphi_{uv}(\tau)$, $\varphi_{vu}(\tau)$ und $\varphi_{uu}(\tau)$

b) $\Phi_{vv}(j\omega)$, $\Phi_{uv}(j\omega)$ und $\Phi_{vu}(j\omega)$.

c) Welche Symmetrieeigenschaften haben $\Phi_{vv}(j\omega)$, $\Phi_{uv}(j\omega)$ und $\Phi_{vu}(j\omega)$? Ist der Zufallsprozeß $v(t)$ komplexwertig?

Aufgabe 17.18

Bestimmen Sie die Autokorrelationsfolge $\varphi_{xx}[\kappa]$, die Autokovarianzfolge $\psi_{xx}[\kappa]$ und das Leistungsdichtespektrum $\Phi_{xx}(e^{j\Omega})$ des Zufallsprozesses aus Aufgabe 17.8a).

Aufgabe 17.19

Betrachten Sie den ergodischen diskreten Zufallsprozeß „Werfen eines Tetraeders", der auf einer Seite mit 0 und auf drei Seiten mit 1 beschriftet ist; $x[k]$ sei die Zahl, die unten liegt. Bestimmen Sie μ_x, σ_x^2, $\varphi_{xx}[\kappa]$, $\psi_{xx}[\kappa]$ und $\Phi_{xx}(e^{j\Omega})$.

Aufgabe 17.20

Das Ensemble $x[k]$ möge wie in Aufgabe 17.19 erzeugt werden, ein weiteres Ensemble $y[k]$ durch Werfen eines zweiten Tetraeders, dessen Seiten mit 1, 2, 3 und 4 beschriftet sind, wobei $y[k]$ die unten liegende Zahl bedeutet. Bestimmen Sie μ_y, σ_y^2, $\varphi_{yy}[\kappa]$, $\varphi_{xy}[\kappa]$ und $\varphi_{yx}[\kappa]$.

Aufgabe 17.21

Gegeben ist das skizzierte Leistungsdichtspektrum eines Zufallsprozesses $x(t)$. Berechnen Sie die Leistung und die Autokorrelationsfunktion von $x(t)$.

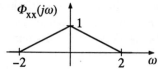

18 Zufallssignale und LTI-Systeme

Nach der Beschreibung von Zufallssignalen durch Korrelationsfunktionen und Leistungsdichtespektren wenden wir diese neuen Werkzeuge jetzt an, um die Reaktion von LTI-Systemen auf Zufallssignale zu untersuchen. Dabei interessieren wir uns nicht für den genauen Verlauf des Ausgangssignals eines LTI-Systems, wenn am Eingang eine spezielle Musterfunktion eines Zufallsprozesses anliegt. Stattdessen beschreiben wir den Systemausgang ebenfalls durch einen Zufallsprozeß und suchen die Erwartungswerte des Ausgangsprozesses in Abhängigkeit von den Erwartungswerten des Eingangsprozesses.

Dabei werden wir sehen, daß die Beziehungen zwischen den Erwartungswerten am Eingang und Ausgang eines LTI-Systems ganz ähnliche Gestalt aufweisen, wie die Beziehungen zwischen deterministischen Ein- und Ausgangssignalen.

Zu Beginn dieses Kapitels behandeln wir Verknüpfungen von Zufallssignalen, die sich durch Multiplikation eines Zufallssignals mit einer Konstanten oder durch Addition von Zufallssignalen ergeben. Danach beschreiben wir die Reaktion von LTI-Systemen auf Zufallssignale. Zum Abschluß betrachten wir einige Anwendungen.

18.1 Verknüpfungen von Zufallssignalen

Mit Erwartungswerten, Korrelationsfunktionen und Leistungsdichtespektren haben wir die wesentlichen Beschreibungsformen für Zufallssignale in Zeit- und Frequenzbereich kennengelernt. Nun interessieren wir uns für Verknüpfungen zwischen Zufallssignalen und welchen Einfluß sie auf die eben genannten Beschreibungsformen haben. Dabei beschränken wir uns zunächst auf die Multiplikation eines Zufallssignals mit einer Konstanten und auf die Addition zweier Zufallssignale, so wie in den Bildern 18.1 und 18.2 gezeigt. Dies sind zwei wesentliche Elemente von Blockdiagrammen, wie wir sie in Kapitel 2.2 kennengelernt haben. Im folgenden Kapitel 18.2 werden wir dann noch allgemeine LTI-Systeme betrachten.

18.1.1 Multiplikation von Zufallssignalen mit einem Faktor

Bei der Multiplikation eines Zufallssignals $x(t)$ mit einem konstanten, komplexwertigen Faktor K nach Bild 18.1 entsteht das neue Zufallssignal

$$y(t) = Kx(t)\,. \tag{18.1}$$

Wir wollen jetzt die Autokorrelationsfunktion des Ausgangssignals $\varphi_{yy}(\tau)$ und die Kreuzkorrelationsfunktionen $\varphi_{xy}(\tau)$ und $\varphi_{yx}(\tau)$ des Ausgangssignals mit dem Eingangssignal durch die Autokorrelationsfunktion des Eingangssignals $\varphi_{xx}(\tau)$ ausdrücken.

Für die Autokorrelationsfunktion des Ausgangssignals erhält man sofort

$$\varphi_{yy}(\tau) = E\{y(t+\tau)y^*(t)\} = E\{Kx(t+\tau)K^*x^*(t)\} = |K|^2\varphi_{xx}(\tau). \tag{18.2}$$

Ebenso folgt für die Kreuzkorrelationsfunktionen zwischen $x(t)$ und $y(t)$

$$\varphi_{yx}(\tau) = E\{y(t+\tau)x^*(t)\} = E\{Kx(t+\tau)x^*(t)\} = K\varphi_{xx}(\tau) \tag{18.3}$$
$$\varphi_{xy}(\tau) = E\{x(t+\tau)y^*(t)\} = E\{x(t+\tau)K^*x^*(t)\} = K^*\varphi_{xx}(\tau). \tag{18.4}$$

Für die (Kreuz-)Leistungsdichtespektren erhält man wegen der Linearität der Fourier-Transformation ganz entsprechende Zusammenhänge.

Diese Ergebnisse können wir in übersichtlicher Form zusammenfassen:

$$\varphi_{xx}(\tau) \quad \circ\!\!-\!\!\bullet \quad \Phi_{xx}(j\omega) \tag{18.5}$$
$$\varphi_{yx}(\tau) = K\varphi_{xx}(\tau) \quad \circ\!\!-\!\!\bullet \quad \Phi_{xx}(j\omega)K = \Phi_{yx}(j\omega) \tag{18.6}$$
$$\varphi_{xy}(\tau) = K^*\varphi_{xx}(\tau) \quad \circ\!\!-\!\!\bullet \quad \Phi_{xx}(j\omega)K^* = \Phi_{xy}(j\omega) \tag{18.7}$$
$$\varphi_{yy}(\tau) = |K|^2\varphi_{xx}(\tau) \quad \circ\!\!-\!\!\bullet \quad \Phi_{xx}(j\omega)|K|^2 = \Phi_{yy}(j\omega) \quad . \tag{18.8}$$

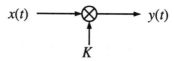

Bild 18.1: Multiplikation eines Zufallssignals mit einem konstanten Faktor K

18.1.2 Addition von Zufallssignalen

Bild 18.2 zeigt die Addition zweier Zufallssignale $f(t)$ und $g(t)$ zu einem neuen Zufallssignal $y(t)$. Die Eigenschaften der beiden Zufallsprozesse $f(t)$ und $g(t)$ seien bekannt, zu ermitteln sind die Eigenschaften des Summenprozesses $y(t)$. Von den Zufallsprozessen $f(t)$ und $g(t)$ erwarten wir nur soviel, wie zur Bildung von Auto- und Kreuzkorrelationsfunktionen notwendig ist, nämlich, daß $f(t)$ und $g(t)$ verbunden schwach stationäre Zufallsprozesse sind. Komplexwertige Musterfunktionen sind zugelassen.

Die Addition von Zufallssignalen ist das einfachste, aber auch das am häufigsten gebrauchte Modell zur Beschreibung von rauschähnlichen Störungen. Wir können beispielsweise das Ausgangssignal $y(t)$ eines realen Verstärkers darstellen als die

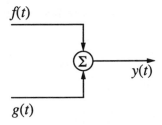

Bild 18.2: Addition zweier Zufallssignale $f(t)$ und $g(t)$

Summe aus dem ideal, d.h. rauschfrei verstärkten Signal $f(t)$ und dem Verstärker-rauschen $g(t)$. Auch das ideal verstärkte Signal $f(t)$, das ein Sprach- oder Mu-siksignal sein kann, wird hier durch einen Zufallsprozeß beschrieben. Auch wenn dieses Modell die Störeinflüsse eines mehrstufigen Verstärkers nicht exakt nach-bildet, liefert es doch in vielen Fällen eine gute Approximation der tatsächlichen Verhältnisse. Sein größter Vorteil ist die einfache Analyse, die wir jetzt zunächst für die Autokorrelationsfunktion und das Leistungsdichtespektrum und dann für die Kreuzkorrelationsfunktion und das Kreuzleistungsdichtespektrum durchführen wollen.

18.1.2.1 Autokorrelationsfunktion und Leistungsdichtespektrum

Für das Summensignal $y(t)$ aus Bild 18.2 gilt einfach

$$y(t) = f(t) + g(t) \,. \tag{18.9}$$

Seine Autokorrelationsfuktion nach (17.56)

$$\varphi_{yy} = E\{y(t + \tau)y^*(t)\} \tag{18.10}$$

können wir mit den Rechenregeln aus Abschnitt 17.2.3 auf die Auto- und Kreuz-korrelationsfunktionen von $f(t)$ und $g(t)$ zurückführen. Durch Einsetzen von (18.9) in (18.10) erhält man

$$\begin{align}
\varphi_{yy}(\tau) &= E\{(f(t + \tau) + g(t + \tau))(f^*(t) + g^*(t))\} \tag{18.11} \\
&= \varphi_{ff}(\tau) + \varphi_{fg}(\tau) + \varphi_{gf}(\tau) + \varphi_{gg}(\tau) \quad . \tag{18.12}
\end{align}$$

Die Autokorrelationsfunktion $\varphi_{yy}(\tau)$ setzt sich also aus den Autokorrelationsfunk-tionen der Signale $f(t)$ und $g(t)$ und aus ihren Kreuzkorrelationsfunktionen zusam-men.

Für das Leistungsdichtespektrum am Ausgang folgt durch Fourier-Transfor-mation von (18.12)

$$\Phi_{yy}(j\omega) = \Phi_{ff}(j\omega) + \Phi_{fg}(j\omega) + \Phi_{gf}(j\omega) + \Phi_{gg}(j\omega) \,. \tag{18.13}$$

Mit Hilfe von (17.74) können wir die beiden Kreuzleistungsdichten zu einer reellen Größe zusammenfassen

$$\Phi_{fg}(j\omega) + \Phi_{gf}(j\omega) = \Phi_{fg}(j\omega) + \Phi_{fg}^*(j\omega) = 2\mathrm{Re}\{\Phi_{fg}(j\omega)\} \qquad (18.14)$$

und erhalten so für das Leistungsdichtespektrum $\Phi_{yy}(j\omega)$ den offensichtlich reellen Ausdruck

$$\boxed{\Phi_{yy}(j\omega) = \Phi_{ff}(j\omega) + 2\mathrm{Re}\{\Phi_{fg}(j\omega)\} + \Phi_{gg}(j\omega)\,.} \qquad (18.15)$$

Auch das Leistungsdichtespektrum $\Phi_{yy}(j\omega)$ am Ausgang setzt sich aus den Leistungsdichtespektren der Signale $f(t)$ und $g(t)$ und aus dem gemeinsamen Kreuzleistungsdichtespektrum zusammen.

Die bisherigen Ergebnisse gelten für die Addition beliebiger Zufallsprozesse $f(t)$ und $g(t)$. Mögliche Korrelationen zwischen den Zufallsprozessen werden durch die Kreuzkorrelationsfunktion $\varphi_{fg}(\tau)$ bzw. durch das Kreuzleistungsdichtespektrum $\Phi_{fg}(j\omega)$ berücksichtigt.

Die Verhältnisse werden wesentlich einfacher, wenn die beiden Zufallsprozesse unkorreliert sind und mindestens einer von ihnen mittelwertfrei ist. Dann folgt aus (17.55)

$$\varphi_{fg}(\tau) = 0 \quad \circ\!\!-\!\!\bullet \quad \Phi_{fg}(j\omega) = 0 \qquad (18.16)$$

und die Beziehungen (18.12) und (18.15) vereinfachen sich zu

$$\boxed{\begin{aligned} \varphi_{yy}(\tau) &= \varphi_{ff}(\tau) + \varphi_{gg}(\tau) \\ \Phi_{yy}(j\omega) &= \Phi_{ff}(j\omega) + \Phi_{gg}(j\omega)\,. \end{aligned}} \qquad \begin{aligned} &(18.17) \\ &(18.18) \end{aligned}$$

Die Annahme der Unkorreliertheit gilt in vielen Fällen, in denen $g(t)$ ein Störsignal zum Nutzsignal $f(t)$ darstellt. Beispiele sind das vom Signal unabhängige Verstärkerrauschen oder atmosphärische Störungen auf einer Funkstrecke, die ebenfalls unabhängig von eventuell vorhandenen Sendesignalen auftreten. Da solche Störungen meist auch mittelwertfrei sind, gelten dann die einfachen Beziehungen (18.17) und (18.18). Sie sagen aus, daß sich bei der Addition von unkorrelierten Zufallsprozessen, von denen mindestens einer mittelwertfrei ist, auch die Autokorrelationsfunktionen bzw. die Leistungsdichtespektren addieren.

18.1.2.2 Kreuzkorrelationsfunktion und Kreuzleistungsdichtespektrum

Als nächstes betrachten wir die Kreuzkorrelationsfunktion zwischen $f(t)$ und der Summe $y(t) = f(t) + g(t)$ sowie das zugehörige Kreuzleistungsdichtespektrum. Zunächst sind wieder Korrelationen zwischen $f(t)$ und $g(t)$ zugelassen. Aus (17.53) und (18.9) folgt die Kreuzkorrelationsfunktion $\varphi_{fy}(\tau)$:

$$\boxed{\varphi_{fy}(\tau) = \mathrm{E}\{f(t+\tau)(f^*(t) + g^*(t))\} = \varphi_{ff}(\tau) + \varphi_{fg}(\tau)\,.} \qquad (18.19)$$

Die Kreuzkorrelationsfunktion zwischen einem Summanden und dem Summensignal ist also die Summe aus der Autokorrelationsfunktion des entsprechenden Summanden und der Kreuzkorrelationsfunktion zwischen beiden Summanden.

Für das Kreuzleistungsdichtespektrum gilt die gleiche Zusammensetzung aus den entsprechenden (Kreuz-)Leistungsdichtespektren von $f(t)$ und $g(t)$:

$$\Phi_{fy}(j\omega) = \Phi_{ff}(j\omega) + \Phi_{fg}(j\omega) \ . \tag{18.20}$$

Auch diese Ergebnisse werden besonders einfach, wenn die beiden Zufallsprozesse nicht korreliert sind und mindestens einer von ihnen mittelwertfrei ist. Die Kreuzkorrelationsfunktion $\varphi_{fg}(\tau)$ und das Kreuzleistungsdichtespektrum $\Phi_{fg}(j\omega)$ verschwinden dann und es bleibt übrig:

$$\varphi_{fy}(\tau) = \varphi_{ff}(\tau) \tag{18.21}$$
$$\Phi_{fy}(j\omega) = \Phi_{ff}(j\omega) \ . \tag{18.22}$$

Alle Ergebnisse dieses Abschnitts gelten entsprechend für die Kreuzkorrelationsfunktion und das Kreuzleistungsdichtespektrum zwischen $g(t)$ und $y(t)$.

18.2 Reaktion von LTI-Systemen auf Zufallssignale

Nachdem wir die statistische Beschreibung von Eingangs- und Ausgangsprozessen geklärt haben, die durch Addition oder Multiplikation auseinander hervorgehen, betrachten wir jetzt die entsprechenden Zusammenhänge für die Eingangs- und Ausgangssignale von LTI-Systemen. Als Beschreibungsformen für LTI-Systeme wählen wir die Impulsantwort und den Frequenzgang. Über den inneren Aufbau machen wir keine Annahmen. Dann ist zunächst zu klären, ob aus der Stationarität oder Ergodizität des Eingangssignals auch die gleichen Eigenschaften des Ausgangssignals folgen. Danach leiten wir die Zusammenhänge zwischen den verschiedenen Mittelwerten am Eingang und am Ausgang von LTI-Systemen im Detail her.

18.2.1 Stationarität und Ergodizität

Wir gehen von einem LTI-System nach Bild 18.3 aus und fragen, ob bei einem stationären oder ergodischen Zufallsprozeß am Eingang der Ausgangsprozeß die gleichen Eigenschaften aufweist. Wenn das der Fall ist, können wir die Beschreibung durch Korrelationsfunktionen und Leistungsdichtespektren, die wir in Kapitel 17 unter der Voraussetzung der schwachen Stationarität eingeführt hatten, auch auf den Ausgangsprozeß anwenden.

Wenn der Eingangsprozeß stationär ist, dann ändern sich die Erwartungswerte zweiter Ordnung bei einer Verschiebung des Eingangssignals um die Zeit Δt nicht (vergl. (17.12)):

$$E\{f(x(t_1), x(t_2))\} = E\{f(x(t_1 + \Delta t), x(t_2 + \Delta t))\}\,. \tag{18.23}$$

Wegen der Zeitinvarianz des Systems gilt für das Ausgangssignal $y(t) = S\{x(t)\}$

$$y(t_i + \Delta t) = S\{x(t_i + \Delta t)\}\,. \tag{18.24}$$

Aus (18.23) folgt damit für das Ausgangssignal

$$E\{g(y(t_1), y(t_2))\} = E\{g(y(t_1 + \Delta t), y(t_2 + \Delta t))\}\,, \tag{18.25}$$

da auch $g(S\{x(t_1)\}, S\{x(t_2)\})$ ein zeitinvariantes System darstellt. Der Ausgangsprozeß ist damit ebenfalls stationär. Entsprechende Aussagen über schwache Stationarität und Ergodizität erhält man auf ähnliche Weise.

Damit ist sichergestellt, daß bei einem Eingangssignal, welches

a) schwach stationär oder stationär,

b) schwach ergodisch oder ergodisch

ist, auch das Ausgangssignal die gleichen Eigenschaften besitzt. Darüber hinaus weisen Eingangs- und Ausgangsprozeß die entsprechenden verbundenen Eigenschaften auf. Die verschiedenen Zusammenhänge sind in Bild 18.3 dargestellt.

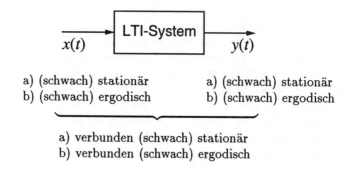

Bild 18.3: LTI-System mit Eingangssignal $x(t)$ und Ausgangssignal $y(t)$

18.2.2   Linearer Mittelwert am Ausgang eines LTI-Systems

Zur Bestimmung des linearen Mittelwerts am Ausgang eines LTI-Systems mit der Impulsantwort $h(t)$ nach Bild 18.4 gehen wir von der Faltungsbeziehung (8.39)

$$y(t) = x(t) * h(t) \tag{18.26}$$

aus und bilden den linearen Mittelwert $E\{y(t)\} = \mu_y(t)$ des Ausgangssignals:

$$\mu_y(t) = \mathrm{E}\{y(t)\} = \mathrm{E}\{x(t) * h(t)\} = \mathrm{E}\{x(t)\} * h(t) = \mu_x(t) * h(t) \,. \qquad (18.27)$$

Da nur das Eingangssignal $x(t)$, nicht aber die Impulsantwort $h(t)$ eine Zufallsgröße ist, können wir die Erwartungswertbildung auf $x(t)$ beschränken und so $\mu_y(t)$ durch $\mu_x(t)$ und $h(t)$ ausdrücken. Dabei ist zugelassen, daß $x(t)$ ein nicht-stationärer Zufallsprozeß ist. Die Mittelwerte $\mu_x(t)$ und $\mu_y(t)$ sind daher zeitabhängig. Durch Vergleich von (18.26) und (18.27) sieht man, daß die Beziehung zwischen den determinierten linearen Erwartungswerten $\mu_x(t)$ und $\mu_y(t)$ die gleiche Form hat wie die Faltungsbeziehung zwischen dem Eingangssignal $x(t)$ und dem Ausgangssignal $y(t)$.

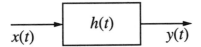

Bild 18.4: LTI-System mit der Impulsantwort $h(t)$

Wenn das Eingangssignal $x(t)$ stationär ist, dann ist der lineare Mittelwert $E\{x(t)\} = \mu_x$ zeitlich konstant und die Faltungsbeziehung vereinfacht sich zu

$$\mu_y = \mathrm{E}\{y(t)\} = \int_{-\infty}^{\infty} \mu_x h(\tau)\, d\tau = \mu_x \cdot H(0) \,. \qquad (18.28)$$

Den konstanten linearen Mittelwert μ_x kann man aus dem Integral herausziehen. Das verbleibende Integral über $h(\tau)$ läßt sich als Wert $H(0)$ des Fourier-Integrals (9.1) bei $\omega = 0$ schreiben. Der Mittelwert eines stationären Zufallssignals wird daher wie der Gleichanteil eines deterministischen Signals übertragen. Wir haben damit die folgende einfache Beziehung erhalten:

$$\boxed{\mu_y = \mu_x \cdot H(0) \,.} \qquad (18.29)$$

18.2.3 Autokorrelationsfunktion am Ausgang eines LTI-Systems

Die Berechnung der Autokorrelationsfunktion am Systemausgang führen wir für ein stationäres Eingangssignal durch. Die gesuchte Autokorrelationsfunktion

$$\varphi_{yy}(\tau) = \mathrm{E}\{y(t + \tau)\, y^*(t)\} \qquad (18.30)$$

erhalten wir aus der Autokorrelationsfunktion $\varphi_{xx}(\tau)$ des Eingangssignals und aus der Impulsantwort $h(t)$ durch Einsetzen der Faltung (18.26) und einigen Umformungen, die wir der Reihe nach besprechen. Das Ziel dieser Umformungen ist, die

Bildung des Erwartungswerts in die entstehenden Integralausdrücke hineinzuziehen und so auf das Eingangssignal anzuwenden.

Im ersten Schritt drücken wir das Ausgangssignal $y(t)$ in (18.30) durch das Faltungsintegral aus:

$$\varphi_{yy}(\tau) = \mathrm{E}\left\{ \int_\mu h(\mu)x(t+\tau-\mu)\,d\mu \int_\nu h^*(\nu)x^*(t-\nu)\,d\nu \right\}. \tag{18.31}$$

Durch Zusammenfassen der beiden Faltungen zu einem Doppelintegral, Sortieren der Terme unter dem Integral und Anwendung des Erwartungswerts auf das entstehende Produkt der Eingangssignale erhalten wir

$$\varphi_{yy}(\tau) = \int_\nu \int_\mu h(\mu)\,h^*(\nu)\,\mathrm{E}\left\{ x(t+\tau-\mu)\,x^*(t-\nu) \right\} d\mu\,d\nu. \tag{18.32}$$

Der Erwartungswert wird jetzt vom Produkt der Werte des Eingangssignals zu verschiedenen Zeitpunkten gebildet und stellt daher die Autokorrelationsfunktion des Eingangssignals dar. Wegen der Stationarität des Eingangssignals hängt die Autokorrelationsfunktion von der Differenz der Zeitpunkte $t+\tau-\mu$ und $t-\nu$ ab:

$$\varphi_{yy}(\tau) = \int_\nu \int_\mu h(\mu)\,h^*(\nu)\,\varphi_{xx}(\tau-\mu+\nu)\,d\mu\,d\nu. \tag{18.33}$$

Damit ist ein erster Zusammenhang zwischen den Autokorrelationsfunktionen am Eingang $\varphi_{xx}(\tau)$ und am Ausgang $\varphi_{yy}(\tau)$ gefunden.

Den immer noch etwas unübersichtlichen Ausdruck (18.33) können wir weiter vereinfachen, wenn wir uns an die in Kapitel 9.9 eingeführte Korrelation deterministischer Signale erinnern. Um die in (9.103) angegebene Definition der Autokorrelationsfunktion deterministischer Signale zu verwenden, führen wir zuerst in (18.33) die Substitution $\theta = \mu - \nu$ durch und erhalten

$$\varphi_{yy}(\tau) = \int_\theta \int_\mu h(\mu)\,h^*(\mu-\theta)\,d\mu\ \varphi_{xx}(\tau-\theta)\,d\theta. \tag{18.34}$$

In dem inneren Integral erkennen wir nach einer weiteren Substitution $\lambda = \mu - \theta$ die Autokorrelationsfunktion $\varphi_{hh}(\theta)$ nach (9.103):

$$\varphi_{hh}(\theta) = \int_\mu h(\mu)\,h^*(\mu-\theta)\,d\mu = \int_\lambda h(\lambda+\theta)\,h^*(\lambda)\,d\lambda = h(\theta) * h^*(-\theta). \tag{18.35}$$

Trotz der gleichen Bezeichnung stellt die Autokorrelationsfunktion $\varphi_{hh}(\theta)$ keinen Erwartungswert eines Zufallsprozesses dar, denn die Impulsantwort $h(t)$ ist ja eine deterministische Funktion. In Analogie zu den Zufallsprozessen können wir aber $\varphi_{hh}(\theta)$ als Erwartungswert von $h(\lambda+\theta)\,h^*(\lambda)$ auffassen, wenn wir die Erwartungswertbildung für deterministische Funktionen durch die Integration in (18.33) erklären. Da die Autokorrelationsfunktion $\varphi_{hh}(\theta)$ das LTI-System beschreibt, wird sie auch als *Filter-Autokorrelationsfunktion (Filter-AKF)* bezeichnet. Die Beschreibung des deterministischen LTI-Systems durch Kenngrößen, die denen für Zufallssignale ähnlich sind, hat den Vorteil, daß sich damit die zunächst noch umständliche Beziehung (18.33) in einfacher und einprägsamer Form darstellen läßt. Zur Herleitung eines solchen Ausdrucks setzen wir (18.35) in (18.34) ein:

$$\varphi_{yy}(\tau) = \int_{\theta} \varphi_{hh}(\theta) \; \varphi_{xx}(\tau - \theta) \, d\theta = \varphi_{hh}(\tau) * \varphi_{xx}(\tau) \, . \tag{18.36}$$

Wir erhalten so die Autokorrelationsfunktion am Ausgang $\varphi_{yy}(\tau)$ als Faltung der Autokorrelationsfunktion am Eingang $\varphi_{xx}(\tau)$ mit der Filter-Autokorrelationsfunktion $\varphi_{hh}(\tau)$. Die Filter-Autokorrelationsfunktion ist ihrerseits wieder die Faltung der Impulsantwort $h(t)$ mit $h^*(-t)$. Die gesuchte Beziehung zwischen den Autokorrelationsfunktionen am Eingang und am Ausgang eines LTI-Systems und seiner Impulsantwort kann man so in zwei einfachen Gleichungen zusammenfassen:

$$\begin{aligned} \varphi_{yy}(\tau) &= \varphi_{hh}(\tau) * \varphi_{xx}(\tau) & \tag{18.37} \\ \varphi_{hh}(\tau) &= h(\tau) * h^*(-\tau) & . \tag{18.38} \end{aligned}$$

Den quadratischen Mittelwert als Maß für die Leistung des Ausgangssignals erhält man durch Auswertung des Faltungintegrals bei $\tau = 0$:

$$E\{|y(t)|^2\} = \varphi_{yy}(0) = \int_{\tau} \varphi_{hh}(\tau) \, \varphi_{xx}(-\tau) \, d\tau \, . \tag{18.39}$$

Beispiel 18.1

Wir betrachten ein ideales Verzögerungsglied mit der Impulsantwort

$$h(t) = \delta(t - t_0) \, .$$

Mit (18.37) und (18.38) folgt

$$\varphi_{hh}(\tau) = \delta(\tau - t_0) * \delta(-\tau + t_0) = \delta(\tau)$$

$$\varphi_{yy}(\tau) = \delta(\tau) * \varphi_{xx}(\tau) = \varphi_{xx}(\tau) \, .$$

Die AKF wird durch ein Verzögerungsglied nicht verändert.

Für diskrete Systeme mit der Impulsantwort $h[k]$ bestehen ähnliche Beziehungen für die Autokorrelationsfolge des Ausgangssignals. Mit der Definition der diskreten Faltung (12.48) als eine Summe sehen die Formeln für diskrete Systeme genauso aus wie die Beziehungen (18.37), (18.38) für kontinuierliche Systeme:

$$\varphi_{yy}[\kappa] = \varphi_{hh}[\kappa] * \varphi_{xx}[\kappa] \tag{18.40}$$

$$\varphi_{hh}[\kappa] = h[\kappa] * h^*[-\kappa] \ . \tag{18.41}$$

18.2.4 Kreuzkorrelationsfunktion zwischen Eingang und Ausgang eines LTI-Systems

Die Kreuzkorrelationsfunktion zwischen dem Eingang und dem Ausgang eines LTI-Systems erhalten wir mit ähnlichen Rechenschritten wie die Autokorrelationsfunktion. Für ein stationäres Eingangssignal folgt aus

$$\varphi_{xy}(\tau) = \mathrm{E}\{x(t+\tau)\,y^*(t)\} \tag{18.42}$$

durch Einsetzen des Faltungsintegrals

$$\varphi_{xy}(\tau) = \mathrm{E}\left\{ x(t+\tau) \int_\mu h^*(\mu)x^*(t-\mu)\,d\mu \right\} . \tag{18.43}$$

Vertauschung der Reihenfolge von Integration und Erwartungswertbildung ergibt

$$\varphi_{xy}(\tau) = \int_\mu h^*(\mu)\mathrm{E}\{x(t+\tau)\,x^*(t-\mu)\}\,d\mu\,. \tag{18.44}$$

Im Erwartungswert erkennen wir wieder die Autokorrelationsfunktion des Eingangssignals $x(t)$:

$$\varphi_{xy}(\tau) = \int_\mu h^*(\mu)\,\varphi_{xx}(\tau+\mu)\,d\mu\,. \tag{18.45}$$

Durch die Substition $\nu = -\mu$ folgt schließlich die gesuchte Beziehung für die Kreuzkorrelationsfunktion von Eingang und Ausgang eines LTI-Systems und seiner Impulsantwort:

$$\varphi_{xy}(\tau) = \int_\nu h^*(-\nu)\,\varphi_{xx}(\tau-\nu)\,d\nu = h^*(-\tau) * \varphi_{xx}(\tau)\,. \tag{18.46}$$

Eine leichter zu merkende Formel erhält man für die Kreuzkorrelationsfunktion $\varphi_{yx}(\tau)$ zwischen Ausgang und Eingang. Zu ihrer Herleitung aus (18.46) machen wir von den Symmetriebeziehungen für Auto- und Kreuzkorrelationsfunktionen aus Kapitel 17.4.2 Gebrauch. So folgt aus (17.54) in Verbindung mit (18.45)

$$\varphi_{yx}(\tau) = \varphi^*_{xy}(-\tau) = \int_\mu h(\mu)\,\varphi^*_{xx}(-\tau+\mu)\,d\mu\,. \tag{18.47}$$

Mit der konjugierten Symmetrie der Autokorrelationsfunktion (17.58) ergibt sich schließlich

$$\varphi_{yx}(\tau) = \int_\mu h(\mu)\,\varphi_{xx}(\tau - \mu)\,d\mu = h(\tau) * \varphi_{xx}(\tau)\,. \tag{18.48}$$

Die beiden möglichen Kreuzkorrelationsfunktionen zwischen dem Eingang und dem Ausgang eines LTI-Systems erhält man also einfach durch Faltung der Autokorrelationsfunktion am Eingang mit der Impulsantwort $h(\tau)$ bzw. mit $h^*(-\tau)$:

$$\boxed{\begin{aligned} \varphi_{xy}(\tau) &= h^*(-\tau) * \varphi_{xx}(\tau) \\ \varphi_{yx}(\tau) &= h(\tau) * \varphi_{xx}(\tau)\,. \end{aligned}}$$

$$(18.49)$$
$$(18.50)$$

─────────────────────────────── **Beispiel 18.2**

Wir betrachten wieder das ideale Verzögerungsglied aus Beispiel 18.1. Mit (18.50) gilt

$$\varphi_{yx}(\tau) = \delta(\tau - t_0) * \varphi_{xx}(\tau) = \varphi_{xx}(\tau - t_0)\,.$$

Die Kreuzkorrelationsfunktion zwischen Ausgang und Eingang eines Verzögerungsglieds ist einfach eine verschobene Version der Autokorrelationsfunktion. Diese einfache Einsicht wird in vielen technischen Systemen zur Laufzeitmessung von Signalen ausgenutzt, z.B. bei Radar oder Sonar.

── ■

Entsprechend dem kontinuierlichen Fall gilt für ein diskretes LTI-System mit der Impulsantwort $h[k]$:

$$\boxed{\begin{aligned} \varphi_{xy}[\kappa] &= h^*[-\kappa] * \varphi_{xx}[\kappa] \\ \varphi_{yx}[\kappa] &= h[\kappa] * \varphi_{xx}[\kappa]\,. \end{aligned}}$$

$$(18.51)$$
$$(18.52)$$

18.2.5 Leistungsdichtespektrum und LTI-System

Für die Beziehungen zwischen den Korrelationsfunktionen am Eingang und am Ausgang von LTI-Systemen und der Impulsantwort haben wir nun mit einiger Mühe Faltungsbeziehungen hergeleitet, die ähnlich einfach sind wie die Faltung eines deterministischen Eingangssignals mit der Impulsantwort. Im Frequenzbereich erhält man eine noch einfachere Beschreibung durch Multiplikation des Eingangsspektrums mit dem Frequenzgang des LTI-Systems. Da wir mit den Leistungsdichtespektren bereits eine Frequenzbereichsbeschreibung von Zufallssignalen kennengelernt haben, ist zu vermuten, daß zwischen den Leistungsdichtespektren und

Kreuzleistungsdichtespektren am Ein- und Ausgang eines Systems und seinem Frequenzgang ähnliche Beziehungen bestehen.

Wir gehen zunächst von der Kreuzkorrelationsfunktion $\varphi_{yx}(\tau)$ nach (18.50) aus. Durch Fourier-Transformation $\Phi_{xx}(j\omega) = \mathcal{F}\{\varphi_{xx}(\tau)\}$ des Leistungsdichtespektrums nach (17.69) und des Kreuzleistungsdichtespektrums $\Phi_{yx}(j\omega) = \mathcal{F}\{\varphi_{yx}(\tau)\}$ nach (17.70) folgt mit dem Faltungssatz (9.70)

$$\Phi_{yx}(j\omega) = \Phi_{xx}(j\omega)H(j\omega) . \tag{18.53}$$

Das Kreuzleistungsdichtespektrum $\Phi_{yx}(j\omega)$ erhält man aus dem Leistungsdichtespektrum $\Phi_{xx}(j\omega)$ des Eingangsignals durch Multiplikation mit dem Frequenzgang $H(j\omega)$ des LTI-Systems.

Das Kreuzleistungsdichtespektrum $\Phi_{xy}(j\omega)$ könnten wir auf die gleiche Weise durch Fourier-Transformation aus (18.49) herleiten. Wir erhalten es jedoch kürzer aus (18.53) mit (17.74) als

$$\Phi_{xy}(j\omega) = \Phi_{xx}(j\omega)H^*(j\omega) . \tag{18.54}$$

Dabei haben wir ausgenutzt, daß das Leistungsdichtespektrum $\Phi_{xx}(j\omega)$ reell ist (17.73).

Für das Leistungsdichtespektrum des Ausgangsignals $\Phi_{yy}(j\omega)$ erhält man eine ähnliche Beziehung durch Fourier-Transformation von (18.37). Die Fourier-Transformierte der Filter-Autokorrelationsfunktion $\varphi_{hh}(\tau)$ können wir dabei nach den Ergebnissen von Kapitel 9.9.2.4 (Korrelation deterministischer Signale) durch das Betragsquadrat des Frequenzgangs $H(j\omega)$ ausdrücken

$$\varphi_{hh}(\tau)\circ\!\!-\!\!\bullet\Phi_{hh}(j\omega) = H(j\omega)H^*(j\omega) = |H(j\omega)|^2 \tag{18.55}$$

und erhalten

$$\Phi_{yy}(j\omega) = \Phi_{xx}(j\omega)|H(j\omega)|^2 . \tag{18.56}$$

Die wesentlichen Zusammenhänge für Korrelationsfunktionen und Leistungsdichtespektren können wir jetzt in übersichtlicher Form zusammenfassen:

$$
\begin{array}{|lrcl|r|}
\hline
& \varphi_{xx}(\tau) & \circ\!\!-\!\!\bullet & \Phi_{xx}(j\omega) & (18.57) \\
\varphi_{yx}(\tau) = h(\tau) * \varphi_{xx}(\tau) & & \circ\!\!-\!\!\bullet & \Phi_{xx}(j\omega)H(j\omega) = \Phi_{yx}(j\omega) & (18.58) \\
\varphi_{xy}(\tau) = h^*(-\tau) * \varphi_{xx}(\tau) & & \circ\!\!-\!\!\bullet & \Phi_{xx}(j\omega)H^*(j\omega) = \Phi_{xy}(j\omega) & (18.59) \\
\varphi_{yy}(\tau) = \varphi_{hh}(\tau) * \varphi_{xx}(\tau) & & \circ\!\!-\!\!\bullet & \Phi_{xx}(j\omega)|H(j\omega)|^2 = \Phi_{yy}(j\omega) . & (18.60) \\
\hline
\end{array}
$$

Die Gleichungen (18.57) bis (18.60) haben die gleiche Gestalt wie die entsprechenden Gleichungen (18.5) bis (18.8) für die Multiplikation mit einer komplexen Konstanten K. Die dort erhaltenen Beziehungen sind ein Spezialfall von (18.57) bis (18.60) für $H(j\omega) = K \quad \bullet\!\!-\!\!\circ \quad h(\tau) = K\,\delta(\tau)$.

Die in den letzten Abschnitten erhaltenen Ergebnisse können wir noch verallgemeinern und übersichtlicher zusammenfassen. Anstelle der Autokorrelationsfunktion $\varphi_{yy}(\tau)$ oder der Kreuzkorrelationsfunktion $\varphi_{yx}(\tau)$ hätten wir auch die Kreuzkorrelationsfunktion $\varphi_{yr}(\tau)$ mit einem beliebigen anderen Zufallssignal $r(t)$ berechnen können, wie in Bild 18.5 dargestellt ist. Die gleichen Rechenschritte bei

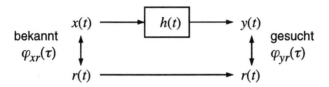

Bild 18.5: KKF eines Signals mit Ein- und Ausgang eines LTI-Systems

der Herleitung von $\varphi_{yx}(\tau)$ in Abschnitt 18.2.4 hätten dann nach (18.50) auf

$$\varphi_{yr}(\tau) = \varphi_{xr}(\tau) * h(\tau) \qquad (18.61)$$

geführt, bzw. auf die entsprechende Darstellung im Frequenzbereich gemäß (18.53) und (18.54)

$$\Phi_{yr}(j\omega) = \Phi_{xr}(j\omega)\,H(j\omega) \qquad (18.62)$$
$$\Phi_{ry}(j\omega) = \Phi_{rx}(j\omega)\,H^*(j\omega). \qquad (18.63)$$

Aus den letzten beiden Beziehungen lassen sich die Gleichungen (18.58) bis (18.60) durch geschicktes Einsetzen für r gewinnen. Man erhält aus (18.62) für $r = x$ bzw. $r = y$

$$\Phi_{yx}(j\omega) = \Phi_{xx}(j\omega)\,H(j\omega) \qquad (18.64)$$
$$\Phi_{yy}(j\omega) = \Phi_{xy}(j\omega)\,H(j\omega) \qquad (18.65)$$

und aus (18.63) für $r = x$

$$\Phi_{xy}(j\omega) = \Phi_{xx}(j\omega)\,H^*(j\omega). \qquad (18.66)$$

Aus (18.65) und (18.66) folgt schließlich

$$\Phi_{yy}(j\omega) = \Phi_{xy}(j\omega)\,H(j\omega) = \Phi_{xx}(j\omega)\,H^*(j\omega)H(j\omega) = \Phi_{xx}(j\omega)|H(j\omega)|^2\,. \qquad (18.67)$$

Es genügt also, sich die Formeln (18.62) und (18.63) zu merken; daraus lassen sich alle wichtigen Beziehungen zwischen den (Kreuz-)Leistungsdichtespektren am Eingang und am Ausgang von LTI-Systemen ableiten.

Beispiel 18.3

Ein typischer Börsenkurs $x(t)$ besitzt ein Leistungsdichtespektrum der Form

$$\Phi_{xx}(j\omega) = \frac{2a}{\omega^2 + a^2},$$

wobei a sehr klein ist. Die zeitliche Änderung des Börsenkurses erzeugt uns gedanklich ein Differenzierer mit der Übertragungsfunktion

$$H(j\omega) = j\omega.$$

Die resultierende Ableitung $y(t) = \dot{x}(t)$ hat das Leistungsdichtespektrum

$$\Phi_{yy}(j\omega) = \omega^2 \Phi_{xx}(j\omega) = \frac{2a\omega^2}{\omega^2 + a^2}.$$

Für $\omega^2 \gg a^2$ gilt

$$\Phi_{yy}(j\omega) \approx 2a.$$

Die zugehörige AKF lautet

$$\varphi_{yy}(\tau) \approx 2a\delta(\tau).$$

Aufeinander folgende Änderungen des Börsenkurses sind also leider völlig unkorreliert.

18.2.6 Deutung des Leistungsdichtespektrums

Die Bedeutung des Leistungsdichtspektrums (das eigentlich Autoleistungsdichte-
spektrum heißen müßte) machen wir uns an einem Gedankenexperiment klar. Wir
gehen aus von einem Zufallssignal $x(t)$ mit dem Leistungsdichtespektrum $\Phi_{xx}(j\omega)$.
Es werde mit einem idealen Bandpaß nach Bild 18.6 mit dem Frequenzgang

$$H(j\omega) = \begin{cases} 1 & \text{für } \omega_0 \le \omega < \omega_0 + \Delta\omega \\ 0 & \text{sonst} \end{cases} \tag{18.68}$$

gefiltert. Bandpässe dieser Art hatten wir schon bei der Abtastung komplexwertiger Bandpaßsignale in Kapitel 11.3.3 kennengelernt. Daß sie wegen der fehlenden
konjugierten Symmetrie ihres Frequenzgangs komplexwertige Impulsantworten besitzen und aus reellen Eingangssignalen komplexwertige Ausgangssignale machen,
soll uns hier nicht stören. Im folgenden stellen wir uns weiterhin vor, daß $\Delta\omega$
sehr klein ist und der Bandpaß entsprechend nur ein sehr schmales Frequenzband
durchläßt.

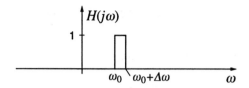

Bild 18.6: Nach rechts verschobener und daher komplexwertiger Bandpaß

Um die Leistung des Ausgangssignals zu ermitteln, berechnen wir den quadratischen Mittelwert des Ausgangssignals $y(t) = h(t) * x(t)$. Anstelle des Faltungsintegrals, wie in (18.39), verwenden wir die Fourier-Rücktransformation von $\Phi_{yy}(j\omega)$ aus (18.60):

$$\mathrm{E}\{|y(t)|^2\} = \frac{1}{2\pi} \int_{-\infty}^{\infty} \Phi_{xx}(j\omega) \, |H(j\omega)|^2 \, d\omega \, . \tag{18.69}$$

Wegen des schmalbandigen Charakters von $H(j\omega)$ erfaßt das Integral über die Frequenz ω lediglich einen schmalen Ausschnitt der Breite $\Delta\omega$ aus dem Leistungsdichtespektrum $\Phi_{xx}(j\omega)$:

$$\mathrm{E}\{|y(t)|^2\} = \frac{1}{2\pi} \int_{\omega_0}^{\omega_0+\Delta\omega} \Phi_{xx}(j\omega) \, d\omega \approx \frac{1}{2\pi} \Phi_{xx}(j\omega_0) \Delta\omega \, . \tag{18.70}$$

Das Leistungsdichtespektrum repräsentiert also anschaulich die Verteilung der Leistung eines Zufallssignals auf unendlich viele infinitesimale Frequenzbänder der Breite $\Delta\omega$. Dies rechtfertigt den Namen Leistungsdichte und bestätigt die Interpretation aus Kapitel 17.5.2 (siehe Bild 17.9). Gleichzeitig folgt daraus auch, daß

$$\Phi_{xx}(j\omega) \geq 0 \quad \forall \omega \, , \tag{18.71}$$

was wir in Abschnitt 17.5.2 schon einmal ohne Beweis angegeben hatten.

Bei der Interpretation des Kreuzleistungsdichtespektrums $\Phi_{xr}(j\omega)$ zwischen einem Signal $x(t)$ und einem Bezugssignal $r(t)$ kann man im Prinzip ähnlich verfahren, wenn auch das Ergebnis nicht ganz so anschaulich ist. Stellt man sich wieder die Zerlegung von $x(t)$ in sehr viele schmalbandige Bandpaßsignale vor, ist nach (18.62) $\Phi_{xr}(j\omega_0)$ gerade das Kreuzspektrum $\Phi_{yr}(j\omega_0)$ der Frequenzkomponente $y(t) = x(t) * h(t)$ mit der Frequenz ω_0.

Wenn man auch das Bezugssignal $r(t)$ mit einem entsprechenden Bandpaß filtert, so ändert sich das Kreuzleistungsdichtespektrum nicht. Offenbar leisten nur Komponenten gleicher Frequenz einen Beitrag zur Kreuzkorrelation zwischen zwei stationären Signalen. Die Korrelation zwischen diesen Bandpaßkomponenten wird vom Kreuzleistungsdichtespektrum erfaßt. Besteht eine feste Amplituden- und Phasenbeziehung zwischen den entsprechenden Frequenzkomponenten von $x(t)$ und $r(t)$, so findet sich diese im Kreuzspektrum wieder. Sind die Frequenzkomponenten unkorreliert, so ist $\Phi_{xr}(j\omega) = 0$.

18.2.7 Messung des Übertragungsverhaltens eines LTI-Systems

Das Übertragungsverhalten eines LTI-Systems wird durch seine Impulsantwort bzw. durch seine Übertragungsfunktion vollständig beschrieben. Zu deren Messung sind verschiedene Möglichkeiten denkbar. Theoretisch könnte man das System mit einem Delta-Impuls erregen und am Ausgang die Impulsantwort messen. Die hohen Amplituden, die für eine näherungsweise Darstellung von Delta-Impulsen notwendig sind, bereiten aber in vielen Fällen praktische Probleme. Ein anderer Weg ist die Erregung mit einem Sinussignal variabler Frequenz und die Messung des Frequenzgangs anhand der Amplitude und der Phasenlage des Ausgangssignals. Dabei muß vorausgesetzt werden, daß das Ausgangssignal außer der Reaktion auf das am Eingang anliegende Sinussignal keine Störungen enthält, da sonst die Messung verfälscht würde. Darüber hinaus darf man die Frequenz des Sinussignals nur so langsam verändern, daß keine unerwünschten Einschwingvorgänge auftreten.

Eine bessere, moderne Methode ist die Erregung mit einem breitbandigen Rauschsignal und die statistische Analyse des Ausgangssignals. Eine entsprechende Meßanordnung ist in Bild 18.7 gezeigt. Das breitbandige Meßsignal am Eingang wird als weißes Rauschen beschrieben. Diese Näherung ist immer dann gerechtfertigt, wenn die Bandbreite der Rauschquelle viel größer als die Bandbreite des zu untersuchenden Systems ist. Aus der Kreuzkorrelation zwischen Eingangs- und Ausgangssignal erhält man dann das unbekannte Übertragungsverhalten.

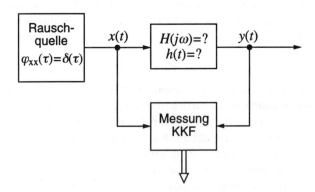

Bild 18.7: Messung eines LTI-Systems mit weißem Rauschen

Für weißes Rauschen gilt nach Kapitel 17.5.4 bei einer Rauschleistung $N_0 = 1$:

$$\varphi_{xx}(\tau) = \delta(\tau) \qquad \circ\!\!-\!\!\bullet \qquad \Phi_{xx}(j\omega) = 1 \quad . \tag{18.72}$$

Damit folgt für die Kreuzkorrelationsfunktion $\varphi_{yx}(\tau)$ zwischen Ausgang und Eingang bzw. für das Kreuzleistungsdichtespektrum $\Phi_{yx}(j\omega)$ aus (18.58)

$$\varphi_{yx}(\tau) \;=\; \varphi_{xx}(\tau) * h(\tau) = \delta(\tau) * h(\tau) = h(\tau) \qquad (18.73)$$

$$\Phi_{yx}(j\omega) \;=\; H(j\omega) \;. \qquad\qquad (18.74)$$

Die Kreuzkorrelationsfunktion $\varphi_{yx}(\tau)$ bzw. das Kreuzleistungsdichtespektrum $\Phi_{yx}(j\omega)$ liefern also unmittelbar die Impulsantwort bzw. die Übertragungfunktion des unbekannten LTI-Systems. Überlagert sich in der Meßanordnung dem Signal $y(t)$ ein Störsignal $n(t)$, so ändert das das Meßergebnis nicht, solange $x(t)$ und $n(t)$ unkorreliert sind (Aufgabe 18.17).

18.3 Signalschätzung durch Wiener-Filter

Das Gebiet der Signalschätzung befaßt sich mit der Rekonstruktion eines Signals, das durch verschiedene Einflüsse verfälscht wurde. Aus der Kenntnis der statistischen Eigenschaften dieser Einflüsse soll aus dem verfälschten Signal das ursprüngliche Signal soweit wie möglich wiederhergestellt werden. Haben wir es mit schwach stationären Zufallsprozessen und LTI-Systemen zu tun, so leistet uns die in 18.2 entwickelte Theorie dabei gute Dienste.

Bild 18.8 zeigt das zu lösende Problem. Das Originalsignal $s(t)$ ist nicht direkt zugänglich. An seiner Stelle kann nur das Signal $x(t)$ beobachtet werden. Die verfälschenden Einflüsse, denen das Originalsignal auf dem Weg zur Beobachtung unterliegt, sollen sich durch die Eigenschaften eines LTI-Systems und durch zusätzliche Störsignale (Rauschen) mit Zufallscharakter beschreiben lassen. Über den Aufbau des LTI-Systems und die Rauschsignale seien zunächst keine Details bekannt. Wir nehmen an, daß wir nur das Kreuzleistungsdichtespektrum $\Phi_{xs}(j\omega)$ zwischen Originalsignal $s(t)$ und beobachtetem Signal $x(t)$ kennen, z.B. durch eine einmal durchgeführte Messung mit bekanntem Originalsignal. Dieses Kreuzleistungsdichtespektrum ist die mathematische Formulierung für den Einfluß der Verfälschungen, denen das Originalsignal unterliegt. Das Leistungdichtespektrum $\Phi_{xx}(j\omega)$ des beobachteten Signals $x(t)$ kann jederzeit durch Messung bestimmt werden und ist damit auch bekannt.

Das Schätzfilter $H(j\omega)$ soll nun so entworfen werden, daß sein Ausgangssignal $y(t)$ dem Originalsignal möglichst nahe kommt. Die Aufgabe des Schätzfilters ist es daher, die für uns nicht zugänglichen Einflüsse auf das Originalsignal soweit wie möglich zu eliminieren. Wir werden in den folgenden Abschnitten einen Weg kennenlernen, wie eine dafür geeignete Übertragungsfunktion $H(j\omega)$ aus den bekannten Größen $\Phi_{xx}(j\omega)$ und $\Phi_{xs}(j\omega)$ auf systematische Weise bestimmt werden kann. Das so entworfene Schätzfilter heißt *Optimalfilter* oder *Wiener-Filter*.

Schätzaufgaben in der eben geschilderten Art treten in vielen technischen Anwendungen auf. Beispiele dafür sind:

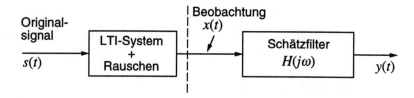

Bild 18.8: Schätzung des Originalsignals $s(t)$

Meßtechnik: Hier ist $s(t)$ eine physikalische Größe, deren Zeitverlauf gemessen werden soll. Da jede Messung notwendigerweise in den zu messenden Vorgang eingreift, liefert eine Meßeinrichtung nicht genau das Originalsignal $s(t)$, sondern eine verfälschte Version davon, die Beobachtung $x(t)$. Zusätzlich treten Meßfehler auf, die durch Rauschsignale modelliert werden können.

Signalübertragung: Wenn ein Signal $s(t)$ zu einem anderen Ort übertragen werden soll, so wird es auf dem Weg dorthin durch die nichtidealen Eigenschaften der Übertragungseinrichtung verändert. Zusätzlich kommen noch Störungen auf dem Übertragungsweg dazu, so daß das empfangene Signal $x(t)$ nicht mehr dem Sendesignal $s(t)$ entspricht.

Speicherung: Um ein Signal $s(t)$ zu speichern, muß es so verändert werden, daß es den Erfordernissen eines Datenträgers entspricht. Das zu einem späteren Zeitpunkt wieder ausgelesene Signal $x(t)$ enthält so noch die Einflüsse von Aufzeichnungs- und Leseeinrichtungen. Auch hier ist mit Störungen zu rechnen, die als Rauschen modelliert werden können.

18.3.1 Herleitung der Übertragungsfunktion des Wiener-Filters

Um die optimale Übertragungsfunktion $H(j\omega)$ herzuleiten, müssen wir zuerst einen mathematischen Ansatz finden, mit dem wir rechnen können. Dazu muß die Forderung, daß das Ausgangssignal $y(t)$ dem unbekannten Originalsignal $s(t)$ „möglichst ähnlich" sein soll, präzise formuliert werden. Um dies zu erreichen, führen wir als Maß für den Unterschied zwischen $s(t)$ und $y(t)$ die Fehlerleistung des Schätzfehlers

$$e(t) = y(t) - s(t) \tag{18.75}$$

ein. Dabei stellen wir die Fehlerleistung durch den quadratischen Erwartungswert

$$E\{|e(t)|^2\} = E\{|y(t) - s(t)|^2\} \tag{18.76}$$

dar. Obwohl wir das Originalsignal $s(t)$ und damit den Rekonstruktionfehler $e(t)$ nicht kennen, können wir doch seine Leistung durch die bekannten statistischen Kenngrößen ausdrücken.

Aus Kapitel 17.5.2 wissen wir, daß der quadratische Mittelwert $E\{|e(t)|^2\}$ auch durch Integration über das Leistungsdichtespektrum $\Phi_{ee}(j\omega)$ berechnet werden kann (vergl. Bild 17.9). Wir betrachten daher das Leistungsdichtespektrum $\Phi_{ee}(j\omega)$ des Rekonstruktionsfehlers $e(t)$ und versuchen es so klein wie möglich zu machen. Dazu wird $\Phi_{ee}(j\omega)$ durch die Leistungsdichtespektren $\Phi_{yy}(j\omega)$ des Ausgangssignals und $\Phi_{ss}(j\omega)$ des Originalsignals ausgedrückt. Aus (18.75) folgt mit der Beziehung (18.13) für die Addition von Zufallsgrößen

$$\Phi_{ee} = \Phi_{yy} - \Phi_{ys} - \Phi_{sy} + \Phi_{ss} \, . \tag{18.77}$$

Dabei lassen wir das Argument $(j\omega)$ bis auf weiteres weg, um die Schreibweise zu vereinfachen.

Zur Bestimmung der Übertragungsfunktion H des Schätzfilters brauchen wir einen Ausdruck für das Leistungsdichtespektrum Φ_{ee} in Abhängigkeit von H. Dazu verwenden wir (18.60) und die allgemeinen Beziehungen (18.62) und (18.63) mit $r = s$, um die Korrelationen mit y durch Korrelationen mit x auszudrücken

$$\Phi_{ee} = \Phi_{xx} H H^* - \Phi_{xs} H - \Phi_{sx} H^* + \Phi_{ss} \tag{18.78}$$

Das Schätzfilter H, das zur kleinsten Fehlerleistung führt, erhalten wir aus (18.78) durch Ableiten von Φ_{ee} nach H. Dabei ist zu beachten, daß die Größen in (18.78) und auch H komplex sind. Deshalb schreiben wir (18.78) in Abhängigkeit von Betrag $|H|$ und Phase ϕ des Frequenzgangs

$$H = |H| \, e^{j\phi} \tag{18.79}$$

und erhalten

$$\Phi_{ee} = \Phi_{xx} |H|^2 - \Phi_{xs} |H| e^{j\phi} - \Phi_{sx} |H| e^{-j\phi} + \Phi_{ss} \, . \tag{18.80}$$

Jetzt können wir nach der reellen Größe $|H|$ ableiten

$$\frac{d\Phi_{ee}}{d|H|} = 2\,|H|\,\Phi_{xx} - \Phi_{xs}\,e^{j\phi} - \Phi_{xs}^*\,e^{-j\phi} = 2\,|H|\,\Phi_{xx} - 2\,Re\{\Phi_{xs}e^{j\phi}\} \stackrel{!}{=} 0 \tag{18.81}$$

Den optimalen Betragsfrequenzgang $|H|$ bestimmen wir aus der Forderung, daß die Ableitung von Φ_{ee} nach $|H|$ gleich Null wird

$$|H| = \frac{Re\{\Phi_{xs}\,e^{j\phi}\}}{\Phi_{xx}} \tag{18.82}$$

Die hier noch unbestimmte Phase ϕ erhalten wir auf die gleiche Weise durch Ableitung von Φ_{ee} nach ϕ

$$\frac{d\Phi_{ee}}{d\phi} = -j\,|H|\,e^{j\phi}\,\Phi_{xs} + j\,|H|\,e^{-j\phi}\,\Phi_{xs}^* \stackrel{!}{=} 0 \tag{18.83}$$

Der optimale Phasenverlauf ϕ folgt aus

$$Im\{\Phi_{xs}\, e^{j\phi}\} = Im\{|\Phi_{xs}|\, e^{j(\arg\{\Phi_{xs}\}+\phi)}\} = 0 \qquad (18.84)$$

Der Imaginärteil wird gleich Null, wenn für die Phase gilt

$$\phi = -\arg\{\Phi_{xs}\}\,. \qquad (18.85)$$

Der Phasenverlauf des Schätzfilters ist also gleich dem negativen Phasenverlauf der Kreuzkorrelationsfunktion Φ_{xs} zu wählen. Damit ist dann auch der Betrag $|H|$ vollständig bestimmt, denn aus (18.82) folgt mit (18.85)

$$|H| = \frac{Re\{\Phi_{xs}\, e^{j\phi}\}}{\Phi_{xx}} = \frac{Re\{|\Phi_{xs}|\, e^{j(\arg\{\Phi_{xs}\}+\phi)}\}}{\Phi_{xx}} = \frac{|\Phi_{xs}|}{\Phi_{xx}}\,. \qquad (18.86)$$

Mit (18.79) erhalten wir aus (18.85) und (18.86) schließlich den gesuchten komplexen Frequenzgang des Schätzfilters

$$\boxed{H(j\omega) = \frac{\Phi_{xs}^*(j\omega)}{\Phi_{xx}(j\omega)} = \frac{\Phi_{sx}(j\omega)}{\Phi_{xx}(j\omega)}} \qquad (18.87)$$

Dieses Schätzfilter bewertet das beobachtete Signal $x(t)$ so, daß die Abweichung des Ergebnisses $y(t)$ vom Originalsignal $s(t)$ die kleinstmögliche Fehlerleistung aufweist. Wir haben dieses Ergebnis hergeleitet, ohne das Originalsignal $s(t)$ selbst zu kennen. Die Beschreibung der Zufallsprozesse durch Mittelwerte und durch Leistungsdichtespektren ermöglicht trotzdem die Konstruktion eines optimalen Schätzfilters. (18.87) wird nach dem Pionier der Schätztheorie, Norbert Wiener, auch Wiener-Filter genannt.

18.3.1.1 Lineare Verzerrungen und additives Rauschen

Die Herleitung des Wiener-Filters nach (18.87) ist recht allgemein, da wir keine weiteren Kenntnisse über die Art der Signalverfälschungen vorausgesetzt hatten. Um uns dieses Ergebnis zu veranschaulichen, wenden wir es auf ein häufig gebrauchtes Modell für Signalverfälschungen durch deterministische und zufällige Einflüsse an.

Bild 18.9 zeigt die gleiche Anordnung wie in Bild 18.8. Die dort noch nicht näher bestimmte Signalverfälschung ist hier durch ein LTI-System mit dem Frequenzgang $G(j\omega)$ und durch eine additive Rauschquelle $n(t)$ genauer modelliert. Der Frequenzgang $G(j\omega)$ kann z. B. für den Frequenzgang eines Verstärkers, eines Übertragungskabels oder einer Funkstrecke stehen. Alle externen Störeinflusse sind in einem additiven Rauschsignal $n(t)$ zusammengefaßt. Das Rauschsignal $n(t)$ möge mit dem Originalsignal $s(t)$ nicht korreliert sein.

Den Frequenzgang des Wiener-Filters für diese Anordnung leiten wir aus dem allgemeinen Fall in (18.87) mit Hilfe der Beziehungen (18.60,18.62) her. Zunächst folgt aus (18.62)

$$\Phi_{vx} = \Phi_{sx} G \,. \tag{18.88}$$

Für das Kreuzspektrum Φ_{vx} gilt nach (18.22) und mit (18.60)

$$\Phi_{vx} = \Phi_{vv} = \Phi_{ss} G G^* \,. \tag{18.89}$$

Aus (18.88) und (18.89) folgt schließlich

$$\Phi_{sx} = \Phi_{ss} G^* \,. \tag{18.90}$$

Für das Leistungsdichtespektrum erhalten wir aus (18.18) und (18.60)

$$\Phi_{xx} = \Phi_{vv} + \Phi_{nn} = \Phi_{ss} |G|^2 + \Phi_{nn} \,. \tag{18.91}$$

Setzen wir nun (18.90) und (18.91) in (18.87) ein, so erhalten wir das Wiener-Filter für die Anordnung nach Bild 18.9

$$\boxed{H(j\omega) = \frac{\Phi_{ss}(j\omega) G^*(j\omega)}{\Phi_{ss}(j\omega)|G(j\omega)|^2 + \Phi_{nn}(j\omega)} \,.} \tag{18.92}$$

Die Kenntnis des Frequenzgangs $G(j\omega)$ ermöglicht es hier, das Kreuzleistungsdichtespektrum $\Phi_{sx}(j\omega)$ auf die Leistungsdichtespektren $\Phi_{ss}(j\omega)$ des Originalsignals und $\Phi_{nn}(j\omega)$ des Rauschsignals zurückzuführen.

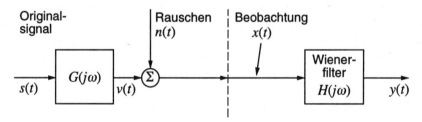

Bild 18.9: Rekonstruktion eines linear verzerrten, durch additives Rauschen beeinträchtigten Signals

18.3.1.2   Ideale Übertragung und additives Rauschen

Aus der Form des Wiener-Filters nach (18.92) leiten wir zwei wichtige Spezialfälle ab, deren Funktionsweise wir leicht einsehen können. Zuerst nehmen wir eine ideale Übertragung mit $G(j\omega) = 1$ an, bei der das Originalsignal nur durch additives Rauschen gestört ist (siehe Bild 18.10). Die Aufgabe des Wiener-Filters reduziert sich so auf die bestmögliche Unterdrückung des Rauschsignals $n(t)$. Der zugehörige Frequenzgang lautet

$$H(j\omega) = \frac{\Phi_{ss}(j\omega)}{\Phi_{ss}(j\omega) + \Phi_{nn}(j\omega)} \qquad (18.93)$$

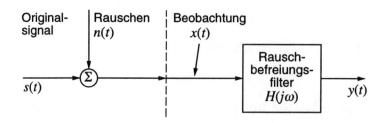

Bild 18.10: Filter zum Befreien eines Signals von additivem Rauschen

Die Funktionsweise des Filters lesen wir direkt am Frequenzgang (18.93) ab:

- Für $\Phi_{ss}(j\omega) \gg \Phi_{nn}(j\omega)$ dominiert die Leistung des Signals und das Schätzfilter läßt das Signal und die geringe Störung ungehindert passieren: $H(j\omega) \approx 1$.

- Für $\Phi_{ss}(j\omega) \ll \Phi_{nn}(j\omega)$ dominiert die Störung und das Schätzfilter sperrt das Rauschen und ebenso die geringen Signalanteile: $H(j\omega) \approx 0$.

Bild 18.11 zeigt ein Beispiel für ein Originalsignal mit einem stark frequenzabhängigen Leistungsdichtespektrum und einer Störquelle, die weißes Rauschen abgibt. Das Schätzfilter läßt genau die Frequenzanteile passieren, in denen das Originalsignal überwiegt und sperrt die Frequenzen, bei denen das Originalsignal keine Beiträge hat. Wenn beide Leistungsdichtespektren in der gleichen Größenordnung sind, nimmt der Frequenzgang des Schätzfilters einen Wert zwischen 0 und 1 an.

18.3.1.3   Lineare Verzerrungen ohne Rauschen

Der andere Spezialfall, den wir an dem Frequenzgang (18.92) des Wiener-Filters ablesen können, ist durch den Wegfall der Rauschquelle gekennzeichnet: $\Phi_{nn}(j\omega) = 0$. Das Originalsignal $s(t)$ wird dann nur durch das LTI-System mit dem Frequenzgang $G(j\omega)$ verfälscht. Der Frequenzgang des Wiener-Filters nimmt hier die Form

$$H(j\omega) = \frac{\Phi_{ss}(j\omega)G^*(j\omega)}{\Phi_{ss}(j\omega)|G(j\omega)|^2} = \frac{1}{G(j\omega)} \qquad (18.94)$$

an, d. h. er versucht die Wirkung des verzerrenden Systems $G(j\omega)$ wieder aufzuheben. Sofern $|G(j\omega)| \neq 0$ ist, wird dies auch vollkommen gelingen und zwar

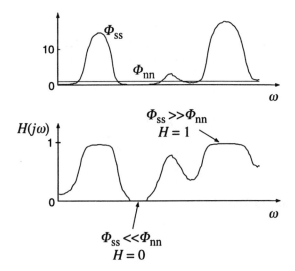

Bild 18.11: Leistungsdichtespektrum $\Phi_{ss}(j\omega)$ des Originalsignals, $\Phi_{nn}(j\omega)$ des Rauschens und Frequenzgang des Wiener-Filters $H(j\omega)$

unabhängig vom Leistungsdichtespektrum $\Phi_{ss}(j\omega)$ des Originalsignals $s(t)$. Diesen Fall hatten wir in Abschnitt 8.5.2 „Entfaltung" schon einmal besprochen. Uns war wegen der Vernachlässigung des Rauschens aber nicht ganz wohl. Außerdem müssen wir natürlich nach wie vor die Stabilität von $H(j\omega)$ (Abschnitt 17.3.1) beachten.

18.4 Aufgaben

Aufgabe 18.1

Zu einem stationären Zufallssignal $x(t)$ mit Mittelwert μ_x und AKF $\varphi_{xx}(\tau)$ wird eine komplexe Konstante C addiert.

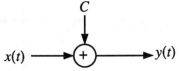

Berechnen Sie $\varphi_{xy}(\tau)$ und $\varphi_{yy}(\tau)$

a) mit Hilfe der Definitionen von KKF und AKF, (17.53) und (17.56)

b) mit Kap. 18.1.2.1 und 18.1.2.2.

Aufgabe 18.2

Gegeben ist folgendes System mit komplexen Konstanten A und B und stationärem komplexwertigem Eingangssignal $x(t)$ mit AKF $\varphi_{xx}(\tau)$ und Mittelwert μ_x.

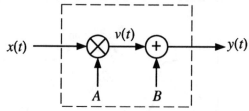

Berechnen Sie anhand Kap. 18.1

a) $\varphi_{vv}(\tau)$

b) $\varphi_{yy}(\tau)$

c) $\varphi_{xv}(\tau)$

Hinweis: Verwenden Sie das Ergebnis aus Aufgabe 17.10.

Aufgabe 18.3

Berechnen Sie für das System aus Aufg 18.2 $\varphi_{xy}(\tau)$.

a) Verwenden Sie die Definition der KKF (17.53)

b) Kann man das Problem auch mit (18.57)-(18.60) lösen? Begründung!

Aufgabe 18.4

Gegeben ist das folgende System mit 2 Eingängen und 2 Ausgängen und komplexen Konstanten A und B. Die Zufallsprozesse $u(t)$ und $v(t)$ seien stationär, mittelwertfrei und komplexwertig.

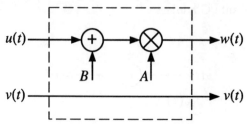

Berechnen Sie aus den gegebenen Korrelationseigenschaften $\varphi_{uu}(\tau)$, $\varphi_{vv}(\tau)$ und $\varphi_{vu}(\tau)$

a) die AKF von $w(t)$

b) die KKF zwischen v und w

c) die KKF zwischen w und v

d) die KKF zwischen u und w

e) die KKF zwischen w und u

Verwenden Sie dazu nur die Definition der KKF komplexwertiger Signale (17.53) und die Beziehung (17.54). Verifizieren Sie anschließend die Ergebnisse a), d) und e) anhand Kap. 18.1.

Aufgabe 18.5

Von zwei reellwertigen unabhängigen Zufallsprozessen $x(t)$ und $y(t)$ wird die Linearkombination $z(t) = Ax(t) + By(t)$ gebildet, $A, B \in \mathbb{R}$, wobei $x(t)$ mittelwertfrei ist und $y(t)$ den Mittelwert μ_y hat. Berechnen Sie $\varphi_{xz}(\tau), \varphi_{yz}(\tau)$ und $\varphi_{zz}(\tau)$.

Aufgabe 18.6

Ein lineares zeitinvariantes System sei beschrieben durch seine Übertragungsfunktion

$$H(s) = \frac{s^2 - 2s + 2}{(s+2)(s^2 + 2s + 2)}$$

Seine Impulsantwort sei $h(t)$.

a) Berechnen Sie die Filter-AKF $\varphi_{hh}(\tau)$ und skizzieren Sie ihren Verlauf.

b) Auf den Systemeingang wird weißes Rauschen der Leistungsdichte $N_0 = 1$ gegeben. Geben Sie die Autokorrelationsfunktion $\varphi_{yy}(\tau)$ und die Leistung P_y des Ausgangssignals $y(t)$ an.

Aufgabe 18.7

Gegeben ist ein System mit der Impulsantwort $h(t)$, dem Eingangssignal $x(t)$ und dem Ausgangssignal $y(t)$.
Es sei $x(t)$ mittelwertfrei und stationär, $\varphi_{xx}(\tau) = \delta(\tau)$ und $h(t) = \text{si}(t)$.
Berechnen Sie

a) Das Leistungsdichtespektrum von $x(t)$

b) μ_x und μ_y

c) $\varphi_{hh}(\tau)$

d) $\varphi_{yy}(\tau)$

e) $\varphi_{xy}(\tau)$

f) Leistung und Varianz von $x(t)$ und $y(t)$

Aufgabe 18.8

Ein System hat die Übertragungsfunktion

$$H(j\omega) = \cos(\frac{\pi}{2\omega_g}\omega)\text{rect}(\frac{\omega}{2\omega_g})$$

a) Bestimmen Sie die Impulsantwort $h(t)$.

b) Berechnen Sie die Filter-AKF $\varphi_{hh}(\tau)$

c) Auf den Systemeingang wird ein Signal der Leistungsdichte $\Phi_{xx}(j\omega) = N_0 + m\delta(\omega)$ gegeben. Berechnen Sie die AKF des Eingangssignals $\varphi_{xx}(\tau)$ und den Mittelwert μ_x.

d) Berechnen Sie für das Ausgangssignal $y(t)$ den Mittelwert μ_y, die Autokorrelationsfunktion $\varphi_{yy}(\tau)$, die Leistung des Ausgangssignals P_y und das Leistungsdichtespektrum $\Phi_{yy}(j\omega)$.

Aufgabe 18.9

Ein System mit der Übertragungsfunktion

$$H(s) = \frac{s-1}{s^2 + 3s + 2}$$

werde durch weißes Rauschen der Leistungsdichte N_0 erregt. Bestimmen Sie die Autokorrelationsfunktion, den Mittelwert und die Varianz der Ausgangsgröße $y(t)$.

Aufgabe 18.10

Ein System mit der Übertragungsfunktion $H(s)$ wird durch weißes Rauschen $x(t)$ mit der Leistungsdichte N_0 erregt. Die Autokorrelierte des Ausgangssignals wird zu $\varphi_{yy}(\tau) = N_0\frac{\alpha}{2}e^{-\alpha|\tau|}$ gemessen, wobei $\alpha > 0$ ist.

a) Bestimmen Sie eine mögliche Übertragungsfunktion $H(s)$ des Systems.

Tip → Gehe über $H(j\omega)$!

b) Ist diese Übertragungsfunktion eindeutig zu bestimmen?

Aufgabe 18.11

Zwei kausale LTI-Systeme werden beschrieben durch ihre Impulsantworten $h_1(t)$ und $h_2(t)$. Sie werden beide erregt mit dem stochastischen Eingangssignal $x(t)$ mit der Autokorrelationsfunktion $\varphi_{xx}(\tau)$. Es entstehen zwei stochastische Ausgangssignale $y_1(t)$ und $y_2(t)$.

a) Drücken sie die Autokorrelationsfunktionen $\varphi_{y_1 y_1}(\tau)$ und $\varphi_{y_2 y_2}(\tau)$ der Ausgangssignale durch die genannten Signal- und Systembeschreibungen aus.

b) Bestimmen Sie ebenso die Kreuzkorrelationsfunktionen $\varphi_{y_1 x}(\tau)$ und $\varphi_{y_2 x}(\tau)$.

c) Geben Sie entsprechend die Kreuzkorrelationsfunktion $\varphi_{y_1 y_2}(\tau)$ an.

Aufgabe 18.12

Leiten Sie (18.51) ausgehend von der KKF von komplexen Zufallsfolgen $\varphi_{xy}[\kappa] = \mathrm{E}\{x[k+\kappa]x^*[k]\}$ her.

Aufgabe 18.13

Leiten Sie (18.40) ausgehend von der AKF komplexer Zufallsfolgen $\varphi_{xx}[\kappa] = \mathrm{E}\{x[k+\kappa]x^*[\kappa]\}$ her.

Aufgabe 18.14

Folgender Aufbau wird oft verwendet, um ein Signal mit den spektralen Eigenschaften eines diskreten Sprachsignals zu erzeugen, wobei $\varphi_{nn}[k] = \delta[k]$.

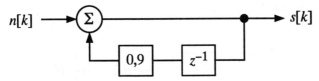

a) Berechnen Sie den Frequenzgang $H(e^{j\Omega})$ des Systems mit Eingang $n[k]$ und Ausgang $s[k]$.

b) Berechnen Sie $\Phi_{ss}(e^{j\Omega})$ und skizzieren Sie es (z.B. mit MATLAB).

Aufgabe 18.15

Eine Übertragungsstrecke wird durch folgendes System mit reellwertigen Konstanten a und b beschrieben:

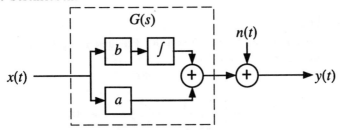

Die Störung $n(t)$ ist nicht mit $x(t)$ korreliert. Beide Signale sind weißes Rauschen mit den Leistungsdichten $\Phi_{nn}(j\omega) = N_0$ und $\Phi_{xx}(j\omega) = 1$.
Bestimmen Sie die Übertragungsfunktion $H(j\omega)$ eines Systems, das aus $y(t)$ das Signal $x(t)$ mit minimalem quadratischen Fehler rekonstruiert. Das rekonstruierte Signal am Ausgang von $H(j\omega)$ werde mit $\tilde{x}(t)$ bezeichnet.

a) Welche statistischen Signaleigenschaften müssen zur Lösung des Problems bekannt sein? Geben Sie $H(j\omega)$ in Abhängigkeit dieser Größen an. Ist die Lösung optimal im Sinne der Aufgabenstellung?

b) Berechnen Sie $H(j\omega)$ sowie $\Phi_{\tilde{x}\tilde{x}}(j\omega)$ für die oben gezeigte Übertragungsstrecke mit $a = 1$ und $b = 100$. Setzen Sie dazu $N_0 = 0$. Skizzieren Sie $\Phi_{xx}(j\omega)$, $\Phi_{yy}(j\omega)$, $|H(j\omega)|$ und $\Phi_{\tilde{x}\tilde{x}}(j\omega)$ in doppelt logarithmischer Darstellung für $10^{-2} < \omega < 10^4$.

c) Lösen Sie b) für $N_0 = 99$. Skizzieren Sie jedoch anstelle von $\Phi_{yy}(j\omega)$ den Verlauf von $\Phi_{xx}(j\omega) \cdot |H(j\omega|^2$ und zeichnen Sie in dieses Diagramm zum Vergleich auch $\Phi_{nn}(j\omega)$ ein.

Hinweis: Gehen Sie beim Skizzieren ähnlich wie bei Bode-Diagrammen vor, oder plotten Sie die Kurven mit einem Computer.

Aufgabe 18.16

Die Übertragung des Signals $s(t)$ wird durch Rauschen $u(t)$ und Verzerrung mit $G(s)$ gestört, wie im Bild gezeigt.

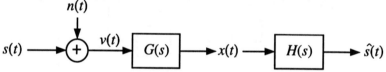

Die Signale $s(t)$ und $u(t)$ seien unkorreliert.
Bestimmen Sie das Wiener-Filter $H(j\omega)$, das aus $x(t)$ das Original $s(t)$ zu rekonstruieren vesucht.

a) allgemein in Abhängigkeit von $\Phi_{nn}(j\omega), \Phi_{ss}(j\omega)$ und $G(j\omega)$

b) für $\Phi_{nn}(j\omega) = 1, \Phi_{ss}(j\omega) = \text{rect}(\frac{\omega}{2\omega_g})$ und $G(s) = \frac{s}{s + 10}$

Aufgabe 18.17

Mit der Meßanordnung aus Bild 18.7 soll der Frequenzgang $H(j\omega)$ unter Einfluß einer Störung $n(t)$ gemessen werden.

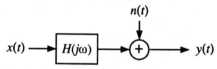

Zeigen Sie, daß $\Phi_{yx}(j\omega) = H(j\omega)$ gilt, wenn $\varphi_{xx}(\tau) = \delta(\tau)$ ist, und wenn $n(t)$ und $x(t)$ unkorreliert sind.

A Lösungen der Aufgaben

Lösung 1.1

a) amplitudendiskret, zeitdiskret, d. h. auch digital

b) amplitudenkontinuierlich, zeitdiskret, d. h. nicht digital

c) amplituden- und zeitkontinuierlich, nicht digital

d) amplitudendiskret, zeitkontinuierlich, nicht digital

e) amplitudenkontinuierlich, zeitdiskret

f) amplituden- und zeitkontinuierlich

Lösung 1.2

Wenn man die Festplatte als "Black Box" betrachtet, ist auf ihr ein digitales Signal gespeichert, nämlich eine Folge von Einsen und Nullen.

Interessiert man sich jedoch für die Vorgänge im Inneren eines Plattenlaufwerks, muß man genauer unterscheiden:

Der zu schreibende Bitstrom ist digital. Die Schreibspannung ist amplitudendiskret, aber zeitkontinuierlich, also weder ein analoges noch ein digitales Signal. Die magnetische Feldstärke in der Platte sowie die Lesespannung sind amplituden- und zeitkontinuierlich, d. h. analog. Das Lesesignal wird durch Taktrückgewinnung und Entscheidung in eine Folge von Einsen und Nullen umgesetzt, die ein digitales Signal ist.

Lösung 1.3

a) x_1 : analog, da zeit- und amplitudenkontinuierlich

x_2 : analog (x_2 ändert zwar nur zu bestimmten Zeitpunkten seinen Wert, ist aber zu jedem Zeitpunkt definiert)

x_3 : zeitdiskret, amplitudendiskret, digital

b) System 1: linear, zeitvariant, analog, gedächtnisbehaftet, kausal
System 2: nichtlinear, zeitinvariant, weder analog noch digital, gedächtnislos (zwischen zwei diskreten Zeitpunkten merkt es sich nichts), kausal

Lösung 1.4

a) linear, zeitinvariant, gedächtnislos und deshalb auch kausal

b) nichtlinear, zeitinvariant, gedächtnislos, kausal

c) linear
zeitinvariant, denn die Reaktion auf ein um τ verschobenes Eingangssignal ist gleich dem um τ verschobenen Ausgangssignal $\mathcal{S}\{x(t-\tau)\} = x(t-\tau-T) = y(t-\tau)$
kausal, denn der Ausgang hängt nicht von zukünftigen Eigangssignalen ab
gedächtnisbehaftet, denn die Verzögerung erfordert ein Zwischenspeichern des Signals

d) linear
zeitinvariant, siehe c)
nicht kausal, denn der Ausgang ist gleich dem um T in der Zukunft liegenden Eingangssignal [1])
gedächtnisbehaftet, da die Reaktion vom Eingangssignal zu einem anderen als dem momentanen Zeitpunkt abhängt

e) linear
zeitinvariant, denn $\mathcal{S}\{x(t-\tau)\} = \dfrac{dx(t-\tau)}{dt} = y(t-\tau)$
gedächtnisbehaftet, kausal

f) linear
zeitinvariant, denn

$$\mathcal{S}\{x(t-\tau)\} = \frac{1}{T} \int\limits_{t-T}^{t} x(t'-\tau)\,dt' \overset{\eta=t'-\tau}{=} \frac{1}{T} \int\limits_{t-T-\tau}^{t-\tau} x(\eta)\,d\eta = y(t-\tau)$$

kausal
gedächtnisbehaftet, da alle vergangenen Werte ab $t = 0$ gespeichert werden

g) linear, zeitinvariant, kausal, gedächtnisbehaftet

h) linear
zeitvariant, denn $\mathcal{S}\{x(t-\tau)\} = x(t-\tau-T(t)) \neq y(t-\tau) = x(t-\tau-T(t-\tau))$
kausal, gedächtnisbehaftet

i) linear, zeitvariant (s. o.), nicht kausal, gedächtnisbehaftet

---

[1]nicht realisierbar

Lösung 1.5

a) S_1 ist linear, denn die Reaktion auf eine Linearkombination mehrerer Eingänge

$$S_1\{Ax_a(t) + Bx_b(t)\} = m \cdot (Ax_a(t) + Bx_b(t)) \cdot \cos(\omega_T t)$$

ist gleich der Linearkombination der Einzelreaktionen

$$A\,S_1\{x_a(t)\} + B\,S_1\{x_B(t)\} = m \cdot Ax_a(t) \cdot \cos(\omega_T t) + m \cdot Bx_b(t) \cdot \cos(\omega_T t).$$

S_2 ist nichtlinear, denn

$$S_2\{Ax_a(t) + Bx_b(t)\} = [1 + m(Ax_a(t) + Bx_b(t))] \cdot \cos(\omega_T t) \neq$$
$$AS_2\{x_a(t)\} + BS_2\{x_b(t)\} = [A + Amx_a(t) + B + Bmx_b(t)] \cdot \cos(\omega_T t).$$

b) S_1 ist zeitvariant, denn

$$S_1\{x(t-T)\} = mx(t-T) \cdot \cos(\omega_T t) \neq y_1(t-T) = mx(t-T) \cdot \cos(\omega_T(t-T)),$$

dasselbe gilt für S_2.

c) S_1 und S_2 sind reellwertig, denn aus $x(t) \in \mathbb{R}$ folgt: $y_{1,2}(t) \in \mathbb{R}$.

d) S_1 und S_2 sind gedächtnislos, denn das Eingangssignal wird nur zum Zeitpunkt t verwendet.

Lösung 1.6

Aus 3. folgt, daß das System nicht gleichzeitig linear und zeitinvariant ist. Es kann aber linear oder zeitinvariant sein. Eine Aussage darüber, welche der beiden Eigenschaften vorliegt, ist also nicht möglich.

Lösung 2.1

a) Zu zeigen, daß gilt:

$$\sum_{i=0}^{N} \alpha_i \frac{d^i y(t - \tau)}{dt^i} = \sum_{k=0}^{M} \beta_k \frac{d^k x(t - \tau)}{dt^k}.$$

Variablensubstitution $t' = t - \tau \Rightarrow \dfrac{dt'}{dt} = \dfrac{d(t - \tau)}{dt} = 1 \Rightarrow dt = dt'$, d. h. die Substitution führt auf obige Gleichung.

b) Unter der Voraussetzung, daß y_1 die Systemreaktion auf x_1 und y_2 die auf x_2 ist, gilt:

$$\sum_{k=0}^{M} \beta_k \frac{d^k(Ax_1 + Bx_2)}{dt^k} = A \sum_{k} \beta_k \frac{d^k(x_1)}{dt^k} + B \sum_{k} \beta_k \frac{d^k(x_2)}{dt^k}$$

$$= A \sum_{i=0}^{N} \alpha_i \frac{d^i(y_1)}{dt^i} + B \sum_{i=0}^{N} \alpha_i \frac{d^i(y_2)}{dt^i} = \sum_{i=0}^{N} \alpha_i \frac{d^i(Ay_1 + By_2)}{dt^i}$$

Lösung 2.2

System 3. Ordnung. Die Direktform II ist kanonisch, da sie mit der minimalen Anzahl von Energiespeichern (Integrierern), in unserem Fall 3, auskommt. Die Blockdiagramme ergeben sich durch Einsetzen der Koeffizienten $a_0 = 0,5$; $a_1 = 0$; $a_2 = -3$; $a_3 = 1$; $b_{0,1} = 0$; $b_2 = 0,1$ und $b_3 = 1$ in Bilder 2.1 und 2.3.

Lösung 2.3

$$1,25 \frac{d^3 y}{dt^3} - \frac{d^2 y}{dt^2} + 2y = x$$

Lösung 2.4

a) Blockdiagramm

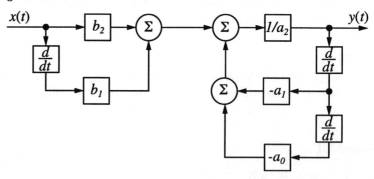

b) Eine kanonische Form ergibt sich durch Vertauschen der linken und rechten Seite und gemeinsames Benutzen der Differenzierer. Es muß keine Bedingung erfüllt werden, da Differenzierer mit gleichen Eingangssignalen gleiche Ausgangssignale haben.

Lösung 2.5

a) Es ergibt sich die Zustandsraumdarstellung

$$\dot{z} = \begin{bmatrix} -50 & 0 & -0,5 \\ 0 & -20 & -0,2 \\ 100 & 100 & 0 \end{bmatrix} z + \begin{bmatrix} 0,5 \\ 0 \\ 0 \end{bmatrix} x$$

$$y = \begin{bmatrix} 0 & -100 & 0 \end{bmatrix} z.$$

Wenn man jeden Zustand an einen Integrierer-Ausgang legt und vor jeden Integrierer-Eingang einen Addierer schaltet, läßt sich aus der Zustandsraum-darstellung immer ein Signalflußgraph gewinnen.

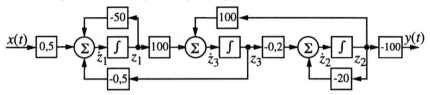

b) $0,1\dfrac{d^3y}{dt} + 7\dfrac{d^2y}{dt} + 107\dfrac{dy}{dt} + 200y = 100x$

c) Die Koeffizienten $a_0 = -0,1$; $a_1 = -7$; $a_2 = -107$; $a_3 = -200$ und $b_3 = 100$ in Bild 2.3 einzeichnen.

d) Beide sind kanonisch.

Lösung 2.6

a) Zustände an den Ausgängen der Integrierer. Wir wählen: z_1 am Ausgang des linken Integrierers, z_2 am Ausgang des rechten.

b) $\dot{\mathbf{z}} = \begin{bmatrix} e & 0 \\ d & f \end{bmatrix} \mathbf{z} + \begin{bmatrix} a \\ b \end{bmatrix} \mathbf{x}$

c) $\begin{bmatrix} y_1 \\ y_2 \end{bmatrix} = \mathbf{y} = \begin{bmatrix} 0 & 1 \\ 1 & 0 \end{bmatrix} \mathbf{z} + \begin{bmatrix} c \\ 0 \end{bmatrix} \mathbf{x}$

d) Parallelform

e) $a \neq 0$ und $b \neq 0$

f) Nicht vollständig beobachtbar, von keinem der Ausgänge aus beobachtbar, denn jede Zeile von $\hat{\mathbf{C}}$ hat eine Null.

Lösung 2.7

a) $\mathbf{A} = \begin{bmatrix} 0 & 1 \\ -5 & -4 \end{bmatrix}$ $\mathbf{b} = \begin{bmatrix} 0 \\ 1 \end{bmatrix}$

   $\mathbf{c} = \begin{bmatrix} -3 & -8 \end{bmatrix}$ $d = 2$

b) Die Transformation wird mit einer Modalmatrix zu $\mathbf{A}$ durchgeführt, die i. a. nicht eindeutig ist. Mit $\mathbf{T} = \begin{bmatrix} 1 & 1 \\ -2+j & -2-j \end{bmatrix}$ ergibt sich:

$$\hat{\mathbf{A}} = \begin{bmatrix} -2+j & 0 \\ 0 & -2-j \end{bmatrix} \quad \hat{\mathbf{b}} = \begin{bmatrix} -0,5j \\ 0,5j \end{bmatrix}$$

$$\hat{\mathbf{c}} = \begin{bmatrix} 13-8j & 13+8j \end{bmatrix} \quad \hat{d} = 2.$$

Die Eigenwerte des Systems sind $-2 \pm j$ (gleich den Diagonalelementen von $\hat{\mathbf{A}}$). Durch die Transformation nach Gl. 2.47 - 2.50 ändert sich das Ein-Ausgangsverhalten des Systems nicht.

c) Es ist steuerbar, da alle Elemente von $\hat{\mathbf{b}}$ ungleich Null sind, und es ist beobachtbar, da alle Elemente von $\hat{\mathbf{c}}$ ungleich Null sind.

Lösung 2.8

a) $$\mathbf{T} = \mathbf{T}^{-1} = \begin{bmatrix} 0 & 0 & \cdots & 0 & 1 \\ 0 & 0 & \cdots & 1 & 0 \\ \vdots & & & & \vdots \\ 0 & 1 & \cdots & 0 & 0 \\ 1 & 0 & \cdots & 0 & 0 \end{bmatrix}$$

b) Der Beweis gelingt leicht, wenn man sich klar macht, daß Linksmultiplikation mit $\mathbf{T}^{-1}$ ein Spiegeln der Matrixelemente an der Horizontalen und Rechtsmultiplikation mit $\mathbf{T}$ ein vertikales Spiegeln bedeutet.

Lösung 3.1

$$x_a(t) = \frac{1}{j2}e^{(-2+j5)t} - \frac{1}{j2}e^{(-2-j5)t} + e^{-2t}$$

$$\Rightarrow s_1 = -2, \quad s_2 = -2-j5, \quad s_3 = -2+j5$$

$$x_b(t): s_{1,2} = \pm j\omega_0, \quad s_{3,4} = \pm 2j\omega_0$$

$$x_c(t): s_{1,2} = \pm j\omega_0$$

Lösung 3.2

a) ja, b) nein, c) nein, d) nein, e) ja, denn $H(s = j2) = 0$

Lösung 3.3

a) Konsistente Normierung für die Bauteile:

$$R: \frac{1V}{1A} = 1\Omega; \quad L: \frac{1V \cdot 1s}{1A} = 1H; \quad C: \frac{1A \cdot 1s}{1V} = 1F.$$

Damit ergeben sich die normierten Bauteilwerte: $R = 1; \ C = \frac{1}{6}; \ L = 1,2$

b) $\dfrac{U_2(s)}{U_1(s)} = \dfrac{\frac{R}{sRC+1}}{\frac{R}{sRC+1} + sL} = \dfrac{1}{LC \cdot s^2 + \frac{L}{R} \cdot s + 1}$

$H(s) = \dfrac{1}{0,2\,s^2 + 1,2\,s + 1}$

c) Normierung auf 1s und 1V: $u_1(t) = e^{-3t}\cos(-4t) = \dfrac{1}{2}e^{s_1 t} + \dfrac{1}{2}e^{s_1{}^* t}$ mit $s_1 = -3 + j4$

$H(s_1) = \dfrac{1}{0,2(-7 - j24) + 1,2(-3 + j4) + 1} = -0,25$

$H(s_1{}^*) = H(s_1)^* = -0,25$

d) $u_2(t) = \dfrac{1}{2}H(s_1)\,e^{s_1 t} + \dfrac{1}{2}H(s_1)^*\,e^{s_1{}^* t} = -\dfrac{1}{4}e^{-3t}\cos(4t)$

Entnormierung mit t in s und u in V: $u_2(t) = -\dfrac{1}{4}\,\mathrm{V}\,e^{-\frac{3}{s}t}\cos(\dfrac{4}{s}t)$

Lösung 3.4

Fall $t < 0:\quad y(t) = 0 = \lambda \cdot x(t)$

Fall $t \geq 0:\quad y(t) = \displaystyle\int_0^t e^{s\tau}d\tau = \dfrac{1}{s}(e^{st} - 1) \neq \lambda \cdot e^{st}$

Da im zweiten Fall kein λ gefunden werden kann, mit dem die Bedingung erfüllt wird, ist $x(t)$ keine Eigenfunktion des Integrierers.

Lösung 4.1

a) $X(s) = \dfrac{1}{j2}\underbrace{\displaystyle\int_0^{\infty} e^{(j-s)t}\,dt}_{\text{Kb:}Re\{s\} > 0} - \dfrac{1}{j2}\underbrace{\displaystyle\int_0^{\infty} e^{(-j-s)t}\,dt}_{\text{Kb:}Re\{s\} > 0} = \dfrac{1}{s^2 + 1}$

b) $X(s) = \displaystyle\int_{-\infty}^{\infty} \dfrac{1}{j2}(e^{jt} - e^{-jt})\,e^{-st}\,dt$

$= \dfrac{1}{j2}\underbrace{\displaystyle\int_{-\infty}^{\infty} e^{(j-s)t}\,dt}_{\text{kein Kb}} - \dfrac{1}{j2}\underbrace{\displaystyle\int_{-\infty}^{\infty} e^{(-j-s)t}\,dt}_{\text{kein Kb}}$

c) $X(s) = \underbrace{\int\limits_{T}^{\infty} e^{(2-s)t}\, dt}_{\text{Kb:}Re\{s\} > 2} = \dfrac{1}{s-2} e^{(2-s)T}$

d) $X(s) = \underbrace{\int\limits_{0}^{\infty} t\, e^{(2-s)t}\, dt}_{\text{Kb:}Re\{s\} > 2} = \left[t \cdot \dfrac{1}{2-s} e^{(2-s)t}\right]_{0}^{\infty} - \int\limits_{0}^{\infty} 1 \cdot \dfrac{1}{2-s} e^{(2-s)t}\, dt$

$$= \quad 0 \quad - \left(\dfrac{1}{2-s}\right)^2 (-1) = \dfrac{1}{(s-2)^2}$$

e) $X(s) = \int\limits_{-\infty}^{0} \dfrac{1}{2}(e^{2t} - e^{-2t})e^{-st}\, dt$

$$= \dfrac{1}{2} \underbrace{\int\limits_{-\infty}^{0} e^{(2-s)t}\, dt}_{\text{Kb:}Re\{s\} < 2} - \dfrac{1}{2} \underbrace{\int\limits_{-\infty}^{0} e^{(-2-s)t}\, dt}_{\text{Kb:}Re\{s\} < -2} = -\dfrac{2}{s^2 - 4}$$

Lösung 4.2

Rechtsseitige Funktionen sind von exponentieller Ordnung, wenn M, C und T gefunden werden können, so daß gilt: $|x(t)| \le Me^{Ct}$ für $t \ge T$.

a) ja, z.B. mit $M = 1, C = 1, T = 0$

b) ja, z.B. mit $M = 7, C = 5, T = 0$

c) ja, z.B. mit $M = 1, C = 5, T = 0$

d) ja, z.B. mit $M = 1, C = 6, T = 0$

e) nein

f) ja, z.B. mit $M = 1, C = 0, T = 0$

Lösung 4.3

Zuerst M, C, D und T so bestimmen, daß $|x(t)| \le Me^{Ct}$ für $t \ge T$ und $|x(t)| \le Me^{Dt}$ für $t \le -T$. Die zweiseitige Laplace-Transformierte existiert, wenn der Konvergenzbereich nicht leer ist, d.h. wenn $D > C$.

a) $M = 1, C = 0, D = 0, T = 0 \Rightarrow Kb = \{\ \}$

b) $M = 1, C = 0, D = \text{beliebig}, T = 0 \Rightarrow Kb : 0 < \text{Re}\{s\}$

c) $M = 1, C > 0, D < 0, T = 0 \Rightarrow Kb = \{\ \}$

d) $M = 5, C = 2, D = 2, T = 0 \Rightarrow Kb = \{\ \}$

Lösung 4.4

Gl. 4.1: $\mathcal{L}\{x(t)\} = X(s) = \displaystyle\int\limits_{-\infty}^{\infty} x(t)e^{-st}\, dt$

$$\mathcal{L}\{A\,f(t) + B\,g(t)\} = \int\limits_{-\infty}^{\infty} [A\,f(t) + B\,g(t)]e^{-st}\, dt$$

$$A\int\limits_{-\infty}^{\infty} f(t)e^{-st}\, dt + B\int\limits_{-\infty}^{\infty} g(t)e^{-st}\, dt = A\,\mathcal{L}\{f(t)\} + B\,\mathcal{L}\{g(t)\}$$

Lösung 4.5

a) $F(s) = \dfrac{2s + 3}{(s+2)(s+1)}$ \qquad $Kb : Re\{s\} > -1$

b) $G(s) = \dfrac{3s + 1}{(s+3)(s+1)}$ \qquad $Kb : Re\{s\} > -1$

c) $F(s) + G(s) = \dfrac{5s^2 + 16s + 11}{(s+3)(s+2)(s+1)} = \dfrac{5s + 11}{(s+2)(s+3)}$ \qquad $Kb : Re\{s\} > -2$

Lösung 4.6

Gl. 4.1: \quad $\mathcal{L}\{x(t)\} = X(s) = \displaystyle\int\limits_{-\infty}^{\infty} x(t)e^{-st}\, dt$

a) subst. $t = t' - \tau$, \quad $\dfrac{dt}{dt'} = 1 \Rightarrow dt = dt'$

$$X(s) = \int\limits_{\tau-\infty}^{\tau+\infty} x(t' - \tau)e^{-s(t'-\tau)}\, dt' = e^{s\tau}\int\limits_{-\infty}^{\infty} x(t' - \tau)e^{-st'}\, dt'$$

$$e^{-s\tau} X(s) = \int\limits_{-\infty}^{\infty} x(t' - \tau)e^{-st'}\, dt' = \mathcal{L}\{x(t' - \tau)\}$$

b) subst. $s = s' - \alpha$

$$X(s' - \alpha) = \int_{-\infty}^{\infty} x(t)e^{-(s'-\alpha)t}\,dt = \int_{-\infty}^{\infty} e^{\alpha t}x(t)e^{-s't}\,dt = \mathcal{L}\{e^{\alpha t}x(t)\}$$

Lösung 4.7

Gl. 4.1: $\mathcal{L}\{x(t)\} = X(s) = \int_{-\infty}^{\infty} x(t)e^{-st}\,dt$

subst: $t = at'$, $\dfrac{dt}{dt'} = a \Rightarrow dt = a\,dt'$, $a \neq 0$

$$X(s) = \int_{-\frac{1}{a}\cdot\infty}^{\frac{1}{a}\cdot\infty} x(at')e^{-sat'} \cdot a\,dt' = \underbrace{a \cdot \mathrm{sign}(a)}_{|a|} \cdot \int_{-\infty}^{\infty} x(at')e^{-sat'}\,dt'$$

subst: $s = \dfrac{s'}{a}$

$$X\left(\frac{s'}{a}\right) = |a| \int_{-\infty}^{\infty} x(at')e^{-s't'}\,dt' = |a|\mathcal{L}\{x(at')\}$$

Lösung 4.8

I. $x(t) = \varepsilon(t) \circ\!\!-\!\!\bullet X(s) = \dfrac{1}{s}$, $\mathrm{Re}\{s\} > 0$

II. mit Verschiebungssatz:
$$e^{-at}\varepsilon(t) \circ\!\!-\!\!\bullet X(s + a) = \frac{1}{s + a}, \quad \mathrm{Re}\{s\} > \mathrm{Re}\{-a\}$$

III. zuerst Korrespondenz I. mit $a = -1$ zeitskalieren:

$$\varepsilon(-t) \circ\!\!-\!\!\bullet \frac{1}{|-1|} \cdot X(-s) = \frac{-1}{s}, \quad \mathrm{Re}\{s\} < 0$$

$$-\varepsilon(-t) \circ\!\!-\!\!\bullet \frac{1}{s} = X(s)\mathrm{Re}\{s\} < 0,$$

dann Verschiebungssatz anwenden:

$$-e^{-at}\varepsilon(-t) \circ\!\!-\!\!\bullet X(s) = \frac{1}{s + a}, \quad \mathrm{Re}\{s\} < \mathrm{Re}\{-a\}$$

IV. siehe Gl. 4.48

V. siehe Gl. 4.49 mit $a = 0$

VI. $\qquad$ $\sin(\omega_0 t)\,\varepsilon(t)$ $\qquad$ $= \dfrac{1}{j2}(e^{j\omega_0 t} - e^{-j\omega_0 t})\varepsilon(t)$

$$\begin{aligned}
\frac{1}{j2}\left(\mathcal{L}\{e^{j\omega_0 t\,\varepsilon(t)}\} - \mathcal{L}\{e^{-j\omega_0 t\,\varepsilon(t)}\}\right) &= \frac{1}{j2}\left(\frac{1}{s - j\omega_0} - \frac{1}{s + j\omega_0}\right) \\
&= \frac{\omega_0}{s^2 + \omega_0{}^2}, \quad \mathrm{Re}\{s\} > 0
\end{aligned}$$

VII. analog zu VI.

Lösung 5.1

$$\oint_W \frac{F(s)}{s - s_0}\,ds = \int\limits_0^1 \frac{F(s(\nu))}{s(\nu) - s_0}\left(\frac{ds}{d\nu}\right)\,d\nu = \int\limits_0^1 \frac{F(s_0 + \delta\,e^{j2\pi\nu})}{\delta\,e^{j2\pi\nu}}\cdot\delta\cdot 2\pi j\,e^{j2\pi\nu}\,d\nu$$

$$= 2\pi j \int\limits_0^1 F(s_0 + \delta\,e^{j2\pi\nu})\,d\nu = 2\pi j\,F(s_0)$$

Lösung 5.2

$$F(s) = \frac{A}{s+1} + \frac{B}{s+2} + \frac{C}{s+5}$$

$$A = \lim_{s\to-1}[F(s)\,(s+1)] = \left.\frac{2 - 2s}{(s+2)(s+5)}\right|_{s=-1} = 1$$

$$B = \lim_{s\to-2}[F(s)\,(s+2)] = \left.\frac{2 - 2s}{(s+1)(s+5)}\right|_{s=-2} = -2$$

$$C = \lim_{s\to-5}[F(s)\,(s+5)] = \left.\frac{2 - 2s}{(s+1)(s+2)}\right|_{s=-5} = 1$$

$$F(s) = \frac{1}{s+1} - \frac{2}{s+2} + \frac{1}{s+5}$$

$$f(t) = [e^{-t} - 2e^{-2t} + e^{-5t}]\,\varepsilon(t)$$

Lösung 5.3

a) $F(s) = \dfrac{A_1}{s+1} + \dfrac{A_2}{(s+1)^2} + \dfrac{A_3}{(s+1)^3} + \dfrac{B}{s+4}$

$$B = \lim_{s \to -4}[F(s)\,(s+4)] = \left.\frac{2s-1}{(s+1)^3}\right|_{s=-4} = \frac{1}{3}$$

$$A_3 = \frac{1}{0!}\lim_{s \to -1}[F(s)\,(s+1)^3] = \left.\frac{2s-1}{(s+4)}\right|_{s=-1} = -1$$

$$A_2 = \frac{1}{1!}\lim_{s \to -1}\frac{d}{ds}[F(s)\,(s+1)^3] = \left.\frac{2(s+4)-(2s-1)}{(s+4)^2}\right|_{s=-1}$$

$$= \left.\frac{9}{(s+4)^2}\right|_{s=-1} = 1$$

$$A_1 = \frac{1}{2!}\lim_{s \to -1}\frac{d^2}{ds^2}[F(s)\,(s+1)^3] = \frac{1}{2}\left.\frac{0\cdot(s+4)^2 - 2(s+4)\cdot 9}{(s+4)^4}\right|_{s=-1}$$

$$= \frac{1}{2}\left.\frac{-18}{(s+4)^3}\right|_{s=-1} = -\frac{1}{3}$$

$$F(s) \quad = \quad -\frac{1}{3}\frac{1}{s+1} + \frac{1}{(s+1)^2} - \frac{1}{(s+1)^3} + \frac{1}{3}\frac{1}{s+4}$$

$$f(t) \quad = \quad [-\tfrac{1}{3}e^{-t} + te^{-t} - \tfrac{1}{2}t^2e^{-t} + \tfrac{1}{3}e^{-4t}]\,\varepsilon(t)$$

b) $F(s) = \dfrac{A_1}{s+1} + \dfrac{A_2}{(s+1)^2} + \dfrac{A_3}{(s+1)^3} + \dfrac{B}{s+4}$

$B = \dfrac{1}{3}$ und $A_3 = -1$ berechnet man wie in a).

Für den Koeffizientenvergleich sind dann nur noch zwei Gleichungen nötig.

$$2s - 1 = A_1\,(s+1)^2(s+4) + A_2\,(s+1)(s+4) + A_3\,(s+4) + B\,(s+1)^3$$

$s^3:\quad 0 = A_1 + B \quad \Rightarrow \quad A_1 = -B = -\dfrac{1}{3}$

$s^0:\quad -1 = 4A_1 + 4A_2 + 4A_3 + B \quad \Rightarrow \quad A_2 = \dfrac{1}{4}(-1 - 4A_1 - 4A_3 - B) = 1$

c) Mit $F(s)$ wie in a) muß das Gleichungssystem

$$\begin{aligned}
0 &= A_1 + B\\
0 &= 6A_1 + A_2 + 3B\\
2 &= 9A_1 + 5A_2 + A_3 + 3B\\
-1 &= 4A_1 + 4A_2 + 4A_3 + B
\end{aligned}$$

gelöst werden.

Lösung 5.4

a) $F(s) = \dfrac{A}{s+1+j2} + \dfrac{A^*}{s+1-j2}$

$A = \lim\limits_{s \to -1+j2}[F(s)\,(s+1+j2)] = \dfrac{s+3}{s+1-j2}\bigg|_{s=-1-j2} = \dfrac{-j2+2}{j4} = \dfrac{1}{2} + \dfrac{j}{2}$

$f(t) = [A\,e^{-(1+j2)t} + A^*\,e^{-(1-j2)t}]\,\varepsilon(t) = e^{-t}\,[\cos(2t) + \sin(2t)]\,\varepsilon(t)$

b) Da es außer dem konjugiert komplexen Polpaar keine weiteren Pole gibt, ist der Koeffizientenvergleich trivial.

$F(s) = \dfrac{As+B}{s^2+2s+5} = \dfrac{s+3}{s^2+2s+5} = \dfrac{s+3}{(s^2+2s+1)+4} = \dfrac{(s+1)+2}{(s+1)^2+2^2}$

$F(s) = \dfrac{(s+1)}{(s+1)^2+2^2} + \dfrac{2}{(s+1)^2+2^2}$

$\overset{\bullet}{\underset{\circ}{|}}$

$f(t) = [e^{-t}\cos(2t) + e^{-t}\sin(2t)]\,\varepsilon(t)$

Lösung 5.5

$F(s) = \dfrac{A}{s+2} + \dfrac{Bs}{s^2+\omega_0{}^2} + \dfrac{C}{s^2+\omega_0{}^2}$

$A = \lim\limits_{s \to -2}[F(s)\,(s+2)] = \dfrac{s}{s^2+\omega_0{}^2}\bigg|_{s=-2} = \dfrac{-2}{4+\omega_0{}^2}$

B und C müssen durch Koeffizientenvergleich ermittelt werden:

$(Bs+C)(s+2) + A\,(s^2+\omega_0{}^2) = s$

$s^2: \quad B+A = 0 \quad \Rightarrow \quad B = \dfrac{2}{4+\omega_0{}^2}$

$s^0: \quad 2C + A\omega_0{}^2 = 0 \quad \Rightarrow \quad C = -\dfrac{1}{2}A\omega_0{}^2 = \dfrac{\omega_0{}^2}{4+\omega_0{}^2}$

$F(s) = \dfrac{1}{4+\omega_0{}^2}\left[-2\,\dfrac{1}{s+2} + 2\,\dfrac{s}{s^2+\omega_0{}^2} + \omega_0\,\dfrac{\omega_0}{s^2+\omega_0{}^2}\right]$

$\overset{\bullet}{\underset{\circ}{|}}$

$f(t) = \dfrac{1}{4+\omega_0{}^2}\left[-2e^{-2t} + 2\cos(\omega_0 t) + \omega_0\sin(\omega_0 t)\right]\varepsilon(t)$

Lösung 5.6

$$F(s) = \frac{(s+1)(s-2)}{s^2(s+2)(s+3)(s-1)} = \frac{A}{s^2} + \frac{B}{s} + \frac{C}{s+2} + \frac{D}{s+3} + \frac{E}{s-1}$$

$$A = s^2 F(s)\Big|_{s=0} = \frac{-2}{-6} = \frac{1}{3}$$

$$C = (s+2)F(s)\Big|_{s=-2} = \frac{4}{-12} = -\frac{1}{3}$$

$$D = (s+3)F(s)\Big|_{s=-3} = \frac{10}{36} = \frac{5}{18}$$

$$E = (s-1)F(s)\Big|_{s=1} = \frac{-2}{12} = -\frac{1}{6}$$

$$F(s) = \frac{1/3}{s^2} + \frac{B}{s} + \frac{-1/3}{s+2} + \frac{5/18}{s+3} + \frac{-1/6}{s-1}$$

Bestimmung von B durch Auswertung von $F(s)$ bei der Nullstelle $s = -1$.

$$F(-1) = \frac{1}{3} - B - \frac{1}{3} + \frac{5}{36} + \frac{1}{12} = -B + \frac{8}{36} \stackrel{!}{=} 0 \Rightarrow B = \frac{2}{9}$$

Damit folgt: $F(s) = \dfrac{1/3}{s^2} + \dfrac{2/9}{s} - \dfrac{1/3}{s+2} + \dfrac{5/18}{s+3} - \dfrac{1/6}{s-1}$

Rücktransformation mit Tabelle 4.7.8 ergibt:

$$f(t) = \left(\frac{1}{3}t + \frac{2}{9} - \frac{1}{3}e^{-2t} + \frac{5}{18}e^{-3t} - \frac{1}{6}e^{t}\right)\varepsilon(t)$$

Lösung 5.7

$$F(s) = \frac{-3s^3 - 12s^2 - 16s - 5}{(s+1)^2(s+2)(s+3)} = \frac{A}{(s+1)^2} + \frac{B}{s+1} + \frac{C}{s+2} + \frac{D}{s+3}$$

$$A = (s+1)^2 F(s)\Big|_{s=-1} = \frac{2}{2} = 1$$

$$C = (s+2)F(s)\Big|_{s=-2} = \frac{3}{1} = 3$$

$$D = (s+3)F(s)\Big|_{s=-3} = \frac{16}{-4} = -4$$

$$F(s) = \frac{1}{(s+1)^2} + \frac{B}{s+1} + \frac{3}{s+2} - \frac{4}{s+3}$$

Trick zur Berechnung von B: irgendeinen Wert von s (keine Polstelle) in $F(s)$ einsetzen. Hier: Auswertung von $F(s)$ bei $s = 0$.

$$F(0) = 1 + B + \frac{3}{2} - \frac{4}{3} = B + \frac{7}{6} \stackrel{!}{=} -\frac{5}{6} \Rightarrow B = -2$$

Damit folgt: $F(s) = \dfrac{1}{(s+1)^2} - \dfrac{2}{s+1} + \dfrac{3}{s+2} - \dfrac{4}{s+3}$

Rücktransformation mit Tabelle 4.7.8 ergibt:

$$f(t) = \left((t-2)\, e^{-t} + 3\, e^{-2t} - 4\, e^{-3t} \right) \varepsilon(t)$$

Lösung 6.1

$$
\begin{aligned}
H(s) &= \frac{\frac{1}{sC}}{R + sL + \frac{1}{sC}} = \frac{1}{sRC + s^2 LC + 1} \\
&= \frac{5}{s^2 + 2s + 5} = \frac{5}{(s - s_p)(s - s_p{}^*)}, \qquad s_p = -1 + j2
\end{aligned}
$$

Mit $\varepsilon(t) \circ\!\!-\!\!\bullet \dfrac{1}{s}$ erhält man:

$$Y(s) = \frac{1}{s} \cdot H(s) = \frac{5}{s\,(s - s_p)(s - s_p{}^*)} = \frac{A}{s} + \frac{B}{s - s_p} + \frac{B^*}{s - s_p{}^*}$$

Berechnung der Partialbruchkoeffizienten:

$$A = \left. \frac{5}{(s - s_p)(s - s_p{}^*)} \right|_{s=0} = \frac{5}{s_p\, s_p{}^*} = 1$$

$$B = \left. \frac{5}{(s - s_p{}^*)\, s} \right|_{s=s_p} = \frac{5}{(s_p - s_p{}^*)\, s_p} = 0{,}5 + j0{,}25 = |B|\, e^{j\Theta}$$

mit $|B| = 0{,}25\sqrt{5}$ und $\Theta = \arctan(\tfrac{1}{2})$

Rücktransformation mit Tabelle 4.7.8 ergibt die Sprungantwort

$$
\begin{aligned}
y(t) &= \left[A + B\, e^{s_p t} + B^*\, e^{s_p^* t} \right] \varepsilon(t) \\
&= \left[A + |B|\, e^{-t} \left(e^{(j\Theta + j2t)} + e^{(-j\Theta - j2t)} \right) \right] \varepsilon(t) \\
&= \left[A + |B|\, e^{-t} \cdot 2 \cos(2t + \Theta) \right] \varepsilon(t)
\end{aligned}
$$

Lösung 6.2

Die Steigung der Tangente an $u(0) = 1$ ist $\left. \dfrac{du(t)}{dt} \right|_{t=0} = -\dfrac{1}{T}$. Damit ergibt sich der Schnittpunkt bei $x = T$.

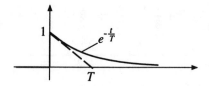

Lösung 6.3

a) $H(s) = K \dfrac{(s-1+j)(s-1-j)}{(s+1+j)(s+1-j)} = K \dfrac{s^2 - 2s + 2}{s^2 + 2s + 2}$,   System 2. Ordnung

b) $H(s) = K \dfrac{s-1}{(s-1)(s-j2)(s+j2)} = K \dfrac{1}{s^2 + 4}$,   System 2.Ordnung

c) $H(s) = K \dfrac{s+1}{(s-2)(s+2)} = K \dfrac{s+1}{s^2 - 4}$,   System 2.Ordnung

d) $H(s) = K \dfrac{s-4}{s^2(s+3)}$,   System 3.Ordnung

Lösung 6.4

a) $H(s) = \dfrac{s^2 + 4s + 4}{s^2 + 2s + 1} = \dfrac{(s+2)^2}{(s+1)^2}$

PN-Diagramm der Übertragungsfunktion:

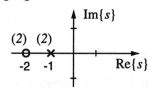

b) $H(s) = \dfrac{s^2 + 4s - 21}{s^3 + 3s^2 + 25s + 75} = \dfrac{(s-3)(s+7)}{(s+5j)(s-5j)(s+3)}$

PN-Diagramm der Übertragungsfunktion:

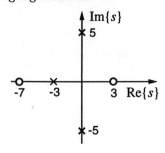

Lösung 6.5

Aus dem PN-Diagramm erkennt man:

$$H(s) = K \frac{s-1}{(s+1-5j)(s+1+5j)(s+2)} = K \frac{s-1}{s^3 + 4s^2 + 30s + 52}$$

Bestimmung von K:

$$H(0) = K \frac{-1}{52} \overset{!}{=} +1 \quad \Rightarrow \quad K = -52$$

Aus $H(s) = \dfrac{-52s + 52}{s^3 + 4s^2 + 30s + 52}$ ergibt sich die Differentialgleichung des Systems:

$$\frac{d^3y}{dt^3} + 4\frac{d^2y}{dt^2} + 30\frac{dy}{dt} + 52y = -52\frac{dx}{dt} + 52x$$

Lösung 7.1

a) Das Signal ist auch schon vor $t = 0$ bekannt, es handelt sich nicht um ein Anfangswertproblem.

b) Es gilt $Y(s) = H(s) \cdot X(s)$ mit

$$H(s) = \frac{1}{s+1}, \qquad \mathrm{Re}\{s\} > -1$$

$$X(s) = \frac{\omega_0}{s^2 + \omega_0^2} + \frac{1}{(s+2)^2}, \qquad -2 < \mathrm{Re}\{s\} < 0$$

Daraus folgt für $-1 < \mathrm{Re}\{s\} < 0$:

$$Y(s) = \frac{1}{s+1} \left(\frac{\omega_0}{s^2 + \omega_0^2} + \frac{1}{(s+2)^2} \right)$$

$$= \frac{\omega_0}{(s+1)(s^2 + \omega_0^2)} + \frac{1}{(s+1)(s+2)^2}$$

$$= \frac{A}{s+1} + \frac{B}{s+j\omega_0} + \frac{B^*}{s-j\omega_0} \quad + \quad \frac{C}{s+1} + \frac{D}{s+2} + \frac{E}{(s+2)^2}$$

Bestimmung der Koeffizienten der Partialbruchzerlegung:

$$A = (s+1)\frac{\omega_0}{(s+1)(s^2+\omega_0^2)}\bigg|_{s=-1} = \frac{\omega_0}{1+\omega_0^2}$$

$$B = (s+j\omega_0)\frac{\omega_0}{(s+1)(s^2+\omega_0^2)}\bigg|_{s=-j\omega_0} = \frac{1}{-2\omega_0 - 2j} = \frac{-\omega_0 + j}{2\omega_0^2 + 2}$$

$$C = (s+1)\frac{1}{(s+1)(s+2)^2}\bigg|_{s=-1} = 1$$

$$D = \frac{d}{ds}\left[(s+2)^2\frac{1}{(s+1)(s+2)^2}\right]\bigg|_{s=-2} = -\frac{1}{(s+1)^2}\bigg|_{s=-2} = -1$$

$$E = (s+2)^2\frac{1}{(s+1)(s+2)^2}\bigg|_{s=-2} = -1$$

Einsetzen der Koeffizienten ergibt:

$$Y(s) = \frac{\omega_0}{1+\omega_0^2} \cdot \frac{1}{s+1} + \frac{(-\omega_0+j)(s-j\omega_0) + (-\omega_0-j)(s+j\omega_0)}{(s^2+\omega_0^2)(2\omega_0^2+2)} +$$
$$+ \frac{1}{s+1} - \frac{1}{s+2} - \frac{1}{(s+2)^2}$$

$$= \frac{\omega_0}{1+\omega_0^2}\left(\frac{1}{s+1} - \frac{s}{s^2+\omega_0^2} + \frac{1}{s^2+\omega_0^2}\right) + \frac{1}{s+1} - \frac{1}{s+2} - \frac{1}{(s+2)^2}$$

Laplace-Rücktransformation von $Y(s)$:

$$y(t) = \frac{\omega_0}{1+\omega_0^2}\left[e^{-t}\,\varepsilon(t) + \cos(\omega_0 t)\,\varepsilon(-t) - \frac{1}{\omega_0}\sin(\omega_0 t)\,\varepsilon(-t)\right] +$$
$$+ (e^{-t} - e^{-2t} - t\,e^{-2t})\,\varepsilon(t)$$

$$= \left[\left(1 + \frac{\omega_0}{1+\omega_0^2}\right)e^{-t} - (t+1)\,e^{-2t}\right]\varepsilon(t) +$$
$$+ \frac{\omega_0}{1+\omega_0^2}\left[\cos(\omega_0 t) - \frac{1}{\omega_0}\sin(\omega_0 t)\right]\varepsilon(-t)$$

Bei der Laplace-Rücktransformation wurde beachtet, daß der Konvergenzbereich die Schnittmenge aus Kb$\{H\}$ und Kb$\{X\}$ ist, d.h. Kb$\{Y\} = \{s|-1 < \text{Re}\{s\} < 0\}$.

Lösung 7.2

a) Gesucht ist die Lösung der homogenen DGL $\dot{y}_h(t) + 3y_h(t) = 0$. Unter Verwendung des Ansatzes $y_h(t) = c\,e^{at}$ folgt:

$$a \cdot c\,e^{at} + 3 \cdot c\,e^{at} = 0 \qquad \rightarrow a = -3$$
$$y_h(t) = c\,e^{-3t}, \quad t > 0, \quad \forall c$$

b) Die spezielle Lösung ist die Reaktion des Systems auf

$$x(t) = 10\cos(4t) = 5\,e^{j4t} + 5\,e^{-j4t} = x_1(t) + x_2(t)$$

mit $\quad x_{1/2}(t) = 5\,e^{\pm j4t}, \quad$ für $t > 0$

Wegen Linearität gilt: $\quad y_s(t) = y_1(t) + y_2(t) \quad$ mit $y_{1/2}(t) = S\{x_{1/2}(t)\}$
Mit dem Ansatz $y_1(t) = Y_1\,e^{j4t}, \quad Y_1 \in C$ folgt:

$$\dot{y}_1(t) + 3y_1(t) = x_1(t)$$
$$(j4+3)\,Y_1 e^{j4t} = 5e^{j4t}$$
$$Y_1 = \frac{5}{3+j4} = 1 \cdot e^{-j\Theta} \quad \text{mit} \quad \Theta = \arctan\frac{4}{3} \approx 53°$$

Analog erhält man mit $y_2(t) = Y_2 e^{-j4t}$:

$$Y_2 = \frac{5}{3 - j4} = 1 \cdot e^{j\Theta} = Y_1^*$$

Durch Einsetzen von Y_1 und Y_2 erhält man:

$$y_s(t) = e^{j(4t - \Theta)} + e^{-j(4t - \Theta)} = 2\cos(4t - \Theta)$$

c) Gesamtlösung: $y(t) = y_h(t) + y_s(t)$

Bestimmung von c aus der Anfangsbedingung:

$$y(0) = y_0 = y_h(0) + y_s(0) = c + \underbrace{2\cos(\Theta)}_{= 1,2}$$

$c = y_0 - 1,2$

Jetzt kann die Gesamtlösung angegeben werden:

$$y(t) \quad = \quad (\underbrace{y_0\, e^{-3t}}_{\substack{\text{interner} \\ \text{Anteil}}} \quad + \quad \underbrace{2\cos(4t - \Theta) - 1,2\, e^{-3t}}_{\text{externer Anteil}})\, \varepsilon(t)$$

Lösung 7.3

a) $H(s) = \dfrac{1}{s + 3}$

b) $X(s) \quad = \quad 10 \cdot \dfrac{s}{s^2 + 16}$

$$Y(s) \quad = \quad H(s) \cdot X(s) + \frac{1}{s + 3}[y_0 - 0]$$

$$= \quad \frac{10}{s + 3} \cdot \frac{s}{s^2 + 16} + \frac{1}{s + 3}[y_0 - 0]$$

(unter Verwendung von Gleichung 7.16)

c) Partialbruchzerlegung:

$$H(s)X(s) = \frac{A}{s + 3} + \frac{B}{s + j4} + \frac{B^*}{s - j4}$$

$$A \quad = \quad [(s + 3)H(s)X(s)]\Big|_{s=-3} \quad = \quad \frac{-3 \cdot 10}{25} = -1,2$$

$$B \quad = \quad [(s + j4)H(s)X(s)]\Big|_{s=-j4} \quad = \quad \frac{-j4 \cdot 10}{(-j4 + 3)(-j4 - j4)}$$

$$= \quad \frac{10}{2(3 - j4)} = 10 \cdot \frac{3 + j4}{50} = 0,6 + j0,8$$

Rücktransformation:

$$y(t) \; = \; \mathcal{L}^{-1}\{H(s)X(s)\} + \mathcal{L}^{-1}\left\{\frac{1}{s+3}y_0\right\}$$

$$= \; [A\,e^{-3t} + \underbrace{B\,e^{-j4t} + B^*\,e^{j4t}}]\,\varepsilon(t) + y_0\,e^{-3t}\,\varepsilon(t)$$

Umwandlung in Cosinus-Schwingung
$\Rightarrow B$ und B^* nach Betrag und Phase

$$B = 1\,e^{j\Theta}, \quad \Theta = \arctan(\frac{4}{3}) \approx 0,3\pi \approx 53°$$

$$y(t) \; = \; (\underbrace{y_0\,e^{-3t}}_{\substack{\text{interner} \\ \text{Anteil}}} + \underbrace{2\,\cos(4t - 53°) - 1,2\,e^{-3t}}_{\text{externer Anteil}})\,\varepsilon(t)$$

Lösung 7.4

Gleichung (7.15): $\alpha_1\dot{y}(t) + \alpha_0 y(t) = \beta_1\dot{x}(t) + \beta_0 x(t)$

Für einseitige Signale, die bei $t = 0$ beginnen, gilt mit (4.34)

$$\dot{y}(t) \quad \circ\!\!-\!\!\bullet \quad sY(s) - y(0)$$
$$y(t) \quad \circ\!\!-\!\!\bullet \quad Y(s)$$
$$\dot{x}(t) \quad \circ\!\!-\!\!\bullet \quad sX(s) - x(0)$$
$$x(t) \quad \circ\!\!-\!\!\bullet \quad X(s)$$

Diese Korrespondenzen in (7.15) eingesetzt ergeben (7.16)

$$\alpha_1[sY(s) - y(0)] + \alpha_0 Y(s) = \beta_1[sX(s) - x(0)] + \beta_0 X(s)$$

Lösung 7.5

a) Anfangsbedingungen aus Blockdiagramm:

$$y(0-) \; = \; z(0)\cdot(-2)\cdot 0,5\cdot 4 = -4z_0$$
$$y(0+) \; = \; y(0-) + x(0+)\cdot 0,5 + 4 = -4z_0 + 2$$

b) Da der Anfangszustand gegeben ist, eignet sich (7.21) zur Lösung, die Anfangsbedingungen werden also nicht benötigt.

$$H(s) = \frac{2\,s}{s+1}, \quad \text{Re}\{s\} > -1 \text{ aus Blockdiagramm, Direktform II}$$

$$G(s) = \frac{-4}{s+1}$$

$$X(s) = \mathcal{L}\{\varepsilon(t) - t\varepsilon(t) + (t-1)\varepsilon(t-1)\}$$

$$= \frac{1}{s} - \frac{1}{s^2} + \frac{1}{s^2}e^{-s}, \quad \text{Re}\{s\} > 0$$

$$Y(s) = H(s)\,X(s) + G(s)\,z(0) \;=\; \frac{2}{s+1} + \frac{2}{s(s+1)}(e^{-s}-1) - \frac{4z_0}{s+1}$$

$$= \frac{2-4x_0}{s+1} + \left[\frac{2}{s} + \frac{-2}{s+1}\right](e^{-s}-1)$$

$$= 4\frac{1-z_0}{s+1} - \frac{2}{s} + \frac{2}{s}e^{-s} - \frac{2}{s+1}e^{-s}$$

$$y(t) = \left[4(1-z_0)e^{-t} - 2\right]\varepsilon(t) + 2\left[1 - e^{-(t-1)}\right]\varepsilon(t-1)$$

Lösung 7.6

a) $X(s) \;=\; \mathcal{L}\{\varepsilon(t) - \varepsilon(t-2)\} \;=\; \dfrac{1}{s} - \dfrac{1}{s}e^{-2s}, \quad \mathrm{Re}\{s\} > 0$

$$H(s) \;=\; \frac{2s}{s^2 + 4s + 3} \;=\; \frac{2s}{(s+1)(s+3)}$$

$$Y(s) = H(s)\cdot X(s) + \frac{2(as+b)}{(s+1)(s+3)} \;=$$

$$= (1 - e^{-2s})\frac{2}{(s+1)(s+3)} + \frac{2(as+b)}{(s+1)(s+3)} \;=$$

$$= (1 - e^{-2s})\left(\frac{1}{s+1} - \frac{1}{s+3}\right) + \frac{-a+b}{s+1} + \frac{3a-b}{s+3} \;=$$

$$Y(s) = \frac{1-a+b}{s+1} - \frac{1-3a+b}{s+3} - e^{-2s}\left(\frac{1}{s+1} - \frac{1}{s-3}\right)$$

$$\underset{\circ}{\overset{|}{}}$$

$$y(t) = \left[(1-a+b)\,e^{-t} - (1-3a+b)\,e^{-3t}\right]\varepsilon(t) -$$
$$- \left[e^{-(t-2)} - e^{-3(t-2)}\right]\varepsilon(t-2)$$

b) Nein, denn die Zustände sind nicht dieselben: (7.58) gilt nur für Direktform III. Die Beziehungen (7.56) und (7.57) lauten für jede Wahl der Zustände anders und müssen vorher bestimmt werden.

Lösung 8.1

Reaktion eines RC-Tiefpasses auf einen Rechteckimpuls (8.7)

$$y(t) = \begin{cases} \dfrac{1}{T_0}\left[e^{\frac{T_0}{T}} - 1\right]e^{-\frac{t}{T}}, & t > 0 \\ 0 & \text{sonst} \end{cases} \;=\; \frac{e^{\frac{T_0}{T}}-1}{T_0}e^{-\frac{t}{T}}\,\varepsilon(t)$$

Für $T_0 \to 0$ gilt nach l'Hospital:

$$\lim_{T_0\to 0} y(t) = e^{-\frac{t}{T}}\varepsilon(t)\lim_{T_0\to 0}\frac{e^{\frac{T_0}{T}}-1}{T_0} = e^{-\frac{t}{T}}\varepsilon(t)\lim_{T_0\to 0}\frac{\frac{1}{T}e^{\frac{T_0}{T}}}{1} = \frac{1}{T}e^{-\frac{t}{T}}\varepsilon(t)$$

Die Impulsantwort (8.4) mit $a = \dfrac{1}{T}$ lautet:

$$h(t) = \frac{1}{T} e^{-\frac{t}{T}} \, \varepsilon(t)$$

Lösung 8.2

a) $f_a = e^0 = 1$

b) $f_b = e^{-\tau}$

c) $f_c = \dfrac{1}{3} \cdot (0^2 - 2) = -\dfrac{2}{3}$

d) $f_d = \dfrac{1}{|-2|} \cdot 2 \cdot e^{-2} = e^{-2}$

Lösung 8.3

a) $\quad x_a(t) \;=\; \varepsilon(t) - \varepsilon(t-1) + \varepsilon(t-2) - \cdots = \displaystyle\sum_{k=0}^{\infty} (-1)^k \varepsilon(t-k)$

$\quad \dot{x}_a(t) \;=\; \displaystyle\sum_{k=0}^{\infty} (-1)^k \dot{\varepsilon}(t-k) = \sum_{k=0}^{\infty} (-1)^k \delta(t-k)$

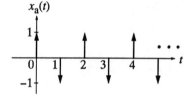

b) $\quad x_b(t) \;=\; \varepsilon(t) \cdot \dfrac{t}{2} - \varepsilon(t-2) - \varepsilon(t-4) - \cdots = \varepsilon(t) \cdot \dfrac{t}{2} - \displaystyle\sum_{k=1}^{\infty} \varepsilon(t-2k)$

$\quad \dot{x}_b(t) \;=\; \dot{\varepsilon}(t) \cdot \dfrac{t}{2} + \varepsilon(t) \cdot \dfrac{1}{2} - \displaystyle\sum_{k=1}^{\infty} \dot{\varepsilon}(t-2k) =$

$\qquad\quad =\; \underbrace{\delta(t) \cdot \dfrac{t}{2}}_{=\,0} + \varepsilon(t) \cdot \dfrac{1}{2} - \displaystyle\sum_{k=1}^{\infty} \delta(t-2k)$

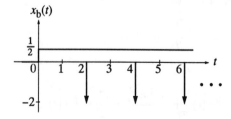

Lösung 8.4

$$\dot{f}(t) = \frac{d}{dt}\,\varepsilon(-t) = \frac{d}{dt}\,(1 - \varepsilon(t)) = -\dot{\varepsilon}(t) = -\delta(t)$$

Lösung 8.5

$$\dot{f}(t) = \frac{d}{dt}\,\varepsilon(at)$$

Substitution: $\tau = at$, $\quad \dfrac{d\tau}{dt} = a \quad \Rightarrow \quad \dfrac{d}{dt} = a\,\dfrac{d}{d\tau}$

$$\dot{f}\left(\frac{\tau}{a}\right) = a\,\frac{d}{d\tau}\varepsilon(\tau) = a\,\delta(\tau)$$

Rücksubstitution: $\dot{f}(t) = a\,\delta(at) = \dfrac{a}{|a|}\,\delta(t) = \mathrm{sign}(a)\cdot\delta(t)$

Lösung 8.6

$$y(t) = \int\limits_{-\infty}^{\infty} f(t-\tau)g(\tau)\,d\tau = \int\limits_{0}^{4} f(t-\tau)\,d\tau = \int\limits_{0}^{4}(t-\tau)\,\varepsilon(t-\tau)\,d\tau$$

Fall $t < 0$: $\qquad y(t) \quad = \quad 0$

Fall $0 \le t < 4$: $\quad y(t) \quad = \quad \displaystyle\int\limits_{0}^{t}(t-\tau)\,d\tau = \left[t\tau - \frac{\tau^2}{2}\right]_0^t = \frac{t^2}{2}$

Fall $4 \le t$: $\qquad y(t) \quad = \quad \displaystyle\int\limits_{0}^{4}(t-\tau)\,d\tau = 4t - 8$

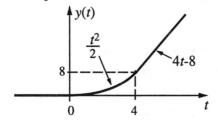

Lösung 8.7

$$
\begin{aligned}
y_1(t) &= x_2(t) * x_3(t) \\
y_2(t) &= x_3(t) * x_4(t) \\
y_3(t) &= x_4(t) * x_6(t) \\
y_4(t) &= x_2(t) * x_4(t) \\
y_5(t) &= x_3(t) * x_6(t) \\
y_6(t) &= x_5(t) * x_6(t) \\
y_7(t) &= x_1(t) * x_5(t) \\
y_8(t) &= x_3(t) * x_5(t) \\
y_9(t) &= x_1(t) * x_6(t)
\end{aligned}
$$

Lösung 8.8

Die Rechnung erfolgt analog zu Kapitel 8.4.3, mit dem Unterschied, daß jetzt $x(\tau)$ umgeklappt und durchgeschoben wird. Das Ergebnis ist natürlich dasselbe wie in (8.49).

Lösung 8.9

a) $H(s) = \dfrac{I(s)}{U(s)} = \dfrac{1}{Z(s)} = \dfrac{1}{R + \dfrac{1}{\frac{1}{sL} + sC}} = \dfrac{LC \cdot s^2 + 1}{RLC \cdot s^2 + L \cdot s + R}$

Normierung auf 1V, 1mA, 1ms führt auf die Zahlenwerte $R = 1; C = 100; L = 0,1$.

$$H(s) = \frac{10s^2 + 1}{10s^2 + 0,1s + 1} = \frac{s^2 + 0,01}{s^2 + 0,01s + 0,1}$$

b) $H(s) = 1 + \dfrac{-0,1s + 0,99}{s^2 + 0,01s + 0,1} = 1 + \dfrac{A(s + \sigma_1) + B\omega_1}{(s + \sigma_1)^2 + \omega_1^2}$

$\overset{\bullet}{\underset{\circ}{\mid}}$

$h(t) = \delta(t) + e^{-\sigma_1}\epsilon(t)[A \sin \omega_1 t + B \cos \omega_1 t]$

mit $\sigma_1 = 0,005;\ \omega_1 = \sqrt{0,1 - 0,005^2} \approx \dfrac{1}{\sqrt{10}}$

und $A = -0,01;\ B = \dfrac{A\sigma_1}{\omega_1} \approx 1,58 \cdot 10^{-4}$

oder

$h(t) = \delta(t) + e^{-\sigma_1}\epsilon(t)\, A_1 \cos(\omega_1 t + \varphi_1)$

mit $A_1 \approx 0,01$ und $\varphi_1 \approx -89°$

c) $Kb\{H\} : Re\{s\} > -\sigma_1$. Rechtsseitig, da $h(t)$ die Impulsantwort eines realen Systems und daher kausal ist.

d) Die Systemantwort $i(t)$ konvergiert, wenn σ_0 und ω_0 so gewählt werden, daß $\sigma_0 + j\omega_0$ im Konvergenzbereich von $H(s)$ liegt, und wenn $u(t)$ konvergiert. Die erste Bedingung ist durch $\sigma_0 > \sigma_1$ und die zweite durch $\sigma_0 > 0$ erfüllt. Insgesamt muß also $\sigma_0 > \sigma_1$ sein, und ω_0 ist frei wählbar.

Lösung 9.1

a) $\mathcal{F}\{x(t)\} = \displaystyle\int_{-\infty}^{\infty} e^{-j\omega_0 t}\epsilon(t)\, e^{-j\omega t}\, dt = \int_{0}^{\infty} e^{-j(\omega + \omega_0)t}\, dt$ konvergiert nicht *

$\mathcal{L}\{x(t)\} = \dfrac{1}{s + j\omega_0}$; $Re\{s\} > 0$

b) $\mathcal{F}\{x(t)\} = \displaystyle\int\limits_{-5}^{5} e^{-j\omega t}\,dt = \left[-\frac{1}{j\omega}e^{-j\omega t}\right]_{-5}^{5} = \frac{e^{j5\omega} - e^{-j5\omega}}{j\omega} = \frac{j2\sin(5\omega)}{j\omega} =$

$= 10\,\mathrm{si}(5\omega)$

$\mathcal{L}\{x(t)\} = \mathcal{L}\{\varepsilon(t+5) - \varepsilon(t-5)\} = \dfrac{e^{+5s}}{5} - \dfrac{e^{-5s}}{5}$, $s \in \mathbb{C}$, da $x(t)$ endliche
Dauer hat

c) $\mathcal{F}\{x(t)\} = \displaystyle\int\limits_{-\infty}^{\infty} \delta(4t)e^{-j\omega t}\,dt = \frac{1}{|-4|}e^{-j\omega\cdot 0} = \frac{1}{4}$

$\mathcal{L}\{x(t)\} = \mathcal{L}\{\tfrac{1}{4}\delta(t)\} = \dfrac{1}{4}\cdot 1$, $s \in \mathbb{C}$

d) $\mathcal{F}\{x(t)\} = \displaystyle\int\limits_{-\infty}^{\infty} \varepsilon(-t)\,e^{-j\omega t}\,dt = \int\limits_{-\infty}^{0} e^{-j\omega t}\,dt$ konvergiert nicht *

$\mathcal{L}\{x(t)\} = -\dfrac{1}{s}$, $\mathrm{Re}\{s\} < 0$

e) $\mathcal{F}\{x(t)\}$ konvergiert nicht, siehe a) *

$\mathcal{L}\{x(t)\}$ konvergiert nicht

*Das Ausrechnen des Fourierintegrals führt nicht zum Ziel, da das entstehende Integral nicht konvergiert. Dennoch existiert die Fourier–Transformierte in Gestalt einer Distribution.

Lösung 9.2

b) und c), denn der Konvergenzbereich der Laplace–Transformation enthält die imaginäre Achse (Angrenzen genügt nicht!).

Lösung 9.3

Die Fourier-Integrale aus Aufgabe 9.1a, b und e konvergieren nicht gegen eine Funktion.

zu a) Modulationssatz auf Korrespondenz (9.7) anwenden:
$$\mathcal{F}\{\varepsilon(t)e^{-j\omega_0 t}\} = \pi\delta(\omega+\omega_0) + \frac{1}{j(\omega+\omega_0)}.$$

zu b) Ähnlichkeitssatz auf Korrespondenz (9.7) anwenden:
$$\mathcal{F}\{\varepsilon(-t)\} = \pi\delta(\omega) - \frac{1}{j\omega}.$$

zu c) Dualitätsprinzip auf Korrespondenz (9.17) anwenden:

$$\mathcal{F}\{e^{-j\omega_0 t}\} = 2\pi\delta(\omega+\omega_0)\,.$$

Das Dualitätsprinzip wurde folgendermaßen angewendet:

$$\begin{aligned} \delta(t-\tau) &\quad\circ\!\!-\!\!\bullet\quad e^{-j\omega\tau} \\ e^{-j\tau t} &\quad\circ\!\!-\!\!\bullet\quad 2\pi\delta(-\omega-\tau) = 2\pi\delta(\omega+\tau) \end{aligned}$$

Dabei ist τ eine beliebige Konstante, die wir im Ergebnis zweckmäßigerweise durch ω_0 ersetzen.

Lösung 9.4

$$\mathcal{F}\left\{\frac{1}{t-a}\right\} = \int\limits_{-\infty}^{\infty} \frac{1}{t-a} e^{-j\omega t}\,dt \overset{\tau=t-a}{=} \int\limits_{-\infty}^{\infty} \frac{1}{\tau} e^{-j\omega(\tau+a)}\,d\tau =$$

$$= \lim_{\substack{\varepsilon\to 0 \\ T\to\infty}} \left[\int\limits_{-T}^{-\varepsilon} \frac{1}{\tau} e^{-j\omega(\tau+a)}\,d\tau + \int\limits_{\varepsilon}^{T} \frac{1}{\tau} e^{-j\omega(\tau+a)}\,d\tau \right] =$$

$$= \lim_{\substack{\varepsilon\to 0 \\ T\to\infty}} e^{-j\omega a} \int\limits_{\varepsilon}^{T} \frac{1}{\tau} \left(e^{-j\omega\tau} - e^{j\omega\tau}\right)\,d\tau = \lim_{\substack{\varepsilon\to 0 \\ T\to\infty}} -2j \cdot e^{-j\omega a} \int\limits_{\varepsilon}^{T} \frac{\sin(\omega\tau)}{\tau}\,d\tau =$$

$$= e^{-j\omega a} \cdot \begin{cases} -j\pi & \text{für } \omega > 0 \\ 0 & \text{für } \omega = 0 \\ j\pi & \text{für } \omega < 0 \end{cases} = -j\pi\,\text{sign}(\omega)e^{-j\omega a}$$

Lösung 9.5

a) Nullstellen von $\text{si}(x)$ bei $x = n\pi$, $n \in \mathbb{Z} \setminus \{0\}$,

   hier: $\omega_0 n \cdot 4\pi \overset{!}{=} n\pi \Rightarrow \omega_0 = \dfrac{1}{4}$

b) Nur die Fläche des Dreiecks aus Bild 9.6 berechnen:

$$\int\limits_{-\infty}^{\infty} x(t)\,dt = \frac{1}{2} \cdot 1 \cdot 8\pi = 4\pi$$

c)

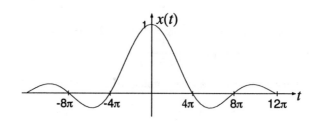

Lösung 9.6

$$\text{si}(10\pi t) \quad \circ\!\!-\!\!\bullet \quad \frac{\pi}{|10\pi|} \cdot \text{rect}\left(\frac{\omega}{20\pi}\right)$$

$$\text{si}(10\pi(t+T)) \quad \circ\!\!-\!\!\bullet \quad \frac{1}{10}\text{rect}\left(\frac{\omega}{20\pi}\right) \cdot e^{j\omega T} = X(j\omega)$$

a)

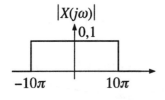 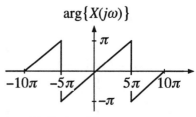

Wenn $|X| = 0$, ist keine Phase definiert; dort Null einzeichnen.

b)

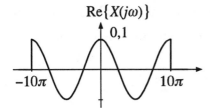 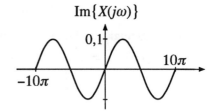

Lösung 9.7

$$X_1(s) = \frac{5s+5}{s^2+2s+17} = \frac{5(s+1)}{(s+1)^2+4^2} \quad \text{mit} \quad \text{Re}\{s\} > -1$$

$$\mathcal{L}\{X_1(s)\} = 5e^{-t}\cos(4t)\epsilon(t)$$

Da der Konvergenzbereich von $X_1(s)$ die imaginäre Achse einschließt, gilt:

$$\mathcal{F}^{-1}\{x_1(t)\} = \mathcal{L}^{-1}\{x_1(t)\}|_{s=j\omega} \,, \text{ also } x_1(t) = 5e^{-t}\cos(4t)\varepsilon(t)\,.$$

$$X_2(j\omega) = \text{si}(2\omega)$$

$$x_2(t) = \frac{1}{4}\text{rect}\left(\frac{t}{4}\right)$$

$$X_3(j\omega) = \text{si}^2(2\omega) = \text{si}(2\omega) \cdot \text{si}(2\omega)$$

$$x_3(t) = \frac{1}{4}\text{rect}\left(\frac{t}{4}\right) * \frac{1}{4}\text{rect}\left(\frac{t}{4}\right) = \frac{1}{16} \cdot \begin{cases} 4+t & \text{für } -4 < t \leq 0 \\ 4-t & \text{für } 0 < t < 4 \\ 0 & \text{sonst} \end{cases}$$

Lösung 9.8

a) Konjugierte Symmetrie, d.h. Realteil gerade, Imaginärteil ungerade:
$X(-j\omega) = X^*(j\omega)$

b) Realteil ungerade, Imaginärteil gerade: $X(-j\omega) = -X^*(j\omega)$

Lösung 9.9

Aus $x(t) = \text{Re}\{x_g(t)\} + \text{Re}\{x_u(t)\} + j\text{Im}\{x_g(t)\} + j\text{Im}\{x_u(t)\}$ folgt

a)
$$y_a(t) = \text{Re}\{x_g(t)\} - \text{Re}\{x_u(t)\} + j\text{Im}\{x_g(t)\} - j\text{Im}\{x_u(t)\}$$

$$Y_a(j\omega) = \text{Re}\{X_g(j\omega)\} - \text{Re}\{X_u(j\omega)\} + j\text{Im}\{X_g(j\omega)\} - j\text{Im}\{X_u(j\omega)\} \,,$$

d.h. beide ungeraden Anteile von $X(j\omega)$ wechseln das Vorzeichen; das entspricht einem Vorzeichenwechsel des Arguments: $Y_a(j\omega) = X(-j\omega)$.

b) Es genügt, die Vorzeichen der vier Anteile hinzuschreiben.
$$y_b(t) \quad = \quad + \quad \ldots \quad + \quad \ldots \quad - \quad \ldots \quad - \quad \ldots$$

$$Y_b(j\omega) \quad = \quad + \quad \ldots \quad - \quad \ldots \quad - \quad \ldots \quad + \quad \ldots$$

Um die gewünschten Vorzeichenwechsel $(+ - -+)$ zu erzeugen, muß sowohl das Vorzeichen des Arguments umgedreht werden $(+ - +-)$ als auch das konjugiert Komplexe gebildet werden $(+ + --)$: $Y_b(j\omega) = X^*(-j\omega)$.

c)
$$y_c(t) \quad = \quad + \quad \ldots \quad - \quad \ldots \quad - \quad \ldots \quad + \quad \ldots$$

$$Y_c(j\omega) \quad = \quad + \quad \ldots \quad + \quad \ldots \quad - \quad \ldots \quad - \quad \ldots$$

Die beiden imaginären Anteile wechseln das Vorzeichen: $Y_c(j\omega) = X^*(j\omega)$.

Lösung 9.10

$$y(t) = [x(t) + m]\frac{1}{j2}\left(e^{j\omega_T t} - e^{-j\omega_T t}\right)$$

mit $[x(t) + m] \circ\!\!-\!\!\bullet X(j\omega) + 2\pi m\,\delta(\omega)$ gilt:

$$Y(j\omega) = \frac{1}{j2}[X(j(\omega - \omega_T)) - X(j(\omega + \omega_T)) + 2\pi m(\delta(\omega - \omega_T) - \delta(\omega + \omega_T))] =$$

$$= \frac{j}{2}[X(j(\omega + \omega_T)) - X(j(\omega - \omega_T))] + j\pi m[\delta(\omega + \omega_T) - \delta(\omega - \omega_T)]$$

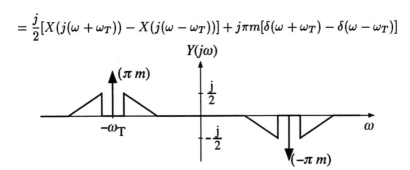

Lösung 9.11

$$\sin(\omega_T t) \quad \circ\!\!-\!\!\bullet \quad j\pi[\delta(\omega + \omega_T) - \delta(\omega - \omega_T)]$$

$$Y(j\omega) = \frac{1}{2\pi}[\ldots] * [X(j\omega) + 2\pi m\delta(\omega)] =$$

$$= D\frac{j}{2}[X(j(\omega + \omega_T)) - X(j(\omega - \omega_T))] + j\pi m[\delta(\omega + \omega_T) - \delta(\omega - \omega_T)]$$

Lösung 9.12

a) aus Kapitel 9.2.2: $\varepsilon(t) \circ\!\!-\!\!\bullet \pi\delta(\omega) + \dfrac{1}{j\omega}$

   Dualität: $\pi\delta(t) + \dfrac{1}{jt} \circ\!\!-\!\!\bullet 2\pi\varepsilon(-\omega)$

b) aus Kapitel 9.3: $\varepsilon(t)e^{-at} \circ\!\!-\!\!\bullet \dfrac{1}{j\omega + a}$

   Dualität: $\dfrac{1}{jt + a} \circ\!\!-\!\!\bullet 2\pi\varepsilon(-\omega)e^{a\omega}$

   $\dfrac{1}{t - ja} \circ\!\!-\!\!\bullet 2\pi j\varepsilon(-\omega)e^{a\omega}$

c) aus Kapitel 9.4.4: $\dfrac{1}{t} \circ\!\!-\!\!\bullet -j\pi\text{sign}(\omega)$

   Dualität: $-j\pi\text{sign}(t) \circ\!\!-\!\!\bullet 2\pi \cdot \dfrac{1}{-\omega}$

   $\text{sign}(t) \circ\!\!-\!\!\bullet \dfrac{2}{j\omega}$

Lösung 9.13

$$\mathcal{F}\{\dot{\delta}(t)\} = \int\limits_{-\infty}^{\infty} \dot{\delta}(t)e^{-j\omega t} = -\frac{d}{dt}\left(e^{-j\omega t}\right)\Big|_{t=0} = j\omega$$

Zur Berechnung des Integrals wurde die Rechenregel für derivierte Delta–
Impulse (8.23) verwendet.

Lösung 9.14

$$\frac{dX(j\omega)}{d(j\omega)} = \frac{d}{d(j\omega)} \int\limits_{-\infty}^{\infty} x(t)e^{-j\omega t}\, dt = \int\limits_{-\infty}^{\infty} x(t)\cdot(-t)e^{-j\omega t}\, dt = \mathcal{F}\{-tx(t)\}$$

Lösung 9.15

a)
$$\frac{dx(t)}{dt} = \frac{1}{T}[\varepsilon(t+T) \quad - \quad 2\varepsilon(t) \quad + \quad \varepsilon(t-T)]$$

$$\frac{d^2x(t)}{dt^2} = \frac{1}{T}[\delta(t+T) \quad - \quad 2\delta(t) \quad + \quad \delta(t-T)]$$

$$-\omega^2 X(j\omega) = \frac{1}{T}\left[e^{j\omega T} \quad - \quad 2e^0 \quad + \quad e^{-j\omega T}\right]$$

Dabei wurden der Differentiationssatz im Zeitbereich 9.85 und die Korrespondenz 9.17 verwendet.

b)
$$x(t) = \frac{1}{T}\left[\text{rect}\left(\frac{t}{T}\right) * \text{rect}\left(\frac{t}{T}\right)\right]$$

$$X(j\omega) = \frac{1}{T}\left[T\text{si}\left(\frac{\omega T}{2}\right)\cdot T\text{si}\left(\frac{\omega T}{2}\right)\right] = T\text{si}^2\left(\frac{\omega T}{2}\right)$$

Lösung 10.1

a) $20\log 10 = 20$ dB
b) 80 dB
c) 3 dB
d) −34 dB
e) 6 dB

Lösung 10.2

Mit $\dfrac{P_{\text{aus}}}{P_{\text{ein}}} = \dfrac{U_{\text{aus}}^2}{U_{\text{ein}}^2}$ erhält man:

a) $\dfrac{U_{\text{aus}}}{U_{\text{ein}}} = 8 \mathrel{\hat=} 18$ dB   b) $\dfrac{U_{\text{aus}}}{U_{\text{ein}}} = \sqrt{2} \mathrel{\hat=} 3$ dB

Bemerkung: Um die Verstärkung direkt aus dem Leistungsverhältnis zu berechnen,
muß die Formel Verstärkung $V = 10\log\dfrac{P_{\text{aus}}}{P_{\text{ein}}}$ verwendet werden. Sie führt auf
dieselben Ergebnisse wie oben.

Lösung 10.3

Verstärkung $V = 20 \log |H(j\omega)| = 60$ dB $-20 \log \sqrt{\omega^2 + 100^2}$ dB

Phase $\varphi = \arg\{H(j\omega)\} = -\arctan \dfrac{\omega}{100}$

ω	1	10	100	$1k$	$10k$	$100k$
$H(s)$	10	$9,9 - j$	$5 - j5$	$0,1 - j$	$-j\,0,1$	$-j\,0,01$
$V[dB]$	20	20	17	0	-20	-40
φ	0	$-6°$	$-45°$	$-84°$	$-90°$	$-90°$

Lösung 10.4

$$|H(j10)| = \left| \frac{j10 + 1}{(j10)(j10 + 100)} \right| \approx \frac{10}{10 \cdot 100} = 10^{-2}$$

$20 \log 10^{-2} = -40$ dB

Amplitudenskizze: Vorgehen nach dem Schema für reelle Pole und Nullstellen (Kapitel 10.4.1).

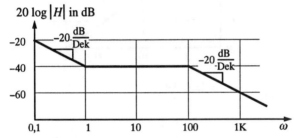

Phasenskizze: Vorgehen wie in Kapitel 10.4.2.

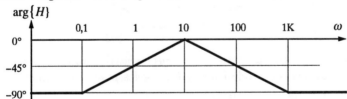

Lösung 10.5

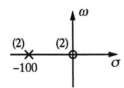

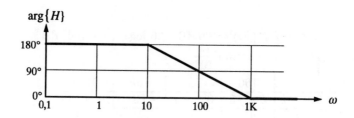

Lösung 10.6

a) $h(t) \circ\!\!-\!\!\bullet H(s) = \dfrac{Y(s)}{X(s)} = -\dfrac{1}{500}\left(1 + \dfrac{999}{s+1}\right) = -\dfrac{1}{500}\left(\dfrac{s+1000}{s+1}\right)$

$$|H(0,1)| \approx \frac{1}{500}\cdot\frac{1000}{1} = 2 \hat{=} 6 \text{ dB}$$

b) Es gilt: $y(t) = |H(j\omega_0)|\cos(\omega_0 t + arg\{H(j\omega_0)\})$, wobei Betrag und Phase von $H(j\omega)$ aus dem Bode-Diagramm abgelesen werden können:

$$\omega_0 = 0.01 \text{ Hz} \quad \rightarrow \quad y(t) = -2\cos(\omega_0 t)$$
$$\omega_0 = 1 \text{ Hz} \quad \rightarrow \quad y(t) = \sqrt{2}\cos(\omega_0 t + 135°)$$
$$\omega_0 = 10 \text{ Hz} \quad \rightarrow \quad y(t) = 0,2\cos(\omega_0 t + 96°)$$
$$\omega_0 = 0.1 \text{ MHz} \quad \rightarrow \quad y(t) = -2\cdot 10^{-3}\cos(\omega_0 t)$$

Lösung 10.7

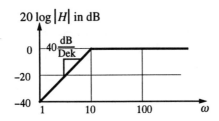

a) $|H(j100)| \approx \dfrac{100^2}{100^2} = 1 \hat{=} 0$ dB

b) $|H(j100)| = \left| \dfrac{(j100)^2}{(j100 + 10)^2} \right| = 0,9901 \hat{=} -0,0864$ dB

Abweichung vom Wert im Bode-Diagramm: $0,99\%$

$|H(j1000)| = \left| \dfrac{(j1000)^2}{(j1000 + 10)^2} \right| = 0,9999 \hat{=} -0,00087$ dB

Abweichung vom Wert im Bode-Diagramm: $0,01\%$

c) Pro Pol um 3 dB, d.h. hier um 6 dB.

Exakte Berechnung: $|H(j10)| = \left| \dfrac{(j10)^2}{(j10 + 10)^2} \right| = \dfrac{1}{2} \hat{=} -6,0206$ dB

Dieser Wert wird im Bode-Diagramm auf -6 dB gerundet. Daraus folgt eine Abweichung von: $0,3433\%$

Lösung 10.8

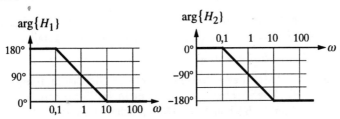

Die Amplitudenskizzen unterscheiden sich nicht, da $|H_1| = |H_2|$.

Lösung 10.9

a) $H(s) = 10^4 \cdot \dfrac{(s+1)(s+0.1)}{(s+1)(s+10)(s+1000)} = 10^4 \cdot \dfrac{(s+0.1)}{(s+10)(s+1000)}$

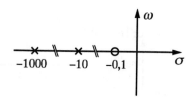

b) Amplitudenskizze:

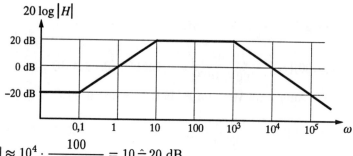

$$|H(j100)| \approx 10^4 \cdot \frac{100}{100 \cdot 1000} = 10 \,\hat{=}\, 20 \text{ dB}$$

Phasenskizze:

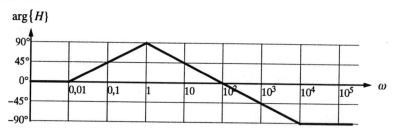

Das System hat Bandpaßverhalten. Die maximale Verstärkung ist 10 und bei $\omega = 1$ und $\omega = 10^4$ auf $\frac{1}{10}$ des Maximalwertes abgefallen (d.h. um 20 dB).

c) Die Reaktion auf $\varepsilon(t)$ für $t \to \infty$ entspricht der Gleichspannungsverstärkung, d.h. $|H(\omega = 0)|$. Die Frequenz $\omega = 0$ ist nicht im Diagramm enthalten, aber für $\omega \ll 0,1$ bleibt $|H|$ konstant. Die Gleichspannungsverstärkung beträgt $0,1$ bzw. -20 dB.

Lösung 10.10

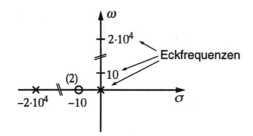

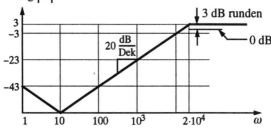

$$H(s) = K \cdot \frac{(s+10)^2}{s \cdot (s + 2 \cdot 10^4)}$$

$\omega = 10^4$ ist Eckfrequenz. Somit ist der Betrag der Übertragungsfunktion für $\omega \gg 10^4$ um den Faktor $\sqrt{2}$ größer als bei $\omega = 10^4$.

$$|H(j10^6)| = |K| \cdot \frac{10^{12}}{10^6 \cdot 10^6} = |K| \overset{!}{=} 10^{\frac{3}{20}} = \sqrt{2}$$

$$K = \sqrt{2} \text{ oder } K = -\sqrt{2}$$

Lösung 10.11

a) $-20 \dfrac{\text{dB}}{\text{Dek}}$ b) $20 \dfrac{\text{dB}}{\text{Dek}}$ c) $40 \dfrac{\text{dB}}{\text{Dek}}$ d) $n \cdot 20 \dfrac{\text{dB}}{\text{Dek}}$

Lösung 10.12

Die Verstärkung steigt für $\omega \ll 100$ mit $40 \frac{\text{dB}}{\text{Dek}}$, d.h. quadratisch an. Ein Verdoppeln der Frequenz bewirkt eine Vervierfachung der Verstärkung, d.h. Anheben um $20 \log 4 = 12$ dB.

ω	1	2	4	8
V [dB]	-80	-68	-56	-44

Für $\omega \gg 100$ ist $|H|$ konstant, d.h. $V = 20 \log|H| = 0$ dB.

Lösung 10.13

$20\frac{dB}{Dek} \hat{=}$ linearer Anstieg von $|H(j\omega)|$, d.h. doppelte Frequenz bewirkt doppelte Verstärkung $\hat{=}$ Anstieg von $20\log|H|$ um $6\frac{dB}{Okt}$.

$40\frac{dB}{Dek} \hat{=} 12\frac{dB}{Okt}$ und $60\frac{dB}{Dek} \hat{=} 18\frac{dB}{Okt}$.

Lösung 10.14

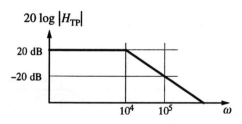

a) $H_{TP}(s) = K \cdot \dfrac{1}{(s+\omega_c)^2}$

$|H_{TP}(0)| = |K| \cdot \dfrac{1}{10^8} \overset{!}{\hat{=}} 10 \quad \rightarrow \quad |K| = 10^9$

$H_{TP}(s) = \pm\dfrac{10^9}{(s+10^4)^2}$

b)

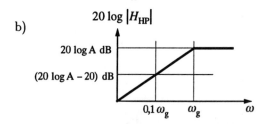

$$H_{HP} = A \cdot \dfrac{s}{s+\omega_g}$$

Zielsystem: bei $\omega = 10$ Verstärkung $0,5 \hat{=} -6\,dB$.

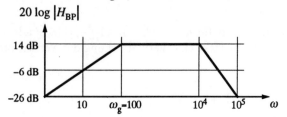

Aus der Amplitudenskizze ergibt sich $\omega_g = 100$,

und mit $(20\log|H_{TP} \cdot H_{HP}|)_{max} = 14\,dB$ folgt $|A| = \dfrac{1}{2}$.

Lösung 10.15

a) In dieser Teilaufgabe ist nur die Angabe der Verstärkung im Maximum möglich. Die Werte bei $\omega = 1$ und $\omega = 100$ gehören zu c).

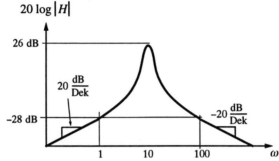

b) Form von $H(s)$ aus

- Anstieg um $20\frac{\text{dB}}{\text{Dek}}$ bei $\omega \ll \omega_0$ $\rightarrow$ genau 1 Nullstelle bei $s = 0$.
- Abfall um $20\frac{\text{dB}}{\text{Dek}}$ für $\omega \gg \omega_0$ $\rightarrow$ Nennergrad = Zählergrad $+1 = 2$.

$$\Rightarrow \quad H(s) = \frac{Ks}{s^2 + 2\alpha s + \omega_0^2}$$

- $Q = 50 \approx \dfrac{\omega_0}{2\alpha}$ $\rightarrow$ $\alpha \approx 0,1$

- $|H(j\omega_0)| = \left|\dfrac{K \cdot j10}{(j10)^2 + 2\alpha \cdot j10 + 10^2}\right| = \dfrac{K}{2\alpha} \overset{!}{=} 20 \overset{\wedge}{=} 26$ dB

$$\Rightarrow \quad K = 2\alpha \cdot 20 = 0,2 \cdot 20 = 4$$

c) $|H(1)| \approx \dfrac{1 \cdot 4}{10^2} \overset{\wedge}{=} 12\,\text{dB} - 40\,\text{dB} = -28\,\text{dB}$

$|H(100)| \approx \dfrac{100 \cdot 4}{100^2} \overset{\wedge}{=} 52\,\text{dB} - 80\,\text{dB} = -28\,\text{dB}$

d)

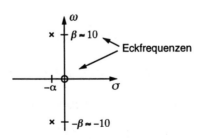

e) $\dfrac{1}{Q_0} = \dfrac{\Delta\omega}{\omega_0} \;\Rightarrow\; \Delta\omega = \dfrac{\omega_0}{Q_0} = \dfrac{10}{50} = \dfrac{1}{5}$

$\omega_1 = \omega_0 - \dfrac{\Delta\omega}{2} = 9,9$

$\omega_2 = \omega_0 + \dfrac{\Delta\omega}{2} = 10,1$

f) $H_2(s) = \dfrac{Ks}{s^2 + 2\alpha s + \omega_0{}^2}$

Die Bedingung ist $\alpha = 0$. Dies entspricht in der Realität der Verlustlosigkeit eines Schwingkreises.

Lösung 11.1

$$x(t) = \sum_{k=-\infty}^{\infty} \delta(t - 5k) = \sum_{k} \frac{1}{5}\delta\!\left(\frac{t}{5} - k\right) = \frac{1}{5}\,\text{Ш}\!\left(\frac{t}{5}\right)$$

Lösung 11.2

Setze $T = \dfrac{1}{a}$ in (11.12) ein $\;\Rightarrow\; a\,\text{Ш}(a\,t) \circ\!\!-\!\!\bullet\; \text{Ш}\!\left(\dfrac{\omega}{2\pi a}\right)$

$X(j\omega) = \dfrac{1}{a}\,\text{Ш}\!\left(\dfrac{\omega}{2\pi a}\right)$

$a = \frac{1}{2}$ $\qquad\qquad\qquad\qquad a = 1$ $\qquad\qquad\qquad\qquad a = 3$

Lösung 11.3

a) $x(t) = \text{Ш}(t - t_0) \;\circ\!\!-\!\!\bullet\; X(j\omega) = \text{Ш}\!\left(\dfrac{\omega}{2\pi}\right) e^{-j\omega t_0}$

b) $t_0 = 0,\; t_0 = \dfrac{1}{2}$: $\qquad x(t)$ reell + gerade $\Rightarrow X(j\omega)$ reell + gerade

$t_0 = \dfrac{1}{4}$: $\qquad x(t)$ reell, nicht symmetrisch $\Rightarrow X(j\omega)$ konjugiert symmetrisch

c) $t_0 = \dfrac{1}{4}$: $X(j\omega) = 2\pi \sum\limits_{\mu} \delta(\omega - 2\pi\mu)\, e^{-j\omega \cdot \frac{1}{4}} = 2\pi \sum\limits_{\mu} \delta(\omega - 2\pi\mu)\, e^{-j\frac{\pi}{2}\mu}$

$t_0 = \dfrac{1}{2}$: $X(j\omega) = 2\pi \sum\limits_{\mu} \delta(\omega - 2\pi\mu)\,(-1)^{\mu}$

Lösung 11.4

$$X_1(j\omega) = \frac{2}{\pi}\, \text{⊔⊔⊔}\left(\frac{\omega}{\pi}\right) + \frac{1}{\pi}\, \text{⊔⊔⊔}\left(\frac{1}{\pi}\left(\omega + \frac{\pi}{2}\right)\right)$$

ginge hier nicht auch $\omega - \dfrac{\pi}{2}$

$$x_1(t) = \frac{2}{\pi} \cdot \frac{1}{2}\, \text{⊔⊔⊔}\left(\frac{t}{2}\right) + \frac{1}{\pi} \cdot \frac{1}{2}\, \text{⊔⊔⊔}\left(\frac{t}{2}\right) \cdot e^{-j\frac{\pi}{2}t}$$

$$= \frac{2}{\pi} \sum\limits_{k} \delta(t - 2k) + \frac{1}{\pi} \sum\limits_{k} \delta(t - 2k) \underbrace{e^{-j\pi k}}_{(-1)^k}$$

$$X_2(j\omega) = \text{⊔⊔⊔}\left(\frac{\omega}{3}\right) + \frac{1}{2}\, \text{⊔⊔⊔}\left(\frac{1}{2}(\omega + 1)\right)$$

$$x_2(t) = \frac{3}{2\pi}\, \text{⊔⊔⊔}\left(\frac{3t}{2\pi}\right) + \frac{1}{2} \cdot \frac{1}{\pi}\, \text{⊔⊔⊔}\left(\frac{t}{\pi}\right) \cdot e^{-jt}$$

$$= \sum\limits_{k} \delta\left(t - \frac{2\pi}{3}k\right) + \frac{1}{2} \sum\limits_{k} \delta(t - \pi k) \underbrace{e^{-j\pi k}}_{(-1)^k}$$

Lösung 11.5

a) $x_a(t) = \dfrac{1}{2}\left(e^{j3\omega_0 t} + e^{-j3\omega_0 t}\right) \cdot \left(\dfrac{1}{j2}\right)^2 \left(e^{j2\omega_0 t} - e^{-j2\omega_0 t}\right)^2$

$= -\dfrac{1}{8}\left(e^{j7\omega_0 t} + e^{j\omega_0 t}\right) + \dfrac{1}{4}\left(e^{j3\omega_0 t} + e^{-j3\omega_0 t}\right) - \dfrac{1}{8}\left(e^{-j\omega_0 t} + e^{-j7\omega_0 t}\right)$

$= \displaystyle\sum_{\mu} A_\mu e^{j\omega_0 \mu t}$ mit $A_\mu = \begin{cases} -\frac{1}{8} & \text{für } \mu \in \{-7; -1; 1; 7\} \\ \frac{1}{4} & \text{für } \mu \in \{-3; 3\} \\ 0 & \text{sonst} \end{cases}$

b) $x_b(t) = \displaystyle\sum_{\mu} B_\mu e^{j\omega_0 t}$ mit folgenden Fourierkoeffizienten:

μ	$-3;1$	$-1;3$	$-5;7$	$-7;5$	$-9;11$	$-11;9$	sonst
B_μ	$\frac{j5}{32}$	$-\frac{j5}{32}$	$-\frac{j5}{64}$	$\frac{j5}{64}$	$-\frac{j}{64}$	$\frac{j}{64}$	0

c) $x_c(t) = \displaystyle\sum_{\mu} C_\mu e^{j\omega_0 t}$ mit folgenden Fourierkoeffizienten:

μ	0	$-2;2$	$-4;4$	$-6;6$	$-8;8$	$-10;10$	$-12;12$	$-14;14$	sonst
C_μ	$\frac{3}{16}$	$\frac{3}{32}$	$-\frac{1}{16}$	$-\frac{1}{8}$	$-\frac{1}{16}$	$\frac{1}{64}$	$\frac{1}{32}$	$\frac{1}{64}$	0

Lösung 11.6

a) Allgemein gilt: Die Summe von periodischen Funktionen ist nur periodisch, wenn ihre Perioden in einem rationalen Verhältnis zueinander stehen. Die Periode des Summensignals T ist dann das kleinste gemeinsame Vielfache der Einzelperioden, bzw. die Grundfrequenz des Summensignals $f = \frac{1}{T}$ ist der größte gemeinsame Teiler der einzelnen Grundfrequenzen.

$x_1(t)$: Grundkreisfrequenz $3\omega_0$, Periode $T_1 = \frac{2\pi}{3\omega_0}$

$x_2(t) = \sin(\omega_0 t)\cos(\sqrt{2}\omega_0 t) = 0,5\left[\sin((1-\sqrt{2})\omega_0 t) + \sin((1+\sqrt{2})\omega_0 t)\right]$

$\dfrac{\omega_1}{\omega_2} = \dfrac{1-\sqrt{2}}{1+\sqrt{2}} \notin \mathbb{Q} \quad \Rightarrow \quad \dfrac{T_1}{T_2} \notin \mathbb{Q} \quad \Rightarrow \quad$ nicht periodisch

$x_3(t) = x_2(t) + \cos(\omega_0 t)\sin(\sqrt{2}\omega_0 t) = \sin((1+\sqrt{2})\omega_0 t)$

Periode: $T_2 = \dfrac{2\pi}{(1+\sqrt{2})\omega_0}$

$x_4(t)$: nicht alle ω_ν stehen zueinander in einem rationalen Verhältnis, z.B.

$\dfrac{\omega_2}{\omega_3} = \sqrt{\dfrac{2}{3}} \notin \mathbb{Q} \quad \Rightarrow \quad$ nicht periodisch

$x_5(t)$: Perioden der Summanden sind $\frac{2\pi}{\pi/2} = 4$ und $\frac{2\pi}{\pi/3} = 6$

$\Rightarrow$ Periode $T_5 = 12$

b) $\quad X_1(j\omega) \;=\; \pi[\delta(\omega - 6\omega_0) + \delta(\omega + 6\omega_0) + \delta(\omega - 9\omega_0) + \delta(\omega + 9\omega_0)]$

$\quad X_2(j\omega) \;=\; \frac{\pi}{2j}[\delta(\omega - (1 + \sqrt{2})\omega_0) - \delta(\omega + (1 + \sqrt{2})\omega_0)$

$\qquad\qquad\qquad + \delta(\omega - (1 - \sqrt{2})\omega_0) - \delta(\omega + (1 - \sqrt{2})\omega_0)]$

$\quad X_3(j\omega) \;=\; \frac{\pi}{j}[\delta(\omega - (1 + \sqrt{2})\omega_0) - \delta(\omega + (1 + \sqrt{2})\omega_0)]$

$\quad X_4(j\omega) \;=\; \frac{\pi}{j}[\delta(\omega - \omega_0) - \delta(\omega + \omega_0) + \delta(\omega - \sqrt{2}\omega_0) - \delta(\omega + \sqrt{2}\omega_0)$

$\qquad\qquad\qquad + \delta(\omega - \sqrt{3}\omega_0) - \delta(\omega + \sqrt{3}\omega_0) + \delta(\omega - \sqrt{4}\omega_0) - \delta(\omega + \sqrt{4}\omega_0)$

$\qquad\qquad\qquad + \delta(\omega - \sqrt{5}\omega_0) - \delta(\omega + \sqrt{5}\omega_0)]$

$\quad X_5(j\omega) \;=\; j\pi[\delta(\omega + \frac{\pi}{2}) - \delta(\omega - \frac{\pi}{2})] + \pi[\delta(\omega + \frac{\pi}{3}) + \delta(\omega - \frac{\pi}{3})]$

Lösung 11.7

a) Durch das Quadrieren der sin–Funktion verdoppelt sich die Grundkreisfrequenz, d.h. Grundkreisfrequenz ist $\omega_0 = 2\omega_1$:

$$A_\mu = \frac{1}{T} \int\limits_0^T \left[\frac{1}{2j}\left(e^{j\omega_1 t} - e^{-j\omega_1 t}\right)\right]^2 e^{-j\omega_0 \mu t}\, dt =$$

$$-\frac{1}{4T} \int_0^T \left(e^{j\omega_0(1-\mu)t} - 2\,e^{-j\omega_0 \mu t} + e^{-j\omega_0(1+\mu)t}\right) dt =$$

$$-\frac{1}{4T}\left[\underbrace{\int_0^T e^{j\omega_0(1-\mu)t}dt}_{=\,0\ \text{für}\ \mu \neq 1} - 2\underbrace{\int_0^T e^{-j\omega_0 \mu t}dt}_{=\,0\ \text{für}\ \mu \neq 0} + \underbrace{\int_0^T e^{-j\omega_0(1+\mu)t}dt}_{=\,0\ \text{für}\ \mu \neq -1}\right] =$$

da Integration über n Perioden von $e^{j\omega_0 t}$ Null ergibt

$$= \; -\frac{1}{4T}\begin{cases} -2\,T & \text{für} \quad \mu = 0 \\ T & \text{für} \quad \mu \pm 1 \\ 0 & \text{sonst} \end{cases} \; = \; \begin{cases} \frac{1}{2} & \text{für} \quad \mu = 0 \\ -\frac{1}{4} & \text{für} \quad \mu \pm 1 \\ 0 & \text{sonst} \end{cases}$$

b) Grundkreisfrequenz ist $\omega_0 = \frac{2\pi}{T}$:

$$A_\mu = \frac{1}{T} \int\limits_0^{\frac{T}{4}} 1 \cdot e^{-j\frac{2\pi}{T}\mu t}\, dt = \frac{1}{T} \cdot \frac{1}{-j\frac{2\pi}{T}\mu}\left[e^{-j\frac{2\pi}{T}\mu t}\right]_0^{\frac{T}{4}} = \frac{j}{2\pi\mu}\left[(-j)^\mu - 1\right]$$

c) Grundkreisfrequenz ist $\omega_0 = 2\pi$:

$$A_\mu = 1 \cdot \int_{-\frac{1}{2}}^{\frac{1}{2}} x_c(t)\, e^{-j2\pi\mu t}\, dt = \int_{-\frac{1}{2}}^{0} -t\, e^{-j2\pi\mu t}\, dt + \int_{0}^{\frac{1}{2}} t\, e^{-j2\pi\mu t}\, dt =$$

$$\int_{\frac{1}{2}}^{0} t\, e^{j2\pi\mu t}\, dt + \int_{0}^{\frac{1}{2}} t\, e^{-j2\pi\mu t}\, dt = \int_{0}^{\frac{1}{2}} t\left(e^{j2\pi\mu t} + e^{-j2\pi\mu t}\right) dt =$$

$$2\int_{0}^{\frac{1}{2}} t\,\cos(2\pi\mu t)\, dt = 2\left[\frac{\cos(2\pi\mu t)}{(2\pi\mu)^2} + \frac{t\,\sin(2\pi\mu t)}{2\pi\mu}\right]_{0}^{\frac{1}{2}} =$$

$$2\left[\frac{(-1)^\mu}{(2\pi\mu)^2} - \frac{1}{(2\pi\mu)^2}\right] = \begin{cases} -\dfrac{1}{(\pi\mu)^2} & \text{für } \mu \text{ ungerade} \\ 0 & \text{sonst} \end{cases}$$

Lösung 11.8

$$X(j\omega) = \text{Ш}\left(\frac{\omega}{2\pi}\right) = 2\pi\sum_k \delta(\omega - 2\pi k)$$

Fourier-Reihe: $X(j\omega) = \sum_\mu A_\mu e^{jT_0\mu\omega}$

nur $k=0$ ist relevant!

mit $A_\mu = \dfrac{1}{2\pi}\displaystyle\oint_{-\pi}^{\pi} 2\pi\sum_k \delta(\omega - 2\pi k)e^{-jT_0\mu\omega}\, d\omega = 1$

(wegen Ausblendeigenschaft des Impulses bei $\omega = 0$)

Mit $T_0 = \dfrac{2\pi}{\omega_0} = 1$ gilt $X(j\omega) = \displaystyle\sum_\mu e^{-j\mu\omega}$

Lösung 11.9

a) $\tilde{x}(t) \quad = \quad \text{si}(\pi t)\cdot\text{si}(\pi t)$

$$\tilde{X}(j\omega) \quad = \quad \frac{1}{2\pi}\text{rect}\left(\frac{\omega}{2\pi}\right) * \text{rect}\left(\frac{\omega}{2\pi}\right)$$

$$X(j\omega) \quad = \quad \tilde{X}(j\omega)\cdot\text{Ш}\left(\frac{\omega\cdot 4}{2\pi}\right) \quad = \quad \tilde{X}(j\omega)\cdot\frac{\pi}{2}\sum_\mu \delta\left(\omega - \frac{\pi}{2}\mu\right)$$

$$\quad = \quad \frac{\pi}{2}\sum_\mu \tilde{X}\left(j\frac{\pi}{2}\mu\right)\delta\left(\omega - \frac{\pi}{2}\mu\right)$$

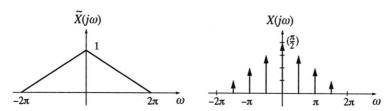

Die Gewichte der Delta-Impulse entsprechen den Abtastwerten von $\tilde{X}(j\omega)$ an den Frequenzen $\omega = \frac{\pi}{2}\mu$, multipliziert mit dem Vorfaktor $\frac{2\pi}{T} = \frac{\pi}{2}$.

b) $A_\mu = \frac{1}{T}\tilde{X}\left(j\frac{2\pi}{T}\mu\right) = \frac{1}{4}\tilde{X}\left(j\frac{\pi}{2}\mu\right)$

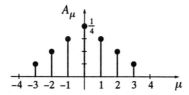

Lösung 11.10

$x(t) = \text{rect}\left(\frac{t}{4}\right) \circ\!\!-\!\!\bullet X(j\omega) = 4\,\text{si}(2\omega)$

a) $x_p(t) = \text{rect}\left(\frac{t}{4}\right) * 2 \cdot \sum_k \delta(t - 2k) = 4$, denn zu jedem Zeitpunkt werden 2 versetzte Rechtecke überlagert.

$x_p(t) = 4 \circ\!\!-\!\!\bullet X_p(j\omega) = 8\pi\delta(\omega)$

b) $X_p(j\omega) = 4\,\text{si}(2\omega) \cdot 2\text{⊥⊥⊥}\left(\frac{\omega}{\pi}\right) = 8\,\text{si}(2\omega) \cdot \pi \sum_k \delta(\omega - \pi k) = 8\pi\delta(\omega)$, denn

alle Delta-Impulse, die nicht bei $\omega = 0$ liegen, treffen auf Nullstellen der si-Funktion.

Lösung 11.11

a) Umrechnen von (11.14) ergibt

$$X(j\omega) = X_0(j\omega) \cdot \frac{2\pi}{T}\sum_\mu \delta\left(\omega - \frac{2\pi}{T}\mu\right) = \frac{2\pi}{T}\sum_\mu \delta\left(\omega - \frac{2\pi}{T}\mu\right) X_0\left(j\frac{2\pi}{T}\mu\right),$$

wobei $X_0(j\omega)$ das Spektrum einer Periode von $x(t)$ ist. Mit (11.18) folgt der gesuchte Zusammenhang

$$X(j\omega) = 2\pi \sum_\mu A_\mu \delta\left(\omega - \frac{2\pi}{T}\mu\right)$$

b) $x(t) = \sum_{\nu=-\infty}^{\infty} A_\nu e^{j\frac{2\pi\nu t}{T}} \circ\!\!-\!\!\bullet\ 2\pi \sum_\mu A_\mu \delta\left(\omega - \frac{2\pi}{T}\mu\right) = X(j\omega)$

Lösung 11.12

a) $X_a(j\omega) = 2\pi \sum_\mu A_\mu \delta(\omega - \omega_0\mu) = \pi\delta(\omega) - \frac{\pi}{2}\delta(\omega - 2\omega_1) - \frac{\pi}{2}\delta(\omega + 2\omega_1)$

b) $X_b(j\omega) = \sum_k \frac{j}{k}\left[(-j)^k - 1\right]\delta(\omega - k\omega_0)$

c) $X_c(j\omega) = -\frac{2}{\pi}\sum_k \frac{1}{(2k+1)^2}\delta(\omega - (2k+1)\omega_0) =$

$\qquad = -\frac{2}{\pi}\sum_k \frac{1}{(2k+1)^2}\delta(\omega - 2\pi(2k+1))$

Lösung 11.13

$h(t) = \frac{1}{2j}\left(e^{jt} - e^{-jt}\right)e^{-0,1t} = \left[\frac{1}{2j}e^{(-0,1+j)t} - \frac{1}{2j}e^{(-0,1-j)t}\right]\varepsilon(t)$

$\begin{aligned}
H(s) &= \mathcal{L}\{h(t)\} = \frac{1}{2j}\left[\frac{1}{s+0,1-j} - \frac{1}{s+0,1+j}\right]\\[2mm]
&= \frac{1}{s^2 + 0,2s + 1,01}, \quad \mathrm{Re}\{s\} > -0,1
\end{aligned}$

$x(t) = \sum_\mu A_\mu e^{j\omega_0\mu t}, \qquad \omega_0 = \frac{2\pi}{4T}, \qquad \text{Periode } 4T$

$\begin{aligned}
A_\mu &= \frac{1}{4T}\int_{-2T}^{2T} x(t)\, e^{-j\omega_0\mu t}\, dt = \frac{1}{4T}\int_{-T}^{T} e^{-j\frac{\pi}{2T}\mu t}\, dt\\[2mm]
&= \frac{1}{-j\mu 2\pi}\cdot\left[e^{-j\frac{\pi}{2}\mu} - e^{j\frac{\pi}{2}\mu}\right] = \frac{1}{2}\mathrm{si}\left(\frac{\pi}{2}\mu\right)
\end{aligned}$

$y(t) = \sum_\mu B_\mu\, e^{j\omega_0\mu t}$

mit $\quad B_\mu = A_\mu \cdot H\left(j\frac{\pi}{2T}\mu\right) = \frac{1}{2}\mathrm{si}\left(\frac{\pi}{2}\mu\right)\cdot\frac{1}{-(\frac{\mu\pi}{2T})^2 + j0,1\frac{\pi\mu}{T} + 1,01}$

Lösung 11.14

Damit die zyklische Faltung definiert ist, müssen beide Signale dieselbe Perioden-dauer haben:

$$\left. \begin{array}{ll} f(t) & : \quad \text{Periode} \quad 2T \\ g(t) & : \quad \text{Periode} \quad \dfrac{2\pi}{\omega_0} \end{array} \right\} \quad 2T = \dfrac{2\pi}{\omega_0}; \quad T = \dfrac{\pi}{\omega_0}$$

$$f(t) = \sum_{\mu} F_{\mu} e^{j\mu\omega_0 t}$$

Unter Verwendung der Fourier-Reihe für $x(t)$ aus Aufgabe 11.13 gilt:

$$f(t) = 2x(t) - 1 \quad \Rightarrow \quad F_{\mu} = \begin{cases} \operatorname{si}\left(\dfrac{\pi\mu}{2}\right) & \text{für} \quad \mu \neq 0 \\ \operatorname{si}(0) - 1 = 0 & \text{für} \quad \mu = 0 \end{cases}$$

$$g(t) = \sum_{\mu} G_{\mu} e^{j\mu\omega_0 t} \quad ; \quad G_{\mu} = \begin{cases} \dfrac{1}{2j} & \text{für} \quad \mu = 1 \\ -\dfrac{1}{2j} & \text{für} \quad \mu = -1 \\ 0 & \text{sonst} \end{cases}$$

$$\begin{aligned} y(t) &= \sum_{\mu} \frac{\pi}{\omega_0} F_{\mu} G_{\mu} e^{j\omega_0 \mu t} = \frac{\pi}{\omega_0} \operatorname{si}\left(\frac{\pi}{2}\right) \frac{1}{2j} \left(-e^{-j\omega_0 t} + e^{j\omega_0 t}\right) \\ &= \frac{2}{\omega_0} \sin(\omega_0 t) \end{aligned}$$

Lösung 11.15

$$\begin{aligned} X_a(j\omega) &= \frac{1}{2\pi} X(j\omega) * \text{Ш}\left(\frac{\omega T}{2\pi}\right) = \frac{1}{2\pi} \cdot X(j\omega) * \frac{2\pi}{T} \sum_{\mu} \delta\left(\omega - \frac{2\pi\mu}{T}\right) \\ &= \frac{1}{T} \sum_{\mu} X(j(\omega - \mu\omega_a)), \quad \omega_a = \frac{2\pi}{T} \end{aligned}$$

Fall 1: $\quad \omega_{a1} = \dfrac{2\pi}{T_1} = \dfrac{2\pi \cdot 2\omega_g}{\pi} = 4\omega_g$

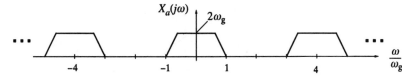

Fall 2: $\quad \omega_{a2} = \dfrac{2\pi}{T_2} = 2\omega_g$

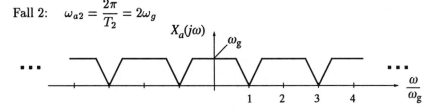

Fall 3: $\omega_{a3} = \dfrac{2\pi}{T_3} = \omega_g$

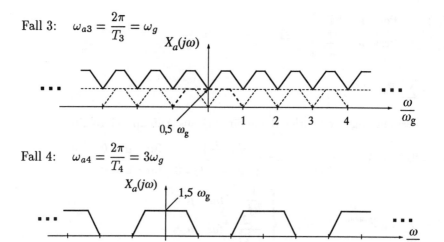

Fall 4: $\omega_{a4} = \dfrac{2\pi}{T_4} = 3\omega_g$

Aliasing in Fall 3. Kritische Abtastung in Fall 2.

Lösung 11.16

a) $x(t) = \dfrac{\omega_g}{2\pi}\,\mathrm{si}^2\left(\dfrac{\omega_g t}{2}\right)$

$$X(j\omega) = \frac{1}{2\pi}\cdot\frac{\omega_g}{2\pi}\cdot\frac{2\pi}{\omega_g}\mathrm{rect}\left(\frac{\omega}{\omega_g}\right) * \frac{2\pi}{\omega_g}\mathrm{rect}\left(\frac{\omega}{\omega_g}\right) =$$

$$= \begin{cases} 1 + \dfrac{\omega}{\omega_g} & \text{für } -\omega_g \leq \omega \leq 0 \\[2mm] 1 - \dfrac{\omega}{\omega_g} & \text{für } 0 < \omega \leq \omega_g \\[2mm] \quad 0 & \text{sonst} \end{cases}$$

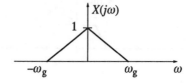

b) $x_a(t) = x(t)\cdot\dfrac{1}{T}\,\underline{\sqcup\!\sqcup}\left(\dfrac{t}{T}\right)$

$$X_a(j\omega) = \frac{1}{2\pi}X(j\omega) * \underline{\sqcup\!\sqcup}\left(\frac{\omega T}{2\pi}\right) = \frac{1}{2\pi}X(j\omega) * \underline{\sqcup\!\sqcup}\left(\frac{\omega}{3\omega_g}\right)$$

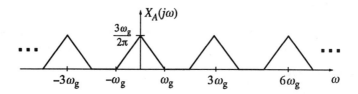

Lösung 11.17

a) $r(t) = a \operatorname{rect}\left(\dfrac{t}{T}\right) \circ\!\!\!-\!\!\!\bullet R(j\omega) = aT\operatorname{si}\left(\dfrac{\omega T}{2}\right)$

$|R(j\omega)| = \left|aT\operatorname{si}\left(\dfrac{\omega T}{2}\right)\right|$,

$\arg\{R(j\omega)\} = \begin{cases} 0 & 4\pi n \le |\omega T| \le 2\pi(2n+1) \\ \pi & 2\pi(2n-1) \le |\omega T| \le 4\pi n \end{cases} \quad n \in \mathbb{N}_0$

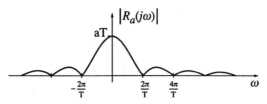

b)

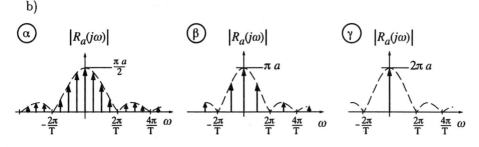

c) periodische Wiederholung des Zeitsignals mit:

$\alpha)\ T_p = \dfrac{2\pi}{\omega_0}, \quad \beta)\ T_P = 2T, \quad \gamma)\ T_P = T$

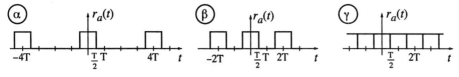

Lösung 11.18

a) $X(j\omega)$: reellwertig   ○—● $x(t)$: konjugiert symmetrisch
     $X(j\omega)$: nicht symmetrisch   ○—● $x(t)$: komplexwertig

b) Bandbreite: $\Delta\omega = 2\omega_g$

Kritische Abtastung: $\omega_A = \Delta\omega \quad \Rightarrow \quad f_A = \dfrac{1}{2\pi}\cdot 2\omega_g = \dfrac{\omega_g}{\pi},\; T_A = \dfrac{1}{f_A} = \dfrac{\pi}{\omega_g}$

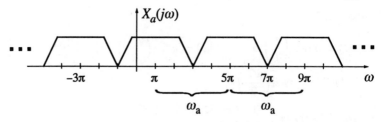

c) $\omega_A = 3\omega_g$

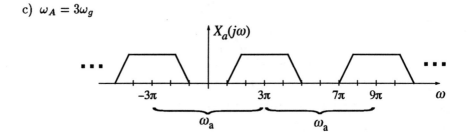

Lösung 11.19

a)

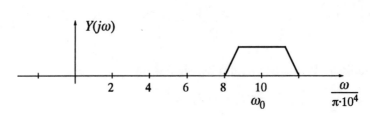

b)

Für die Wahl von ω_A muß man 2 Kriterien erfüllen:

- Eine Wiederholung des Spektrums $Y(j\omega)$ muß genau in das Basisband fallen, d.h. $n \cdot \omega_A = \omega_0$, $\quad n \in \mathbb{N}$

- Es darf kein Aliasing (Überlappen der Wiederholungen) auftreten:
$$\omega_A \geq \Delta\omega = \frac{\omega_0}{2,5}$$

$\Rightarrow$ Möglich sind $\omega_A = \omega_0$ und $\omega_A = \dfrac{\omega_0}{2}$ mit den Abtastfrequenzen $f_A = \dfrac{\pi \cdot 10^5}{2\pi}$
oder $f_A = 2,5\cdot10^4$. Das Rekonstruktionsfilter muß alle spektralen Wiederholungen, die außerhalb des Basisbandes liegen, wegfiltern und das Basisband ungehindert durchlassen.

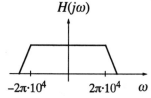

Lösung 11.20

a) reellwertiges Bandpaßsignal

b) Ja, denn das vom Signal belegte Frequenzband beginnt bei einem Vielfachen der Bandbreite, (11.42) ist erfüllt.

c) $\omega_{a1} = \dfrac{2\pi}{T_1} = 2\omega_0$

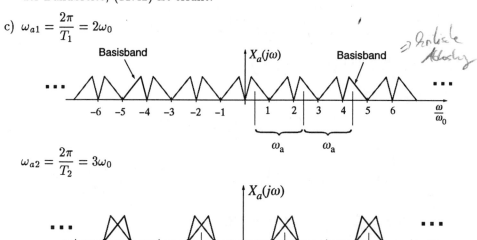

$\omega_{a2} = \dfrac{2\pi}{T_2} = 3\omega_0$

$$\omega_{a3} = \frac{2\pi}{T_3} = 10\omega_0$$

Lösung 11.21

a) bis d) sind reellwertige Bandpaß-Signale $\Rightarrow$ (11.42) prüfen

a) nein; $\omega_{a,min} = 3, 8\omega_0$
b) ja; $\omega_{a,min} = 2\Delta\omega = 3\omega_0$
c) ja; $\omega_{a,min} = 2\Delta\omega = 2\omega_0$
d) nein; $\omega_{a,min} = 2, 3\omega_0$

e) und f) sind komplexwertige Bandpaß-Signale $\Rightarrow$ immer kritisch abtastbar. In beiden Fällen ist $\omega_{a,min} = \Delta\omega = 2\omega_0$.

Lösung 11.22

Nach Tab. 11.1 gilt für kritische Abtastung reellwertiger Bandpaßsignale: $\omega_a = \frac{2\pi}{T} = 2\Delta\omega$. Mit $\omega_0 = 0$ und obiger Bedingung wird (11.44) also zu:

$$h(t) = \text{si}\left(\frac{\pi t}{2T}\right) \cos\left(\frac{\pi t}{2T}\right) = \frac{1}{\left(\frac{\pi t}{2T}\right)} \sin\left(\frac{\pi t}{2T}\right) \cos\left(\frac{\pi t}{2T}\right)$$

$$= \frac{1}{\left(\frac{\pi t}{2T}\right)} \frac{1}{2} \sin\left(\frac{\pi t}{2T}\right) = \text{si}\left(\frac{\pi t}{T}\right)$$

Lösung 11.23

a) $\quad a(t) \quad = \quad \frac{1}{\tau}\text{rect}\left(\frac{t}{\tau}\right) * \text{rect}\left(\frac{t}{\tau}\right)$

$$A(j\omega) \quad = \quad \frac{1}{\tau}\left[\tau\text{si}\left(\frac{\omega\tau}{2}\right)\right]^2 \quad = \quad \tau\text{si}^2\left(\frac{\omega\tau}{2}\right)\frac{\pi}{\omega_a}\text{si}^2\left(\frac{\pi\omega}{2\omega_a}\right)$$

$$\text{mit } \tau = \frac{1}{2f_a} = \frac{\pi}{\omega_a}, \quad f_a = 40 \text{ kHz}$$

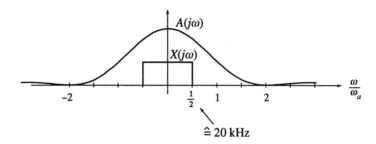

b) $A(j0) = \dfrac{\pi}{\omega_a}$

$$A\left(j\frac{\omega_a}{2}\right) = \frac{\pi}{\omega_a} \cdot \mathrm{si}^2\left(\frac{\pi\,0,5\omega_a}{2\omega_a}\right) = \frac{\pi}{\omega_a}\mathrm{si}^2\left(\frac{\pi}{4}\right)$$

Abfall der Verstärkung auf $\dfrac{A\left(j\frac{\omega_a}{2}\right)}{A(j0)} = \mathrm{si}^2\left(\dfrac{\pi}{4}\right) = 0,81 \hat{=} -1,8\ \mathrm{dB}$

c) Die erste Nullstelle der Aperturfunktion sollte bei der halben Abtastfrequenz liegen, d.h. bei $\dfrac{\omega_a}{2}$ soll das Argument der si-Funktion gleich π sein:

$$\frac{\omega_a \tau}{4} = \pi \quad \Rightarrow \quad \tau = \frac{4\pi}{\omega_a} = \frac{2}{f_a} = \frac{2}{10\mathrm{kHz}} = 0,2\ \mathrm{ms}.$$

Lösung 11.24

$$h(t) \;=\; \mathrm{rect}\left(\frac{t}{T_0}\right) * [\delta(t - 0,5T_0) + \delta(t - 2,5T_0) + \delta(t - 4,5T_0)] \quad \leftarrow \text{allgemein}$$

$$\;=\; \mathrm{rect}\left(\frac{t - 2,5T_0}{T_0}\right) * [\delta(t + 2T_0) + \delta(t) + \delta(t - 2T_0)] \quad \leftarrow \text{richtiges rect, verschoben!}$$

$$H(j\omega) \;=\; T_0\mathrm{si}\left(\frac{\omega T_0}{2}\right) \cdot e^{-j2,5T_0\omega} \cdot [1 + 2\cos(2T_0\omega)]$$

mit $T = \dfrac{1}{24}\mathrm{s}$ und $T_0 = \dfrac{T}{6} = \dfrac{1}{144}\mathrm{s}$

$$|H(j\omega)| = T_0 \left| \mathrm{si}\left(\frac{\omega T_0}{2}\right) \cdot [1 + 2\cos(2T_0\omega)] \right|$$

Die erste Nullstelle des si-Terms liegt bei

$$\omega = \frac{2\pi}{T_0} \quad \Rightarrow \quad f = \frac{\omega}{2\pi} = \frac{1}{T_0} = 144\,\mathrm{Hz}.$$

Der cos-Term hat die Periode $\omega_0 = \dfrac{\pi}{T_0} \to f_0 = 72$ Hz, die Nullstellen der eckigen Klammer liegen demnach bei 24 Hz und 48 Hz.

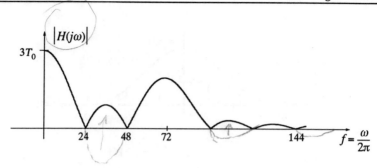

Lösung 12.1

a) $x_R(t) = e^{\ln \frac{1}{4}t} \cos(2\pi t) = \left(\frac{1}{4}\right)^t \cos(2\pi t)$

$x_I(t) = \left(\frac{1}{4}\right)^t \sin(2\pi t)$

$\Sigma = \frac{1}{4}\ln\frac{1}{4}, \quad \Omega = \frac{\pi}{2}$

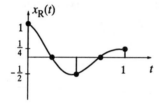 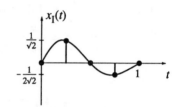

$$x_R[k] = \left(\frac{1}{\sqrt{2}}\right)^k \cos\left(\frac{\pi}{2}k\right) = \begin{cases} \left(-\frac{1}{2}\right)^{\frac{k}{2}} & \text{für } k \text{ gerade} \\ 0 & \text{für } k \text{ ungerade} \end{cases}$$

$$x_I[k] = \left(\frac{1}{\sqrt{2}}\right)^k \sin\left(\frac{\pi}{2}k\right) = \frac{1}{\sqrt{2}} \cdot \begin{cases} \left(-\frac{1}{2}\right)^{\frac{k-1}{2}} & \text{für } k \text{ ungerade} \\ 0 & \text{für } k \text{ gerade} \end{cases}$$

b) $x_R(t) = \left(\frac{1}{4}\right)^t \cos(10\pi t)$

$x_I(t) = \left(\frac{1}{4}\right)^t \sin(10\pi t)$

$\Sigma = \frac{1}{4}\ln\frac{1}{4}, \quad \Omega = \frac{5}{2}\pi$

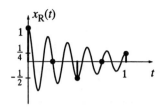

$$x_R[k] = \left(\frac{1}{\sqrt{2}}\right)^k \cos\left(\frac{5\pi}{2}k\right) = \left(\frac{1}{\sqrt{2}}\right)^k \cos\left(\frac{\pi}{2}k\right)$$

$$x_I[k] = \left(\frac{1}{\sqrt{2}}\right)^k \sin\left(\frac{5\pi}{2}k\right) = \left(\frac{1}{\sqrt{2}}\right)^k \sin\left(\frac{\pi}{2}k\right)$$

Lösung 12.2

a) $\Sigma = -2$; $\Omega = 0$

b) $\Sigma = \ln 0,9$; $\Omega = 0$

c) $\Sigma = \ln 0,9$; $\Omega = \pi$

d) $\Sigma = 0$; $\Omega = \dfrac{\pi}{2}$

e) $\Sigma = \ln \dfrac{1}{\sqrt{2}} = -\dfrac{1}{2}\ln 2$; $\Omega = \dfrac{\pi}{4}$

f) $\Sigma = 0$; $\Omega = \dfrac{3}{2}\cdot 3\pi = \dfrac{9}{2}\pi \,\hat{=}\, \dfrac{\pi}{2}$

g) $\Sigma = 0$; $\Omega = \dfrac{5}{2}\pi \,\hat{=}\, \dfrac{\pi}{2}$

h) $\Sigma = 0$; $\Omega = \dfrac{9}{2}\pi \,\hat{=}\, \dfrac{\pi}{2}$

Gleich sind d), f), g) und h).

Lösung 12.3

$$
\begin{aligned}
x[k] &= \frac{1}{2\pi}\int\limits_{-\pi}^{\pi} X(e^{j\Omega})e^{jk\Omega}\,d\Omega \\[2mm]
&= \frac{1}{2\pi}\int\limits_{-\pi}^{\pi} \sum_{\mu} x[\mu]e^{-j\Omega\mu}e^{jk\Omega}\,d\Omega \\[2mm]
&= \frac{1}{2\pi}\int\limits_{-\pi}^{\pi} \sum_{\mu} x[\mu]e^{j\Omega(k-\mu)}\,d\Omega
\end{aligned}
$$

$$= \frac{1}{2\pi} \sum_{\mu} x[\mu] \int_{-\pi}^{\pi} e^{j\Omega(k-\mu)} \, d\Omega$$

$$= \frac{1}{2\pi} \underbrace{\sum_{\mu} x[\mu] \cdot \begin{cases} 2\pi & \text{für } k = \mu \\ 0 & \text{sonst} \end{cases}}_{x[k] \cdot 2\pi}$$

$$= x[k]$$

Lösung 12.4

a) $\quad X(e^{j\Omega}) \;=\; \sum_{k=-\infty}^{\infty} \mathrm{si}\left(\frac{\pi}{2}k\right) e^{-j\Omega k} = 2 \sum_{k=1}^{\infty} \mathrm{si}\left(\frac{\pi}{2}k\right) \cos(\Omega k) + 1 \cdot \cos(\Omega \cdot 0)$

$$= 1 + \frac{4}{\pi} \cos \Omega - \frac{4}{3\pi} \cos 3\Omega + \frac{4}{5\pi} \cos 5\Omega - \dots$$

b) mit $k = \dfrac{t}{T}$ gilt:

$$x_a(t) \;=\; \sum_{k} \delta(t - kT) \mathrm{si}\left(\frac{\pi}{2} \cdot \frac{t}{T}\right) = \mathrm{si}\left(\frac{\pi t}{2T}\right) \cdot \frac{1}{T} \amalg \left(\frac{t}{T}\right)$$

$$\overset{\circ}{\underset{\bullet}{\vdots}}$$

$$X_a(j\omega) \;=\; \frac{1}{2\pi} 2T \, \mathrm{rect}\left(\frac{\omega T}{\pi}\right) * \amalg \left(\frac{\omega T}{2\pi}\right) = 2 \sum_{\mu} \mathrm{rect}\left(\frac{T}{\pi}\left(\omega - \frac{2\pi\mu}{T}\right)\right)$$

$$X(e^{j\Omega}) \;=\; X_a(j\omega) \qquad \text{mit } \Omega = \omega T$$

$$X(e^{j\Omega}) \;=\; 2 \sum_{\mu} \mathrm{rect}\left(\frac{1}{\pi}(\Omega - 2\pi\mu)\right)$$

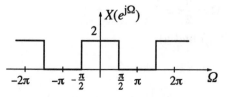

Anmerkung: Auch wenn im Ergebnis nicht immer $e^{j\Omega}$-Terme auftauchen, ist es üblich, das Spektrum einer Folge mit $X(e^{j\Omega})$ zu bezeichnen.

c) Fourier-Reihe $X(e^{j\Omega}) = \sum_{\mu} A_\mu e^{jT_0 \mu \Omega}$ mit Grundperiode $T_0 = \dfrac{2\pi}{\Omega_{per}} = 1$.

$$A_\mu = \frac{1}{2\pi} \int_{-\pi}^{\pi} X(e^{j\Omega}) e^{-jT_0\mu\Omega} \, d\Omega$$

$$= \frac{1}{2\pi} \int_{-\frac{\pi}{2}}^{\frac{\pi}{2}} 2 \cdot e^{-j\mu\Omega} \, d\Omega = \frac{1}{-j\mu\pi} \left[e^{-j\mu\Omega} \right]_{-\frac{\pi}{2}}^{\frac{\pi}{2}}$$

$$= \frac{1}{-j\mu\pi} \underbrace{\left[e^{-j\mu\frac{\pi}{2}} - e^{j\mu\frac{\pi}{2}} \right]}_{-j2\sin\left(\mu\frac{\pi}{2}\right)} = \frac{2}{\mu\pi} \sin\left(\frac{\mu\pi}{2}\right) = \operatorname{si}\left(\frac{\mu\pi}{2}\right)$$

Diese Fourier-Reihe entspricht dem ersten Schritt aus a).

d) Ein diskreter Tiefpaß mit Grenzfrequenz $\frac{\pi}{2}$, ein sog. Halbband-Tiefpaß.

Lösung 12.5

$$H_2(e^{j\Omega}) = \sum x_1[k] \cdot (-1)^k e^{-j\Omega k} = \sum x_1[k] e^{j\pi k} e^{-j\Omega k}$$
$$= \sum x_1[k] e^{-j(\Omega-\pi)k} = H_1(e^{j(\Omega-\pi)})$$

H_2 ist ein Hochpaß.

Lösung 12.6

a) Aus dem Spektrum $X(j\omega)$ ist ersichtlich, daß $X(j\omega) = 0$ für $|\omega| > \omega_g$. Um mit Nyquistfrequenz abzutasten, muß $T = \frac{\pi}{\omega_g}$ gewählt werden.

$$X_a(j\omega) = \frac{1}{2\pi} \cdot X(j\omega) * \underline{\text{Ш}} \left(\frac{\omega T}{2\pi}\right) = \frac{1}{T} \sum_\mu X\left(j\left(\omega - \frac{2\pi\mu}{T}\right)\right)$$

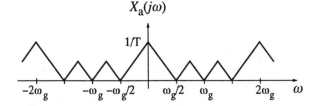

b) Nach (12.43) entspricht die $\mathcal{F}$-Transformierte eines abgetasteten kontinuierlichen Signals der $\mathcal{F}_*$-Transformierten der entsprechenden diskreten Folge für $\Omega = \omega T$.

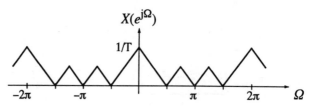

c) $H_1(e^{j\Omega}) = T\mathrm{rect}\left(\dfrac{\Omega}{\pi}\right)$ für $-\pi \le \Omega \le \pi$

Beachte: Auf Grund der 2π-Periodizität von $\mathcal{F}_*$-Transformierten ist sowohl das Spektrum von $H_1(e^{j\Omega})$ als auch das von $Y(e^{j\Omega})$ 2π-periodisch. Entsprechend b) gilt: $Y_a(j\omega) = Y(e^{j\Omega})$ mit $\Omega = \omega T$

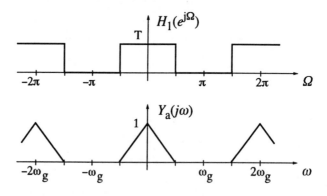

d) $H_2(j\omega) = K \cdot \left(\dfrac{1}{j\omega + 0{,}75\omega_g}\right)^N$

$H_2(\omega \to 0) = K \cdot \dfrac{1}{(0{,}75\omega_g)^N} = 1 \quad \Rightarrow \quad K = \left(\dfrac{3\omega_g}{4}\right)^N$

Erste spektrale Wiederholung bei $1{,}5\omega_g$, d.h. $18\frac{\mathrm{dB}}{\mathrm{Okt.}} \doteq 60\frac{\mathrm{dB}}{\mathrm{Dek.}}$ Dämpfung nötig $\Rightarrow N = 3$

Lösung 12.7

O.B.d.A. gelte $\Omega_0 \in [-\pi; \pi]$

$$x[k] = \frac{1}{2\pi} \int\limits_{-\pi}^{\pi} \text{⊥⊥⊥}\left(\frac{\Omega - \Omega_0}{2\pi}\right) e^{jk\Omega}\, d\Omega = \frac{1}{2\pi} \int\limits_{-\pi}^{\pi} 2\pi\delta(\Omega - \Omega_0)\, e^{jk\Omega}\, d\Omega = e^{jk\Omega_0}$$

Es wird nur über genau einen Impuls des Delta-Impulskamms integriert.

Lösung 12.8

a) $\displaystyle\sum_k x[k-\kappa]\,e^{-j\Omega k}\ \overset{\mu=k-\kappa}{\underset{\downarrow}{=}}\ \sum_\mu x[\mu]e^{-j\Omega[\mu+\kappa]}=\underbrace{\sum_\mu x[\mu]\,e^{-j\Omega\mu}}_{X(e^{j\Omega})}\cdot e^{-j\Omega\kappa}$

b) $\displaystyle\sum_k e^{j\Omega_0 k}x[k]\,e^{-j\Omega k}=\sum_k x[k]e^{j(\Omega-\Omega_0)k}$

Lösung 12.9

$$\mathcal{F}_*\{f[k]*g[k]\}=\sum_k\left[\sum_\kappa f[\kappa]g[k-\kappa]\right]e^{-jk\Omega}=\sum_\kappa\sum_k f[\kappa]g[k-\kappa]e^{-jk\Omega}$$

$$=\sum_\kappa f[\kappa]\underbrace{\sum_k g[k-\kappa]e^{-jk\Omega}}_{\text{Verschiebungssatz}}=\sum_\kappa f[\kappa]e^{-j\Omega\kappa}G(e^{j\Omega})$$

$$=F(e^{j\Omega})\cdot G(e^{j\Omega})$$

Lösung 12.10

$$F(e^{j\Omega})\circledast G(e^{j\Omega})=\frac{1}{2\pi}\int_{-\pi}^{\pi}F(e^{j\eta})G(e^{j(\Omega-\eta)})d\eta$$

$$=\frac{1}{2\pi}\int_{-\pi}^{\pi}\left[\frac{1}{2\pi}\int_{-\pi}^{\pi}F(e^{j\eta})G(e^{j(\Omega-\eta)})d\eta\right]e^{j\Omega k}d\Omega$$

$$=\frac{1}{2\pi}\int_{-\pi}^{\pi}F(e^{j\eta})\underbrace{\left[\frac{1}{2\pi}\int_{-\pi}^{\pi}G(e^{j(\Omega-\eta)})e^{j\Omega k}d\Omega\right]}_{\text{Modulationssatz}}d\eta$$

$$=\frac{1}{2\pi}\int_{-\pi}^{\pi}F(e^{j\eta})e^{j\eta k}g[k]d\eta=g[k]\cdot\frac{1}{2\pi}\int_{-\pi}^{\pi}F(e^{j\eta})e^{j\eta k}d\eta$$

$$=g[k]\cdot f[k]$$

Lösung 13.1

$$X_1(z)=z^{-3}-4z^{-2}+6z^{-1}-4+z=\frac{(z-1)^4}{z^3}$$

$$\begin{aligned}X_2(z)&=\sum_{k=2}^{\infty}e^{-ak}z^{-k}=\sum_{\kappa=0}^{\infty}e^{-a(\kappa+2)}z^{-(\kappa+2)}\\&=e^{-2a}z^{-2}\sum_{\kappa=0}^{\infty}\left(\frac{e^{-a}}{z}\right)^\kappa=e^{-2a}\frac{1}{z(z-e^{-a})},\quad|z|>|e^{-a}|\end{aligned}$$

$$X_3(z) = \sum_{k=-10}^{0}(-0,8)^{-k}z^{-k} + \sum_{k=0}^{10}(-0,8)^k z^{-k} - (-0,8^0 \cdot z^0)$$

$$= \sum_{\kappa=0}^{10}(-0,8z)^\kappa + \sum_{k=0}^{10}\left(\frac{-0,8}{z}\right)^k - 1$$

$$= \frac{(-0,8z)^{11}-1}{-1-0,8z} + \frac{\left(-\frac{0,8}{z}\right)^{11}-1}{-\frac{0,8}{z}-1} - 1$$

Lösung 13.2

$$x_1[k] = \left(\frac{1}{a}\right)^k \varepsilon[k] \circ\!\!-\!\!\bullet X_1(z) = \frac{z}{z-\frac{1}{a}}, \quad |z| > \left|\frac{1}{a}\right|$$

$$x_2[k] = -\left(\frac{1}{a}\right)^k \varepsilon[-k] \circ\!\!-\!\!\bullet X_2(z) = \frac{1}{a}\cdot\frac{1}{z-\frac{1}{a}}, \quad |z| < \left|\frac{1}{a}\right|$$

$$X_3(z) = \frac{z}{z-0,5} - \frac{0,8}{z-0,8}, \quad 0,5 < |z| < 0,8$$

$X_4(z)$ existiert nicht, da sich die Konvergenzbereiche nicht überlappen.

$$x_5[k] = a^k\varepsilon[k-1] + a^{-k}\varepsilon[-k] \circ\!\!-\!\!\bullet X_2(z) = \frac{a}{z-a} - \frac{1}{a}\cdot\frac{1}{z-\frac{1}{a}}, \quad a < |z| < \frac{1}{a}$$

existiert nur für $a < 1$

Lösung 13.3

a)

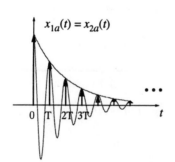 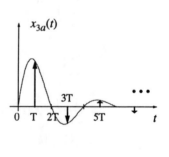

b) Wenn man $x_\nu[k]$ nach (13.15) wählt, gilt:

$$\mathcal{L}\{x_{\nu a}(t)\} = \mathcal{Z}\{x_\nu[k]\}, \quad \text{mit } z = e^{sT}$$

$$x_1[k] = e^{-0,5k}\varepsilon[k] \circ\!\!-\!\!\bullet X_1(z) = \frac{z}{z-e^{-0,5}} \quad \Rightarrow \quad X_{1a}(s) = \frac{e^{sT}}{e^{sT}-e^{-0,5}}$$

$$X_{2a}(s) = \frac{e^{sT}}{e^{sT}-e^{-0,5}}, \quad \text{da } x_{1a}(t) = x_{2a}(t).$$

$$x_3[k] = e^{-2k}\sin\left(\frac{\pi k}{2}\right)\cdot\varepsilon[k] = \frac{1}{2j}\left[e^{(-2+j0,5\pi)k} - e^{(-2-j0,5\pi)k}\right]\varepsilon[k]$$

$$= \frac{1}{2j}\left[(je^{-2})^k - (-je^{-2})^k\right]\varepsilon[k]$$

$$X_3(z) = \frac{1}{2j}\left(\frac{z}{z - je^{-2}} - \frac{z}{z + je^{-2}}\right) = \frac{ze^{-2}}{z^2 + e^{-4}}$$

$$X_{3a}(s) = \frac{e^{-2+sT}}{e^{2sT} + e^{-4}}$$

Lösung 13.4

a) $X_1(z) = 0{,}5z^{-1} + 1 + 0{,}5z = \dfrac{(z+1)^2}{2z}$

$\quad X_2(z) = z^{-1} + 1 + z = \dfrac{z^2 + z + 1}{z}$

$\quad X_3(z) = z^{-2} + z^{-1} + 1 = \dfrac{z^2 + z + 1}{z^2}$

$\quad X_4(z) = -\dfrac{2}{3\pi}z^{-3} + \dfrac{2}{\pi}z^{-1} + 1 + \dfrac{2}{\pi}z - \dfrac{2}{3\pi}z^3$

b) $X_1(e^{j\Omega}) = 0{,}5e^{-j\Omega} + 1 + 0{,}5e^{j\Omega} = 1 + \cos\Omega$

$\quad X_2(e^{j\Omega}) = 1 + 2\cos\Omega$

$\quad X_3(e^{j\Omega}) = (1 + 2\cos\Omega)\,e^{-j\Omega}$

$\quad X_4(e^{j\Omega}) = 1 + \dfrac{4}{\pi}\cos\Omega - \dfrac{4}{3\pi}\cos 3\Omega$

Es handelt sich um Tiefpässe.

Lösung 13.5

a) $\mathcal{Z}\{x[k-\kappa]\} = \displaystyle\sum_{k=-\infty}^{\infty} x[k-\kappa]\, z^{-k} = \sum_{\mu=-\infty}^{\infty} x[\mu] z^{-(\mu+\kappa)}$

$\qquad\qquad = z^{-\kappa} \displaystyle\sum_{\mu} x[\mu] z^{-\mu} = z^{-\kappa} X(z)$

b) $\mathcal{Z}\{a^k x[k]\} = \displaystyle\sum_{k} x[k] \left(\frac{z}{a}\right)^{-k} = X\left(\frac{z}{a}\right)$

c) $-z\dfrac{dX(z)}{dz} = -z\dfrac{d}{dz}\displaystyle\sum_{k} x[k] z^{-k} = -z\sum_{k} x[k]\dfrac{d}{dz}z^{-k}$

$\qquad\qquad = -z\displaystyle\sum_{k} x[k](-k)z^{-k-1} = \sum_{k} k\,x[k]z^{-k} = \mathcal{Z}\{k\,x[k]\}$

d) $\mathcal{Z}\{x[-k]\} = \displaystyle\sum_{k} x[-k]z^{-k} = \sum_{\kappa} x[\kappa]z^{\kappa} = \sum_{\kappa} x[\kappa]\left(\frac{1}{z}\right)^{-\kappa} = X\left(\frac{1}{z}\right)$

Lösung 13.6

$X(z) = z^{-1} + 2 + z = \dfrac{(z+1)^2}{z}$

$X_m(z) = X(z\,e^{-j\Omega_0}) = (z\,e^{-j\Omega_0})^{-1} + 2 + z\,e^{-j\Omega_0}$

$\Omega_0 = 0: \qquad X_m(z) = \dfrac{(z+1)^2}{z}$

$\Omega_0 = \dfrac{\pi}{2}: \qquad X_m(z) = jz^{-1} + 2 - jz = \dfrac{(z+j)^2}{jz}$

$\Omega_0 = \pi: \qquad X_m(z) = -z^{-1} + 2 - z = -\dfrac{(z-1)^2}{z}$

Spektrum: $\quad X_m(e^{j\Omega}) = \left(e^{j(\Omega-\Omega_0)}\right)^{-1} + 2 + e^{j(\Omega-\Omega_0)} = 2 + 2\cos(\Omega - \Omega_0)$

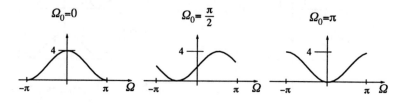

Lösung 13.7

Es gilt: $\quad X(z) = \mathcal{Z}\{x[k]\}, \quad$ Kb : $|z| > 0{,}5$

Dann folgt mit

Linearität: $\qquad X_1(z) = k_0 X(z), \quad \text{Kb} : |z| > 0,5$

Verschiebungssatz: $\qquad X_2(z) = z^{-k_0} X(z), \quad \text{Kb} : |z| > 0,5$

Modulationssatz: $\qquad X_3(z) = X\left(\dfrac{z}{(-e)^\alpha}\right), \quad \text{Kb} : \left|\dfrac{z}{(-e)^\alpha}\right| > 0,5$

$$\Rightarrow |z| > 0,5 \cdot e^{\mathrm{Re}\{\alpha\}}$$

Lösung 13.8

Die Lage der Pole ist entscheidend (siehe Kap. 13.5).

1. Keine Pole außer im Unendlichen $\quad \Rightarrow \quad$ endlich, $\quad \text{Kb} : |z| < \infty$

2.,3. Keine Pole außerhalb des Ursprungs $\quad \Rightarrow \quad$ endlich, $\quad \text{Kb} : 0 < |z|$

4. $H_4(z) = \dfrac{2z + 0,5}{z - 0,5} \quad \Rightarrow \quad$ unendlich, $\quad \text{Kb} : |z| > 0,5$

5. $H_5(z) = \dfrac{2(z-1)}{z} \quad \Rightarrow \quad$ endlich, $\quad \text{Kb} : 0 < |z|$

Lösung 13.9

Da es sich um unendliche Folgen handelt, wird die Rücktransformation durch Partialbruchzerlegung von $\dfrac{X_\nu(z)}{z}$ durchgeführt:

$$\frac{X_1(z)}{z} = \frac{6}{z} - \frac{2}{z^2} - \frac{6}{z+0,5}$$

$$X_1(z) = 6 - \frac{2}{z} - \frac{6z}{z+0,5}$$

$$x_1[k] = 6\,\delta[k] - 2\,\delta[k-1] - 6(-0,5)^k \varepsilon[k]$$

$$\frac{X_2(z)}{z} = -\frac{4}{z} + \frac{4}{z+0,5} + \frac{3}{(z+0,5)^2}$$

$$X_2(z) = -4 + \frac{4z}{z+0,5} + \frac{3z}{(z+0,5)^2}$$

$$x_2[k] = -4\,\delta[k] + (4 - 6k)(-0,5)^k \varepsilon[k]$$

Lösung 13.10

a) $H_a(z) = (z-1)(z^2 + z + 1) = (z-1)\left(z + \dfrac{1}{2} + j\dfrac{\sqrt{3}}{2}\right)\left(z + \dfrac{1}{2} - j\dfrac{\sqrt{3}}{2}\right)$

b) $H_b(z) = \dfrac{1 - z^3}{z^3} = -\dfrac{H_a(z)}{z^3}$

c) $H_c(z) = \dfrac{z^6 + 1}{z^3}$

Nullstellen: $z = \sqrt[6]{-1}$; $z_\nu = e^{j\left(\frac{\pi}{6} + \frac{\pi}{3}\nu\right)}$, $\nu \in [0; 5]$

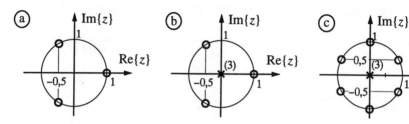

Lösung 13.11

$$H_1(z) = A\left(z - e^{j\frac{5\pi}{6}}\right)\left(z - e^{-j\frac{5\pi}{6}}\right) = A(z^2 + \sqrt{3}z + 1)$$

$$h_1[k] = A\delta[k+2] + \sqrt{3}A\delta[k+1] + A\delta[k]$$

$$H_2(z) = \frac{H_1(z)}{z} \quad \Rightarrow \quad h_2[k] = A(\delta[k+1] + \sqrt{3}\delta[k] + \delta[k-1])$$

$$H_3(z) = zH_1(z) \quad \Rightarrow \quad h_3[k] = A(\delta[k+3] + \sqrt{3}\delta[k+2] + \delta[k+1])$$

Unterschied: Verschiebung und konstanter Faktor

Lösung 13.12

a) $x[k] = \varepsilon[k] - 2\varepsilon[k - r - 1] + \varepsilon[k - 2r - 2]$

mit Verschiebungssatz:

$$X(z) = \mathcal{Z}\{x[k]\} = \frac{z}{z-1}(1 - 2z^{-r-1} + z^{-2r-2}) = \frac{(z^{r+1} - 1)^2}{z^{2r+1}(z-1)}$$

b) doppelte Nullstellen bei $z^{r+1} = 1$ $\Rightarrow$ $z_n = e^{\frac{2\pi n}{r+1}}$, $n = 0, 1, 2, \ldots, r$

einfacher Pol bei $z = 1$ kürzt sich gegen eine Nullstelle bei $z = 1$

$2r + 1$-facher Pol bei $z = 0$

c)

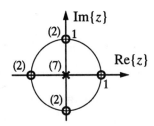

Lösung 14.1

a) LTI

b) LTI

c) TI, nicht L, denn
$$S\{x_1[k] + x_2[k]\} = a + x_1[k] + x_2[k] \neq$$
$$S\{x_1[k]\} + S\{x_2[k]\} = 2a + x_1[k] + x_2[k]$$

d) L, denn $S\{x_1[k] + x_2[k]\} = a^k x_1[k] + a^k x_2[k] = S\{x_1[k]\} + S\{x_2[k]\}$
nicht TI, denn
$$S\{x[k - N]\} = a^k x[k - N] \neq$$
$$y[k - N] = a^{k-N} x[k - N]$$

e) LTI

f) L, nicht TI, denn
$$S\{x[k - N]\} = \sum_{\mu=0}^{k} x[\mu - N] \neq$$
$$y[k - N] = \sum_{\mu=0}^{k-N} x[\mu] = \sum_{\tilde{\mu}=N}^{k} x[\tilde{\mu} - N]$$

g) L, TI, denn
$$S\{x[k - N]\} = \sum_{\mu=-\infty}^{k} x[\mu - N] =$$
$$y[k - N] = \sum_{\mu=-\infty}^{k-N} x[\mu] = \sum_{\tilde{\mu}=-\infty}^{k} x[\tilde{\mu} - N]$$

h) LTI, denn Differenzengleichungen beschreiben LTI–Systeme

i) L, nicht TI, siehe d)

j) TI, nicht L, denn
$$S\{x_1[k] + x_2[k]\} = a^{x_1[k]+x_2[k]} \neq$$
$$S\{x_1[k]\} + S\{x_2[k]\} = a^{x_1[k]} + a^{x_2[k]}$$

Lösung 14.2

a) Verschiebungsvariant, denn

$$S\{x[k-N]\} = x[2(k-N)] \neq y[k-N] = x[2k-N]$$

b) Ebenfalls verschiebungsvariant, Begründung wie a).

c) Das System setzt jeden Abtastwert mit ungeradem Index k zu Null:

$$y[k] = \begin{cases} x[k], & k \text{ gerade} \\ 0, & k \text{ ungerade} \end{cases}$$

$$S\{x[k-N]\} = \begin{cases} x[k-N], & k \text{ gerade} \\ 0, & k \text{ ungerade} \end{cases}$$

$$y[k-N] = \begin{cases} x[k-N], & k-N \text{ gerade} \\ 0, & k-N \text{ ungerade} \end{cases}$$

Beispiel für $N = 1$: veschiebungsvariant

$$S\{x[k-1]\} = \begin{cases} x[k-1], & k \text{ gerade} \\ 0, & k \text{ ungerade} \end{cases}$$

$$y[k-1] = \begin{cases} 0, & k \text{ gerade} \\ x[k-1], & k \text{ ungerade} \end{cases}$$

Beispiel für $N = 2$: veschiebungs*in*variant

$$S\{x[k-2]\} = \begin{cases} x[k-2], & k \text{ gerade} \\ 0, & k \text{ ungerade} \end{cases}$$

$$y[k-2] = \begin{cases} x[k-2], & k \text{ gerade} \\ 0, & k \text{ ungerade} \end{cases}$$

Das System ist invariant gegenüber Verschiebungen um eine gerade Anzahl von Takten, eine Verschiebung von $x[k]$ um eine ungerade Anzahl von Takten liefert jedoch nicht die verschobene Version von $y[k]$.

Bemerkung: Solche Systeme, die invariant gegenüber einer bestimmten Verschiebung und Vielfachen davon sind, heißen *periodisch verschiebungsinvariant*.

Lösung 14.3

a) $y[-1] = 0$

$y[0] = x[0] = 1$

$$y[1] = x[1] - 2y[k-1] = 0 - 2 \cdot 1 = -2$$
$$y[2] = x[2] - 2y[k-1] - y[k-2] = 0 - 2 \cdot (-2) - 1 = 3$$
$$y[3] = 0 - 2 \cdot 3 + (-2) = -4$$
$$y[4] = 0 - 2 \cdot (-4) + 3 = 5$$
$$\vdots$$
$$y[k] = (-1)^k (k+1)\varepsilon[k]$$

b) $y[k] = 1, -1, 2, -2, 3, -3, \ldots$

Lösung 14.4

$$y[k] = x[k] - y[k-2]$$

$$y[2] = x[2] - y[0] = 1$$

$$y[3] = x[3] - y[1] = -6$$

$$y[4] = x[4] - y[2] = 0$$

$$y[5] = x[5] - y[3] = 5$$

Lösung 14.5

- interner Anteil: Eingangssignal weglassen

  $$y_{\text{int}}[0] = 0,5 \cdot 2 = 1$$
  $$y_{\text{int}}[1] = 0,5 \cdot y_{\text{int}}[0] = 0,5$$
  $$y_{\text{int}}[2] = 0,5 \cdot y_{\text{int}}[1] = 0,25$$
  $$y_{\text{int}}[3] = 0,125$$

- externer Anteil: Anfangszustand zu Null setzen

  $$y_{\text{ext}}[0] = 2 \cdot 1 = 2$$
  $$y_{\text{ext}}[1] = 2 \cdot 1 + 0,5 \cdot (1 + y_{\text{ext}}[0]) = 3,5$$
  $$y_{\text{ext}}[2] = 2 \cdot 1 + 0,5 \cdot (1 + 3,5) = 4,25$$
  $$y_{\text{ext}}[3] = 2 \cdot 1 + 0,5 \cdot (1 + 4,25) = 4,625$$

- Anfangsbedingung

  $$y[0] = y_{\text{int}}[0] + y_{\text{ext}}[0] = 1 + 2 = 3$$

Lösung 14.6

a) Eindeutige Zuordnung der Anfangszustände nur zwischen kanonischen Formen.

- DF I: Mit dem Rückkopplungszweig beginnen.

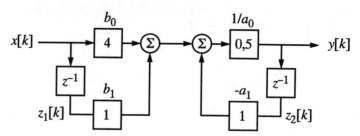

Anfangsbedingung wird durch $0,5z_1[0] + 0,5z_2[0] + 4 \cdot 0,5x[0] = 3$ und damit durch $0,5z_1[0] + 0,5z_2[0] = 1 = y_{\text{int}}[0]$ erfüllt.

Beobachtung: Für die Bestimmung der Anfangszustände genügt die Verwendung des internen Anteils.

- DF II: Durch Umzeichnen, vgl. Bild 14.7 und Bild 14.9.

  Anfangsbedingung: $y_{\text{int}}[0] = \left(b_1 + b_0 \cdot \dfrac{a_1}{a_0}\right) z[0] = 3z[0] \quad \Rightarrow \quad z[0] = \frac{1}{3}$

- DF III: siehe auch Bild 2.5

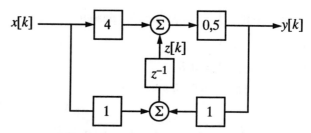

$y_{\text{int}}[0] = 0,5z[0]] \quad \Rightarrow \quad z[0] = 2$

b)   (I) : $z[k+1] = x[k] + y[k]$

            (II) : $y[k] = 2x[k] + 0,5z[k]$

   (I) in (II) : $y[k] = 2x[k] + 0,5(x[k-1] + y[k-1])$

Diff.-Gl.: $y[k] - 0,5y[k-1] = 2x[k] + 0,5x[k-1]$

Wenn man die Differenzengleichung mit 2 durchmultipliziert ergeben sich die Koeffizienten aus a).

Lösung 14.7

DF II

DF III

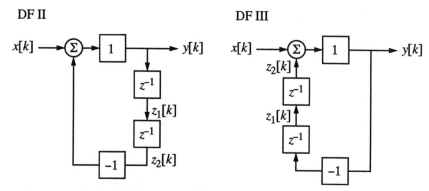

Die Anfangszustände realisieren $y_{\text{int}}[0] = -1$ und $y_{\text{int}}[1] = 6$. Genau dann werden die Nebenbedingungen erfüllt, siehe Aufgabe 14.4.

DF II: $z_2[0] = 1;\quad z_1[0] = -6$

DF III: $z_2[0] = -1;\quad z_1[0] = 6$

Lösung 14.8

$$x[k] \circ\!\!-\!\!\bullet \frac{z}{z - \frac{1}{2}} \quad |z| > \frac{1}{2}$$

Partialbruchzerlegung: $\dfrac{Y(z)}{z} = \dfrac{1}{z - \frac{1}{2}} + \dfrac{j\frac{1}{\sqrt{3}}}{z - \frac{1}{4} + j\frac{\sqrt{3}}{4}} - \dfrac{j\frac{1}{\sqrt{3}}}{z - \frac{1}{4} - j\frac{\sqrt{3}}{4}}$

$$y[k] = \left(\frac{1}{2}\right)^k \varepsilon[k] + \frac{j}{\sqrt{3}}\varepsilon[k]\left[\left(0,5e^{-j\frac{2\pi}{3}}\right)^k - \left(0,5e^{j\frac{2\pi}{3}}\right)^k\right]$$

$$= \left(\frac{1}{2}\right)^k \left[\frac{2}{\sqrt{3}}\sin(\frac{\pi}{3}k) + 1\right]\varepsilon[k]$$

Lösung 14.9

a) IIR-System, da $H_1(z)$ Pole außerhalb des Ursprungs hat, d.h. das Ausgangssignal wird in das System zurückgeführt.

$$\frac{H_1(z)}{z} = \frac{az}{(z - z_p)(z - z_p^*)} = \frac{A}{z - z_p} + \frac{A^*}{z - z_p^*}$$

mit $z_p = \dfrac{1+j}{2}, \quad A = \dfrac{a(1-j)}{2}$

$$h_1[k] = \left[Az_p^k + A^* z_p^{*k}\right]\varepsilon[k] = |A| \cdot |z_p|^k \cdot \left[\arg\{A\}e^{j\frac{\pi}{4}k}\right.$$

$$\left. + \arg\{A^*\}e^{-j\frac{\pi}{4}k}\right]\varepsilon[k] = a\sqrt{2}\left(\frac{1}{\sqrt{2}}\right)^k \cos\left[\frac{\pi}{4}(k-1)\right]\varepsilon[k]$$

b) Die ersten fünf Werte von $h_1[k]$ ausrechnen und für $h_2[k]$ verwenden:

$$\Rightarrow \quad h_2[k] = a, a, \frac{a}{2}, 0, -\frac{a}{4}, -\frac{a}{4}, 0, \ldots$$

$$H_2(z) = a \cdot (1 + z^{-1} + 0,5z^{-2} - 0,25z^{-4} - 0,25z^{-5})$$

$$= a\frac{z^5 + z^4 + 0,5z^3 - 0,25z - 0,25}{z^5}$$

Lösung 14.10

a) $H(z) = \dfrac{2 + 0,5z^{-1}}{1 - 0,5z^{-1}} = \dfrac{2z + 0,5}{z - 0,5}, \quad |z| > 0,5$

$X(z) = \dfrac{z}{z - 1}, \quad |z| > 1$

$$\frac{Y_{\text{ext}}(z)}{z} = \frac{2z + 0,5}{(z - 1)(z - 0,5)} = \frac{5}{z - 1} - \frac{3}{z - 0,5}$$

$$y_{\text{ext}}[k] = 5\varepsilon[k] - 3 \cdot 0,5^k \varepsilon[k]$$

b) $Y_{\text{int}}(z) = A\dfrac{z}{z - 0,5}, \quad |z| > 0,5$

$$y_{\text{int}}[k] = A \cdot 0,5^k \varepsilon[k]$$

$$y_{\text{int}}[0] = y[0] - y_{\text{ext}}[0] = 3 - 2 = 1 \quad \Rightarrow \quad A = 1$$

c) $y[k] = y_{\text{ext}}[k] + y_{\text{int}}[k] = (5 - 2 \cdot 0,5^k)\varepsilon[k]$

Lösung 14.11

Externer Anteil:

$$H(z) = \frac{1}{1 + z^{-2}} = \frac{z^2}{z^2 + 1} = \frac{z^2}{(z + j)(z - j)}, \quad |z| > 1$$

$$X(z) = \frac{z}{z + 1}, \quad |z| > 1$$

$$\frac{Y_{\text{ext}}(z)}{z} = \frac{z^2}{(z+1)(z+j)(z-j)} = \frac{0,5}{z+1} + \frac{0,25(1-j)}{z+j} + \frac{0,25(1+j)}{z-j}$$

$$y_{\text{ext}}[k] = \left[0,5 \cdot (-1)^k + 0,25\left((-j)^k + j^k\right) - j0,25\left((-j)^k - j^k\right)\right]\varepsilon[k]$$

$$= 0,5\varepsilon[k]\left[(-1)^k + \cos\left(\frac{\pi}{2}k\right) - \sin\left(\frac{\pi}{2}k\right)\right]$$

Interner Anteil:

$$Y_{\text{int}}(z) = A\frac{z}{z-j} + A^*\frac{z}{z+j}, \quad |z| > 1$$

$$y_{\text{int}}[k] = \left[Aj^k + A^*(-j)^k\right]\varepsilon[k]$$

Aus Aufgabe 14.4: $y_{\text{int}}[0] = -1$, $y_{\text{int}}[1] = 6$

$k = 0$: $A + A^* = -1$ $\Rightarrow$ $\text{Re}\{A\} = -0,5$

$k = 1$: $jA - jA^* = 6$ $\Rightarrow$ $\text{Im}\{A\} = -3$

$$y_{\text{int}}[k] = \left[-\cos\left(\frac{\pi}{2}k\right) + 6\sin\left(\frac{\pi}{2}k\right)\right]\varepsilon[k]$$

Gesamt:

$$y[k] = 0,5\varepsilon[k] \cdot \left[(-1)^k - \cos\left(\frac{\pi}{2}k\right) + 11\sin\left(\frac{\pi}{2}k\right)\right]$$

Lösung 14.12

a) $\displaystyle c[k] = \sum_{\kappa=-\infty}^{\infty} a[\kappa]b[k-\kappa] = \sum_{\kappa=0}^{2} b[k-\kappa]$

$= \delta[k] + 2\delta[k-1] - \delta[k-2] + \delta[k-1] + 2\delta[k-2] - \delta[k-3]$

$+ \delta[k-2] + 2\delta[k-3] - \delta[k-4]$

$= \delta[k] + 3\delta[k-1] + 2\delta[k-2] + \delta[k-3] - \delta[k-4]$

b) $c[k] = a[k+2] + 0,8a[k+1] = 0,8^{k+2}\varepsilon[k+2] + 0,8 \cdot 0,8^{k+1}\varepsilon[k+1]$

$= 0,8^{k+2}\delta[k+2] + 0,8^{k+2}\varepsilon[k+1] + 0,8 \cdot 0,8^{k+1}\varepsilon[k+1]$

$= 0,8^{k+2}\delta[k+2] + 2 \cdot 0,8^{k+2}\varepsilon[k+1]$

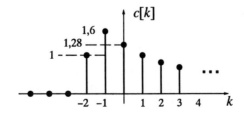

Lösung 14.13

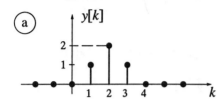

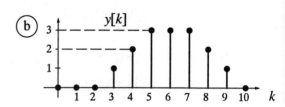

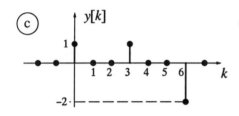

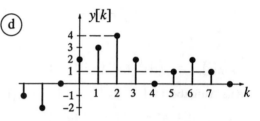

Lösung 14.14

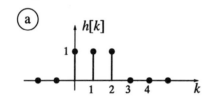

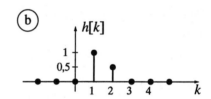

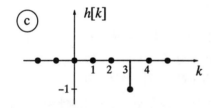

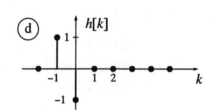

Lösung 15.1

a) nicht kausal

b) kausal

c) kausal

d) kausal

e) nicht kausal, „reagiert" für $k > 0$ auf zukünftige $x[k]$, z.B. $y[1] = x[2]$

Lösung 15.2

a) $\mathcal{H}\{e^{j\omega_0 t}\} = e^{j\omega_0 t} * \dfrac{1}{\pi t} \circ\!\!-\!\!\bullet\ 2\pi\delta(\omega - \omega_0) \cdot (-j\mathrm{sign}(\omega)) = -2\pi j\delta(\omega - \omega_0)$

$\mathcal{H}\{e^{j\omega_0 t}\} = \mathcal{F}^{-1}\{-j2\pi\delta(\omega - \omega_0)\} = -je^{j\omega_0 t} = e^{j(\omega_0 t - \frac{\pi}{2})}$

b) $\mathcal{H}\{\sin\omega_0 t\} = \dfrac{1}{2j}\left[e^{j\omega_0 t} - e^{-j\omega_0 t}\right] * \dfrac{1}{\pi t}$

$\circ$
$\bullet$

$\dfrac{1}{2j} \cdot 2\pi[\delta(\omega - \omega_0) - \delta(\omega + \omega_0)] \cdot (-j\mathrm{sign}(\omega)) = -\pi[\delta(\omega - \omega_0) + \delta(\omega + \omega_0)]$

$\mathcal{H}\{\sin\omega_0 t\} = -\cos\omega_0 t = \sin\left(\omega_0 t - \dfrac{\pi}{2}\right)$

c) $\mathcal{H}\{\cos\omega_0 t\} = \dfrac{1}{2}\left[e^{j\omega_0 t} + e^{-j\omega_0 t}\right] * \dfrac{1}{\pi t}$

$\circ$
$\bullet$

$\dfrac{1}{2} \cdot 2\pi[\delta(\omega - \omega_0) + \delta(\omega + \omega_0)] \cdot (-j\mathrm{sign}(\omega)) = -j\pi[\delta(\omega - \omega_0) - \delta(\omega + \omega_0)]$

$\mathcal{H}\{\cos\omega_0 t\} = \sin\omega_0 t = \cos\left(\omega_0 t - \dfrac{\pi}{2}\right)$

d) $\mathcal{H}\{\cos 2\omega_0 t\} \circ\!\!-\!\!\bullet\ -j\pi[\delta(\omega - 2\omega_0) - \delta(\omega + 2\omega_0)]$

$\mathcal{H}\{\cos 2\omega_0 t\} = \sin 2\omega_0 t = \cos\left(2\omega_0 t - \dfrac{\pi}{2}\right)$

In allen Fällen bewirkt der Hilbert-Transformator eine Phasenverschiebung des Zeitsignals um $\dfrac{\pi}{2}$.

Lösung 15.3

a) $h(t) = \dfrac{1}{\pi t} \circ\!\!-\!\!\bullet\ H(j\omega) = -j\mathrm{sign}(\omega)$

$$|H(j\omega)| = \begin{cases} 1 & |\omega| \neq 0 \\ 0 & \text{sonst} \end{cases} \qquad \arg\{H(j\omega)\} = \begin{cases} -\dfrac{\pi}{2} & \omega > 0 \\ 0 & \omega = 0 \\ \dfrac{\pi}{2} & \omega < 0 \end{cases}$$

Der Betragsfrequenzgang von $X(j\omega)$ bleibt bis auf $\omega = 0$ unverändert:

$$|X_h(j\omega)| = \begin{cases} 0 & \omega = 0 \\ |X(j\omega)| & \text{sonst} \end{cases}$$

Für das Argument gilt:

$$\arg\{X_h(j\omega)\} = \begin{cases} \arg\{X(j\omega)\} - \dfrac{\pi}{2} & \omega > 0 \\ 0 & \omega = 0 \\ \arg\{X(j\omega)\} + \dfrac{\pi}{2} & \omega < 0 \end{cases}$$

b) $y(t)$ ist reell, denn sowohl $x(t)$ als auch $h(t)$ sind reell. Mit dem Symmetrieschema 9.61 und $Y(j\omega) = -j\text{sign}(\omega)X(j\omega)$ folgt:

$$x_{g,\text{reell}} \circ\!\!-\!\!\bullet X_{g,\text{reell}} \xrightarrow{\mathcal{H}} Y_{u,\text{imag}} \bullet\!\!-\!\!\circ y_{u,\text{reell}}$$

und

$$x_{u,\text{reell}} \circ\!\!-\!\!\bullet X_{u,\text{imag}} \xrightarrow{\mathcal{H}} Y_{g,\text{reell}} \bullet\!\!-\!\!\circ y_{g,\text{reell}}$$

D.h., der gerade Anteil von $x(t)$ wird durch die Hilbert-Transformation ungerade und umgekehrt.

c) Da $y(t)$ reell und somit $Y(j\omega)$ konjugiert symmetrisch ist, gilt mit (9.94):

$$\int\limits_{-\infty}^{\infty} x(t)y(t)\,dt = \frac{1}{2\pi} \int\limits_{-\infty}^{\infty} X(j\omega)Y(-j\omega)\,d\omega = \frac{1}{2\pi} \int_{-\infty}^{\infty} X(j\omega)Y^*(j\omega)$$

$$= \frac{1}{2\pi} \int\limits_{-\infty}^{\infty} X(j\omega)j\text{sign}(\omega)X^*(j\omega)\,d\omega$$

$$= \frac{j}{2\pi} \int\limits_{-\infty}^{\infty} |X(j\omega)|^2\text{sign}(\omega)\,d\omega = 0,$$

da $X(j\omega) = X^*(-j\omega)$ und deshalb $|X(j\omega)|^2$ eine gerade Funktion ist. Die Hilbert-Transformation eines reellen Signals erzeugt ein dazu *orthogonales* Signal.

d) Mit dem Ergebnis aus Aufgabe 15.2 und $\text{sign}(0) = 0$ folgt:

$$\mathcal{H}\{x_F(t)\} = \sum_{\nu=1}^{\infty} [a_\nu \sin(\omega_0\nu t) - b_\nu \cos(\omega_0\nu t)]$$

Lösung 15.4

a) $\quad x(t) \quad = \quad \dfrac{1}{\pi} \cdot \dfrac{1}{t} - \dfrac{1}{\pi} \cos \omega_g t \cdot \dfrac{1}{t}$

$\circ$
$\vdots$
$\bullet$

$$X(j\omega) \quad = \quad \frac{1}{\pi}\left[-j\pi\mathrm{sign}(\omega)\right] - \frac{1}{\pi} \cdot \frac{1}{2\pi} \cdot \pi[\delta(\omega - \omega_g) + \delta(\omega + \omega_g)] * [-j\pi\mathrm{sign}(\omega)]$$

$$= \quad -j\mathrm{sign}(\omega) + \frac{j}{2}\left[\mathrm{sign}(\omega - \omega_g) + \mathrm{sign}(\omega + \omega_g)\right]$$

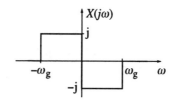

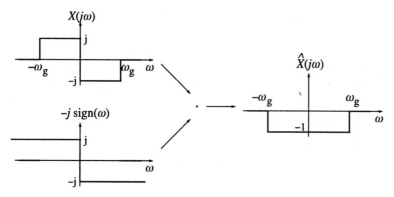

b) $\quad \hat{X}(j\omega) \quad = \quad -\mathrm{rect}\left(\dfrac{\omega}{2\omega_g}\right)$

$\bullet$
$\vdots$
$\circ$

$\quad \hat{x}(t) \quad = \quad -\dfrac{\omega_g}{\pi}\mathrm{si}(\omega_g t)$

c) $\quad X_a(j\omega) = 0 \quad$ für $\omega < 0$, kausal

d) $\quad X_a(j\omega) = X(j\omega) + j\hat{X}(j\omega) = X(j\omega)\left(1 + j[-j\mathrm{sign}(\omega)]\right)$

$$= X(j\omega)(1 + \mathrm{sign}(\omega)) = \begin{cases} 2X(j\omega) & \text{für} \quad \omega > 0 \\ X(j\omega) & \text{für} \quad \omega = 0 \\ 0 & \text{für} \quad \omega < 0 \end{cases}$$

Lösung 15.5

$$\hat{x}(t) \quad = \quad \mathcal{H}\{x(t)\}$$

$$\hat{X}(j\omega) \quad = \quad -j\text{sign}(\omega) \cdot X(j\omega) \quad \Rightarrow \quad |\hat{X}(j\omega)| = |X(j\omega)| \quad \forall \omega \neq 0$$

Nach Parseval haben Signale mit gleichem Betragsspektrum die gleiche Energie. Die Ausnahme bei $\omega = 0$ spielt bei der Integration keine Rolle.

Lösung 15.6

a) Es gilt:

$$X_2(j\omega) \quad = \quad [1 + j(-j\text{sign}(\omega))]X_1(j\omega)$$

$$x_2(t) \quad = \quad x_1(t) + j \cdot x_1(t) * \frac{1}{\pi t} = x_1(t) + j\mathcal{H}\{x_1(t)\}$$

b) Die Energien von $x_1(t)$ und $x_2(t)$ kann man mit der Parsevalschen Gleichung und unter Berücksichtigung, daß der Betrag der Fourier-Transformierten einer reellen Funktion gerade ist, folgendermaßen berechnen:

$$E_1 = \int\limits_{-\infty}^{\infty} |x_1(t)|^2 \, dt = \frac{1}{2\pi} \int\limits_{-\infty}^{\infty} |X_1(\omega)|^2 \, d\omega = \frac{2}{2\pi} \int\limits_{0}^{\infty} |X_1(\omega)|^2 \, d\omega$$

$$E_2 = \int\limits_{-\infty}^{\infty} |x_2(t)|^2 \, dt = \frac{1}{2\pi} \int\limits_{-\infty}^{\infty} |X_2(\omega)|^2 \, d\omega$$

$$= \frac{1}{2\pi} \int\limits_{-\infty}^{\infty} |(1 + \text{sign}(\omega))(X_1(\omega))|^2 \, d\omega = \frac{1}{2\pi} \int\limits_{0}^{\infty} 4|X_1(\omega)|^2 \, d\omega$$

$$= \frac{4}{2\pi} \int\limits_{0}^{\infty} |X_1(j\omega)|^2 \, d\omega = 2E_1$$

c) $E_2 = \int\limits_{-\infty}^{\infty} |x_2(t)|^2 \, dt = \int\limits_{-\infty}^{\infty} |x_1(t) + j\mathcal{H}\{x_1(t)\}|^2 \, dt$

$$= \int\limits_{-\infty}^{\infty} x_1(t)^2 + \mathcal{H}\{x_1(t)\}^2 \, dt$$

$$= \int_{-\infty}^{\infty} |x_1(t)|^2 \, dt + \underbrace{\int_{-\infty}^{\infty} |\mathcal{H}\{x_1(t)\}|^2 \, dt}_{E_1} = 2E_1$$

$$\underbrace{\phantom{\int_{-\infty}^{\infty} |x_1(t)|^2 \, dt}}_{E_1}$$

Lösung 15.7

a) Für ein kausales System gilt:

$$Q(j\omega) = -\frac{1}{\pi} P(j\omega) * \frac{1}{\omega} = -\mathcal{H}\{P(j\omega)\}$$

Daraus folgt:

$$H(j\omega) = P(j\omega) - j\frac{1}{\pi} P(j\omega) * \frac{1}{\omega}$$

$$\begin{array}{c} \bullet \\ | \\ \circ \end{array}$$

$$h(t) = p(t) - j2p(t) \cdot \mathcal{F}^{-1}\left\{\frac{1}{\omega}\right\} = p(t) + p(t)\mathcal{F}^{-1}\left\{\frac{2}{j\omega}\right\}$$

$$= p(t) + p(t)\text{sign}(t) = 2p(t)\varepsilon(t)$$

Speziell mit $P(j\omega) = \frac{1}{\omega_g} \cdot \text{rect}\left(\frac{\omega}{\omega_g}\right) * \text{rect}\left(\frac{\omega}{\omega_g}\right) \;\bullet\!\!-\!\!\circ\; \frac{\omega_g}{2\pi}\text{si}^2\left(\frac{\omega_g t}{2}\right) = p(t)$

folgt: $h(t) = \frac{\omega_g}{\pi}\text{si}^2\left(\frac{\omega_g t}{2}\right)\varepsilon(t)$

b) $Q(j\omega) = -\mathcal{H}\{P(j\omega)\} = -\frac{1}{\pi}\int_{-\infty}^{\infty} \frac{P(j\eta)}{\omega - \eta}\, d\eta$

$$P(j\omega) = \left[1 + \frac{\omega}{\omega_g}\right][\varepsilon(\omega + \omega_g) - \varepsilon(\omega)] + \left[1 - \frac{\omega}{\omega_g}\right][\varepsilon(\omega) - \varepsilon(\omega - \omega_g)]$$

$$Q(j\omega) = -\frac{1}{\pi}\int_{-\infty}^{\infty} \frac{\left[1 + \frac{\eta}{\omega_g}\right][\varepsilon(\eta + \omega_g) - \varepsilon(\eta)]}{\omega - \eta}\, d\eta$$

$$-\frac{1}{\pi}\int_{-\infty}^{\infty} \frac{\left[1 - \frac{\eta}{\omega_g}\right][\varepsilon(\eta) - \varepsilon(\eta - \omega_g)]}{\omega - \eta}\, d\eta$$

$$Q(j\omega) = -\frac{1}{\pi\omega_g}\left[(\omega_g + \omega)\ln\left|\frac{\omega_g + \omega}{\omega}\right| + (\omega - \omega_g)\ln\left|\frac{\omega - \omega_g}{\omega}\right|\right]$$

c) $H(j\omega) = P(j\omega) + jQ(j\omega)$

$$\begin{array}{c} \bullet \\ | \\ \circ \end{array}$$

$$h(t) = p(t) + q(t)$$

Da $P(j\omega)$ reell und gerade ist, folgt mit dem Symmetrieschema (9.61):

$p(t)$ ist reell, gerade

$q(t)$ ist imaginär, ungerade

$Q(j\omega)$ ist reell, ungerade

Lösung 15.8

a) $s_M(t) = s(t)\cos(\omega_0 t)$ $\circ\!\!-\!\!\bullet$ $S_M(j\omega) = \dfrac{1}{2\pi}S(j\omega) * \pi[\delta(\omega - \omega_0) + \delta(\omega + \omega_0)]$

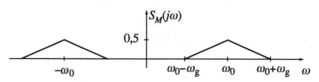

b) $S(j\omega) : 2 \cdot \omega_g = 2\pi \cdot 8\text{ kHz}$

$$S_M(j\omega) : 2 \cdot 2 \cdot \omega_g = 2\pi \cdot 16\text{ kHz} \qquad \Rightarrow \qquad \frac{\text{Bandbreite } S_M(j\omega)}{\text{Bandbreite } S(j\omega)} = 2$$

c) $\quad s_{EM}(t) \quad = \quad s(t)\cos(\omega_0 t) + \left[s(t) * \dfrac{1}{\pi t}\right]\sin(\omega_0 t)$

$\circ$
$\vdots$
$\bullet$

$\begin{aligned} S_{EM}(j\omega) \quad &= \quad \frac{1}{2\pi}\Big\{S(j\omega) * \pi[\delta(\omega - \omega_0) + \delta(\omega + \omega_0)]+ \\ &\quad +[S(j\omega) \cdot (-j)\text{sign}(\omega)] * \tfrac{\pi}{j}[\delta(\omega - \omega_0) - \delta(\omega + \omega_0)]\Big\} \\ &= \quad \frac{1}{2}\big\{S(j(\omega - \omega_0)) + S(j(\omega + \omega_0)) + S(j(\omega + \omega_0)) \cdot \text{sign}(\omega + \omega_0) \\ &\quad -S(j(\omega - \omega_0))\text{sign}(\omega - \omega_0)\big\} \end{aligned}$

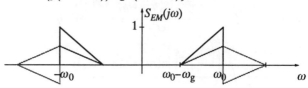

d) $S(j\omega) : 2 \cdot \omega_g = 2\pi \cdot 8\text{ kHz}$

$$S_{EM}(j\omega) : 2 \cdot \omega_g = 2\pi \cdot 8\text{ kHz} \qquad \Rightarrow \qquad \frac{\text{Bandbreite } S_{EM}(j\omega)}{\text{Bandbreite } S(j\omega)} = 1$$

Lösung 16.1 *Kriterium für Bibo-Stabilität*

a) $\displaystyle\int_{-\infty}^{\infty} |h(t)|\, dt = \int_{0}^{\infty} e^{-0,1t} |\sin(5\pi t)|\, dt < \int_{0}^{\infty} e^{-0,1t} \cdot 1\, dt = \frac{1}{-0,1}\left[e^{-0,1t}\right]_{0}^{\infty} =$

$\qquad = 10 \quad\Rightarrow\quad$ stabil

b) mit Tabelle 4.7.8 und dem Modulationssatz der Laplace–Transformation erhält man

$$H(s) = \frac{5\pi}{(s+0,1)^2 + (5\pi)^2} = \frac{5\pi}{(s-s_p)(s-s_p^*)} \; ; \; s_p = -0,1 \pm j5\pi$$

Pole liegen in der linken Halbebene $\Rightarrow$ stabil

Lösung 16.2

„bounded input": $\displaystyle\sum_{k=-\infty}^{\infty} |x[k]| < M_1 \, , \, M_1 < \infty$

hinreichend für „bounded output":

$$|y[k]| = \left| \sum_{\kappa=-\infty}^{\infty} x[\kappa]h[k-\kappa] \right| \leq \sum_{\kappa=-\infty}^{\infty} |x[\kappa]| \cdot |h[k-\kappa]| <$$

$$< M_1 \sum_{\kappa=-\infty}^{\infty} h[k-\kappa] < M_1 M_4 \quad , \quad M_4 < \infty$$

notwendig: Eingangssignal $x[k] = \dfrac{h^*[-k]}{|h[-k]|}$ wählen

$$\Rightarrow y[0] = \sum_{\kappa=-\infty}^{\infty} x[\kappa]h[-\kappa] = \sum_{\kappa=-\infty}^{\infty} |h[\kappa]|$$

Lösung 16.3

a) $Y(z) = X(z) - a^6 z^{-6} X(z) \Rightarrow H_1(z) = \dfrac{z^6 - a^6}{z^6}$

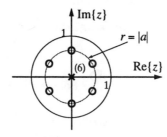

Konvergenzbereich: $0 < |z| < \infty$

$H_1(z)$ ist stabil für alle a.

b) $H_2(z)H_1(z) \stackrel{!}{=} 1 \Rightarrow H_2(z) = \dfrac{1}{H_1(z)} = \dfrac{z^6}{z^6 - a^6}$

mögliche Konvergenzbereiche:

1. $|z| < |a| \Rightarrow H_2(z)$ ist nicht kausal und stabil für $|a| > 1$, da bei einer linksseitigen Folge alle Pole außerhalb des Einheitskreises liegen müssen

2. $|z| > |a| \Rightarrow H_2(z)$ ist kausal und stabil für $|a| < 1$

Lösung 16.4

a) $H(z) = \dfrac{1}{1 - \frac{1}{2}z^{-1} + \frac{1}{4}z^{-2}} = \dfrac{z^2}{z^2 - \frac{1}{2}z + \frac{1}{4}}$

b) α)

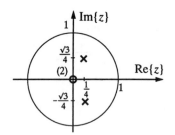

Nullstellen: $z_{1/2} = 0$

Pole: $z_{1/2} = \frac{1}{4}(1 \pm j\sqrt{3})$; $|z_{1/2}| = \frac{1}{2} < 1 \Rightarrow$ stabil

β) 1. $H(z = 1)$ ist endlich

2. $z^2 - \dfrac{1}{2}z + \dfrac{1}{4}\bigg|_{z = \frac{s+1}{s-1}} = \dfrac{\frac{3}{4}s^2 + \frac{3}{2}s + \frac{7}{4}}{(s-1)^2}$; Zähler ist Hurwitz-Polynom $\Rightarrow$

stabil

c) alle Nullstellen innerhalb des Einheitskreises $\Rightarrow$ minimalphasig

d) ja, sieht man an der Differenzengleichung

Lösung 16.5

Man kann den internen Anteil mit der Potenz i in Partialbrüche zerlegen nach

$$Y_{\text{int}}(z) = \sum_{i=1}^{N} \frac{A_i z}{z - z_i} \quad \bullet\!\!-\!\!\circ \quad y_{\text{int}}(t) = \sum_{i=1}^{N} A_i z_i^k \varepsilon[k]$$

Die Folgen z_i^k klingen dann für $k \to \infty$ ab, wenn $|z_i| < 1$, d.h. die Pole im Einheitskreis liegen.

Lösung 16.6

a) Nennerpolynom $N(s) = -2,5[s^4 + 4,5s^3 + 8s^2 + 7s + 2]$

alle Koeffizienten positiv und vorhanden $\Rightarrow$ möglicherweise stabil

Hurwitz–Test:

$\Delta_1 = a_1 = 4,5 > 0$

$\Delta_2 = a_1 a_2 - a_3 = 4,5 \cdot 8 - 7 > 0$

$\Delta_3 = a_1 a_2 a_3 - a_1^2 a_4 - a_3^2 = 162,5 > 0$

$\Delta_4 = a_1 a_2 a_3 a_4 - a_4^2 a_1^2 - a_3^2 a_4 = 325 > 0$

$\Rightarrow N(s)$ ist Hurwitzpolynom, d.h. $H(s)$ ist stabil.

$H(s)$ ist nicht minimalphasig, da Nullstellen in der rechten Halbebene liegen.

b) in $N(s) = s^4 - 4,5s^3 + 8s^2 - 7s + 2$ sind nicht alle Koeffizienten positiv $\Rightarrow$ kein Hurwitzpolynom, d.h. $H(s)$ ist nicht stabil.

$H(s)$ ist nicht minimalphasig, da Nullstellen in der rechten Halbebene liegen.

c) in $N(s) = s^3 + s + 2$ sind nicht alle Koeffizienten positiv $\Rightarrow$ kein Hurwitzpolynom, d.h. $H(s)$ ist nicht stabil.

$H(s)$ ist minimalphasig, da keine Nullstelle in der rechten Halbebene liegt.

Lösung 16.7

Da die Transformation in beide Richtungen gleich ist, gilt:

- das Innere des EK der z-Ebene $\to$ linke Hälfte der s-Ebene

- linke Hälfte der z-Ebene $\to$ das Innere des EK der s-Ebene

- Schnittmenge $\hat{=}$ linke Hälfte des EK der z-Ebene $\to$ Schnittmenge $\hat{=}$ linke Hälfte des EK der s-Ebene

Lösung 16.8

a) $H_0(s) = 2V_0(s^2 + 1)$

$$H(s) = \frac{E(s)}{1 + E(s)G(s)} = \frac{E(s)}{1 + H_0(s)} = \frac{s}{1 + 2V_0(s^2 + 1)} = \frac{s}{2V_0 s^2 + 2V_0 + 1}$$

b) $H(s)$ ist instabil, weil der Nenner von $H(s)$ kein Hurwitzpolynom ist.

Pole: $s_{1,2} = \pm j\sqrt{1 + \frac{1}{2V_0}}$

c) Nein, das Nennerpolynom wird für kein $V_0 > 0$ ein Hurwitzpolynom.

d) mit $s = j\omega$ folgt: $j\omega = \pm j\sqrt{1 + \frac{1}{2V_0}} \;\rightarrow\; \omega = \pm 6$

e) $U(j\omega) = \frac{\pi}{j}[\delta(\omega - 6) - \delta(\omega + 6)]$

$$R(j\omega) = H_0(j\omega)U(j\omega) = -U(j\omega)$$

$$\bullet\!-\!\!\!\circ$$

$$r(t) = -\sin(6t) = -u(t)$$

Lösung 16.9

a) $H(s)$ hat Pole bei $s = \pm j \Rightarrow$ instabil

b) $H_r(s) = \dfrac{H(s)}{1 - H(s)Ks} = \dfrac{1}{s^2 + 1 - Ks}$

c) $s^2 - Ks + 1$ muß Hurwitz-Polynom sein $\Rightarrow K < 0$

d) $H_r(s) = \dfrac{1}{(s - \frac{K}{2})^2 + a^2} \quad ; a = \sqrt{1 - \dfrac{K^2}{4}}$

$$\bullet\!-\!\!\!\circ$$

$$h_r(t) = \frac{1}{a}e^{\frac{K}{2}t}\sin(at)\varepsilon(t)$$

$$\int\limits_{-\infty}^{\infty} |h_r(t)|\,dt = \frac{1}{|a|}\int\limits_{0}^{\infty} |e^{\frac{K}{2}t}\sin(at)|\,dt < \frac{1}{|a|}\int\limits_{0}^{\infty} e^{\frac{K}{2}t}\,dt < \infty$$

$h_r(t)$ absolut integrierbar $\Longleftrightarrow$ stabil

Lösung 16.10

a)

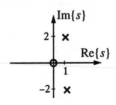

nicht stabil, da Pole in rechter Halbebene

b) $G(s) = K; H(s) = \dfrac{F(s)}{1 + K \cdot F(s)} = \dfrac{s}{s^2 + (K - 2)s + 5}$

Punkte für WOK: $K = 0$: $\qquad\qquad\qquad s_p = 1 \pm j2$

$\qquad\qquad\qquad K = 2$: $\qquad\qquad\qquad s_p = \pm j\sqrt{5}$

$\qquad\qquad\qquad K = 4$: $\qquad\qquad\qquad s_p = -1 \pm j2$

$\qquad\qquad\qquad$ doppelter Pol $K = 2 + 2\sqrt{5}$: $\quad s_p = -\sqrt{5}$

$\qquad\qquad\qquad K \to \infty$: $\qquad\qquad\qquad s_{p1} \to -\infty \; ; \; s_{p2} \to 0-$

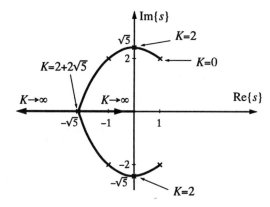

Die Stabilisierung gelingt für $2 < K < \infty$.

Lösung 16.11

a) $H(s) = \dfrac{F(s)}{1 + K \cdot F(s)} = \dfrac{1}{s^2 - 2s + 5 + K}$

$\qquad$ Punkte für WOK: $K \to -\infty$: $\quad s_{p1} \to -\infty \; ; \; s_{p2} \to \infty$

$\qquad\qquad\qquad\qquad\quad K = -5$: $\quad s_{p1} = 0 \; ; \; s_{p2} = 2$

$\qquad\qquad\qquad\qquad\quad K = -4$: $\quad s_{p1} = s_{p2} = 1$

$\qquad\qquad\qquad\qquad\quad K = 0$: $\quad s_p = 1 \pm j2$

$\qquad\qquad\qquad\qquad\quad K = 5$: $\quad s_p = 1 + \pm j3$

$\qquad\qquad\qquad\qquad\quad K = \to \infty$: $\quad s_p = 1 \pm j\infty$

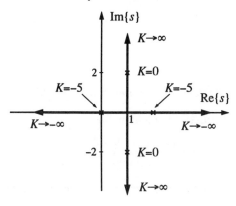

Stabilisierung nicht möglich, da für kein K beide Pole in der linken Halbebene liegen.

b) $H(s) = \dfrac{1}{s^2 + (K-2)s + 5}$

Hurwitz: notwendig + hinreichend, daß alle Koeffizienten positiv sind
$\Rightarrow$ Stabilisierung für $K > 2$ (vgl. Aufgabe 16.10)

Lösung 17.1

a) Der lineare Ensemblemittelwert (Scharmittelwert) $E\{x(t)\}$ ist gleich dem linearen Zeitmittelwert $\overline{x_i(t)}$ jeder Musterfunktion.

Ensembles 1 und 2: ja
Ensemble 3: nein, denn die linearen Zeitmittelwerte sind verschieden $(\overline{x_i(t)} \neq \overline{x_j(t)},\ i \neq j)$
Ensemble 4: ja
Ensemble 5: nein, denn der lineare Scharmittelwert ist zeitabhängig, $E\{x(t)\} \neq$ const.

b) Der quadratische Ensemlemittelwert $E\{x^2(t)\}$ ist gleich dem quadratischen Zeitmittelwert $\overline{x_i{}^2(t)}$ jeder Musterfunktion.

Ensemble 1: ja
Ensemble 2: nein, denn der quadratische Scharmittelwert $E\{x^2(t)\}$ ist zeitabhängig
Ensemble 3: nein, denn die quadratischen Zeitmittelwerte $\overline{x_i{}^2(t)}$ der einzelnen Musterfunktionen sind verschieden
Ensemble 4: nein, auch hier sind die quadratischen Zeitmittelwerte $\overline{x_i{}^2(t)}$ der einzelnen Musterfunktionen verschieden. Die Musterfunktionen haben zwar gleichen Mittelwert, aber unterschiedliche Amplituden und damit verschiedene mittlere Leistungen $\overline{x_i{}^2(t)}$
Ensemble 5: nein, denn der quadratische Scharmittelwert $E\{x^2(t)\}$ ist zeitabhängig

Lösung 17.2

a) für schwach stationäre Prozesse muß nach (17.14) und (17.15) gelten:

- $\mu_x(t) = $ const: gilt nicht bei 5
- $\sigma_x{}^2(t) = $ const: gilt nicht bei 2
- die AKF $\varphi_{xx}(t, t-\tau)$ hängt nicht von t ab: gilt nicht bei 1

Nur die Ensembles 3 und 4 könnten zu schwach stationären Zufallsprozessen gehören.

b) für schwach ergodische Prozesse muß gelten:

- $E\{x(t)\} = \overline{x_i(t)}$, wegen (17.21). Trifft auf Ensemble 1, 2 und 4 zu, siehe Aufg. 17.1a.

- $E\{x(t_1) \cdot x(t_2)\} = \overline{x_i(t_1) \cdot x_i(t_2)}$, wegen (17.20). In Aufg. 17.1b wurde der Spezialfall $t_1 = t_2$ untersucht, d.h. die Bedingung kann nur auf Ensemble 1 zutreffen. Da dieser Zufallsprozeß jedoch nicht schwach stationär ist, kann er nicht schwach ergodisch sein.

$\Rightarrow$ keiner der Zufallsprozesse kann schwach ergodisch sein.

Lösung 17.3

a) linearer Zeitmittelwert $\overline{x_i(t)} = 0$, da kein Gleichanteil
Der lineare Scharmittelwert $E\{x(t)\} = 0$, denn der Erwartungswert zu einem betimmten Zeitpunkt t_0, $E\{x(t_0)\}$, mittelt über sehr viele Zeitpunkte des CD-Signals (aber höchstens so viele, wie Samples auf der CD enthalten sind), da bei unserem Zufallsexperiment jede Musterfunktion einen zufälligen Zeitabschnitt herausgreift. Nachdem Musiksignale i.a. keinen Gleichanteil enthalten, gilt $E\{x(t)\} = 0$.

b) Anhand von Erwartungswerten 1. Ordnung können wir nur die notwendige Bedingung (17.14) für Stationarität diskutieren: in a) haben wir festgestellt, daß $\mu_x = E\{x(t)\} = $ const. Mit der selben Argumentation können wir $E\{x^2(t)\} = $ const. annehmen, da hier über sehr viele Werte des Ausgangssignals $x^2(t)$ gemittelt wird.
$\Rightarrow$ der Zufallsprozeß könnte stationär sein.

c) Für Ergodizität müssen die Scharmittelwerte 1. und 2. Ordnung mit den entsprechenden Zeitmittelwerten beliebiger Musterfunktionen übereinstimmen, z.B. muß $E\{x^2(t)\} = \overline{x_i^2(t)}$ gelten. Dies trifft nicht zu, denn zur Bildung der quadratischen Zeitmittelwerte $\overline{x_i^2(t)}$ wird nur über einen 10 Sekunden langen Ausschnitt des CD-Signals gemittelt, der bei unterschiedlichen Musterfunktionen i an unterschiedlichen Stellen der CD entnommen wird. Diese Mittelwerte sind i.a. verschieden, je nach Lautstärke der Musik in dem entsprechenden Ausschnitt.
$\Rightarrow$ der Zufallsprozeß ist nicht ergodisch.

Lösung 17.4

$\mu_y = \mu_{x_1} + \mu_{x_2} = 2$

$E\{y^2(t)\} = E\{(x_1(t) + x_2(t))^2\} = E\{x_1^2(t)\} + 2\underbrace{E\{x_1(t)x_2(t)\}}_{=0} + E\{x_2^2(t)\} = 7$

$\sigma_y^2 = E\{y^2(t)\} - \mu_y^2 = 3$

Lösung 17.5

$\sigma_v^2 = E\{(v(t) - \mu_v(t))^2\} = E\{[x(t) + y(t) - (\mu_x(t) + \mu_y(t))]^2\}$

Da $y(t)$ deterministisch ist, gilt $\mu_y(t) = y(t)$, und damit:

$\sigma_v^2 = E\{(x(t) - \mu_x(t))^2\} = \sigma_x^2 = 10$

Durch Addieren eines deterministischen Signals ändert sich die Varianz nicht.

Lösung 17.6

a) $\mu_y(t) = 1 + K$ = $E\{y(t)\}$

$\quad \sigma_y^2(t) = E\{(y(t) - \mu_y)^2\} = E\{(x(t) + K - (1+K))^2\} = E\{(x(t) - \mu_x)^2\} =$
$\quad = \sigma_x^2 = 4$

$\quad E\{y^2(t)\} = \sigma_y^2 + \mu_y^2 = K^2 + 2K + 5$

$\quad \overline{y_i(t)} = 1 + K$

ergodisch.

b) $\mu_y(t) = 1 + \sin(t) \neq$ const. $\Rightarrow$ nicht stationär

$\quad \sigma_y^2(t) = E\{(x(t) + \sin(t) - (1 + \sin(t))^2\} = \sigma_x^2 = 4$
$\quad E\{y^2(t)\} = 5 + 2\sin(t) + \sin^2(t)$ durch $\sigma_y^2(t) = E\{y^2(t)\} - \mu_y^2(t)$
$\quad \overline{y_i(t)} = 1$

nicht ergodisch, da nicht stationär.

c) $\mu_y(t) = 1 + \varepsilon(t) \neq$ const. $\Rightarrow$ nicht stationär

$\quad \sigma_y^2(t) = \sigma_x^2$, siehe b)

$\quad E\{y^2(t)\} = 4 + (1 + \varepsilon(t))^2 = 5 + 3\varepsilon(t)$

$\quad \overline{y_i(t)} = 1,5$

nicht ergodisch

d) $\mu_y(t) = 5\varepsilon(t) \neq$ const. $\Rightarrow$ nicht stationär

$\quad \sigma_y^2(t) = 25\varepsilon(t) \cdot \sigma_x^2 = 100\varepsilon(t)$

$\quad E\{y^2(t)\} = 125\varepsilon(t)$

$\quad \overline{y_i(t)} = 2,5$

nicht ergodisch

Lösung 17.7

$\mu_x(t) = x(t)$

$E\{x^2(t)\} = x^2(t) = e^{-0,2t}\varepsilon(t)$

$$\sigma_x^2(t) = E\{x^2(t)\} - \mu_x^2(t) = x^2(t) - x^2(t) = 0$$

$$\overline{x_i(t)} = \lim_{T\to\infty} \frac{1}{2T} \int_0^T e^{-0,1t}\, dt = \lim_{T\to\infty}\left[\frac{1}{2T}\cdot\frac{1}{-0,1}\left(e^{-0,1T} - 1\right)\right] = 0$$

Lösung 17.8

a) Ergodisch, denn der Würfel ändert seine Eigenschaften nicht mit der Zeit.

$\mu_x = 3,5$ (siehe Beispiel 17.1)

$$E\{x^2[k]\} = \frac{1+4+9+16+25+36}{6} = \frac{91}{6} = 15,17$$

$$\sigma_x^2 = E\{x^2[k]\} - \mu_x^2 = \frac{35}{12} = 2,92$$

b) Ebenfalls ergodisch, da der Würfel seine Eigenschaften nicht mit der Zeit ändert.

$\mu_x = 15,17$

$$E\{x^2[k]\} = \frac{1}{6}\sum_{k=1}^{6} k^4 = 379,17$$

$$\sigma_x^2 = 149,14$$

Lösung 17.9

Zur Berechnung der Zeitmittelwerte verwenden wir die Ergebnisse aus Aufgabe 17.8a), d.h. $x(t)$ sei die Augenzahl eines „normalen" Würfels, $\mu_x = \frac{7}{2}$ und $E\{x^2(t)\} = \frac{91}{6}$.

$$\overline{y_i[k]} = \frac{6 + 2\mu_x}{3} = \frac{13}{3}$$

$$\overline{y_i^2[k]} = \frac{1}{3}(2\cdot E\{x^2[k]\} + 6^2) = \frac{199}{9}$$

Die Scharmittelwerte von $y[k]$ stimmen für $k \neq 3N$, $N \in \mathbb{Z}$ mit denen von $x[k]$ aus Aufgabe 17.8a) überein. Für $k = 3N$, $N \in \mathbb{Z}$ gilt:

$\mu_y[k] = 6$

$E\{y^2[k]\} = 36$

$\sigma_y^2[k] = E\{y^2[k]\} - \mu_y^2 = 0$

Nicht stationär und nicht ergodisch, denn die Scharmittelwerte sind nicht konstant.

Lösung 17.10

$$\varphi_{xx}(\tau) = E\{x(t+\tau)x^*(t)\} = E\{K \cdot K^*\} = |K|^2$$

Lösung 17.11

Da jede Musterfunktion eine Periode von 10s hat, ist auch die AKF $\varphi_{xx}(t_0, t_0 + \tau)$ in τ periodisch mit einer Periode von 10s. In guter Näherung ist $\varphi_{xx}(t_0, t_0 + \tau)$ nicht vom Zeitpunkt t_0 abhängig. Die Begründung ist analog zu Aufgabe 17.3: Die Korrelationseigenschaften einer Mischung beliebiger Signalausschnitte der gesamten CD ändert sich innerhalb von 10s quasi nicht:

$$\varphi_{xx}(t_0, t_0 + 10\text{s}) = \varphi_{xx}(t_0, t_0) = E\{x^2(t_0)\} \approx \text{const}$$

Lösung 17.12

a) $E\{(x(t) + y(t))^2\} = E\{x^2(t) + 2x(t)y(t) + y^2(t)\} =$
   $= E\{x^2(t)\} + 2E\{x(t)y(t)\} + E\{y^2(t)\} = E\{x^2(t)\} + E\{y^2(t)\}$
   Um die Bedingung stets zu erfüllen, muß $E\{x(t)y(t)\} = 0$ sein.

b) Spezialfall $\tau = 0$ in (17.48) ergibt mit $\varphi_{xx} = E\{x(t+\tau)y(t)\}$ (17.46) und $\mu_x = E\{x(t)\}$:
   $E\{x(t)y(t)\} = E\{x(t)\} \cdot E\{y(t)\}$

c) Es müssen entweder $E\{x(t)\}$ oder $E\{y(t)\}$ oder beide Erwartungswerte gleich Null sein (mindestens eines der Zufallssignale muß mittelwertfrei sein).

Lösung 17.13

Bei deterministischen Signalen müssen die gefragten Größen durch Zeitmittelwerte berechnet werden, denn die Scharmittelwerte entsprechen dem Signal selbst.

Leistung: $\lim\limits_{T \to \infty} \frac{1}{2T} \int_{-T}^{T} d^2(t)\,dt = \overline{d^2(t)}$

Gleichanteil: $\lim\limits_{T \to \infty} \frac{1}{2T} \int_{-T}^{T} d(t)\,dt = \overline{d(t)}$

Effektivwert: $\sqrt{\overline{d^2(t)}}$

Leistung des Wechsel-Anteils: $\overline{(d(t) - \overline{d(t)})^2}$

Lösung 17.14

Bildung des Zeitmittelwertes nach (17.18) ist linear. Mit $\mu = \overline{d(t)}$ gilt deshalb:

$$\overline{(d(t) - \mu)^2} = \overline{d^2(t) - 2\mu d(t) + \mu^2} = \overline{d^2(t)} - 2\mu\overline{d(t)} + \mu^2 = \overline{d^2(t)} - \mu^2$$

vgl. Herleitung (17.8)

Lösung 17.15

$\psi_{xy}(\tau) = \text{E}\{(x(t) - \mu_x)(y(t - \tau) - \mu_y)\} =$
$= \text{E}\{x(t)\,y(t - \tau)\} - \mu_x\,\text{E}\{y(t - \tau)\} - \mu_y\,\text{E}\{x(t)\} + \mu_x\mu_y = \varphi_{xy}(\tau) - \mu_x\mu_y$

Lösung 17.16

Für $\tau \to \infty$ sind beliebige Zufallsprozesse i.a. unkorreliert:

$$\varphi_{xy}(\tau \to \infty) = \mu_x \mu_y \Rightarrow \mu_y = \lim_{\tau \to \infty} \frac{4\tau^2 + 10}{1 + \tau^2} = 4$$

$\varphi_{yx}(\tau) = \varphi_{xy}(-\tau) = \varphi_{xy}(\tau)$, da $\varphi_{yx}(\tau)$ gerade ist.

Mit der Lösung von Aufgabe 17.15 gilt:

$$\psi_{yx}(\tau) = \varphi_{yx}(\tau) - \mu_x \mu_y = \frac{4\tau^2 + 10}{1 + \tau^2} - 4 = \frac{6}{1 + \tau^2} = \psi_{xy}(\tau).$$

[handschriftlich: weil die Fkt. gerade ist]

[handschriftlich: wege Statis.-är!]

Lösung 17.17

[handschriftlich: $E\{v(t-10) \cdot v(t-\tau)\} \overset{!}{=} E\{v(t) \cdot v(t-\tau)\}$]

a) $\mu_v = \varphi_{vv}(\tau \to \infty) = 0$ *[handschriftlich: ?]*

$\mu_u = 0$, da sich durch das Verzögern der Gleichanteil nicht ändert.

$\varphi_{uv}(\tau) = E\{u(t)v(t-\tau)\} = E\{v(t-10)v(t-\tau)\} = \varphi_{vv}(\tau - 10) = e^{-|\tau - 10|}$

$\varphi_{vu}(\tau) = \varphi_{uv}(-\tau) = e^{-|-\tau - 10|} = e^{-|\tau + 10|}$

$\varphi_{uu}(\tau) = \varphi_{vv}(\tau)$, da sich bei einem stationären Zufallsprozeß die Korrelationseigenschaften durch Verzögerung nicht ändern.

b) $\varphi_{vv}(\tau) = e^{-|\tau|} = \varepsilon(\tau)e^{-\tau} + \varepsilon(-\tau)e^{\tau}$

$$\Phi_{vv}(j\omega) = \frac{1}{j\omega + 1} - \frac{1}{j\omega - 1} = \frac{2}{\omega^2 + 1}$$

(mit (9.12) und Tab. 4.7.8)

$$\Phi_{uv}(j\omega) = e^{-j10\omega}\, \Phi_{vv}(j\omega) = e^{-j10\omega}\frac{2}{\omega^2 + 1}$$

$$\Phi_{vu}(j\omega) = e^{j10\omega}\frac{2}{\omega^2 + 1}$$

[handschriftlich: $\phi_{uv}(\tau) = \phi_{vv}(\tau - 10)$]

[handschriftlich: Verschiebungssatz ? $\phi_{uv}(j\omega) \overset{!}{=} \phi_{vv} \cdot e^{-j\tau_0\omega}$]

c) $\Phi_{vv}(j\omega)$: reell + gerade, da $\varphi_{vv}(\tau)$ reell + gerade
   $\Phi_{uv}(j\omega)$ und $\Phi_{vu}(j\omega)$: konjugiert symmetrisch
   $v(t)$ reell, da AKF reell + gerade

Lösung 17.18

$\varphi_{xx}[\kappa] = E\{x[k]x[k-\kappa]\}$

$\varphi_{xx}[0] = E\{x^2[k]\} = \dfrac{91}{6}$, siehe Aufgabe 17.8.

Da die Augenzahlen von Würfen zu verschiedenen Zeiten k unkorreliert sind, gilt $\varphi_{xx}[\kappa \neq 0] = \mu_x^2 = \frac{49}{4}$.

$\varphi_{xx}[\kappa] = \dfrac{49}{4} + \dfrac{35}{12}\delta[\kappa]$

$\psi_{xx}[\kappa] = \varphi_{xx}[\kappa] - \mu_x^2 = \dfrac{35}{12}\delta[\kappa]$

$$\Phi_{xx}(e^{j\Omega}) = \mathcal{F}_* \left\{ \frac{49}{4} + \frac{35}{12}\delta[k] \right\} = \frac{49}{4}\mathrm{III}\left(\frac{\Omega}{2\pi}\right) + \frac{35}{12}$$

Lösung 17.19

$$\mu_x = \frac{0+1+1+1}{4} = \frac{3}{4}$$

$$\sigma_x{}^2 = \mathrm{E}\{x^2[k]\} - \mu_x{}^2 = \frac{0^2 + 1^2 + 1^2 + 1^2}{4} - \frac{9}{16} = \frac{3}{16}$$

$\varphi_{xx}[\kappa \neq 0] = \mu_x{}^2$, da die Ergebnisse aus Würfen zu unterschiedlichen Zeiten unkorreliert sind.

$$\varphi_{xx}[\kappa] = \frac{9}{16} + \frac{3}{16}\delta[\kappa]$$

$$\psi_{xx}[\kappa] = \frac{3}{16}\delta[\kappa]$$

$$\Phi_{xx}(e^{j\Omega}) = \frac{9}{16}\mathrm{III}\left(\frac{\Omega}{2\pi}\right) + \frac{3}{16}$$

Lösung 17.20

$$\mu_y = \frac{5}{2}$$

$$\sigma_y{}^2 = \mathrm{E}\{y^2[k]\} - \mu_y{}^2 = \frac{5}{4}$$

$$\varphi_{yy}[\kappa] = \frac{25}{4} + \frac{5}{4}\delta[\kappa]$$

$\varphi_{xy}[\kappa] = \varphi_{yx}[\kappa] = \mu_x\mu_y = \frac{15}{8}$, da die beiden Zufallsprozesse unkorreliert sind.

Lösung 17.21

Leistung: $$E\{x^2(t)\} = \frac{1}{2T} \int_{-\infty}^{\infty} \Phi_{xx}(j\omega)d\omega = 2$$

AKF: $$\Phi_{xx}(j\omega) = \frac{1}{2}\mathrm{rect}\left(\frac{\omega}{2}\right) * \mathrm{rect}\left(\frac{\omega}{2}\right)$$

$$\varphi_{xx}(\tau) = \frac{1}{\pi}\mathrm{si}^2(t)$$

Lösung 18.1

a) $\begin{aligned} \varphi_{xy}(\tau) &= \mathrm{E}\{x(t+\tau)y^*(t)\} = \mathrm{E}\{x(t+\tau)(C^*+x^*(t))\} = \\ &= C^*\mu_x + \mathrm{E}\{x(t+\tau)x^*(t)\} = C^*\mu_x + \varphi_{xx}(\tau) \end{aligned}$

$\begin{aligned} \varphi_{yy}(\tau) &= \mathrm{E}\{y(t+\tau)y^*(t)\} = \mathrm{E}\{(C+x(t+\tau))(C^*+x^*(t))\} = \\ &= |C|^2 + C^*\mu_x + C\mu_x^* + \varphi_{xx}(\tau) = \\ &= |C|^2 + 2\,\mathrm{Re}\{C^*\mu_x\} + \varphi_{xx}(\tau) \end{aligned}$

b) Wir betrachten $x(t)$ und C als gleichberechtigte Signale.

$\varphi_{xy}(\tau) = \varphi_{xx}(\tau) + \varphi_{xC}(\tau) = \varphi_{xx}(\tau) + \mathrm{E}\{x(t+\tau)C^*\} = \varphi_{xx}(\tau) + \mu_x C^*$

$\begin{aligned} \varphi_{yy}(\tau) &= \varphi_{xx}(\tau) + \varphi_{xC}(\tau) + \varphi_{Cx}(\tau) + \varphi_{CC}(\tau) = \\ &= \varphi_{xx}(\tau) + \mu_x C^* + C\mu_x^* + |C|^2 = \\ &= \varphi_{xx}(\tau) + 2\mathrm{Re}\{\mu_x C^*\} + |C|^2 \end{aligned}$

Lösung 18.2

$E\{B\cdot B^*\} = |B|^2$

a) mit (18.8): $\varphi_{vv}(\tau) = |A|^2\varphi_{xx}(\tau)$

b) mit (18.12): $\begin{aligned} \varphi_{yy}(\tau) &= \varphi_{vv}(\tau) + 2\,\mathrm{Re}\{\mu_v B^*\} + |B|^2 = \\ &= |A|^2\varphi_{xx}(\tau) + 2\,\mathrm{Re}\{A\mu_x B^*\} + |B|^2 \end{aligned}$

$= \mu_v$

c) mit (18.7): $\varphi_{xv}(\tau) = A^*\varphi_{xx}(\tau)$

d) mit Aufg. 18.1: $\varphi_{xy}(\tau)$

Lösung 18.3

a) $\begin{aligned} \varphi_{xy}(\tau) &= \mathrm{E}\{x(t+\tau)y^*(\tau)\} = \\ &= \mathrm{E}\{x(t+\tau)(A^*x^*(t)+B^*)\} = \\ &= A^*\mathrm{E}\{x(t+\tau)x^*(t)\} + B^*\mathrm{E}\{x(t+\tau)\} = \\ &= A^*\varphi_{xx}(\tau) + B^*\mu_x \end{aligned}$

b) Nein, denn es handelt sich nicht um ein LTI-System. Das Addieren einer Konstanten macht das System nichtlinear (siehe Kap. 1).

Lösung 18.4

a) $\begin{aligned} \varphi_{ww}(\tau) &= \mathrm{E}\{w(t+\tau)w^*(t)\} = \\ &= \mathrm{E}\{A(B+u(t+\tau))(A^*(B^*+u^*(t)))\} = \\ &= |A|^2\big[|B|^2 + B^*\underbrace{\mathrm{E}\{u(t+\tau)\}}_{=0} + B\underbrace{\mathrm{E}\{u^*(t)\}}_{=0} + \mathrm{E}\{u(t-\tau)u^*(t)\}\big] = \\ &= |A|^2[|B|^2 + \varphi_{uu}(\tau)] \end{aligned}$

mittelwertfrei

b) $\varphi_{vw}(\tau)$ $= E\{v(t+\tau)w^*(t)\} =$

$\qquad\qquad = E\{v(t+\tau)\,A^*(B^* + u^*(t))\} =$

$\qquad\qquad = A^*B^*\underbrace{E\{v(t+\tau)\}}_{=0} + A^*E\{v(t+\tau)u^*(t)\} =$

$\qquad\qquad = A^*\varphi_{vu}(\tau)$ *Korrelat s. Aufgabenstellung*

c) mit (17.54) gilt: $\varphi_{wv}(\tau) = \varphi_{vw}^*(-\tau) = A\varphi_{vu}^*(-\tau)$

d) $\varphi_{uw}(\tau)$ $= E\{u(t+\tau)w^*(t)\} =$

$\qquad\qquad = E\{u(t+\tau)A^*(B^* + u*(t))\} =$

$\qquad\qquad = A^*B^*\underbrace{E\{u(t+\tau)\}}_{=0} + A^*E\{u(t+\tau)u^*(t)\} =$

$\qquad\qquad = A^*\varphi_{uu}(\tau)$

e) mit (17.54) gilt: $\varphi_{wu}(\tau) = \varphi_{uw}^*(-\tau) = A\varphi_{uu}^*(-\tau) = A\varphi_{uu}(\tau)$

Lösung 18.5

mit (18.21) und (18.7) erhält man für unkorrelierte Signale x und y

$\varphi_{xz}(\tau) = A^*\varphi_{xx}(\tau)$

$\varphi_{yz}(\tau) = B^*\varphi_{yy}(\tau)$

mit (18.8) und (18.17) erhält man

$\varphi_{zz}(\tau) = |A|^2\varphi_{xx}(\tau) + |B|^2\varphi_{yy}(\tau)$

Lösung 18.6

a) $H(j\omega) = \dfrac{-\omega^2 - 2j\omega + 2}{(j\omega + 2)(-\omega^2 + 2j\omega + 2)}$

$\qquad |H(j\omega)|^2 = \dfrac{(2-\omega^2)^2 + 4\omega^2}{(4+\omega^2)((2-\omega^2)^2 + 4\omega^2)} = \dfrac{1}{4+\omega^2}$

$|H(j\omega)| = \sqrt{Re^2 + Im^2}$

$|H(j\omega)|^2 = Re^2 + Im^2$

$\qquad |H(j\omega)|^2 \;\bullet\!\!-\!\!\circ\; \varphi_{hh}(\tau) = \dfrac{1}{4}e^{-2|\tau|}$

b) $\varphi_{yy}(\tau) = \varphi_{hh}(\tau) * \varphi_{xx}(\tau)$

$x(t) = \delta(t) \rightarrow \varphi_{yy}(\tau) = \varphi_{hh}(\tau)$

$P_y = \varphi_{yy}(0) = \varphi_{hh}(0) = \dfrac{1}{4}$

[handwritten: $\Phi_{xx}(j\omega) = 1 \multimap \varphi_{xx}(\tau) = \delta(\tau)$　weil deterministisch]

Lösung 18.7

a) $\Phi_{xx}(j\omega) = \mathcal{F}\{\varphi_{xx}(\tau)\} = \mathcal{F}\{\delta(\tau)\} = 1$

b) $\mu_x = 0$ (x ist mittelwertfrei)

$\mu_y = H(0) \cdot \mu_x = 0$

c) Berechnung von $\varphi_{hh}(\tau)$ im Frequenzbereich einfacher

$$\varphi_{hh}(\tau) \quad = \quad h(\tau) \quad * \quad h^*(-\tau)$$

$$\Phi_{hh}(j\omega) \quad = \quad H(j\omega) \quad \cdot \quad H^*(j\omega) \quad = \quad |H(j\omega)|^2$$

$$H(j\omega) = \mathcal{F}\{\text{si}(t)\} = \pi\,\text{rect}\left(\frac{\omega}{2}\right)$$

$$\varphi_{hh}(\tau) = \mathcal{F}^{-1}\left\{\pi^2\text{rect}\left(\frac{\omega}{2}\right)\right\} = \pi\,\text{si}(\tau)$$

d) $\Phi_{yy}(j\omega) = |H(j\omega)|^2\Phi_{xx}(j\omega) = \pi^2\text{rect}\left(\frac{\omega}{2}\right)$

$\varphi_{yy}(\tau) = \pi\,\text{si}(\tau)$

e) $\varphi_{xy}(\tau) = \varphi_{xx}(\tau) * h^*(-\tau)$

$\varphi_{xy}(\tau) = \varphi_{xx}(\tau) * h^*(-\tau) = \delta(\tau) * h^*(-\tau) = h^*(-\tau) = \text{si}^*(-\tau) = \text{si}(\tau)$

f) Leistung = quadratischer Mittelwert = $\text{E}\{|x(t)|^2\} = \varphi_{xx}(0)$

$\varphi_{xx}(0) \rightarrow \infty$ (weißes Rauschen hat unendliche Leistung)

$\varphi_{xx}(0) = \sigma_x^2 + \mu_x^2$ *[handwritten: laut Formel]*

$\Rightarrow$ Varianz $\sigma_x^2 = \varphi_{xx}(0) \rightarrow \infty$

$\varphi_{yy}(0) = \pi$, $\sigma_y^2 = \pi$ (bandbegrenztes weißes Rauschen hat endliche Leistung)

[handwritten: $\pi \cdot \text{si}(0)$]

Lösung 18.8

a) Fourier-Rücktransformation mit Verschiebungssatz:

$$H(j\omega) \;=\; \frac{1}{2}\mathrm{rect}(\frac{\omega}{2\omega_g})(e^{j\frac{\pi\omega}{2\omega_g}} + e^{-j\frac{\pi\omega}{2\omega_g}})$$

$$h(t) \;=\; \frac{\omega_g}{2\pi}\left[\mathrm{si}\Big(\omega_g(t + \frac{\pi}{2\omega_g})\Big) + \mathrm{si}\Big(\omega_g(t - \frac{\pi}{2\omega_g})\Big)\right]$$

b) Die Berechnung von $\varphi_{hh}(\tau)$ erfolgt ebenfalls mit dem Verschiebungssatz:

$$|H(j\omega)|^2 \;=\; \cos^2(\frac{\pi}{2\omega_g}\cdot\omega)\mathrm{rect}(\frac{\omega}{2\omega_g}) =$$

$$\frac{1}{4}\left[e^{j\frac{\pi}{2\omega_g}\cdot\omega} + e^{-j\frac{\pi}{2\omega_g}\cdot\omega}\right]^2 \mathrm{rect}(\frac{\omega}{2\omega_g}) =$$

$$\left[\frac{1}{4}e^{j\frac{\pi}{\omega_g}\omega} + \frac{1}{2} + \frac{1}{4}e^{-j\frac{\pi}{\omega_g}\omega}\right]\mathrm{rect}(\frac{\omega}{2\omega_g})$$

$$\varphi_{hh}(\tau) \;=\; \frac{1}{4}\frac{\omega_g}{\pi}\mathrm{si}(\omega_g\tau - \pi) + \frac{1}{2}\frac{\omega_g}{\pi}\mathrm{si}(\omega_g\tau) + \frac{1}{4}\frac{\omega_g}{\pi}\mathrm{si}(\omega_g t + \pi)$$

c) $\varphi_{xx}(\tau) = \mathcal{F}^{-1}\{\Phi_{xx}(j\omega)\} = N_0\cdot\delta(\tau) + \dfrac{m}{2\pi}$

$\mu_x{}^2 = \lim\limits_{\tau\to\infty}\varphi_{xx}(\tau) = \dfrac{m}{2\pi}$

d) $\mu_y = \mu_x\cdot H(0) = \sqrt{\dfrac{m}{2\pi}}\cdot 1 = \sqrt{\dfrac{m}{2\pi}}$

$$\Phi_{yy}(j\omega) \;=\; \Phi_{xx}(j\omega)\cdot|H(j\omega)|^2 = N_0\cos^2(\frac{\pi\omega}{2\omega_g})\mathrm{rect}(\frac{\omega}{2\omega_g}) + m\underbrace{|H(j\omega)|^2}_{=1}\delta(\omega)$$

$$\varphi_{yy}(\tau) \;=\; \varphi_{xx}(\tau) * \varphi_{hh}(\tau) = \frac{N_0}{2\pi}\frac{\sin(\omega_g t)}{t[1 - (\frac{\omega_g t}{\pi})^2]} + \frac{m}{2\pi}$$

$$P_y = \varphi_{yy}(0) = \frac{\omega_g N_0}{2\pi} + \frac{m}{2\pi}$$

Lösung 18.9

AKF:

$$|H(j\omega)|^2 = \frac{1+\omega^2}{(2-\omega^2)^2 + 9\omega^2} = \frac{1}{\omega^2 + 4}$$

$$\Phi_{yy}(j\omega) = |H(j\omega)|^2\Phi_{xx}(j\omega) = N_0\frac{1}{\omega^2 + 4} \quad\bullet\!\!-\!\!\circ\quad \varphi_{yy}(\tau) = \frac{N_0}{4}e^{-2|\tau|}$$

Mittelwert: $\mu_y = \varphi_{yy}(\tau\to\infty) = 0$

Varianz: $\sigma_y^2 = \varphi_{yy}(0) - \mu_y^2 = \dfrac{N_0}{4}$

Lösung 18.10

a) $\varphi_{yy}(\tau) = N_0 \dfrac{\alpha}{2} e^{-\alpha|\tau|} (\alpha > 0) \circ\!\!-\!\!\bullet\, N_0 \dfrac{\alpha}{2} \dfrac{2\alpha}{\omega^2 + \alpha^2} = \Phi_{yy}(j\omega)$

$\Phi_{yy}(j\omega) = |H(j\omega)|^2 \Phi_{xx}(j\omega) \rightarrow |H(j\omega)|^2 = \dfrac{\alpha^2}{\omega^2 + \alpha^2} \rightarrow H(s) = \dfrac{\alpha}{\alpha + s}$

b) Nein, beliebige Allpaßanteile können ergänzt werden, da sie $|H(j\omega)|^2$ nicht verändern.

Lösung 18.11

a) mit (18.37) und (18.38):

$\varphi_{y_1 y_1}(\tau) = \varphi_{h_1 h_1}(\tau) * \varphi_{xx}(\tau) = h_1(\tau) * h_1^*(-\tau) * \varphi_{xx}(\tau)$

$\varphi_{y_2 y_2}(\tau) = \varphi_{h_2 h_2}(\tau) * \varphi_{xx}(\tau) = h_2(\tau) * h_2^*(-\tau) * \varphi_{xx}(\tau)$

b) mit (18.50):

$\varphi_{y_1 x}(\tau) = \varphi_{xx}(\tau) * h_1(\tau)$

$\varphi_{y_2 x}(\tau) = \varphi_{xx}(\tau) * h_2(\tau)$

c) in (18.61) $r = y_2$ und $y = y_1$ setzen:

$\varphi_{y_1 y_2}(\tau) = \varphi_{xy_2}(\tau) * h_1(\tau) = \varphi_{y_2 x}^*(-\tau) * h_1(\tau) = \varphi_{xx}^*(-\tau) * h_2^*(-\tau) * h_1(\tau) =$
$= \varphi_{xx}(\tau) * h_2^*(-\tau) * h_1(\tau)$

Für die Umformung haben wir (17.54) und (17.58) benutzt.

Lösung 18.12

Vorgehen analog zu Kapitel 18.2.4:

$$\begin{aligned}
\varphi_{xy}[\kappa] &= \mathrm{E}\{x[k+\kappa] \sum_\mu h^*[\mu] x^*[k-\mu]\} = \sum_\mu h^*[\mu] \mathrm{E}\{x[k+\kappa] x^*[k-\mu]\} = \\
&= \sum_\mu h^*[\mu] \varphi_{xx}[k+\mu]
\end{aligned}$$

Substitution $\nu = -\mu$

$$\varphi_{xy}[\kappa] = \sum_\nu h^*[-\nu] \varphi_{xx}[\kappa - \nu] = \varphi_{xx}[\kappa] * h^*[-\kappa]$$

Lösung 18.13

Vorgehen analog zu Kap. 18.2.3:

$$\varphi_{yy}[\kappa] = \mathrm{E}\left\{\sum_\mu h[\mu]x[k+\kappa-\mu]\cdot\sum_\nu h^*[\nu]x^*[k-\nu]\right\} =$$

$$= \sum_\mu\sum_\nu h[\mu]h^*[\nu]\cdot\mathrm{E}\{x[k+\kappa-\mu]x^*[k-\nu]\} =$$

$$= \sum_\mu\sum_\nu h[\mu]h^*[\nu]\cdot\varphi_{xx}[\kappa-\mu+\nu]$$

Substitution $\vartheta = \mu - \nu$ und Vertauschung der Summen ergibt:

$$\varphi_{yy}[\kappa] = \sum_\vartheta\sum_\mu h[\mu]h^*[\mu-\vartheta]\cdot\varphi_{xx}[\kappa-\vartheta] =$$

$$= \sum_\vartheta h[\vartheta] * h^*[-\vartheta]\cdot\varphi_{xx}[\kappa-\vartheta] =$$

$$= \sum_\vartheta \varphi_{nn}[\vartheta]\cdot\varphi_{xx}[\kappa-\vartheta] = \varphi_{nn}[\kappa] * \varphi_{xx}[\kappa]$$

Lösung 18.14

a) Differenzengleichung: $s[k] = n[k] + 0,9s[k-1]$

im Frequenzbereich: $S(z) = N(z) + 0,9z^{-1}N(z)$

$$H(z) = \frac{S(z)}{N(z)} = \frac{1}{1-0,9z^{-1}} = \frac{z}{z-0,9}$$

$$H(e^{j\Omega}) = \frac{e^{j\Omega}}{e^{j\Omega}-0,9}$$

b) $\Phi_{ss}(e^{j\Omega}) = |H(e^{j\Omega})|^2\Phi_{nn}(e^{j\Omega}) = \frac{|e^{j\Omega}|^2}{|e^{j\Omega}-0,9|^2}\cdot 1 = \frac{1}{|e^{j\Omega}-0,9|^2}$

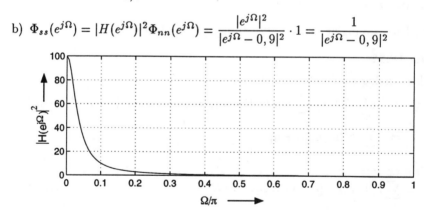

Lösung 18.15

a) Zur Bestimmung des Wiener-Filters müssen das Leistungsdichtespektrum $\Phi_{yy}(j\omega)$ des Empfangssignals $y(t)$ und das Kreuzspektrum $\Phi_{xy}(j\omega)$ zwischen Sendesignal $x(t)$ und $y(t)$ bekannt sein. Die im Sinne der Aufgabenstellung optimale Lösung lautet damit:

$$H(j\omega) = \frac{\Phi_{yx}^*(j\omega)}{\Phi_{yy}(j\omega)} = \frac{\Phi_{xy}(j\omega)}{\Phi_{yy}(j\omega)}.$$

b) Lineare Verzerrung ohne Rauschen $\Rightarrow H(j\omega) = \dfrac{1}{G(j\omega)}$

aus Blockdiagramm ablesen: $G(s) = b\dfrac{1}{s} + a = \dfrac{as + b}{s}$

$$H(j\omega) = \frac{j\omega}{j\omega \cdot a + b} = \frac{j\omega}{j\omega + 100}$$

$$\Phi_{yy}(j\omega) = |G(j\omega)|^2 \cdot \Phi_{xx}(j\omega) = \left|\frac{100}{j\omega} + 1\right|^2 \cdot 1 = \frac{10^4 + \omega^2}{\omega^2}$$

$$\Phi_{\tilde{x}\tilde{x}}(j\omega) = |H(j\omega)|^2 \cdot |G(j\omega)|^2 \cdot \Phi_{xx}(j\omega) = \Phi_{xx}(j\omega)$$

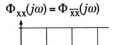
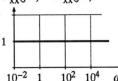
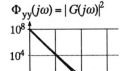
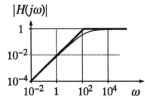

Für die Skizzen mit Hilfe von Bode-Diagrammen bestimmt man die Null-
stellen und Pole von $|G(s)|^2$ zu $s_n = \pm 10$ und $s_p = 0$. Die beiden Nullstellen
wirken sich wie eine doppelte Nullstelle bei -10 aus.

c) Lineare Verzerrung und additives Rauschen

$$\Rightarrow H(j\omega) = \frac{\Phi_{xx}(j\omega)G^*(j\omega)}{\Phi_{xx}(j\omega)|G(j\omega)|^2 + \Phi_{nn}(j\omega)}$$

$$H(j\omega) = \frac{G^*(j\omega)}{|G(j\omega)|^2 + N_0} = \frac{\omega^2 + 100j\omega}{10^4(\omega^2 + 1)}$$

$$\Phi_{\tilde{x}\tilde{x}}(j\omega) = \left[\Phi_{xx}(j\omega) \cdot |G(j\omega)|^2 + N_0\right] \cdot |H(j\omega)|^2$$

$$= \left[\frac{\omega^2 + 10^4}{\omega^2} + 9999\right] \cdot \frac{\omega^4 + 10^4\omega^2}{10^8(\omega^2 + 1)^2} = \frac{\omega^2 + 10^4}{10^4(\omega^2 + 1)}$$

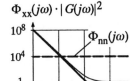
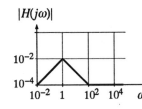
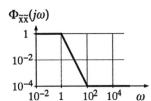

Lösung 18.16

Berechnung von $\Phi_{sx}(j\omega)$:

nach (18.22) gilt $\Phi_{sv}(j\omega) = \Phi_{ss}(j\omega)$, da $s(t)$ und $u(t)$ unkorreliert sind.

$\Phi_{sx}(j\omega) = \Phi_{sv}(j\omega) \cdot G^*(j\omega) = \Phi_{ss}(j\omega) \cdot G^*(j\omega)$, nach (18.63)

Berechnung von $\Phi_{xx}(j\omega)$:

$\Phi_{xx}(j\omega) = \Phi_{vv}(j\omega) \cdot |G(j\omega)|^2 = \big(\Phi_{nn}(j\omega) + \Phi_{ss}(j\omega)\big) |G(j\omega)|^2$

Wiener-Filter:

$$H(j\omega) \;=\; \frac{\Phi_{sx}(j\omega)}{\Phi_{yx}(j\omega)} = \frac{\Phi_{ss}(j\omega)\, G^*(j\omega)}{\big(\Phi_{nn}(j\omega) + \Phi_{ss}(j\omega)\big) |G(j\omega)|^2}$$

$$=\; \begin{cases} \dfrac{j\omega + 10}{2j\omega} & \text{für } |\omega| < \omega_g \\[2mm] 0 & \text{sonst} \end{cases}$$

Lösung 18.17

Es sei $\tilde{y}(t)$ das ungestörte Signal direkt am Systemausgang.

$$\varphi_{yx}(\tau) \;=\; \mathrm{E}\{y(t+\tau)\,x(t)\} = \mathrm{E}\{[n(t+\tau) + \tilde{y}(t+\tau)]\,x(t)\} =$$
$$=\; \mathrm{E}\{n(t+\tau)\,x(t)\} + \mathrm{E}\{\tilde{y}(t+\tau)\,x(t)\} = 0 + \varphi_{\tilde{y}x}(\tau)$$

Mit $\varphi_{xx}(\tau) = \delta(\tau)$ gilt analog zu (18.73), (18.74) $\varphi_{\tilde{y}x}(\tau) = h(\tau)$ und somit $\Phi_{yx}(j\omega) = \Phi_{\tilde{y}x}(j\omega) = H(j\omega)$.

B Korrespondenzen-Tabellen

B.1 Korrespondenzen der zweiseitigen Laplace-Transformation

$x(t)$	$X(s) = \mathcal{L}\{x(t)\}$	Kb
$\delta(t)$	1	$s \in \mathbb{C}$
$\varepsilon(t)$	$\dfrac{1}{s}$	$\mathrm{Re}\{s\} > 0$
$e^{-at}\varepsilon(t)$	$\dfrac{1}{s+a}$	$\mathrm{Re}\{s\} > \mathrm{Re}\{-a\}$
$-e^{-at}\varepsilon(-t)$	$\dfrac{1}{s+a}$	$\mathrm{Re}\{s\} < \mathrm{Re}\{-a\}$
$t\varepsilon(t)$	$\dfrac{1}{s^2}$	$\mathrm{Re}\{s\} > 0$
$t^n\varepsilon(t)$	$\dfrac{n!}{s^{n+1}}$	$\mathrm{Re}\{s\} > 0$
$te^{-at}\varepsilon(t)$	$\dfrac{1}{(s+a)^2}$	$\mathrm{Re}\{s\} > \mathrm{Re}\{-a\}$
$t^n e^{-at}\varepsilon(t)$	$\dfrac{n!}{(s+a)^{n+1}}$	$\mathrm{Re}\{s\} > \mathrm{Re}\{-a\}$
$\sin(\omega_0 t)\varepsilon(t)$	$\dfrac{\omega_0}{s^2+\omega_0^2}$	$\mathrm{Re}\{s\} > 0$
$\cos(\omega_0 t)\varepsilon(t)$	$\dfrac{s}{s^2+\omega_0^2}$	$\mathrm{Re}\{s\} > 0$
$e^{-at}\cos(\omega_0 t)\varepsilon(t)$	$\dfrac{s+a}{(s+a)^2+\omega_0^2}$	$\mathrm{Re}\{s\} > \mathrm{Re}\{-a\}$
$e^{-at}\sin(\omega_0 t)\varepsilon(t)$	$\dfrac{\omega_0}{(s+a)^2+\omega_0^2}$	$\mathrm{Re}\{s\} > \mathrm{Re}\{-a\}$
$t\cos(\omega_0 t)\varepsilon(t)$	$\dfrac{s^2-\omega_0^2}{(s^2+\omega_0^2)^2}$	$\mathrm{Re}\{s\} > 0$
$t\sin(\omega_0 t)\varepsilon(t)$	$\dfrac{2\omega_0 s}{(s^2+\omega_0^2)^2}$	$\mathrm{Re}\{s\} > 0$

B.2 Sätze der zweiseitigen Laplace-Transformation

$x(t)$	$X(s) = \mathcal{L}\{x(t)\}$	Kb
Linearität $Ax_1(t) + Bx_2(t)$	$AX_1(s) + BX_2(s)$	$\text{Kb} \supseteq \text{Kb}\{X_1\}$ $\cap \text{Kb}\{X_2\}$
Verschiebung $x(t - \tau)$	$e^{-s\tau}X(s)$	unverändert
Modulation $e^{at}x(t)$	$X(s - a)$	um $\text{Re}\{a\}$ nach rechts verschoben
„Multiplikation mit t", Differentiation im Frequenzbereich $tx(t)$	$-\dfrac{d}{ds}X(s)$	unverändert
Differentiation im Zeitbereich $\dfrac{d}{dt}x(t)$	$sX(s)$	$\text{Kb} \supseteq \text{Kb}\{X\}$
Integration $\displaystyle\int_{-\infty}^{t} x(\tau)d\tau$	$\dfrac{1}{s}X(s)$	$\text{Kb} \supseteq \text{Kb}\{X\}$ $\cap\{s : \text{Re}\{s\} > 0\}$
Achsenskalierung $x(at)$	$\dfrac{1}{|a|}X\left(\dfrac{s}{a}\right)$	Kb mit Faktor a skalieren

B.3 Korrespondenzen der Fourier-Transformation

$x(t)$	$X(j\omega) = \mathcal{F}\{x(t)\}$
$\delta(t)$	1
1	$2\pi\delta(\omega)$
$\dot{\delta}(t)$	$j\omega$
$\dfrac{1}{T}\,\text{⊥⊥⊥}\left(\dfrac{t}{T}\right)$	$\text{⊥⊥⊥}\left(\dfrac{\omega T}{2\pi}\right)$
$\varepsilon(t)$	$\pi\delta(\omega) + \dfrac{1}{j\omega}$
$\text{rect}(at)$	$\dfrac{1}{|a|}\text{si}\left(\dfrac{\omega}{2a}\right)$
$\text{si}(at)$	$\dfrac{\pi}{|a|}\text{rect}\left(\dfrac{\omega}{2a}\right)$
$\dfrac{1}{t}$	$-j\pi\text{sign}(\omega)$
$\text{sign}(t)$	$\dfrac{2}{j\omega}$
$e^{j\omega_0 t}$	$2\pi\delta(\omega - \omega_0)$
$\cos(\omega_0 t)$	$\pi[\delta(\omega + \omega_0) + \delta(\omega - \omega_0)]$
$\sin(\omega_0 t)$	$j\pi[\delta(\omega + \omega_0) - \delta(\omega - \omega_0)]$
$e^{-\alpha|t|},\ \alpha > 0$	$\dfrac{2\alpha}{\alpha^2 + \omega^2}$
$e^{-a^2 t^2}$	$\dfrac{\sqrt{\pi}}{a}e^{-\frac{\omega^2}{4a^2}}$

B.4   Sätze der Fourier-Transformation

	$x(t)$	$X(j\omega) = \mathcal{F}\{x(t)\}$
Linearität	$Ax_1(t) + Bx_2(t)$	$AX_1(j\omega) + BX_2(j\omega)$
Verschiebung	$x(t - \tau)$	$e^{-j\omega\tau}X(j\omega)$
Modulation	$e^{j\omega_0 t}x(t)$	$X(j(\omega - \omega_0))$
„Multiplikation mit t" Differentiation im Frequenzbereich	$tx(t)$	$-\dfrac{dX(j\omega)}{d(j\omega)}$
Differentiation im Zeitbereich	$\dfrac{dx(t)}{dt}$	$j\omega X(j\omega)$
Integration	$\displaystyle\int_{-\infty}^{t} x(\tau)d\tau$	$X(j\omega)\left[\pi\delta(\omega) + \dfrac{1}{j\omega}\right]$ $= \dfrac{1}{j\omega}X(j\omega) + \pi X(0)\delta(\omega)$
Ähnlichkeit	$x(at)$	$\dfrac{1}{\lvert a\rvert}X\left(\dfrac{j\omega}{a}\right), \quad a \in \mathbb{R}\backslash\{0\}$
Faltung	$x_1(t) * x_2(t)$	$X_1(j\omega) \cdot X_2(j\omega)$
Multiplikation	$x_1(t) \cdot x_2(t)$	$\dfrac{1}{2\pi}X_1(j\omega) * X_2(j\omega)$
Dualität	$x_1(t)$ $x_2(jt)$	$x_2(j\omega)$ $2\pi x_1(-\omega)$
Symmetrien	$x(-t)$ $x^*(t)$ $x^*(-t)$	$X(-j\omega)$ $X^*(-j\omega)$ $X^*(j\omega)$
Parsevalsches Theorem	$\displaystyle\int_{-\infty}^{\infty} \lvert x(t)\rvert^2\, dt$	$\dfrac{1}{2\pi}\displaystyle\int_{-\infty}^{\infty} \lvert X(j\omega)\rvert^2 d\omega$

B.5 Korrespondenzen der zweiseitigen z-Transformation

$x[k]$	$X(z) = \mathcal{Z}\{x[k]\}$	Kb
$\delta[k]$	1	$z \in \mathbb{C}$
$\varepsilon[k]$	$\dfrac{z}{z-1}$	$\lvert z \rvert > 1$
$a^k \varepsilon[k]$	$\dfrac{z}{z-a}$	$\lvert z \rvert > \lvert a \rvert$
$-a^k \varepsilon[-k-1]$	$\dfrac{z}{z-a}$	$\lvert z \rvert < \lvert a \rvert$
$k \varepsilon[k]$	$\dfrac{z}{(z-1)^2}$	$\lvert z \rvert > 1$
$k a^k \varepsilon[k]$	$\dfrac{az}{(z-a)^2}$	$\lvert z \rvert > \lvert a \rvert$
$\sin(\Omega_0 k)\varepsilon[k]$	$\dfrac{z \sin \Omega_0}{z^2 - 2z \cos \Omega_0 + 1}$	$\lvert z \rvert > 1$
$\cos(\Omega_0 k)\varepsilon[k]$	$\dfrac{z(z - \cos \Omega_0)}{z^2 - 2z \cos \Omega_0 + 1}$	$\lvert z \rvert > 1$

B.6   Sätze der zweiseitigen z-Transformation

Eigenschaft	$x[k]$	$X(z)$	Kb
Linearität	$ax_1[k]+bx_2[k]$	$aX_1(z) + bX_2(z)$	$\text{Kb} \supseteq$ $\text{Kb}\{X_1\}\cap\text{Kb}\{X_2\}$
Verschiebung	$x[k-\kappa]$	$z^{-\kappa}X(z)$	$\text{Kb}\{x\};$ $z = 0$ und $z \to \infty$ gesondert betrachten
Modulation	$a^k x[k]$	$X\left(\dfrac{z}{a}\right)$	$\text{Kb}= \left\{z\,\middle|\,\dfrac{z}{a}\in\text{Kb}\{x\}\right\}$
Multiplikation mit k	$kx[k]$	$-z\dfrac{dX(z)}{dz}$	$\text{Kb}\{x\}; z = 0$ gesondert betrachten
Zeitumkehr	$x[-k]$	$X(z^{-1})$	$\text{Kb}= \{z\,|\,z^{-1}\in\text{Kb}\{x\}\}$
Faltung	$x_1[k] * x_2[k]$	$X_1(z) \cdot X_2(z)$	$\text{Kb} \supseteq$ $\text{Kb}\{x_1\}\cap\text{Kb}\{x_2\}$
Multiplikation	$x_1[k] \cdot x_2[k]$	$\dfrac{1}{2\pi j}\oint X_1(\zeta)X_2\left(\dfrac{z}{\zeta}\right)\dfrac{1}{\zeta}d\zeta$	Grenzen der Konvergenzbereiche multiplizieren

B.7 Korrespondenzen der Fourier-Transformation von Folgen

$x[k]$	$\mathcal{F}_*\{x[k]\}$
$\delta[k]$	1
$\varepsilon[k]$	$\dfrac{1}{1-e^{-j\Omega}} + \dfrac{1}{2}\,\text{Ш}\!\left(\dfrac{\Omega}{2\pi}\right)$
1	$\text{Ш}\!\left(\dfrac{\Omega}{2\pi}\right)$
$e^{j\Omega_0 k}$	$\text{Ш}\!\left(\dfrac{\Omega-\Omega_0}{2\pi}\right)$
$\cos\Omega_0 k$	$\dfrac{1}{2}\left[\text{Ш}\!\left(\dfrac{\Omega+\Omega_0}{2\pi}\right) + \text{Ш}\!\left(\dfrac{\Omega-\Omega_0}{2\pi}\right)\right]$
$\sin\Omega_0 k$	$\dfrac{j}{2}\left[\text{Ш}\!\left(\dfrac{\Omega+\Omega_0}{2\pi}\right) - \text{Ш}\!\left(\dfrac{\Omega-\Omega_0}{2\pi}\right)\right)\right]$
$x[k]=\begin{cases} 1 & \text{für} \quad 0 \le k < N \\ 0 & \text{sonst} \end{cases}$	$e^{-j\Omega\frac{N-1}{2}} \cdot \dfrac{\sin(\frac{N\Omega}{2})}{\sin(\frac{\Omega}{2})}$

B.8   Sätze der Fourier-Transformation von Folgen

Eigenschaft	$x[k]$	$X(e^{j\Omega}) = \mathcal{F}_*\{x[k]\}$
Linearität	$ax_1[k] + bx_2[k]$	$aX_1(e^{j\Omega}) + bX_2(e^{j\Omega})$
Verschiebungssatz	$x[k-\kappa]$	$e^{-j\Omega\kappa}X(e^{j\Omega}),\ \kappa \in \mathbb{Z}$
Modulationssatz	$e^{j\Omega_0 k}x[k]$	$X(e^{j(\Omega-\Omega_0)}),\Omega_0 \in \mathbb{R}$
Faltungssatz	$x_1[k] * x_2[k]$	$X_1(e^{j\Omega})\,X_2(e^{j\Omega})$
Multiplikationssatz	$x_1[k]\,x_2[k]$	$\dfrac{1}{2\pi}X_1(e^{j\Omega}) \circledast X_2(e^{j\Omega})$
Parsevalsches Theorem	$\displaystyle\sum_{k=-\infty}^{\infty} \left|x[k]\right|^2$	$\dfrac{1}{2\pi}\displaystyle\int_{-\pi}^{\pi} |X(e^{j\Omega})|^2 d\Omega$ eine Periode!

Literaturverzeichnis

[1] Jr. C.H. Edwards and D.E. Penney. *Elementary Differential Equations.* Prentice-Hall, Englewood Cliffs, 3rd edition, 1993.

[2] R.V. Churchill. *Operational Mathematics.* McGraw–Hill, New-York, 3rd edition, 1972.

[3] A. Fettweis. *Elemente nachrichtentechnischer Systeme.* B.G.Teubner, Stuttgart, 1990.

[4] N. Fliege. *Systemtheorie.* B.G.Teubner, Stuttgart, 1991.

[5] E. Hänsler. *Statistische Signale.* Springer Verlag, Berlin, 1997.

[6] W. Kamen. *Introduction to Signals and Systems.* Mcmillan Publishing Company, New-York, 2nd edition, 1990.

[7] Z.Z. Karu. *Signals and Systems Made Ridiculously Simple.* ZiZiPress, Cambridge, MA, USA, 1995.

[8] H. Kwakernaak and R. Sivan. *Modern Signals and Systems.* Prentice-Hall, Englewood Cliffs, 1991.

[9] F. Oberhettinger and L. Badii. *Tables of Laplace Transforms.* Springer-Verlag, Berlin, 1973.

[10] A. Oppenheim and A. Willsky. *Signale und Systeme.* VCH Verlagsgesellschaft, Basel, 1989.

[11] J.G. Reid. *Linear System Fundamentals.* McGraw–Hill, New-York, 1983.

[12] R. Sauer and I. Szabó. *Mathematische Hilfsmittel des Ingenieurs, Teil I.* Springer-Verlag, Berlin, 1967.

[13] H.W. Schüßler. *Netzwerke, Signale und Systeme 1.* Springer-Verlag, Berlin, 2. Auflage, 1990.

[14] H.W. Schüßler. *Netzwerke, Signale und Systeme 2.* Springer-Verlag, Berlin, 3. Auflage, 1991.

[15] W.McC. Siebert. *Circuits, Signals, and Systems.* The MIT Press, Cambridge, MA, USA, 1986.

[16] F. Szidarovsky and A.T. Bahill. *Linear Systems Theory.* CRC Press, Boca Raton, Florida, 1992.

[17] R. Unbehauen. *Grundlagen der Elektrotechnik.* Springer Verlag, Berlin, 4. Auflage, 1994.

[18] R. Unbehauen. *Systemtheorie.* Oldenbourg Verlag, München, 7. Auflage, 1997.

[19] G. Wunsch. *Geschichte der Systemtheorie.* Oldenbourg Verlag, München, 1985.

Index

A

absolut integrierbar............391
Abtastfrequenz.................276
Abtastkreisfrequenz........276, 333
Abtastrate.....................279
Abtasttheorem 276ff, 333
Abtastung 267, 275ff, 303, 385
- im Frequenzbereich.......293
-, ideale...................275ff
-, kritische.............279, 385
-, nichtideale..............286ff
Ähnlichkeitssatz 224, 334
Ähnlichkeitstransformationen ... 143
AKF....s. Autokorrelationsfunktion
Aliasing 279, 289
Amplitudenquantisierung 267
Analog-Digital-Umsetzer........267
Anfangsbedingung, natürliche... 133
Anfangsbedingungen.............20
Anfangswert 132, 146, 148
Anfangswertproblem..20, 128ff, 348,
      356f
- erster Ordung 138
- mit harmonischer Erregung136
-, klassische Lösung 129
Anfangszustand.......132, 146, 147
Apertur, rechteckförmige........288
Aperturfunktion................288
Aperturkorrektur 289
Aperturkorrekturfilter 289
Ausblendeigenschaft 163, 304
Ausgangsgleichung..............33
Autokorrelationsfolgen..........441
Autokorrelationsfunktion . 235, 419f,

426ff, 433, 452f
Autokovarianzfunktion 430, 434

B

bandbegrenztes Signal 277
Bandbreite 239
Bandpaß-Signale
-, komplexwertige 282
-, reellwertige 284
Basisband 278
-wiederholungen............290
Basisbandspektrum 278
Basisfunktionen der Fourier-Reihe
      275
beobachtbar 38
Beobachtbarkeit 38, 38ff
-, vollständige 40
Beobachtungsdauer 227, 317
Betragsfrequenzgang............250
Betragsspektrum 203
BIBO-Stabilität 390
bilineare Transformation........400
Blockdiagramm............21ff, 353
Bode-Diagramm..........248ff, 341

C

Cauchy, Integralformel von 93ff

D

Dämpfung.....................306
Deconvolution 196
Delta-Impuls 162, 175, 180, 182, 304,
      359
- Derivierte 167

- Linearkombination........165
- Rechenregeln............164ff
Delta-Impulskamm............267ff
Derivation.....................167
Derivierte.................167, 169
deterministisches Signal...........5
Differentialgleichung......19ff, 129
- homogene Lösung.........129
- mit konstanten Koeffizienten
  19ff
- spezielle Lösung..........129
-, gewöhnliche...............19
-, lineare...................20
-, partielle..................20
Differentiationssatz.......79, 81, 82
Differenzengleichung...347, 351, 356
- analytische Lösung........348
- numerische Lösung........348
Differenzierer..............29, 180
digitales Signal.................267
Dirac-Impuls..................162
Dirac-Stoß.....................162
Direktform I...............21f, 353
Direktform II.............22ff, 354f
Direktform III..................25ff
diskrete Faltung.316, 358, 360, 364ff
diskrete Fourier-Transformation.293
diskreter Einheitsimpuls....304, 309
diskreter Einheitssprung...305, 310
diskretes Signal.................302
diskretes System...............346
diskretes Verzögerungsglied.....351
Distribution....................162
DT$_1$-Glied.....................184
Dualität.......................223
Durchgriff.....................33

E
Eckfrequenz..........250, 255, 258
Eigenfolge................323, 349f
Eigenfunktion............50, 52–54
Eindeutigkeit...................75
eindimensionales Signal..........5

Einheitsimpuls.................162
-, diskreter.................309
Einheitskreis...................396
einseitige Exponentialfolge.....312
Energie eines Zeitsignals.......234
Ensemble.....................413
-mittelwert...............413ff
Entfaltung....................196
ergodisch.....................450f
schwach -..................424
verbunden -................431
ergodische Zufallsprozesse.....423ff
Erwartungswert........5, 411, 413ff
- erster Ordnung..........415ff
- zweiter Ordnung........419ff
Verbund-..................430
Exponentialfolge.....305ff, 324, 326
-, ungedämpfte komplexe...310
Exponentialfunktion......47, 53, 64
exponentielle Ordnung...........74
externer Anteil.......131, 148, 348

F
F$_*$-Transformation........308ff, 329
-, inverse...................309
Faltung.............. 173f, 273, 359
- durch Hinschauen........187
-, diskrete..316, 358, 360, 364ff
-, periodische..............274
-, zyklische...........274, 316
Faltungssatz..........175, 224, 316
Fehlerleistung................463
Filter-AKF....................454
Filter-Autokorrelationsfunktion.454
FIR-System...................364
Fourier
-Reihe.....................62
-Transformation.............62
Fourier-Spektrum..............203
Fourier-Transformation...203ff, 329
- Ähnlichkeitssatz..........224
- Differentiationssätze......231
- Dualität.............223, 276

- Faltungssatz 224
- Integrationssatz 232
- Linearität 222
- Modulationssatz 229
- Multiplikationssatz 226
- Verschiebungssatz 229
-, diskrete 293
-, inverse 220
-, inverse einer Folge 309
Fourier-Transformierte . . . 203, 207ff, 248
- einer Folge 308, 330
- periodischer Signale 270
Fourierkoeffizienten 272
Fourierreihe 267
Frequenz, komplexe 47ff
Frequenzauflösung 317
Frequenzbereich 46
Frequenzebene, komplexe 49
Frequenzgang 225, 248f, 341
- Glättung 403
Frequenzparameter, komplexer . . . 49
Funktion
-, analytische 70, 90
-, gerade 215
-, holomorphe 70
-, komplex differenzierbare . . . 70
-, reguläre 70
-, ungerade 215
-, verallgemeinerte 162
Funktionentheorie
-, Hauptsatz der 90ff
-, komplexe 88

G
Gauß-Impuls 242f
Gegenkopplung 406
gerade
- Folge 317
- Funktion 215
Güte 262

H
Hilbert-Transformation 380
Hilbert-Transformierte 380, 383
Hurwitz
-Determinanten 399
-Polynom 399

I
I-Glied 184
IIR-System 364
Impedanz 55
Impulsantwort . . 164, 171ff, 178, 358, 359, 377
Impulsfunktion 162
Impulskamm 183
Information 3
Integralformel von Cauchy 93ff
Integrationssatz 79, 82
Integrierer 29, 179
interner Anteil . . . 131, 148, 149, 348
Interpolationsfilter 278
Invertierung 403

K
kanonische Formen 23
kausal 113
Kausalität 375ff
Kehrwert 121
KKF . . . s. Kreuzkorrelationsfunktion
komplexe
- Amplitude 50, 306
- Exponentialfunktion 51, 64
- Exponentialschwingung 50
- Frequenz 47ff
- Frequenzebene 49, 112
- Funktionentheorie 88
komplexer Frequenzparameter 49
komplexes Amplitudenspektrum 203
komplexes Polpaar 256, 260
komplexwertige
- Bandpaß-Signale 282
- Exponentialsignale 47
konjugierte Symmetrie 216

Konvergenzbereich....52, 63, 66–68,
    71f, 113, 175, 322, 361, 395
  - der z-Transformation 327
Korrelationsfunktion 411
  - komplexwertiger Signale . 432ff
Korrelationsfunktion reeller Signale
    426ff
Korrespondenzen
  - der Fourier-Transformation207
  - der Laplace-Transformation 85
Kreisfrequenz 306
Kreuzkorrelationsfolgen 441
Kreuzkorrelationsfunktion 235, 430ff,
    433, 455f
Kreuzkovarianzfunktion 432, 434
Kreuzleistungsdichtespektrum... 436
Kreuzspektrum 436
kritische Abtastung 279

L
Laplace-Integral 65
Laplace-Rücktransformation 88
Laplace-Transformation.... 62ff, 71f,
    201f, 204ff, 331
  , Sätze 77ff
  -, Differentiationssatz ... 79, 180
  -, Integrationssatz 79, 180
  -, Verschiebungssatz 78, 182
  -, einseitige 62, 64, 82
  -, inverse 63, 75, 88, 99
  -, inverse einseitige 97
  -, inverse mit quadratischer
    Ergänzung............. 103
  -, inverse zweiseitige 98
  -, praktische Berechnung der
    inversen 103
  -, zweiseitige 62, 64, 81, 82
Laplace-Transformierte... 63, 66, 67,
    73, 329
  -, Existenz 73
Laurent-Reihe.................. 70f
Leistung 417, 454
  Rausch-................... 417

Leistungsdichtespektrum.. 435, 456ff
Linearität 8f
Linienspektrum 271, 272
LTI-System 10f, 51, 377
  - Kombination 118, 185
  - Parallelschaltung 119
  - Reihenschaltung 118
  - Rückkopplung 120
  -, diskretes 348
  -, kausales stabiles 395

M
Matched Filter 193f
Matrix
  -, Frobenius 35
  -, Modal 36
  -, System 35f
  -, Transformations.......... 35
mehrdimensionales Signal 5
Messung
  - der Impulsantwort 461f
  - der Übertragungsfunktion 461f
Mitkopplung................... 406
Mittelung
  - längs des Prozesses 414
  - quer zum Prozeß.......... 414
Mittelwert 5
  -, linearer 416, 451
  -, quadratischer ... 417, 436, 454
  -, statistischer............ 413ff
  Ensemble- 413ff
  Schar- 413ff
  Zeit- 413ff, 440
Modalmatrix.................... 36
Modulation 230
Modulationssatz ... 78, 229, 315, 335
Multiplikationssatz 226, 316, 335
Musterfunktion 413ff

N
Normierung 56f
Nullstelle 112
Nyquist-Frequenz 279

O

Operationsverstärker 29
Optimalfilter 462ff
Ordnung eines Systems 113

P

P-Glied 184, 404f
Parallelform 36ff
Parsevalsches Theorem 233f, 243
Partialbruchzerlegung 100, 339
  - für m-fache Pole 105
periodische Faltung 274
periodisches Signal 267, 270
Phase 203
Phasenspektrum 203
PI-Glied 184
Pol 66–68, 71, 112
Pol-Nullstellen-Diagramm . 112, 248,
    340, 341
Polpaar, komplexes 256, 260
PT_1-Glied 184

Q

Quantisierung 303

R

Rauschleistung 413
Realisation 413ff
Rechteckfunktion 208, 211
Rechteckimpuls 159, 208
reellwertiges Bandpaß-Signal 284
Regelstrecke 404ff
Regelungstechnik 184
Regler 404
Rekonstruktion
  - eines Signals 462
  -, nichtideale 289ff
Residuensatz 92
Resonanzfrequenz 261
Resonanzkurve 261
Resonanzüberhöhung 261
Rückkopplung 406

S

s-Ebene 49, 332, 395
Sample-and-Hold 289
Satz von Parseval 233, 317
Scha-Symbol 268ff
Schätzfehler 463
Schätzfilter 462
Schar 413
Scharmittelwert 413ff
Scharparameter 2
si-Funktion 209, 210
Signal 1ff
  -amplitude 1f
  -, Rekonstruktion 462
  -, amplitudendiskretes 5f
  -, amplitudenkontinuierliches . 5f
  -, analoges 5f
  -, analytisches 382, 384
  -, bandbegrenztes 277
  -, deterministisches 4, 412
  -, digitales 5f, 267, 303
  -, diskontinuierliches 5f, 302
  -, diskretes 2, 302
  -, eindimensionales 4
  -, kausales 378ff
  -, kontinuierliches 1f, 4
  -, mehrdimensionales 4
  -, periodisches 267, 270
  -, stochastisches 4f, 412
  -, stückweise glattes 82
  -, wertkontinuierliches 304
  -, zeitdiskretes 2
  -, zeitkontinuierliches 1
  komplexwertiges Bandpaß- . 282
  reellwertiges Bandpaß- 284
Singularität 70, 90–92
  -, wesentliche 71
Spektralanalyse 227
Spektrum 227, 228, 379
  - einer Folge 308
  Basisband- 278
  Betrags- 203
  Fourier- 203

komplexes Amplituden- 203
Leistungsdichte- 435, 456ff
Phasen- 203
Sprungantwort 110, 179
Sprungfunktion 65, 66, 169, 179
-, Derivierte 169
Stabilisierung 404ff
Stabilität 390ff
  - diskreter Systeme 397, 400
  - kontinuierlicher Systeme .. 396
  BIBO- 390
Stabilitätskriterium 392
  - von Hurwitz 399
stationär 421ff, 450f
  - im weiteren Sinne 422
  schwach - 422
  verbunden - 431
statistischer Mittelwert 413ff
steuerbar 38, 40
Steuerbarkeit 38ff
Suchfilter 193f
Superpositionsprinzip 8, 315, 347
Symmetrie, konjugierte 216
System 5ff
  - Invertierung 403
  - Stabilisierung 404ff
  -, äquivalentes 40
  -, diskretes 346
  -, gedächtnisbehaftetes 13
  -, gedächtnisloses 13
  -, kausales 13, 113, 375
  -, lineares 7, 347
  -, minimalphasiges 403
  -, nichtlineares 7
  -, nichtrekursives 364
  -, rekursives 364
  -, verschiebungsinvariantes .. 14,
    347
  -, zeitdiskretes 346
  -, zeitinvariantes .. 7, 10, 12, 347
  -, zeitvariantes 12
  -antwort 55f
  -eigenschaft 10

-matrix 33, 35f, 36
-zustand 128
FIR- 364
IIR- 364
Ordnung des 113
Systemfunktion .. 52, 107f, 174, 350f
  - von Netzwerken 115
  -, gebrochen rationale 112
  Berechnung der - 109

T
Tiefpaß, idealer 393
Toleranzschema 241
Trajektorie 33
Transformation
  - auf Parallelform 38
  -, bilineare 400
  F_*- 308
  Fourier- 62, 203ff
  Hilbert- 380
  Laplace- 62, 71f, 201f
  z- 322
Transformationsmatrix 35, 143

U
Überabtastung 279
Überfaltung 279
Überlagerungssatz 8
Übertragungsfunktion . 52, 107f, 350
  - Kehrwert 121
uneigentliches Integral 70
ungerade
  - Folge 317
  - Funktion 215
unkorreliert 427
Unschärferelation 244
Unterabtastung 279

V
Variable
  -, abhängige 1f
  -, kontinuierliche 2
  -, unabhängige 1ff

Varianz 5, 417
Verbund-Erwartungswert 430
Verbund-Zeitmittelwert 431
Verschiebungssatz . 78, 229, 315, 335
Verzögerungsglied 181
    -, diskretes 351

W
weißes Rauschen 439
    -, bandbegrenztes 439
wertdiskrete Zahlenfolge 303
Wiener-Filter 197, 462ff
Wurzelortskurve 405

Z
z-Ebene 326, 332, 396
z-Transformation 322
    - Sätze 334
    - Verschiebungssatz 351
    - endlicher Folgen 338
    - unendlicher Folgen 338
    -, Faltungssatz 360
    -, inverse 336
z-Transformierte 323, 325, 329
    - einer Exponentialfolge 324
Zahlenfolge 302
Zeit-Bandbreite-Produkt . . 239ff, 241
Zeitbereichsaliasing 293
zeitdiskrete Systeme 346
Zeitinvarianz 8, 10f
Zeitmittelwert 413ff, 440
Zeitquantisierung 267
Zeitumkehr 335
Zufallsfolgen 440
Zufallsprozeß 413
Zufallssignal
    -, Multiplikation mit Faktor 446
    -, Addition 447
Zustand 31
Zustandsgleichung 33
Zustandsgrößen 31
Zustandsraum
    , äquivalente Strukturen 143

-beschreibung 31ff, 141, 146, 355
-differentialgleichung 141
-matrix 35
zyklische Faltung 274, 316